全国高等职业教育工业生产自动化技术系列规划教材

过程检测仪表

（第2版）

王克华　主　编

于秀丽　李文森　副主编

U0259337

電子工業出版社·

Publishing House of Electronics Industry

北京·BEIJING

内 容 简 介

全书共分七章，其内容主要包括四个部分。

第一部分为检测技术基础。包括测量的概念及测量误差，检测仪表的组成、分类与基本技术性能。

第二部分为化工参数检测及仪表。包括压力、物位、流量、温度的检测方法，各参数检测仪表的结构组成、测量原理、特点及应用。

第三部分为显示仪表。包括模拟显示仪表、数字显示仪表、无纸记录仪的基本组成、工作原理、特点及应用。

第四部分为分析仪表。包括热导式、红外线式气体分析仪，氧化锆式氧分析仪，气相色谱分析仪，可燃气体报警仪，含水分析仪，振动式密度计等分析仪表的工作原理、组成、特点及应用。

本书可作为高职高专石油、炼油、化工、燃气输配及轻工、热电、供热、制药、冶金等专业的仪表自动化教学，也可以作为函授学校、成人教育学校、企业培训学校的相关专业教材，并可供相关行业工艺技术人员及工人参考。

未经许可，不得以任何方式复制或抄袭本书之部分或全部内容。

版权所有，侵权必究。

图书在版编目（CIP）数据

过程检测仪表/王克华主编. —2 版. —北京：电子工业出版社，2014.6（2024.7 月重印）

全国高等职业教育工业生产自动化技术系列规划教材

ISBN 978-7-121-23359-3

Ⅰ. ①过…　Ⅱ. ①王…　Ⅲ. ①自动检测－检测仪表－高等职业教育－教材　Ⅳ. ①TP216

中国版本图书馆 CIP 数据核字（2014）第 112718 号

策划编辑：王昭松

责任编辑：郝黎明

印　　刷：北京七彩京通数码快印有限公司

装　　订：北京七彩京通数码快印有限公司

出版发行：电子工业出版社

北京市海淀区万寿路 173 信箱　邮编 100036

开　　本：787×1 092　1/16　印张：21.5　字数：605 千字

版　　次：2007 年 8 月第 1 版

2014 年 6 月第 2 版

印　　次：2024 年 7 月第 13 次印刷

定　　价：59.80 元

凡所购买电子工业出版社图书有缺损问题，请向购买书店调换。若书店售缺，请与本社发行部联系，联系及邮购电话：（010）88254888，88258888。

质量投诉请发邮件至 zlts@phei.com.cn，盗版侵权举报请发邮件至 dbqq@phei.com.cn。

本书咨询联系方式：（010）88254015　wangzs@phei.com.cn　QQ：83169290。

第 2 版前言

随着职业教育的普及，学生生源质量近年来也发生了一些明显的变化，学生基础差距较大。社会对高职高专毕业生的要求也在发生显著的变化，更加看重他们的实践技能和专业应用能力。高职专业教学更加侧重于学生应用能力的培养。要求专业教材更加突出技能性、应用性，侧重实务学习和技能训练。改变教材内容偏深、偏难，重理论、轻实践的弊病，以适应高职高专新的教学需求。

根据近几年来各院校对《过程检测仪表》第 1 版的使用效果和读者的反馈意见，在电子工业出版社的组织下，决定对教材进行修订。

由于本教材涉及的行业比较广泛，在教材中不太容易把握行业的相关性。修订过程中侧重于石油、炼油、化工、热电、供热行业中的常用仪表，并进行详细介绍。现场应用较少的仪表少做或不做介绍。

教材编写遵循突出应用性、实用性原则，没有过分追求知识的系统性、全面性。教材内容选择上，尽量照顾各行业各专业的需要，但不追求包容一切。由于仪表和自动化技术更新较快，在教材上要适应这种技术更新速度，因此，增加了一些近年来出现的新技术、新仪表，对于一些已经在淘汰或不太常用的仪表做了较大篇幅的删减。

高职高专毕业生主要面对生产一线，他们不仅要懂得自动化仪表的结构原理，更重要的是在工作中能熟练应用所学知识，学会日常操作与维护，能够完成仪表及监测系统故障诊断及处理。因此，教材修订过程中比较重视检测仪表的应用知识介绍。在讲清检测仪表基本原理和组成结构的基础上，用一定的篇幅介绍仪表的应用、校验、常见故障及处理等知识。

每章章首设“学习目标”，具体给出通过本章学习要达到的知识目标和技能目标，学习目标遵循教学大纲要求，有可考核性。

每章章后设有“练习题”，以方便教学、启发学生思考及培养学生的自学能力。每章附实训课题 2～3 个，以利于各院校根据自己的条件选择实施实训项目。

修订版教材结构基本不变，共分七章，其内容主要包括四个部分。

第一部分为检测技术基础。包括测量的概念及测量误差，检测仪表的组成、分类与基本技术性能。

第二部分为化工参数检测及仪表。包括压力、液位、流量、温度的检测方法，检测仪表的结构组成、测量原理、特点及应用。

第三部分为显示仪表。包括模拟显示仪表、数字显示仪表、无纸记录仪的基本组成、工作原理、特点及应用。

第四部分为分析仪表。包括热导式、红外线式气体分析仪，氧化锆式氧分析仪，气相色谱分析仪，可燃气体报警仪，含水分析仪，振动式密度计等分析仪表的工作原理、组成、特点及应用。

全书按总学时72学时编写，各学校可根据专业与学时情况，适当选择、增减教学内容。

本书由山东胜利职业学院王克华负责全书的统稿与修改，并编写绪论、第1章、第2章、第3章和全书插图绘制，第4章由山东胜利职业学院姜月红编写，第5章由山东工业职业学院李文森、李东晶编写，第6章、第7章由兰州石化职业技术学院于秀丽编写。

本书由王克华担任主编，于秀丽、李文森担任副主编。本书部分内容与插图来源于有关仪表厂的产品说明书，在此一并表示感谢。

由于作者水平有限，书中错误、不妥之处在所难免，恳请读者批评指正。

编　者

目录

绪 论

在石油、化工、热电、供热、燃气输配及轻工、制药、食品等行业的生产过程中，所处理的介质一般是液态、气态蒸汽管流体。对这些流体的处理，往往是在密闭的设备、管道中连续进行的。只有借助于检测仪表与自动化装置进行检测和控制，才能正确地监控设备运行，指导生产操作。由于生产规模的不断扩大，需要测控的工艺参数逐渐增多，只靠人工测量、手动操作已经无法适应现代工业生产的要求。为了确保安全生产，提高生产效率，改善劳动条件，必须把生产中的各项工艺参数控制在最佳值，使生产设备在最佳状态下自动地运行，即实现生产过程的自动化，而实现生产过程自动化的基础就是过程参数检测。

0.1 生产过程自动化与检测仪表

0.1.1 生产过程自动化的概念

所谓生产过程自动化，是指在流程性、连续性的生产过程中，综合运用控制理论、测控仪表、计算机技术和通信技术，实现对生产过程的检测、控制、优化、调度、管理和决策，达到增加产量、提高质量、降低消耗、确保安全等目的的一类综合性技术。简言之，生产过程自动化就是在生产过程中，用自动化仪表来检测、控制生产的方法。由此形成的自动化产业具有技术密集、高投入和高效益等显著特征，是典型的高技术产业。

目前，我国各行业中，生产过程自动化技术已经得到了广泛的应用。自动化仪表已成为生产过程中必不可缺的重要技术手段。工业生产对自动化仪表的依赖日益加重，特别是计算机技术、通信技术、微电子技术在自动化领域中的应用，提高了自动化系统和仪表的性能，提供了更有效的控制手段。

因此，对于从事生产过程自动化方面的技术人员，除了必须深入了解和熟悉生产工艺外，还必须学习和掌握自动化仪表方面的知识，这对于控制和管理工业生产过程是十分必要的。

一般地说，生产过程自动控制系统，由被控制对象（生产设备及流程）、检测仪表、控制仪表和执行机构（如调节阀）四个基本部分组成。其中检测仪表是过程控制系统的重要组成部分，不管采用何种控制方法、使用何种控制系统，检测仪表的功能是不能被取代的。检测仪表的性能是构成控制系统品质的基本要素。因此，掌握各种检测仪表的结构原理、性能特点是非常重要的学习任务。

0.1.2 过程检测仪表

检测意为检验测定，是指在工业生产过程中，为及时监视、控制生产过程，而对生产工艺参数进行的定性检查和定量测量的过程。因此，检测是意义更为广泛的测量，但通常我们所说的检测一般是指测量。实现生产过程参数检测的装置称为过程检测仪表。

现代工业生产过程中，检测技术几乎无所不在。检测仪表被广泛地应用于石油、化工、冶金和热电等国民经济各个重要的部门和领域。可以说，现代工业生产离不开现代检测技术。

检测仪表既可以专司检测功能，如各种参数的就地指示仪表，能远传信号的变送器、传感器与显示记录仪、数据采集计算机构成的自动检测系统。也可以出现在自动控制系统中，用于为控制器提供测量信号，反映被控参数的变化，或者兼而有之。

0.2 过程检测仪表的作用与发展前景

0.2.1 过程检测仪表的作用

随着人类社会进入信息时代，以信息的获取、转换、显示和处理为主要内容的检测技术已经发展成为一门完整的技术学科，在促进生产发展和科技进步的过程中发挥着重要的作用。过程检测仪表的作用主要表现在以下几个方面。

（1）过程检测仪表是现代工业生产过程中产品检验和质量控制的重要工具。在传统检测技术基础上发展起来的在线检测技术，使检测与生产同时进行，并及时地利用检测结果对生产过程进行控制，使之适应生产条件的变化，自动地调整到最佳状态。因而检测的作用不只是检查和监督，而且参与生产过程控制，从而进入质量控制的领域。

（2）过程检测仪表在生产设备安全运行监测中应用广泛。在石油、炼油、化工、热电、供热等行业的生产设备通常是在高温、高压状态下运行，保障生产过程中关键设备的安全运行具有重大意义。为此需要对设备的状态参数进行长期的动态监测，以便及时发现异常情况，达到早期诊断、进行故障预防的目的。以避免严重的突发事故，保障设备和人身安全，提高经济效益。

在安全监测过程中，检测仪表发挥着越来越重要的作用。不管是在工业生产中有毒气体和易燃易爆气体的浓度检测，还是在环境监测应用中，污染物成分及浓度测量，监测仪表已经成为企业和监测部门不可或缺的重要工具。

（3）自动检测仪表与系统是自动控制系统中不可缺少的组成部分。在生产过程中，为了对生产过程和设备进行有效的控制，首先必须通过检测系统获取生产工艺参数和设备状态信息，然后才能进行分析、判断和控制。在实现自动化的过程中，对生产参数、设备状态等信息的获取与转换是极其重要的环节。只有准确、及时地将控制对象的各项参数检测出来，并转换成自动化装置及仪表能够识别和处理的信号，整个系统才能正常地工作，技术人员才能通过显示、记录仪表了解生产状况。因此，自动检测仪表与系统被形象地比喻为自动化系统的“眼睛”。

0.2.2 过程检测仪表的发展前景

科学技术的迅猛发展，为检测仪表的现代化创造了条件，也促进了检测技术及仪表的发展。人们不断地将所发现的新的测量原理、新型材料和新的加工工艺用于制造现代检测仪表。随着新技术的不断涌现，特别是先进检测技术、现代传感器技术、计算机技术、网络技术和多媒体技术的出现，使传统检测技术及仪表发生了革命性的变化，产生了多传感器复合检测技术、机械量检测技术、检测信息的融合处理技术，智能传感器和仪表、计算机多媒体化的虚拟仪表、现场总线和网络化仪表也如雨后春笋般不断涌现。检测与控制仪表进入了小型化、集成化、智能化和网络化的时代。

（1）小型化。利用现代微电子技术和微加工技术制作的检测元器件，例如，采用扩散硅和蚀刻技术制作的谐振硅压力测量敏感元件，可直接将压力信号转换成电信号，可以取代传统的检测元件及机械传动结构。微处理器在检测仪表中的应用，使检测仪表进一步小型化、电子化，结构更为小巧，功能更为强大。

（2）集成化。检测仪表的集成化是另一重要发展趋势。将现代半导体制作工艺与集成电路制作技术相结合，更多地利用半导体材料将敏感元件和信号处理电路集成在一起，组成所谓的固态传感器。由于可以将诸如信号输入电路、信号调制、功率放大、线性化处理、通信功能等模块都集成在一片芯片上，从而极大地缩小了仪表电子电路的体积，并且使仪表的性能更高、更稳定。

（3）智能化。目前，利用单片机等微处理器技术进行信号处理的智能化仪表得到了迅猛发展。智能化仪表具备了数据计算和逻辑分析能力，仪表的功能增加、性能提高，使用更加灵活方便。除具有检测功能外，还具有计算、显示、报警、控制、诊断等功能。

（4）网络化。在传统的检测控制系统中，大多采用标准制式的电流信号（如 4～20mA DC、1～5V DC、0～10mA DC 等）进行信号的远传，构成各种控制系统。随着网络技术的发展，尤其是现场总线（FCS）进入到现场测控单元后，改变了常规的连接模式。检测仪表输出信号采用符合某种通信协议的数字信号，多个检测仪表均可挂在同一总线网络上，以数字信号取代模拟电流信号进行传递，这样，既大大节省了线路的连接，同时也使得现场仪表实现了网络化。

改革开放以来，我们国家的仪表技术发展很快，通过引进、消化与吸收，逐步形成了功能先进、种类齐全的自动化仪表生产基地，分布在上海、北京、西安、重庆、宁波等地，并且建成了完善的开发、设计、生产体系。同时智能化仪表等新型仪表的应用日益广泛，价格逐渐下降，但传统的检测控制仪表也还在大量使用。这就要求技术人员既要掌握现阶段普遍使用的检测仪表，又要熟悉与了解先进的仪表知识。

0.3 课程的性质、任务及要求

本课程为高职高专学校生产过程自动化专业的必修课。与物理学、电工技术、模拟电子技术、数字电子技术、流体力学、机械原理、化工原理、计算机原理及接口技术、单片机等课程有密切联系，是一门综合性、实践性较强的专业技术课。

课程的内容主要介绍石油、炼制、化工、冶金、热电、供热、燃气输配及轻工、制药、食品等行业常用过程检测仪表的结构原理及应用知识。通过本课程的学习，要求学生能掌握自动检测方法与检测仪表的基础知识，掌握常用压力、流量、物位、温度等化工参数和产品的成分、物性参数检测仪表的基本结构、工作原理、性能特点及应用知识，掌握模拟显示仪表和数字显示仪表的结构原理、功能特性及使用方法。以使学生在实际生产过程中能正确选择和使用常用仪表，并具备仪表简单故障的分析、处理能力，为其将来从事相关专业的过程检测及自动化管理打下基础。

第1章　过程检测技术基础

【学习目标】本章主要从检测的概念、测量误差理论、检测仪表基础三方面重点介绍了常用检测方法、检测系统特性；测量误差及测量数据处理；检测仪表组成及性能等基本知识。通过对过程检测技术基础知识的学习与研究，为今后检测仪表的学习打下坚实的基础。

知识目标

① 了解测量、测量过程及典型测量方法等基本概念。

② 掌握测量误差的形式及计算，了解测量误差产生的原因及分析、处理方法。

③ 掌握检测仪表的基本组成与开环、闭环结构形式的特点，检测、转换传送和显示部分的作用。

④ 了解检测仪表的分类方式及单元组合式仪表的信号制式。

⑤ 掌握精确度、精度等级、线性度、变差、动态特性等性能指标的含义。

技能目标

① 掌握绝对误差、相对误差、引用误差及标准误差的计算，学会对于标准误差、置信区间置信概率及检测系统综合误差的计算。

② 学会性能计算及仪表选择、校验过程中仪表精度、变差的计算方法。

工业生产过程中工艺参数的检测，是保证生产稳定、经济、安全运行的重要环节。学习与掌握过程检测技术的基本理论和误差处理方法是有效实施测量的基础。

在生产过程中，为了正确指导生产操作，提高产品质量，保证安全生产，实现生产过程的自动控制，需要对工艺生产过程中的压力、物位、流量、温度等参数和产品的成分及物性进行自动检测。为满足工业生产过程的检测要求，尽可能地获得参数的真实值，需要对检测方法、检测系统的特性、测量误差及测量数据的处理等基础知识进行学习，以便有效地实施测量。

1.1　测量的概念

1.1.1　测量的定义

测量就是用实验的方法，借助专门仪器或设备把被测量物理量（被测量）与同性质的单位标准量（测量单位）进行比较，得到被测量相对于标准量的倍数，从而确定被测量数值大小的过程。用数学式表示为

$$X = X_{\rm m}V \tag{1-1}$$

式中　X——被测量；

V——测量单位；

$X_{\rm m}$——倍数值。

测量结果——测量值，包括被测量的大小 $X_{\rm m}$、符号（正或负）及测量单位，也就是测量单位与倍数值的乘积。

例如，我们要测量一个物体的长度，可以将一把测量单位为 mm 的直尺与被测物体的两端比

较。看物体两端对应于直尺所包含的 mm 刻度格的数量，如 100，则表明物体有 100mm 长。更为直接的方法是让直尺的 0mm 线（零位）对准物体一端，则物体另一端所对应的直尺的读数就是物体长度所包含的 mm 的倍数，乘以测量单位 mm，即为测量值。

实际上，绝大多数被测变量是无法借助于像直尺这样的测量工具直接进行比较而完成测量的。往往需要将被测变量进行变换，将其转换成另外一个便于比较的量，并与被测量成正比或具有确定的函数关系。例如，玻璃液体温计，是利用下端玻璃泡里水银的热膨胀效应，将温度转换成体积，膨胀的水银在连通的毛细管里被转换成水银柱高度，与此同时被转换成高度的温度测量单位——温度刻度值比较，就可以得到被测温度值。用指针指示测量值的仪表，也都是利用某些物理、化学效应，将被测量转换为指针的机械位移量，并把单位标准量转换成标尺刻度，指针位置对应的刻度示值就是包含单位标准量的倍数，即为测量值。测量仪表信号转换比较过程如图 1-1 所示。

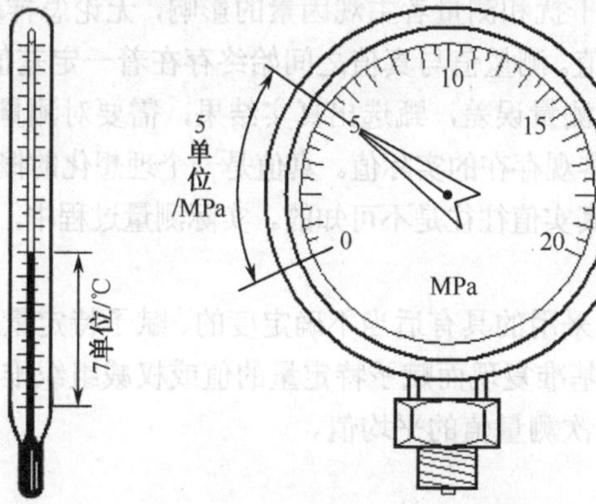

图 1-1　测量仪表信号转换比较过程

所以说，测量过程都是将被测参数与其相应的测量单位进行比较的过程。测量过程实质上就是将被测量与体现测量单位的标准量比较，对被测参数信号形式转换的过程，而检测仪表就是实现这种比较的工具。

1.1.2　测量方法

实现测量的的方法很多，对于不同的被测参数和检测系统需采用最适合的测量方法，才能取得最佳的测量结果。如果按测量敏感元件是否与被测介质接触，可以分为接触测量和非接触式测量；如果按被测变量的变化速度可分为静态测量和动态测量；按比较方式分类可以分为直接测量和间接测量；按测量原理分类可分为偏差法、零位法、微差法测量；按检测系统的结构分类，可分为开环测量、闭环测量等。以下仅就按测量原理分类的几种测量方法予以介绍。

1．偏差法

偏差法是用检测仪表的输出信号（如指针位移）相对于零位的偏差来表示被测量大小。偏差法测量方式属于开环测量方式，仪表刻度是预先用标准仪器标定好的。偏差法测量的特点是直观、简便、速度快，仪表结构简单，测量精度较低、测量范围小。压力表、体温计等指示式仪表都属于此类。

2．零位法

将被测量与已知标准量进行比较，当二者差值为零时，由标准量的值即可确定被测量的大小。用天平测量物体质量的方法就是零位法。零位法属于反馈型闭环检测方法。在现代仪表中，零位法的平衡操作已经自动完成了，如电子电位差计等就是如此。零位法测量具有测量精度高、测量过程复杂，不适于测量快速变化的参数。

3．微差法

微差法是将偏差法和零位法组合使用的一种测量方法。测量过程中将被测量的大部分用标准量平衡，而剩余部分采用偏差法测量。利用不平衡电桥测量热电阻的变化即是如此。微差法具有测量精度高、反应速度快的特点。

1.2 测量误差及处理

测量的目的是希望能正确地反映被测参数的真实值。但是，由于测量方法的局限性、检测仪表本身的质量缺陷、测量环境的干扰和测量者主观因素的影响，无论怎样努力，都不可能使测量结果绝对准确，而只能尽量接近真值。测量值与真值之间始终存在着一定差值，这一差值就是测量误差。对于如何能在测量数据中消除测量误差，甄选出真实结果，需要对测量数据进行处理。

真值即真实值，是被测量客观存在的实际值。真值是一个理想化的概念，因为测量值不能绝对准确地反映被测参数的真实值，真实值往往是不可知的。实际测量过程中，一般是把以下值作为真值。

1．约定真值

约定真值是出于特定目的采用的具有适当不确定度的、赋予特定量的值，是一个足够接近真值的值。约定真值一般是由计量基准复现而赋予特定量的值或权威组织推荐的特定量的值，以及在没有系统误差的情况下，足够多次测量值的平均值。

2．相对真值

利用准确度高一级的标准仪表的指示值作为低等级仪表的真值，称为相对真值。而测量误差通常就是检测仪表的指示值与标准仪表的指示值之差。

3．理论真值

理论定义和理论公式的表达值，如平面三角形的内角之和恒为 180°。

1.2.1 测量误差的形式

所谓误差，就是某一被测量的测量值与客观真实值之差。一个测量结果，只有当知道它的测量误差或指明其误差范围时，测量结果才有意义。

测量误差通常用绝对误差、相对误差和引用误差表示。

1．绝对误差

绝对误差 e_a，是仪表的指示值 X 与真实值 X_t 之间的代数差，即

$$e_a = X - X_t \tag{1-2}$$

绝对误差有符号和单位，它的单位与被测量相同。引入绝对误差后，测量结果可以修正为

$$X_t = X - e_a = X + c \tag{1-3}$$

式中，$c = -e_a$，称为修正值。在计量工作中，通常采用加修正值的方法保证测量值准确可靠。仪表经上级计量部门检定的主要目的就是获得一个修正值，以便在测量过程中消除测量误差。

绝对误差的大小可以反映仪表指示值接近真实值的程度，但不能反映不同测量值的可信程度。例如，测量锅炉炉膛温度时，若炉温为 1000℃，绝对误差为 1℃时，可以认为已经很准确了。而测量人体温度时，若体温为 37℃，0.5℃的绝对误差就已经显得很大了。所以仅凭绝对误差的大小无法判断测量结果的可信程度，例如，上述测量结果前者的绝对误差虽然比后者大，但它相对于被测

量却显得较小。为此引入相对误差的概念。

2．相对误差

相对误差 E_r，是检测仪表的绝对误差和真值之比，常用百分数表示，即

$$E_r = \frac{e_a}{X_t} \times 100\% \tag{1-4}$$

相对误差越小，说明测量结果的可信度越高。因此，求相对误差的目的就在于用来判断测量结果的准确程度，即测量精度。

上例中，测量加热炉温度时的相对误差为

$$e_r = \frac{1}{1000} \times 100\% = 0.1\%$$

测量人体温度时的相对误差为

$$e_r = \frac{0.5}{37} \times 100\% = 1.35\%$$

很显然，前一个测量结果更准确可信。

3．引用误差

引用误差 e_r 等于检测仪表的绝对误差 e_a 与仪表的量程 S_p 之比的百分数，可以表示为

$$e_q = \frac{e_a}{S_p} \times 100\% \tag{1-5}$$

式中，仪表的量程 $S_p = X_{max} - X_{min}$ 为仪表测量范围的上限值 X_{max} 与下限值 X_{min} 之差。

显然，具有相同绝对误差的两台仪表，量程大的仪表的引用误差要小于量程小的仪表。引用误差可以表示检测仪表的准确程度。引用误差小，表明仪表产生的测量误差相对较小，测量结果相对可信度高。在实际应用时，通常采用最大引用误差来描述仪表的性能，称为仪表的满度误差，一般在误差值后标注字母 F · S 表示，即

$$e_{qmax} = \frac{e_{max}}{S_p} \times 100\% \text{F·S} \tag{1-6}$$

式中，e_{max} 是仪表在测量范围内产生的绝对误差的最大允许值，称为允许最大绝对误差。

【例题 1-1】 某压力检测仪表的测量范围为 0～1600kPa，已知该压力表的允许最大绝对误差为 ±16kPa，仪表的满度误差是多少？当指示压力为 1200kPa 和 600kPa 时，测量结果的测量精度最坏分别是多少？

解： 根据式（1-6），仪表的满度误差与测量结果无关，为

$$e_{q\max} = \frac{e_{max}}{S_p} \times 100\% = \frac{16}{1600-0} \times 100\% = 1\% \text{F·S}$$

测量精度用相对误差表示。根据式（1-2），当压力表所产生的最大绝对误差为±16kPa、指示压力为 1200kPa 时，被测参数的真实值最小为

$$X_t = X - e_a = 1200 - 16 = 1184\text{kPa}$$

根据式（1-4），最大相对误差为

$$e_{r1} = \frac{16}{1184} \times 100\% = 1.35\%$$

同理，指示压力为 600kPa 时，最大相对误差为

$$e_{r2} = \frac{16}{600-16} \times 100\% = 2.74\%$$

答： 仪表的满度误差为 1% F·S，指示值分别为 1200kPa、600kPa 时的测量精度最坏为 1.35%、2.74%。

可见仪表在测量范围内无论测量值为多少，其最大误差不会超过 16kPa，指示值在靠近测量下限时相对误差越大，而越接近测量上限相对误差越小，测量值的测量精度并不相同。

1.2.2　测量误差的分类

除了按测量误差的形式分为绝对误差、相对误差外，按误差的测量条件可分为基本误差和附加误差；按误差的变化速度分为静态误差和动态误差。

基本误差是仪表在规定条件下（如温度、湿度、电源电压、频率等），仪表本身具有的误差。其最大值不超过允许最大绝对误差。

附加误差是当仪表偏离规定工作条件时所产生的新误差。仪表所产生的总误差为基本误差与附加误差之和。

在测量过程中，测量误差按其产生的原因不同，可以分为以下三类。

1．系统误差

系统误差是在相同测量条件下，多次测量同一被测量时，测量结果的误差大小与符号均保持不变或按某一确定规律变化的误差。它是由于测量过程中仪表使用不当或测量时外界条件变化等原因所引起的。

必须指出，单纯地增加测量次数无法减少系统误差对测量结果的影响，但在找出产生误差的原因之后，便可通过对测量结果引入适当的修正值而加以消除，如式（1-3）。

2．随机误差

随机误差是在相同测量条件下，对参数进行重复测量时，测量结果的误差大小与符号以不可预计的方式变化的误差。随机误差的大小反映对同一测量值多次重复测量结果的离散程度。产生随机误差的原因很复杂，是由许多微小变化的复杂因素共同作用的结果。

对单次测量来说，随机误差是没有任何规律的，既不可预测，也无法控制。但对于一系列重复测量结果来说，它的分布服从统计规律。通过统计分析，可以估计测量结果的可信程度，并通过统计处理，减少其影响。一般情况下，产生正负误差的概率通常相等。因此，可以采取多次测量求平均值的方法减小随机误差，取多次测量结果的算术平均值作为最终的测量结果。

3．粗大误差

粗大误差是测量结果显著偏离被测值的误差，没有任何规律可循。产生的主要原因是测量方法不当、工作条件显著偏离测量要求等，但更多的是人为因素造成的，如工作人员在读取或记录测量数据时疏忽大意。带有这类误差的测量结果毫无意义，应予以剔除。

1.2.3　测量误差的分析与处理

在测量过程中，如何处理带有未知误差的数据、甄别不同的测量误差，从繁杂的测量数据中筛选出最接近真实值的被测变量值，是保证测量质量的关键。分析过程中，一般先分析粗大误差，剔除粗大误差后分析系统误差，对测量结果进行修正，之后对随机误差进行统计分析。

1．系统误差的分析与处理

系统误差的特性具有确定性、重现性和修正性。通过实验对比，用高精度的检测仪表校验普通仪表时，可以发现固定不变的系统误差（定值系统误差）；通过对误差大小及符号变化的分析，来判断变化的系统误差（变值系统误差）。但是，变值系统误差通常不容易从测量结果中发现并认识它的规律，因此只能具体问题具体分析，这在很大程度上取决于测量者的知识水平、经验和技巧。

为了减小系统误差的影响，可以从以下几方面入手进行处理。

（1）消除系统误差产生的根源。合理选择测量方法，校验检测仪表，保证仪表的测量条件，防止产生系统误差。

（2）在实际测量中，采用一些有效的测量方法，来消除或减小系统误差。所采用的测量方法有交换法、代替法、补偿法、对称测量法等。

交换法是将引起系统误差的某些条件相互交换，使产生系统误差的因素对测量结果起相反的作用，从而在求两次测量结果的平均值时抵消系统误差。如用天平称量时，交换左右秤盘，可以消除天平臂长不同带来的系统误差。

代替法是在测量条件不变的情况下，用已知标准量替代被测量，得到修正值，达到消除系统误差的目的。

补偿法是在测量过程中，根据测量条件的变化、仪表某环节的非线性特性带来的系统误差，有针对性地采取补偿措施，自动消除系统误差。

（3）对测量数据引入修正值以消除系统误差。通过机械调零、应用修正公式、增加自动补偿环节等措施消除系统误差，修正测量结果。

2．随机误差分析与处理

随机误差在测量次数足够多时，一般呈正态分布规律，具有对称性、有界性和抵偿性。随机误差的正态分布如图 1-2 所示。

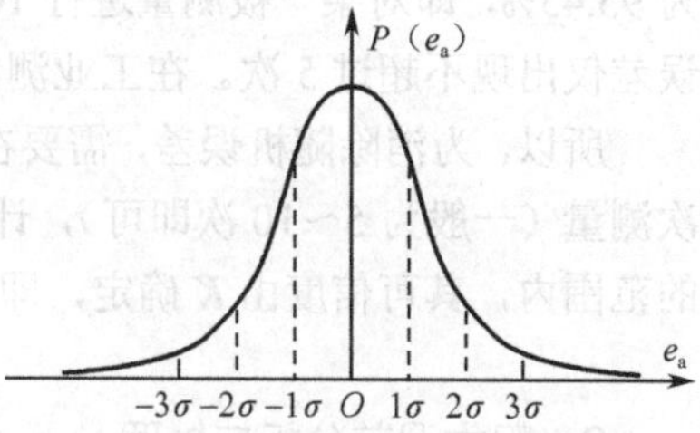

图 1-2　随机误差的正态分布

图 1-2 中，横坐标为随机误差（绝对误差）$e_a=X-X_t$，纵坐标为随机误差出现的概率 $P(e_a)$。对于随机误差来说，它对测量结果的影响可以用标准误差（又称均方根误差）σ 表示。

$$\sigma=\sqrt{\frac{\sum_{i=1}^{n}e_{ai}^{2}}{n}}=\sqrt{\frac{\sum_{i=1}^{n}(X_i-X_t)^2}{n}} \tag{1-7}$$

式中　n——测量次数（趋于无限）；

$e_{ai}=X_i-X_t$——第 i 次测量产生的误差；

X_i——第 i 次测量值；

X_t——真实值。

实际情况下，测量次数是有限的，且被测变量的真实值又无法获得，因而实际分析随机误差时，标准误差一般表示为

$$\sigma=\sqrt{\frac{\sum_{i=1}^{n}(X_i-\bar{X})^2}{n-1}} \tag{1-8}$$

式中　$X_i-\bar{X}$——称为剩余误差；

$\bar{X}$——测量结果的算术平均值。

$$\overline{X}=\frac{X_1+X_2+\cdots+X_n}{n}=\frac{\sum_{i=1}^{n}X_{\mathrm{i}}}{n} \tag{1-9}$$

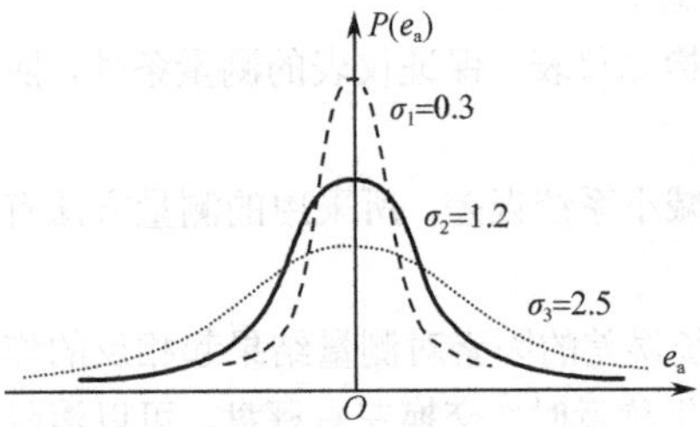

图 1-3　σ值对随机误差分布的影响

标准误差反映测量结果的分散程度。σ值对随机误差分布的影响如图 1-3 所示。σ越小分布曲线越尖锐，小误差出现的概率大，大误差出现的概率小。而σ越大分布曲线越平坦，大误差和小误差出现的概率相差不大。

理论计算表明，介于（−3σ，+3σ）之间的随机误差出现的概率为 0.9973，随机误差出现在此区间之外的概率仅为1−0.9973=0.27%。因此，在1000次等精度测量中，只有可能3次随机误差超过（−3σ，+3σ）区间，实际上可以认为这种情况很难发生。

也就是说，当随机误差在某一区间内，如（-Kσ，+Kσ）的概率足够大时，测量结果落在该区间的概率大，测量结果的可信程度也大。一般把随机误差出现的区间±Kσ称为置信区间，把置信区间相应的概率称为置信概率。

一般情况下，取置信区间为±2σ、置信概率为 95.45%，说明测量结果为 $X=\overline{X}\pm 2\sigma$ 的可能性为95.45%，即对某一被测量进行100次等精度测量中，可信的真实结果不少于95次，不可信的大误差仅出现不超过5次。在工业测量条件下，这就足以满足测量要求了。

所以，为消除随机误差，需要在消除了系统误差和粗大误差的影响之后，对同一被测量进行多次测量（一般为 5～10 次即可），计算多次测量结果的算术平均值$\overline{X}$。任意一次测量结果位于下式的范围内，其可信度由K确定，即

$$X=\overline{X}\pm K\sigma \tag{1-10}$$

3．粗大误差分析与处理

粗大误差会显著歪曲测量结果。所以必须在剔除含有粗大误差的测量值后，才可以进行数据的统计分析，从而得到符合客观实际的测量结果。但是，也应当防止无根据地丢掉一些误差大的测量值。目前判定粗大误差的常用方法是“莱伊特准则”。它以±3σ为取置信区间，凡超过此值的误差均做粗大误差处理，予以剔除，即满足

$$|X_{\mathrm{i}}-\overline{X}|>3\sigma \tag{1-11}$$

的误差为粗大误差，相应的测量值 X_i 就是坏值，必须剔除，不能作为有效的测量结果。

莱伊特准则的判定依据是置信区间为±3σ。应用莱伊特准则时，计算$\overline{X}$、σ应当使用包含坏值在内的所有测量值。按式（1-11）剔除坏值后，应重新计算$\overline{X}$、σ，再用莱伊特准则检验，看有无坏值出现。如此重复进行，直到检查不出坏值。

4．检测系统的误差确定

在由多个环节或仪表组成的检测系统中，整个系统的测量误差，不是系统中各个环节误差的简单叠加。因为各环节的误差不可能同时按相同的符号出现最大值，有时会相互抵消。因此，必须按照概率统计的方法，用各环节误差的标准误差来估计系统的总误差，即

$$\sigma=\pm\sqrt{\sum\sigma_{\mathrm{i}}^{2}} \tag{1-12}$$

【例题 1-2】 用 WZP—230 型铂电阻、XMZ—101 数字温度显示仪组成的测温系统。热电阻、显示仪的基本误差分别为σ_1=±2℃、σ_2=±1℃，连接热电阻和显示仪表的导线电阻变化所引起的基本误差为σ_3=±0.5℃，由于线路老化、接触电阻和环境电磁干扰带来的基本误差若为σ_4=±1℃。试计

算这一测温系统的误差为多少？

解：根据检测系统误差综合原则，测温系统标准误差为

$$\sigma = \pm\sqrt{\sigma_1^2+\sigma_2^2+\sigma_3^2+\sigma_4^2} = \sqrt{2^2+1^2+0.5^2+1^2} = 2.5\ ℃$$

答：此温度检测系统的标准误差为 2.5℃。

1.3　检测仪表的组成与分类

1.3.1　检测仪表的基本组成

由于工业生产过程中被测变量有许多，各种参数的检测仪表所依据的测量原理不同，结构也不尽相同。仪表五花八门，类型繁多。但是，从检测仪表的基本组成环节来看，还是有许多共同之处。基本上是由检测部分、转换部分和显示部分组成，分别完成被测量信息的获取、转换、处理和显示等功能。各部分之间用机械传动位移形式或电信号、气信号相联系。

检测、转换和显示部分可以是三个独立的部分，也可以有机地结合成一体。

1．检测仪表的基本组成

（1）检测部分。直接感受被测变量，并将其转换为便于测量传送的信号，如机械位移、电量或其他形式的信号。习惯上将检测部分与被测介质接触并进行参数转换的元件称为检测敏感元件。

检测敏感元件是检测仪表对被测物理量做出响应的基本元件。例如，大家最熟悉的玻璃液体温计中的水银温包是敏感元件。工业用热电阻温度计中的热电阻，以自身电阻值的变化反映温度的高低；膜盒式压力计中的膜片，在被测压力下产生弹性变形，来反映压力的高低。各种敏感元件均以其自身的敏感参数对被测物理量做出响应。

在实际应用中，一般要求敏感元件的输出信号与被测参数之间的转换关系成单值、线性关系，并尽量不受周围环境因素和其他参数的影响。否则必须进行针对性的补偿和矫正，以利于测量信号的处理和传送，方便显示和计算。

（2）转换部分。对检测部分输出信号进行转换、放大或其他处理，如温度压力补偿、线性校正、参数计算等处理等。一般情况下，我们把输出远传信号的检测部分与转换部分合称为传感器；将输出标准信号的传感器称为变送器。

传感器输出的远传信号可以是电信号、气信号或光信号等。一般为电压、电流、电阻、频率等电参数，这是因为电信号易于传送和处理。

由于传感器输出的信号形式不统一，而且信号往往很微弱，一般都需要转换环节进一步处理，把传感器的输出信号转换放大成如 0～10mA DC、4～20mA DC 标准电信号或 20～100kPa 气信号等标准模拟量信号或者满足特定标准的数字量信号，这种检测仪表称为变送器。变送器以信号远传输出为主，有时也可以就地指示。

变送器输出信号送到显示仪表或计算机监控系统上显示被测参数，或者送到控制装置上实现对被控参数的控制。

（3）显示部分。将检测、转换部分传送来的信号，以被测量数值结果直观显示出来。显示方式可以是指针相对于标尺刻度的位移、或是计数器、数码管的数字，也可以是 CRT、LCD 屏的曲线、图形等方式。

显示部分可以和检测部分、转换部分共同构成一个整体，成为就地指示型检测仪表。也可以独

立地工作，成为专门的显示仪表，如电子电位差计、数字显示仪、无纸记录仪等，与各类传感器、变送器等配合使用，构成检测系统。有的显示仪表可以附加控制单元，具备控制、通信等复杂功能，使显示仪表成为综合性多功能仪表。

2. 检测仪表的结构形式

根据检测仪表的构成方式，检测仪表分为开环式结构和闭环结构两种类型。

（1）开环式结构。开环式检测仪表结构框图如图 1-4 所示。各环节首尾相接，一个环节的输出是后一环节的输入。如果仪表的输入、输出参数分别为 x、y，各环节的转换系数分别为 K_1、K_2、K_3，则对整个仪表而言，有下列关系，即

$$y = K_1K_2K_3x = Kx \tag{1-13}$$

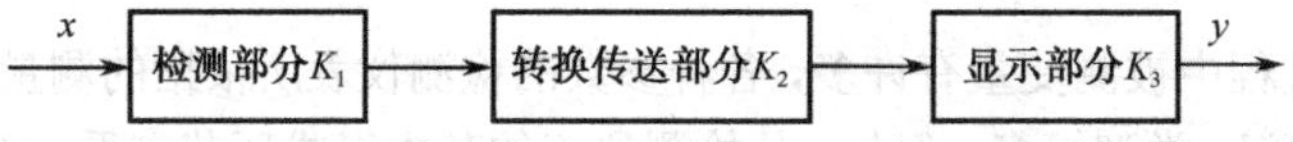

图 1-4　开环式检测仪表结构框图

由于开环式仪表各个环节的转换系数变化都能改变仪表的输入、输出关系，各环节受干扰时均会引起整个仪表的性能变化。开环式仪表要获得较高的性能，需要各环节均要有较好的稳定性和抗干扰能力，这往往是很困难的。

（2）闭环式结构。如图 1-5 所示的闭环式结构，是一种具有反馈作用的结构形式。如果反馈环节的传递放大系数为 K_f，则整个仪表的输出与输入关系为

$$y = \frac{K_1K_2K_3}{1+K_2K_3K_f}x \tag{1-14}$$

一般情况下，仪表主回路放大系数 K_2K_3 很大，$K_2K_3K_f$>>1，则

$$y \approx \frac{K_1}{K_f}x \tag{1-15}$$

由式（1-15）可以看出，对于闭环结构的仪表，只要保证主回路放大倍数足够大，则整个仪表的特性仅取决于反馈环节及检测元件的转换系数，消除了转换环节和显示环节干扰的影响。因此，闭环结构的检测仪表的性能、测量精度等都能得到有效的提高。

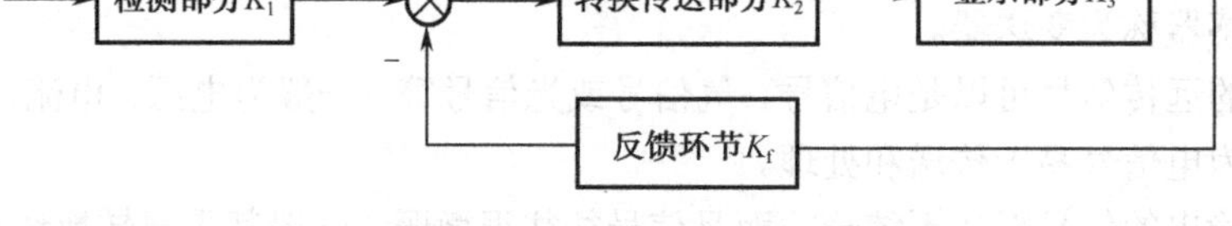

图 1-5　闭环式检测仪表结构框图

1.3.2　检测仪表的分类

在工业生产中使用的检测仪表种类很多，分类方法也不尽相同，这里介绍几种常见的分类方法。

（1）根据被测参数分类，可分为化工（热工）测量仪表（包括压力、流量、物位、温度检测仪表），分析仪表（成分分析、物性检测），电工测量仪表（包括电压表、电流表、电功率计、功率因数计、频率计等），机械量检测仪表（包括位移、振动、转速与转矩、速度与加速度测量仪等）。其中过程检测仪表主要包括化工测量仪表和分析仪表。

（2）按仪表的指示方式分类，可分为指示型仪表、记录型仪表、远传型仪表等。

（3）按仪表使用的能源分类，可分为电动仪表、气动仪表、自力式仪表等。其中自力式仪表采

用被测参数自身的能量工作，无须施加外部能源，如玻璃液体温计、普通压力表均属此类。

（4）根据敏感元件与被测介质的关系分类，可分为接触式检测仪表、非接触式检测仪表两类。

（5）按仪表的组合方式分类，可分为基地式仪表和单元组合仪表。

基地式仪表集测量、显示、调节各部分功能于一体，单独构成一个固定的控制系统。检测部分属于仪表的一个环节。

单元组合式仪表将检测变送、控制、显示等功能制成各自独立的仪表单元，各单元间用统一的输入、输出信号相联系，可以根据实际需要选择某些单元进行适当的组合、搭配，组成各种测量系统或控制系统。

单元组合仪表，有电动单元组合仪表及气动单元组合仪表两大类。

国产 QDZ 系列气动单元组合仪表，气源采用压力为 140kPa 的压缩空气，统一标准信号为 20～100kPa 的气压信号。国产 DDZ 系列 DDZ—Ⅱ型电动单元组合仪表，采用 220V 单相交流电源，统一标准信号为 0～10mA 直流电流；DDZ—Ⅲ型电动单元组合仪表，电源为 24V 直流电源，统一信号为 4～20mA、1～5V 直流电信号。

1.4 检测仪表的性能指标

检测仪表的性能指标是评价仪表性能和质量的主要依据，也是正确选择、应用仪表所必须具备的知识。检测仪表的性能指标很多，概括起来不外乎涉及技术、经济及使用三个方面。仪表技术指标一般有精度、灵敏度、线性度、变差、反应时间等；仪表的经济指标有价格、使用寿命、功耗等；仪表的应用指标有可靠性、抗干扰能力、质量、体积等。下面对仪表的一些基本技术性能指标分别进行介绍。

1.4.1 精确度

1．精确度

精确度（简称精度），反映仪表在规定使用条件下，测量结果准确程度的一项综合性指标。其形式用最大引用误差去掉百分号表示。可用下式描述，即

$$A_c = \frac{e_{max}}{S_P} \times 100 \tag{1-16}$$

式中 A_c——精度；

e_{max}——允许最大绝对误差。

允许最大绝对误差是在规定的工作条件下，仪表测量范围内各点测量误差允许最大值，为仪表的“基本误差”。

仪表的精度是衡量仪表质量优劣的重要指标之一，仪表精度的高低由系统误差和随机误差综合决定。精度高，表明仪表的系统误差和随机误差都小，所指示的测量值越接近于参数的真实值，测量结果越准确。

2．精度等级

为了方便仪表的生产及应用，国家用精度等级来划分仪表精度的高低。精度等级是国家统一按精度大小规定的数系。仪表的精度等级一般用圈内数字等形式标注在仪表面板或铭牌上，如0.5、1.5等。

根据国家标准 GB/T13283—91 由引用误差表示精度的仪表，其精度等级应符合下列数系规定

值：0.01；0.02；（0.03）；0.05；0.1；0.2；（0.25）；（0.3）；（0.4）；0.5；1.0；1.5；（2.0）；2.5；4.0；5.0。其中括号内等级必要时才采用。0.4 级只适用于压力表。

不适宜用引用误差表示精度的仪表（如热电偶、热电阻等），可用拉丁字母或序数数字的先后次序表示精确度等级，如 A 级、B 级、C 级；1 级、2 级、3 级等。

如前所述，仪表的精度是用引用误差表示的，某一精度等级仪表，反映在正常情况下，仪表所允许具有的最大引用误差。例如，精度等级为 1 级的仪表，在测量范围内各处的引用误差均不超过±1%时为合格，否则为不合格。

必须指出：在工业应用时，对检测仪表精度的要求，应根据生产实际和参数对工艺过程的影响所给出的允许误差来确定，这样才能保证生产的经济性和合理性。

下面举例说明如何确定仪表的精度等级。

【例题 1-3】 某压力检测仪表的测量范围为 0～1000kPa，校验该表时得到的最大绝对误差为±8kPa，试确定该仪表的精度等级。

解：该仪表的精度为

$$A_c=\frac{e_{max}}{S_p}\times 100=\frac{e_{max}}{X_{max}-X_{min}}\times 100=\frac{8}{1000-0}\times 100=0.8$$

由于国家规定的精度等级中没有 0.8 级仪表，而该仪表的精度又超过了 0.5 级仪表的允许误差，所以，这台仪表的精度等级应定为 1.0 级。

【例题 1-4】 某台测温仪表的测量范围为 0～100 ℃，根据工艺要求，温度指示值的误差不允许超过±0.7℃，试问应如何选择仪表的精度等级才能满足以上要求？

解：根据工艺要求，仪表精度应满足为

$$A_c\leqslant\frac{e_{max}}{S_P}\times 100=\frac{0.7}{100-0}\times 100=0.7$$

此值介于 0.5 级和 1.0 级之间，若选择精度等级为 1.0 级的仪表，其允许最大绝对误差为±1 ℃，这就超过了工艺要求的允许误差，故应选择 0.5 级的精度才能满足工艺要求。

由以上两个例子可以看出，根据仪表校验数据来确定仪表精度等级和根据工艺要求来选择仪表精度等级，要求是不同的。根据仪表校验数据来确定仪表精度等级时，仪表的精度等级值应选不小于由校验结果所计算的精度值；根据工艺要求来选择仪表精度等级时，仪表的精度等级值应不大于工艺要求所计算的精度值。

1.4.2 线性度

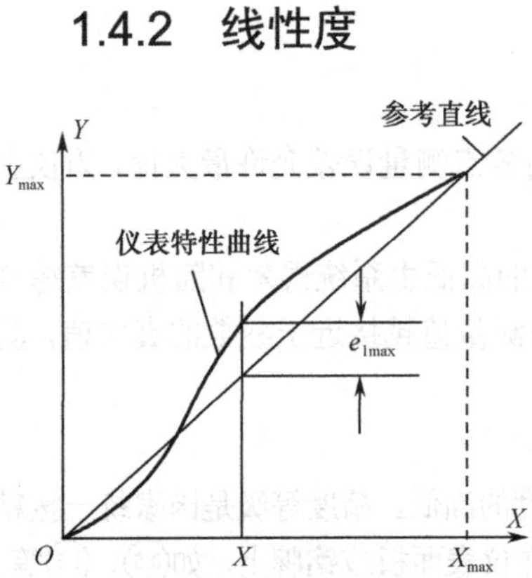

图 1-6 检测仪表的非线性特性

由于线性仪表的刻度及信号处理都比较方便，符合使用习惯，所以通常希望仪表具有线性特性。线性度就是仪表特性曲线逼近直线特性的程度，反映仪表分度的均匀程度。检测仪表的非线性特性如图 1-6 所示。线性度用非线性误差来表示，即

$$E_{lmax}=\frac{e_{lmax}}{S_P}\times 100\% \tag{1-17}$$

式中 E_{lmax}——线性度；

e_{lmax}——仪表特性曲线与理想直线特性间的最大偏差。

1.4.3　灵敏度及分辨率

1．灵敏度

灵敏度反映了静态状况下仪表示值对被测量变化的幅值敏感程度。灵敏度一般用于模拟量仪表，规定用仪表的输出变化量与引起此变化的被测参数改变量之比来表示，即

$$S=\frac{\Delta Y}{\Delta X} \tag{1-18}$$

式中　S——仪表的灵敏度；

ΔX——被测参数改变量；

ΔY——仪表输出变化量。

对于变送器、传感器而言，其输出变化量为仪表输出信号改变量。对于就地指示的仪表而言，其输出变化量就是指针的线位移或角位移。

灵敏度是有单位的，其单位为输出、输入参数单位之比。线性特性的仪表，灵敏度在仪表测量范围内均相同，而对于非线性特性的仪表，灵敏度各处不同。对于有多个仪表组成的检测系统，总的灵敏度等于各个仪表灵敏度的乘积。

检测仪表的灵敏度可以用增大仪表转换环节放大倍数的方法来提高。仪表灵敏度高，仪表示值的读数可以比较精细。但是必须指出，仪表的性能主要取决于仪表的基本误差，如果想单纯地通过提高灵敏度来达到更准确的测量是无法实现的。单纯增加灵敏度，反而会出现虚假的高精度现象。因此，通常规定仪表标尺刻度上的最小分格值不能小于仪表允许最大绝对误差值。

2．分辨率

在模拟式仪表中，分辨率是指仪表能够检测出被测量最小变化的能力。如果被测量从某一值缓慢增加，直到输出产生变化为止，此时的被测量变化量即是分辨率。在检测仪表的刻度始点处的分辨率称为灵敏限。

仪表的灵敏度越高，分辨率越好。一般模拟式仪表的分辨率规定为最小刻度分格值的一半。

在数字式仪表中，往往用分辨力来表示仪表灵敏度的大小。数字式仪表的分辨力是指仪表在最低量程上最末一位数字改变一个字所表示的物理量。例如，七位数字式电压表，若在最低量程时满度值为 1V，则该数字式电压表的分辨力为 0.1μV。数字仪表能稳定显示的位数越多，则分辨力就越高。

数字仪表的分辨率一般是指显示的最小数值与最大数值之比。例如，测量范围为 0～999.9℃的数字温度显示仪表，最小显示 0.1℃（末位跳变 1 个字），最大显示 999.9℃，则分辨率为 0.01%。

1.4.4　变差

在外界条件不变的情况下，使用同一仪表对同一变量进行正、反行程（被测参数由小到大和由大到小）测量时，仪表指示值之间的差值，称为变差（又称回差）。检测仪表的变差示意图如图 1-7 所示。

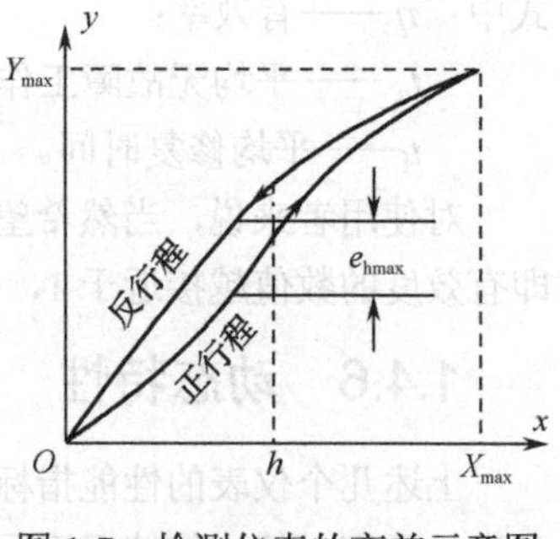

图 1-7　检测仪表的变差示意图

不同的测量点，变差的大小也会不同。为了便于与仪表的精度比较，变差的大小，一般采用最大引用误差形式表示，即

$$E_{\mathrm{h\,max}}=\frac{e_{\mathrm{h\,max}}}{S_{\mathrm{P}}}\times 100\% \tag{1-19}$$

式中　E_{hmax}——最大变差；

e_{hmax}——仪表的正、反行程指示值最大偏差值。

造成变差的原因很多，例如，传动机构的间隙，运动部件的摩擦，弹性元件的弹性滞后的影响等。变差的大小反映了仪表的稳定性，要求仪表的变差不能超过精度等级所限定的允许误差。

【例题 1-5】 某测温仪表的测量范围为 0～600℃，精度等级为 0.5 级。进行定期校验时，检验数据如表 1-1 所示。试确定该仪表的变差和精度等级。如果仪表不合格，应将该仪表的精度定为几级使用？

表 1-1　温度计校验数据表

被校表读数/℃		0	100	200	300	400	500	600
标准表读数/℃	正行程	0	103	198	303	405	501	600
	反行程	0	101	201	301	404	499	600

解： 分析校验数据表可知，变差的最大值发生在 200℃处，可求出

$$e_{hmax} = 201 - 198 = 3\ ℃$$

$$E_{h\max} = \frac{e_{h\max}}{S_P} \times 100\% = \frac{3}{600-0} \times 100\% = 0.5\%$$

最大绝对误差发生在 400℃处，由最大绝对误差，即

$$e_{max} = 400 - 405 = -5\ ℃$$

可求出仪表精度为

$$A_c = \frac{e_{max}}{S_P} \times 100 = \frac{|-5|}{600-0} \times 100 = 0.83$$

确定精度等级时，应将计算精度圆整为大于国家规定的精度等级值，所以，这台仪表的精度等级应定为 1.0 级，大于仪表原定 0.5 级的精度等级。所以该温度计应判为不合格。可以降级为低一级的 1.0 级仪表使用。

1.4.5　可靠性

现代工业生产的自动化程度日益提高，检测仪表的任务不仅要提供检测数据，而且要以此为依据，直接参与生产过程的控制。因此，检测仪表在生产过程中的地位越来越重要，一旦出现故障往往会导致严重的事故。为此必须加强仪表可靠性研究，提高仪表的质量。

衡量仪表可靠性的综合指标是有效率，其定义为

$$\eta_e = \frac{t_u}{t_u + t_f} \tag{1-20}$$

式中　η_e——有效率；

t_u——平均无故障工作时间；

t_f——平均修复时间。

对使用者来说，当然希望平均无故障工作时间尽可能长，同时又希望平均修复时间尽可能短，即有效度的数值越接近于 1，仪表工作越可靠。

1.4.6　动态特性

上述几个仪表的性能指标都是仪表的静态特性，是当仪表处于稳定平衡状态下，仪表的状态和参数处于相对静止的情况下得到的性能参数。仪表的动态特性是指被测量变化时，仪表指示值跟随

被测量随时间变化的特性。仪表的动态特性反映了仪表对测量值的速度敏感性能。

仪表的动态性能指标，一般用被测量初始值为零，并做满量程阶跃变化时仪表示值的时间反应参数来描述。

被测量做满量程阶跃变化时，仪表的动态特性如图 1-8 所示。图 1-8（a）所示的情况，仪表指示值在稳定值上下振荡波动，称之为欠阻尼特性。图 1-8（b）所示的情况，仪表指示值慢慢增加，逐渐达到稳定值，称为过阻尼特性。

对于欠阻尼特性，仪表的动态特性用上升时间 t_{rs}、稳定时间 t_{st} 及过冲量 y_{os} 表示。图 1-8 中，A 一般为 5%或 10%，B 一般为 90%或 95%，C 一般为 2%～5%。

对于过阻尼特性，仪表的动态特性用时间常数 T_{tc} 表示。T_{tc} 等于被测量做满量程阶跃变化时，仪表指示值达到满量程的 63.2%时所需时间。

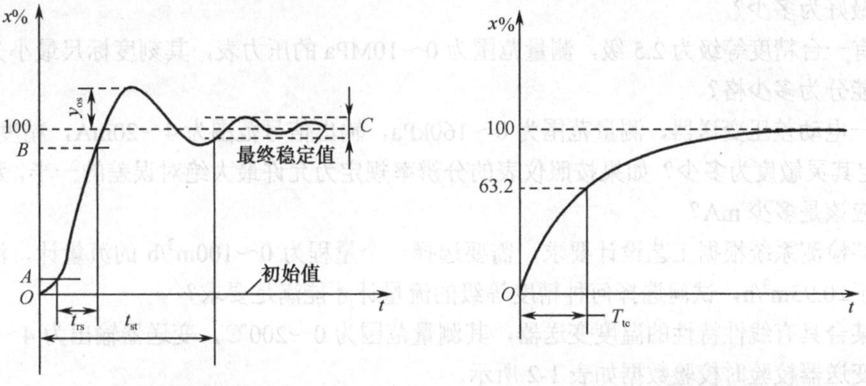

（a）欠阻尼特性　　（b）过阻尼特性

图 1-8　仪表的动态特性

练　习　题

1．什么是测量？测量过程的实质是什么？

2．测量方法有哪些分类？按测量原理分类的测量方法有哪些？特点分别是什么？常用玻璃体温计属于什么测量方法？

3．检测仪表由哪几部分组成？试述各部分的作用。传感器和变送器的区别是什么？

4．弹簧秤属于哪种结构形式的测力计？

5．什么是测量误差？绝对误差、相对误差、引用误差的特点分别是什么？有何异同之处？

6．某流量计的测量范围为 0～600m^3/h，如果流量计的最大绝对误差为±8m^3/h，仪表的满度误差是多少？被测流量为 500m^3/h，时，测量结果的测量精度是多少？

7．按误差出现的原因，误差可分为哪几种？各有什么特点？产生的原因分别是什么？

8．系统误差、随机误差、粗大误差如何进行统计分析？

9．下列温度测量数据是用同一仪表、多次测量同一温度时的测量结果。其中测量值 243℃怀疑为含粗大误差的数据，请判断是否应该剔除，如果要剔除，求剔除前后的平均值和标准误差。

167℃，171℃，243℃，192℃，176℃，186℃，163℃，189℃，195℃，178℃

10．什么是置信概率？它的大小说明了什么？取置信区间为±2σ时，置信概率是多少？

11．检测系统的误差如何确定？

12．某测量系统由测量元件、变送器、指示仪表组成。它们的基本误差分别为σ_1=±3kPa、σ_2=±1kPa、σ_3=±2kPa，试计算该系统的总误差。

13．检测仪表的静态性能指标有哪些？各反映仪表的什么性能？

14．检测仪表的灵敏度和分辨率有什么异同之处？与仪表的动态指标的区别又是什么？

15．检测仪表的动态性能指标有哪些？能反映仪表的什么性能？

16．一台电子电位差计，测量范围为0～1000 ℃，精度等级为0.5级。校验发现最大绝对误差为6℃。试确定该仪表是否合格，该仪表的精度应定为几级？

17．某压力表的量程为1MPa，精度为1.0级，被测压力在0.6MPa左右，其测量精度最好可能为多少？如果改用量程为1.6MPa的压力表，精度等级和实际测量压力不变，其测量结果是否相同？测量精度最好为多少？

18．有一台精度等级为2.5级，测量范围为0～10MPa的压力表，其刻度标尺最小分格值为多少，最多能分为多少格？

19．一电动差压变送器，测量范围为0～160kPa，输出信号范围为4～20mA，精度等级为0.5级。试确定其灵敏度为多少？如果按照仪表的分辨率规定为允许最大绝对误差的一半，那么变送器的分辨率应该是多少mA？

20．某检测系统根据工艺设计要求，需要选择一个量程为0～100m^3/h的流量计，流量测量误差要求小于±0.95m^3/h，试问选择何种精度等级的流量计才能满足要求？

21．某台具有线性特性的温度变送器，其测量范围为0～200℃，变送器输出为4～20mA，对这台温度变送器校验时校验数据如表1-2所示。

表1-2　温度计校验数据表

输入信号/℃	标准温度	0	50	100	150	200
输出信号/mA	正行程	4	8	12.01	16.01	20
	反行程	4.02	8.10	12.10	16.09	20.01

试根据以上数据确定该仪表的变差、精度等级和线性度。

第 2 章　压力检测仪表

【学习目标】 压力是工业生产过程中最重要的工艺参数之一。压力的检测和控制是保证工业生产过程经济性和安全性的重要环节。本章重点介绍了弹性式压力计，应变式、压阻式、电容式压力（差压）变送器的基本结构、工作原理、性能特点及校验、安装与应用知识。

知识目标

① 掌握压力形式及单位换算。

② 掌握弹簧管式压力表结构、原理及性能特点。

③ 了解电阻应变效应原理及影响因素，掌握应变式、压阻式压力变送器结构、工作原理。

④ 掌握电容式、硅谐振式压力（差压）变送器的结构组成、工作原理，了解变送器电路原理及特点与应用。

⑤ 了解智能压力变送器组成、特点及功能，熟悉智能压力变送器的通信方式及总线类型。

技能目标

① 利用压力单位换算关系，学会绝对压力、表压力、负压力计算。

② 掌握压力表及压力（差压）变送器零点、量程调整方法。

③ 掌握压力仪表选用方法、安装要求。

④ 掌握校验原理，熟悉校验方法及操作步骤，会计算实验数据。

在工业生产过程中，许多工艺过程只有在一定的压力条件下进行，才能取得预期的效果。如高压聚乙烯要在 150MPa 或更高的压力下才能完成聚合；炼油厂减压蒸馏、油田原油稳定装置则要在小于-0.03MPa 的负压条件下才能进行。但所有工艺设备的承压能力都是有限的，超过设备的额定压力容易造成设备的损坏，甚至造成爆炸事故。压力的检测和控制是工业生产过程经济性和安全性的重要保证。可见，压力的测量与控制在生产过程中是十分重要的。压力测量仪表还广泛应用于流量和液位的测量。

2.1　压力检测仪表概述

2.1.1　压力的概念与压力单位

1．压力的概念

工程上统称介质垂直作用在单位面积上的力为压力。压力是由分子的质量或分子运动对器壁撞击产生的单位面积上垂直作用力，就是物理学中所指的压强。压力由受力面积和垂直作用力的大小决定，方向则指向受压物体。其数学表达式为

$$P=\frac{F}{S} \tag{2-1}$$

式中　P——压力；

　　　F——垂直作用力；

S——受力面积。

2. 压力的单位

在国际单位制中，定义1牛顿力垂直均匀地作用在1平方米面积上所形成的压力为1帕斯卡，简称“帕”，符号为Pa。我国规定帕斯卡为压力的法定单位。因帕斯卡的单位太小，工程上常用千帕（kPa）、兆帕（MPa）等单位。

根据流体静力学原理，对于密度为ρ、高度为H的流体由于其自身重力在底部所产生的压力为

$$P = H\rho g \tag{2-2}$$

式中 g——重力加速度。

所以，对于密度一定的流体，可以用液柱高度表示压力的大小。实行国际单位制以前常用mmH_2O、mmHg表示压力。以前使用的压力单位还有工程大气压、物理大气压、巴等。为了便于换算，表2-1给出了各压力单位之间的换算关系。

表2-1 压力单位换算表

压力单位	帕 Pa	工程大气压 Kgf/cm^2	标准大气压 atm	毫米水柱 mmH_2O	毫米汞柱 mmHg	毫巴 mbar	磅力/英寸^2 lbf/in^2
帕/Pa	1	1.01972×10^{-5}	9.86923×10^{-6}	1.01972×10^{-1}	7.50062×10^{-3}	1.0×10^{-2}	1.45037×10^{-4}
工程大气压 $/Kgf/cm^2$	9.80662×10^{4}	1	9.67838×10^{-1}	1.0×10^{4}	7.35557×10^{2}	9.80663×10^{2}	1.42233×10
标准大气压/atm	1.01325×10^{5}	1.03323	1	1.03323×10^{4}	7.60×10^{2}	1.01325×10^{3}	1.46959×10
毫米水柱/mmH_2O①	9.80662	1.0×10^{-4}	9.67838×10^{-5}	1	7.35557×10^{-2}	9.80663×10^{-2}	1.42233×10^{-3}
毫米汞柱/mmHg②	1.33322×10^{2}	1.35951×10^{-3}	1.31579×10^{-3}	1.35951×10	1	1.33322	1.93367×10^{-2}
毫巴/mbar	1.0×10^{2}	1.01972×10^{-3}	9.86923×10^{-4}	1.019716×10	7.50062×10^{-1}	1	1.45037×10^{-2}
磅力/英寸^2/$lbf/in^2$③	6.89478×10^{3}	7.03074×10^{-2}	6.80462×10^{-2}	7.03074×10^{2}	5.17151×10	6.89478×10	1

注：① mmH_2O单位为温度为4℃时的值，重力加速度规定为$9.80665m/s^2$。

② mmHg单位为温度为0℃时的值，重力加速度规定为$9.80665m/s^2$。

③ 磅力/英寸^2（lbf/in^2）单位可缩写为psi。

3. 压力的表示方法

压力测量中常有大气压力、表压力、绝对压力和负压力（或真空度）之分，如图2-1所示。

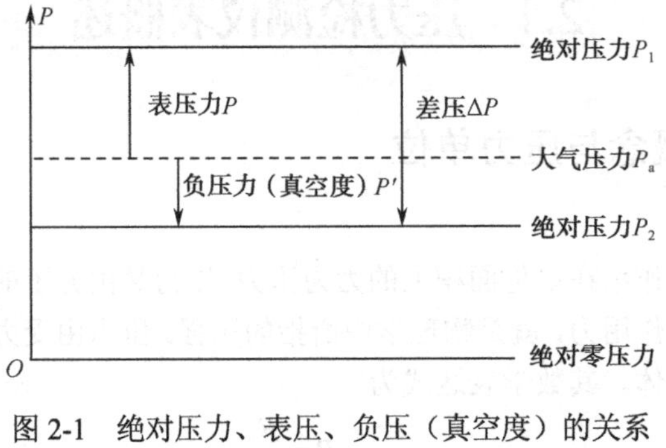

图2-1 绝对压力、表压、负压（真空度）的关系

（1）绝对压力 ***P***。以绝对真空为零点计算的压力，为介质的真实压力。

（2）表压力 ***p***。为绝对压力与当地大气压力之差，即为超出大气压力的那部分压力。表压力、

绝对压力和大气压力之间的关系也可用数学式表示，即

$$p = P - P_a \tag{2-3}$$

（3）负压力 p'。由式（2-3）可见，当绝对压力低于当地大气压力时，表压将出现负值，此时表压力称为负压力。负压力又称真空度，在数值上等于表压力的绝对值，即

$$p' = P_a - P \tag{2-4}$$

因为各种工艺设备和测量仪表都处于大气之中，为便于调零，压力仪表指示的压力均为表压力或真空度。所以工程上都用表压力或真空度表示压力的大小。如不特别指明，一般所指压力均为表压力。如需测量绝对压力时，可以将压力计表壳或差压变送器的低压室抽成真空来实现。

（4）差压。是两个压力之差，用Δp 表示。差压计和差压变送器广泛应用于节流式流量计和静压式液位计中。

2.1.2　压力测量仪表的分类

为了测量方便，根据所测压力的高低不同，习惯上把压力划分成不同的区间。在不同的压力区间压力的测量方法有所不同，下面所列压力范围的划分不是绝对的。

1．压力范围的划分

（1）微压 0～0.1MPa。

（2）低压 0.1～1.6MPa。

（3）中压 1.6～10MPa。

（4）高压 10～32MPa。

（5）超高压>32MPa。

2．压力仪表的分类

压力仪表按测量原理的不同，可分为以下四类。

（1）液柱式压力计。根据流体静力学原理，将被测压力转换成液柱高度进行测量。有 U 型管压力计、单管压力计和斜管压力计三种。这类压力计结构简单、使用方便，测量范围较窄。一般用来测量较低压力、真空或压力差。

（2）弹性式压力计。利用弹性元件受到压力作用时产生的弹性变形的大小间接测量被测压力。弹性元件有多种类型，覆盖了很宽的压力范围，所以此类压力计在压力测量中应用非常普遍。

（3）活塞式压力计。根据流体静力学原理，将被测压力转换成活塞上所加平衡砝码的质量进行测量。活塞式压力计的测量精度很高，可达到 0.05～0.02 级。其结构复杂，价格较贵，一般作为标准仪表，校验其他压力计。

（4）电测式压力计。通过机械和电气元件将被测压力转换成电压、电流、频率等电量进行测量，实现压力信号的远传。电测式压力计一般由压力敏感元件、转换元件、测量电路等组成。压力敏感元件一般是弹性元件，被测压力通过压力敏感元件转换成一个与压力有确定关系的非电量（如弹性变形、应变力或机械位移），通过转换元件的某种物理效应将这一非电量转换成电阻、电感、电容、电势等电量。测量电路则将转换元件输出的电量进行放大与转换，变成易于传送的电压、电流或频率信号输出。

根据转换元件所基于的物理效应不同，电测式压力计有电阻式、电感式、电容式、霍尔式、应变式、压阻式、压磁式压力计等多种。

应当指出，有的电测式压力计的压力敏感元件和转换元件是同一个元件，有的仅包含压力敏感元件和转换元件，而测量电路置于显示、控制仪表中。

2.2 弹性式压力计

弹性式压力计结构简单、价格低廉、使用方便、测量范围宽，若增加附加装置，如记录机构、电气变换装置、控制元件等，可以实现压力的记录、远传、信号报警、自动控制等。弹性式压力计可以用来测量几百帕到数百兆帕范围内的压力，是应用最为广泛的一种测压仪表。

2.2.1 弹性元件

弹性元件是弹性式压力计的测压敏感元件，压力计的性能主要取决于弹性元件的弹性特性，它与弹性元件的材料、形状、加工和热处理质量有关，而且对温度敏感性较强。被测介质温度或测量环境温度改变时，往往会产生一定的测量误差，需要进行温度补偿。

不同形状的弹性元件所适用的测压范围不同。常用弹性压力计所使用的弹性元件示意图如图 2-2 所示，有以下几种。

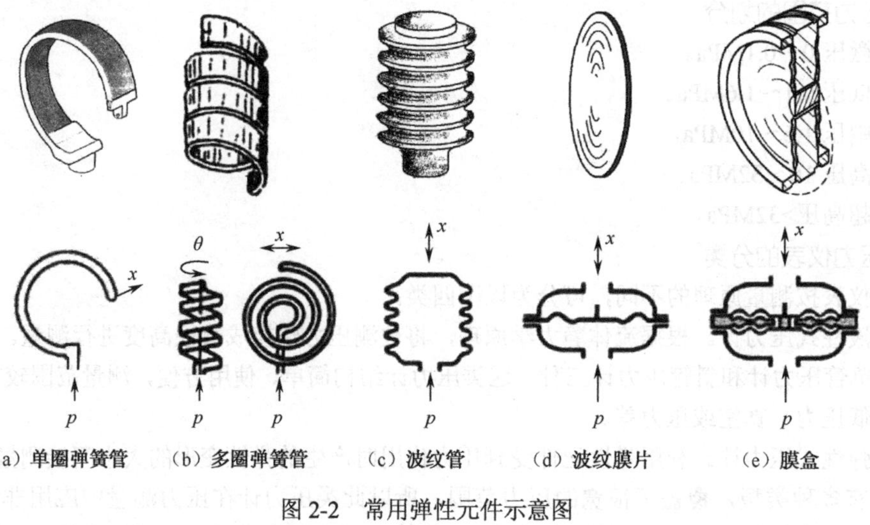

图 2-2　常用弹性元件示意图

（1）弹簧管。是由法国工程师 E·波登发明的，所以又称波登管。它是一根弯曲成圆弧形的、扁圆截面的金属管子，固定端开口，自由端封闭。当被测压力从固定端输入后，它的自由端会产生位移，通过位移大小测量压力。弹簧管式压力计结构简单，测量范围很广。弹簧管有单圈和多圈之分，多圈弹簧管自由端位移量较大，灵敏度高。

（2）波纹管。形状为薄壁筒形，壁上有层层波纹状褶皱，用金属材料滚压或叠焊制成。一端封闭，另一端通入压力。在压力作用下，其自由端受力，产生伸缩变形。波纹管的变形主要是各层波纹的弯曲产生，其特点是刚度小、位移量大、压力灵敏度高，可以用来测量较低的压力。

（3）膜片膜盒。膜片用金属薄片或橡胶膜制成，在现代固态传感器中，一般用硅、陶瓷材料制作膜片。其形式分为平膜片、波纹膜片和挠性膜片三种。其中平膜片可以承受较大被测压力，变形量较小，灵敏度不高，一般在测量较大的压力而且要求变形较小时使用。波纹膜片刚度小、位移量大，灵敏度较高，常用在低压测量中。挠性膜片一般不单独作为弹性元件使用，而是与线性较好的弹簧相连，在较低压力测量时使用。

在差压计和差压变送器中，为提高弹性元件的稳定性，提高抗过载能力，通常把两张相同的金属波纹膜片面对面焊接在圆形基座上，做成膜盒，如图 2-2（e）所示。膜盒内充液体（如硅油），用于传递压力。当被测压力（差压）超过测量上限、膜片位移过大时，会贴紧在基座上，避免过载而损坏。

弹性元件的基本特性为刚度。刚度表示产生单位位移所需要的压力，刚度的倒数可以表示弹性元件的灵敏度。

所有弹性元件普遍存在不同程度的弹性滞后和弹性后效现象。弹性滞后是指弹性材料在加载、卸载的正反行程中，相同压力下变形不同，位移曲线是不重合的。弹性后效是指载荷在停止变化之后，弹性元件在一段时间之内还会继续产生类似蠕动的位移。这两种现象在弹性元件的工作过程中，降低了元件的品质，会引起测量误差和零点漂移。为了保证仪表的精度、可靠性及良好的线性特性，弹性元件必须工作在弹性限度范围内，且弹性元件的弹性后效和弹性滞后要小，温度系数也要低。

常用弹性元件的材料有金属、陶瓷和硅材料等。铜基弹性合金如黄铜、磷青铜、钛铜和铍青铜等用得最早，但耐高温和耐腐蚀性能差。铁基和镍基高弹性合金材料弹性元件具有弹性好、滞后小、耐腐蚀等优点，缺点是弹性材料的温度系数大，温度误差显著。铌基合金是一种较理想的高温恒弹性合金，其弹性材料的温度系数很小，一般为$\pm10\times10^{-6}$/℃。石英也是一种优良的弹性材料，其滞后仅为弹性合金的 1/100，而热膨胀系数却只有它的 1/30。陶瓷在破碎之前，应力—应变关系始终保持线性，适于制作耐高温的弹性元件。金属材料弹性元件的弹性滞后和弹性后效比较明显，而非金属材料弹性元件则较小。

2.2.2 弹簧管压力表

1. 弹簧管测压原理

弹簧管式压力表是工业生产上应用非常广泛的一种测压仪表，应用最多的是单圈弹簧管压力表。

图 2-3 所示单圈弹簧管，是一根弯成 270° 圆弧形椭圆截面的空心金属薄壁管，椭圆形截面的长轴垂直于图面。弹簧管一端 A 开口、固定，为压力输入端，另一端 B 封闭、自由，用于位移输出。

被测压力 p 由 A 端通入弹簧管内腔后，由于椭圆形截面的受压面积不均匀，弹簧管在压力作用下将趋向于圆形，即长轴变短，短轴变长。图 2-3（b）所分析的弹簧管阴影部分微元中，其内、外侧弧面 C-C'、D-D'变形后移到 c-c'、d-d'位置。但是，由于弹簧管封闭端截面积很小，弹簧管长度方面的拉伸变形可以忽略不计。圆弧形弹簧管内、外侧面弧长度基本不变，即 $\overline{DD'}=\overline{dd'}$、$\overline{CC'}=\overline{cc'}$，弹簧管微元截面由 $C'D'$ 变化到 $c'd'$，绕管轴心逆时针方向转动了一定角度。所有弹簧管截面微元变形累积的结果，使整个弹簧管中心角减小$\Delta\theta$，弹簧管产生向外挺直的扩张变形，自由端向右上方位移，由 B 移动到 B'，如图 2-3（b）上虚线所示，依据弹性变形理论，弹簧管中心角变化值$\Delta\theta$与被测压力 P 的关系可用下式表示，即

$$\Delta\theta=\frac{1-\mu^2}{E}\frac{R^2}{bh}\left(1-\frac{b^2}{a^2}\right)\frac{\alpha}{\beta+\kappa^2}\theta p=Kp \tag{2-5}$$

式中 μ、E——弹簧管材料的泊松系数和弹性模量；

R——弹簧管圆弧外半径；

a、b——弹簧管截面长半轴、短半轴；

h——弹簧管的壁厚；

κ——弹簧管的几何参数，$\kappa=Rh/a^2$；

α、β——与 a/b 比值有关的系数；

K——与弹簧管结构、尺寸、材料有关的常数。

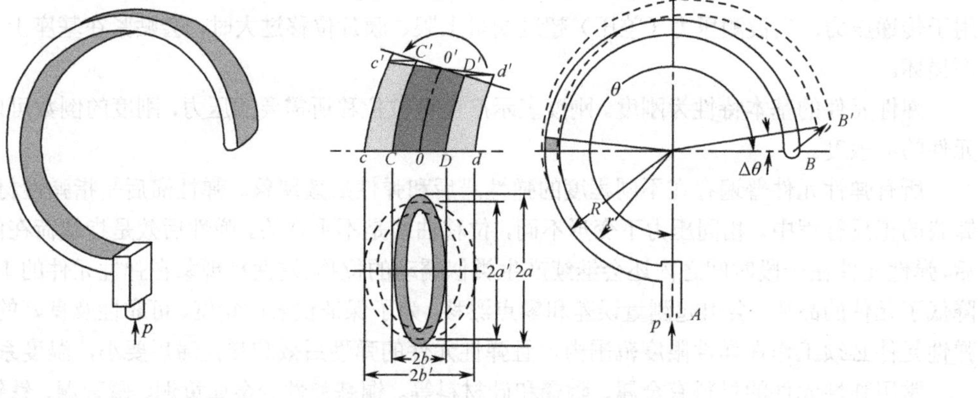

（a）结构外形　　（b）原理

图 2-3　弹簧管的测压原理

由式（2-5）可知：

（1）弹簧管变形与弹簧管结构及尺寸有关。θ、R 越大、b/a、h 越小，变形越大，灵敏度越高。如果 $b=a$，则$\Delta\theta=0$，即具有均匀壁厚、圆形截面的弹簧管不能作测压元件。

（2）弹簧管变形与弹簧管材料性能有关。E 越小，灵敏度越高。

（3）当弹簧管结构、尺寸、材料一定时，弹簧管变形与被测压力 P 成正比。

如上所述，由于被测压力与弹簧管自由端的位移成正比，所以只要测得自由端的位移量，就能确定压力的大小，这就是弹簧管测压基本原理。

为了增大弹簧管自由端受压变形时的位移量，可采用多圈弹簧管结构。由于θ比单圈弹簧管大数倍，其自由端位移量比单圈弹簧管大多倍，可以直接驱动指示记录机构。

2．弹簧管的结构和材料

在弹簧管压力表中，一般采用 270° 的 C 形弹簧管，有些精密压力表采用双圈或多圈弹簧管。弹簧管的截面形状对弹簧管的性能有重要的影响。图 2-4 为常见弹簧管截面形状。扁圆形、椭圆形截面的弹簧管容易制造，灵敏度高。D 型截面弹簧管测压范围宽，但灵敏度小，制造工艺复杂。双零形截面用于要求起始容积小的仪表中。8 字形、厚壁形截面用于高压测量。

弹簧管的材料根据被测介质的性质和被测压力高低决定。当介质无腐蚀性，压力低于 20MPa 时采用磷锡青铜（QSn4—0.3）、弹簧铜（50CrVA）；当介质有腐蚀性，压力高于 20MPa 时采用不锈钢（1Cr18Ni9Ti）或恒弹性合金钢（N42CrTi，Ni42Cr6Ti）。

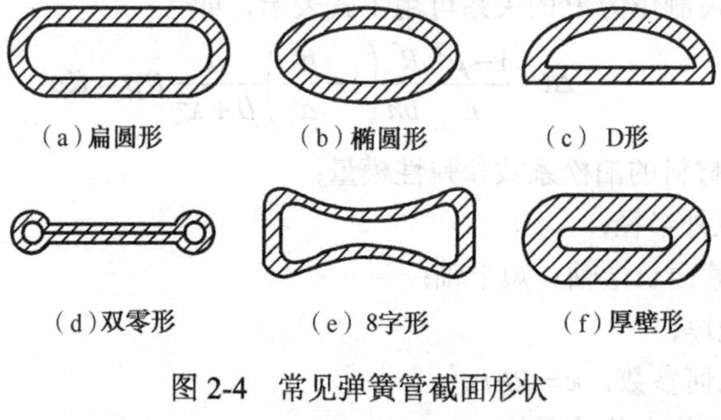

（a）扁圆形　（b）椭圆形　（c）D形

（d）双零形　（e）8字形　（f）厚壁形

图 2-4　常见弹簧管截面形状

3．弹簧管压力表的组成原理

单圈弹簧管压力表主要由弹簧管、传动放大机构（包括拉杆、扇形齿轮、中心齿轮等）、指示装置（指针和表盘）及外壳等几部分组成，如图 2-5 所示。

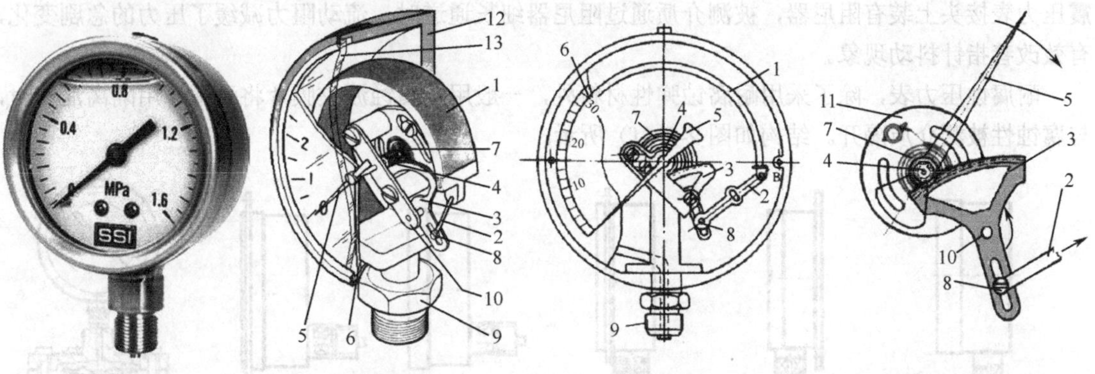

（a）外形　（b）组成　（c）结构　（d）传动放大机构

1—弹簧管；2—连杆；3—扇形齿轮；4—中心齿轮；5—指针；6—刻度盘；7—游丝；8—调整螺钉；9—引压接头；10—齿轮轴；11—固定支架；12—外壳；13—表玻璃

图 2-5　弹簧管压力表结构

被测压力由引压接头 9 通入弹簧管内腔，使弹簧管 1 产生弹性变形，自由端 B 向右上方位移。通过连杆 2 使扇形齿轮 3 做逆时针偏转，进而带动中心齿轮 4 做顺时针偏转，于是固定在中心齿轮上的指针 5 也做顺时针偏转，从而指出被测压力的数值。由于自由端 B 的位移量与被测压力之间成正比例关系，因此，弹簧管压力表的刻度标尺是均匀的。

调整螺钉 8 将连杆 2 的轴固定在扇形齿轮的长槽孔中，其位置可变，以改变传动放大机构的放大倍数，实现压力表量程的调整。向扇形齿轮轴 10 处移动调整螺钉，传动放大倍数增大，指针偏转角越大，压力表量程范围减小。

游丝 7 是一种微型螺旋盘簧，一端固定在表壳支架上，另一端固定在中心齿轮轴上，始终给中心齿轮施加一个微小的力矩，使中心齿轮和扇形齿轮不管向哪个方向转动，始终只有一侧齿面相啮合，可以克服齿轮传动啮合间隙而产生的仪表变差。

固定支架 11 通过其上两个弧形槽孔上的固定螺钉固定在外壳 12 上，松开固定螺钉后，固定支架 11 可绕其中心转动一定角度，使压力在量程一半时连杆 2 与扇形齿轮 3 的长槽孔垂直，用于调整压力表的线性度。

游丝弹簧和固定支架在压力表出厂时已经校正，一般无须调整。

4．弹簧管压力表的形式

弹簧管压力表的测压范围很广，品种规格繁多。按弹簧管结构，分为单圈弹簧管压力表、多圈弹簧管压力表。按其测量精度不同，分为普通压力表（0.5 级以下）、精密压力表。按其用途不同，分为耐腐蚀压力表、耐震压力表、隔膜压力表、氧气压力表、氨用压力表等专用压力表。它们的外形与结构基本相同，只是所用的材料有所不同。

测量氨气压力时必须采用能耐腐蚀的不锈钢弹簧管；测量乙炔压力时不得用铜制弹簧管；测量氧气压力时则严禁沾有油脂，否则将有爆炸危险。测量危险气体的压力表，一般用规定颜色涂刷外壳，并注明特殊介质名称，如测量氧气（天蓝）、氢气（深绿）、氨（黄）、氯气（褐）、乙炔（白）、可燃气体（红）、惰性气体（黑）等。

耐震压力表常用于各类压缩机、柱塞泵等剧烈波动压力的测量，以利于提高压力表寿命，方便读数。耐震压力表一般采用密封表壳，表壳内灌充液压油等阻尼液。弹簧管及齿轮机构浸没在阻尼液中，除了传动机构得到润滑外，设备振动和压力波动造成的机件振动能量被阻尼液吸收。有的耐震压力表接头上装有阻尼器，被测介质通过阻尼器细长通道时，流动阻力减缓了压力的急剧变化，有效改善指针抖动现象。

耐腐蚀压力表，除了采用耐腐蚀弹性材料外，一般用耐腐蚀波纹膜片将弹簧管用隔离油密封，与腐蚀性被测介质隔开。结构如图 2-6（f）所示。

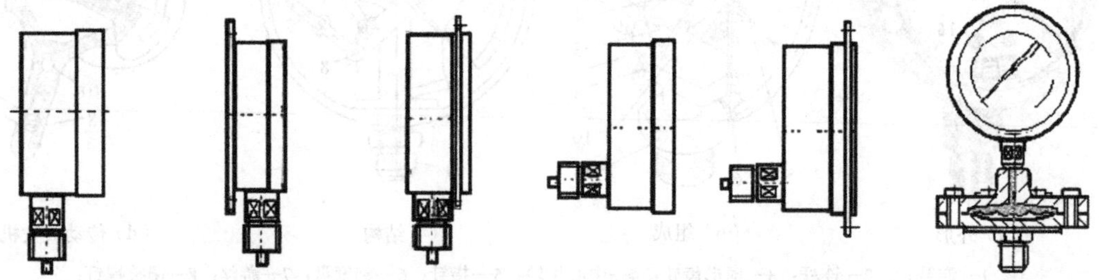

Y100　（a）径向直接安装　Y100T　（b）径向带后边安装　Y100Q　（c）径向前边　Y100Z　（d）轴向无边　Y100ZQ　（e）轴向前边　YP100　（f）隔膜式

图 2-6　弹簧管压力表的安装形式

根据一般压力表新国家标准 GB/T1226—2010，一般压力表的外形依压力接头的方向与安装环边不同，分为径向（压力表接头在表盘径向）直接安装式、轴向（压力表接头在指针轴向，分为偏心、同心两类）直接安装式、凸装式（指后部带有安装环，俗称带后边）、嵌装式（指前部带有安装环，俗称带前边）等几种，如图 2-6 所示。图 2-6 中型号首字母 Y 表示压力表（真空表为 Z，压力真空表为 YZ，标准表为 YB，隔膜压力表为 YP，远传信号压力表为 YX 等），后缀字母 T、Q、Z 分别表示有后边、有前边、轴向接头。中间数字表示压力表公称直径（Φ40、Φ60、Φ100、Φ150、Φ200、Φ250）。压力表接头规格一般为 M10×1（Φ40 规格）、M14×1.5（Φ60 规格）、M20×1.5（其他规格）。

压力计的测量范围，常用的有 0～1.0、1.6、2.5、4.0、6.0×10^n 五个系列。真空表：-0.1～0；压力真空表：-0.1～0.06、0.15、0.3、0.5、0.9、1.5、2.4；压力表：0～1、1.6、2.5、4、6、10×10^nkPa 或 MPa（其中 *n* 为整数，可为正、负值）。一般可在相应的产品目录中查到。

压力表的精度等级一般有 4.0、2.5、1.6（旧标准 1.5）、1.0、0.5、0.4、0.25、0.16、0.1 级等。使用工作温度一般为-40℃～70℃。

2.2.3　电接点压力表

在许多工业生产过程中，当压力低于或高于规定范围时，就会破坏正常工艺条件，甚至可能发生危险，常常需要把压力控制在某一范围内。利用电接点压力表能简便地在压力超出设定范围时发出报警信号，以便提醒操作人员注意或通过中间继电器实现某种连锁控制，以防止发生严重的事故。

图 2-7 所示的电接点信号压力表是在普通弹簧管压力表上附加触点机构而成。压力表指针 2 上有动触点 B，表盘上另有两个可调节的上、下限设定指针 1、3，上面分别有上限静触点 A 和下限静触点 C。当压力超过上限设定值时，动触点 B 和静触点 A 接触，红色信号灯 L_H 的电路被接通，使红灯点亮。若压力低到下限设定值时，动触点 B 与静触点 C 接触，绿色信号灯 L_L 的电路接通，绿灯亮，依此警示压力超限。

为了防止压力超限时静触点挡死指针 2，出现较大的指示误差。上、下限指针 1、3 上的静触点 A、C 是用游丝弹簧与转轴连接的。当压力超限时，指针 2 会推动静触点 A、C 一起偏转，并保持接触。而当压力回到上（下）限以内时，静触点被上（下）限指针 1、3 挡住，动、静触点脱离接触。信号灯均不亮。上、下限指针的位置可根据需要从表外调节。

实际应用时，可以在指示灯上并联电铃、继电器，以便在压力超限时，实现声光报警或连锁控制。

(a) 外形

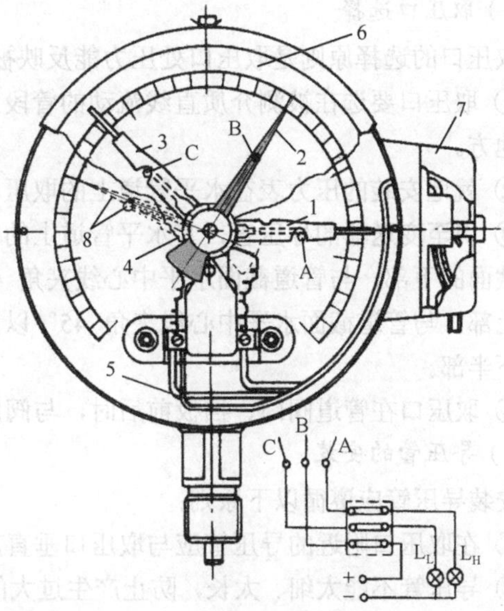

(b) 结构

A—下限静触点；B—动触点；C—上限静触点；1—上限指针；2—压力指针；3—下限指针；

4—游丝；5—引线；6—压力刻度；7—接线盒；8—超下限时的动、静触点位置

图 2-7　电接点信号压力表

2.2.4　压力表的选型、安装与应用

1. 压力表的选型

压力表在特殊测量介质和环境条件下的的类型选择，可考虑如下因素：

① 在腐蚀性较强、粉尘较多和淋液等环境恶劣的场合，宜选用密闭式不锈钢及全塑压力表。

② 测量弱酸、碱、氨类及其他腐蚀性介质，应选用耐酸压力表、氨压力表或不锈钢膜片压力表。

③ 测量具有强腐蚀性、含固体颗粒、结晶、高黏稠液体介质时，可选用隔膜压力表。其膜片及隔膜的材质，必须根据测量介质的特性选择。

④ 在机械振动较强的场合，应选用耐震压力表或船用压力表。

⑤ 在易燃、易爆的场合，如需电接点讯号时，应选用防爆电接点压力表。

⑥ 测量氨、氧、氢气、氯气、乙炔、硫化氢等介质应选用专用压力表。

⑦ 测量负压力-100～0kPa 时，宜选用弹簧管真空表。压力在-40～+40kPa 时，宜选用膜盒压力表；测量压力有正有负，在-100～+2400kPa 时，应选用压力真空表；只测量正压力在+40kPa 以上时，一般选用弹簧管压力表。

⑧ 压力表外型尺寸的选择主要是根据测量环境和安装位置。在管道和设备上安装的压力表，

表盘直径一般选ϕ100mm 或ϕ150mm；在仪表气动管路及其辅助设备上安装的压力表，表盘直径为ϕ40mm、ϕ60mm；安装在照度较低、位置较高或示值不易观测场合的压力表，表盘直径为ϕ150mm或ϕ200mm。

2. 压力表的安装

压力检测系统由取压口、导压管、压力表及一些附件组成，各个部件安装正确与否对压力测量精度都有一定的影响。

1）取压口选择

取压口的选择原则是取压口处压力能反映被测压力的真实情况，可考虑以下因素：

① 取压口要选在被测介质直线流动的管段上，不要选在管道拐弯、分岔、死角及流束形成涡流的地方。

② 就地安装的压力表在水平管道上的取压口，一般在顶部或侧面。

③ 引至变送器的导压管，其水平管道上的取压口方位要求：测量液体压力时，取压口应在管道横截面的下部，与管道截面水平中心线夹角 45° 以内；测量气体压力时，取压口应在管道横截面的上部，与管道截面水平中心线夹角 45° 以内；对于测量水蒸气压力，取压口可在管道的上半部及下半部。

④ 取压口在管道阀门、挡板前后时，与阀门、挡板的距离应大于 2～3*D*（*D* 为管道直径）。

2）导压管的安装

安装导压管应遵循以下原则：

① 在取压口附近的导压管应与取压口垂直，管口应与管壁平齐，不得有毛刺。

② 导压管不能太细、太长，防止产生过大的测量滞后，一般内径应为 6～10mm，长度一般不超过 60m。

③ 水平安装的导压管应有 1 : 10～1 : 20 的坡度，坡向应有利于排液（测量气体压力时）或排气（测量液体的压力时）。

④ 当被测介质易冷凝或易冻结时，应加装保温伴热管。

⑤ 测量气体压力时，应优选压力计高于取压点的安装方案，以利于管道内冷凝液回流至工艺管道，也不必设置分离器；测量液体压力或蒸汽时，应优选压力计低于取压点的安装方案，使测量管不易集聚气体，也不必另加排气阀。当被测介质可能产生沉淀物析出时，在仪表前的管路上应加装沉淀器。

⑥ 为了检修方便，在取压口与仪表之间应装切断阀，并应靠近取压口。切断阀最好选用能够放空的专用仪表阀，便于在不停产的情况下就地检验压力仪表的零点。

3）压力表的安装

压力表的安装应遵循以下原则：

① 压力表应安装在能满足仪表使用环境条件，并易于检修的地方。弹簧管压力表必须垂直安装，表盘一般不应水平放置，安装位置的高度应便于工作人员观测。

② 安装地点应尽量避免振动和高温影响，对于温度大于 60℃的蒸汽和其他可凝性热气体，就地安装的压力表选用带冷凝管的安装方式，如图 2-8（a）所示。

③ 测量有腐蚀性、黏度较大、易结晶、有沉淀物的介质时，应优先选取带隔膜的压力表及远传膜片密封变送器。

④ 压力表与引压管连接处应加装密封垫片，一般低于 80℃及 2MPa 以下时，用橡胶或四氟垫片；在 450℃及 5MPa 以下用石棉垫片或铝垫片；温度及压力更高时（50MPa 以下）用退火紫铜或

铅垫。选用垫片材质时，还要考虑介质的性质。例如，测量氧气压力时，不能使用浸油垫片、有机化合物垫片；测量乙炔压力时，不得使用铜制垫片。

⑤ 当被测压力不高，而压力表与取压口又不在同一高度，如图 2-8（c）所示，对由此高度差所引起的测量误差进行修正。

⑥ 测量易液化的气体时，若取压点高于仪表，应选用分离器。测量含粉尘的气体时，应选用除尘器。测量脉动压力时，应选用阻尼器或缓冲器。

⑦ 在使用环境温度接近或低于测量介质的冰点或凝固点时，应采取绝热或伴热措施。

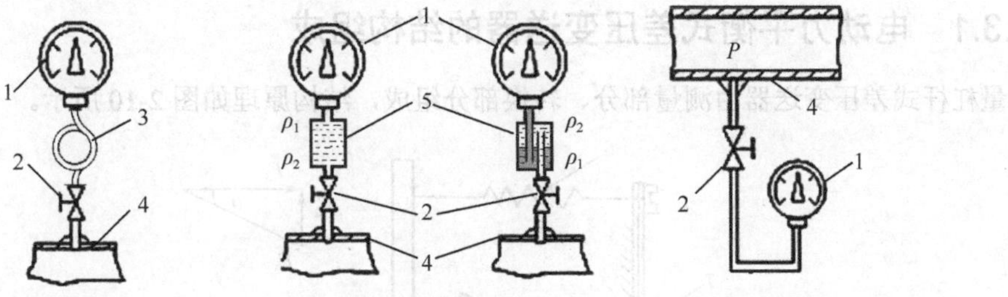

（a）测量蒸汽　（b）测量有腐蚀性介质　（c）压力表位于生产设备之下

1—压力表；2—切断阀门；3—冷凝管；4—生产设备；5—隔离罐；ρ_1、ρ_2—中性隔离液和被测介质的密度

图 2-8　压力表安装示意图

2.3　电动力平衡式差压变送器

电动力平衡式差压变送器为 DDZ—Ⅱ和 DDZ—Ⅲ型电动单元组合仪表中变送单元。DDZ—Ⅲ型力平衡式差压变送器结构组成框图如图 2-9 所示。

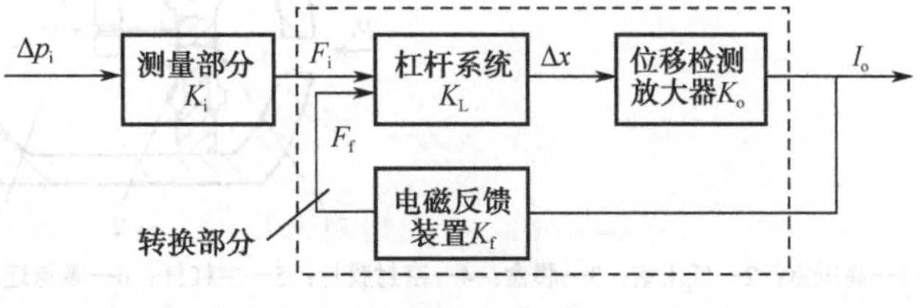

（a）外形图　（b）组成框图

图 2-9　DDZ—Ⅲ型力平衡式差压变送器结构组成框图

测量部分将被测差压Δp转换成相应的测量力F_i，并与电磁反馈机构中输出的反馈作用力F_f一起使杠杆产生微小偏移Δx，再经位移检测放大器转换为统一标准电流信号I_o输出。如各个环节的转换系数分别为K_i、K_L、K_f，则输入、输出关系为

$$I_o = (F_i - F_f) \cdot K_L K_0 \tag{2-6}$$

$$I_o = \frac{K_i \cdot K_L K_0}{1 + K_f \cdot K_L K_0} \Delta p \quad (2-7)$$

由于$K_f \cdot K_L K_0 \gg 1$，所以

$$I_o = \frac{K_i}{K_f} \Delta p \quad (2-8)$$

由此可见，变送器采用了负反馈原理，引入电磁反馈作用平衡测量力。在主放大环节的放大倍数足够大时，输入、输出关系消除了主放大倍数K_0、K_L影响，提高了变送器性能。

2.3.1 电动力平衡式差压变送器的结构组成

矢量杠杆式差压变送器由测量部分、转换部分组成，结构原理如图 2-10 所示。

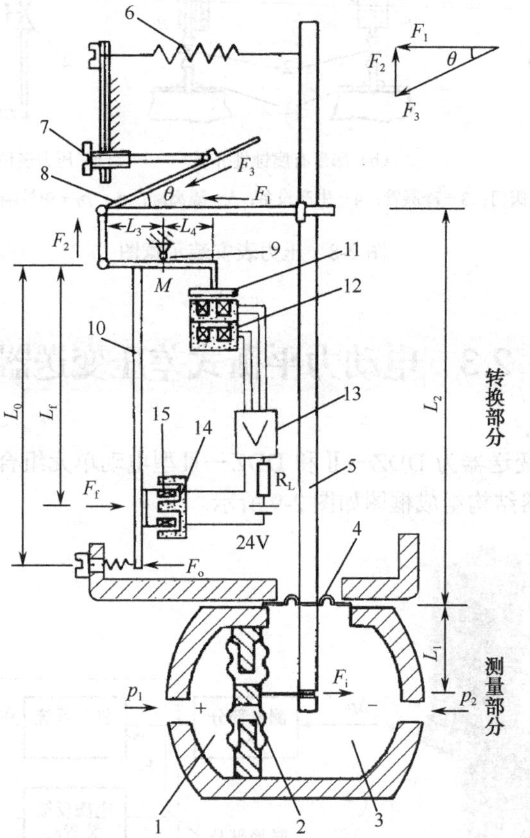

1—高压室；2—低压室；3—膜盒；4—密封膜片；5—主杠杆；6—零点迁移弹簧；7—量程调整螺钉；8—矢量机构；9—支点；10—副扫杆；11—检测片；12—差动变压器；13—放大器；14—永久磁铁；15—反馈线圈

图 2-10 电动矢量杠杆式差压变送器

1．测量部分

测量部分感受压差及变化，并将其转换为测量力的大小。由高、低压室 1 和 2、膜盒 3、密封膜片 4、主杠杆 5 组成。

测量部分的检测元件是膜盒。在膜盒中，两侧有环形槽纹的基座两边固定两波纹膜片。两膜片由硬芯相连，外接 C 型簧片，连接在主杠杆下端。膜盒内充满硅油，起着传递压力及单向受压保护的作用。

当被测压力 p_1、p_2 分别作用于膜盒两侧时，压差$\Delta p=p_1-p_2$在膜盒上产生一个“测量力”F_i。

$$F_i = A \cdot \Delta p \tag{2-9}$$

式中　A 为两边膜片的有效面积。

测量力 F_i 作用在主杠杆下端，使主杠杆以密封膜片 4 为支点产生微小的偏转。密封膜片固定于外壳上，可以密封被测介质，还可以利用其弹性变形，允许杠杆偏转。

2．转换部分

转换部分用于把测量力转换为 4～20mA　DC 信号输出。包括主杠杆 5、矢量机构 8、副杠杆 10、差动变压器 12、位移检测放大器 13、电磁反馈装置 14、15 等。

1）杠杆与矢量机构

杠杆与矢量机构用于测量力的转换与平衡。在主杠杆上，测量力 F_i 被转换为杠杆上端的力 F_1 作用在矢量机构上，很显然

$$F_1 = \frac{L_1}{L_2} F_i \tag{2-10}$$

在矢量机构中，力 F_1 被分解为 F_2、F_3 两个力。由于矢量板的端部固定于基座，F_3 被基座平衡掉，F_2 作用于副杠杆，使副杠杆绕支点 M 偏转。F_2 的值为

$$F_2 = F_1 \tan\theta \tag{2-11}$$

在 F_i 不变的情况下，F_2 可以通过改变矢量板夹角θ来改变。

2）差动变压器

差动变压器是位移—电压转换装置，如图 2-11（a）所示。这里所用的差动变压器，由上、下两个有环槽的罐形磁芯组成，每个磁芯的芯柱上各绕有一个原边线圈和一个副边线圈。当副杠杆有所偏转时，其上检测片与磁芯间的气隙δ改变，使上磁芯的副边绕组感应电压 e_2 发生变化。但是，因下磁芯气隙固定不变，下磁芯上的感应电压 e'_2 是不变的，其差动输出电压 $u_{CD}=e_2-e'_2$ 随检测片位置而变。如气隙减小，上磁芯原边、副边线圈互感加强，e_2 增大，使差动输出电压 u_{CD} 增大。

3）位移检测放大器

位移检测放大器用于将杠杆偏转转换为输出电流。差动变压器是放大器的一部分，如图 2-11（b）所示。差动变压器与晶体管 VT_1 等组成低频振荡器，其原边线圈 L_{AB} 作为振荡器的负载，副边线圈 L_{CD} 是振荡器的正反馈线圈。

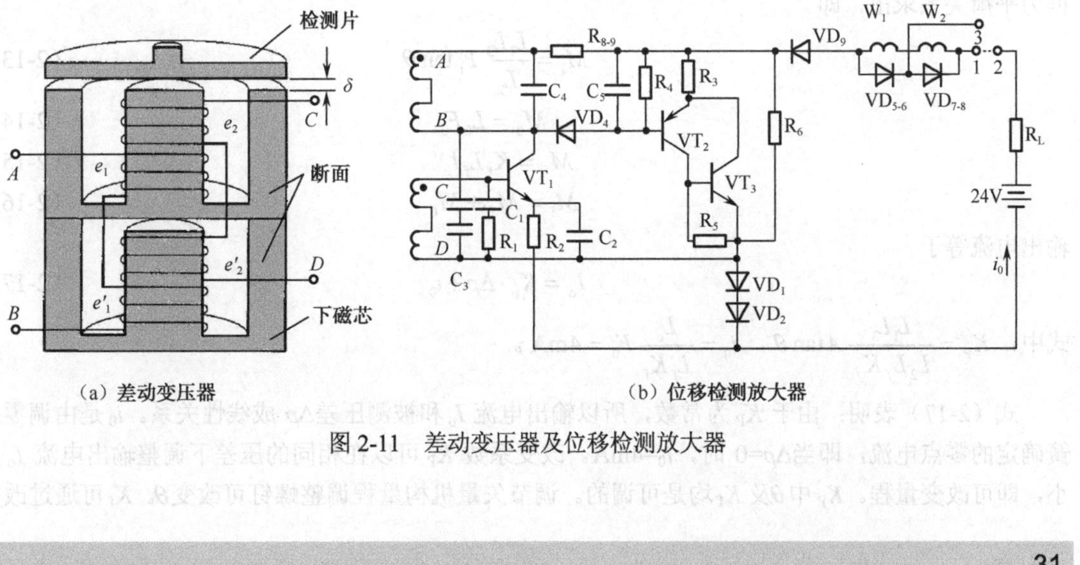

（a）差动变压器　　（b）位移检测放大器

图 2-11　差动变压器及位移检测放大器

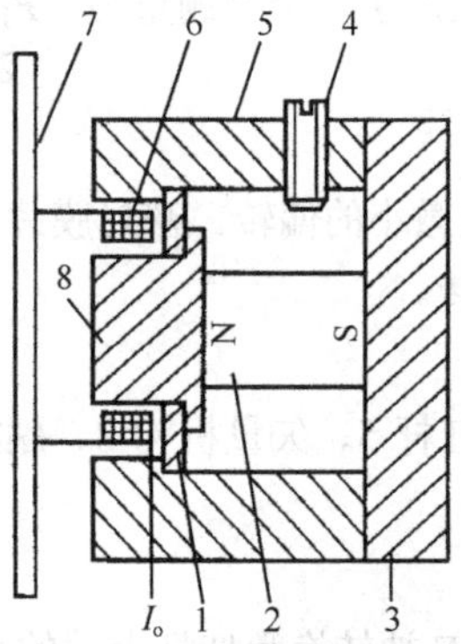

1—铜环；2—永久磁钢；3—接铁；
4—磁分路调整螺；5—导磁体；
6—反馈线圈；7—副杠杆；8—软铁芯

图 2-12　电磁反馈装置

在正反馈作用下，振荡器按 L_{AB}、C_4 并联谐振频率产生自激振荡。振荡器输出电压 u_{AB} 随检测片与磁芯间隙而变。当气隙减小时，差动变压器输出电压 u_{CD} 增大，振荡器输出电压 u_{AB} 随之增大。u_{AB} 经 VD_4 整流、$R_{8\text{-}9}$、C_5 滤波，变成直流信号，经 VT_2、VT_3 进行功率放大，转换为 4～20mA 电流 I_o 输出。

电路中，VD_9 为反极性保护二极管，防止电源反接。C_3、C_6 为高频旁路电容，R_1、C_1 消除高次谐波产生的寄生振荡。VD_1，VD_2 用于偏置 VT_1 工作点，并有温度补偿作用。

4）电磁反馈装置

电磁反馈装置由反馈动圈、导磁体、永久磁钢等组成，如图 2-12 所示。放大器输出电流 I_o 通入反馈线圈中，线圈在永久磁铁的磁场中，会受到一个电磁反馈力的作用，即

$$F_f = n\pi DB \cdot I_o = K_f I_o \tag{2-12}$$

式中　B——永久磁铁中的磁感强度；

D——反馈线圈的直径；

n——反馈线圈的匝数；

K_f——系数，$K_f = n\pi DB$。

反馈力作用于副杠杆上，产生反馈力矩 M_f 以便和测量部分在副杠杆上产生的测量力矩 M_i 相平衡。

2.3.2　电动力平衡式差压变送器的工作原理

被测压差在膜盒上产生的测量力 F_i，作用于主杠杆下端，使主杠杆以密封膜片为支点，逆时针偏转，并以力 F_1 沿水平方向推动矢量机构。经矢量机构分解，分力 F_2 使矢量机构带动副杠杆以 M 为支点顺时针偏转，检测片靠近磁芯，差动变压器输出电压 u_{CD} 增加。通过位移检测放大器整流放大，转换成为 4～20mA 电流 I_o 输出。当输出电流通过反馈线圈时，产生一电磁反馈力 F_f。反馈力与测量力在副杠杆上产生的力矩 M_f、M_i 方向相反、互相抵消。当两力矩与调零弹簧产生的力矩 M_0 达到平衡时，各可动元件稳定，此时输出电流 I_o 为一确定值，其大小与被测差压成正比。可根据力平衡关系求出，即

$$M_i = \frac{L_1 L_3}{L_2} F_i \tan\theta \tag{2-13}$$

$$M_0 = L_0 F_0 \tag{2-14}$$

$$M_f = K_f L_f I_o \tag{2-15}$$

$$M_i = M_f + M_0 \tag{2-16}$$

输出电流等于

$$I_o = K_p \cdot \Delta p + i_0 \tag{2-17}$$

式中，$K_P = \dfrac{L_1 L_3}{L_2 L_f K_f} A \tan\theta$，$i_0 = \dfrac{L_o}{L_f K_f} F_0 = 4\text{mA}$。

式（2-17）表明：由于 K_P 为常数，所以输出电流 I_o 和被测压差 Δp 成线性关系。i_0 是由调零弹簧确定的零点电流，即当 $\Delta p=0$ 时，i_0=4mA。改变系数 K_P 可以在相同的压差下调整输出电流 I_o 大小，即可改变量程。K_P 中 θ 及 K_f 均是可调的。调节矢量机构量程调整螺钉可改变 θ。K_f 可通过改变

反馈线圈匝数实现。因为反馈线圈由 W_1、W_2 两部分组成，在外边留有抽头。W_1=1450 匝，用于低量程挡。W_2=725 匝，W_1、W_2 串联 W_1+W_2=2175 匝，用于高量程挡。

力平衡式差压变送器，是 DDZ—Ⅲ型电动单元组合仪表中的一种基本仪表，早些年应用很广。其基本误差一般为 0.5 级（低差压为 1 级，微差压为 1.5、2.5 级）。由于采用了较多的可动元件及分离元件放大电路，其性能不太高，近年来逐渐被电容式差压变送器所替代。

2.4 应变式压力计

应变式压力计利用导体或半导体的“应变效应”，由“应变片”将被测压力转换成电阻值的变化，通过桥式测量电路，获得相应的毫伏级电压信号输出。如果配上相应的显示仪表就可显示被测介质的压力。应变式压力传感器适用于测量快速变化的压力和高压力。

2.4.1 应变效应

应变式压力传感器的检测元件是应变片，它是由金属导体或半导体材料制成的电阻体。

应变是一个物体在压力的作用下产生的相对变形。导体在产生机械变形时，电阻要发生变化，如当金属材料拉伸时，电阻值增大；受到压缩时，电阻减小。这种现象就是所谓的应变效应。

设电阻丝为圆形截面导体，长度为 L，截面积为 A，材料电阻率为ρ。其中，$A=\pi r^2$，r 为电阻丝半径。在未受力时，原始电阻为

$$R=\rho\frac{L}{A} \tag{2-18}$$

当电阻丝受到轴向拉力作用时，其几何尺寸发生变化：长度增加 dL，截面半径减小 dr，并且电阻率也会变化 dρ，因而引起电阻值的变化 dR。电阻变化与电阻材料的电阻率变化、电阻体几何尺寸的改变均有关系，即

$$\frac{\mathrm{d}R}{R}=\frac{\mathrm{d}\rho}{\rho}+\frac{\mathrm{d}L}{L}-2\frac{\mathrm{d}r}{r} \tag{2-19}$$

式中 $\frac{\mathrm{d}L}{L}=\varepsilon$——电阻丝的轴向应变；

$\frac{\mathrm{d}r}{r}=\varepsilon'$——电阻丝的径向应变。

根据材料力学原理，在弹性变形时，电阻丝的径向应变等于轴向应变与泊松系数μ乘积，即

$$\varepsilon'=-\mu\varepsilon \tag{2-20}$$

式中，负号表示径向应变与轴向应变方向相反。泊松系数μ小于 1，一般为 0～0.5。

根据式（2-19）、式（2-20）得

$$\frac{\mathrm{d}R}{R}=(1+2\mu)\varepsilon+\frac{\mathrm{d}\rho}{\rho} \tag{2-21}$$

式中，$(1+2\mu)\varepsilon$ 项是由于材料变形，其尺寸 L、r 变化，产生的电阻变化，为电阻的几何效应。$\frac{\mathrm{d}\rho}{\rho}$ 项是由于材料内部晶格结构改变，使电阻率ρ 改变引起的电阻变化，称为压阻效应。

对于金属材料，电阻率的相对变化很小，即 $\frac{\mathrm{d}\rho}{\rho}\ll 1$，可略去不计。

$$\frac{dR}{R} \approx (1+2\mu)\varepsilon = K\varepsilon \tag{2-22}$$

式中　K——灵敏度系数。

说明金属电阻相对变化率与应变成正比，它们之间呈线性关系。用于制造电阻应变片金属丝的灵敏度 K 多在 1.7～3.6 之间。

对于半导体材料，$\frac{d\rho}{\rho} \gg (1+2\mu)\varepsilon$，根据理论分析，半导体材料电阻率相对变化正比于其应变，即

$$\frac{dR}{R} \approx \frac{d\rho}{\rho} = E\pi_1\varepsilon = K\varepsilon \tag{2-23}$$

式中　π_1——纵向压阻系数；

E——材料弹性模量；

K——灵敏度系数。

常用硅、锗半导体材料灵敏度 K 多在 100～170 之间，但依半导体变形的晶向不同，K 有正有负。

2.4.2　应变片

1．金属应变片

金属电阻应变片主要有丝式应变片和箔式应变片两种结构，如图 2-13 所示。

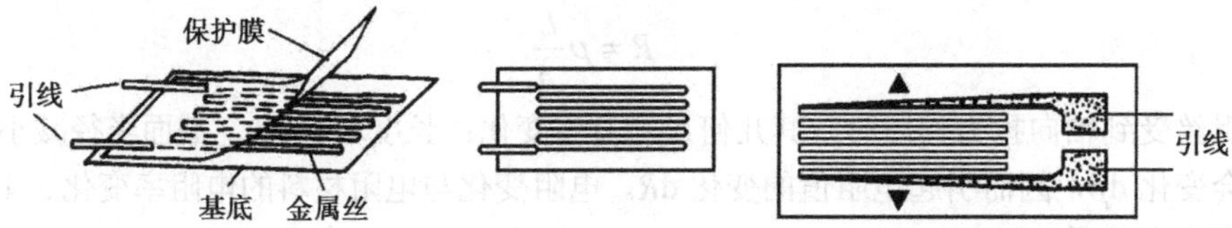

（a）丝式应变片　　（b）箔式应变片

图 2-13　金属电阻应变片

（1）丝式应变片。由往复回绕成的栅状金属丝（称为敏感栅）、基底、引线、保护膜等组成。敏感栅一般采用直径 0.015～0.05mm 的金属丝，用黏合剂固定在厚 0.02～0.04mm 的纸或胶膜基底上。敏感栅电阻丝常用材料有康铜（Ni45Cu55）、镍铬合金（Ni80Cr20）、铁铬铝合金（Fe70Cr25Ai5）等。引线是由直径 0.1～0.2mm 低阻镀锡铜线或银线制成，用于将与测量电路相连。

（2）箔式应变片。敏感栅是用预先粘贴在绝缘基片上的厚度为 0.003～0.01mm 的金属箔经光刻、腐蚀等工艺制成。优点是表面积与截面积之比大，散热条件好，能承受较大电流和较高电压，因而输出灵敏度高，并可制成各种需要的形状，便于大批量生产。由于上述优点，它已逐渐取代丝式应变片。

2．半导体应变片

半导体应变片以硅或锗等半导体材料制作，有体型半导体应变片、薄膜型半导体应变片、扩散型半导体应变片三种，如图 2-14 所示。体型半导体应变片是将半导体材料硅或锗切割成小片，压焊引线后粘贴在绝缘基片上制成。薄膜型半导体应变片利用真空蒸镀技术将半导体材料沉积在带有绝缘层的基片上制成。扩散型半导体应变片将 P 型杂质扩散到不导电的 N 型单晶硅基片上，形成一层导电的 P 型扩散硅层，即为扩散电阻。在扩散的 P 型层上氧化生成一层 SiO_2 膜，用以绝缘保护。之后在扩散电阻 SiO_2 膜上腐蚀窗口，镀以铝电极，焊接出引线。

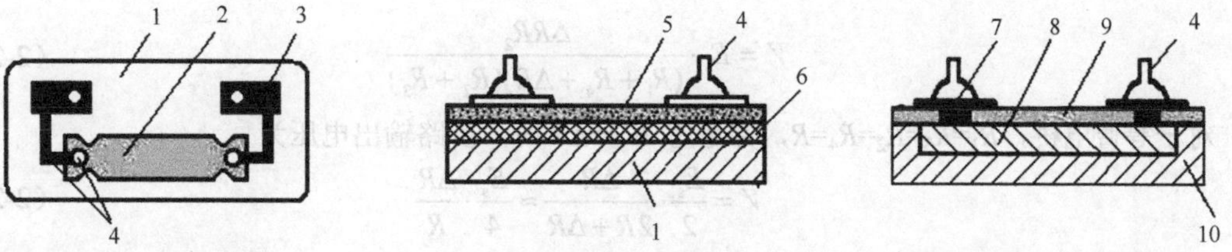

（a）体型半导体应变片　（b）薄膜型半导体应变片　（c）扩散硅半导体应变片

1—绝缘基片；2—半导体电阻片；3—外引线；4—引出电极；5—锗膜；6—绝缘层；

7—铝电极；8—P 型扩散硅层；9—SiO_2 保护膜；10—N 型硅基片

图 2-14　半导体电阻应变片

半导体应变片灵敏系数大、频率响应快、机械滞后小、阻值范围宽、体积小。但此类应变片的热稳定性能较差，需要进行温度补偿。

应变片与弹性元件的装配可以采用粘贴或压贴方式。在弹性元件受压变形的同时应变片亦发生应变，其电阻值随之改变。应变压力计可采用 1、2 或 4 个特性相同的应变元件，粘贴在弹性元件的适当位置上。常用黏合剂一般为α—氰基丙烯酸树脂类（如 502 胶）、酚醛树脂类（如 J—12）、环氧树脂类（如 509）黏合剂等。

3. 薄膜应变电阻元件

传统的电阻应变片都是通过黏结剂黏合到弹性基片上，由于弹性元件与粘结剂及绝缘脂膜之间的弹性模量不同，弹性元件的应变不能直接传递给敏感栅，而是要通过黏结剂、绝缘脂膜才能到达敏感栅，从而产生较大的蠕变和滞后，影响传感器的灵敏度、响应度、线性度等性能。另外，由于黏结剂不能在高温条件下使用，这也使它的应用范围受到限制。

为了消除绝缘薄膜层和黏结剂层对传感器性能的影响，采用真空镀膜方法及光刻技术，在弹性元件上直接刻制敏感栅，弹性元件与敏感栅成为一体，以克服常规工艺导致的滞后和蠕变缺陷。另外，如果弹性材料和结构选择恰当，还可制成耐高温、耐腐蚀的全隔膜式薄膜压力传感器。

测压膜片等弹性元件的材料可采用石英、陶瓷等材料。典型敏感栅外观尺寸为ϕ20mm，金属镀膜厚度约为 300nm，栅宽为 20μm，栅距为 20μm。在经过热老化、电老化，应力趋于稳定后，将制作好的芯片封装在工件中，组成压力传感器探头。

2.4.3 应变电阻测量桥路

电阻应变片工作时，其电阻变化微小，需要用电桥电路将应变片电阻转换成电压或电流输出。如图 2-15 所示，电桥有四个电阻相互连接而成，电源和输出电压分别从电桥的相对节点引出。根据电源性质，电桥有直流、交流之分。

一般情况下， 电桥负载为放大器，具有较高的输入阻抗。为分析方便，设电桥输出开路。负载为无穷大时，电桥输出电压为

$$V = E_s \cdot \frac{R_2R_4 - R_1R_3}{(R_1+R_4)(R_2+R_3)} \tag{2-24}$$

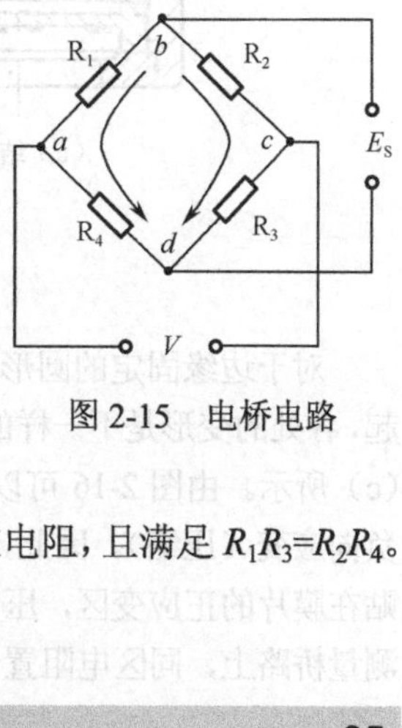

图 2-15　电桥电路

当电桥满足条件 $R_1R_3=R_2R_4$ 时，电桥平衡，输出电压ΔV=0。

如果电桥中仅有一个桥臂为应变片电阻 R_4，其余三个桥臂电阻为固定电阻，且满足 $R_1R_3=R_2R_4$。当应变电阻 R_4 产生电阻变化ΔR 时，电桥失去平衡，输出电压为

$$V = E_s \cdot \frac{\Delta R R_2}{(R_1 + R_4 + \Delta R)(R_2 + R_3)} \tag{2-25}$$

对于等臂电桥，$R_1=R_3=R_2=R_4=R$，并考虑 $2R \gg \Delta R$ 时，桥路输出电压为

$$V = \frac{E_s}{2} \cdot \frac{\Delta R}{2R + \Delta R} \approx \frac{E_s}{4} \cdot \frac{\Delta R}{R} \tag{2-26}$$

根据应变效应，即

$$V = \frac{E_s}{4} \cdot K\varepsilon \tag{2-27}$$

同理可以推出，当等臂电桥的四个桥臂均为应变电阻时，输出电压为

$$\begin{aligned} V &= \frac{E_s}{4}\left(-\frac{\Delta R_1}{R_1} + \frac{\Delta R_2}{R_2} - \frac{\Delta R_3}{R_3} + \frac{\Delta R_4}{R_4}\right) \\ &= \frac{E_s}{4} \cdot K(-\varepsilon_1 + \varepsilon_2 - \varepsilon_3 + \varepsilon_4) \end{aligned} \tag{2-28}$$

由式（2-28）可以看出，当各桥臂应变片电阻应变极性一致（同为拉应变或同为压应变）时，电桥输出电压为相邻桥臂应变电压之差，相对桥臂应变电压之和。利用此原理，就可以将相邻桥臂应变片分别置于弹性元件的拉、压应变区，以成倍提高电桥灵敏度。另外将相同的应变片置于相邻的桥臂上，当测量环境温度变化使应变电阻产生电阻变化时，对输出电压的影响相互抵消，可以实现温度补偿作用。

2.4.4 应变式压力传感器

应变式压力传感器由弹性元件、应变片、外壳、引线接头组成。结构形式多样。常用形式有膜片式和应变筒式两种。

1. 膜片式应变压力传感器

一种简单平膜片式应变压力传感器如图 2-16 所示。应变片被贴在金属平膜片的反面。当膜片受被测压力 p 作用而产生应变时，电阻应变片产生相应的电阻输出。

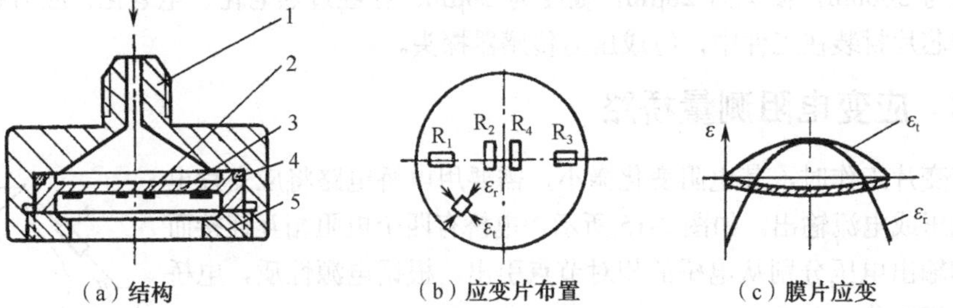

（a）结构　　（b）应变片布置　　（c）膜片应变

1—引压接头；2—应变片；3—金属平膜片；4—密封圈；5—压座

图 2-16　膜片式应变压力传感器

对于边缘固定的圆形膜片，在承受到均匀压力作用时，膜片各处产生的变形 ε 使膜片中间向下凸起，各处的变形是不一样的。膜片各处产生的应变可分解为径向应变 ε_r 和切向应变 ε_t，其分布如图 2-16（c）所示。由图 2-16 可以看出，膜片产生的径向应变在中心区域为正向应变（拉伸），在边缘区域为负向应变（压缩）。因此，膜片式压力传感器一般在膜片的正、负应变区各粘贴两片应变片。R_2、R_4 贴在膜片的正应变区，压力作用下电阻增加；R_1、R_3 贴在膜片的负应变区，压力作用下电阻减小。在测量桥路上，同区电阻置于电桥的相对桥臂上。这样可以得到最大的差动灵敏度，并且具有温度补偿

特性。为此目的也可以用箔式应变片直接刻成需要的图形，整体粘贴到膜片上，如图 2-17 所示。如果应变片位置使其电阻变化量相等，其桥路输出电压为

$$V=\frac{E_s}{4}\left(\frac{\Delta R_1}{R_1}+\frac{\Delta R_2}{R_2}+\frac{\Delta R_3}{R_3}+\frac{\Delta R_4}{R_4}\right)=E_s\cdot K\varepsilon \tag{2-29}$$

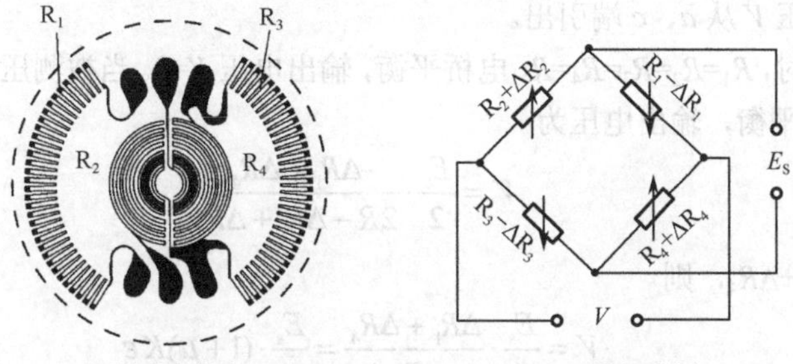

（a）箔式应变片　　（b）测量桥路

图 2-17　箔式应变片及测量桥路

应当指出，这种膜片式弹性元件在某些情况下，非线性比较严重，因而过载能力较差。平膜片式压力传感器结构简单、灵敏度高。一般测量范围为 10^5～10^6MPa。

2．应变筒式压力传感器

国产 BPR 型应变式压力传感器是典型的应变筒式压力传感器（见图 2-18），有多种型号，测量范围有 0～1MPa、0～10MPa 直到 0～500MPa 多种。传感器有较好的动态特性，适用于快速变化的压力测量。传感器的非线性及滞后误差较小，测量精度优于 1%。

如图 2-18（a）所示为 BPR—3 型压力传感器。弹性应变筒 3 的上端与外壳固定在一起，下端与不锈钢密封膜片 1 紧密地接触。两片 PJ—320 型康铜丝应变片 R_1、R_4 用黏合剂粘贴在应变筒的外壁上。测量应变片 R_1 沿应变筒轴向粘贴，补偿应变片 R_2 沿应变筒圆周方向粘贴。采用特殊黏合剂，保证应变片与筒体之间不发生相对滑动现象，并且保持电气绝缘。

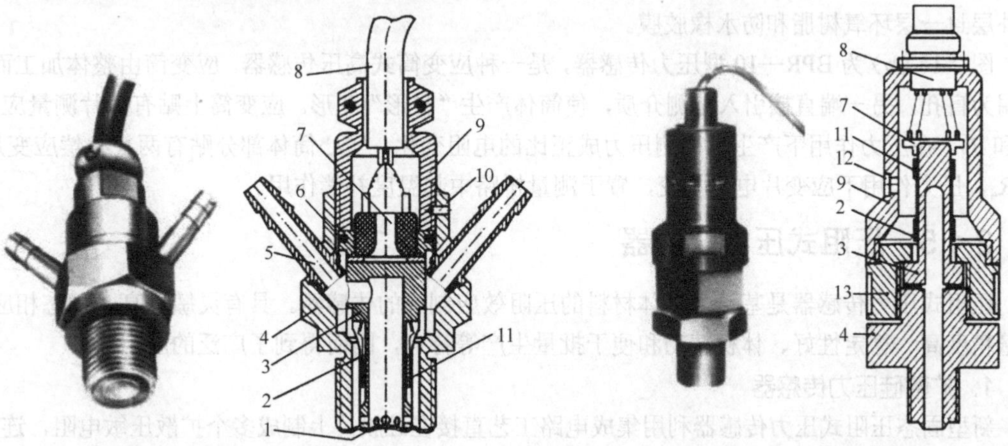

（a）BPR−3型　　（b）BPR−10型

1—膜片；2—测量应变片；3—应变筒；4—接座；5—冷却水咀；6—垫圈；7—出线接头；8—电缆（插头座）；9—护盖；10—定位销；11—补偿应变片；12—安全孔；13—压盖

图 2-18　BPR 应变式压力传感器

当被测压力 p 作用于膜片时，产生向上作用力使膜片凸起，压缩应变筒作轴向变形。应变筒径向变粗、轴向变短。沿轴向贴放的应变片 R_1 随应变筒轴向压缩应变 ε 而压缩，于是 R_1 阻值变小；而沿径向贴放的应变片 R_4 随应变筒径向拉伸应变 ε' 而拉伸，R_4 阻值变大。但是，由于 $\varepsilon'=-\mu\varepsilon$，故 R_1、R_4 的电阻变化量 ΔR_1、ΔR_4 不同。

将 R_1 和 R_4 按图 2-15 方式接入测量桥路，另外两个电阻 R_2 和 R_3 为固定电阻。电桥由稳压电源 E_s 供电，电桥输出电压 V 从 a、c 端引出。

当被测压力 p=0 时，$R_1=R_2=R_3=R_4=R$，电桥平衡，输出电压 V=0。当被测压力 p>0 时，$R_1=R-\Delta R_1$，$R_4=R+\Delta R_4$，电桥失去平衡，输出电压为

$$V=\frac{E_s}{2}\cdot\frac{\Delta R_1+\Delta R_4}{2R-\Delta R_1+\Delta R_4} \tag{2-30}$$

考虑到 $2R\gg-\Delta R_1+\Delta R_4$，则

$$V=\frac{E_s}{4}\cdot\frac{\Delta R_1+\Delta R_4}{R}=\frac{E_s}{4}\cdot(1+\mu)K\varepsilon \tag{2-31}$$

式中 K——电阻应变片的灵敏系数；

E_s——电桥供电电压；

μ——应变筒材料的波松系数；

ε——应变筒受压产生的轴向应变，与被测压力 p 成正比。

当电桥供电电压为直流 10V 时，桥路最大输出电压为 5mV。

由于 ε 反映压力的大小，而 V 又与 ε 成正比，因此，根据电桥输出电压的变化，便可确定被测压力的大小。测量桥路中，应变片电阻 R_1、R_4 置于相邻的桥臂上，变化趋势相反，可以减小对桥路电流的影响。当测量温度变化时，由于两应变片电阻变化趋势相同，桥路 a 点分压基本不变，可以消除由于温度变化对输出电压影响，即起到了温度补偿作用。

为了提高工作温度，BPR—3 型压力传感器采用了水冷式结构。冷却水从左边水咀引入，直接通过应变筒内部，再从应变筒底端开孔处流到应变筒外，最后经右边水咀流出。冷却水可以直接冷却应变筒和膜片。由于应变片浸在水中，必须保证其电绝缘性。因此，在应变筒贴好应变片后，需在外层封一层环氧树脂和防水橡胶膜。

图 2-18（b）为 BPR—10 型压力传感器，是一种应变筒式高压传感器。应变筒由整体加工而成，一端为盲孔，另一端直接引入被测介质，使筒体产生“鼓形”变形。应变筒上贴有两片测量应变片 R_1 和 R_3，在压力作用下产生与被测压力成正比的电阻变化。实心筒体部分贴有两片补偿应变片 R_2 和 R_4，压力作用下应变片电阻不变，置于测量桥路中起温度补偿作用。

2.4.5 压阻式压力变送器

压阻式压力传感器是基于半导体材料的压阻效应制成的传感器。具有灵敏度高、动态相应快、测量精度高、稳定性好、体积精巧和便于批量生产等特点，因而得到了广泛的应用。

1. 扩散硅压力传感器

新型固态压阻式压力传感器利用集成电路工艺直接在硅膜片上制成多个扩散压敏电阻，连接成测量电桥，并把补偿电路、信号转换电路集成在同一片硅片上，甚至将计算处理电路与传感器集成在一起，制成智能型传感器。由于制作传感器应变电阻的硅膜片，本身又作为弹性元件使用，省去了金属弹性元件及应变片粘贴。结构更加简单，可靠性高，互换性强，是一种很有前途的传感器。

图 2-19 为一种压阻式压力传感器的结构示意图。硅平膜片很薄，膜厚为 50～500μm，直径约为 1.8～10mm。环形边缘较厚，形如浅杯，故称“硅杯”。硅杯及膜片一般采用 N 型单晶硅制造，采用扩散技术在特定区域内将 P 型杂质扩散到 N 型硅片上，形成 P 型扩散电阻。

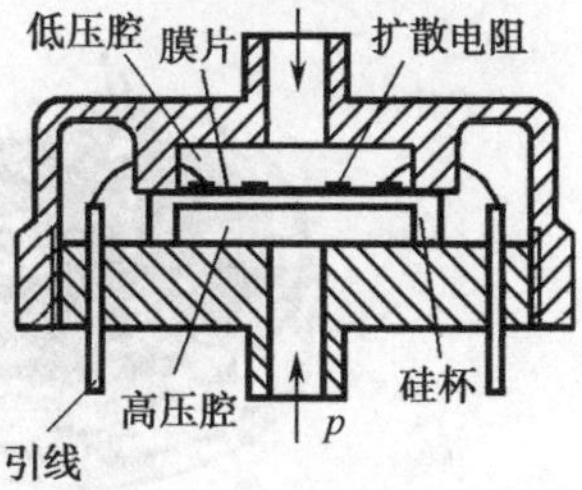

图 2-19 压阻式压力传感器的结构示意图

硅杯底部的硅膜片将传感器分成两个压力腔。高压腔接被测压力，低压腔与大气连通，或分别输入高低压力以测压差。当硅膜片受压时，膜片的变形将使扩散电阻的阻值发生变化。膜片上的四个扩散电阻构成桥式测量电路，相对的桥臂电阻是对称布置的，电阻变化时，电桥输出电压与膜片所受压力成对应关系。

硅膜片电阻及应力分布如图 2-20 所示。由图 2-20 可见在膜片中心 r=0 处，膜片上的径向应力 σ_r、切向应力 σ_t 达到最大值，随着 r 的增加，σ_r、σ_t 逐渐减小。

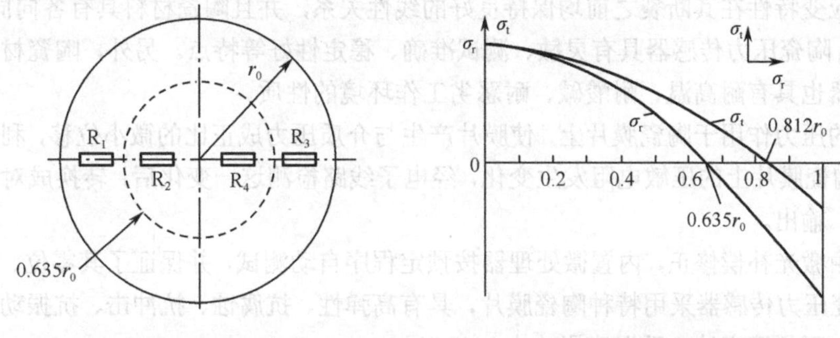

（a）扩散电阻布置 （b）硅膜片上应力分布

图 2-20 硅膜片电阻及应力分布

在半径 $r<0.635r_0$ 范围内，$\sigma_r>0$，表明膜片受拉应力作用。在 $r>0.635r_0$ 范围内，$\sigma_r<0$，膜片受压应力作用。

在半径 $r<0.812r_0$ 范围内，$\sigma_t>0$，表明膜片受正切向应力。在 $r>0.812r_0$ 范围内，$\sigma_t<0$，膜片受负切向应力。

如上分析可知，硅膜片在压力作用下产生的应力分布是不均匀的，且存在正应力区和负应力区。与前述膜片式压力传感器相似。应力也有正有负。利用这一特性，在硅膜片上选择适当的位置布置电阻，使 R_1 和 R_3 布置在压应力区，R_2 和 R_4 布置在拉应力区。R_2、R_4 在压力作用下电阻增加；R_1、R_3 在压力作用下电阻减小。在接入电桥的四个桥臂中，使阻值增加的两个电阻和阻值减小的两个电阻分别对接，与图 2-17 所示接法相同。这样不但提高了输出信号的灵敏度，又在一定程度上消除了阻值随温度变化带来的不良影响。

2．厚膜陶瓷压力传感器

厚膜陶瓷压力传感器芯体示意图如图 2-21 所示，采用氧化鋁陶瓷膜片作为感压元件，黏结在陶瓷基片上。利用厚膜技术将一种特殊的压阻材料印刷烧结在陶瓷膜片上组成电桥。

厚膜技术是在陶瓷膜片上采用丝网印刷工艺漏印厚膜电阻浆料，经过烧结形成厚膜电阻。四个厚膜电阻被连接成惠斯顿电桥。

厚膜电阻浆料内含绝缘体和导体两部分，绝缘体为硼硅酸铅系玻璃，导体为贵金属或者贵金属氧化物，如 RuO_2、$Bi_2Ru_2O_7$、$Rb_2Ru_2O_6$ 等。经过高温烧结后玻璃绝缘体与导体颗粒熔合成为半导体压敏材料。形成压敏电阻的电阻率可通过调整两部分的含量进行控制。厚膜电阻阻值大，有很高的灵敏度、低的电阻温度系数、优良的稳定性和抗疲劳性。

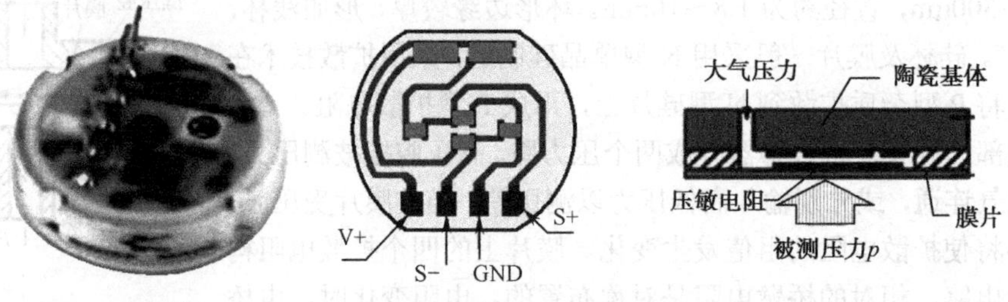

（a）外形　　（b）接线　　（c）结构

图 2-21　厚膜陶瓷压力传感器芯体示意图

厚膜陶瓷压力传感器的膜片采用由 Al_2O_3 精细陶瓷材料，具有优良的机械特性。受到压力作用时，其应力—应变特性在其断裂之前均保持良好的线性关系，并且陶瓷材料具有各向同性的特点，这决定了 Al_2O_3 陶瓷压力传感器具有灵敏、测试准确、稳定性好等特点。另外，陶瓷材料本身的特性决定了传感器也具有耐高温、耐酸碱、耐恶劣工作环境的性质。

被测介质的压力作用于陶瓷膜片上，使膜片产生与介质压力成正比的微小位移，利用厚膜电阻的压阻效应，陶瓷膜片上的压敏电阻发生变化，经电子线路检测这一变化后，转换成对应的标准信号（4～20mA）输出。

厚膜电阻由激光补偿修正，内置微处理器按预定程序自动测试，并保证了其零位、满度和温度特性。厚膜陶瓷压力传感器采用特种陶瓷膜片，具有高弹性、抗腐蚀、抗冲击、抗振动、热膨胀微小的优异特性，无须填充油，受温度影响小。

转换部分电路及原理与扩散硅压力变送器相同，此处不再重复。

3. 压阻式压力变送器

不管是扩散硅式压力传感器还是厚膜陶瓷压力传感器，通过转换放大电路将传感器输出电压转换成标准 4～20mA 电信号输出，构成压阻式压力变送器。下面以扩散硅压阻式压力变送器为例介绍。

1）结构组成

扩散硅压阻式压力变送器的测量元件结构比较简单。扩散硅压阻式压力变送器拆分结构图如图 2-22 所示。核心元件——硅杯是由两片研磨后胶合而成的杯状硅片组成。其上扩散电阻及其他集成电路外引线穿过基座上的玻璃状密封体引到转换电路。硅杯浸在工作液中，工作液一般为硅油，用于传递压力、隔离被测介质。硅油与被测介质间有金属隔离膜片隔开。被测压力引入变送器后，通过隔离膜片压缩硅油，传递到硅杯上。

2）转换电路

图 2-23 是扩散硅差压变送器测量电路原理图。它由应变桥路、温度补偿电路、恒流源、输出放大及电压—电流转换电路等组成，构成两线制差压变送器。测量电路由 24V 直流电源供电，其电源电流 I_o 就是输出信号，I_o=4～20mA。

电桥由电流 I_1 为 1mA 的恒流源供电。硅杯未承受负荷时，$R_1=R_2=R_3=R_4$，$I_a=I_b=0.5$mA。此时，流过 R_F、VT 的零点电流 I_2 为 3mA，适当选择 R_F、R_5 使 a、b 两点电位相等 $U_{bc}=U_{ac}$，集成运算放大器 A 输入电压 $U_{ba}=0$，电桥处于平衡状态，即

$$I_b(R_2+R_5)=I_a(R_1+R_F)+I_2R_F \tag{2-32}$$

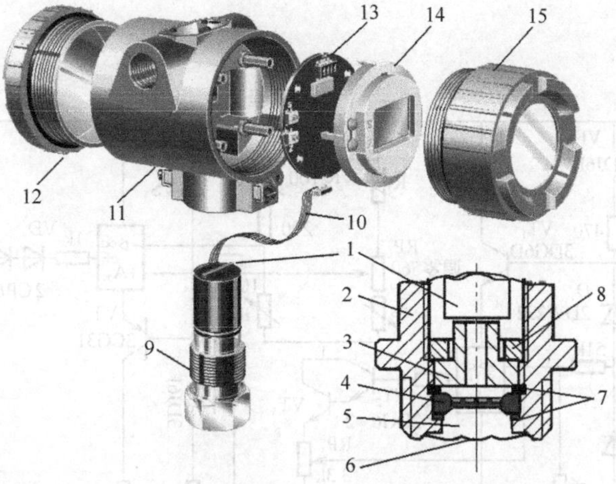

1—电路板；2—基座；3—压环；4—硅杯；5—隔离液；6—隔离膜片；7—密封圈；8—压帽；9—传感头；
10—引线；11—主壳体；12—盖；13—信号处理板；14—液晶显示器；15—表头

图 2-22　扩散硅压阻式压力变送器拆分结构图

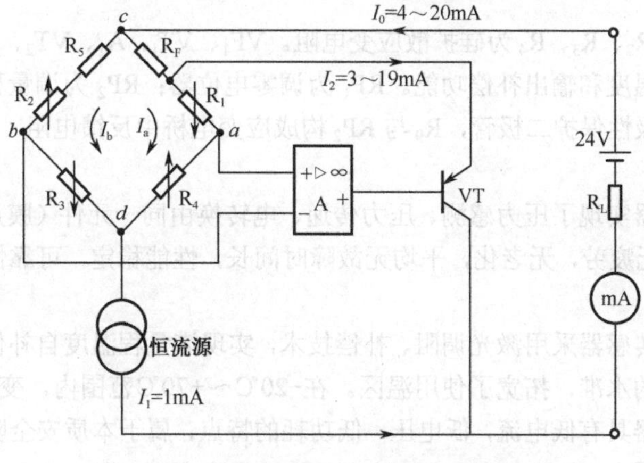

图 2-23　扩散硅差压变送器测量电路原理图

硅杯受压时，R_4 增大，R_1 减小，因 I_a 不变，导致 U_{ac} 减小。同理，R_2 增大，R_3 减小，U_{bc} 增大。电桥失去平衡，$U_{ba}=U_{bc}-U_{ac}>0$。U_{ba} 经运算放大器 A 放大，其输出电压经过电压—电流变换器 VT 转换成相应的电流 I_2 增大。此电流经过反馈电阻 R_F，使其上反馈电压 U_F 增加，导致 U_{ac} 增加，直至大电流 I_2 下 $U_{bc}\approx U_{ac}$，扩散硅应变电桥在压力作用下达到了新的平衡状态，完成了“平衡”过程。由于运算放大器放大倍数极大，a、b 间电位差 U_{ba} 接近于零，以维持 I_2 使电桥基本平衡。如果各扩散电阻的变化ΔR 相同，由于

$$I_a(R_1-\Delta R+R_F)+I_2R_F=I_b(R_2+\Delta R+R_5) \tag{2-33}$$

所以

$$-\frac{I_1}{2}\Delta R+(I_2-3)R_F=\frac{I_1}{2}\Delta R \tag{2-34}$$

$$I_2=\frac{\Delta R}{R_F}I_1+3\text{mA} \tag{2-35}$$

由于恒流源供电电流 I_1=1mA，可见 I_2 随应变电阻的改变线性正比变化。在被测压差量程范围内，I_2=3～19mA。$I_o=I_1+I_2$=4～20mA，作为变送器的输出电流输出。某扩散硅差压变送器典型电路

图如图 2-24 所示。

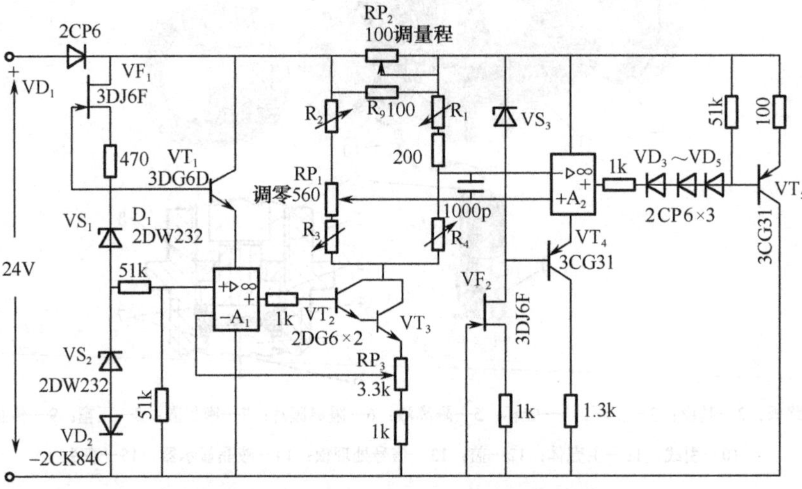

图 2-24　扩散硅差压变送器典型电路图

图 2-24 中，R_1、R_2、R_3、R_4 为硅扩散应变电阻。VF_1、VT_1、A_1、VT_2、VT_3、VS_1、VS_2、VD_2 等组成恒流源，并有温度和输出补偿功能。RP_1 为调零电位器；RP_2 为调量程电位器；RP_3 为桥流调整电位器；VD_1 为极性保护二极管，R_9 与 RP_2 构成应变电桥中反馈电阻。

3）特点性能

压阻式压力传感器实现了压力感测、压力传递、电转换由同一元件（膜片）实现，无中间转换环节，无机械磨损，无疲劳，无老化，平均无故障时间长，性能稳定，可靠性高，寿命长，安装位置不影响零点。

现代压阻式压力传感器采用激光调阻、补偿技术，实现满量程温度自补偿。使变送器的零位和满度温漂达到了较高的水准，拓宽了使用温区。在-20℃～+70℃范围内，变化量小于±0.02%/℃。

压阻式压力变送器具有低电流，低电压，低功耗的特点，属于本质安全防爆型产品，适于危险易爆的领域和场所应用。

转换电路一般有防雷击、抗干扰、抗过载、反极性保护等保护手段，具有高可靠性与抗干扰性能，完全适合一般工业现场测量和控制的需要。一般性能如下：

① 测量范围：-0.1～60MPa，允许过载：额定工作压力的 1.5～2 倍。

② 基本误差：一般为 0.1～0.5%F·S，灵敏限：0.02%F·S；稳定性≤±0.1%F·S/年。

③ 二线制电源：24V DC（允许 12～40V DC）；输出 4～20mA DC。

④ 允许负载电阻：0～750Ω。

⑤ 工作温度：-20～+85℃，环境湿度：0%～100%RH。

⑥ 测量介质：液体、气体或蒸汽。

4．安装与应用

1）安装

安装前仔细阅读产品说明书。压力变送器可直接安装在测量点上，也可以通过导压管安装。取压孔要垂直于设备或管道，孔壁光滑无毛刺，避免产生取压误差。尽量避开高温、强振动和腐蚀、潮湿场合。

室外安装时，尽可能放置于保护盒内，避免阳光直射和雨淋，以保持变送器性能稳定和延长寿命。

测量蒸汽或其他高温介质时，注意不要使变送器的工作温度超限。必要时，加引压管或其他冷却装置连接，如图 2-25 所示。

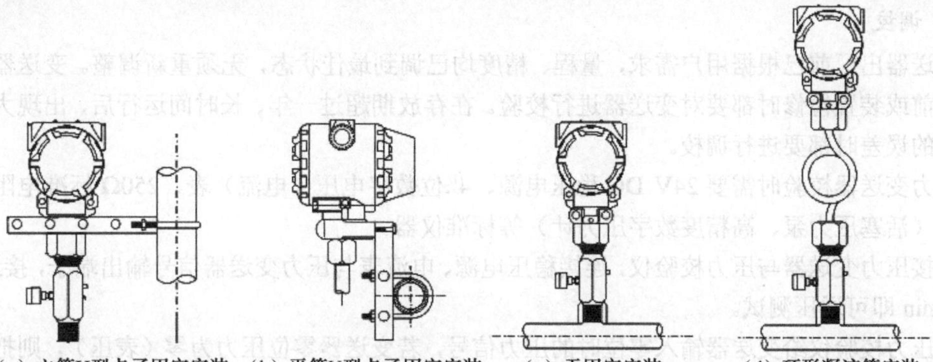

图 2-25　压力变送器安装

安装时应在变送器和取压点之间加装截止阀，以便检修，防止取压口堵塞而影响测量精度。在压力波动范围大的场合还应加装压力缓冲装置。

压力变送器在安装和拆卸时，需使用扳手拧动变送器压力接头，严禁直接拧动表头，避免损坏相关联结部件。

严禁敲打、撞击、摔跌变送器，严禁用尖硬物、螺丝刀、手指直接按压膜片试压，这样最容易造成不可修复性损坏。

禁止超指标过载，正确按图连接电路，连接完成后，表盖需用专用工具拧紧，压紧“O”型密封圈，防潮防水。接线孔中引线电缆必须用出线密封件密封。外壳另一侧的接线孔，必须用具有密封圈的丝堵旋紧密封。

2）**压力变送器接线**

接线时，拧下后盖，将引线电缆从接线孔、橡胶密封件中穿过后，将电缆线芯剥去绝缘皮、刮去氧化铜锈、压上线鼻后，用端子螺钉压紧到标注有“OUT”或“24V”侧的“+”、“−”两个端子上，如图 2-26 所示。另外两个标注“TEST”的端子用于连接测试用的指示表，其上的电流和信号端子上的一样，都是 4～20mA DC。

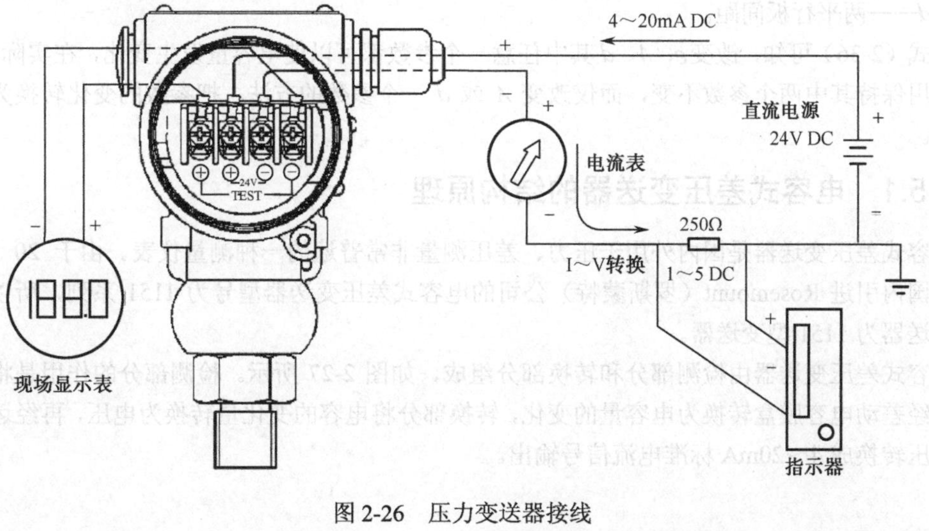

图 2-26　压力变送器接线

接线时不要将电源信号线接到TEST端子，否则电源会烧坏连接在测试端子的二极管，如果二极管被烧坏，需换上二极管或短接两测试端子，变送器便可正常工作。

3）调校

变送器出厂前已根据用户需求，量程、精度均已调到最佳状态，无须重新调整。变送器在安装投产之前或装置检修时都要对变送器进行校验。在存放期超过一年、长时间运行后，出现大于精度范围内的误差时都要进行调校。

压力变送器校验时需要24V DC稳压电源、4½位数字电压（电流）表、250Ω标准电阻，压力校验仪（活塞压力泵、高精度数字压力计）等标准仪器。

连接压力变送器与压力校验仪，连接稳压电源、电流表与压力变送器信号输出端子，接通电源，稳定5min即可通压测试。

用压力校验仪给变送器输入零位时的压力信号，若变送器零位压力为零（表压），则把变送器直接与大气相通。此时变送器输出电流为4.00mA，若不等于此值，可通过调整零位电位器改变。

用压力校验仪给变送器输入满量程压力信号，变送器输出20.00mA，若不等于此值，可改变量程电位器调整。零点和量程调整会有相互影响，需要反复调整零点、量程几次，才能达到要求。

调零电位器和调量程电位器的位置对于各厂家的压力变送器有所不同，一般位于电路板上，有的延伸到表外，不用开盖即可调整。

2.5 电容式差压变送器

电容式差压变送器采用变电容测量原理，将由被测压力差引起的弹性元件的变形转变为电容的变化，用测量电容的方法测出电容量，便可知道被测压差的大小。

根据平行板电容器的电容量表达式，即

$$C = \frac{\varepsilon A}{d} \tag{2-36}$$

式中 ε——电容极板间介质的介电常数；

A——两平行板相对面积；

d——两平行板间距。

由式（2-36）可知，改变ε、A、d其中任意一个参数都可以使电容量发生变化，在实际测量中，大多采用保持其中两个参数不变，而仅改变A或d一个参数的方法，把参数的变化转换为电容量的变化。

2.5.1 电容式差压变送器的结构原理

电容式差压变送器是国内外用于压力、差压测量非常普遍的一种测量仪表。由于20世纪80年代，国内引进Rosemount（罗斯蒙特）公司的电容式差压变送器型号为1151系列，所以习惯称这类变送器为1151型变送器。

电容式差压变送器由检测部分和转换部分组成，如图2-27所示。检测部分的作用是将被测的压力差经差动电容膜盒转换为电容量的变化，转换部分将电容的变化量转换为电压，再经运算放大器将电压转换成4～20mA标准电流信号输出。

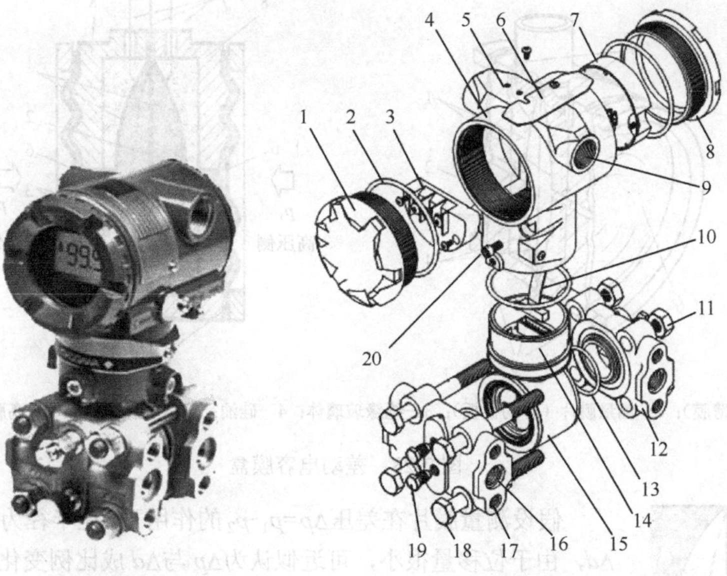

（a）外形　　　（b）结构

1—接线端盖；2—“O”型密封圈；3—接线端子板；4—表头壳体；5—表外零点、量程调节孔；6—铭牌；7—电路板、显示表头；8—表头端盖；9—密封出线孔；10—电容传感器引线；11—M10 螺母；12—负压侧压盖；13—“O”型密封圈；14—电容膜盒联结头；15—差动电容膜盒；16—高压侧压盖（引压孔）；17—引压头固定螺孔；18—压盖螺栓；19—排气螺钉；20—表头紧固螺钉

图 2-27 电容式差压变送器

1. 检测部分

检测部分由高、低压侧压盖和差动电容膜盒组成，用螺栓固定成一体。被测差压 p_1、p_2 通过导压管分别由高、低压压盖上的导压孔进入压盖与电容膜盒间形成的高压室、低压室（习惯称正、负压室）作用在电容膜盒上。

检测部分的核心是差动电容膜盒。其结构原理如图 2-28 所示。电容膜盒的主体是由两块杯形基座 8 对焊而成。每块基座内嵌一柱形绝缘玻璃体 3，其表面研磨出球冠空腔，形如碗底。球冠形表面镀一层金膜，形成电容的固定极板 1。基座和玻璃体中央有孔，两半基座中间夹一片测量膜片 2，作为电容的可动极板。测量膜片绷紧后与两边基座焊接成一体，将电容膜盒分割成高、低压两部分。基座两边分别焊接隔离膜片 6 将基座密封，内充工作液（硅油）。

测量膜片（可动电极）和两边弧形固定电极分别形成电容 C_H 和 C_L。压力 p_1、p_2 分别作用于左、右隔离膜片上，通过硅油将压力传递到测量膜片上。压力差作用，使测量膜片向低压测凸起变形至图 2-28 中虚线位置。从而使高压侧电容极板间距增大，电容 C_H 减小，低压侧电容极板间距减小，电容 C_L 增大。这一电容量变化经引出线送往传送部分放大，转换为 4～20mA DC 信号输出。

在正常情况下，测量膜片的变形量很小（最大变形量 0.1mm）。但当电容膜盒承受过载压力或承受单向压力时，隔离膜片紧贴在与其吻合的基座波纹上，阻止工作液流动，保证测量膜片不会产生太大的变形而损坏。起到了过载保护的作用。

下面我们讨论检测部分的静态特性。电容极板的变形如图 2-29 所示。

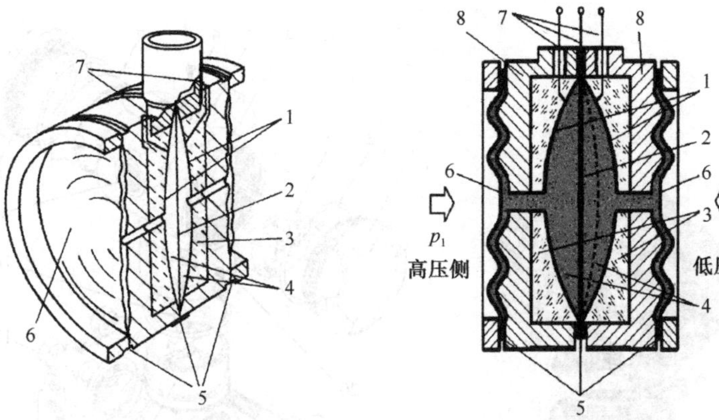

1—固定极板（镀金薄膜）；2—测量膜片（可动极板）；3—绝缘玻璃体；4—硅油；5—焊接密封；6—隔离膜片；7—引线；8—基座

图 2-28　差动电容膜盒

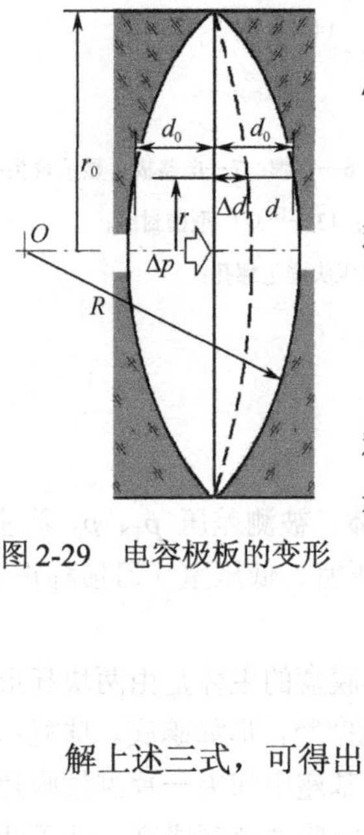

图 2-29　电容极板的变形

假设测量膜片在差压$\Delta p=p_1-p_2$的作用下，在半径为 r 处的位移距离为Δd，由于位移量很小，可近似认为Δp 与Δd 成比例变化，即

$$\Delta d=\frac{(r_0^2-r^2)}{4\sigma}\Delta p=K_1\Delta p \qquad (2\text{-}37)$$

式中　r_0——膜片半径；

σ——膜片张力；

K_1——比例系数。

这样测量膜片与左、右固定电极间的距离由原来的 d_0 变为 $d_1=d_0+\Delta d$ 和 $d_2=d_0-\Delta d$。实际情况下，由于Δd 极小，仍可以将差动电容作平板电容来处理。根据平行板电容公式，两个电容可分别写为

$$C_{\mathrm{L}}=\frac{\varepsilon A}{d_0-\Delta d} \qquad (2\text{-}38)$$

$$C_{\mathrm{H}}=\frac{\varepsilon A}{d_0+\Delta d} \qquad (2\text{-}39)$$

解上述三式，可得出差压Δp 和差动电容 C_{H}、C_{L} 的关系为

$$\frac{C_{\mathrm{L}}-C_{\mathrm{H}}}{C_{\mathrm{L}}+C_{\mathrm{H}}}=\frac{\Delta d}{d_0}=\frac{K_1}{d_0}\Delta p=K\Delta p \qquad (2\text{-}40)$$

式中，$K=\dfrac{K_1}{d_0}$是一个常数。

由上式可知，电容 $C_{\mathrm{L}}-C_{\mathrm{H}}$与$\Delta p$ 成正比关系。因此，转换部分的任务是将（$C_{\mathrm{L}}-C_{\mathrm{H}}$）和（$C_{\mathrm{L}}+C_{\mathrm{H}}$）的比值转换为电压或电流。

2. 转换部分

电容式差压变送器的转换部分方框图如图 2-30 所示。

差动电容由高频振荡器供电，两个电容量变化，被转换为电流变化。其中流过 C_{H} 的电流为 i_1，流过 C_{L} 的电流为 i_2。当被侧压差Δp 增加，使 C_{H} 减小、C_{L} 增加时，i_2 减小、i_1 增加。

经解调器相敏整流后输出两个电流信号，一是 $I_{\mathrm{i}}=i_2-i_1$ 为差动信号，与被侧差压成正比，为变送器检测部分的输出信号。另一个是 $I_{\mathrm{cm}}=I_2+I_1$ 为共模信号。I_{i} 与反馈信号 I_{f} 进行比较，其差值经电流放大器放大成 4～20mA DC 输出。

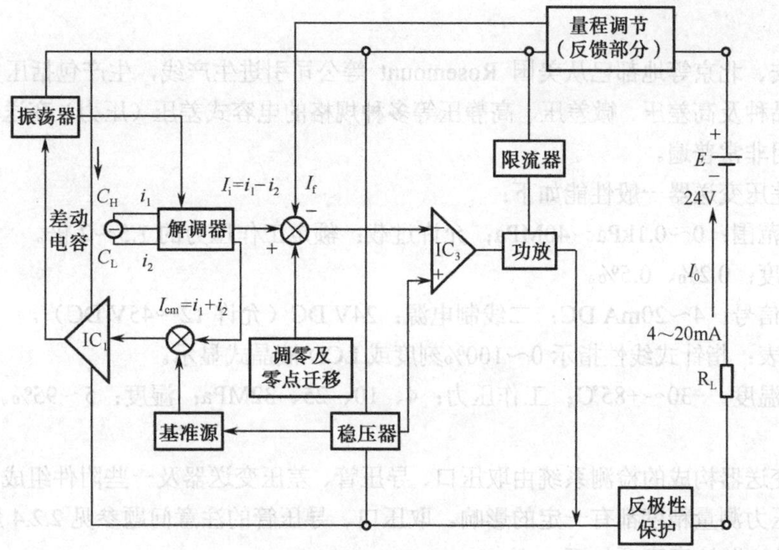

图 2-30 电容式差压变送器的转换部分方框图

共模信号 I_{cm} 通过标准电阻时，与基准源在这个标准电阻上所产生的压降进行比较，作为振荡放大器的输入信号，以控制高频振荡器的供电电压，使得 I_{cm} 保持不变，可以消除振荡器电源电压波动造成的干扰，保证 I_i 与被测压差 Δp 之间成单值函数关系。

通过高压测量电容 C_H 和低压测量电容 C_L 的电流 i_1 和 i_2 分别为

$$i_1=\omega eC_H \tag{2-41}$$

$$i_2=\omega eC_L \tag{2-42}$$

式中 ω——振荡角频率；

e——振荡器激励电压。

于是

$$I_{cm}=i_2+i_1=\omega e(C_L+C_H) \tag{2-43}$$

$$I_i=i_2-i_1=\omega e(C_L-C_H) \tag{2-44}$$

解出

$$I_i=i_2-i_1=\frac{C_L-C_H}{C_L+C_H}I_{cm}=I_{cm}K\cdot\Delta p \tag{2-45}$$

式（2-45）表示，如果 I_{cm} 恒定，I_i 仅与被测差压成正比，所以检测 I_i 也就知道了被测压力的大小。

转换电路中，改变电流反馈系数，可进行量程调节。零位和正负迁移则是调节叠加在电流放大器输入端的可变电流实现的。限流器的作用是防止输出电流超过规定范围（30mA），以免损坏电子元件。反极性保护是保护电源接反时不损坏仪表。

2.5.2 电容式差压变送器的特点与应用

1）特点与性能

电容式差压变送器采用差动电容作为检测元件，没有机械传动机构和机械调整装置，结构紧凑，抗振性好，准确度高，静压误差小，其可靠性、稳定性都较高。仪表精度为 0.25～0.5 级。由于变送器采用集成放大器件和现代电子工艺，参数调整通过电路完成，简单方便，且零点调整和量程调整互不影响。

我国西安、北京等地都已从美国 Rosemount 等公司引进生产线，生产包括压力、差压、绝对压力等多个品种及高差压、微差压、高静压等多种规格的电容式差压（压力）变送器，已形成了相当规模，应用非常普遍。

电容式差压变送器一般性能如下：

① 测量范围：0～0.1kPa～40MPa；允许过载：额定工作压力的1.5～2倍。

② 精确度：0.2%、0.5%。

③ 输出信号：4～20mA DC；二线制电源：24V DC（允许12～45V DC）。

④ 指示表：指针式线性指示0～100%刻度或LCD液晶式显示。

⑤ 工作温度：-30～+85℃；工作压力：4、10、25、32MPa；湿度：5～95%。

2）安装

由差压变送器构成的检测系统由取压口、导压管、差压变送器及一些附件组成，各个部件安装正确与否对压力测量精度都有一定的影响。取压口、导压管的注意问题参见2.2.4压力表的安装一节，变送器的安装注意事项如下：

① 应安装在能满足仪表使用环境条件，并易观察、易检修的地方。

② 安装地点应尽量避免振动和高温影响。

③ 应避免高温及腐蚀性液体直接接触变送器，如测量原油、污水时可以采取加装隔离罐的措施。

④ 差压变送器一般可通过直形、L形安装支架安装在设备或2″管柱上，如图2-31所示。

⑤ 引压导管与变送器之间必须在高压侧、低压侧及两导压管之间安装阀门（三阀组），主要用于变送器调零和开、停表时防止变送器单向受压。目前，一般用于变送器配套的三阀组直接装在变送器测量部分上，如图2-31（d）所示。

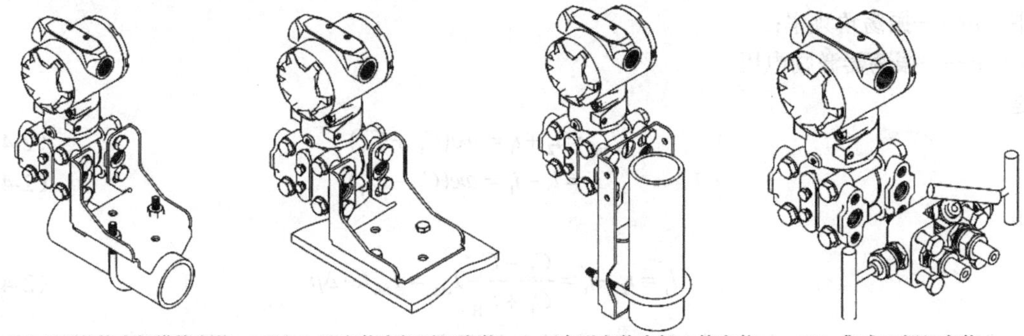

（a）L型安装支架横管安装　（b）L型安装支架平面安装　（c）直形安装支架立管安装　（d）集成三阀组安装

图2-31　差压变送器的安装

3）差压变送器的接线

一般采用二线制接线方法，接线方法与压阻式压力变送器相似。24V DC的正、负端接到变送器标注有“SIGNAL”或“24V”侧的“+”“-”两个端子上。另外两个标注“TEST”的端子用于连接测试用的指示表，其上的电流和信号端子上的电流一样，都是4～20mA DC。

注意：不要把电源—信号线接到测试端子上，防止内部保护二极管击穿。

连接变送器的信号电缆一般选用屏蔽电缆，接线时，统一在控制室接地。为了防止屏蔽电缆两端接地，失去屏蔽抗干扰效果，变送器侧屏蔽电缆一般采取绝缘浮空方法，不接地。变送器外壳可接地也可不接地。

4）差压变送器应用与维护

① 切勿将 220V 交流电压加到变送器上，导致变送器损坏。

② 切勿用硬物碰触膜片，导致隔离膜片损坏。

③ 被测介质不允许结冰，否则将损伤传感器隔离膜片，导致变送器损坏，必要时需对变送器进行保温伴热，以防结冰。

④ 在测量蒸汽或其他高温介质时，其温度不应超过变送器使用时的极限温度，否则必须使用散热管、凝液罐等隔离装置。以防过热蒸汽直接与变送器接触，损坏传感器。

⑤ 开始使用前，如果阀门是关闭的，则使用时应该非常小心、缓慢地打开阀门，以免被测介质直接冲击传感器膜片，从而损坏传感器膜片。

5）差压变送器的调校

方法与压阻式压力变送器相似，但为了调节方便一般把零点、量程调节电位器调节螺钉置于表壳外的名牌下，有的制成按钮、或磁性耦合按钮，方便不开盖调整。通常调零位置标“Z”或“Zero”，调量程位置标“S”或“SPAN”。

2.6 硅谐振式压力（差压）变送器

具有代表性的硅谐振式变送器是是由横河电机株式会社于1994年开发的DPharp EJA智能式差压、压力变送器，采用了先进的单晶硅谐振式传感器技术，采用微电子机械加工技术（MEMS）直接在单晶硅膜片上制作出微谐振子（真空室内的两个 H 型梁），在电磁场激励下自由谐振，其谐振频率随膜片变形（即被测压力变化）而变化。传感器直接输出频率信号，具有很高精度（0.075%）和分辨率，抗干扰能力强，稳定性和可靠性高。静压、温度等环境影响小。具有 BRAIN、HART、FF 现场总线三种通信协议输出（可选择）和完善的自诊断及远程设定通信功能。

2.6.1 硅谐振传感器结构原理

硅谐振智能差压变送器结构原理图如图 2-32 所示。其中，硅谐振式传感器的核心部分——硅谐振梁结构，是在一单晶硅芯片上采用微电子机械加工技术（MEMS），分别在其表面的中心和边缘加工成两个形状、大小完全一致的 H 形状的谐振梁，当硅片受到压力作用时，将产生应变，两个谐振梁也伴随膜片产生相应的应力。但由于它们在膜片上所处的位置不同，它们的应力是不一样的。中心 H 梁受压应力作用，而边缘 H 型梁受拉应力作用。应力的变化使两个 H 型谐振梁的固有振动频率发生变化：中心 H 梁振动频率随压力增加而增加，而边缘 H 型梁振动频率随压力增加而减小。测量两个谐振梁的频率之差，即可得到被测介质的压力或压差。硅谐振梁振动频率与压力关系如图 2-33 所示。

硅谐振式传感器中的硅梁、硅膜片被封在微型真空空腔中，使它既不能与充灌液接触，又在振动时不受空气阻力的影响，所以用它制成的仪表性能稳定。

由于边缘谐振梁和中心谐振梁形状、尺寸完全一致，当环境温度升高时，两谐振梁尺寸膨胀量一致。高温时两谐振梁的振动频率都要降低，但在同一温度状态下它们的频率特性按相同比率变化，特性曲线同时向下平移（见图 2-33 虚线），两谐振梁频率之差，变化量相互抵消，因此能自动消除温度误差的影响。

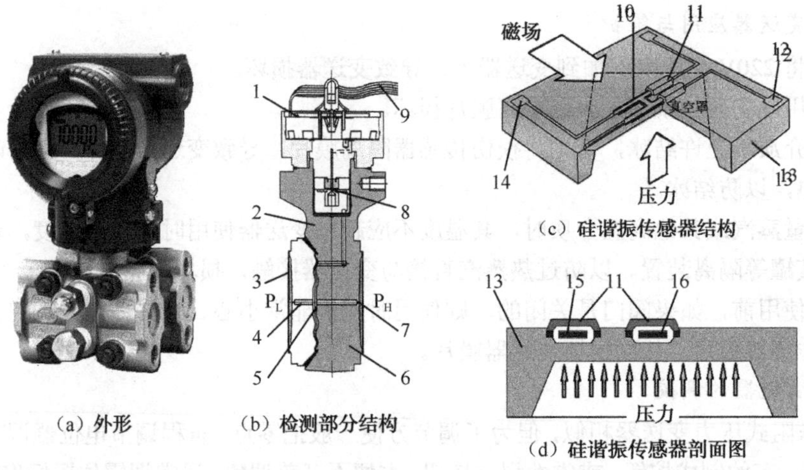

（a）外形　（b）检测部分结构　（c）硅谐振传感器结构　（d）硅谐振传感器剖面图

1—转换电路板；2—测量部分；3、7—隔离膜片；4—硅油；5—中心膜片；6—基座；8—硅谐振传感器；9—信号电缆；10—H 型谐振梁；11—真空室；12—检测端电极；13—传感器硅基体（膜片）；14—驱动端电极；15—边缘 H 型谐振梁；16—中心 H 型谐振梁

图 2-32　硅谐振差压变送器结构原理图

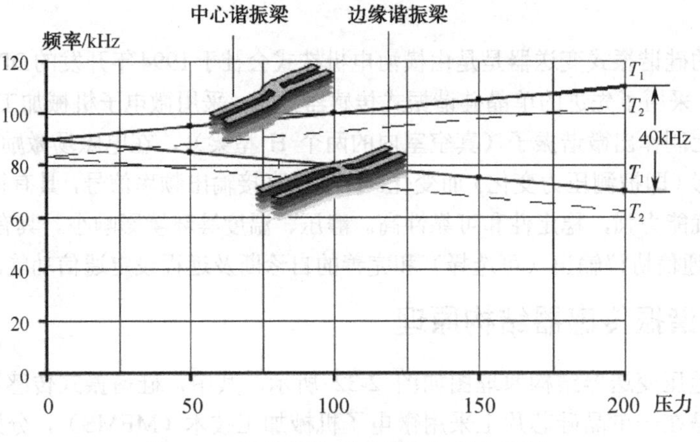

图 2-33　硅谐振梁振动频率与压力关系

硅谐振传感器通过隔离膜片—硅油与被测压力联系。当变送器只有单向压力作用时，隔离膜片内侧的硅油向中心膜片移动，硅油传递压力到谐振传感器，压力增大到某一数值时，隔离膜片与基座完全接触，将传感器通道密封。此时，外部压力不管怎样增大，硅油的压力也不会增大，很好地保护了传感器芯体。

2.6.2　转换部分原理

硅谐振梁与激振线圈、检测线圈、放大器等组成一正反馈回路，让谐振梁在回路中产生自激振荡。如图 2-34 所示，硅谐振梁处于永久磁铁提供的磁场中，通过激振线圈 A 的交变电流 i 激发 H 型硅梁振动，并由检测线圈 B 感应后送入自动增益放大器。放大器一方面输出频率，另一方面将交流电流信号反馈给激振线圈，形成一个正反馈闭环自激系统，从而维持硅梁连续等幅振动。

单晶硅谐振式传感器上的两个 H 形振动梁分别将差压转化为频率信号，采用频率差分技术，将两频率差数字信号直接输出到脉冲计数器计数，频率差经过微处理器 CPU 进行数据处理，经 D/A

转换器转换为与输入信号相对应的 4～20mA DC 的输出信号。

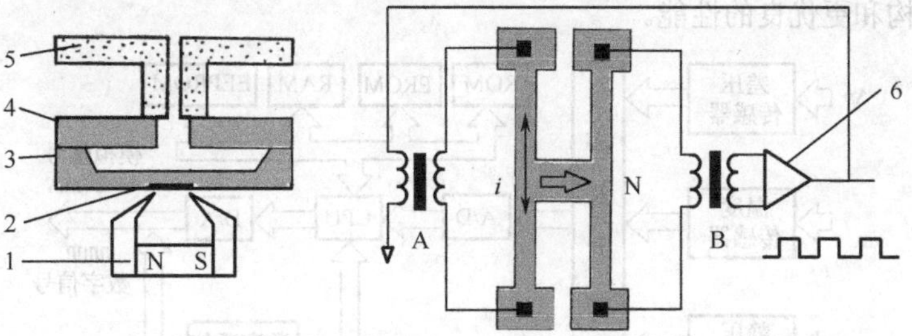

1—磁钢；2—H 型谐振梁；3—硅膜片；4—硅基底；5—压力引入；6—放大器；A—激振线圈；B—检测线圈

图 2-34 硅谐振传感器工作电路

膜盒组件中内置的特性修正存储器存储着传感器的环境温度、静压及输入/输出特性修正数据，经 CPU 运算，可使变送器获得优良的温度特性和静压特性及输入/输出特性。

变送器中通信组件将 BRAIN/HART 数字信号叠加在 4～20mA 信号线上，通过输入/输出接口（I/O）与外部设备（如手持智能终端 BT200 或 275 及 DCS 中的带通信功能的 I/O 卡）以数字通信方式传递据。

2.7 智能型压力（差压）变送器

所谓智能型变送器，就是利用微处理器及数字通信技术对常规变送器加以改进，将专用的微处理器植入变送器，使其具备数字计算和通信能力。智能变送器功能增加，性能提高，使用更加灵活。

目前的现状是，智能变送器有两个层次：一种是现场总线型全数字式智能变送器，以纯数字信号输出；另一种是混合式智能变送器，它既有数字信号输出，又有模拟信号输出。

全数字智能变送器输出数字编码信号，按照规范的通信协议，与现场测控仪表、远程监控计算机之间实现数据交换。多台现场仪表可以用一条双绞线连接成网络，进行数据传输。改变了以往采用电流、电压模拟信号进行一对一传输，线缆多、抗干扰能力差的缺点。提高了信号的测控和传输精度，是实现现场总线控制系统（FCS）的基础。目前，使用的通信协议主要有 FF、CAN、LonWorks、Profibus 等。由于受现场总线控制系统推广、换代限制，尚应用不多。

混合式智能变送器，如 HART 通信方式混合式智能变送器在我国得到了较为广泛的应用。借助两根模拟电流输出信号线，叠加上交流脉冲传递指令和数据。既可以传递 4～20mA 直流信号，也可以输出数字编码信号。变送器可以与上位机进行数据传送与交换，或是与便携式现场通信器进行数字通信。

2.7.1 智能型压力（差压）变送器典型结构

智能差压变送器原理框图如图 2-35 所示。

目前，智能差压变送器的种类较多，结构也各有差异，从整体上看，是由硬件和软件两大部分组成，从电路结构上看，智能差压变送器包括传感器部件和电子部件两部分。

1. 硬件

智能变送器的差压（压力）传感器件除了用扩散硅式、差动电容膜盒式外，多采用性能更好的浮动差动电容膜盒器件、硅微电容式、硅谐振梁式等新型器件。一般采用微机械电子技术加工生产，具有更精巧的结构和更优良的性能。

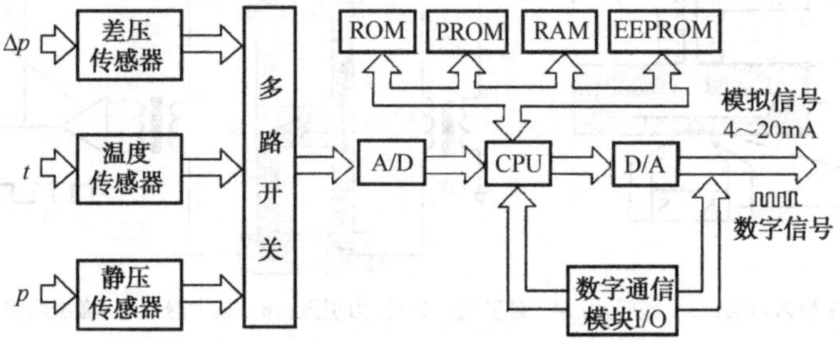

图 2-35　智能差压变送器原理框图

智能差压变送器的传感部件除具有差压传感器外，还集成了感受静压和温度的敏感元件，将差压、温度、静压三种敏感元件集成于一体，经过相应电路，转换成数字信号，分时采集进入微处理器。

在电子部件中，一般采用超大规模集成电路，微处理器、存储器、通信电路、D/A 转换器等都集成在一块专用的集成电路板上，通常称为 ASIC，因此，仪表的结构紧凑，体积校小，可靠性提高。

CPU 采用 8 位或准 16 位微处理器，具有多种运算功能，可实现远方设定和数据传输。ROM 里存有 CPU 工作通用主程序。在变送器制造完成后，经逐台检验，将其输入/输出特性和温度压力补偿参数，写入各台变送器 PROM 中，据此自动进行特性修正，使之获得高准确度。

PROM 是必不可少的存储器，它也是通过现场通信器对变送器进行各项设定的记忆硬件，存储变送器位号、测量范围、线性或开方输出、阻尼时间、零点、量程等设定指令。

EEPROM 是 RAM 的后备存储器，遇到意外停电，RAM 中的输据会丢失，但 EEPROM 中的数据仍然保存下来。恢复供电后，EEPROM 中的数据自动转移到 RAM 中，起到停电保护作用，从而省却了后备电池。

数字通信接口 I/O 将来自现场通信器的脉冲数字信号从 4～20mA 直流信号线上分离出来送入 CPU，还可将变送器工作状态、已设定的各项数据、初诊断结果、测量结果等送入现场通信器的显示器上。

A/D 和 D/A 分别进行模/数和数/模转换。

2．技术性能

与传统的变送器相比，智能变送器的性能有很大的提高。由于采用了微处理器，仪表的非线性特性校正、温度特性的补偿，可以通过软件来实现，因而仪表的性能较高。变送器的精度一般为为 0.2 级以上，如 0.1 级，甚至 0.075 级。变送器的测量范围一般很宽，其量程比可以达到 100 : 1 甚至 400 : 1。

3．远程组态

智能变送器可以用手持通信器（又称手操器）或计算机对变送器进行远方设定组态。可以修改仪表显示的方式和工程单位，校对、调整仪表零点和测量范围，而无须把仪表从设备上卸下来，操作十分方便。

4．通信

智能变送器开发的本意是实现和控制系统之间数字通信，以实现现场仪表的联网。但由于开发的初期，国际上还未建立统一的现场仪表的通信标准，因此，各自按自己的通信协议开发，这就形成了不同厂家的仪表不能互换。目前，各厂家的生产的智能变送器，除了有数字输出信号外，一般有 4～20mA 模拟信号输出。这种仪表的优点是灵活方便，可以通过模拟信号和其他仪表进行联系。

目前，使用的智能变送器的数字输出信号有多种通信协议，如 FF、CAN、LonWorks、Profibus、HART 协议等。HART 通信协议开发较早，是一种模拟、数字混合传输的方式，横河、富士、ABB、西门子、Smar 及国内上百家公司的变送器都采用这一类通信协议。

HART 通信协议，在 4～20mA DC 的模拟信号上叠加幅度为 0.5mA 的正弦调制信号，用 1200Hz 正弦调制信号代表逻辑“1”，2200Hz 正弦调制信号代表逻辑“0”（见图 2-36）。因此，模拟信号和数字信号可同时传递。由于叠加的正弦信号平均值为 0，所以对模拟信号没有影响。它是主从式通信协议，变送器作为从设备应答主设备的询问。连接模式有一台主机对一台变送器（智能变送器模拟信号与数字信号兼容）或一台主机对多台变送器（无 4～20mA 信号，只有数字信号）。由于每台变送器都有一个唯一的编号，所以主机能分别同各台变送器通信，其传输速率为 1200bps（位/秒）。

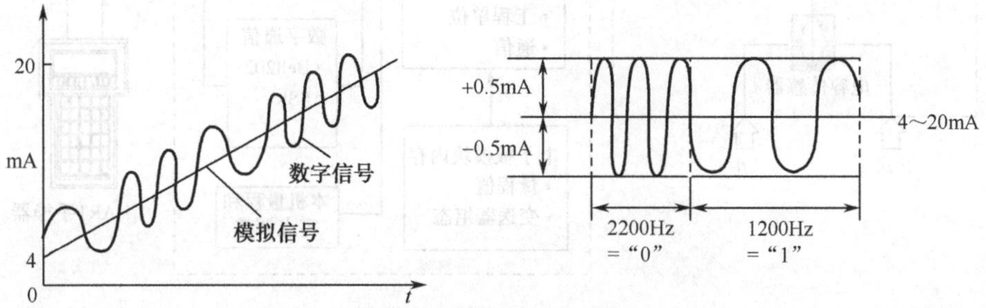

图 2-36 HART 数字通信

2.7.2 智能型压力（差压）变送器的特点

不同厂商的智能变送器，其传感元件、结构原理、通信协议是不同的。但是总的说来，其基本特点是相似的。归纳起来，智能差压变送器具有以下特点：

① 测量精度高，基本误差±0.075%或±0.1%。

② 具有温度、静压补偿功能以保证仪表的精度。

③ 具有较大的量程比（20∶1 至 100∶1）和较宽的零点迁移范围。

④ 输出模拟、数字混合信号或全数字信号（支持现场总线通信协议）。

⑤ 除有检测功能外，智能变送器还具有计算、显示、报警、控制、诊断等功能，与智能执行器配合使用，可就地构成控制回路。

⑥ 利用手持通信器或其他组态工具可以对变送器进行远程组态。

2.7.3 智能型压力（差压）变送器的典型产品简介

3051C 型智能差压变送器是美国 Rosemount 公司开发生产的另一种二线制变送器，图 2-37 为其原理框图，它由传感组件和电子组件两部分组成，采用专用集成电路（ASIC）和表面安装技术（SMT）。

1. 工作原理

3051C 型智能差压变送器的检测元件采用高精度的电容式压力传感器，其工作原理与模拟式电容差压变送器相同，此处不再赘述。但 3051C 智能差压变送器传感膜头上设置一内存器，其内存储了电容膜盒制造信息（制造商、类型、材料、序列号、测量上、下限等）、差压—输出关系、温度补偿修正关系等数据。另外，膜头上还配置了温度传感器，用来补偿温度误差。两个传感器的信号通过模—数信号转换器（A/D）转换为数字信号送到微处理器，完成对输入信号的线性化、温度补偿、数字通信、自诊断等处理后，经过数—模信号转换器（D/A）转换得到一个与输入差压相对应的 4～20mA 直流电流输出。数字通信模块将 HART 数字信号叠加到模拟电流信号上输出。

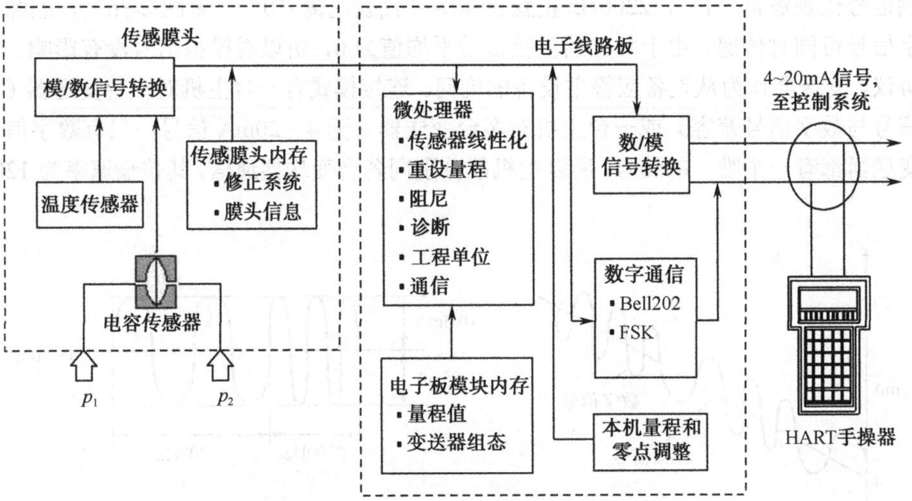

图 2-37　3051C 型智能差压变送器原理框图

图2-38　3051C差压变送器和手持通信器实物图

在电子组件的 PROM 存储器中存有变送器的组态数据，当遇到意外停电，其中，数据仍然保存，所以恢复供电之后，变送器能立即工作。

3051C 型智能差压变送器所用的手持通信器为 275 型，如图 2-38 所示。其上带有键盘和液晶显示器。它可以接在现场变送器的信号端子上，就地设定或检测，也可以在远离现场的控制室中，接在变送器的信号线上进行远程设定及检测。

2．组态

对 3051C 变送器的组态可以通过手操器或任何支持 HART 通信协议的上位机来完成。组态可分为两部分。首先，设定变送器的工作参数，包括测量范围、线性或平方根输出、阻尼时间常数、工程单位选择；其次，可向变送器输入信息性数据，以便对变送器进行识别与描述，包括给变送器指定工位号、描述符等。

值得指出的是，由于二线制变送器的正常工作电流必须等于或小于变送器输出电流的下限值（4mA），同时 HART 通信方式是在 4～20mA 直流基础上迭加幅度为±0.5mA 的正弦调制波作为数字信号，因此，变送器正常工作电流必须等于或小于 3.5mA，才能满足要求。为此，传感器部分采用了低功耗放大器。

2.7.4 智能压力（差压）变送器的参数设置与组态

1. 参数设置

由于智能差压变送器具有丰富的数据处理能力，仪表功能多样，调整起来也比较方便。以下以某型智能变送器为例，介绍其参数及功能设置方法。

1）利用变送器零点、量程按键调整

① 松开变送器顶部标牌上的螺丝钉，露出零点 Z、量程 S 调整按钮。

② 按键开锁：同时按下 Z 和 S 键 5s 以上，便可开锁（LCD 屏幕显示：OPEN）。

③ PV 值清零：将变送器直接置于大气压上，按键开锁后，再同时按下 Z 和 S 键，便可将当前 PV 值设置为 0（LCD 屏幕显示：PV=0）。

注意：如果当前 PV 值与零值（输出电流为 4mA 的压力差）的偏差超出 50%F·S 以上，PV 值清零无效（LCD 屏幕显示：PVER）。

④ 零点调整：对变送器施加零点压差（不一定为零），按下 Z 键 5s，变送器输出 4.000mA 电流，完成调零操作（LCD 屏幕显示：LSET）。

⑤ 量程调整：对变送器施加上限压差，按下 S 键 5s，变送器输出 20.000mA 电流，完成调满量程操作（LCD 屏幕显示：HSET）。

⑥ 变送器数据恢复：先按住 Z 键，再接通变送器电源，继续按住 Z 键 5s 以上，如果 LCD 屏幕显示 OK，则说明已将变送器数据恢复到出厂时状态，松开按键便可。若 LCD 显示 FAIL，则说明未对变送器进行过数据备份，无法将变送器数据恢复到出厂状态。

注意：如果 5s 之内没有任何按键按下，变送器按键会自动锁住。若要操作，需要重新开锁。

2）利用变送器电子表头按键调整

某型智能压力变送器电子表头上有 M、Z、S 三个按键和 LCD 显示屏（见图 2-39），通过三按键配合使用，对变送器参数进行调整和功能设置。M 键用于切换功能，每按一次切换一个功能，依次循环切换零点调整、量程调整、阻尼调整、显示模式调整、测试电流输出调整功能。Z 键用于移动光标，选择被修改的数字位和小数点，S 键用于修改数值，每按一次，数值增 1、小数点右移一位。某型智能差压变送器功能设置流程图如图 2-39 所示。图 2-39 中<M>、<Z>、<S>分别表示按电子表头上的 M 键、Z 键、S 键一次。

2. 通信与组态

3051C 型智能差压变送器及 FX-H275 HART 手持通信器外形如图 2-40 所示。通信器上带有键盘和液晶显示器。它可以接在现场变送器的信号端子上，就地设定或检测，也可以在远离现场的控制室中，接在变送器的信号线上进行远程设定及检测。

对 3051C 变送器的设置与调整（称为组态）可以通过通信器或任何支持 HART 通信协议的上位机来完成。组态可分为两部分：一是设定变送器的工作参数，包括测量范围、线性或平方根输出、阻尼时间常数、工程单位选择；二是向变送器输入信息性数据，以便对变送器进行识别与描述，包括给变送器指定工位号、描述符等。

FX—H275 HART 手持器是支持 HART 协议设备的手持通信器，它可以对所有符合 HART 协议的设备进行配置、管理和维护。也可以采用其他兼容的 HART 通信器或掌上电脑（PDA）与变送器通信，但操作方式有所不同。这里仅就 FX—H275 操作与功能予以介绍。

1）按键说明

① 开/关键：用来打开和关闭手持器。

② 上移键：可以在菜单或者选项列表中向上移动光标。

③ 下移键：可以在菜单或者选项列表中向下移动光标。

④ 前移键：可以向左移动光标或者返回上一级菜单。

⑤ 后移/选择键：可以向右移动光标或者选择菜单项。

⑥ 确认键：用来确认选中的项。

⑦ 文字数字和转换键：主要负责数据输入。

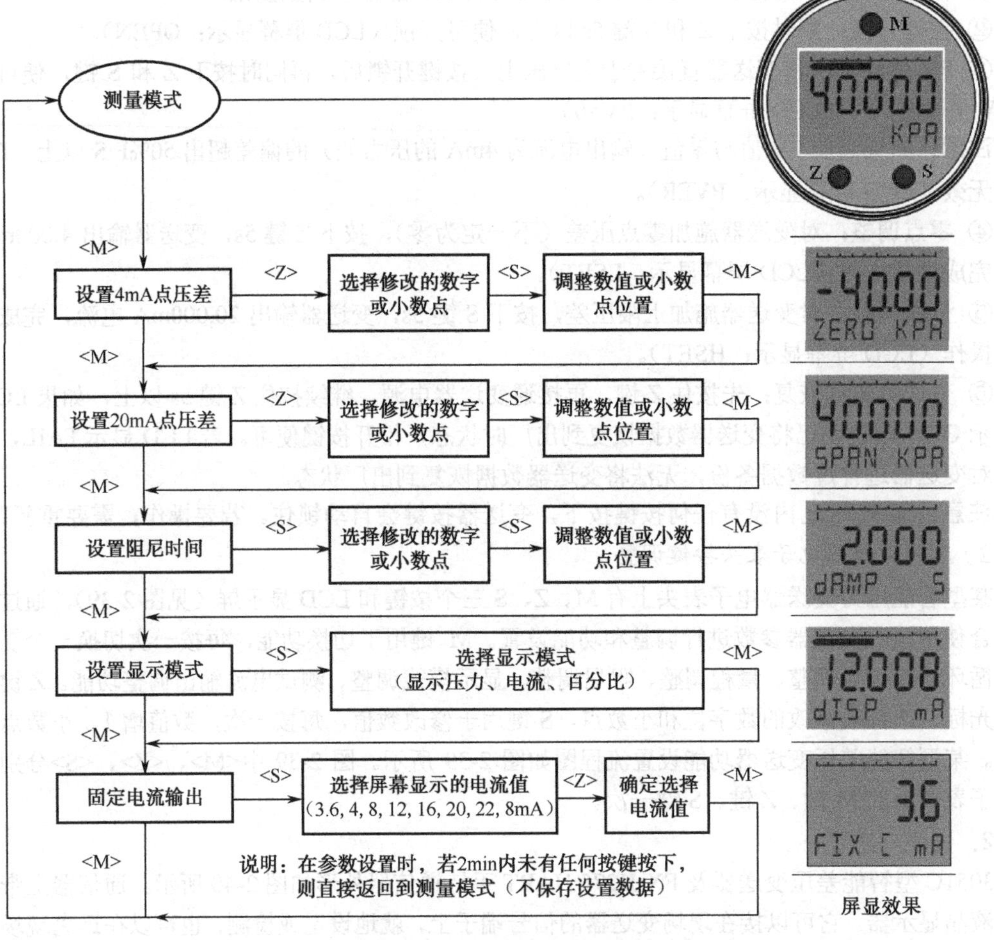

图 2-39 某型智能差压变送器功能设置流程图

一些菜单要求输入数据，用文字数字键和转换键输入文字和数字信息。

如果在编辑菜单中直接按文字数字键，那么按下的是文字数字键中间的粗体符号键。这些符合包括数字 0～9、小数点（.）和长划号（–）。如果要输入其他字符，则先按下转换键来选择所需字符在按键上相应的位置，然后按下所需字符所在的按键。不用同时按这两个键。例如，输入字符“R”，按键顺序：。按右转换键激活转换功能；这样右转换键被激活了，按“6”键，一个“R”出现在可编辑区域。

2）手持器连接

FX—H275 手持器可以在远端控制室或仪表就地接入单独对 HART 仪表进行通信操作。连接如图 2-40（d）所示，手持器可以并联在 HART 协议设备上，也可以并联在其负载电阻（250Ω）上。

连接时不必考虑引线的极性。

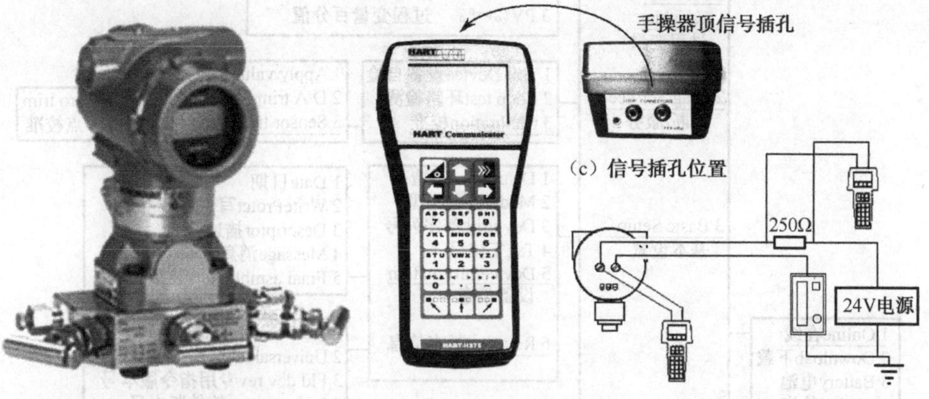

（a）3051C差压变送器外形　（b）FX-H275 HART手持通信器外形　（d）接线原理示意图

图 2-40　3051C 差压变送器和手持操作器

注意：为保证手持器通信正常，在回路中必须有最小值为 250Ω的负载电阻。手持器不直接测量回路电流。

按下手持器的键打开手持器，手持器启动后，将自动在 4～20mA 回路上寻找轮询地址为零的 HART 设备。如果没有找到，手持器会显示“No device found at address 0, Poll?”的提示。此时选择“YES”后，手持器将自动轮询所有已连接设备。选择“NO”后会出现主菜单，如图 2-41 所示。

如果找到了 HART 协议设备，手持器将显示在线一级菜单，如图 2-42 所示。从在线主菜单可以按左箭头键返回主菜单。

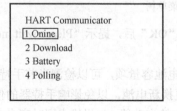

HART Communicator
1 Onine
2 Download
3 Battery
4 Polling

图 2-41　主菜单

Online（*******）
Device setup
1 Process Variables
2 Diag/Service
3 Basic setup
4 Detailed setup

图 2-42　在线主菜单

3）主要功能介绍

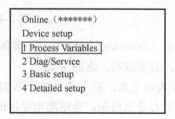

根据连接设备的不同，其在液晶显示屏显示菜单可能有所不同。

主菜单有 4 个功能：1—Online 进入在线菜单、2—Download 下装程序、3—Battery 读取电池容量、4—Polling 轮询。对于任何一类仪表，总可以通过多次按左箭头键返回到主菜单。

① 在线一级菜单：可以从主菜单按和移动光标，选择 1—Process Variables 按确认，进入在线一级菜单。可以完成以下操作：读取过程变量；诊断/服务；基本配置；详细配置。通用在线菜单树如图 2-43 所示。

用户只须根据操作步骤完成即可。

② 下载一级菜单：在主菜单选择第 2Download 下装程序项可以进入下载功能，为用户手持器更新升级 HART 仪表库，下载功能配合 PC 的下装专用软件，将厂家定期更新的仪表库文件下装到手持器内。

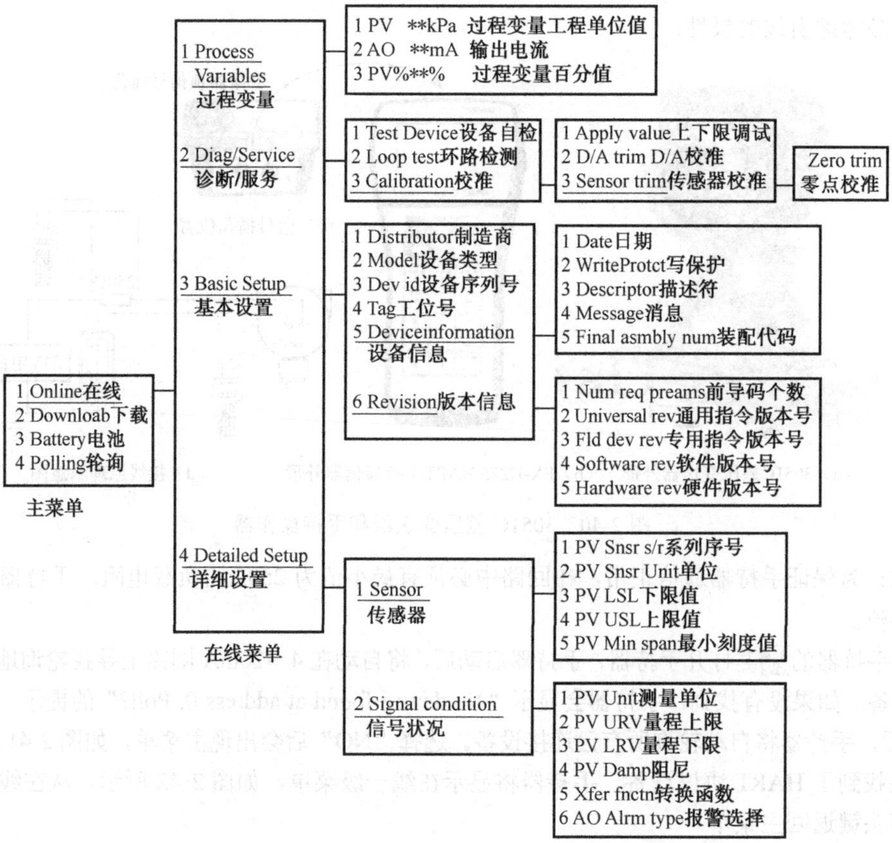

图 2-43　通用在线菜单树

界面显示“Download target file”，准备下装，选择“OK”后，提示“Please wait moment...”开始下装程序，直至成功，返回主菜单。

③ 显示电池电量：在主菜单选择第 3Battery 读取电池容量项，可以检测当前手持器内电池的剩余电量，以百分比显示。当电池电量过低时，提醒更换新电池，以免影响手持器的使用。

④ 轮询：在主菜单选择第 4Polling 轮询项可以进入轮询功能。如果线上同时有多个仪表存在，可以通过单点和组轮询，保证与所需仪表通信。

如果轮询到仪表后，直接进入在线菜单，否则退回到原界面，重新选择轮询地址。

4）常用功能指导

① 读取被测参数值：在 Online（在线）状态时，选择 1Process Variables（过程变量）并按右箭头键，即可进入监视变量功能。分别显示 PV***kPa、AO***mA、PV%***%，即过程变量工程单位值、输出电流、过程变量百分值。

② 变量单位设定：在“Online”（在线）状态→“4 Detailed setup”（详细设置）→“2 Signal condition”（信号状态）→“1PV Unit”（变量单位）。

③ 量程上限设定：在“Online”（在线）状态→“4 Detailed setup”（详细设置）→“2 Signal condition”（信号状态）→“2PV URV”（量程上限）。

④ 量程下限设定：在“Online”（在线）状态→“4 Detailed setup”（详细设置）→“2 Signal condition”（信号状态）→“3PV LRV”（量程下限）。

⑤ 阻尼时间设定：“Online”（在线）状态→“4 Detailed setup”（详细设置）→“2 Signal condition”

（信号状态）→“4 PV Damp”（阻尼）。

⑥ 输出电流校准：“Online”（在线）状态→“2 Diag/Service”（诊断及服务）→“3 Calibration”（校准）→“2 D/A trim”（输出电流校准）。

注意：输出校准电流功能一般在 HART 仪表出厂和仪表周期检定时才可进行。

⑦ 主变量调零：“Online”（在线）状态→“2 Diag/Service”（诊断及服务）→“3 Calibration”（校准）→“3 Sensor trim”（传感器校准）→“1 Zero trim”（零点校准）。

注意：主变量调零功能可以修正因安装位置引起仪表输出零点偏差，一般在 HART 仪表初装和仪表周期检定时才可进行。

2.7.5　智能压力（差压）变送器的故障诊断与处理

差压变送器在测量过程中常会出现一些故障，故障的及时判定分析和处理对正在投用设备是至关重要的，一定程度上影响生产的正常进行，甚至危及生产安全。如果发生故障，维护人员首先应查看变送器液晶显示器显示的错误代码，根据代码提示信息表来解决相应故障。如果故障还存在，就要从差压变送器的取压部分、传感器部分、电气部分几方面来排查故障，以确保变送器恢复检测。

1．差压变送器取压部件故障

（1）引压管堵塞。在实际生产使用维护中，由于排放不及时或测量介质具有腐蚀性、含有结晶颗粒，以及黏度大、易凝固等问题，时间久了，引起导压管线被腐蚀、被堵塞，使测量无法正常进行，因此，需根据工况正确选用差压变送器外，还要定期对导压管线设法疏通，以确保差压变送器的正常运行。

（2）引压管泄漏。由于差压变送器接点、截止阀等附件比较多，导致泄漏点增多，维护工作量增大。而且在差压变送器的安装过程中，如果取压短管的焊接、导压管的焊接不规范，运行时间长以后焊接点开裂也会引起泄漏，因此，要定期巡回检查，发现漏点及时处理，合理做好引压管的防腐蚀而减少引压管出现沙眼，引压管的接口处螺丝要上紧以防松动。

（3）引压管积液。在差压变送器的安装过程中，由于取压方式不对或引压管安装不符合要求，过程管道内的残液、气体、沉淀物或其他外来物质等流入导压管内，可能产生测量误差，如果在变送器量程很小的情况下，甚至会造成变送器输出的一些波动。引压管的水平敷设必须保证 1∶10～1∶20 的坡度，使残留液体或气体不滞留在管内。高、低压侧的导压管如有温差，管内液体的密度也产生差值，给测量压力带来误差，因此，配管时应使两导压管并行以便不产生温差。只有严格按安装施工规范进行，才能减小或避免积液的形成，保证测量的准确性。

2．差压变送器传感器故障

① 使用万用表检查差压变送器工作电源是否正常，同时测量差压变送器的输出电流值是否在 4～20mA（如果为输出电压值，测量是否在 1～5V）范围内，确认输出值是否正常。如果无输出值，拆下差压变送器检查膜片是否损坏或变形，如果损坏或变形严重，更换差压变送器的传感器部件。

② 当现场测量值与控制室显示值不符，需对传感器进行零点调整、量程调整，必要时，拆下差压变送器送压力检定室进行校验。

3．差压变送器电气部分故障

（1）线路故障。当监控系统显示数值不正常或无指示时，首先要打开差压变送器的接线盒，检查线路是否虚接、断接、短接、24V DC 正负极是否接反，可以通过量电阻、摇绝缘、测电源等方法，进行故障的判断和处理。如果短接，在接线盒配线口和金属软管接头的螺纹部分进行防水处理。

（2）电信号传输故障。差压变送器一般安装在被测设备的附近，电信号传输距离过远，使得电信号存在衰减的现象。因此，就需要适当地增加电缆线的截面积来解决这一问题。还有在现场安装布线过程中，应避开大容量的变压器、电动机或干扰源，各种信号线绑扎在一起或走同一根多芯电缆，信号会受到干扰，特别是信号线与动力线同走一个长的管道中干扰尤其大。在这种情况下，差压变送器就会出现现场不通信，甚至误指示等现象。因此，在安装的过程中，信号、电源电缆不得穿入同一根电线保护管，应增大仪表电缆与动力电缆槽架的距离。

2.8 压力计的选择与校验

2.8.1 压力计的选择

选择压力仪表应根据被测压力的种类（压力、负压或差压）、被测介质的物理、化学性质和用途（指示、记录和远传），以及生产过程所提出的技术要求来选择。同时应本着既能满足精度要求，又要经济合理的原则，正确选择压力仪表的型号、量程和精度等级。

1. 压力计类型的选择

压力计类型的选择必须满足工业生产的要求。例如，是否需要远传变送、自动记录或报警；被测介质的性质（温度、黏度、腐蚀性、易燃易爆性）是否对仪表提出特殊要求；现场环境条件（湿度、温度、磁场、振动）对仪表类型的有无限制。因此，根据工业要求正确地选用压力计类型是保证仪表正常工作及安全生产的重要前提。

1）压力表的选择

普通弹簧管压力表，可用于大多数压力测量场合。压力表的弹簧管多采用铜合金、合金钢，而氨用压力计弹簧管的不允许采用铜合金，因为氨对铜的腐蚀性极强。氧气压力表禁油，因为浓氧对油脂有强氧化作用，容易引发燃烧、爆炸。所以氧气压力表在校验时，不能像普通压力表那样采用变压器油做工作介质。

2）变送器、传感器的选择

根据测量环境、测量介质、测量精度选取变送器类型。

① 需要标准信号（4～20mA）传输时，应选用压力（差压）变送器。使用环境较好、测量精确度和可靠性要求不高的场合，可以选用价格较低的电阻式、电感式、霍尔式远传压力表。

② 对于测量精确度要求高，而一般模拟仪表难以达到或需要数字信号输出（如HART、FF）时需选用智能压力（差压）变送器。

③ 易燃易爆场合，选用防爆型、本安型电动变送器。与介质直接接触的材质，必须根据介质的特性选择。

④ 对易结晶、堵塞、黏稠或有腐蚀性的介质，可选用法兰型变送器。

2. 测量范围的选择

压力计量程范围的选择根据被测压力的大小确定。一方面，为了避免压力计超压损坏，压力计的上限值应该高于工艺生产中可能的最大压力值，并留有波动余地。另一方面，为了保证测量值的准确性，所测压力不能接近于压力计的下限。

1）压力表量程选择

综合考虑上述因素，对于弹性式压力计，在被测压力比较平稳的情况下，最大工作压力不应超过量程的 3/4；在测量波动较大的压力时，最大工作压力不应超过量程的 1/2；测量高压压力时，最大工作压力不应超过量程的 3/5。但是，被测压力的最小值应不低于仪表全量程的 1/3 为宜。即所选压力计的量程 S_p 可以分别按以下三式计算。

被测压力比较平稳时

$$\frac{4}{3}P'_{max} \leqslant S_p \leqslant 3P'_{min} \tag{2-46}$$

被测压力波动较大时

$$2P'_{max} \leqslant S_p \leqslant 3P'_{min} \tag{2-47}$$

测量高压压力时

$$\frac{5}{3}P'_{max} \leqslant S_p \leqslant 3P'_{min} \tag{2-48}$$

式中 P'_{max}——被测压力的最大值；

P'_{min}——被测压力的最小值。

2）压力变送器的量程选择

对于弹性元件的压力变送器，只是单纯用于压力测量时，其量程选择原则与上述压力表相同。如果压力变送器用于自动控制系统之中，考虑到控制系统会使参数稳定在设定值上，为使指示控制方便，上下波动偏差范围相同，变送器量程一般是选用系统设定值的 2 倍。

根据以上公式计算的量程值选用压力计的量程。普通压力表下限一般为零，上限值应在国家规定的标准系列中选取。

3. 压力计精度的选取

一般地说，仪表的精度越高，测量结果越准确、可靠，而仪表的价格就会越贵，操作和维护要求越高。因此，在满足工艺要求的前提下，还必须本着节约的原则，选择仪表的精度等级。

所选压力计的精度等级值，应不大于根据工艺允许的最大测量误差计算出的精度值，即

$$A_c \leqslant \frac{e'_{max}}{S_p} \times 100 \tag{2-49}$$

式中 e'_{max}——工艺允许的最大误差；

S_p——所选压力计量程。

根据上式计算出仪表精度后，应根据国家标准的精度系列选取合适的精度。常用精度等级一般有 2.5、1.5、1.0、0.5、0.4、0.25、0.16、0.1 级等。

【例题 2-1】 某台往复式压缩机出口压力范围为 2.5～2.8MPa，测量误差不得大于 0.1Mpa，工艺要求就地观察。试正确选用一台压力表，指出型号、精度级和测量范围。

解： 用于就地显示，可选用 Y150 型普通弹簧管压力表。

由于往复式压缩机的出口压力波动较大，所以选用压力计的量程为

$$2\times2.8 \leqslant S_p \leqslant 3\times2.5$$

即

$$5.6 \leqslant S_p \leqslant 7.5$$

选取压力表量程为 6MPa，测量范围 0～6MPa。

所选压力计的精度等级为

$$A_c \leqslant \frac{0.1}{6} \times 100 \approx 1.667$$

选取压力表精度等级为 1.5 级。

答： 可选用 Y150 型普通弹簧管压力表，测量范围 0～6MPa，精度等级为 1.5 级。

2.8.2 压力计的校验

弹性式压力计经过长期使用，会由于弹性元件的弹性衰退而产生缓变误差，或是因弹性元件的弹性滞后和传动机构的磨损而产生变差。所以必须定期对压力计进行校验，以保证测量的可靠性。

所谓校验，就是将被校压力计与标准压力计通以相同的压力，用标准表的示值作为真值，比较被校表的示值，以确定被校表的误差、精度、变差等性能。

校验时，所选标准表的允许最大绝对误差起码应小于被校表允许最大绝对误差的 1/3，这样标准表的示值误差相对于被校表来说可以忽略不计。认为标准表的读数就是真实压力的数值。

根据校验结果，如果被校表引用误差、变差的值均不大于精度值，则该被校表合格。如果压力表校验不合格时，可根据实际情况调整其零点、量程或维修更换部分元件后重新校验，直至合格。对无法调整合格的压力表可根据校验情况降级使用。

常用压力计校验仪器是活塞式压力计，如图 2-44 所示。活塞式压力计由压力发生部分和测量部分组成。

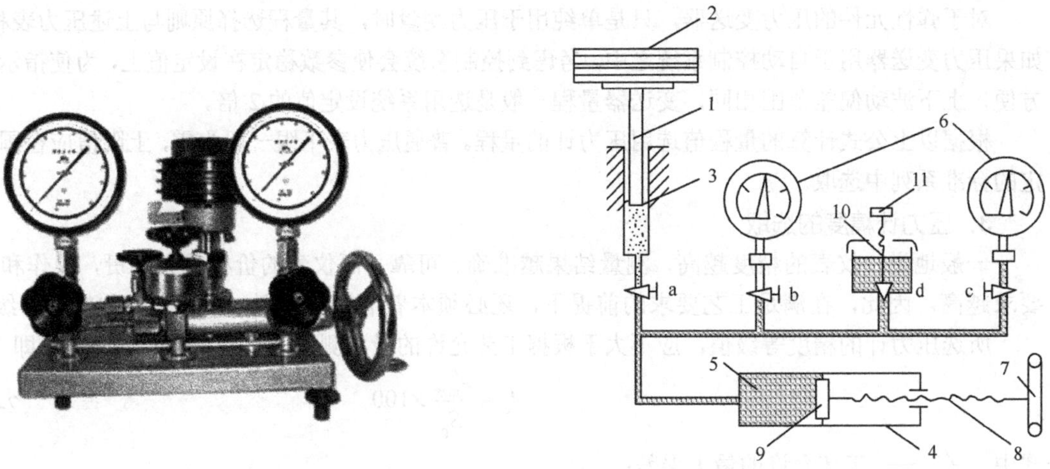

(a) 外形　　(b) 原理

1—测量活塞；2—砝码；3—测量活塞筒；4—工作活塞筒；5—工作液；6—压力表；
7—手轮；8—丝杠；9—工作活塞；10—油杯；11—进油阀；a、b、c、d—锥阀

图 2-44 活塞式压力计

1. 压力发生部分

压力发生部分是一种螺旋液压泵，由工作活塞筒 4、工作活塞 9、丝杠 8、手轮 7 等组成。当转动手轮旋转丝杠、使活塞左移时，压缩工作液，使工作液压力升高，并由工作液将此压力向各压力表接头及测量部分传递。工作液一般用变压器油或蓖麻油。

2. 测量部分

测量部分包括测量活塞 1、砝码 2、测量活塞筒 3。测量活塞下端承受压力发生器所产生的工作液压力。当工作液压力在测量活塞底面积 A 上产生的向上作用力，与测量活塞和砝码的重力相等时，测量活塞及砝码将被顶起而稳定在某一平衡位置上。这时，可由砝码确定压力的大小。

$$P = \frac{(M + M_0)g}{A} \tag{2-50}$$

式中　A——测量活塞的截面积；

P——被测压力；

M、M_0——砝码和测量活塞（包括托盘）的质量。

实际应用时，一般使各个砝码的质量满足 Mg/A 为单位值，如 lkPa、0.lMPa 等，就可以根据平衡时所加砝码的个数方便地确定校验压力了。

用活塞式压力计校验普通压力表时的具体操作步骤如下：

校验前，装好被校压力表。打开油杯阀门，反旋手轮使工作活塞右移，将油杯内的工作液吸入活塞筒中，关闭油杯阀门 d，即可进行校验。

校验时，逐步向测量活塞托盘上叠放砝码，同时旋转手轮，缓慢增加压力，直到测量活塞被顶起。轻轻转动测量活塞及砝码，以克服活塞对活塞筒的静摩擦力，同时读出被校压力表指示值。

依此步骤，使压力逐渐从零增加到各校验点压力（正行程），记下各校验压力下被校表示值。然后逐渐减少砝码，降低压力（反行程），一直降压到零点为止。根据被校表校验数据计算压力表的精度、变差等指标。

活塞式压力计也可以作为压力发生器使用。此时，只要关死测量活塞上的针型阀 a，在两个压力表接头上分别接上被校表和标准表，就可以用标准压力表校验工业用普通压力表。

为了方便读数，提高校验准确性，通常使被校表指示整数值（校验点压力），用标准表读数作为分析依据。

练 习 题

1．什么是压力?表压力、绝对压力、负压力之间有何关系？

2．为什么压力计一般做成测表压而不做成测绝对压力的形式？

3．测压弹性元件有哪些？各有何特点？

4．弹簧管压力计的测压原理是什么？试简述弹簧管压力计的主要组成及测压过程？

5．电接点式压力计的工作过程及报警条件是什么？

6. 试简述电接点式压力计工作原理。

7．常用应变片有哪几种？应变式压力传感器的测量原理是什么？

8．画出应变电阻测量桥路图，写出 R_1、R_3 为同向应变电阻，R_2、R_4 为固定电阻时的输出电压，以及 R_1、R_3 为同向应变电阻，R_2、R_4 为反向应变电阻时的输出电压。

9．平膜片的变形各处是均匀的吗？如何利用应变不均匀性提高灵敏度？

10．什么是压阻效应？压阻式压力传感器有什么特点？

11．简述扩散硅压力（差压）变送器的工作原理和特点。

12．厚膜陶瓷式压力变送器与扩散硅压力变送器传感器材料、结构、原理有何异同，特点各是什么？

13. 电动式量杠杆式压力变送器由哪些部分组成？各部分的作用是什么？试简述变送器的工作过程，推导输入、输出关系。

14．电容式差压变送器的测量原理是什么？它在结构上有何特点？

15．硅谐振式差压变送器的特点是什么，试简述硅谐振传感器的结构与原理。

16．智能仪表与普通仪表有什么不同？智能仪表的显著特点是什么？

17．试简述智能仪表几个组成部分的作用。

18．智能压力变送器的组态能做什么？HART 通信协议的信号特点如何？

19．如何正确选用压力计，其类型、量程、精度选择时各有什么考虑？

20．为什么测量仪表的测量范围要根据被测量的大小来选取？选一只量程很大的仪表来测量很小的参数值有何问题？

21．某台空气压缩机的缓冲罐，其工作压力范围为 1.1～1.6MPa，工艺要求就地观察罐内的压力，并要求测量结果的误差不得大于罐内压力的±1.2%，试选择一只合适的压力计（类型、测量范围、精度等级）。

22．某合成氨厂合成塔内的压力控制指标为 15±0.5MPa，要求就地显示压力。试选一压力表。

23．现有一只测量范围为 0～1.6MPa，精度为 1.5 级的普通弹簧管压力表，校验后其结果如表 2-2 所示。

表 2-2　普通弹簧管压力表的校验结果

被校表刻度数/MPa		0.0	0.4	0.8	1.2	1.6
标准表读数/MPa	正行程	0.000	0.385	0.790	1.210	1.595
	反行程	0.000	0.405	0.810	1.215	1.595

试问这只表是否合格？它能否用于某空气储罐的压力测量（该储罐工作压力为 0.8～1.0MPa，测量绝对误差不允许大于 0.05MPa）？

24．弹簧管压力计的测量范围为 0～1MPa，精度等级为 1.5 级，试问此压力计允许的绝对误差是多少？若用标准压力计来校准该压力计，在校验点为 0.5MPa 时，标准压力计上的读数为 0.512MPa，试问被校压力表在这一点是否符合 1.5 级精度，为什么？

25．压力计安装要注意什么问题？

实训课题一　弹簧管压力表的拆装与校验

1．课题名称

弹簧管压力表的拆装与校验。

2．训练目的

（1）熟悉压力表的基本结构和原理。

（2）掌握量程、零点调整方法。

（3）学会正确使用活塞式压力计检验压力表。

（4）掌握相误差、变差、精度等性能计算。

3．实验设备

（1）0～6MPa 标准压力表（0.25 级）一块，1.5 级 0～6MPa 普通压力表一块。

（2）活塞压力计一台（用砝码或标准压力表）。

（3）取针器一个，中、小螺丝刀各一把。

4．实验原理

见 2.8.2 压力表的校验。

5. 训练步骤

1）压力表拆卸及校验

① 观察弹簧管压力表结构，连接压力表到活塞式压力计上，检查各阀门状态是否正常。

② 打开活塞压力计的进油阀，逆时针转动摇把，把油抽到活塞筒内，然后关闭进油阀。

③ 设计压力表量程范围的校验压力点（全量程内均取 5 点以上，如 0～6MPa 的压力表可取 0、1、2、3、4、5、6MPa 或 0、1.5、3.0、4.5、6.0MPa）。根据被校压力值，确定所加砝码的数量。

④ 顺时针方向转动手轮，使压力计的压力增加，直到测量活塞升起（到达观测窗口的基准线高度），油压稳定。记下标准压力和压力表指示压力。

然后逐渐递增砝码，使压力从低逐渐升高（上行程）至测量上限压力，记录上行程各校验点数据。

⑤ 逐渐递减砝码，降低校验压力（下行程），记录下行程各校验点数据。

⑥ 将数据填入记录表 2-3 内，并按公式计算各点精度及变差。

⑦ 零点、量程有误差时，调整后再测取数据，重复第④、⑤步骤，直到得到合适的结果填入表 2-3 内。

2）被校压力表调整

当被校压力表误差较大（低于精度要求）时，需对压力表进行校正。其调整步骤如下：

① 打开压力表盖，用取针器小心取下指针，然后拿下刻度表盘。

② 根据校验结果，调节“调整螺钉”，改变拉杆的位置，试调压力表量程。

③ 装上表针、刻度盘重新检验，观察精度是否符合要求，否则，重复上述①、②、③步骤，重新测取数据填入表 2-3 中。

3）注意事项

① 实验前先调节水平调整螺钉校正活塞压力计的水平，使水平泡的气泡位于中心位置。

② 压力泵油不能抽得太快，防止空气进入。

③ 做下行程实验时应先降压，后取砝码，避免顶坏测量活塞，造成漏油。

④ 做上、下行实验时，压力必须保证递增或递减。

⑤ 用取针器取下压力表指针时，不能用力过猛，以防损坏零件，装针时也应小心，不能用力敲打。

⑥ 实验完毕，卸去砝码，打开油杯阀门，将油全部顶回油杯中。

表 2-3　压力表校验数据表

序　号	标准压力/MPa	被校压力指示值/MPa		绝对误差/MPa		变差	引用误差
		上行	下行	上行	下行	%	%
1	1						
2	2						
3	3						
4	4						
5	5						
6	6						

实训课题二　电容式差压变送器的调校

1．课题名称

电容式差压变送器的调校。

2．训练目的

（1）掌握电容式差压变送器的调校方法。

（2）熟悉电容式差压变送器的工作原理。

3．实验设备

（1）直流电源：规格 0～50V DC 可调。

（2）标准电阻箱：规格为 0～500Ω分挡可调，精度为 0.01%。

（3）4 位半数字电压表（或电流表），精度为 0.05%。

（4）活塞式（浮球式）压力计。

（5）电容式差压变送器。

4．实验原理

校验时将被校差压变送器的负压室通大气，正压室接入压力源产生的压力，则被测差压就等于压力源的表压力。用标准压力表的示值作为真值，比较被校差压变送器的示值，即可确定被校表的误差、精度、变差等性能。

校验时，所选标准压力计一般为活塞式压力计。当差压变送器量程较小时，可选用气动浮球式压力计。目前，有多种压力校验仪产品，将便携式压力源、数字压力计组合成一体，方便校验。标准表的选择应能满足允许最大绝对误差小于被校表允许最大绝对误差的 1/3。

5．训练步骤

以 1151 系列电容式差压变送器为例，变送器的调校可按以下步骤进行。

1）准备工作

按图 2-45 连接电路和活塞（浮球）标准压力计。图 2-45 中精密电流表和数字电流表选择其中之一。变送器有 4 个接线端，上部两个标有 Signal 接电源，下部两个标有 Test，用于连接内阻小于 8Ω的电流表。请勿将电源接到下部，防止烧坏反极性保护二极管，造成断路。

在连接引压管时必须缠密封带，必要时可以做密封实验，否则就造成压力不稳。

2）调校

调校记录表如表 2-4 所示。第一项校验压力为输入压力，不得少于 5 点。由于活塞式、浮球式压力计输出值不是连续的，如果无满量程的合适砝码，也可选接近满量程的压力。第二项标准输出，为理论输出值，可用下式计算，即

$$I = 16 \times \frac{p_i}{p_m} + 4\text{mA} \tag{2-51}$$

式中　I——输出电流；

P_i——输入调校标准压力；

P_m——调校满量程压力。

计算时必须精确到 0.01mA。

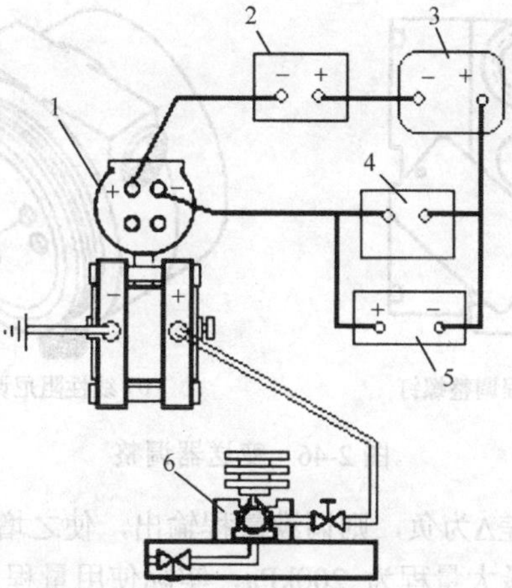

1—差压变送器；2—精密数字电流表；3—直流电源；4—标准电阻箱；5—数字电压表

图 2-45 校验接线图

（1）零点、量程调校。

零点和量程调整螺钉位于变送器表头壳体的铭牌后面，零点螺钉上标有 Z，量程螺钉下标有 R（见图 2-46（a））。移开铭牌即可调整。顺时针转动调整螺钉，变送器输出电流信号增大，逆时针调整则输出减少。调校方法：输入压力下限值，调整零点螺钉使变送器输出 4mA，输入压力上限值，调整量程螺钉使变送器输出 20mA。由于零点和量程相互影响，需反复调整几次，直到零点和量程都满足要求。

（2）线性调整。

零点、量程调好后，给差压变送器输入其他各点校验压力（如满量程的 25%、50%、75%等），待压力稳定后，读取变送器实际输出电流，记入校验表 2-4 中。计算各点引用误差和变差，其最大值不能超过精度值。说明仪表精度、线性、变差合格。

表 2-4 压力变送器校验数据表

序 号	校验压力 /kPa	标准输出 /mA	实际输出/mA		引用误差		变差
			上行程	下行程	上行程	下行程	

除零点和量程调整外，放大器板的焊接面还有一个线性微调器（见图 2-46（b））。一般在出厂时按产品的量程调到了最佳状态，不在现场调整。如果的确需要调整线性，应按下述步骤进行。

① 输入所调量程压力的中间压力，记下输出信号的理论值 12mA 和实际值 I 之间的偏差 $\Delta=I-12$。

② 计算：$\Delta I = 6\times\dfrac{最大量程}{调校量程}\times|\Delta|$

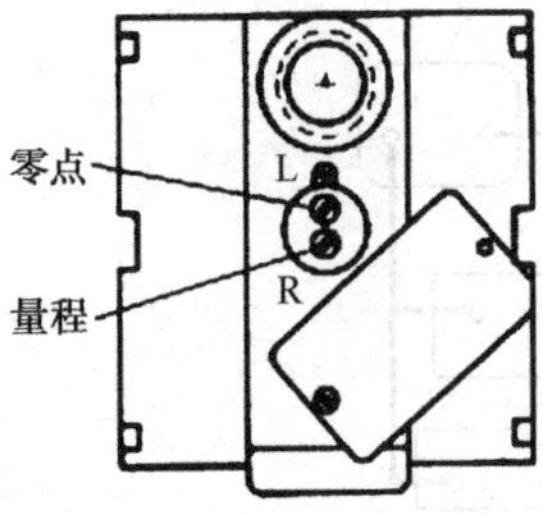

（a）零点和量程调整螺钉

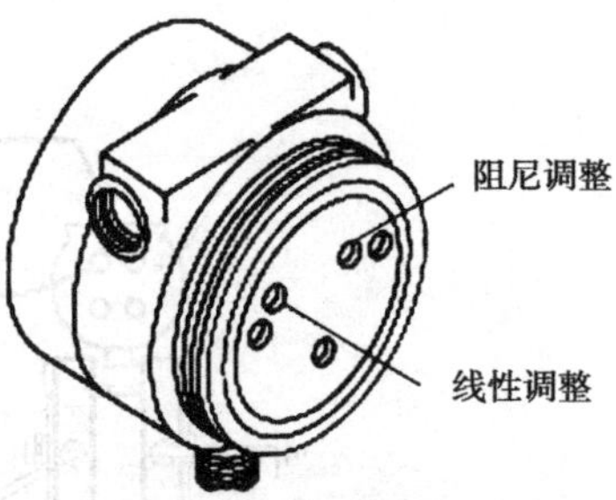

（b）线性阻尼调整螺钉

图 2-46　变送器调整

输入满量程的压力，若偏差Δ为负，则调满量程输出，使之增加ΔI；若偏差Δ为正，则将满量程输出减小ΔI。例如，变送器最大量程为 200kPa，实际使用量程为 40kPa，量程中间压力 20kPa 时偏差Δ=11.95−12=−0.05mA<0。ΔI=1.5mA。应调整线性微调器，使满量程输出增加 1.5mA。

③ 重调量程和零点。

（3）阻尼调整。

阻尼微调器用来抑制由被测压力引起的输出波动。其时间常数在 0.2s（正常值）和 1.67s 之间，出厂时，阻尼器调整到逆时针极限的位置上，时间常数为 0.2s。可在现场进行阻尼调整，顺时针转动阻尼微调器阻尼时间增加，时间常数调节不影响变送器。

第 3 章　物位检测仪表

【学习目标】 本章主要介绍了物位的概念和常用物位检测仪表的结构原理、特点及应用、安装与维护知识。

知识目标

① 掌握物位测量的一般概念、物位测量方法及物位测量仪表的分类。

② 掌握直读式、浮力式、磁致伸缩式液位计结构原理。

③ 理解静压式、电容式、雷达式、超声波式液位计测量方法。

技能目标

① 学会根据工艺要求和液位计特点，选择液位计类型和型号。

② 掌握静压式、浮筒式液位计零点迁移及指示值修正方法。

③ 懂得各液位计结构，学会常见故障的判断及一般处理。

3.1　物位检测概述

3.1.1　物位测量的内容及意义

物位是指存放在容器或工业设备中物料的位置和高度，包括液位、界位和料位。液体介质的液面（气液分界面）高度称为液位；两种密度不同且互不相溶的液体的分界面称为界位；固体粉末或颗粒状物质的堆积高度称为料位。液位、界位及料位的测量统称为物位测量。

液位测量常见于测量储存于各种罐、塔、槽、井的液位以及江湖、水库的水位等。

界位测量常见于储罐、分馏塔、分离器中油水界面位置或两种不同化工液体的分界面测量。

料位测量常见于测量料斗、罐、堆场、仓库等处的水泥、滤料、粮食、污泥等固体颗粒、粉料等堆积高度或表面位置。

物位测量在现代工业生产自动化中具有重要的地位。物位检测的目的主要有两个：一是通过物位检测可以确定容器、设备中原料、产品或半成品的体积或质量，以保证连续供应生产中各个环节所需的物料，或进行经济核算；二是监视或控制容器内的介质物位，使它保持在工艺要求的高度上，以调节容器中流入与流出物料的平衡。保证产品的质量、产量和生产安全。

物位测量与安全生产关系十分密切。例如，合成氨生产中铜洗塔塔底的液位高低，是一个非常重要的安全因素。当液位过高时，精炼气就有带液的危险，会导致合成塔触媒中毒而影响生产；反之，如果液位过低时，会失去液封作用，发生高压气冲入再生系统，造成严重事故。再如，油田原油电脱水器油水界面高低，不但影响脱水效果，甚至会造成电极水淹，酿成事故。炼油工艺中精馏塔中液位也是影响生产的关键参数。因此，必须十分重视物位的测量。

工业生产中测量介质、工作环境各异，对物位仪表的要求不同，物位测量方法也各不相同。在进行物位测量之前，必须充分了解物位测量的工艺特点，合理选择物位测量仪表。

（1）液位测量。当物料流进流出时，液面会有波动。在生产过程中如出现沸腾和起泡沫的现象，会影响反射式、静压式仪表的测量，出现虚假液位。容器中液体各处温度、密度等物理量不均匀时也能影响静压式液位计的测量。有些仪表无法适应高温、高压、高黏或含有悬浮物的液位测量。

（2）料位测量。物料自然堆积时，料面不平，影响物料位置的准确测量。储仓中物料内部存在空隙，影响物料储量的计算。

（3）界位测量。最常见的问题是界面位置不明显，混合浑浊段、乳化层的存在影响测量。

3.1.2 物位检测方法及仪表分类

1．按工作原理分类

（1）直读式液位仪表。利用连通器原理测量液位，有玻璃管液位计、玻璃板液位计等。

（2）浮力式物位仪表。利用浮力原理测量液位或界位，有恒浮力式和变浮力式两种。

（3）静压式液位仪表。利用流体静力学原理测量液位，测量结果受液体密度、温度影响很大。

（4）电气式物位仪表。将物位的变化转换为某些电量的变化，实现物位检测。一般把敏感元件做成杆状置于被测介质中，则传感器的电气参数，如电阻、电容等，随物位的变化而改变。这种方法即可用于液位检测，也可用于界位、料位检测，如电极式、电阻式、电容式、电感式、磁致伸缩式等物位测量仪表。

（5）反射式物位仪表。利用超声波、微波在液面、物料表面的反射信号的反射时间等特性间接测量液位。有雷达式液位计、超声波液位计等。

（6）射线式物位检测。放射性同位素所放出的射线穿过被测介质时，因被其吸收而减弱，吸收程度与物位有关。利用这种方法可实现物位的非接触式检测。

2．按传感器与被测介质是否接触分类

（1）接触式物位仪表，如直读式、浮力式、静压式、电容式等。

（2）非接触式物位仪表，如雷达式、超声波式、射线式等。

3.2 直读式液位计

直读式液位计是直接观察液面位置的仪表，利用连通器原理工作。这是一种使用最早、结构最简单的液位计，有玻璃管式液位计、玻璃板式液位计两种。浮力式液位计中的磁翻板液位计，也可以认为是一种直读式液位计，可以实现液位直读，一般在装有其他液位计的场合，同时安装直读式液位计作为备份液位计。

3.2.1 玻璃管液位计

图3-1为玻璃管液位计结构原理示意图。由于玻璃管液位计上下与被测介质的液相、气相连通，压力相等，若容器和液位计中液体的密度分别为ρ_1、ρ_2，液面高度分别为h_1、h_2，根据流体静力学原理，即

$$h_1\rho_1 g = h_2\rho_2 g \tag{3-1}$$

由于液位计与容器中为同一种液体，所以两者温度相同时，密度相同，$\rho_1=\rho_2$，则$h_1=h_2$。液位计中液位能正确反应被测液位。因此，在液位计与容器中温差不大的情况下，一般不用考虑由于液体密度不同造成的误差。但当液位计与容器中温差很大，如测量高温锅炉汽包水位时，必须考虑采取保温措施，或进行液位换算。换算公式如下

$$h_1 = h_2 \frac{\rho_2}{r_1} \tag{3-2}$$

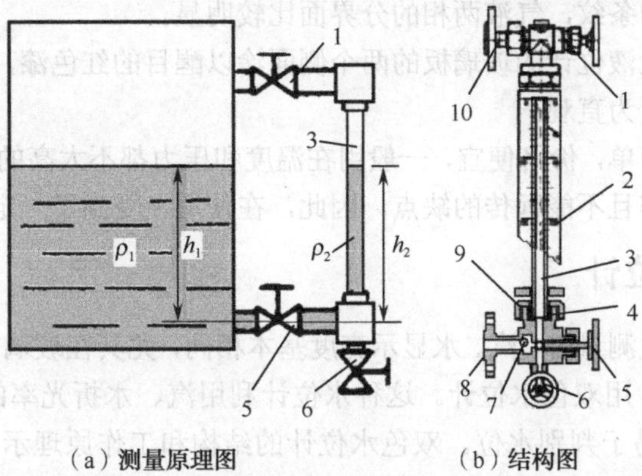

（a）测量原理图　　（b）结构图

1、5—连通阀；2—标尺；3—玻璃管；4—密封填料；6—排污阀；7—防溢钢球；8、10—连接法兰；9—填料压盖

图 3-1 玻璃管液位计结构原理示意图

玻璃管液位计的长度为一般 300～1200mm，工作压力不大于 1.6MPa，工作温度不超过 400℃。

玻璃管液位计中，玻璃管装在具有填料函的金属保护管中，玻璃管旁有带刻度的金属标尺。玻璃管液位计与容器连通管上有特殊针型阀，可以起到自动闭锁作用。阀内装有防溢钢球，一旦玻璃管打碎、液体迅速外溢时，钢球借助管内液体的压力迅速贴紧在阀座上，达到自动密封的目的。玻璃管下排污阀可用于排污和清洗玻璃管。

3.2.2 玻璃板液位计

玻璃板液位计如图 3-2 所示。由厚钢化玻璃板、金属压框和连通阀构成。玻璃板液位计受玻璃板尺寸限制，单块长度一般为 160～400mm，但可多块玻璃板串联使用。测量范围一般为 300～2000mm，最大耐压为 6.3MPa，耐温 400℃，有透光式和折光式两种形式。

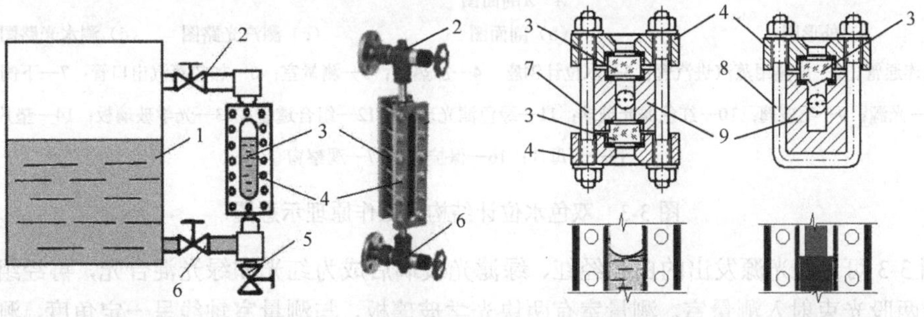

（a）测量原理图　　（b）外形图　　（c）透光式截面图及观察效果　　（d）反光式截面图及观察效果

1—液罐；2—连通阀；3—玻璃板；4—金属压框；5—排污阀；6—连通阀；7—螺杆；8—U 型螺杆；9—基座

图 3-2 玻璃板液位计

透光式玻璃板液位计，金属框前后有两块玻璃板嵌在金属框内，液体处在两块玻璃板之间。玻璃板与金属框用石棉垫片密封，四周用螺钉压紧，光线透过两块玻璃板，可方便地观察玻璃板间液面的位置。它的缺点是黏度较大的液体黏附在玻璃上时，不宜看清真实液位，一般用于低黏度清洁介质。

折光式玻璃板液位计是用一块背面刻有棱形槽的玻璃板，嵌入金属底板中压紧密封而成。测量时，即使液体黏附在玻璃板上，但由于玻璃板对气相和液相的折光率不同，液相看起来是暗的，而气相部分则是明暗相间的条纹，气液两相的分界面比较明显。

如果把折光式玻璃板液位计的玻璃板的两个侧面涂以醒目的红色漆，则经玻璃板折射后，液相部分呈现红色条，显示更为直观。

玻璃式液位计结构简单，价格便宜，一般用在温度和压力都不太高的场合，就地指示液位。但由于玻璃式液位计有易碎且不能远传的缺点，因此，在使用上受到了一定的限制。

3.2.3 双色水位计

在高压锅炉汽包水位测量时，汽、水显示亮度基本相同，尤其在玻璃板上附有污垢时不易判断水位。为此，开发出了专用双色水位计。这种水位计利用汽、水折光率的不同，使水位计的汽相呈红色，液相呈绿色，易于判别水位。双色水位计的结构和工作原理示意图如图 3-3 所示。

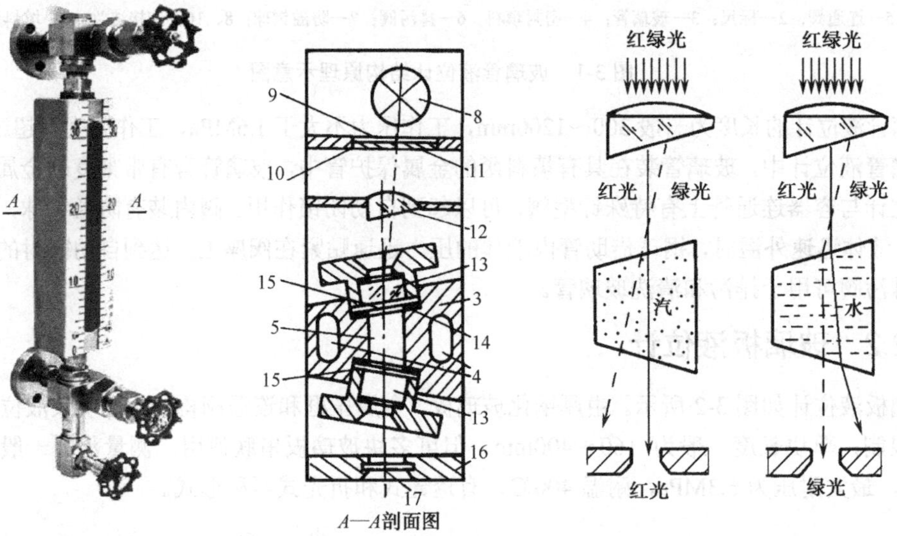

（a）外形图　（b）剖面图　（c）测汽光路图　（d）测水光路图

1—上侧连通管；2—加热用蒸汽进汽管；3—水位计钢座；4—加热室；5—测量室；6—加热蒸汽出口管；7—下侧连通管；8—光源；9—毛玻璃；10—红色滤光玻璃；11—绿色滤光玻璃；12—组合透镜；13—光学玻璃板；14—垫片；15—云母片；16—保护罩；17—观察窗

图 3-3　双色水位计结构和工作原理示意图

由图 3-3 可见，光源发出的白光经红、绿滤光玻璃后成为红光和绿光混合光，再经组合透镜形成红、绿两股光束射入测量室。测量室有两块光学玻璃板，与测量室轴线呈一定角度，测量室储水部分形成一段水棱镜。由于水中绿光折射率比红光大，所以在测量室储水部分，因棱镜作用，绿光折射角度较大，正好射到观察窗口。红光因折射角不同，而偏离观察窗口。因而在观察窗看到水位计中水呈绿色（见图 3-3（d））。在测量室储汽部分，无棱镜效应，红光正好达到观察窗口，而绿光偏斜（见图 3-3（c））。所以在观察窗看到水位计中蒸汽呈红色。

图 3-3 中的加热室是为了使水位表中水柱温度与锅筒中的热水温度保持相同，以提高测量精度。

双色水位计显示醒目、便于观察水位，夜间更加明显，但价格较贵。现有产品可在压力为 4～22MPa 范围内应用。

3.2.4 玻璃液位计安装与维护

液位计属精密仪表，运输、搬运、开箱及安装时都要小心轻放，不得撞击、敲打，防止玻璃管破碎。液位计出厂时按1.5倍工作压力试压，用户不得擅自拆玻璃管和玻璃板。

液位计上、下阀门的法兰与容器上、下引出管的法兰安装连接好后，先慢慢开启上、下连通阀门，使液体冲刷液位计内壁。如有显示不清晰现象，待压力稳定后即能清晰。如容器内液体为高温时，应缓开上、下连通阀，将液位计预热半小时后方可投入运行，以免玻璃管、玻璃板或玻璃看窗突然受高温而破裂。

液位计经长期使用后，需定期进行冲洗排污，可先关闭上、下连通阀门，然后开启排污阀，将管内液体排空后关闭，再微开下连通阀让液体充入表体后关闭，最后，微开上连通阀，打开排污阀，靠液位计内介质压力反复冲净为止。

如选用针型阀门在正常运行时，阀杆退出转数不得少于4转，当玻璃管损坏时，保证防溢钢球能自动密封。

3.3 浮力式液位计

浮力式液位计是应用最早的一种物位测量仪表，主要用于液位测量和界位测量。它结构简单，造价低廉，维护也比较方便。至今仍然是工业生产所广泛采用的一种常用仪表。浮力液位计有恒浮力式液位计、变浮力式液位计两种。前者利用浮子随液位升降反映液位变化，后者利用浮筒所受浮力随液位、界位高度变化实现物位测量。

3.3.1 恒浮力式液位计

恒浮力式液位计用一浮标漂浮在液面上，维持浮力不变。浮标的位置随着液面高低而变化，检测出浮标的位移量，便可以知道液位的高低。常用的恒浮力式液位计有浮标钢带式液位计、浮球式液位计、磁翻板式液位计等。

1. 浮标式液位计

目前，大型储罐多使用这类液位检测仪表，如图3-4所示。将一浮标由钢索经滑轮与容器外的平衡重物相连，使浮标所受的重力 W 和浮力 F 之差与平衡重物的拉力 G 相平衡，浮标可以随液面停留在任一位置上。在忽略钢索的重力及滑轮摩擦力时 $W-F=G$。

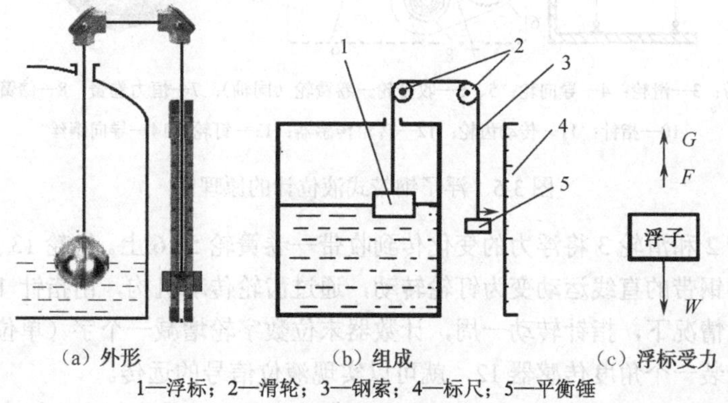

（a）外形　（b）组成　（c）浮标受力

1—浮标；2—滑轮；3—钢索；4—标尺；5—平衡锤

图3-4 浮标式液位计

当液位上升时，浮标被浸没的体积增大、浮标所受的浮力 F 也随之增加，破坏了原有的平衡，浮标向上移动。直到达到新的力平衡时，浮标停止移动，反之亦然，因而实现了浮标对液位的跟踪。达到平衡时 F 是一个常数，故称这种方法为恒浮力法。此法实质上是通过浮标把液位的变化转化为平衡锤与指针的机械位移变化，便可以指示出液位的高度。浮标式液位计也可以通过光电元件、码盘及机械齿轮等进行计数显示，并将信号远传。

这种测量方法比较简单，缺点是由于滑轮与轴承间存在着机械摩擦，以及钢丝绳热胀冷缩等因素影响了测量的精度。另外液位计指针固定于重锤上时，液位上升、指针下降，其指示标尺是反的。如果改成正标尺，需要另外增加两个滑轮，会增大摩擦力。

浮子式液位计一般用于敞口容器液位测量。在有条件的的情况下可以自己组装加工，但要注意浮标的重力、浮力与平衡重物的重力平衡。解决滑轮的摩擦问题也是自制浮标液位计成功的关键，一般采用嵌轴承滑轮或不锈钢轴—尼龙滑轮。浮标的横截面积要足够大，以提高灵敏度。

2．浮子钢带式液位计

浮子钢带式液位计的原理图如图 3-5 所示，浮子吊在钢带的一端，钢带在恒力卷簧的作用下可以通过收带轮自动收放。钢带对浮子施一拉力，当浮子在测量范围内变化时，钢带对浮子的拉力基本不变。为了使浮子不受被测液体流动的影响，而偏离垂直位置，可增加一个导向机构。导向机构由悬挂的两根钢丝绳组成，靠下端的重锤定位，浮子沿导向钢丝随液位变化上下移动。如果罐内液体的流速不大，液位较平稳，可以省略导向机构。

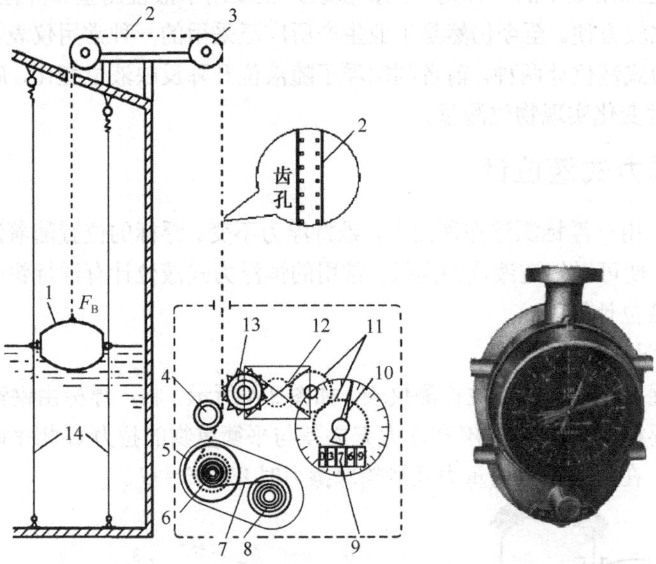

1—浮子；2—钢带；3—滑轮；4—导向轮；5、6—收带轮—卷簧轮（同轴）；7—恒力卷簧；8—储簧轮；9—计数器；10—指针；11—传动齿轮；12—转角传感器；13—钉轮；14—导向钢丝

图 3-5　浮子钢带式液位计的原理图

浮子 1 经钢带 2 和滑轮 3 将浮力的变化传到收带—卷簧轮 5、6 上。钉轮 13 周边的钉状齿与钢带上的孔啮合，将钢带的直线运动变为钉轮转动，通过齿轮传动机构，由指针 10 和机械计数器 9 指示出液位。一般情况下，指针转动一周，计数器末位数字轮增减一个字（单位为 mm）。如果在齿轮传动轴上再安装一个角度传感器 12，就可以实现液位信号的远传。

为了保证钢带的收放，绕过导向轮的钢带由收带轮 5 收紧，其收紧力由恒力弹簧（盘簧）7 提供。恒力弹簧在自由状态是卷绕在储簧轮 8 上的，受力后反绕在卷簧轮 6 上以后，其弹性恢复力始终给收带—卷簧轮一逆时针方向的力矩，并基本保持常数，因而称为恒力弹簧。

由于恒力弹簧有一定的厚度，其恢复力对卷簧轮 6 的力矩并不恒定，液位越低，力矩越大。同样，由于钢带缠绕使液位低时收带轮 5 的直径减小，于是钢带上拉力和液位有关。液位低拉力大，恰好能与浮子上面这一部分钢带的重力相抵消，使浮子受到的提升力几乎不变，从而减小了误差。

由于钉轮的周长、钉状齿间距及钢带孔间距制造得很精确，可以达到较高的测量精度。但这种传递方式不便于密封，不适用于压力容器，因此，多用于常压储罐的液位测量。

液位计的测量范围一般为 0～20m，测量精度可达 0.03%。

3．编码钢带液位计

编码钢带液位计是在浮子式液位计的基础上改进制成。通过在连接钢带上打孔编码，用光电变送器转换为数字编码信号输出。其钢带上标有刻度，并打有按一定规则编码（如格雷码）的透光的小孔（有孔表示 1，没有孔表示 0）。格雷码的特点是相邻的两组编码只有一位取值不同，对光电检测电路的设计及钢带的制作要求不高，抗干扰能力强。当液位变化时，码带上下位移，变送器中的红外光电器件将码带上的 15 位格雷码孔转换成对应的数字编码信号，再由微处理器完成对信息的甄别、纠错，并由软件根据液位的高低对钢带自重进行自动补偿，减小系统的测量误差，最后进行 D/A 转换，输出 4～20mA 的电流。

编码钢带式液位计与普通浮子液位计相比具有以下特点：

① 测量精度高，绝对误差小于 2mm。

② 无复杂的齿轮传动机构，寿命长，系统运行平稳可靠。

③ 4～20mA 标准信号输出，便于远传。

④ 采用红外光电技术及格雷码带，抗干扰能力强。

4．浮球式液位计

对于密闭容器内，液体介质的温度、压力、黏度较高，而变化范围较小的液位测量，一般可采用浮球式液位计，如炼油厂的减压塔底部液面测量、油气分离器液位测量等。

1）原理

浮球式液位计如图 3-6 所示，由于机械杠杆长度的限制，所以量程通常较小。常用于液位控制系统中的液位高度变化量的检测。

浮球式液位计分为内浮球式和外浮球式两种。浮球 1 是由不锈钢材料制成的空心球，它通过连杆 2 与转动轴 3 相连，转动轴 3 的另一端与容器外部的杠杆 4 相连。转动轴与外壳间采取密封措施（如填料密封、扭力管、磁耦合密封等），防止液体外漏。在杠杆上挂有平衡重物 6，组成以转动轴 3 为支点的力矩平衡系统。一般要求浮球一半浸没在液体里时实现系统的力矩平衡，可通过调整平衡重物的位置或质量实现上述要求。当液位上升时，浮子被浸没的体积增加，所受浮力增大，破坏了原来的力矩平衡状态，平衡重物使杠杆 4 做顺时针方向转动，浮球位置抬高，直到浮球一半浸没在液体内时，杠杆重新达到力矩平衡为止。平衡关系为

$$(W-F)L_1 = GL_2 \tag{3-3}$$

式中　W——浮子所受的重力；

F——浮子所受的浮力；

G——平衡重物的重力；

L_1——转轴到浮子的垂直距离；

L_2——转轴到重锤中心的垂直距离。

如果在转动轴的外侧安装指针5，便可以由杠杆的角位移指示液位的高低。也可以用其他方式将这个位移转换成标准信号进行远传。

2）类型

内浮球式如图3-6（a）所示，直接将浮子安装在容器内部，适用于直径较大的容器。对于直径较小的容器，可采用外浮球式，如图3-6（b）所示，它是在容器外部做一个浮球室，与容器连通。外浮球式便于维修，但不适用于黏稠或易结晶、易凝固的液体。必须指出：浮球式液位计必须用轴、轴套、盘根等结构才能既保持密封，又能将浮球的位移传送出来，因此，转轴润滑、摩擦及介质对浮球的腐蚀等问题均需充分地考虑，否则，可能造成很大的测量误差。

在安装检修时，要特别注意浮球、连杆与转动轴等部件的连接，以免浮球日久脱落，造成严重事故。在使用时，如液体中含有沉淀物或凝结的物质附着在浮球表面时，要重新调整平衡重物的位置，调整好零位。但调好后，就不能随便移动平衡重物，否则会引起测量误差。

3）UFD系列电动浮球液位变送器

UFD系列电动浮球液位变送器是DDZ—Ⅲ型电动单元组合仪表中的一个变送单元，它采用4～20mA二线制传输方式，如图3-6（c）所示。其传感器可采用电位器式、旋转变压器式、光电编码式角位移传感器，配以放大转换电路组成。具有结构简单、调试方便、可靠性好、体积小的特点。

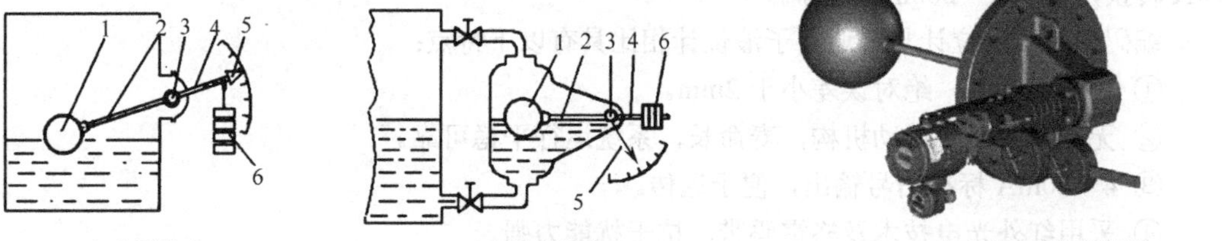

（a）内浮球式　　（b）外浮球式　　（c）电动浮球液位变送器

1—浮球；2—连杆；3—转动轴；4—杠杆；5—指针标尺；6—平衡锤

图3-6　浮球式液位计

该系列变送器直接安装在各种储槽设备上。特别适用于炼油厂的热重油（温度≤450℃，压力≤4.0MPa）、沥青、黏稠脏污介质，以及易燃、易爆、有腐蚀性介质的液位（界面）连续测量，被广泛用于石油、化工、冶金、医药等工业领域。

4）浮球液位控制器

浮球液位控制器是用于液位越限报警用的一种液位开关。以UQK系列浮球液位控制器为例，如图3-7所示，它适用于对敞口或带压容器的液位控制，当液位到达上、下设定位置时，控制器发出通断开关式信号。

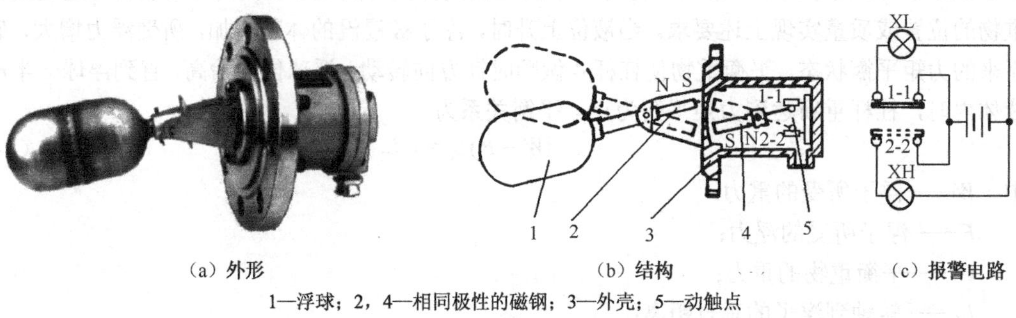

（a）外形　　（b）结构　　（c）报警电路

1—浮球；2，4—相同极性的磁钢；3—外壳；5—动触点

图3-7　UQK系列浮球液位控制器的结构

UQK 系列浮球液位控制器由不导磁的隔板隔离的浮球和触点两部分组成，之间用磁耦合方式联系。当液位上升或下降时，浮球 1 随之升降，使其端部的磁钢 2 上、下移动，通过磁力的作用，排斥安装在外壳 3 内相同极性的磁钢 4 上、下移动，其另一端的动触点 5 便在静触点 1-1 及 2-2 间连通或断开。使外接的控制电路发出报警信号，以驱动报警器发出声光报警，或通过中间继电器使设备、阀门进行启停操作，从而达到液位控制的目的。

浮球液位控制器内外磁钢采用同极性互为排斥安装，保证在浮球越限时维持报警，维护时注意磁钢极性，不要装反。

5．磁翻板式液位计

如图 3-8 所示为磁翻板式液位计。在与设备连通的连通器 5 内，有一个自由移动的带磁铁的浮子 6。连通器一般由不锈钢管制成，连通器外一侧有一个铝制翻板支架（面板）1，支架内纵向均匀安装多个磁翻柱 2。磁翻板可以是薄片形，也可以是小圆柱形。支架长度和翻板数量随测量范围及精度而定。翻板支架上有液位刻度标尺。每个磁翻板都有水平轴，可以灵活转动，翻板的一面是红色，另一面为白色。每个磁翻板内都镶嵌有小磁铁，磁翻板间小磁铁彼此吸引，使磁翻板总保持垂直，即红色朝外或白色朝外。

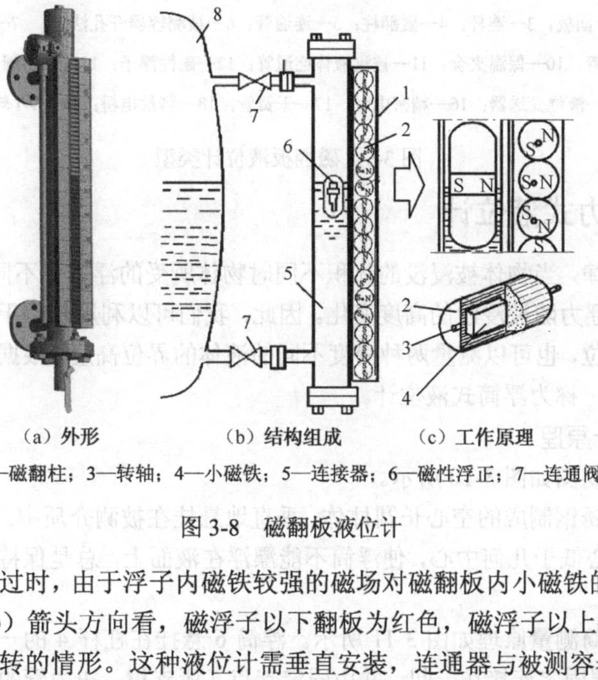

（a）外形　（b）结构组成　（c）工作原理

1—面板；2—磁翻柱；3—转轴；4—小磁铁；5—连接器；6—磁性浮正；7—连通阀；8—设备

图 3-8　磁翻板液位计

当磁浮子在旁边经过时，由于浮子内磁铁较强的磁场对磁翻板内小磁铁的吸引，就会迫使磁翻板转向，若从图 3-8（b）箭头方向看，磁浮子以下翻板为红色，磁浮子以上翻板为白色，图（c）中三块翻板表示正在翻转的情形。这种液位计需垂直安装，连通器与被测容器之间应装连通阀 7，以便仪表的维修、调整。磁翻板式液位计结构牢固，工作可靠，显示醒目。利用磁性传动，不用电源，不会产生火花，宜在易燃易爆场合使用。其缺点是当被测介质黏度较大时，磁浮子与器壁之间易产生粘贴现象。严重时，可能使浮子卡死而造成指示错误并引起事故。

磁翻转液位计的安装形式有侧装式和顶装式（地下型），根据被测介质的特性分为基本型、防腐型和保温夹套型，如图 3-9 所示。

磁翻转液位计可配置液位开关输出，实现远距离报警及限位控制。液位开关内置干簧管，通过浮子的磁场驱动干簧管闭合，实现上、下限位置报警。

磁翻转液位计还可配置变送器（见图 3-9（c）），变送器测量管中密封多个并联干簧管及串联电阻，当磁浮子吸引液位高度上的干簧管闭合时（其他干簧管均不闭合），使测量电路总电阻等于其下各段电阻之和，随液位变化，通过转换电路转变为 4～20mA 标准信号输出。实现液位的远距离指示达到自动控制和检测的目的。

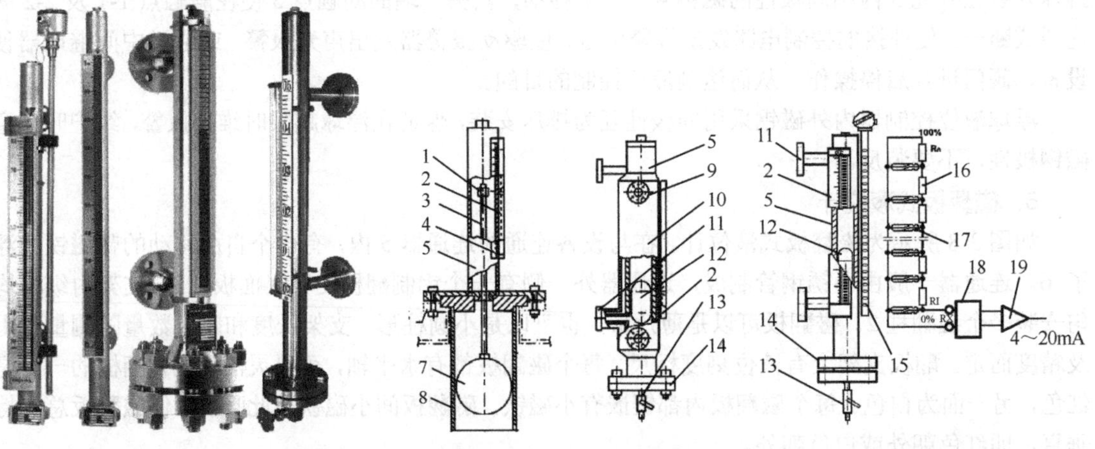

（a）顶装式　（b）夹套型　（c）远传变送器

1—磁钢；2—液位计面板；3—连杆；4—磁翻柱；5—连通管；6—被测容器开孔法兰；7—普通浮球；8—导管；9—保温介质连通管；10—保温夹套；11—被测液体连通管；12—磁性浮子；13—排污阀；14—连通器法兰；15—液位变送器；16—精密电阻；17—干簧管；18—测量电桥；19—V/I 转换器

图 3-9　磁翻板液位计类型

3.3.2　变浮力式液位计

根据阿基米德定律，当物体被浸没的体积不同时物体所受的浮力也不同。换而言之，对形状已定的物体，所受到的浮力随被浸没的高度变化。因此，我们可以利用悬挂于液体中的柱形检测元件所受的浮力来求得液位，也可以测量两种密度不同的液体的界位高度。根据这一原理制成的液位计就是变浮力式液位计，称为浮筒式液位计。

1．浮筒式液位计原理

浮筒式液位计实物图如图 3-10 所示。

浮筒一般是由不锈钢制成的空心长圆柱体，垂直地悬挂在被测介质中。浮筒的质量大于同体积的液体质量，筒的重心低于几何中心，使浮筒不能漂浮在液面上，总是保持直立而不受液体高度的影响，故又称沉筒。

扭力管平衡的浮筒测量原理如图 3-11 所示。浮筒 6 悬挂在杠杆 4 的一端，杠杆的另一端与扭力管 3、芯轴 2 的一端固定连接在一起，并由固定支点 5 所支撑。扭力管的另一端通过法兰固定在仪表外壳 1 上。芯轴的另一端伸出扭力管后是自由的，用来输出位移。扭力管 3 是一种密封式的输出轴，它一方面能将被测介质与外部空间隔开，另一方面又能利用扭力管的弹性扭转变形把作用于扭力管一端的力矩变成芯轴的转动。

当杠杆悬挂浮筒处的拉力为 f 时，在扭力管上产生的力矩为 M，扭力管产生的扭角变形用 θ 表示。其大小为

$$\theta = \frac{32L_0 M}{\pi C(d_2^4 - d_1^4)} = \frac{32L_0 L}{\pi C(d_2^4 - d_1^4)} f = K_\theta f \tag{3-4}$$

式中　M——作用在扭力管上的扭力矩；

d_1、d_2——分别为扭力管的内径和外径；

C——扭力管横向弹性系数；

L_0——扭力管的长度；

L——浮筒中心到扭力管中心的距离。

$K_\theta = \dfrac{32L_0L}{\pi C(d_2^4 - d_1^4)}$ 为常数。

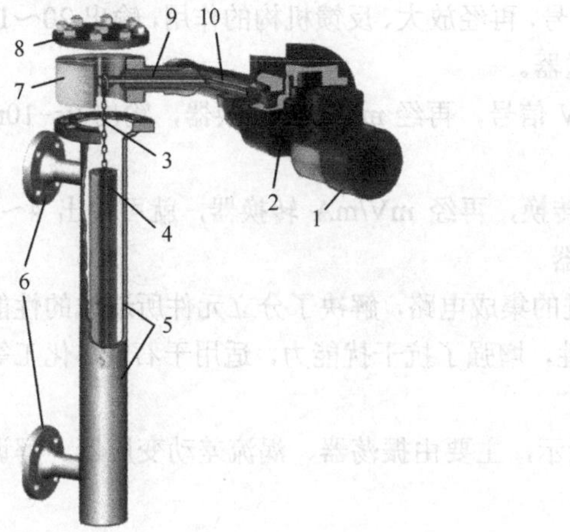

1—指示表；2—变送部分；3—挂链；4—浮筒；5—浮筒室；6—连接法兰；7—壳体；8—压盖；9—杠杆；10—扭力管

图 3-10 浮筒式液位计实物图

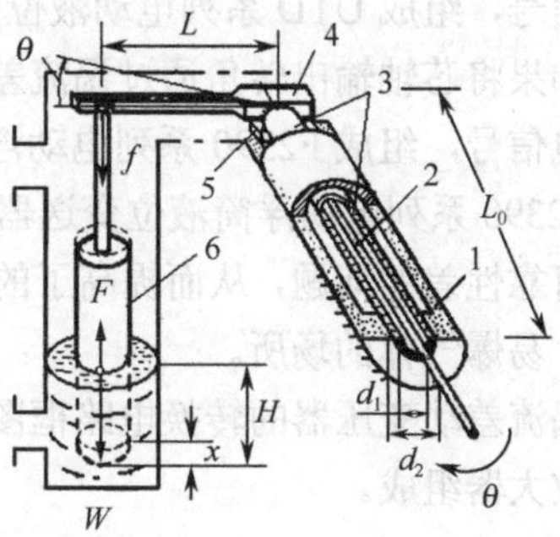

1—外壳；2—芯轴；3—扭力管；4—杠杆；5—支点；6—浮筒

图 3-11 扭力管平衡的浮筒测量原理

由图 3-11 可知，当液位为零，即低于浮筒下端时，浮筒的质量 W 全部作用在杠杆上，f 达到最大 $f=W$。扭力管变形达到最大，θ 约为 7°。

当液位上升时，浮筒受到液体的浮力增大，杠杆悬挂浮筒处的拉力 f 减小，扭力管上的力矩减小，扭力管变形 θ 减小。通过杠杆，会使浮筒略有上升 $X = -\Delta\theta \cdot L$，浮力减小，最终达到扭矩平衡。

当液位为 H 时，浮筒的浸没深度为 $H-X$（X 为浮筒上移的距离），作用在杠杆上的力为

$$f = W - A(H - X)\rho g \tag{3-5}$$

式中 ρ——液体的密度；

A——浮筒的截面积；

W——浮筒的质量。

与 $H=0$ 时相比，力 f 的变化为

$$\Delta f = -A(H - X)\rho g \tag{3-6}$$

Δf 就是液位从零升高到 H 时，浮筒受到的浮力变化量。

随着液位的升高，扭力管产生的扭角减小，在液位最高时，扭角最小（约为 2°）。其扭角变化 $\Delta\theta$，也就是输出芯轴角位移的变化量

$$\Delta\theta = K_\theta \Delta f \tag{3-7}$$

由式（3-6）、式（3-7）可导出

$$\Delta\theta = -\frac{K_\theta A\rho g}{1 + K_\theta A\rho g L} \cdot H \tag{3-8}$$

$\Delta\theta$ 与液位 H 成正比关系，负号表示液位 H 越高，扭角 θ 越小。

浮筒式液位计的测量范围由浮筒的长度决定。受仪表的结构限制，测量范围在 300～2000mm 之间。

应当注意：浮筒式液位仪表的输出信号不仅与液位高度有关，还与被测介质的密度有关，因此，在密度发生变化时，必须进行密度修正。浮筒式液位仪表还可以用于两种密度不同的液体的界面测量。

2．变送环节

通过喷嘴挡板机构将角位移$\Delta\theta$转换成气压信号，再经放大、反馈机构的作用，输出 20～100kPa 的标准气压信号，组成了 BYD 系列气动液位变送器。

如果将芯轴输出转角通过霍尔元件转换为 mV 信号，再经 mV/mA 转换器，输出 0～10mA 标准电信号，组成 UTD 系列电动液位变送器。

如果将芯轴输出转角通过涡流差动变压器的转换，再经 mV/mA 转换器，就可输出 4～20mA 标准电信号，组成 F2390 系列电动浮筒液位变送器。

F2390 系列电动浮筒液位变送器，采用了先进的集成电路，解决了分立元件所造成的性能不稳定和可靠性差的问题，从而提高了的仪表的可靠性，增强了抗干扰能力，适用于石油、化工等各种易燃、易爆气体的场所。

涡流差动变压器的转换电路框图如图 3-12 所示，主要由振荡器、涡流差动变压器、解调器、直流放大器组成。

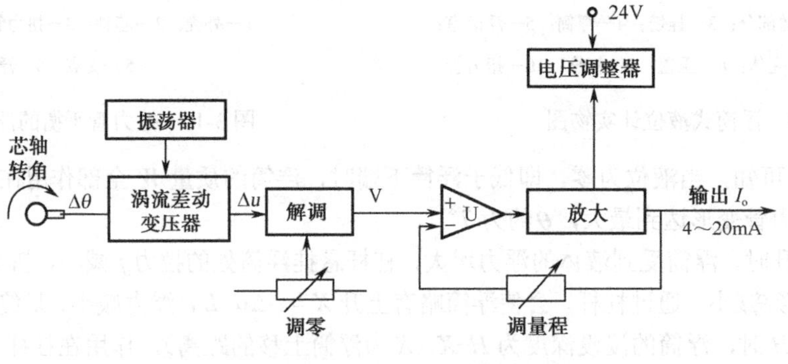

图 3-12　涡流差动变压器的转换电路框图

多谐振荡器产生 6kHz 正弦电压，作为涡流差动变压器初级线圈的激励电压。当芯轴带动差动变压器动臂传动时，输出线圈上的感应电压Δu变化与$\Delta\theta$成正比。

解调器将差动变压器的输出信号Δu变为直流电压 V，送入差分放大器 U 放大，其输出电压经功率放大器转换为 4～20mA 电流 I_o输出，I_o经反馈网络送回到差分放大器的反相输入端，实现负反馈。可通过改变负反馈量的大小实现量程调整。

浮筒式液位变送器的量程取决于浮筒的长度。国产液位变送器的量程范围为 300、500、800、1200、1600、2000（mm）。所适用的密度范围为 0.5～1.5g/cm^3。

3．浮筒液位变送器的校验

校验浮筒液位计的方法有干校法和水校法两种。现场一般采用水校方法。如果被测液体不是水可以经过换算用水代校。

1）干校法

此种方法校验方便、准确、不需要繁杂的操作，通常用于实验室或检修时校验用。

用挂砝码干校浮筒液位计，是将浮筒取下后，挂上与各校验点对应质量的砝码进行的。该砝码所产生的重力f应等于浮筒的重力（包括挂链或挂杆的重力）W与液面在校验点时浮筒所受的浮力F之差。

当测量两种介质的分界面高度时，根据图 3-13 所示条件计算，所挂砝码重力由式（3-9）求出，即

$$f_{\mathrm{H}}=W-\frac{\pi D^2}{4}[L\rho_2+H(\rho_1-\rho_2)]g \tag{3-9}$$

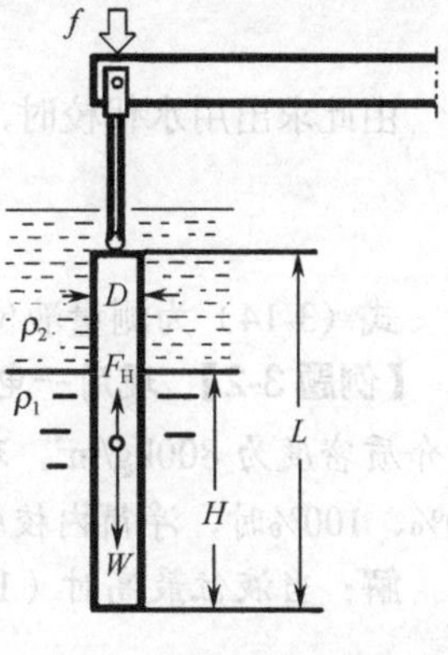

图 3-13　浮筒液位计测量界位

式中　f_{H}——液面在被校点H处砝码的重力，N；

D——浮筒外径，m；

L——仪表量程，m；

H——液面高度，m；

ρ_1——重相液体的密度，kg/m^3；

ρ_2——轻相液体的密度，kg/m^3。

则所挂砝码的质量为

$$m_{\mathrm{H}}=M-\frac{\pi D^2}{4}[L\rho_2+H(\rho_1-\rho_2)] \tag{3-10}$$

式中　m_{H}——液面在被校点H处砝码的质量，kg；

M——浮筒、挂链或挂杆的质量，kg。

当测量液面高度H时，ρ_2为气相密度。$\rho_1\gg\rho_2$，式（3-9）可简化为

$$f_{\mathrm{H}}=W-\frac{\pi D^2}{4}Hg\rho_1 \tag{3-11}$$

则所挂砝码的质量为

$$m_{\mathrm{H}}=M-\frac{\pi D^2}{4}H\rho_1 \tag{3-12}$$

【例题 3-1】 浮筒液位计浮筒质量m_1=1.47kg，挂链质量m_2=0.047kg，浮筒直径D=0.013m，液位范围H=0～2m。被测液体的密度ρ=850kg/m^3，校验时所用托盘质量为m_3=0.246kg，现求当液位分别为 0%、50%、100%时，各校验点应分别加多大的砝码？

解：由题意可知，当液位为 0%时，浮筒所受的浮力为零，浮筒液位计所受的力仅为浮筒、挂链的重力之和。所以，应加砝码的质量为

$$M=m_1+m_2-m_3=1.47+0.047-0.246=1.253\text{kg}$$

当液位为 50%时，应加砝码质量为

$$m_{50}=M-\frac{\pi D^2}{4}H_{50}\rho_1=1.253-\frac{\pi\times0.013^2}{4}\times1\times850=1.1402\text{kg}$$

当液位为 100%时，应加砝码质量为

$$m_{100}=M-\frac{\pi D^2}{4}H_{100}\rho_1=1.253-\frac{\pi\times0.013^2}{4}\times2\times850=1.0274\text{kg}$$

2）水校法

此种校验法又称湿校法。浮筒液位计本来是测水位的，可直接用水校验。如果被测介质不是水，也可通过换算用水代校。这种校验方法主要用于已安装在现场不易拆开的外浮筒液位计的校验。校验时关闭浮筒室的上、下引压阀，将外浮筒与工艺设备之间隔断。打开浮筒室底部排污阀，排出浮筒室内被测介质。从排污阀处连接一段玻璃管或透明塑料管，从透明管内向测量筒中灌水，并由此确定灌水高度，这样就可以进行校验了。

浮筒的长度为 L，质量为 M，截面积为 A。被测液体的密度为 ρ_x，校验时水的密度为 ρ_w。校验时所加水位高度 h 应满足与被校液位高度为 H 时浮筒对杠杆的拉力相同，即

$$W - Ah\rho_w g = W - AH\rho_x g \tag{3-13}$$

由此求出用水代校时，校验所加水位高度 h 为

$$h = \frac{\rho_x}{\rho_w} \cdot H \tag{3-14}$$

式（3-14）为测量液位时的校验计算公式。测量界位时可根据相同的原理进行推导。

【例题 3-2】 现用一电动浮筒液位变送器测量某分馏塔的液位。其浮筒长度为 L=1600mm，被测介质密度为 800kg/m^3。现发现该液位计不准，需进行校验。试计算当输出为 20%、40%、60%、80%、100%时，浮筒内校验加水的高度（ρ_w 以 1000kg/m^3 计）。

解： 当液位最高时（100%），仪表输出为 20mA，此时灌水高度为

$$h_{100} = \frac{\rho_x}{\rho_w} L \times 100\% = \frac{800}{1000} \times 1600 \times 100\% = 1280\text{mm}$$

同理，当液位分别为 20%、40%、60%和 80%时，灌水的高度分别为 256mm、512mm、768mm、1024mm。

【例题 3-3】 有一浮筒液位变送器用来测量界面，其浮筒长度 L=500mm，配 DDZ—Ⅲ型仪表，被测液体的密度分别为 ρ_2=820kg/m^3 和 ρ_1=1240kg/m^3。试用水校法来进行校验。

解： 因在最低界位时，变送器输出为零点（4mA），此时浮筒全部被轻组分所淹没，灌水高度为

$$h_0 = \frac{\rho_2}{\rho_w} \cdot L = \frac{820}{1000} \times 500 = 410\text{mm}$$

在最高界位时，变送器指示为满刻度（20mA），此时浮筒全部被重组分淹没，灌水高度为

$$h_{100} = \frac{\rho_1}{\rho_w} \cdot L = \frac{1240}{1000} \times 500 = 620\text{mm}$$

由此可以看出，此时灌水高度已超过浮筒长度，应想办法解决这一问题。这时可将零位降至 410−(620−500)=290mm 处来进行校验，其灌水高度与输出信号的对应关系为

H=0%　　$h_0 = 290\text{mm}$，输出信号=4mA

H=50%　　$h_{50} = 290 + (620 - 410) \times 50\% = 395\text{mm}$，输出信号=4+(20−4)×50%=12mA

H=100%　　$h_{100} = 500\text{mm}$，输出信号=20mA

这样，校验结束后，再把浮筒灌水到 410mm，并通过变送器零点迁移，把信号调整到 4mA，完成全部校验工作。

3.4　静压式液位计

3.4.1　静压式液位计的测量原理

由流体静力学原理我们知道，一定高度的液体介质自身的重力作用于底面积上，所产生的静压力与液体层高度有关。静压式液位检测方法是通过测量液位高度所产生的静压力实现液位测量的。如图 3-14 所示，A 代表实际液面，B 代表零液位，p_A 和 p_B 为容器中 A 点和 B 点的静压，H 为液位高度，根据流体静力学原理，A、B 两点的压差为

$$\Delta p = p_B - p_A = H\rho g \tag{3-15}$$

其中 p_A 应理解为液面上方气相的压力，当被测对象为敞口容器时，则 p_A 为大气压，上式变为

$$p = p_B - p_a = H\rho g \tag{3-16}$$

式中 p——B 点的表压力；

p_a——当地大气压力。

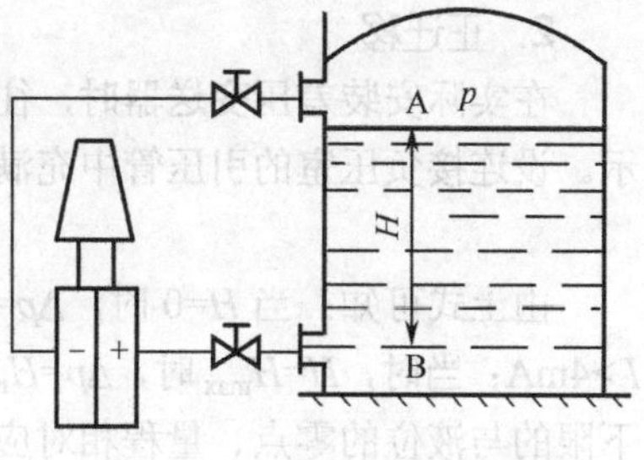

图 3-14 静压法测液位原理

通常被测介质密度是已知的，当ρ为定值时，A、B 两点的压力差Δp 或 B 点的表压力 p 与液位高度 H 成正比，这样就把液位的检测转化为压力差或压力的检测，因此，各种差压计和差压变送器，压力计和压力变送器，只要量程合适，都可以用来测量液位。

利用差压变送器测密闭容器的液位时，变送器的正压室通过引压管与容器下部取压点相通，负压室则与容器气相相通。若测敞口容器内的液位，则差压变送器的负压室应与大气相通或用压力变送器。

若只需就地指示敞口容器液位，可直接在容器底部安装压力表来进行测量，根据压力与液位成正比的关系，可直接在压力表上按液位进行刻度。

3.4.2 差压式液位计的迁移问题

前面已提到，无论是密闭容器还是敞口容器，都要求取压口（液位零点）与检测仪表的在同一水平线上，否则会产生附加静压误差。但是，在实际安装时，不一定能满足这个要求。如地下储槽，为了读数和维护的方便，压力检测仪表就不能安装在零液位处的地下。再者，当被测介质是高黏、易凝液体或腐蚀性液体时，为了防止被测介质进入变送器，造成管线堵塞或腐蚀，并保证负压室的液柱高度恒定，往往在变送器正、负压室与取压点之间分别装有隔离罐，并充以隔离液，会造成附加静压。为了使差压变送器能够正确地指示液位高度，必须对压力（差压）变送器进行零点调整，使它在液位为零时输出信号为“零”（如 4mA），这种方法称为“零点迁移”。下面以差压变送器检测液位为例进行介绍，如图 3-15 所示。

1．无迁移

如图 3-15（a）所示，差压变送器的正压室与液位零点在同一水平面上，负压室引压管中充满气体，设差压变送器正、负压室所受到的压力分别为 p_+ 和 p_-，则正、负压室所受的压力差为

$$\Delta p = p_+ - p_- = H\rho g \tag{3-17}$$

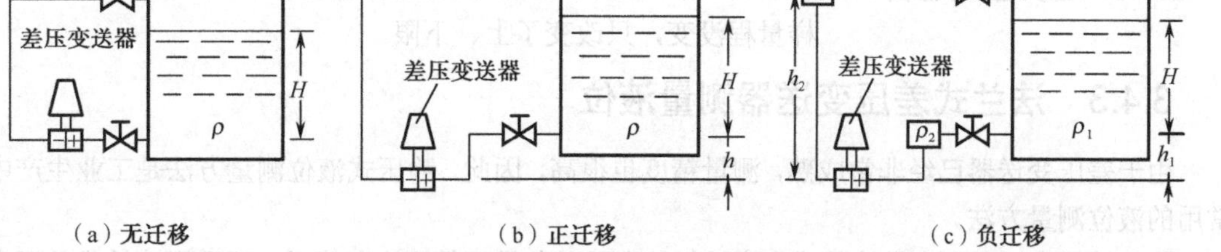

（a）无迁移　（b）正迁移　（c）负迁移

图 3-15 差压式液位计的应用

可见，当 H=0 时，Δp=0，差压变送器未受任何附加静压。此时差压变送器的输出为 4mA，当 $H=H_{max}$ 最高液位时，$\Delta p=H_{max}\rho g$，差压变送器的输出为 20mA，说明差压变送器无须迁移。

2．正迁移

在实际安装差压变送器时，往往不能保证变送器和零液位在同一水平面上，如图 3-15（b）所示。设连接负压室的引压管中充满气体，并忽略气体产生的静压力，则差压变送器所受压力差为

$$\Delta p = p_+ - p_- = H\rho g + h\rho g \tag{3-18}$$

由上式可知：当 H=0 时，Δp=$h\rho g$，差压变送器受到一个附加正差压作用，差压变送器的输出 I>4mA；当时，H=H_{max}时，Δp=$H_{max}\rho g$+$h\rho g$ 此时差压变送器的输出 I>20mA。为了使仪表输出上、下限的与液位的零点、量程相对应，必须设法抵消固定差压 $h\rho g$ 的作用，使 H=0 时，差压变送器的输出仍然为 4mA，而当 H=H_{max} 时，变送器的输出为 20mA。我们同时改变差压变送器上、下限输出，以抵消固定差压的做法称为零点迁移。如果抵消的固定差压为正值则称为正迁移，如果抵消的固定差压为负值则称为负迁移。各种差压变送器均设有零点迁移装置，如力平衡式差压变送器上有迁移弹簧来实现零点迁移，而电容式差压变送器则采用增减零点电流的方法实现零点迁移。

3．负迁移

如图 3-15（c）所示，为了保持负压室所受的液柱高度恒定，常常在差压变送器正、负压室与取压点之间分别装有隔离罐，并充以隔离液。如被测介质的密度为ρ_1，隔离液的密度为ρ_2，这时差压变送器所受到的压力差为

$$\Delta p = p_+ - p_- = H\rho_1 g + h_1\rho_2 g - h_2\rho_2 g \tag{3-19}$$

当 $H=0$ 时，$\Delta p = -(h_2 - h_1)\rho_2 g$，差压变送器受到一个附加负差压作用，使变送器输出 I<4mA。当 $H = H_{max}$ 时，$\Delta p = H_{max}\rho_1 g - (h_2 - h_1)\rho_2 g$，差压变送器的输出 I<20mA，此时必须设法抵消固定差压 $-(h_2 - h_1)\rho_2 g$ 的作用，进行零点迁移，由于要迁移的量为负值，因此称为负迁移，迁移量为 $(h_2 - h_1)\rho_2 g$。

从以上分析可知，正、负迁移的实质是通过调整变送器的零点，同时改变量程的上、下限，而不改变量程的大小。例如，差压变送器的测量范围为 0～5kPa，当差压由 0 变化到 5kPa 时，变送器的输出由 4mA 变化到 20mA，这是无迁移的情况，如图 3-16 中曲线 a 所示。当有负迁移时，假定固定压差为 $(h_2 - h_1)\rho_2 g = 2\text{kPa}$，则通过负迁移使$\Delta p$ 从−2kPa 变化到 3kPa 变化时，变送器的输出从 4mA 变化到 20mA，如图 3-16 中曲线 b 所示。它维持原来的量程 5kPa 不变，

只是向负方向迁移了一个 2kPa 的固定压差。当出现正迁移的情况时，假定固定差压为 $h\rho g = 2\text{kPa}$，如图 3-16 中曲线 c 所示。Δp 从 2kPa 到 7kPa 变化时，变送器的输出从 4mA 变化到 20mA。同样量程没变，只改变了上、下限。

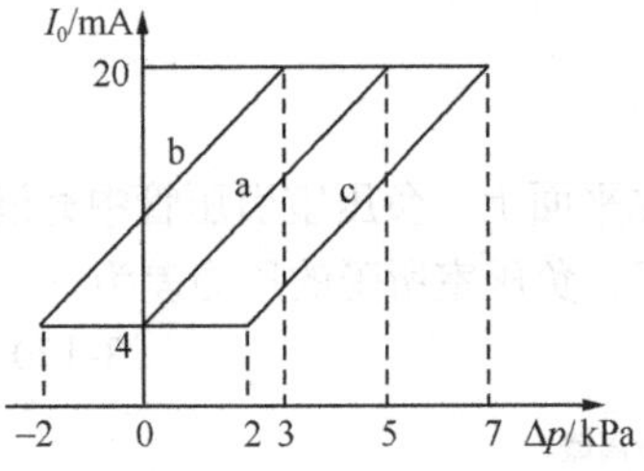

图 3-16　正负迁移示意图

3.4.3　法兰式差压变送器测量液位

由于差压变送器已经非常成熟，测量精度也很高，因此，静压式液位测量方法是工业生产中最常用的液位测量方法。

如果被测介质易凝、易结晶或有腐蚀性，为了避免导压管阻塞与腐蚀，可采用法兰式差压变送器，其测量液位如图 3-17 所示。

法兰式差压变送器的敏感元件是金属膜盒，经毛细管与变送器的测量室相通。由膜盒、毛细管、测量室组成的封闭系统内充有硅油，通过硅油传递压力，毛细管的直径较小（一般内径为 0.7～1.8mm），在毛细管的外部套有金属蛇皮保护管，具有可挠性，单根毛细管长度一般在 5～

11m之间可以选择，省去了引压导管，安装也比较方便，解决了导管的腐蚀和阻塞问题。

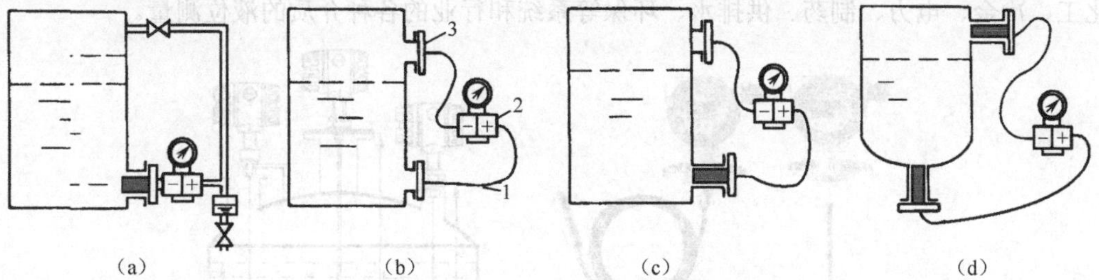

图 3-17 用法兰式差压变送器测量液位

法兰差压变送器分为两大类：单法兰式和双法兰式。法兰的结构又分为平法兰和插入式法兰，其外形如图 3-18 所示，从左到右分别为单插入法兰式、单平法兰式、双平法兰式差压变送器。不同形式的法兰可使用于不同的场合。选择原则如下：

（a）单插入法兰式　（b）单平法兰式　（c）双平法兰式

图 3-18 法兰式差压变送器

① 单平法兰式。用于易凝固、强腐蚀介质的液位测量。

② 插入式法兰。插入容器内部，对于检测高黏度、易沉淀或结晶介质，容易使容器壁结晶、沉淀结垢时，比较适宜。

③ 双法兰式。被测介质腐蚀性较强、且负压室又无法选用适用的隔离液时，可采用双法兰式差压变送器。对于强腐蚀性的被测介质，可用氟塑料薄膜粘贴到金属膜表面上防腐。

采用双法兰差压变送器测量液位时，由于双法兰差压变压器在出厂校验时，正负压法兰是放在同一高度上进行的，而在实际测量液位时，负法兰在上，正法兰在下，等于在变送器上预加了一个反向压差而使零位发生了负迁移，所以，在使用时也存在零点迁移问题。当 H=0 时的迁移量为

$$\Delta p = (h_1 - h_2)\rho_3 g \tag{3-20}$$

式中 ρ_3——毛细管内硅油密度。

另外变送器主体的安装位置的高低对液位测量值是没有影响的。这是因为正、负压室毛细管内硅油液柱对变送器的正、负压室所产生的压力信号起到相互抵消的作用，所以变送器的位置可以任意安装。

3.4.4 投入式液位变送器

投入式液位计也是利用静压原理测量液位的，投入式液位变送器如图 3-19 所示。扩散硅式传感器位于导气电缆的底端，被安置到罐底，将承受的液相压力。气相压力通过中空的导气电缆，传递到传感器上。代表液位的压力差由变送器转换成 4～20mA DC 标准电流信号输出。投入式液

位变送器具有便于安装和使用方便等优点，适用于水、油、酸、碱、盐及黏稠性液体，适用于石油化工、冶金、电力、制药、供排水、环保等系统和行业的各种介质的液位测量。

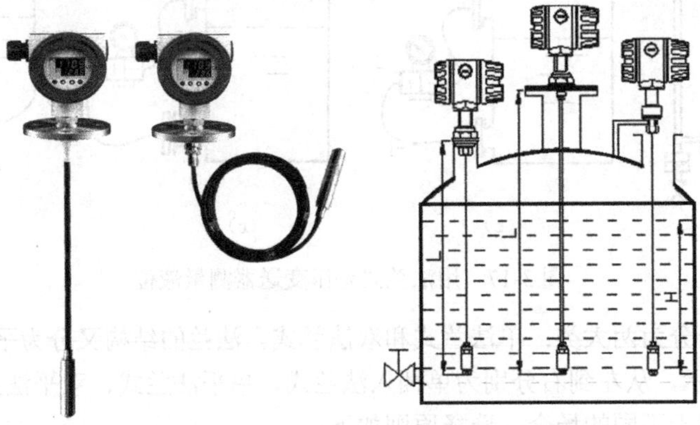

（a）外形　　　　（b）安装

图 3-19　投入式液位变送器

在敞口的容器中测量静态液位时，把液位变送器直接投入到容器底部，在容器开口处用可调安装架等将电缆线（接线盒）固定即可。在流动的液体中测量液位时，因介质波动较大，可以在液体中插入一根ϕ45mm 的钢管，同时在水流方向的反面不同高度的管壁上打若干小孔，使液体流入管内。另一种方法是在液体底部加装阻尼装置，以过滤泥沙和消除动态压力和波浪对测量的影响。选购时必须注明测量范围（液位高度），对于一些特殊介质，注明介质的密度。导气电缆长度的选取，一般比实际液位高度长 1～2m，但下放底部传感器时注意不要接触罐底，以免泥沙堵住传感器进压孔。

3.4.5　吹气法测量液位

如果被测介质具有强腐蚀、高黏度或含有悬浮颗粒时，可采用吹气式液位计测量。吹气式液位计原理图如图 3-20 所示。

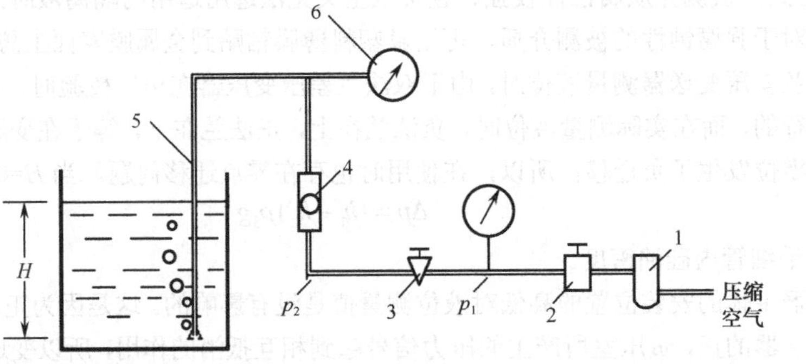

1—过滤器；2—减压阀；3—节流元件；4—流量计；5—吹气管；6—压力表或压力变送器

图 3-20　吹气式液位计原理图

在敞口容器中插入一根吹气管 5，压缩空气经过滤器 1、减压阀 2、节流元件（调节阀）3、流量计 4，最后由导管的下端逸出。忽略吹气管 5 中气体的摩阻，导压管内气体压力与导管下端出口处的液体静压力（又称液封压力）$p = h\rho g$ 基本相等。当液位上升或下降时，导管下端的压力也会升高或降低。因此，由压力计 6 显示的压力即可反映出液位的高度。

压缩气源的压力根据被测液位的范围，由减压阀控制到适当压力 p_1，再经节流元件 3 将压力降到 p_2 上（保证液体上升到最高点时，仍有微量气泡从导管的下端逸出）。由于节流元件前的压力 p_1 变化不大，根据流体力学原理，当满足 $p_2 \leqslant 0.528p_1$ 的条件时，可以达到气源流量恒定不变的要求。

正确选择吹气量是吹气式液位计的关键，通常吹气流量约为 20L/h，吹气流量可由转子流量计进行显示。根据长期运行的经验表明，吹气流量选大一些好，这有利于吹气导管防堵、防止液体反充、克服微小泄露所造成的影响。但是随着吹气流量的增大，气源消耗增加，吹气导管的压降也增加，测量误差也会增大。所以吹气流量的选择要兼顾各种因素。必要时，可以采用间断测量法，在暂时停气时进行读数，由于暂时无吹气流量，气体摩阻为零，可消除因此带来的测量误差。

3.4.6 静压式液位计的安装

利用流体静压原理测量液位，实质上是压力或差压的测量。因此，静压式液位计的安装规则基本上与压力表、压力计的要求相同。前面已介绍过压力表的安装，这里主要介绍液位检测中差压（压力）变送器的安装。

1. 引压导管的安装

取压口至差压计之间必须由引压导管连接，才能把被测压力正确的传递到差压计的正、负测量室。引压管的安装要求如下：

（1）引压导管应按最短距离敷设，总长度不应超过 50m。管线的弯曲处应该是均匀的圆角，拐弯曲率半径不小于管径的 10 倍。

（2）引压管路水平安装时，应该保持不小于 1∶10 的倾斜度，并加装集气、凝液收集器和沉淀器等，并定期排出。

（3）引压导管要注意保温、防冻。

（4）对有腐蚀作用的介质，应加装充有中性隔离液的隔离罐。在测量锅炉汽包水位时，则应加装冷凝罐。

（5）全部引压管路应保持密封，无泄漏现象。

（6）引压管路中应装有必要的切断、冲洗、排污等所需要的阀门，安装前必须将管线清理干净。

2. 变送器的安装

压差（压力）变送器的安装环境条件（例如，温度、湿度、腐蚀性、振动等）应符合仪表额定工作条件，否则，应采取相应的预防措施。

3.5 电容式液位计

任何两个导电材料做成的平行平板、平行圆柱面，甚至不规则面，中间隔以不导电介质，就组成了电容器。在平行板电容器之间，充以不同介质，电容量的大小也有所不同。因此，可以通过测量电容量的变化来测量液位、料位和两种不同液体的分界面。

电容式液位计由电容传感器和测量电路组成。被测介质的物位通过电容传感器转换成相应的电容量，利用测量电路测得电容变化量，即可间接求得被测介质物位的变化。

电容式液位计适用于各种导电或非导电液体的液位及粉末状物料的料位测量，也可用于测量界面。

3.5.1 电容式液位计的测量原理

圆柱形电容式液位计的结构如图 3-21 所示。它是由两个同轴圆柱形极板 1 和 2 组成圆筒电容器，其电容器的电容量为

$$C=\frac{2\pi\varepsilon H}{\ln(D/d)} \tag{3-21}$$

式中 H——两极板的长度；

ε——两极板中间介质的介电常数；

d——圆柱形外电极的内径；

D——圆柱形内电极的外径。

由式（3-21）可知，当 D 和 d 一定时，电容量 C 的大小与极板的高度 H、中间介质的介电常数ε的乘积成比例。只要 H 或ε中发生变化，就会引起电容量的变化。

电容液位计的传感元件结构简单、使用方便，但应用电容式液位计电容的变化量很小（约为 PF 的数量级），一般难以准确地进行测量。因此，在测量电路中应采取相应的措施，借助于较复杂的电子线路才能实现。此外，还应注意：当介质的浓度、温度发生变化时，其介电常数也要发生变化，应及时调整仪表，进行修正。

UYZ—50 系列电容液位计，就是采用了上述电容检测方法。其原理图如图 3-22 所示。仪表测量前置线路在传感器内，振荡器的高频振荡方波通过二极管环桥对被测电容充放电，产生的电流经直流放大器（显示器内）放大，使仪表输出 4～20mA 标准信号输出。

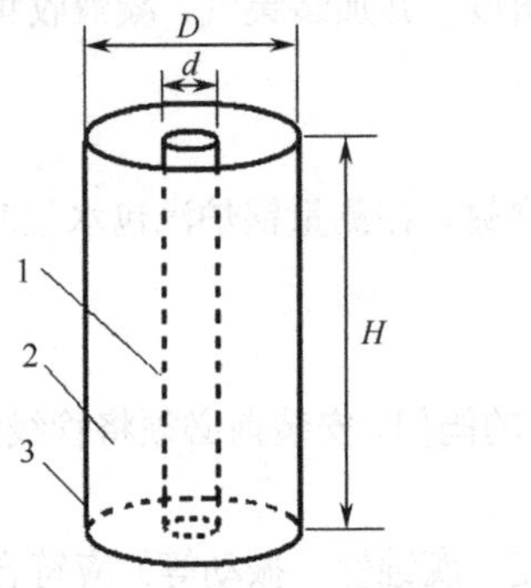

1—内极板；2—被测介质；3—外极板

图 3-21 圆柱形电容式物位结构图

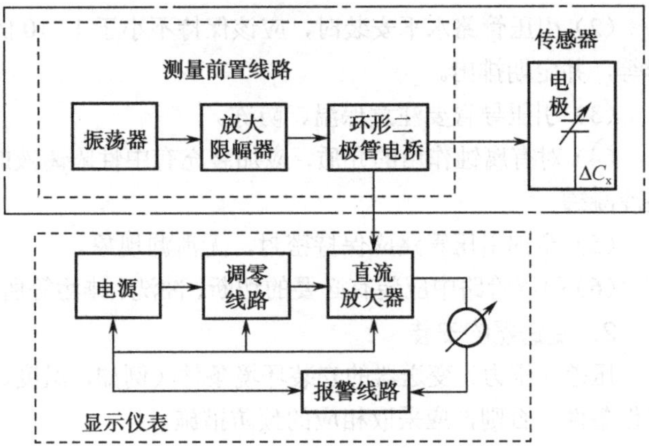

图 3-22 电容液位计原理框图

3.5.2 电容式液位计的测量方式

1. 测量非导电介质液位

非导电介质液位测量原理如图 3-23 所示，它由内电极 1 和一个与它绝缘的同轴金属套筒做的外电极 2 组成，外电极 2 上开了很多小孔 4，使介质能流进电极之间，内外电极用绝缘套 3 隔开。测量非导电液体的电容式液位计，利用被测液体作为电极间绝缘介质。被测液体的液位变化，改变了传感器电极间的介电常数，从而引电容量的变化，实现液位测量。当液位为零时，其零点电容为

$$C_0=\frac{2\pi\varepsilon_0 H}{\ln D/d} \tag{3-22}$$

式中 ε_0——空气介电常数；

D、d——分别为外电极内径及内电极外径。

当液位上升时，电容器的电容量等于上部气体介质部分形成的电容与下部液体部分形成的电容并联，总电容量为

$$C=\frac{2\pi\varepsilon h}{\ln D/d}+\frac{2\pi\varepsilon_0(H-h)}{\ln D/d}=\frac{2\pi\varepsilon_0 H}{\ln D/d}+\frac{2\pi(\varepsilon-\varepsilon_0)h}{\ln D/d} \tag{3-23}$$

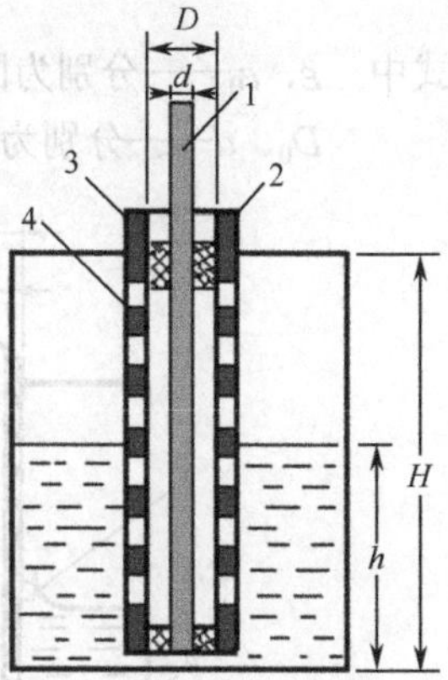

1—内电极；2—外电极；3—绝缘套；4—流通孔

图 3-23 非导电介质的液位测量原理

式中 ε——被测液体的介电系数。

则电容量的增量为

$$C_x=C-C_0=\frac{2\pi(\varepsilon-\varepsilon_0)h}{\ln D/d}=Kh \tag{3-24}$$

式中 $K=\dfrac{2\pi(\varepsilon-\varepsilon_0)}{\ln D/d}$——仪表的灵敏度系数。

被测液体的介电系数越大、D/d 越小（即电容两极板间的距离越小），仪表灵敏度越高。电容量的变化 C_x 与液位高度 h 成正比。

当容器直径较小且为金属时，可用金属容器的壳体作为一个电极（外电极），再将裸金属管（或金属棒）直接插入非导电液体中，作为另一个电极（内电极）。

2．测量导电介质的液位

如果被测介质为导电液体，为防止内、外电极被导电的液体短路，内电极必须要加一层绝缘层，导电液体与金属容器壁一起作为外电极。

测量导电液体的电容式液位计原理如图 3-24 所示。直径为 d 的不锈钢电极，外套聚四氟乙烯塑料套管作为绝缘层，导电的被测液体作为外电极，因而外电极内径就是塑料套管的外半径 D。如果容器是金属的，外电极可直接从金属容器壁上引出，但外电极直径仍为 D。由于容器直径 D_0 与内电极直径比 D_0/d 很大，上部气体部分所形成的电容可忽略不计。该电容器的电容与液位的关系可表示为

$$C_x=\frac{2\pi\varepsilon}{\ln D/d}h \tag{3-25}$$

式中 D——绝缘套管的外直径；

d——内电极的外径；

ε——绝缘层介电常数；

h——电极被导电液体浸没的高度。

在测量黏性导电介质时，由于介质沾染电极相当于增加了液位的高度（因为介质是作为电容器的一个极板），就产生了所谓的“虚假液位”。虚假液位大大影响仪表精度，甚至使仪表不能正常工作，因此，用电容法测量黏性导电介质液位时应考虑虚假液位引起的影响。

为减少虚假液位的形成，可选用和被测介质亲和力较小的套管及涂层材料，使电极套管表面尽量光滑。目前，常用聚四氟乙烯或聚四氟乙烯加六氟丙烯材料作为绝缘套管。

3．测量固体颗粒料位

由于固体物料的流动性较差，故不宜采用双筒式电极。对于非导电固体物料的料位测量，通常采用一根金属电极棒与金属容器壁构成电容器的两电极，如图 3-25 所示。以金属棒作为内电极，以容器壁作为外电极，其电容变化量ΔC 与被测料位 h 的关系与式（3-24）相似，即

$$C_x = \frac{2\pi(\varepsilon - \varepsilon_0)}{\ln D_0/d}h \tag{3-26}$$

式中　ε、ε_0——分别为固体物料和空气的介电常数；

D_0、d——分别为容器的内径和内电极的外径。

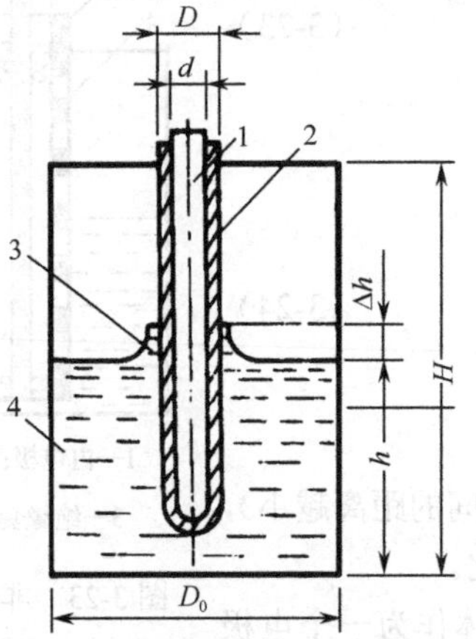

1—内电极；2—绝缘套管；3—虚假液位；4—容器

图 3-24　测量导电液体的电容式液位计原理

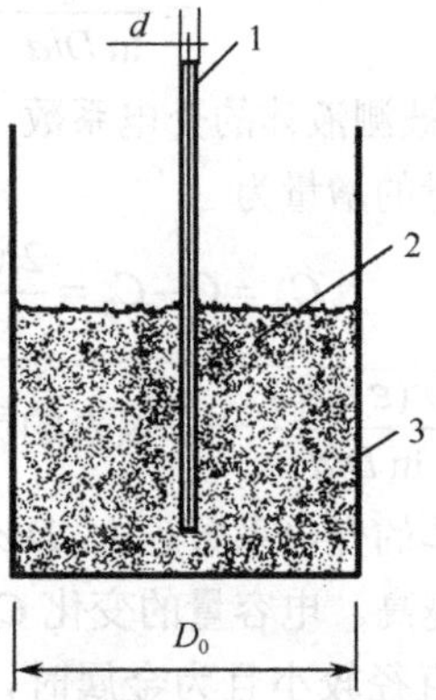

1—内电极；2—绝缘套管；3—虚假液位；4—容器

图 3-25　测量非导电固体颗粒料位原理

3.5.3　电容式液位传感器的类型

电容式液位计由传感器及配套的显示仪表组成。电容式液位传感器的外形如图 3-26 所示。

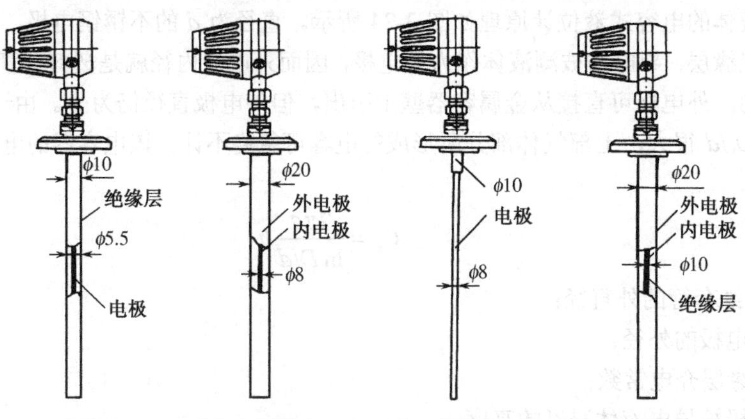

（a）套管式　（b）同轴式　（c）裸极式　（d）复合式

图 3-26　电容式液位传感器的外形

（1）非导电液体的测量。当容器为金属材料时，可采用图 3-26（c）裸极式结构，直接将裸金属电极插入非导电液体中，金属容器作为外电极，当容器的直径较大时灵敏度较低，金属容器必须可靠接地。

当容器为非金属或容器的直径远大于电极的直径时，可采用图 3-26（b）所示的同轴式电极结构，中间为内电极、外面的金属管作为外电极，内外电极用绝缘材料固定，由于外电极的直径略大于内电极的直径，所以灵敏度较高，法兰与外电极是连在一起的，必须可靠接地。

（2）导电液体的测量。当容器为金属材料时，可采用图 3-26（a）所示的套管式电极结构，利用容器作为外电极，金属容器必须可靠接地。

当容器为非金属材料时，可采用图 3-26（d）所示的复合式电极结构，法兰与外电极是连在一起的，必须可靠接地。

3.5.4 分段电容式液位计的特点及应用

前面讨论的电容式液位计，前提是介质介电常数ε应保持不变，否则测量不准确。然而有些则介质，介电常数是在一定范围内变化的。另外当电极往往被测液体中的杂质沉积结垢，导致测量误差。分段电容式液位计，可以在一定程度上解决上述问题。

1．检测方法

分段电容式液位计检测原理如图 3-27 所示。它由一个长电极和 n 段相互绝缘的分段电极组成（n 一般为 16～64）。分段电极相互独立引线，与长电极构成 N 个小电容，相当于用 N 个 $1/N$ 量程的小液位计，共同完成检测全量程的液位。

测量时，由微处理器控制多路切换开关，自下而上对 N 个小电容进行分时检测。在正常情况下，传感器液面以下的各段是满料段，被浸没的各段小电容的电容量 C_L 基本相同。液面以上各段是空料段，各段电容的电容量 C_G 也相同。中间只有一段是液面所在的段，其电容 C_x 介于 C_L、C_G 之间，其电容量与空气段电容之差（增量）与此段被浸没的高度成正比，但 C_L、C_G 有很大的差别。因此，测量时，只要判断出满料段数量 n，即可按下式计算液位高度为

$$h = \Delta Hn + \frac{C_x - C_G}{C_L - C_G}\Delta H \qquad (3\text{-}27)$$

对被全部浸没的小电容，如图 3-27 中的 C1～C6，就不再关心液体的介电常数了，而是根据被全部浸没的电容极板的位置，对液位进行“粗测”（ΔHn）。再由被部分浸没的电容（如图 3-27 中的 C7）对液位进行“细测”，其测量原理和前面讲过的电容式液位计相同，此处不再赘述。

对被全部浸没的电容的检测，不能采取与某一固定电容比较的方法来判断，而需判断上面一段电容与下面一段电容相比是否有变化，如没有变化，就说明此段电容已被全部浸没，应继续测上一段电容。否则，就说明此段电容没有被全部浸没。由于采用分段电极结构，使用过程中不必人工干预，就可以同时得到校正所必需的 C_L、C_G、C_x 信号，为在线自动校正提供了方便。

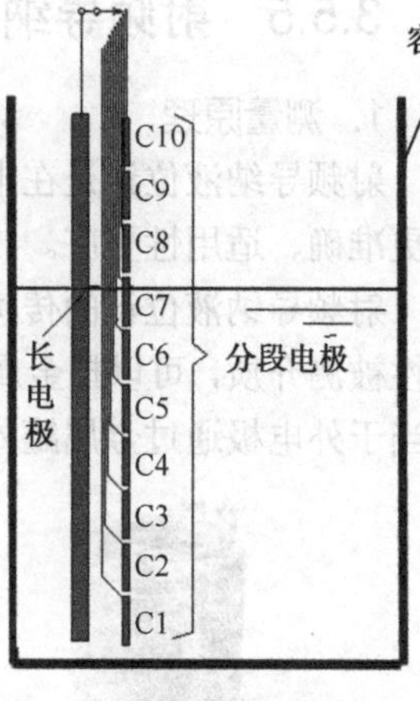

图 3-27 分段电容式液位计检测原理

2．分段电容式液位变送器

由于分段电容电极长度缩短，本身电容量很小，有的小到 0.1pF 数量级。而不同位置的分段电极到变送器的引线长度相差很大，有时达十几米，分布电容达 1000pF。因此，要实现可靠检测，是变送器的技术关键之一，借助单片机、A/D 转换等数字化技术，提高检测分辨率，实现微电容测量。

由单片机构成的变送器对各段电容从下至上逐段进行扫描检测，并由软件对检测结果进行分析、判断、比较，计算出液位高度，并由光电隔离 D/A 变换模块转换为 4～20mA 信号输出。可远传至二次显示仪表进行显示。液位变送器框图如图 3-28 所示。

由于分段电容式液位计在测量时要对各段电容进行逐段扫描检测，可以检测出两种不同液体介质的电容量，因此可以用来检测界位。JDR 型油水界面分析仪，就是根据储油罐下层的水、中层的油和上层空气的介电常数ε有较大差异的性质，制成多段电容式液位计。它由多段检测电极构成 N

个微检测电容。扫描检测时，能分别检测出气、油、水层的微电容段数，可分别计算出油水界面及油液面高度，转换成两路 4～20mA 信号。

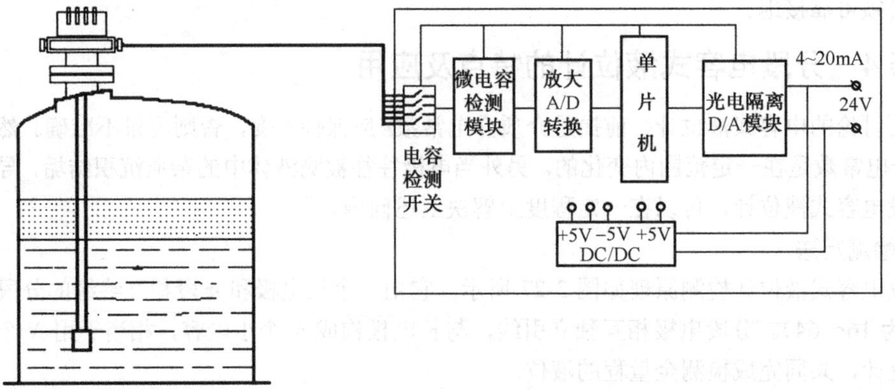

图 3-28　液位变送器框图

实际应用中，有时液面不是一个清晰的界面，油水之间在不同情况下是不同状态的油水混合层，其介电常数在水和油之间变化，与油水混合比例有关，含水越多，ε 越大。因此，判断油水界面的 ε 阈值是一个相对值，使用中需要人工测试，通过调整放大倍数，改变这个阈值。

3.5.5　射频导纳液位计

1. 测量原理

射频导纳液位计是在电容式液位计的基础上发展起来的，其防挂料性能更好、工作更可靠、测量更准确、适用性更广。

射频导纳液位计的传感器由内电极和绝缘护套组成，如图 3-29 所示，只能用于金属容器或导电性被测介质，可以把金属容器作为外电极，传感器探头只有内电极。测量导电液体时，导电液体相当于外电极通过金属罐外壳引出。

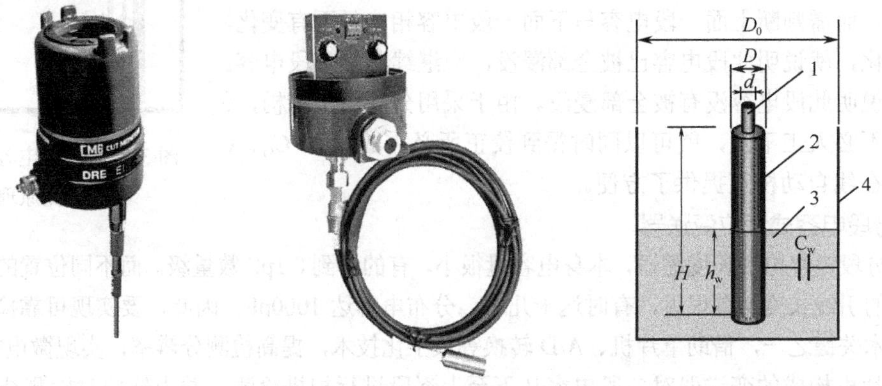

(a)　　(b)　　(c)

1—内电极；2—绝缘护套；3—被测液体；4—容器

图 3-29　射频导纳液位计外形与测量原理示意图

测量金属容器内非导电性液体时，传感器电容量变化的增量为

$$C_x = \frac{2\pi(\varepsilon - \varepsilon_0)}{\ln D_0/d} h \tag{3-28}$$

电容量的变化 C_x 与液位高度 h 成正比。

在电脱水器中，上部是原油、下部是水，其电容增量为

$$C_x = \frac{2\pi(\varepsilon_w - \varepsilon_y)h}{\ln D/d} = K_j h \tag{3-29}$$

式中 ε_w——水的介电常数；

ε_y——油的介电常数。

在测量黏性导电介质时（见图 3-30），由于介质沾染电极相当于增加了液位的高度（因为介质是作为电容器的一个极板），产生了所谓的“虚假液位”。虚假液位大大影响仪表精度，甚至使仪表不能正常工作，因此，用电容法测量黏性导电介质液位时应考虑虚假液位引起的影响。

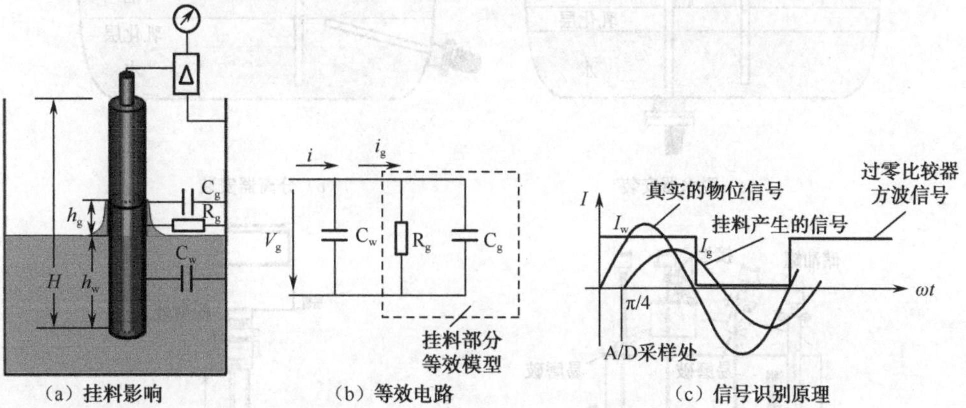

图 3-30 射频导纳测量原理

射频导纳技术是一种新型液位测量方法，它能减小或消除由被测导电介质电极挂料引起的测量误差，从而提高电容式液位计的测量准确度。“射频导纳”中的射频是指频率 100kHz 左右的高频交流电；导纳是指电阻、电容、电感阻抗的倒数。射频导纳测量方法是利用高频交流电测量物位电容的方法。

射频导纳液位计的探杆内电极外套绝缘层，自身无外电极，与金属罐体组成同轴电容。液位计中只有电容、电阻成分，阻抗为

$$Z_x = R + \frac{1}{\omega C} \tag{3-30}$$

物料部分和挂料部分的电容分别为 C_w、C_g 并联，其总电容 $C_x = C_w + C_g$，一般电容测量方法无法将这两部分电容区分测量出来。

对于导电性液体，液位以下电极与外壳间电阻很小，在电路上可以看成是有电容 C_w。由于任何物料都是不完全导电的，薄薄的挂料层相当于一个电阻，传感器被挂料覆盖的部分在电路上相当于一个电容 C_g 和一个电阻 R_g 串联。由于挂料部分的横截面积要远远小于物料部分的横截面积，挂料部分的电阻要远远大于物料部分的电阻，可以忽略物料部分电阻。因此测出的总电阻 R 就是挂料部分的电阻 R_g。

根据理论分析，如果挂料足够长，则射频下挂料部分的阻抗 R_g 和容抗 $\frac{1}{\omega C_g}$ 数值相等，因此，

测量挂料电阻 R_g 即可确定挂料电容 C_g，由此可计算有效电容 $C_w = C_x - C_g$。

如图 3-30（c）所示，在激励电压 V_g 作用下，挂料电流 I_g 的相位落后于物位电流 I_w 的相位 90°，如果在每个周期的π/4 相位时，进行电流测量，则此时挂料层电流的幅值为零，测得的电流中只包含物位电流 I_w。就可以获得物位真实值，从而排除挂料的影响。

2．安装与应用

在射频导纳液位计主要是用来测量油水界面，可用在三相分离器、电脱水器上，也可用于沉降罐、污水罐、净化油罐、缓冲罐等界面的测量，如图 3-31 所示。

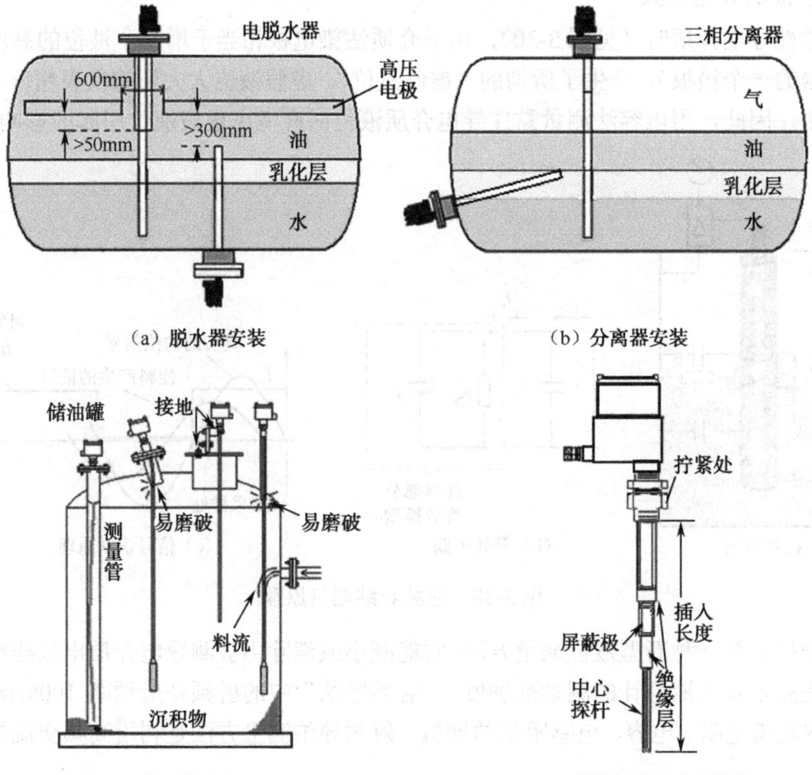

（a）脱水器安装　（b）分离器安装

（c）储油罐安装　（d）射频导纳物位计结构

图 3-31　射频导纳液位计安装

1）在脱水器、分离器上的安装

① 安装位置应尽量远离进出料口，以免探头受物料冲击而影响测量。

② 安装后探头距罐壁或内部障碍物至少 0.2m 以上。内部带有搅拌的场合，若搅拌较强烈，而量程又较大时，探头底端必须固定。

③ 通常采用法兰安装，也可直接焊一个安装管座到罐顶或入孔盖上。

④ 在电脱水器上使用时，要在电极栅板上开一个ϕ600×600 方孔，以保证高压电极与地之间正常运行时的安全距离（通常为 300mm）。探头非作用段长度，应能保证探头插过最下一个极板 50mm。

⑤ 若安装在非金属罐上，还应加装地电极，以增加测量可靠性。

2）大罐安装

硬杆探头长度一般小于 5m，软缆可以做得很长，当罐内有搅拌或波动较大时，应加辅助支撑。

硬杆采用侧面固定，软缆采用地锚或重锤固定。

① 沉降罐和污水罐等拱顶罐，不能装在进油（水）口附近，要避开内部障碍物及料流冲击，若选用的是柔性探头，其本身有一定的晃动，所以一定范围内不应有障碍物（距罐壁最小 0.5m）。

② 仪表一般不要安装在测量井内，因为测量井较易堵塞。如若安装座倾斜或过于细长均有可能磨破探头的绝缘外皮，造成短路。安装支架必须接地可靠。

③ 硬杆探头量程小于 3m，且底部无测量死区，也可采用斜向上或斜向下安装。

④ 对于不导电的非金属罐，一般还应加装地电极，以增加测量可靠性。

注意：在拧紧或拆下探头时，只能拧探头安装螺纹上部的六方平面，否则可能会影响探头的密封性能，更不能图省事拧变送器壳体，否则会损坏内部连接电缆。

3.6 雷达式液位计

3.6.1 雷达式液位计的测量原理

雷达式液位计，是近些年来推出的一种新型的物位测量仪表，采用了微波雷达测距技术，测量范围大，测量精度高，稳定可靠。仪表无可动部件，安装使用简单方便。雷达式液位计具有耐高温、耐高压，不与被测介质接触，实现非接触测量的特点，适用于大型储罐、腐蚀性液体、高黏度液体、有毒液体的液位测量。其较高的性能和维护方便性使之成为近几年来罐区液位测量的首选仪表。几种常用的雷达式液位计如图 3-32 所示。

图 3-32 雷达式液位计

雷达液位计是利用微波的回波测距法测量液位或料位到雷达天线的距离的，即通过测量空高来测量物位。微波从喇叭状或杆状天线向被测物料面发射微波，微波在不同介电常数的物料界面上会产生反射，反射微波（回波）被天线接收。微波的往返时间与界面到天线的距离成正比，测出微波的往返时间就可以计算出物位的高度。

雷达液位传感器的基本原理如图 3-33 所示，雷达波的往返时间 t 正比于天线到液面的距离，即

$$d=\frac{t}{2}C \tag{3-31}$$

被测液位为

$$H=L-d=L-C\frac{t}{2} \tag{3-32}$$

式中 C——电磁波的传播速度，km/s；

d——被测液面到天线的距离，m；

t——雷达波往返的时间，s；

L——天线到罐底的距离，m；

H——液位高度，m。

因此，只要测得微波的往返时间 t，就可计算出液位的高度 H。

根据雷达物位传感器对时间的测量方法来区分，分为脉冲雷达测量法和连续调频波雷达

（FMCW）法两种。

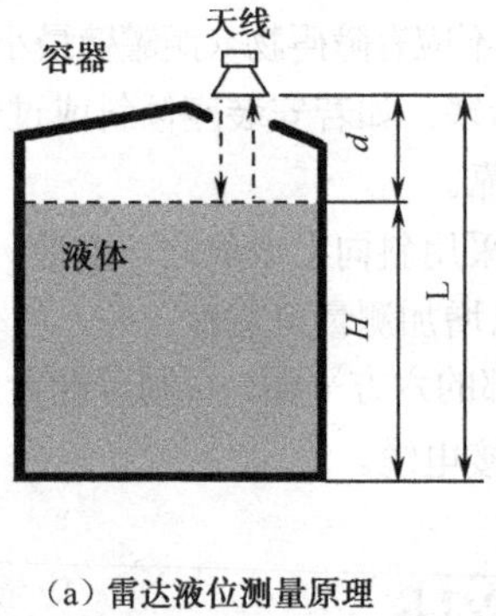

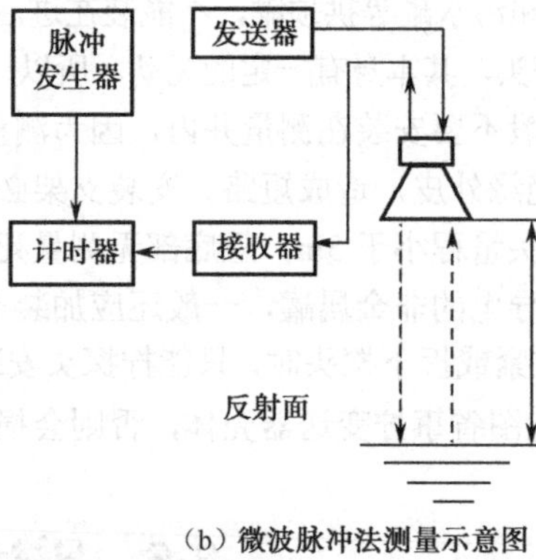

图 3-33　雷达液位传感器的基本原理

1．微波脉冲测量法

由变送器将微波发送器生成的一个脉冲微波通过天线发出，经液面反射后由接收器接收，再将信号传给计时器，从计时器得到脉冲的往返时间 t，由式（3-32）可以计算出液位的高度 H。微波脉冲测量法大多采用 5～6GHz 的辐射频率，发射脉冲宽度约 8ns。由于雷达波的传播速度非常快，因此，直接精确测量脉冲的往返时间是这种测量方法的关键。

2．连续调频法（FMCW）

天线发射的微波是频率连续变化的线性调制波，微波频率与时间成线性正比关系，经液面反射后回波被天线接收到时，天线发射的微波频率已经改变，这就使回波和发射波形成一频率差Δf_d，正比于微波往返延迟时间Δt，由此计可计算液位高度。连续波调频测量法一般采用 10GHz 的载波辐射频率，三角波或锯齿波作为调制信号。

由于两者测量原理不同，测量精度也有所不同，调频连续波雷达（FMCW）要比脉冲雷达的测量精度高，但测量线路较复杂。

连续调频法雷达液位计的组成原理示如图 3-34 所示。主要由微波信号源、发射器、天线、接受器、混频器及数字信号处理器等组成。

（1）微波信号源。微波信号源是工作在 5～9.5GHz 的压控（电压控制输出频率）振荡器，输出微波频率由数字信号处理器提供的三角波电压控制。调频信号的总频偏为ΔF，如图 3-34 中的实线所示。

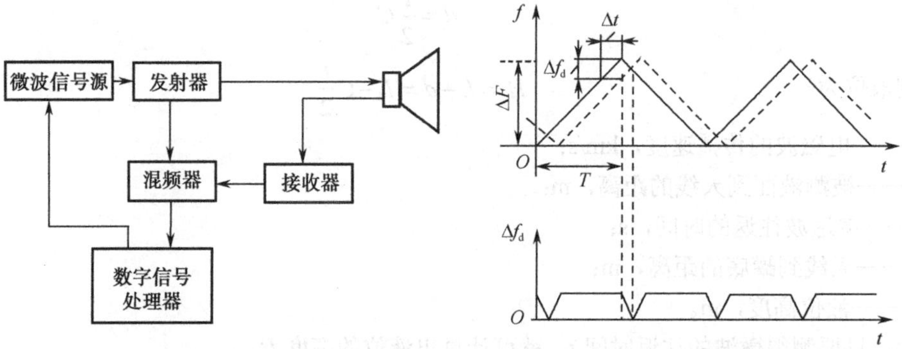

图 3-34　连续调频法系统构成及原理

（2）发射器。将调频信号放大后驱动天线发射微波。

（3）天线。其作用是发射、接收微波。天线分为喇叭型和波导管型两种形式。

（4）接收器。接收由液面反射的微波，转换成电信号并放大。

（5）混频器。将发射的调频信号和接收到调频信号进行混频，得到其差频信号。

（6）数字信号处理器。数字信号处理器是系统的核心，为微波信号源提供调制信号，并将差频信号转换为液位信号。

由图 3-34 可知，反射信号与发射信号的滞后时间Δt和差频信号Δf_d的关系为

$$\Delta t = \frac{\Delta f_d}{\Delta F} T \tag{3-33}$$

可求出天线与液面的距离为

$$d = \frac{T}{2} \frac{\Delta f_d}{\Delta F} c \tag{3-34}$$

可见，当微波的传播速度 C、三角波的周期 $2T$、发射信号的频偏ΔF确定后，天线与液面的距离与差频信号Δf_d成正比。被测液位 $H = L - d$ 由变送器计算后显示。

3.6.2 雷达液位计的系统构成

雷达液位计由变送器和显示器组成，如图 3-35 所示（以 BL—30 为例）。

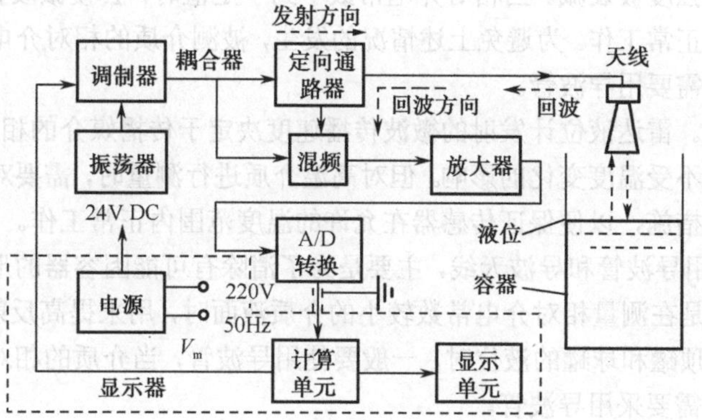

图 3-35 雷达液位计的组成

变送器安装在设备顶部，由电子部件、波导连接器、安装法兰及喇叭型天线组成。电子部件包括振荡器、调频器、混频电路、差频放大器、A/D 转换器等。

显示器为盘装型，由计算单元、显示单元及电源部分组成。变送器与显示器之间用一根多芯屏蔽专用电缆连接，其作用是向变送器提供 24V DC 电源，并将 A/D 转换信号送至显示器。由振荡器产生 10GHz 的高频振荡，经调制器线性调制电压调制后，以等幅振荡的形式，通过耦合器及定向通路器，由喇叭形天线向被测液面发射，经液面反射回来又被天线接收。回波通过定向通路器送入混频电路，混频电路接收到发射波、回波信号后产生差频信号。差频信号通过差频放大器放大，经 A/D 转换后送到计算装置进行频谱分析，并通过频差和时差计算出液位高度，并由显示单元显示出来。

3.6.3 雷达液位计的安装与应用

1. 雷达液位计的特点

在化工、石化等领域，被测介质普遍存在高温、高压、强腐蚀等复杂工况，对测量仪表防爆要

求较高。雷达式液位计采用非接触式测量方法，决定了使用时具有以下优势：

① 雷达液位计不与被测介质接触，且受气相介质性质、温度、压力的影响很小。

② 雷达液位计具有故障报警及自诊断功能，维护方便，操作简单。

③ 非接触式测量，方向性好，传输损耗小，可测介质多，使用范围广。

④ 雷达液位计可直接安装到罐顶部入孔、采光孔处，不用开孔施工，方便技术改造。

2．雷达液位计的安装

（1）定位。不可安装于进出料口的上方，建议距离为由罐内壁到安装短管的外壁应大于罐直径的 1/6，且天线距离罐壁应大于 30cm，露天安装时建议安装不锈钢保护盖，以防直接的日照或雨淋。

（2）安装。

① 信号波束内应避免安装任何装置，如限位开关、温度传感器等。

② 喇叭天线必须伸出接管，否则应使用天线延长管。若天线需要倾斜或垂直于罐壁安装，可使用 45° 或 90° 的延伸管。

③ 测量范围取决于天线尺寸、介质反射率、安装位置及最终的干扰反射，但天线探头下有一定范围的盲区。盲区一般为 0.3～0.5m。

3．雷达液位计的应用问题

（1）介质的相对介电常数。由于雷达液位计发射的微波沿直线传播，在液面处产生反射和折射，微波的有效反射信号强度被衰减。当相对介电常数小到一定值时，会使微波有效信号衰减过大，导致雷达式液位计无法正常工作。为避免上述情况的发生，被测介质的相对介电常数必须大于产品所要求的最小值，否则需要用导波管。

（2）温度和压力。雷达液位计发射的微波传播速度决定于传播媒介的相对介电常数和磁导率，所以微波的传播速度不受温度变化的影响。但对高温介质进行测量时，需要对雷达液位计的传感器和天线部分采取冷却措施，以便保证传感器在允许的温度范围内正常工作。

（3）导波管。使用导波管和导波天线，主要是为了消除有可能因容器的形状而导致多重回波所产生的干扰影响，或是在测量相对介电常数较小的介质液面时，用来提高反射回波能量，以确保测量准确度。当测量浮顶罐和球罐的液位时，一般要使用导波管，当介质的相对介电常数小于制造厂要求的最小值时，也需要采用导波管。

（4）物料特性对测量的影响。液体介质的相对介电常数、液面湍流状态、气泡大小等对微波有散射和吸收作用，从而造成对微波信号的衰减，这将影响液位计的正常工作。

3.7　超声波式液位计

声波是一种机械波。人耳所能听闻的声波频率在 20～20 000Hz 之间，频率超过 20 000Hz 的称为超声波，频率低于 20Hz 的称为次声波。超声波的频率可以高达 10^{11}Hz，而次声波的频率可以低达 10^{-8}Hz。

超声波可以在气体、液体、固体中传播。超声波的频率越高，声波的扩散就越小，方向性越好。超声波在穿过介质时会被吸收而衰减，介质吸收超声波能量的程度与波的频率和介质密度有关。气体吸收最强，衰减最大；液体次之；固体吸收最少，衰减最小。

声波在穿过不同密度的介质分界面处还会产生反射和透射。如果两介质的密度相差很大时，大部分超声波会从分界面上反射回来，仅有一小部分能透过分界面继续传播。利用超声波的这些特性，可以构成两类物位测量方法，即透射式和反射式。根据设置超声波探头的位置，超声波液位计可分为气介式、液介式、固介式三种。目前应用比较普遍的是气介反射式，主要由分体式、一体式两类，如图 3-36 所示。

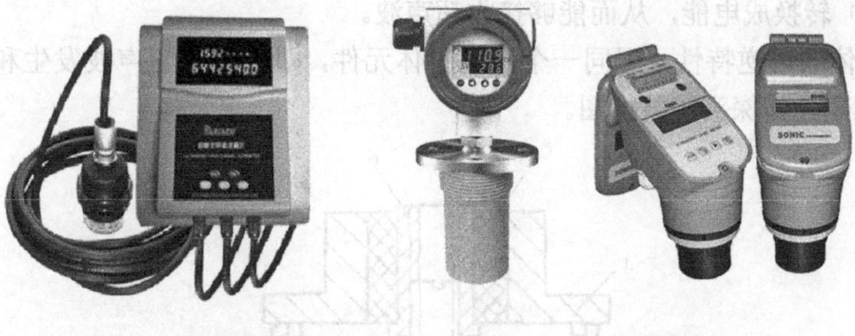

（a）分体式　　　　　　　　（b）一体式

图 3-36　一体式超声波液位计外形

3.7.1　超声波式液位计的测量原理

超声波式液位计是利用超声波在液面上反射和透射传播特性测量液位的。

透射式测量方式，一般是利用有液位或无液位时对超声波透射的显著差别作为超声液位开关，产生开关量信号，作为液位高、低限报警信号使用。

反射式测量方式，通过测量入射波和反射波的时间差，从而计算出液位高度。如图 3-37 所示，超声波探头向液面发射一短促的超声脉冲，经过时间 t 后，探头接收到从液面反射回来的反射波脉冲。设超声波在介质中传播的速度为 v_c，则探头到液面的距离为

$$h = \frac{1}{2} v_c t \tag{3-35}$$

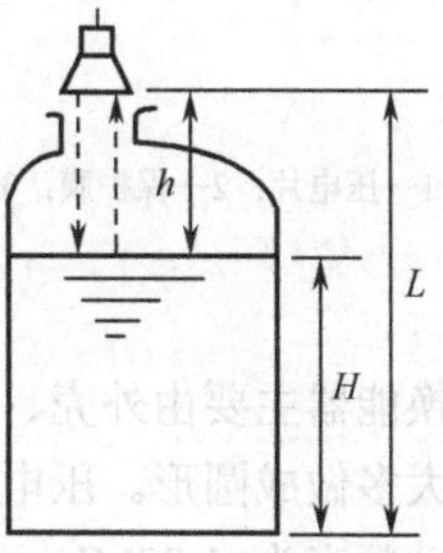

图 3-37　超声波液位计测量原理

式中　v_c——超声波在被测介质中的传播速度，即声速；

t——超声波从探头到液面的往返时间。

对于一定的介质，声速 v_c 是已知的，因此，只要精确测量出时间 t，即可知被测液位的高度为

$$H = L - \frac{1}{2} v_c t \tag{3-36}$$

超声波速度 v_c 与介质性质、密度及温度、压力有关。介质成分及温度的不均匀变化都会使超声波速度发生变化，引起测量误差。因此，在利用超声波进行物位测量时，要考虑采取补偿措施。气介式的传播速度比液介式受介质及温度影响小得多，且气介式安装比液介式方便，所以，气介式应用较多。

3.7.2　超声波的发射和接收

无论透射式还是反射式，产生超声波和接收超声波的探头（换能器）都是利用压电元件构成的。发射超声波是利用了逆压电效应，接收超声波是利用了正压电效应。反射和接收两探头的结构是相同的，只是工作任务不同。

晶体元件的压电效应和逆压电效应。逆压电效应，是在压电晶片的两个电极面上施加交流电压，压电晶片在两个电极方向产生反复伸缩变型，压电晶片将产生机械振动。用压电晶体的电致伸缩效

应，在电极上施加频率高于 20kHz 的交流电压，压电晶体就会产生高频机械振动，实现电能与机械能的转变，从而发出超声波。

正压电效应，是压电晶体在受到声波声压的作用时，晶体两端会产生与声压同步的电荷，从而把声波（机械能）转换成电能，从而能够接收超声波。

由于压电晶体的可逆特性，用同一个压电晶体元件，即可实现超声波发生和超声波接收。如图 3-38 所示为压电晶体探头的结构图。

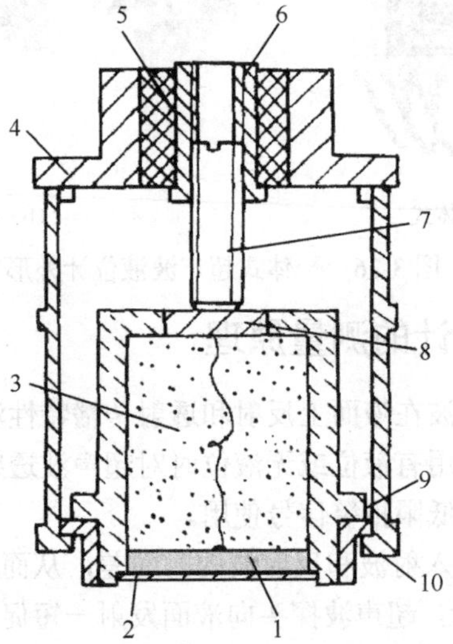

1—压电片；2—保护膜；3—吸收块；4—盖；5—绝缘柱；6—接线座；7—导线螺杆；8—接线片；9—座；10—外壳

图 3-38　压电晶体探头的结构图

换能器主要由外壳、压电元件、保护膜、吸收块及外接线组成。压电片 1 是换能器中的主要元件，大多做成圆形。压电片的厚度与超声频率成反比。例如，锆钛酸铅压电片厚度为 lmm 时，固有振动频率为 1.89MHz。压电片的两面敷有银层，作为导电的极板，压电片的底面接地线，上面接导线引至电路中。

为了避免压电片与被测介质直接接触而磨损，在压电片下黏合一层保护膜 2。保护膜可用薄塑料膜、不锈钢片或陶瓷片，通常为了使声波穿透率最大，保护膜的厚度取二分之一波长的整倍数。

阻尼块又称吸收块，用于降低压电片的机械品质因数，吸收声能量。如果没有阻尼块，电振荡脉冲停止时，压电片因惯性作用，仍继续振动，加长了超声波的脉冲宽度，使分辨率变差。

3.7.3　超声波液位计的组成

气介反射式超声波液位计的换能器探头安装在液面以上的气体介质中，是一种非接触的测量方法。比较适用于腐蚀性介质、高黏度及含有颗粒杂质介质的液位测量。它可以是单探头结构（发射和接收用同一个换能器），也可以是双探头结构。

如图 3-39 所示为某型气介式超声波液位计原理框图。这里采用单探头结构，发射换能器和接收换能器用一个探头实现，发射、接收超声波时由电子开关切换。测量时，时钟电路定时触发输出电路，向换能器输出超声电脉冲，同时触发计时电路开始计时。当换能器发出的声波经液面反射回来时，被换能器收到并变成电信号，经放大整形后，再次触发计时电路，停止计时。计时电路测得的超声波从发射到回声返回换能器的时间差，经运算得到换能器到液面之间的距离 h（即空高）。

已知换能器的安装高度 L（从液位的零基准面算起），便可求得被测液位的高度 H。最后在指示仪表上显示出来。

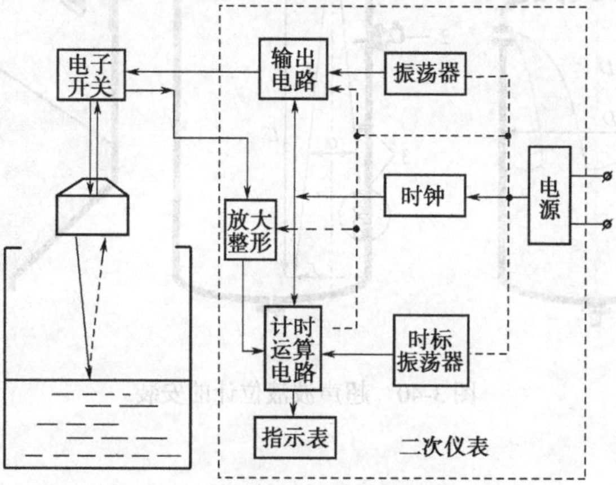

图3-39　气介式超声波液位计原理框图

气介式超声波液位计由于声速受气相温度、压力的影响较大，因此，需要采取相应的修正补偿措施，以避免声速变化所引起的误差。气介式液位计也可用于料位测量，但颗粒尺寸和安息角（粉粒体在堆积状态下不滑坡的最大倾角）应尽量小，否则表面不平整，使得声波散射严重，不能有效接收回波。

3.7.4　超声波液位计的特点及应用

超声波液位计有以下特点：

① 超声波液位计无可动部件，结构简单，寿命长。

② 仪表不受被测介质黏度、介电系数、电导率、热导率等性质的影响。

③ 可测范围广，液体、粉末、固体颗粒的物位都可测量。

④ 换能器探头不接触被测介质，因此，适用于强腐蚀性、高黏度、有毒介质和低温介质的物位测量。

⑤ 超声波液位计的缺点是检测元件不能承受高温、高压。声速又受传输介质的温度、压力的影响，有些被测介质对声波吸收能力很强，故其应用有一定的局限性。另外电路复杂，造价较高。

3.7.5　超声波液位计的安装

超声波液位计的安装如图3-40所示，应注意以下问题：

① 液位计安装应注意基本安装距离，与罐壁安装距离为罐直径的1/6较好。液位计室外安装应加装防雨、防晒装置。

② 不要装在罐顶的中心，因罐中心液面的波动比较大，会对测量产生干扰，更不要装在加料口的上方。

③ 在超声波波束角 α 内避免安装任何装置，如温度传感器、限位开关、加热管、挡板等，均可能产生干扰。

④ 如测量粒料或粉料，传感器应垂直于介质表面。

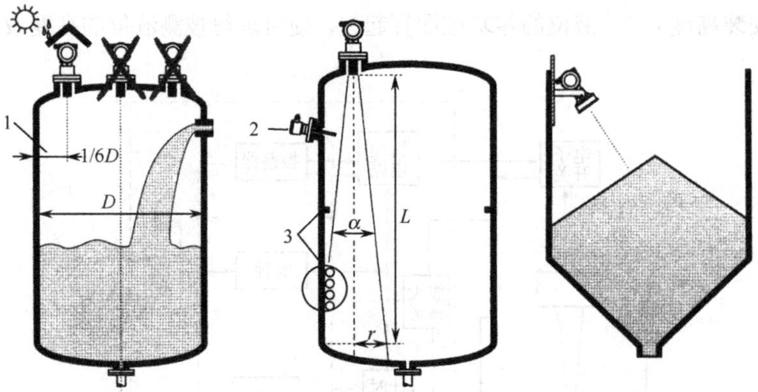

图 3-40　超声波液位计的安装

3.8　磁致伸缩液位计

磁致伸缩是一种物理现象，也可是说是一种物理效应，从广义上讲任何铁磁物质在磁场的作用下会发生形体的变化，而且这个变化与磁场的强度有关，也与铁磁物质自身的性能有关。这个物理现象已被科学家发现了近 100 年了。它与物质的另一个普遍规律“热胀冷缩”一样是一个很常见的物理效应。磁致伸缩液位计所利用的物理效应为威特曼效应（Wiedemnn Effect）与维拉里效应（威特曼效应的逆效应）。

威特曼效应是指某种磁致伸缩材料成管状体（中空且细长比很大时），在其轴向与径向的相互垂直的两个磁场的共同作用下，该管状体会产生轴向扭转变形的效应。这种扭转变形会以波的形式（机械波）向该管状体的两端传播。这种机械波的传播速度与该管状体的形状、材质有关，且速度几乎是恒定的。

维拉里效应（逆效应）是指一个导磁体处于一个线圈的直流磁场中，该导磁体受外力作用发生扭转变形时，在线圈中将会产生一个感应电动势。

磁致伸缩液位计正是利用这两种物理效应设计出来的。

磁致伸缩传感器，是一种高精度超长行程绝对位置测量传感器，采用磁致伸缩原理，不但可以测量各种介质液位，还可以测量运动物体的直线位移。

3.8.1　磁致伸缩液位计的组成

磁致伸缩液位计由磁致伸缩液位传感器、显示仪表组成，其原理如图 3-41 所示。磁致伸缩液位传感器由磁致伸缩管、保护管、磁性浮子组成。核心元件是外形细长的“磁致伸缩管”。磁致伸缩管是由软磁性材料制成的薄壁毛细管，外径 0.7mm，内径 0.5mm 又称波导管）。磁致伸缩管外套一个不导磁的不锈钢保护管，内穿一条用于产生脉冲磁场的铜导线，下部安装信号检测线圈。保护管外可移动的永久磁铁是被测目标。

3.8.2　磁致伸缩液位计的工作原理

脉冲发生器给铜导线通入 10Hz 左右的脉冲电流，称为电流询问脉冲，沿波导管周围产生的脉冲磁场，此磁场与磁性浮子中磁钢的磁场相互作用，使磁场分布改变，交汇处形成螺旋磁场，对软磁性波导管产生瞬时扭力，导致波导管产生瞬间扭转，波导管产生扭转脉冲波，以固定的速度（约2830m/s）沿波导管上、下传播。

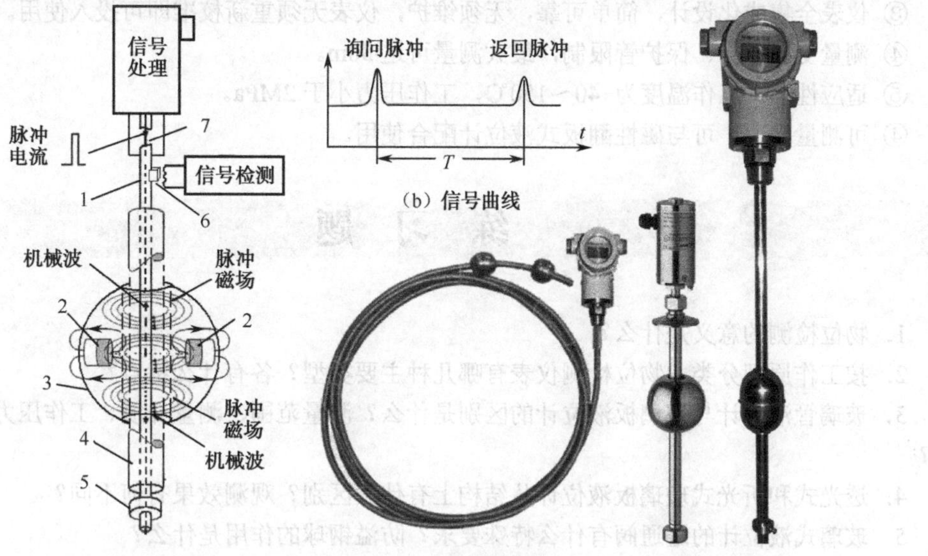

（a）结构原理图　（b）信号曲线　（c）软缆式结构　（d）硬杆式结构

1—磁致伸缩管；2—磁钢；3—浮球；4—保护管；5—阻尼器；6—小磁铁；7—铜导

图 3-41　磁致伸缩液位计原理图

波导管的扭转脉冲向上传播返回到悬挂端时，所固定的微小磁钢偏转，在检测线圈上产生感应电压脉冲，即返回脉冲。返回脉冲信号由检测电路进行处理，通过测量电流询问脉冲与返回脉冲之间的时间来精确地确定永久磁钢的位置。而沿电流方向向下传播的张力脉冲波，通过阻尼器衰减掉，以确保在波导管的末端不会产生反射，干扰正常的“返回脉冲”。由于测量两脉冲间的时间间隔可以非常精确，波导管扭转脉冲传播的速度可以预先测定，因此可获得高精度（一般分辨率小于1mm）、高重复性（一般重复性不大于满量程的0.002%）、宽量程（可达30m）等优良性能。

有的传感器，在保护管外，安装两个磁性浮子：一个漂浮在液面之上；另一个处于两种液体的分界面处，可以同时测量液位和界位。例如，在检测储油罐时，选用磁致伸缩液位计，可以同时测量油水界面高度和液位总高度。与单纯测液位的传感器的区别，就是信号处理器，需要测量两个浮子传回来的前后两个张力脉冲的时间差。

磁致伸缩液位计的不足之处是有一定的盲区，一般上盲区不大于80mm，下盲区不大于10mm。

在大致相同或较低的成本下，磁致伸缩液位计比其他液位测量仪表可提供更高的精度，获得更佳的经济效益。磁致伸缩液位计，除浮子外无其他可动元件，纯电子信号处理，工作比较可靠。此外，磁致伸缩液位计无须定期维修或重新标定，安装成本较低。

3.8.3　磁致伸缩液位计的特点

测量不受介质可能发生的物理、化学变化，如介质传导率、介电常数、压力、温度、密度等参数变化，以及真空、泡沫、起泡、冷凝蒸汽、沸腾现象产生的影响。信号传输距离长，安装及试运行操作简单，一次性初始设置后无须校验。提供多种耐腐蚀材料，防爆设计。可用于石油、化工等近乎所有工业领域。

① 可同时连续测量液面、界面和多点温度（为补偿温度误差，保护管内安装多个温度传感器），

能测量含泡沫、强腐蚀性和易挥发性的液体。

② 精度高，可达 0.01%F·S。全量程误差不超过 1mm，重复性高达 0.025mm。

③ 仪表全集成化设计，简单可靠，无须维护，仪表无须重新校准即可投入使用。

④ 测量受波导管、保护管限制，最大测量可达 30m。

⑤ 适应性强。工作温度为-40～150℃，工作压力小于 2MPa。

④ 可测量界面，可与磁性翻板式液位计配合使用。

练 习 题

1．物位检测的意义是什么？

2．按工作原理分类，物位检测仪表有哪几种主要类型？各有什么特点？

3．玻璃管液位计与玻璃板液位计的区别是什么？测量范围、测量介质、工作压力温度有何不同？

4．透光式和折光式玻璃板液位计从结构上有什么区别？观测效果有何不同？

5．玻璃式液位计的连通阀有什么特殊要求？防溢钢球的作用是什么？

6．双色水位计一般用于测量什么？为什么会出现汽红—水绿的效果，用双色水位计测量汽油等透明介质行吗？

7．恒浮力式液位计与变浮力式液位计在测量原理上有哪些异同点？

8．为什么说恒浮力式液位计原理上是一种力平衡机械液位计？

9．浮标式液位计的标尺总是反的，能设计改进成正标尺浮标液位计吗？能设计出用于地下罐的浮标液位计吗？

10．用浮筒式液位计测量液位时，最大测量范围是由什么确定的？浮筒长度有哪几种？

11．浮筒式液位计的校准方法有哪几种？各用在何种场合？

12．用干校法校验一浮筒液位变送器，其量程为 0～800mm，浮筒外径为 20mm，其浮筒质量为 0.376kg，被测介质密度为 800kg/m^3。试计算被校点为全量程的 25%和 75%应分别挂多大的砝码？

13．用水校法校验一电动浮筒液位变送器，其量程为 0～500mm，被测介质密度为 850kg/m^3。输出信号为 4～20mA，求当输出为全量程的 20%、40%、60%、80%和 100%时，浮筒灌水高度和变送器的输出信号分别为多少？

14．静压液位计的工作原理是什么？当测量有压容器的液位时，差压计的负压室为什么要与容器的气相相连接？

15．利用差压液位计测液位时，为什么要进行零点迁移？如何实现迁移？其实质是什么？

16．正迁移和负迁移有什么不同？如何判断？

17．为什么测液位要用法兰式差压变送器？它有哪几种结构形式？

18．双法兰式差压变送器测量液位时，其零点和量程均已校好，若变送器的安装位置上移了一段距离，变送器的零点和量程是否需要重新调整？为什么？

19．有一台差压变送器，其检测范围为 0～20kPa，该仪表如果可实现 100%的负迁移，试问该表的最大迁移量是多少？

20．某量程为 0～100kPa 的电动差压变送器的输出电流为 12mA 时，其液位有多高？（被测介质密度为ρ=1000kg/m^3）

21．图 3-42 所示为一密闭容器，气相是不凝性气体，利用单法兰差压变送器测量液位。已知法兰安装位置比最低液位低 0.2m，最高液位与最低液位距离 H=0.5m，介质密度ρ= 400kg/m^3，求：

（1）差压计量程应选多大？（以 Pa 表示）

（2）是否需要迁移？是哪种迁移？迁移量是多少？

（3）迁移后测量范围为多少？

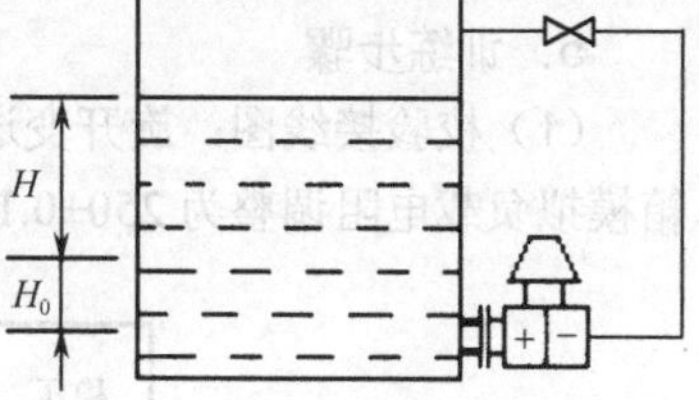

图 3-42 题 21 图

22．在容器中，若有两种密度分别为ρ_1、ρ_2 的液体，上层液位不固定，其界面可否用差压式变送器进行测量？

23．用吹气法测量稀硫酸储罐的液位，已知稀硫酸密度ρ_1=1250kg/m^3，当压力表的指示为 P=60kPa 时，问储罐中液位高度为多少？

24．简述电容式液位计的工作原理及应用场合？

25．用电容式液位计测量导电液体和非导电液体时，为什么前者因虚假液位而造成的影响不能忽视？而后者却可忽略？

26．射频导纳式液位计是电容式液位计吗？为什么说这种液位计可以解决挂料问题？是通过什么原理来实现的？

27．分段电容式液位计与普通电容式液位计的区别及优势在哪里？

28．FMCW 雷达式液位计的测量原理是什么？雷达式液位计主要用于什么样的容器？有什么特点？

29．雷达式液位计根据其测量时间的方式不同可分为哪两种？各有什么特点？

30．雷达式液位计使用安装过程中应该注意哪些问题？

31．超声波液位计的工作原理是什么？有何特点？

32．磁致伸缩液位计工作原理是什么？有何特点？

实训课题一　电动浮筒液位变送器的调校

1．课题名称

电动浮筒液位变送器的调校。

2．训练目的

（1）掌握电动浮筒式液位变送器的结构和工作原理。

（2）掌握浮筒式液位计的使用及调校方法。

3．实验设备

（1）YJ—4 可调稳压电源（0～30V）一台。

（2）UTD 系列电动浮筒液位变送器一台。

（3）0～20mA 标准电流表一块。

（4）砝码一套、托盘一个。

（5）可调电阻箱一台。

4．实验原理

UTD 系列电动浮筒液位变送器，当浮筒不受外力作用时，浮筒与扭力管通过杠杆保持平衡。浮筒受到的浮力小于浮筒自身重力，使杠杆始终受到一向下的力作用。不管是干校法还是灌水法，只要保证校验液位下，对杠杆的力与实际液位下的力相同即可完成校验。

5．训练步骤

（1）校验接线图：旋开变送器的前盖，按图 3-43 接线。稳压电源电压调整为 24±0.1V；电阻箱模拟负载电阻调整为 250±0.1Ω。

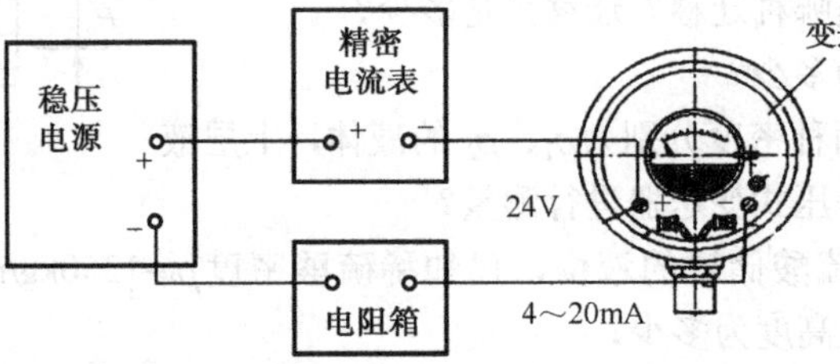

图 3-43　UTD 电动浮筒液位变送器接线图

（2）干校法调试步骤。

① 按式（3-10）、式（3-12）计算挂砝码的质量值 m_H。

测界位：零点时（H=0）砝码质量 $m_0 = M - \frac{\pi D^2}{4} L\rho_2$

满度时（H=L）砝码质量 $m_L = M - \frac{\pi D^2}{4} L\rho_1$

测液位：零点时（H=0）砝码质量 $m_0 = M$

满度时（H=L）砝码质量 $m_L = M - \frac{\pi D^2}{4} L\rho_1$

式中　ρ_1、ρ_2——分别为重相、轻相液体的密度；

M、L、D——分别为浮筒质量、长度与直径。

② 零点调试：在杠杆的下端挂上零点值砝码 m_0，调零点调整螺钉使输出为 4mA。

③ 满度调试：在杠杆的下端挂上满度值砝码 m_L，调量程调整螺钉使输出为 20mA。由于量程、零点会互相影响，需反复调整零点、量程，使零点和量程分别稳定在 4mA 和 20mA。

④ 线性调试：将量程范围内所需挂重的砝码值平均分成四份，按式（3-37）分别计算出每份砝码值，即

$$\Delta m = \frac{m_0 - m_L}{4} \tag{3-37}$$

每个调试点输出电流与挂重砝码对应关系如表 3-1 所示。

表 3-1　每个调试点输出电流与挂重砝码对应关系

输出电流/mA	4	8	12	16	20
砝码质量/m_n	m_0	$m_0-\Delta m$	$m_0-2\Delta m$	$m_0-3\Delta m$	m_L

有时计算出的砝码质量不是整数，为了校验方便，应取砝码的整数值代入下面的计算公式内，而让输出的电流值为小数，即

$$I_n = \frac{16}{m_0 - m_L} \times (m_0 - m_n) + 4 \tag{3-38}$$

式中　m_n——每个调试点砝码质量；

I_n——m_n 所对应的电流输出值。

（3）水校法调试步骤。

① 将变送器置于工作状态，将下连通阀关闭。在排污阀引一根透明软管以观察浮筒室的水位。当介质密度小于水的密度时，按下式计算出注水高度。考虑到水的密度 $\rho_w \approx 1(g/cm^3)$，则

测界位：零点时（H=0）注水高度 $h_0 = \dfrac{\rho_2}{\rho_w}L \approx \rho_2 L$

满度时（H=L）注水高度 $h_{100} = \dfrac{\rho_1}{\rho_w}L \approx \rho_1 L$

测液位：零点时（H=0）注水高度 $h_0 = 0$

满度时（H=L）注水高度 $h_{100} = \dfrac{\rho_1}{\rho_w}L \approx \rho_1 L$

式中　ρ_1、ρ_2——分别为重相、轻相液体的密度（单位 g/cm^3）；

M、L、D——分别为浮筒质量、长度与直径。

③ 零点调试：测液位时，将测量室内的清水排除、调整零点调整螺钉使输出为 4mA；测界位时，从排污阀向测量室内注入清水至 h_0 处，调零点调整螺钉使输出为 4mA。

④ 满度调试：零点调整好后，向测量室内注入清水至 h_{100} 处，调整量程调整螺钉使输出为 20mA，并重新按零点与满度调试步骤反复调整几次，使零点和满度分别稳定在 4mA 和 20mA。

⑤ 中间各点调试：取量程范围的 25%、50%、75%分别做出标记，所对应的输出电流为 8、12、16mA。

⑥ 当介质密度比重大于水时，则取量程内的某一点做为上限调试点。调试前首先计算出该点对应的水位高度 L（L 应接近 H 且 $L \leqslant H$）和该点在量程内对应的电流值 I，调试时，调量程调整螺钉使输出电流为该点在量程内对应的电流值。

例，量程为 750mm，介质密度为 $1.2g/cm^3$。现取 600mm 处为上限调试点，则对应灌水高为 $L=600\times1.2=720mm$，该点对应的电流为

$$I = 4 + \frac{600}{750}\times 16 = 16.8mA$$

按零点调试方法调试零点，满度调整则在水位为 720mm 处调量程调整螺钉，使输出为 16.8mA，反复调整几次使零点和满度分别稳定在 4mA 和 16.8mA。

实训课题二　射频电容式物位变送器的调校

1．课题名称

射频电容式物位变送器的调校。

2．训练目的

（1）掌握 CTS—DLQ 型射频电容式物位变送器的结构和工作原理。

（2）掌握 CTS—DLQ 型射频电容式物位变送器的使用及调校方法。

3．实验设备

（1）YJ—4 稳压电源（0～30V）一台。

（2）CTS—DLQ 型射频电容式物位变送器一台。

（3）0～20mA 标准电流表一块。

4．实验原理

用电容法可以测量液体、固体颗粒及粉料的料位。电容液位计首先将液位的变化转换为电容容量的变化，再经转换电路转换为 4～20mA 的电流信号输出。

5．训练步骤

CTS—DLQ 型射频电容式物位变送器端子图如图 3-44 所示。

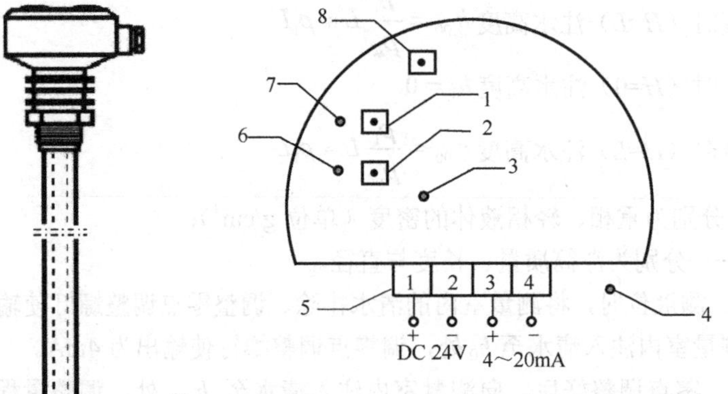

1—满仓键；2—空仓键；3—运行状态指示灯；4—电源指示灯；5—接线端子；6—空仓标定指示灯；7—满仓标定指示灯；8—清除键

图 3-44　CTS—DLQ 型射频电容式物位变送器端子图

（1）校验接线图：旋开变送器的前盖，按图 3-45 所示方式接线。

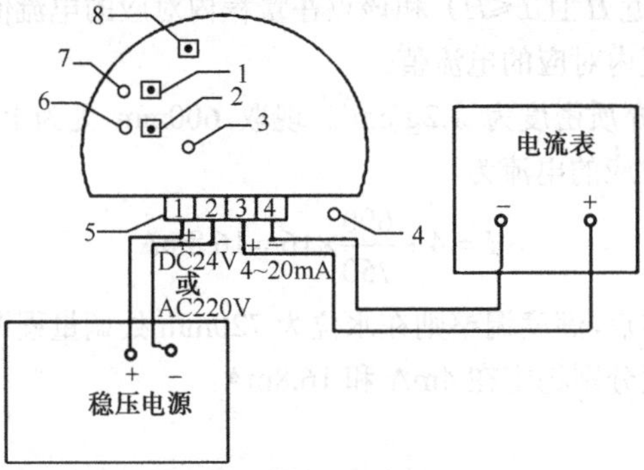

图 3-45　CTS—DLQ 型射频电容式物位变送器接线图

（2）仪表工作状况检查。

① 把物位变送器放桌上，接上稳压电源和标准毫安表，通电预热 10min。

② 按下“清除+空仓”键至“空仓标定指示灯”闪亮；再按下“清除+满仓”键至“满仓标定指示灯”闪亮。

③ 按下“空仓键”至“空仓标定指示灯”变长亮。

④ 用手握住探极不放，同时按下“满仓键”至“满仓标定指示灯”变长亮，此时输出电流约为 20mA。放开握住探极的手，电流约 4mA，则物位变送器功能正常。

⑤ 按下“清除+空仓”键至“空仓标定指示灯”闪亮；再按下“清除+满仓”键至“满仓标定指示灯”闪亮，清除原标定数据。断电，准备到现场使用。

（3）投运及校验方法。

本物位变送器必须用水（不能用油水混和物）作为物料，进行空仓和满仓两次标定以后才能正常运行，可先标定空仓，再标定满仓，也可先标定满仓，再标定空仓。具体过程如下：

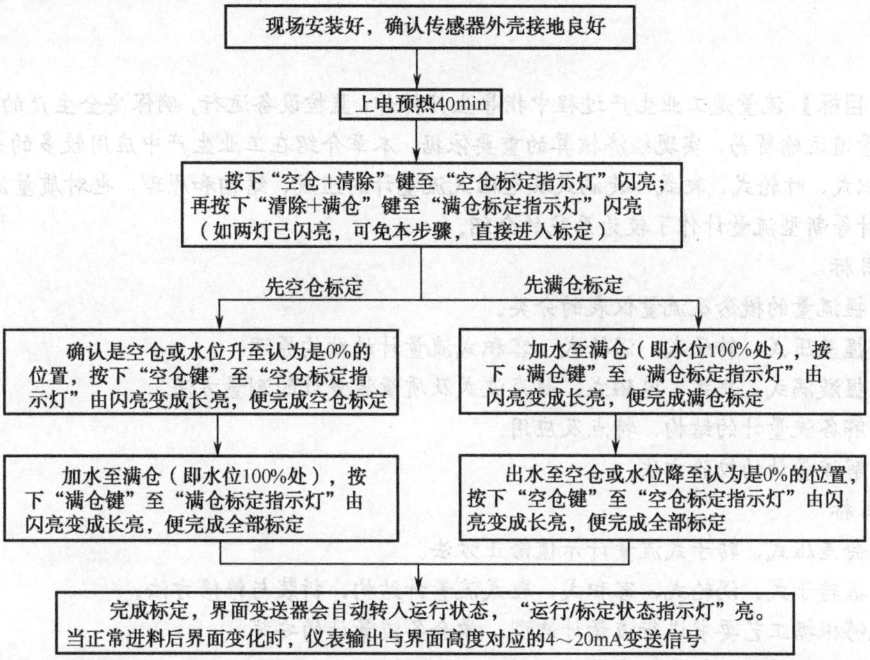

如果进行了不满意的标定，想清除，可按下“清除+空仓”键至“空仓标定指示灯”闪亮，清除原空仓标定数据；按下“清除+满仓”键至“满仓标定指示灯”闪亮，清除原满仓标定数据。

第 4 章　流量检测仪表

【学习目标】流量是工业生产过程中指导生产操作，监控设备运行，确保安全生产的重要参数，也是进行管道运输贸易、实现经济核算的重要依据。本章介绍在工业生产中应用较多的差压式、转子式、容积式、叶轮式、靶式、旋涡式及电磁式流量计的组成、结构和原理，也对质量流量计、超声波流量计等新型流量计作了较为系统的介绍。

知识目标

① 掌握流量的概念及流量仪表的分类。

② 掌握差压式、转子式、涡轮式、容积式流量计的结构原理。

③ 掌握漩涡式、靶式、电磁式、超声波式及质量流量计的测量方法。

④ 了解各流量计的结构、特点及应用。

⑤ 了解流量计的校验方法。

技能目标

① 学会差压式、转子式流量计示值修正方法。

② 掌握转子式、涡轮式、容积式、靶式流量计结构、拆装与维修方法。

③ 能够根据工艺要求进行流量计选型，学会各流量计的安装。

④ 了解校验原理，熟悉校验方法。

4.1　流量检测仪表概述

工业生产过程中，经常需要测量、控制气体、液体、蒸汽等各种介质的流量，以便正确地指导生产操作，监控设备运行，确保安全、优质生产。流量的测量也是进行管道运输贸易交接、完成经济核算的重要参数。流量仪表已成为不可缺少的检测仪表之一。

随着科学和生产的发展，人们对于流量检测精度的要求也越来越高，需要检测的流体品种也越来越多，检测对象从气、液单相流到多相流，工作条件从常温、常压到高温、低温、高压、低压。为满足生产需要，利用各种工作原理，适用于多种介质、性能更加优良的各类新型流量仪表不断涌现。流量检测仪表已成为过程检测仪表中最重要的一类仪表。

4.1.1　流量的概念

流量是指流经管道或设备某一截面的流体数量。按工艺要求不同，可分为瞬时流量和累积流量的测量。

1. 瞬时流量

单位时间内流经某一截面的流体数量称为瞬时流量。它可以分别用体积流量和质量流量来表示。

体积流量 q_v 是单位时间内流过某一流通截面积 A 上的流体体积。当截面上的流速均匀相等或已知平均流速 $\bar{v}$ 时，体积流量可以表示为

$$q_v = \bar{v}A \tag{4-1}$$

生产过程中，往往很难保证流体均匀流动，所以严格地说，只能认为在流通截面上某微小单元面积 dA 上流动是均匀的，速度为 v。流过整个流通面积 A 上的流体流量为所有微元截面上流体流量的总和，即

$$q_v = \int_0^A v\mathrm{d}A \tag{4-2}$$

根据国际单位导出的体积流量单位为 m^3/s，流量计常用单位还有 m^3/h、L/min 等。

质量流量 q_m 是指单位时间内流经某一截面的流体质量。若流体的密度是ρ，则质量流量可由体积流量导出，表示为

$$q_m = q_v\rho = \rho vA \tag{4-3}$$

质量流量的单位，除了国际单位导出单位 kg/s 外，还常用 t/h、kg/h 等。

2. 累积流量

累积流量是指一段时间内流经某截面的流体数量的总和，有时称为总量。可以用体积和质量来表示，即

$$V = \int_{t_1}^{t_2} q_v \mathrm{d}t \tag{4-4}$$

$$M = \int_{t_1}^{t_2} q_m \mathrm{d}t \tag{4-5}$$

采用的单位分别为 m^3、L、t、kg 等。

测量瞬时流量的仪表一般称为流量计，一般用于生产过程的流量监控和设备状态监测。而测量累积流量的仪表称为计量表，一般用于计量物质消耗、产量核定和贸易结算。但流量计和计量表两者并不是截然分开的，在流量计上配以累积机构，也可以得到累积流量。

4.1.2 流量测量仪表的分类

流量测量的方法很多，其测量原理和所采用的仪表结构形式各不相同，分类方法也不尽相同。按流量测量原理分类如下：

（1）速度式流量计。主要是以测量流体在管道内的流动速度作为测量依据，根据 $q_v=vA$ 原理测量流量。例如，差压式流量计、转子流量计、靶式流量计、电磁流量计、涡轮流量计等均属此类。

（2）容积式流量计。主要利用流体在流量计内连续通过的标准体积 V_0 的数目 N 作为测量依据，根据 $V=NV_0$ 进行累积流量的测量。例如，椭圆齿轮流量计、腰轮（罗茨）流量计、刮板流量计等。

（3）质量式流量计。直接利用测量流体的质量流量 q_m 为测量依据的流量仪表。它具有测量精度不受流体的温度、压力、黏度等变化影响的优点。例如，热式质量流量计、补偿式质量流量计、振动式质量流量计等。

只有流体在流动时其检测才有意义，因此，流量检测过程与流体流动状态、流体的物理性质、流体的工作条件、流量计前后直管道的长度等因素有关。确定流量测量方法，选择流量仪表，必须从整个流量检测系统来考虑，才能达到好的测量结果。

4.2 差压式流量计

差压式流量计又称节流式流量计，是利用测量流体流经节流装置所产生的静压差来显示流量大小的一种流量计。差压式流量计是目前工业生产中检测气体、蒸汽、液体流量最常用的一种检测仪表。因为检测方法简单，没有可动部件，工作可靠，适应性强，可不经实流标定就能保证一定精度

等优点，广泛应用于生产流程中。

差压式流量计使用历史长久，已经积累了丰富的实践经验和完整的实验资料。国内外已将孔板、喷嘴、文丘里管等最常用的节流装置进行了标准化。目前所采用的国际标准和国家标准分别为ISO5167：2003、GB/T2624—2006（本书所用公式、数据均来自于 GB/T2624—2006 《用安装在圆形截面管道中的差压装置测量满管流体流量》）。采用标准节流装置，按统一标准、数据设计的差压式流量计，不必进行实验标定，即可直接投入使用。因此差压式流量计目前已成为工业上应用最为广泛的流量计。

差压式流量计由节流装置、引压管路和差压变送器（或差压计）三部分组成，如图 4-1 所示。

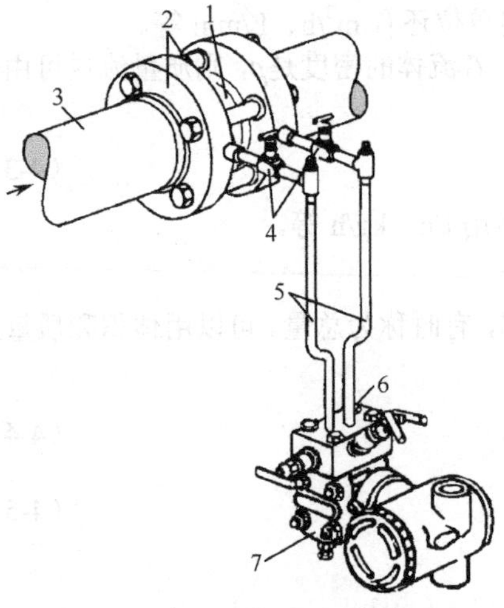

1—节流元件；2—取压装置；3—测量管；4—截止阀；5—导压管；6—三阀组；7—差压变送器

图 4-1 差压式流量计的组成

节流装置是使流体产生收缩节流的节流元件和压力引出的取压装置的总称，用于将流体的流量转化为压力差。节流元件的形式很多，如孔板、喷嘴、文丘里管等，但以孔板应用最为广泛。

导压管是连接节流装置与差压计的管线，是传输差压信号的通道。通常，导压管上安装有平衡阀组及其他附属器件。

差压计用来测量压差信号，并把此压差转换成流量指示记录下来。可以采用各种形式的差压计、差压变送器和流量显示积算仪等。

4.2.1 节流装置的流量测量原理

流体所以能够在管道内形成流动，是由于它具有能量。流体所具有的能量有动压能和静压能两种形式。流体由于有压力而具有静压能，又由于有一定的速度而具有动压能。这两种形式的能量在一定的条件下，可以互相转化。但是根据能量守恒定律，流体所具有的静压能和动压能，连同克服流动阻力的能量损失，在无外加能量的情况下，总和是不变的，其能量守恒。对于水平管路，可以用伯努利方程表示，即

$$\frac{p_1}{\rho_1}+\frac{v_1^2}{2}=\frac{p_2}{\rho_2}+\frac{v_2^2}{2}+\xi\frac{v_2^2}{2} \tag{4-6}$$

式中 p_1、ρ_1、v_1、p_2、ρ_2、v_2——分别是流体流经两个不同截面时的压力、密度和流速；

$\frac{p}{\rho}$、$\frac{v^2}{2}$、$\xi\frac{v^2}{2}$——分别是单位质量流体所具有的静压能、动压能和流动阻力能量损失。

因此，当流体流速增加、动压能增加时，其静压能必然下降，静压力降低。节流装置正是应用了流体的动、静压能转换的原理实现流量测量的。

下面我们以图 4-2 所示同心圆孔板为例来说明节流装置的节流原理。

流体在管道截面 I 以前，以一定的流速 v_1 流动，管内静压力为 p_1'。在接近节流装置时，由于遇到节流元件孔板的阻挡，靠近管壁处的流体流速降低，一部分动压能转换成静压能，则孔板前近管壁处的流体静压力升高至 p_1，并且大于管中心处的压力，从而在孔板前产生径向压差，使流体产生收缩运动。此时管中心处流速加快，静压力减小至 p_2。由于流体运动的惯性，流过孔板后，流体会继续收缩一段距离、压力继续降至 p_2'。随后流束又逐渐扩大，流速减小，直到截面Ⅲ后恢复到原来的流动状态，静压力恢复至 p_3'。

由于孔板前后流通截面的突然缩小与扩大，使流体流经孔板时，产生局部涡流损耗和摩擦阻力损失。因此在流束充分恢复后，静压力不能恢复到原来的数值。这一压力降 $p_1'-p_3'=\delta_\mathrm{p}$，即为流体流经节流元件后的压力损失。

由图 4-2 可见，节流元件前端静压力大于后端静压力，节流元件前后产生了静压差。此压差的大小与流量有关，流量越大，流束的收缩和动、静压能的转换也越显著，则产生的压差也越大。我们只要测得节流元件前后的静压差大小，即可确定流量，这就是节流装置测量流量的基本原理。

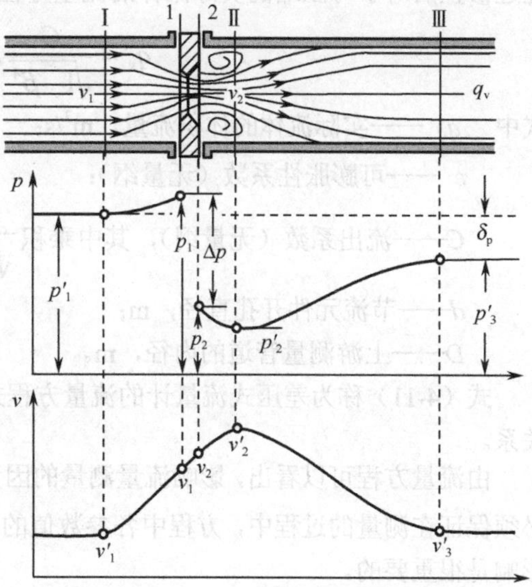

图 4-2　流体流经孔板时的压力和速度变化

4.2.2　基本流量方程式

流量基本方程式是流量与压差之间的定量关系式。它是根据流体力学中的伯努利方程和流动连续性方程推导得来的。如图 4-2 所示，设在水平管道中作连续稳定流动的理想流体（无黏性，流动时不产生摩擦阻力损失，且不可压缩），在截面 1-1 到 2-2 之间没有发生能量损失。从节流元件前的流体流通截面为 A_1，到节流元件后流体流通截面为 A_2。流体的流速由 v_1 变化到 v_2，压力由 p_1 变化到 p_2。对于不可压缩流体，介质密度为 ρ。可列出两截面间的伯努利方程和流动连续性方程，即

$$\frac{p_1}{\rho}+\frac{v_1}{2}=\frac{p_2}{\rho}+\frac{v_2}{2} \tag{4-7}$$

$$\rho v_1 A_1=\rho v_2 A_2 \tag{4-8}$$

可得到

$$v_2=\frac{1}{\sqrt{1-\beta^4}}\sqrt{\frac{2\Delta p}{\rho}} \tag{4-9}$$

$$q_\mathrm{v}'=\frac{A_2}{\sqrt{1-\beta^4}}\sqrt{\frac{2\Delta p}{\rho}} \tag{4-10}$$

式中　β ——直径比，$\beta=\dfrac{d}{D}$，d 为孔板开孔直径，D 为管道内径；

A_2 ——节流元件开孔截面积，m²，$A_2=\dfrac{\pi}{4}d^2$；

ρ ——节流装置前的流体密度，kg/m³；

Δp ——节流元件前后的压差，$\Delta p=p_1-p_2$；

q_v' ——理想流体的体积流量，m³/s。

考虑到实际流体不可能是理想流体，在经过节流装置时会产生摩擦阻力损失，以及由于取压点位置调整带来的影响，用一个流出系数 C 对上式进行修正。流出系数 C 为用不可压缩流体通过节流装置的实际流量与理论流量之比。

对于气体、蒸汽等可压缩流体，在经过节流装置时由于压力变化，会使流体膨胀，密度减小，如仍以节流元件前的密度计算流量时，计算结果偏大，需用一个可膨胀性系数 ε 对上式进行修正。

经过修正后对于可压缩的实际流体的流量方程为

$$q_v = \frac{C}{\sqrt{1-\beta^4}} \varepsilon \frac{\pi}{4} d^2 \sqrt{\frac{2\Delta p}{\rho}} \tag{4-11}$$

式中 q_v ——实际流体的体积流量，m^3/s；

ε ——可膨胀性系数（无量纲）；

C——流出系数（无量纲），其中乘积 $\frac{C}{\sqrt{1-\beta^4}}$ 称为流量系数 α；

d——节流元件开孔直径，m；

D——上游测量管道的内径，m。

式（4-11）称为差压式流量计的流量方程式。表明在流量测量过程中，流量与差压之间成开方关系。

由流量方程可以看出，影响流量测量的因素很多，要准确地获得 q_v 与 Δp 之间稳定的对应关系，必须保证在测量的过程中，方程中各参数值的稳定。因此，了解流量方程式中的有关参数对流量的影响是很重要的。

（1）直径 d 及直径比 $\beta=d/D$。d 与 q_v 为平方关系，其精度对流量总精度影响较大，应考虑工作温度对孔板材料热膨胀的影响，公式中取值为工作温度下的孔板孔直径。标准规定管道内径 D 必须实测，需在上游管段的几个截面上进行多次测量求其平均值。因此，当不是成套供应节流装置时，在现场配管应充分注意这个问题。

（2）密度 ρ。为工作状态下节流元件前的实际密度。可在节流元件前用密度计实际测定，或者根据节流元件前的温度、压力以及介质物性参数查有关表格求得。ρ 是在流量测量中容易产生误差的量，因为 ρ 会随着被测介质的工作状态而变，不能简单地定为常数。可以通过在节流装置前设置温度、压力变送器实测，并通过二次仪表进行修正补偿。

（3）可膨胀系数 ε。当流体不可压缩时（液体），$\varepsilon=1$；当流体可压缩时（气体），$\varepsilon<1$。实验表明 ε 与雷诺数无关。对于给定节流装置直径比 β 一定的情况下，ε 只取决于压力比 $\frac{p_2}{p_1}$（下游取压口处与上游取压口处的绝对静压之比）和等熵指数。ε 可查有关标准或手册得到。如从 GB/T 2624.02—2006 的表 A.12 中可查得标准孔板的可膨胀性系数 ε 值。

（4）流出系数 C。利用不可压缩流体（液体）对标准节流装置进行的实验表明，在给定的安装条件下，对于给定的节流装置，流出系数 C 仅与雷诺数有关。对于不同的节流装置，只要这些装置是几何相似，并且流体的雷诺数相同，则 C 的数值都是相同的。

节流装置在进行设计计算时，是针对特定的工艺条件进行的。一旦节流装置结构尺寸、取压方式、工艺参数等条件改变时，必须另行计算，不能随意套用。例如，按大流量设计计算的孔板，用来测量小流量时，就会引起流出系数 C 的变化，从而引入较大测量误差，因此必须加以修正。有关节流装置的设计计算请参阅有关资料。对于流量计使用者而言，C、ε 在流量计设计时确定，工艺状态不变时可以视为常数。

4.2.3 标准节流装置

标准节流装置是指按国家标准制作的节流装置。节流装置经历了近百年漫长的发展过程，1980 年 ISO（国际标准化组织）正式通过标准节流装置国际标准 ISO5167。我国采用了 ISO5167 标准，目前其国标代号为 GB/T2624—2006。我们通常称 GB/T2624—2006 中所列节流装置为标准节流装置，其他节流装置称为非标准节流装置。

标准节流装置的结构、尺寸和技术条件都有统一标准，有关计算数据都经过大量的系统实验而有统一的图表，需要时可查阅有关的手册或资料。按标准制造的节流元件，不必经过单独标定即可投入使用。

GB/T2624—2006 规定：标准节流装置中的节流元件为孔板、喷嘴和文丘里管；取压方式为角接取压法、法兰取压法、径距取压法。GB/T2624 仅适用于流体充满测量段的管道且在整个测量段内流体保持亚音速流动，并可认为是单相流的差压装置，不适用于脉动流的测量。管道公称直径在 50～1000mm 之间。

1. 标准节流元件

（1）标准孔板。一块具有圆形开孔并与管道轴线同轴的圆形平板，其轴向平面截面图如图 4-3 所示。迎流方向的一侧是一个具有锐利直角入口边缘的圆柱部分，顺着流向的是一段扩大的圆锥体。用于不同管径的标准孔板，其结构形式基本上是几何相似的。孔板对流体造成的压力损失较大，而且一般只适用于洁净流体介质的测量。

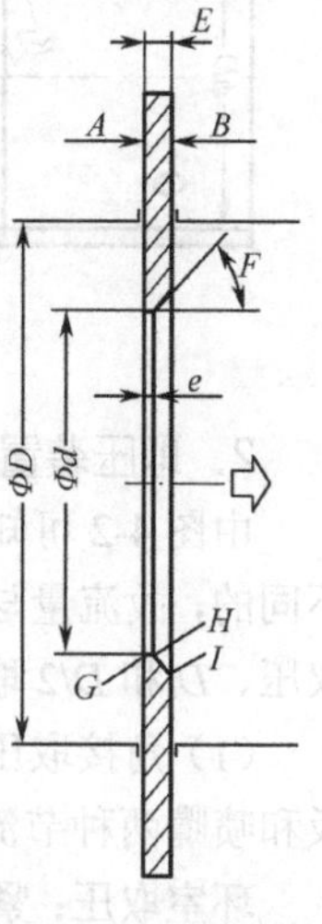

图 4-3 标准孔板

标准规定，孔板上、下游两端面 A 和 B 应该始终是平直的和平行的。如有可能，可在孔板上设置一个在安装以后仍明显可见的标志（如进口侧用“+”、出口侧用“-”，或按流动方向标一箭头），用于表明孔板的上游端面相对于流动方向安装是否正确。孔板的节流孔直径 $d \geqslant 12.5$mm。直径比 $\beta = d/D$ 应满足 $0.10 \leqslant \beta \leqslant 0.75$，节流孔应为圆筒形。孔板厚度 E 和节流孔的厚度 e 按标准要求加工制作。孔板厚度 E 超过节流孔厚度 e，孔板下游侧应切成斜角，斜角 F 应为 45°±15°。

（2）标准喷嘴。有 ISA 1932 喷嘴和长径喷嘴两种形式（见图 4-4）。喷嘴在管道内的部分是圆形的。喷嘴由圆弧形的入口收缩部分和与之相接的圆筒形喉部组成。ISA 1932 喷嘴的廓形特征：一个垂直于中心线的平面入口部分 A、一个由 B 和 C 两段圆弧构成的收缩段、一个圆筒形喉部 E、一个任选的护槽 F（只用于防止边缘 f 受损）。长径喷嘴的廓形特征：一个收缩段 A（为四分之一椭圆形）、一个圆筒形喉部 B、一个平面端部 C。标准喷嘴可用多种材质制造，可用于测量温度和压力较高的蒸汽、气体和带有杂质的液体介质流量。标准喷嘴的测量精度较孔板要高，加工难度大，价格高，压力损失略小于孔板，要求工艺管径 D 不超过 500mm。

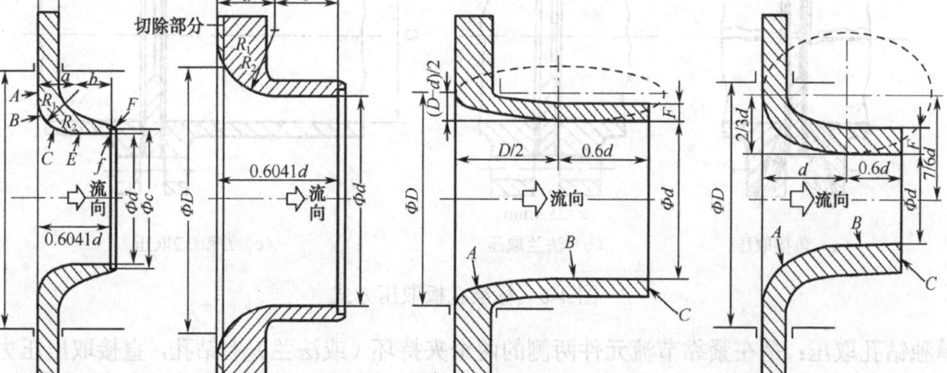

图 4-4 标准喷嘴

（3）标准文丘里管。由入口圆筒段 A 连接到圆锥收缩段 B、圆筒形喉部 C 和圆锥扩散段 E 组成，如图 4-5 所示。压力损失较孔板和喷嘴都小得多，可测量有悬浮固体颗粒的液体，较适用于大流量气体流量测量，但制造困难、价格昂贵，工业应用较少。

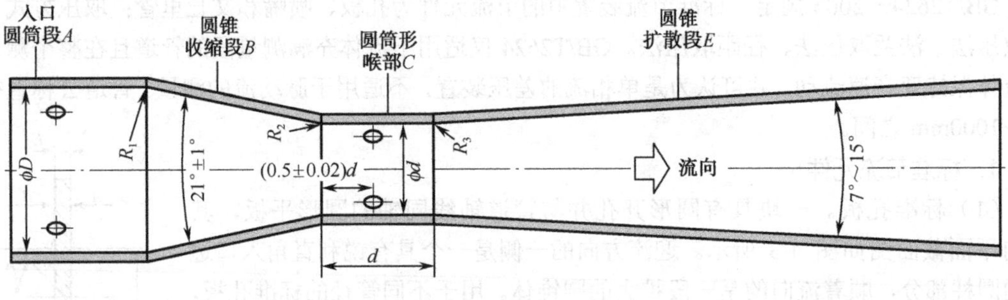

图 4-5　标准文丘里管

2．取压装置

由图 4-2 可知，取压位置不同，即使是用同一节流元件、在同一流量下所得到的差压大小也是不同的，故流量与差压之间的关系也将随之变化。标准节流装置规定的取压方式有角接取压、法兰取压、D 和 $D/2$ 取压三种，标准孔板取压装置如图 4-6 所示。

（1）角接取压。是最常用的一种取压方式，取压点分别位于节流元件上、下端面处。适用于孔板和喷嘴两种节流装置。它又分为环室取压和单独钻孔取压两种方法。

环室取压：紧贴节流元件两侧端面有一道环形缝隙，环隙通常应在整个圆周上穿通管道连续而不中断，否则每个环室应至少由 4 个开孔与管道内部连通。流体产生的静压经缝隙进入环室，起到一个均衡管内各个方向静压的作用，然后从引压孔取压力进行测量。如图 4-6（a）上半部分所示。这种方法取压均匀，测量误差小，对直管段长度要求较短，但加工和安装复杂，一般用于 400mm 以下管径的流量测量。

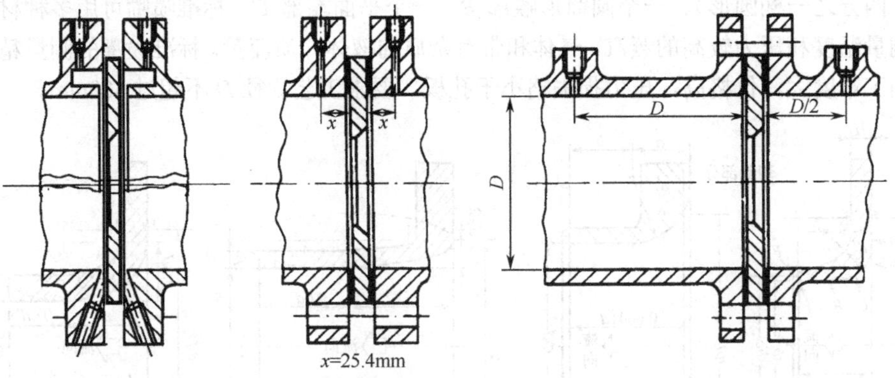

（a）角接取压　（b）法兰取压　（c）D和$D/2$取压

图 4-6　标准孔板取压方式

单独钻孔取压：是在紧靠节流元件两侧的两个夹持环（或法兰）上钻孔，直接取出压力进行测量。如图 4-6（a）下半部分所示，取压孔轴线应尽可能与管道轴线垂直，与节流元件上、下端面形成的夹角应小于或等于 3°。这种方法常适用于管径大于 200mm 的流量测量。

（2）法兰取压。在距节流元件上、下端面各 1 英寸（25.4mm）的位置上钻孔取压，如图 4-6（b）所示。一般要求在法兰上钻孔取压，上、下游取压孔直径应相同。取压孔轴线应与管道中心线垂直。此种取压方式仅适用于孔板。它较环室取压有加工简单、金属材料消耗少、容易安装、容易清理赃物和不易堵塞等优点。

（3）*D* 和 *D*/2 取压。在距节流元件上端面 1*D*、下端面 *D*/2 处的管道上钻孔取压。其他要求同法兰取压。如图 4-6（c）所示，可适用于孔板和喷嘴。

ISA 1932 喷嘴的取压方式仅角接取压一种。长径喷嘴的取压方式仅 *D* 和 *D*/2 取压一种。取压装置如图 4-7 所示。

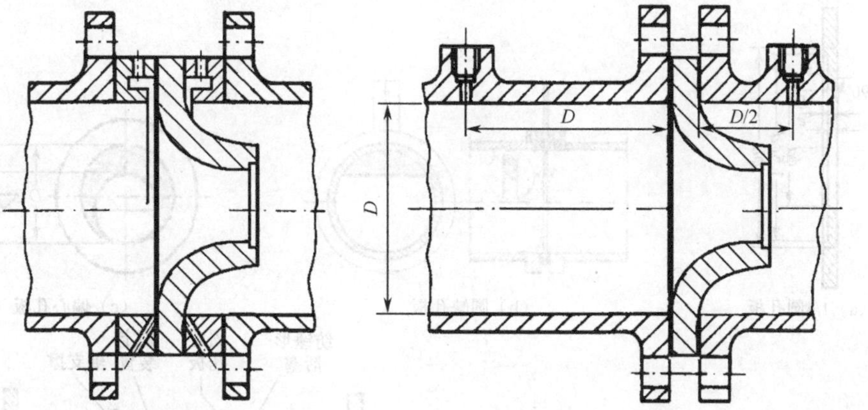

（a）角接取压　　（b）*D*和*D*/2取压

图 4-7　标准喷嘴取压方式

3．测量管

标准节流装置的流量系数是在一定的条件下通过试验取得的。因此，除对节流元件和取压装置有严格的规定外，对管道安装、使用条件也有严格的规定。否则，引起的测量误差是难以估计的。

（1）安装节流元件的管道应该是直的，截面为圆形。直线度可用目测，在靠近节流元件 2*D* 范围内的管径圆度应按标准检验。

（2）管道内壁应该洁净，在上游 10*D* 和下游 4*D* 范围内，内表面均应符合粗糙度参数的规定。直管段管道内表面状况对测量精确度的影响往往被忽略了。对于新安装的管道应选用符合粗糙度要求的管道，否则应采取措施改进，如加涂层或进行机械加工。但是仪表长期使用后，由于测量介质对管道的腐蚀、黏结、结垢等作用，内表面可能发生改变，应定期检查进行清洗维护。

（3）节流元件前后要有足够长的直管段长度，以使流体稳定流动。如果管道上有拐弯、分叉、汇合、闸门等阻流件，流束流过时会受到严重的扰动，之后要经过很长一段才会恢复平稳。根据阻流件的不同情况，必须在节流元件前后设置直管段。直管段长度与阻流件类型及 β 值有关，β 越大，所需直管段越长。一般情况下上游侧直管段在 10*D*～50*D* 之间，下游侧直管段在 5*D*～8*D* 之间。若上游没有足够长的直管段时可安装流动调整器，安装了流动调整器后将允许使用短得多的上游直管段。具体上下游直管段的长度可参阅 GB/T2624—2006 的规定。

4.2.4　非标准节流装置

非标准节流装置常用于特殊环境和介质的流量测量。非标准节流装置现场应用的不断拓展必然提出标准化的要求，今后较为成熟的非标准节流装置会晋升为标准节流装置。根据应用环境与特点，非标准节流装置大致有以下几种。

（1）低雷诺数节流装置：1/4 圆孔板、锥形入口孔板、双重孔板、半圆孔板等；

（2）脏污介质用节流装置：圆缺孔板、偏心孔板、环状孔板、楔形孔板、弯管等；

（3）低压损用节流装置：洛斯管，道尔管等；

（4）宽流量范围节流装置：线性孔板；

（5）层流流量计节流元件：毛细管；

（6）临界流节流装置：音速文丘里管喷嘴等。

部分非标准节流装置如图 4-8 所示。

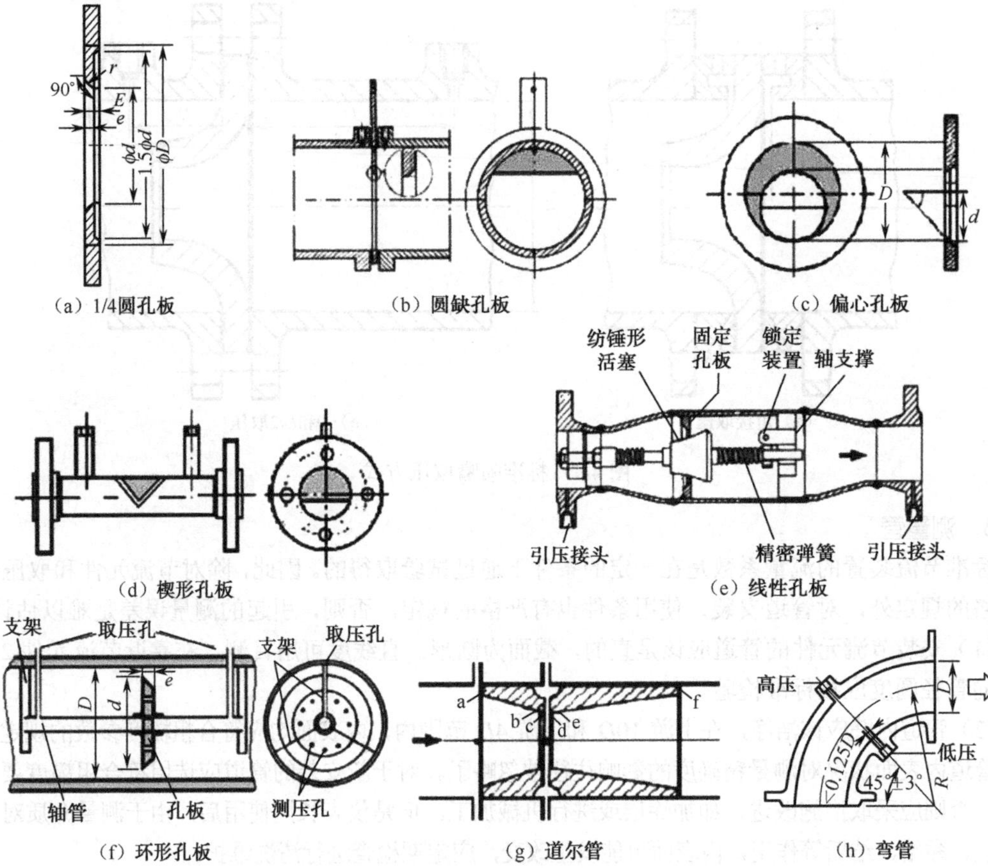

图 4-8　非标准节流装置

① 1/4 圆孔板：入口截面用半径 r 为 1/4 圆及喷嘴出口组成。

② 圆缺孔板：其开孔为一个圆的一部分（圆缺部分）。

③ 偏心孔板：开孔是偏心圆，与管道相切。

④ 楔形孔板：其检测件为 V 形，节流元件上、下游无滞流区，不会使管道堵塞。

⑤ 线性孔板：纺锤形活塞在差压和弹簧力的作用下来回移动，其孔隙面积随流量大小自动变化，输出信号与流量成线性关系。

⑥ 环形孔板：中心轴管将上、下游压力传出，优点是既能疏泄管道底部的较重物质又能使管道中气体或蒸气沿管道顶部通过。

⑦ 道尔管：由 40° 入口锥角和 15° 扩散管组成，喉部为圆筒形。道尔管产生的差压比经典文丘里管大，在高差压下却有低的压损。

⑧ 弯管：利用管道弯头作检测件，无附加压损，安装方便。

天然气输气管路计量流程中常用的可换孔板节流装置，为断流取出型可换孔板节流装置，如图 4-9（a）所示。在需要检查孔板或更换孔板时，可无须拆开管道，只要将上、下游阀门关闭，泄压后就可打开上盖，取出孔板及密封件予以检查或更换。阀式孔板节流装置，为不断流取出型可换孔板节流装置，图 4-9（b）所示。在需要检查孔板或更换孔板时，可无须拆开管道，带压情况下摇动摇柄通过齿条将孔板提到上部平衡阀室内，泄压后打开阀盖，取出孔板及密封件予以检查或更换。装置中所用孔板一般是标准孔板。

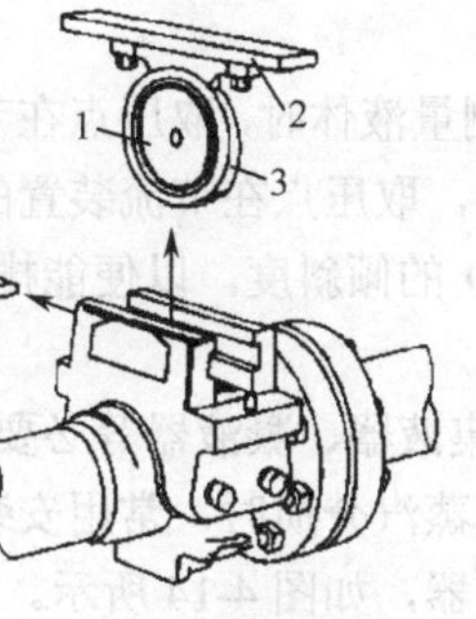

（a）可换孔板节流装置

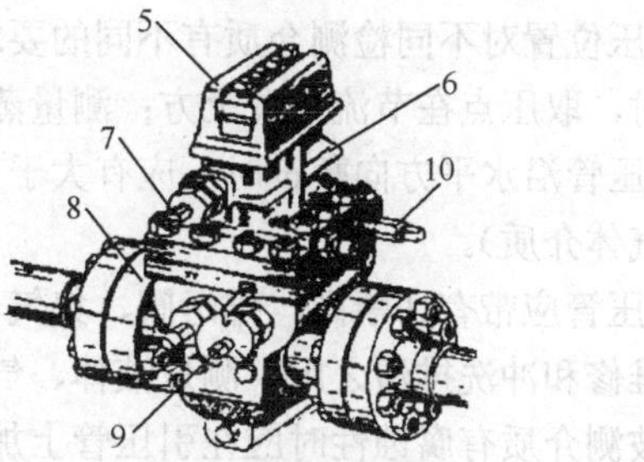

（b）阀式孔板节流装置

1—孔板及密封件；2—密封板；3—孔板卡环；4—紧固板；5—阀盖；6—平衡阀；7—齿轮轴；8—阀体；9—摇柄；10 放空

图 4-9 可换孔板节流装置

4.2.5 差压计

一般差压仪表均可作为差压式流量计中的差压计使用。目前工业生产中大多数采用差压变送器，它可将压差转换为标准信号。有关差压变送器的原理，请参见第 2 章中的有关的内容，此处不再重复。

一体式差压流量计，将节流装置、引压管、三阀组、差压变送器直接组装成一体，省去了引压管线，现场安装简单方便，可有效减小安装原因带来的误差。有的仪表将温度、压力变送器整合到一起，可以测量孔板前的流体压力、温度，实现温度压力补偿；可显示瞬时流量、累积流量，直接指示流体的质量流量。一体式孔板流量计如图 4-10 所示。

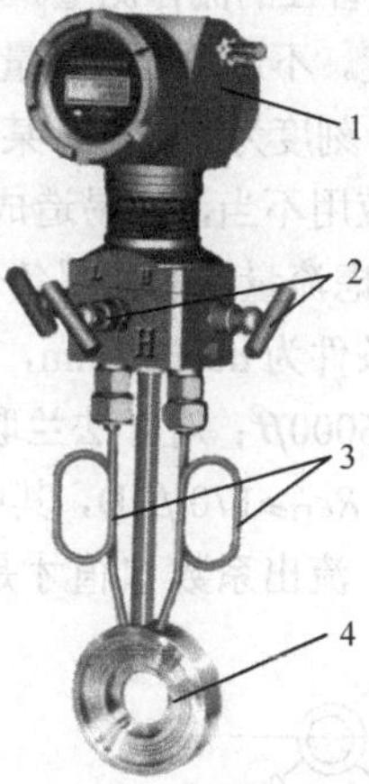

1—差压变送器；2—三阀组；3—引压管；4—节流装置

图 4-10 一体式差压流量计

4.2.6 差压式流量计的安装及应用

必须引起注意的是，差压式流量计不仅需要合理的选型、准确的设计和精密的加工制造，更要注意正确的安装与维护，满足要求的使用条件，才能保证流量计有较高的测量精度。差压式流量计如果设计、安装、使用等各环节均符合规定的技术要求，则其测量误差应在 1%～2%范围以内。然而在实际工作中，往往由于安装质量、使用条件等不符合技术要求，造成附加误差，使得实际测量误差远远超出此范围。因此正确安装和应用是保证其测量精度的重要因素。

1．差压式流量计的安装

① 应保证节流元件的端面与管道轴线垂直，偏差不应超过±1°。

② 应保证节流元件的开孔与管道同心。

③ 节流元件与法兰、夹紧环之间的密封垫片，在夹紧后不得突入管道内壁。

④ 节流元件的安装方向不得装反。节流元件前后常以“+”、“-”标记。装反后虽然也有差压值，但指示偏小，其误差无法估算。

⑤ 根据现场情况，保证节流装置前后直管段的长度满足要求。

⑥ 引压管路应按最短距离敷设，一般总长度不超过 50m，最好在 16m 以内，管径不得小于 6mm，一般为 10～18mm。

⑦ 取压位置对不同检测介质有不同的要求。测量液体时，取压点在节流装置中心水平线下方；测量气体时，取压点在节流装置上方；测量蒸汽时，取压点在节流装置的中心水平位置引出。

⑧ 引压管沿水平方向敷设时，应有大于 1∶10 的倾斜度，以便能排出气体（对液体介质）或凝液（对气体介质）。

⑨ 引压管应带有切断阀、排污阀、集气器、集液器、凝液器等必要的附件，以备与被测管路隔离进行维修和冲洗排污之用。测量液体、气体及蒸汽介质时，常用安装方案如图 4-11～图 4-13 所示。如被测介质有腐蚀性时应在引压管上加隔离器，如图 4-14 所示。

⑩ 如果引压管路中介质有凝固或冻结的可能，则应沿引压管路进行保温或增加拌热。

2．差压式流量计的应用

差压式流量计具有结构简单、工作可靠、使用寿命长、适应性强、测量范围广的特点，适用于 50～1000mm 管径的流体测量。采用标准节流装置只要严格遵循加工安装要求，不需单独标定，即能达到规定精度。不足之处是测量精度不高，测量范围较窄（量程比 3∶1～4∶1），要求直管段长，压力损失较大，刻度为非线性，某些情况下（如测量高粘度或有腐蚀性介质等）使用维护工作量较大。

流量计应用不当，容易造成测量误差，使用时应注意以下问题。

① 应考虑流量计的使用条件。例如，按国标 GB/T2624—2006 规定，角接取压或 D 和 $D/2$ 取压孔板适用条件为 $d \geqslant 12.5$mm，$50\text{mm} \leqslant D \leqslant 1000\text{mm}$，对于 $0.1 \leqslant \beta \leqslant 0.56$，$Re_D \geqslant 5000$，对于 $0.56 < \beta \leqslant 0.75$，$Re_D \geqslant 16000\beta^2$；对于法兰取压孔板适用条件为 $d \geqslant 12.5$mm，$50\text{mm} \leqslant D \leqslant 1000\text{mm}$，$0.1 \leqslant \beta \leqslant 0.75$，$Re_D \geqslant 5000$ 且 $Re_D \geqslant 170\,\beta^2 D$，其中 D 单位为 mm。节流件只有保证在最小雷诺数（界限雷诺数）Re_D 以上使用时，流出系数 C 值才是稳定的。

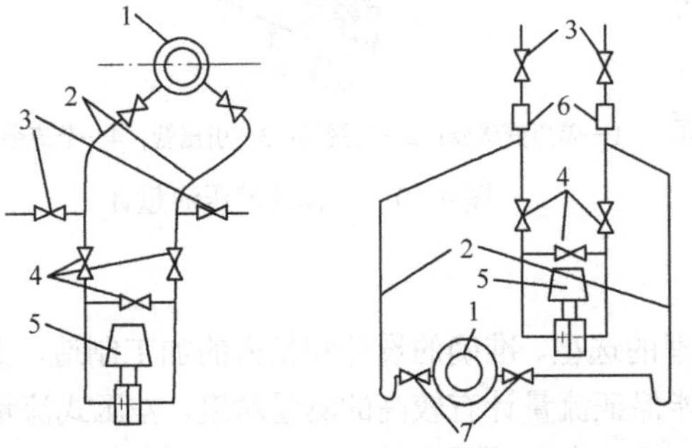

（a）差压计低于节流装置安装　（b）差压计高于节流装置安装

1—节流装置；2—引压管路；3—放空阀；4—三阀组；5—差压变送器；6—储气器；7—切断阀

图 4-11　测量液体流量时的连接图

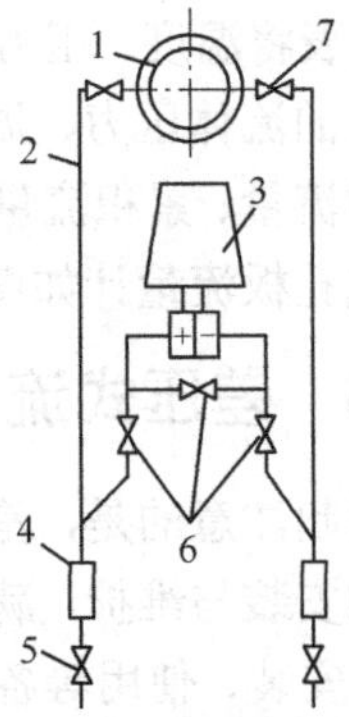

1—节流装置；2—引压管路；3—差压变送器；4—储液器；5—排放阀；6—三阀组；7—切断阀

图 4-12　测量气体流量时的连接图

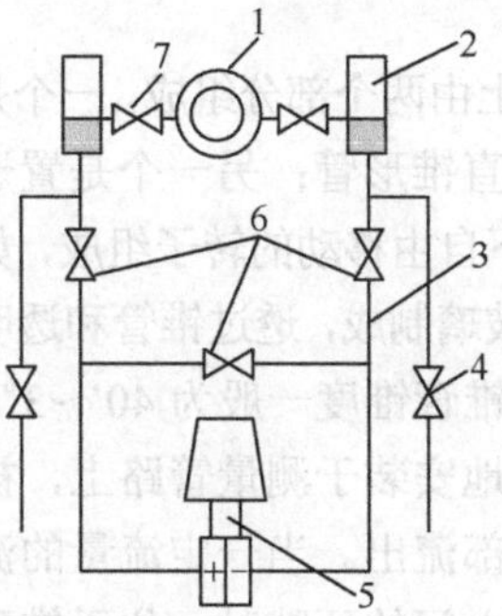

1—节流装置；2—凝液器；3—引压管路；4—排放阀；5—差压变送器；6—三阀组；7—切断阀

图 4-13　测量蒸汽流量时的连接图

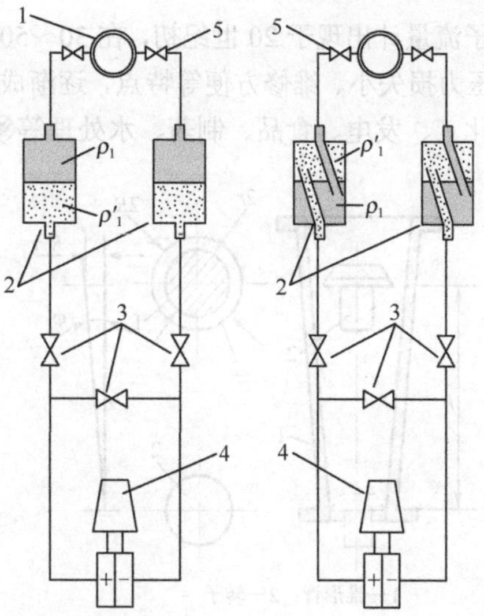

（a）$\rho_1<\rho'_1$　　（b）$\rho_1>\rho'_1$

1—节流装置；2—隔离器；3—三阀组；4—差压变送器；5—切断阀

图 4-14　测量有腐蚀性液体时的连接图

② 被测流体的实际工作状态（温度、压力）和流体的性质（密度、黏度等）应与设计时一致，否则会造成实际流量值与指示流量值之间的误差。欲消除此误差，必须按新的工艺条件重新进行设计计算，或者将所测的数值加以必要的修正。

③ 在使用中，要保持节流装置的清洁。如在节流装置处有沉淀、结焦、堵塞等现象，会改变流体的流动状态，引起较大的测量误差，必须及时清洗。

④ 节流装置由于受流体的化学腐蚀或被流体中的固体颗粒磨损，造成节流元件形状和尺寸的变化。尤其是孔板，它的入口边缘会由于磨损和腐蚀而变钝。这样，在相同的流量下，所产生的压差变小，从而引起仪表示值偏低。故应注意检查，必要时应换用新的孔板。

⑤ 引压管路接至差压计之前，必须安装三阀组，如图 4-11～图 4-14 所示，以便差压计的回零检查及引压管路冲洗排污之用。其中接高压侧（左）的称为正压阀；接低压侧（右）的称为负压阀；中间的阀称为平衡阀。一般三个阀做成一体，便于安装。

对于带有凝液器（见图 4-13）或隔离器（见图 4-14）的测量管路，不可有正压阀、负压阀和平衡阀三阀同时打开的状态，即使时间很短也是不允许的，否则凝结水或隔离液将会流失，需重新充灌才可使用。三阀组的起动顺序：打开正压阀→关闭平衡阀→打开负压阀。停运的顺序：关闭负压阀→关闭正压阀→打开平衡阀。

4.3　转子流量计

大部分流量计对于小管径、低雷诺数流体的测量精度不高。差压式流量计受原理、结构等方面条件的限制，无法用于管径小于 50mm、低雷诺数流体的流量测量。而转子流量计则特别适于测量管径 50mm 以下管道的小流量测量，最小口径可以做到 1.5～4mm。

转子流量计出现于 20 世纪初，在 30～50 年代得到了较大发展，因其具有结构简单、工作直观可靠、压力损失小、维修方便等特点，逐渐成为工业上和实验室最常用的一种流量计，广泛应用于石油、化工、发电、食品、制药、水处理等领域。

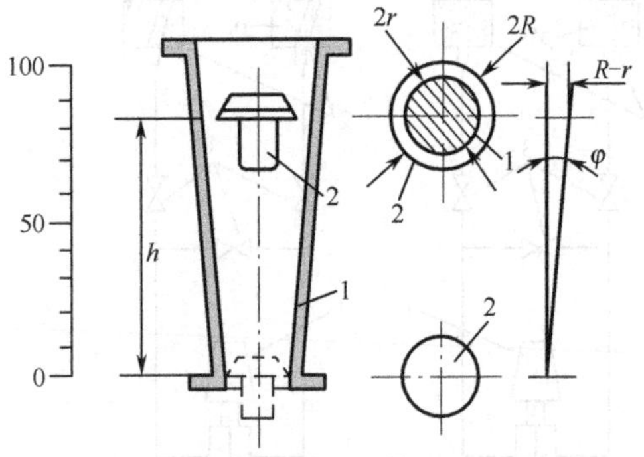

1—锥形管；2—转子

图 4-15　转子流量计的原理示意图

4.3.1　转子流量计的工作原理

1. 测量原理

转子流量计基本上由两个部分组成，一个是一根自下而上逐渐扩大的垂直锥形管；另一个是置于锥形管内、随流量变化上、下自由移动的转子组成，如图 4-15 所示。锥形管通常用玻璃制成，透过锥管和透明介质可看到其内转子位置。锥管锥度一般为 40′～3°。

转子流量计垂直地安装于测量管路上，被测流体由锥形管下部进入上部流出。当一定流量的流体稳定地流过转子与锥形管之间的环隙时，位于锥形管中的转子会稳定地悬浮在某一高度上，此时转子主要受到以下几个力的作用而处于平衡状态：即转子自身的重力 G、流体对转子的浮力 F_1、转子的节流作用产生的静压差 Δp 的作用力和流体对转子的冲击力（动压力）F_2，和流体对转子的黏滞摩擦力。其大小分别为

$$G = V_r \rho_r g \tag{4-12}$$

$$F_1 = V_r \rho g \tag{4-13}$$

$$F_2 = \xi \frac{1}{2} \rho v^2 A_r \tag{4-14}$$

式中　ξ——阻力系数；

ρ——被测流体密度；

v——流体在转子与锥管间的环形截面上的平均流速；

A_r——转子最大横截面积；

ρ_r——转子材料的密度；

V_r——转子的体积；

g——重力加速度。

上述各力在确定的流量下处于平衡状态，若忽略流体对转子的黏滞摩擦力，则

$$G = F_1 + F_2 \tag{4-15}$$

转子上的重力 G 和浮力 F_1 均为常数，如果被测流体的流量增大，即流体流经环形流通面积的平均流速 v 增大时，流体作用力 F_2 随之增大，转子受力失去平衡。转子在向上的合力作用下上升。随着转子位置的升高，转子与锥形管间的环形流通面积增大，流体流速逐渐减小，转子受力 F_2 减小。当转子升高到某一高度，使作用在转子上的作用力再次平衡时，转子会在新的位置上稳定下来。流量减小时情况相反，转子位置降低。

其实由式（4-15）可以看出，不管转子悬浮于什么位置，当转子受力平衡时 F_2 保持不变，所以流体通过环形流通面积的平均流速 v 是一个常数。当流量发生变化时，转子进行位置调整，使流体的流通面积改变，维持流速不变，其转子高度随之变化。因此由转子位置高度即可确定流量大小。

2. 流量方程

转子稳定地悬浮在某一高度 h 时，转子的受力平衡关系为

$$\rho_r V_r g = \rho g V_r + \xi \frac{1}{2} \rho v^2 A_r \tag{4-16}$$

可求得

$$v = \frac{1}{\sqrt{\xi}} \sqrt{\frac{2V_r(\rho_r - \rho)g}{\rho A_r}} \tag{4-17}$$

由式（4-17）可见流速为常数。由流量公式 $q_v = A_0 v$ 可知，当 v 一定时，q_v 随环形流通面积 A_0 变化。而 A_0 与转子的高度 h 有关。当锥形管半锥角（锥管母线与轴线夹角）为 φ 时，由图 4-15 得

$$A_0 = \pi(R^2 - r^2) = \pi h^2 \tan^2 \varphi + 2\pi r h \tan \varphi \tag{4-18}$$

式中 R——转子所在位置处锥管的内侧半径；

r——转子的最大外半径。

当锥管的半锥角 φ 很小时，$\pi h^2 \tan^2 \varphi$ 一项可以忽略不计，则此时体积流量可近似表示为

$$q_v = 2\pi r \tan \varphi \alpha \sqrt{\frac{2V_r(\rho_r - \rho)g}{\rho A_r}} h = K_z \alpha \sqrt{\frac{2V_r(\rho_r - \rho)g}{\rho A_r}} h \tag{4-19}$$

式中 α——流量系数，$\alpha = 1/\sqrt{\xi}$，一般由实验确定。

实际应用中，转子流量计选定后，α 在允许流量范围内基本不变。

对于选定的流量计和一定的被测流体，式（4-19）中的 V_r、A_r、ρ_r、φ 和 ρ 等均为常数，所以只要保持流量系数 α 为常数，则流体的流量大小就与转子在锥形管中的平衡位置高度成线性正比关系。如果在锥形管外表面沿其高度刻上对应的流量值，那么根据转子所处平衡位置就可以直接读出流量值大小。

3. 转子形状与流量系数 α

实验研究表明，转子流量计的流量系数 α 与转子的几何形状和流体雷诺数 Re 有关。对于一定的转子形状，当雷诺数 Re 大于其临界值后，流量系数接近于常数。因此，在实际测量过程中，介质流量不能太小，以保证雷诺数大于临界雷诺数。

如图 4-16 所示为几种典型转子的流量系数与雷诺数的关系曲线图，图 4-16 中 A 型转子的临界雷诺数较大，约 6000。转子的流量系数也较大，约 0.96，但不够稳定，易受黏度影响，多用于口径和流量较小的玻璃转子流量计中。B 型转子的临界雷诺数较小，约为 300，流量系数也较小，约 0.76，但工作较稳定。C 型转子的临界雷诺数更低，只要实际雷诺数大于 40，流量系数 α 就趋于常数，只是流量系数更小，只有 0.61 左右。通常 B 型和 C 型转子多用于金属管转子流量计中。

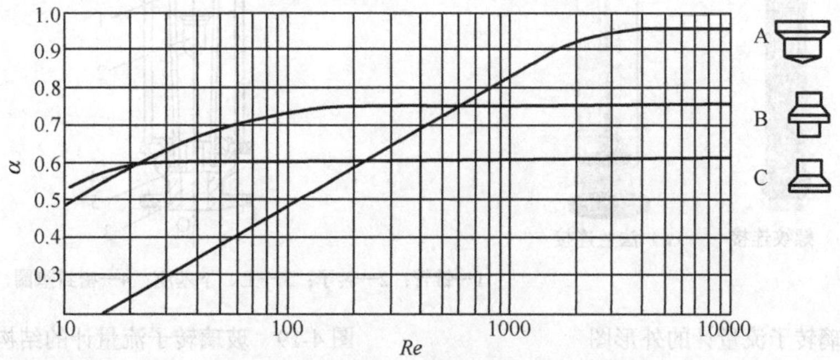

图 4-16 流量系数与雷诺数的关系曲线图

对大多数转子来说，一般是以转子的最大截面处作为读数基准，从流量计玻璃外壳上的流量刻度上直接读出被测流体的流量示值。常见转子形状及读数基准如图 4-17 所示。

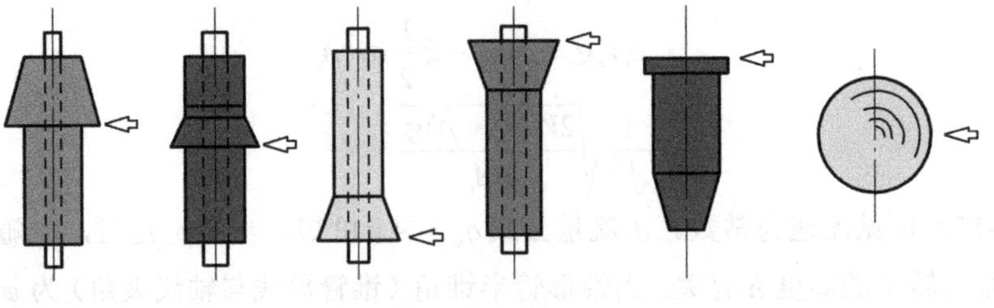

图 4-17　常用转子形状及读数基准

转子在锥形管中必须是沿着管的中心线作上、下移动，一方面可避免转子与管壁发生摩擦碰撞，另一方面还可防止转子偏斜而产生测量误差。为此，常采用在转子边缘均匀刻制多道斜的沟槽。当流体自下而上流过转子时，作用在斜槽上的力使转子绕中心线不停地旋转，保持转子在工作时的居中和稳定。由于流量计在工作时转子是一边旋转一边上、下移动的，所以称转子流量计。但是旋转式转子容易受黏度的影响，所以现在做的转子大多不转了。有的是在转子中心装一根导向杆，有的是在锥管的内表面附有竖筋，转子上则刻有导向槽，使转子只能沿着锥形管的中心线做上、下运动。

4.3.2　转子流量计的结构类型与特点

1．转子流量计的结构与分类

转子流量计类型很多，按锥管材料可分为透明锥管转子流量计和金属锥管转子流量计两种。

（1）透明锥管转子流量计。透明锥形管多由硼硅玻璃制成，所以习惯上称之为玻璃转子流量计。由于玻璃强度低，若无导向杆结构，玻璃锥管容易被转子击破。目前，锥管还常用透明的工程塑料如聚苯乙烯、有机玻璃等材料制作。流量分度有直接刻在锥管外壁上的，也有在锥管旁另装分度标尺的。

小口径（*DN*4～15mm）转子流量计工作在压力较低的场合时一般为软管连接方式，如图 4-18（a）所示；螺纹连接方式一般用于口径 40mm 以下的转子流量计，如图 4-18（b）所示；较大口径（*DN*15～100mm）转子流量计的连接方式多为法兰连接，应用最为普遍，，如图 4-18（c）所示。

玻璃转子流量计一般由锥管、转子和与管路连接的上、下基座、密封垫圈和上、下止挡等组成，其结构如图 4-19 所示。

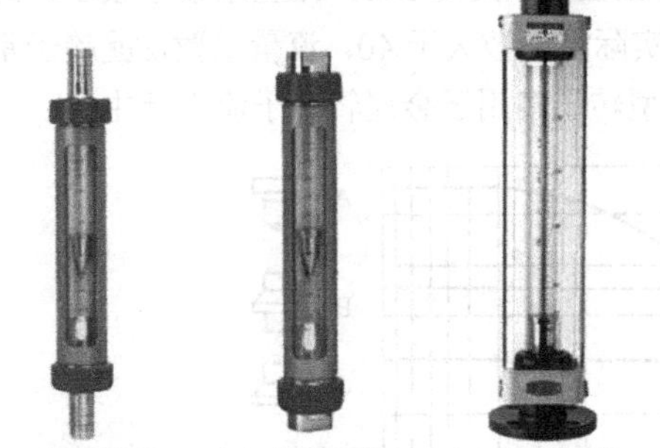

（a）软管连接　（b）螺纹连接　（c）法兰连接

图 4-18　玻璃转子流量计的外形图

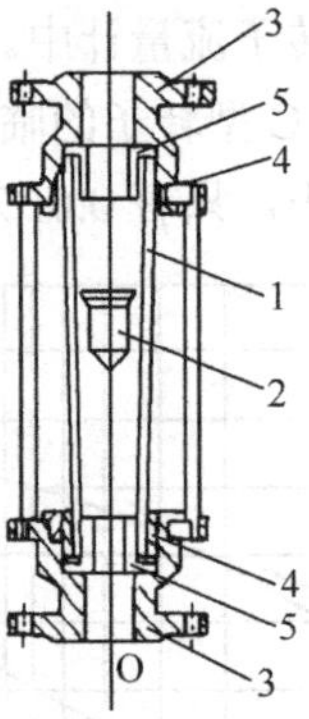

1—锥管；2—转子；3—上、下基座；4—密封垫圈、盖；5—上、下止挡

图 4-19　玻璃转子流量计的结构示意图

玻璃管转子流量计虽然结构简单、价格便宜、使用方便，但玻璃强度低、耐压低、玻璃管易碎，多用于常温、常压、透明流体的就地指示，因受工作条件的限制，不宜制成电远传式，电远传式一般采用金属锥形管。

（2）金属锥管转子流量计。如图 4-20 中所示为金属锥管转子流量计，公称直径一般为 *DN*15～150mm，连接方式多为法兰式连接。金属锥管转子流量计与玻璃转子流量计相比，具有耐高压、高温、读数清晰等特点，并可适用于不透明介质和腐蚀性介质的流量测量。

金属锥管转子流量计其结构有角型（见图 4-20（a））、直通型（见图 4-20（b））、水平安装型（见图 4-20（c））几种。不同型号的金属锥管转子流量计其内部具体结构也不尽相同，但大体都由传感器和转换器两部分组成。传感器由锥形管和转子组成。转换器有就地指示和远传信号输出两大类型。所有金属转子流量计，传感器和转换器之间无一例外的都是采用磁耦合的方式，将转子位置传送到转换器上。

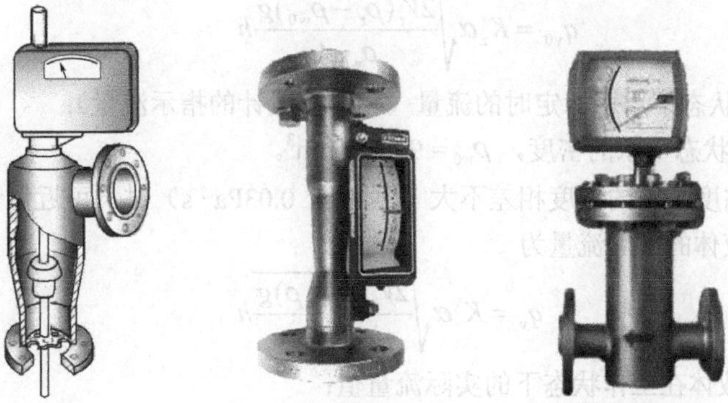

（a）角型　　（b）直通型　　（c）水平安装型

图 4-20　金属锥管转子流量计的外形结构图

金属锥管转子流量计根据不同的应用环境，可分成普通型、防爆型、夹套型、耐腐型几种。其中防爆型用于有爆炸性气体或粉尘的场所；夹套型可在夹套中通入加热和冷却介质，用于需要给流体保温以免流体凝固、结晶、汽化；耐腐型转子流量计与流体接触的部位都用聚四氟乙烯 F4、氟塑料 F40 等耐腐蚀材料制成，用于腐蚀性介质的流量测量，而普通型转子流量计与流体接触的部位一般多用普通钢、不锈钢或工程塑料制成。

电远传型金属锥管转子流量计霍尔磁效应传感器或差动变压器结构，通过磁性耦合将转子位置传递到锥管外部。当被测流体自下向上流过锥形管时，转子的高度通过内、外磁钢的磁性耦合方式，将转子的位移传给转换部分，通过传动机构实现就地显示，并转换为标准电流信号输出。

2．转子流量计的特点

① 适用于小管径和低流速测量。玻璃和金属锥管转子流量计的最大口径分别为 100mm 和 150mm。

② 可用于低雷诺数流体测量。如果选用对黏度不敏感的转子形状，则临界雷诺数只有几十到几百，这比其他类型流量计的临界雷诺数要低得多。

③ 对上游直管段长度的要求较低。

④ 有较宽的流量范围度，一般为 10 : 1。

⑤ 压力损失较低。玻璃转子流量计的压损一般为 2～3kPa，较高能达到 10kPa 左右；金属管转子流量计一般为 4～9kPa，较高能达到 20kPa 左右。

⑥ 流量计的测量精度受被测流体的密度和黏度等因素影响，所以测量精度不高，多用做直观流动指示或测量精度要求不高的现场指示。一旦实际被测流体的密度和黏度与厂家标定介质的情况不同，就应对流量指示值进行修正，给使用带来不便。

4.3.3 转子流量计指示值的修正

转子流量计指示流量与被测流体的密度ρ及流量系数α有关。流量计生产厂家为了方便成批生产，其所提供的液体转子流量计的流量刻度值是在标准状态（20℃，101.325kPa）下用水进行标定的，而气体转子流量计的流量刻度是在标准状态下用空气标定的。因此，实际使用时，如果被测介质不是水或空气，或工作状态不是在标准状态下，则必须对转子流量计的流量指示值进行修正。

1．液体流量的修正

根据基本流量公式（4-19），标准状态下用水标定时转子流量计的流量为

$$q_{v0}=K_z\alpha\sqrt{\frac{2V_r(\rho_r-\rho_{w0})g}{\rho_{w0}A_r}h} \tag{4-20}$$

式中　q_{v0}——标准状态下用水标定时的流量（转子流量计的指示流量）；

ρ_{w0}——标准状态下水的密度，$\rho_{w0}=998.2\text{kg/m}^3$。

当被测液体的黏度与水的黏度相差不大（不超过 0.03Pa·s）时，可近似认为流量系数α和测水时一样，则被测液体的实际流量为

$$q_v=K_z\alpha\sqrt{\frac{2V_r(\rho_r-\rho)g}{\rho A_r}h} \tag{4-21}$$

式中　q_v——被测液体在工作状态下的实际流量值；

ρ——被测液体在工作状态下的实际密度。

由上面两个式子经整理可得液体流量的修正公式，即

$$q_v=q_{v0}\sqrt{\frac{(\rho_r-\rho)\rho_{w0}}{(\rho_r-\rho_{w0})\rho}} \tag{4-22}$$

2．气体流量的修正

由于气体介质的黏度很小，故可忽略黏度的影响，认为流量系数α和测空气时一样。考虑到气体介质密度远小于转子材料密度，可近似认为$\rho_r-\rho\approx\rho_r$，$\rho_r-\rho_{a0}\approx\rho_r$。那么，根据上述修正方法，可得到气体流量的修正公式，即

$$q_v\approx q_{v0}\sqrt{\frac{\rho_{a0}}{\rho}} \tag{4-23}$$

式中　q_{v0}——标准状态下用空气标定时流量（转子流量计的指示流量）；

ρ_{a0}——标准状态下空气的密度，ρ_{a0}=1.2046kg/m^3；

q_v——被测气体在工作状态下的实际流量；

ρ——被测气体在工作状态下的实际密度。

被测气体的标准密度可通过查表得到，而实际密度ρ只能根据具体工况条件计算。为了修正方便，根据气体状态方程导出被测介质密度与温度压力的关系，即

$$\rho=\frac{pT_0z_0}{p_0Tz}\rho_0 \tag{4-24}$$

式中　ρ_0、p_0、T_0、z_0——被测气体在标准状态下的密度、绝对压力、绝对温度和压缩系数；

ρ、p、T、z——被测气体在工作状态下的密度、绝对压力、绝对温度和压缩系数。

将式（4-24）代入式（4-23）中得到

$$q_{\mathrm{v}} = q_{\mathrm{v0}}\sqrt{\frac{p_0 T z}{p T_0 z_0}\frac{\rho_{\mathrm{a0}}}{\rho_0}} \tag{4-25}$$

其中，p_0=101.325kPa，T_0=293.15K。

但在实际应用中，由于气体的体积流量受温度和压力影响很大，在不同的温度和压力下，气体的体积流量根本不具有可比性，因此，在计量气体的体积流量时，为了有一个共同的衡量基准，一般都要将工作状态下气体的实际流量换算成标准状态下的气体流量（单位为 Nm^3/h）。根据

$$q_{\mathrm{vn}} = q_{\mathrm{v}}\frac{\rho}{\rho_0} \tag{4-26}$$

得到

$$q_{\mathrm{vn}} = q_{\mathrm{v0}}\sqrt{\frac{p T_0 z_0}{p_0 T z}\frac{\rho_{\mathrm{a0}}}{\rho_0}} \tag{4-27}$$

式中 q_{vn}——将被测气体换算到标准状态下的流量值。

【例题 4-1】 有一台液体转子流量计用来测量密度为 791kg/m^3 的甲醇的流量，流量计的转子材料采用不锈钢（密度 7900kg/m^3），当流量计示值为 500L/h 时，被测甲醇的实际流量为多少？

解： 因为甲醇与水的黏度相差不大，所以

$$q_{\mathrm{v}} = q_{\mathrm{v0}}\sqrt{\frac{(\rho_{\mathrm{r}}-\rho)\rho_{\mathrm{w0}}}{(\rho_{\mathrm{r}}-\rho_{\mathrm{w0}})\rho}} = 500\times\sqrt{\frac{(7900-791)\times 998.2}{(7900-998.2)\times 791}} = 570\ \mathrm{L/h}$$

答： 被测流体甲醇的实际流量为 570L/h。

【例题 4-2】 有一台气体转子流量计用来测量天然气的流量，工作压力为 0.6MPa（表压），工作温度为 55℃。当流量计的读数为 100m^3/h 时，天然气的实际流量和换算后的标准流量分别是多少（此天然气在标准状态下的密度为 0.755kg/m^3，压缩系数基本不变）？

解： 根据修正公式，不考虑压缩系数，即

$$q_{\mathrm{v}} = q_{\mathrm{v0}}\sqrt{\frac{T p_0}{T_0 p}\frac{\rho_{a0}}{\rho_0}} = 100\times\sqrt{\frac{(273.15+55)\times 0.10133}{293.15\times(0.6+0.10133)}\times\frac{1.2046}{0.755}} = 50.80\mathrm{m^3/h}$$

$$q_{\mathrm{vn}} = q_{\mathrm{v0}}\sqrt{\frac{T_0 p}{T P_0}\frac{\rho_{a0}}{\rho_0}} = 100\times\sqrt{\frac{293.15\times(0.6+0.10133)}{(273.15+55)\times 0.10133}\times\frac{1.2046}{0.755}} = 314.09\mathrm{m^3/h}$$

答： 被测天然气的实际流量为 50.8m^3/h，将其换算为标准状态下的流量为 314.09m^3/h。

4.3.4 转子流量计的安装与应用

1．转子流量计的安装

① 要保持转子和锥形管的清洁，如果黏附有污垢则转子的质量及环形流通面积会发生变化，甚至还可能出现转子卡死，会产生很大的测量误差。因此，如果介质中含有固体杂质，应在流量计上游加装过滤器；如果介质中含有铁磁性物质，应在流量计的上游入口处安装磁过滤器。

② 若流体为不稳定的脉动流，为防止转子惯性作用造成指示振荡，可选用转子导杆上带阻尼器的转子流量计。

③ 对工艺上不允许流量中断的管道，在安装流量计时应加设截止阀和旁通管路以便仪表维护。为方便今后仪表的清洗还可再加上清洗管，如图 4-21 所示。正常测量时，流体自入口经阀 1、流量计、阀 2 和 4 流出。检修维护流量计时，阀 1、2 关，流体自入口经阀 3、4 流出；清洗流量计时，清洗介质经阀 5、流量计、阀 6 流出。

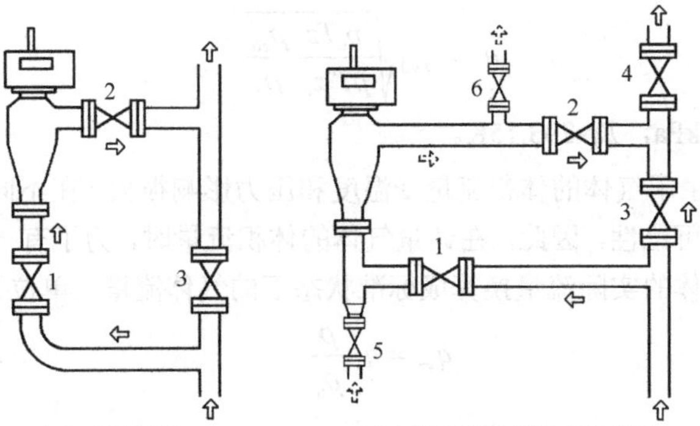

（a）旁通管路　　（b）带有清洗管的旁通管路

1、2—截止阀；3—旁通阀；4—单向阀；5、6—清洗阀门

图 4-21　转子流量计的旁通管路和清洗装置

④ 管路中有调节阀时，调节阀一般应安装在流量计的下游。另外，调节流量时不宜采用电磁阀等速开阀门，否则阀门迅速开启时，转子就会因骤然失去平衡而冲到顶部，损坏转子或锥管。

⑤ 转子流量计要求垂直安装，流量计中心线与铅垂线之间的夹角对 1.0 级和 1.5 级的流量计来说不应超过 2°，对低于 1.5 级的流量计来说不应超过 5°，否则就会带来测量误差。

⑥ 转子流量计对直管段长度要求不高。一般上游侧≥$5D$，下游侧≥250mm。

2．转子流量计的应用

① 为保证转子流量计在使用时的测量精度，被测流体的正常流量值最好选在流量计上限刻度的 1/3～2/3 范围内。

② 搬动仪表时，应将转子顶住，以免转子将玻璃管打碎。

③ 转子流量计开启时，应缓慢地打开流量计前后的截止阀，防止急开急关造成水击而损坏玻璃锥管。

④ 当流量计的锥管和转子受到污染时，应及时清洗，以免影响流量计准确度。

⑤ 被测流体温度若高于 70℃时，应在流量计外侧安装保护套，以防玻璃管骤冷破裂并溅出伤人。国产 LZB 系列转子流量计的最高工作温度有 120℃和 160℃两种。

⑥ 被测流体的状态参数与流量计标定时的状态不同时，必须对示值进行修正。

4.4　容积式流量计

容积式流量计测量流量的原理，让被测流体充满具有固定容积的“计量室”，接着再把这部分流体排出，然后重复不断地进行。所有容积式流量计内部都要形成计量室空间，这也是容积式流量计的基本结构特点。

鉴于其测量原理的容积性，容积式流量计一般用来计量累积流量。容积式流量计测量的精确度与流体的密度无关，也不受流动状态的影响，因而是流量计中精度最高的一类仪表之一，广泛应用于石油、化工、涂料、医药、食品，以及能源等工业部门的产品总量计量，并常作为标准流量计对其他类型的流量计进行标定。目前，应用较为普遍的容积式流量计有椭圆齿轮式、腰轮式、刮板式、活塞式等多种。

4.4.1 椭圆齿轮流量计

1. 椭圆齿轮流量计的结构

椭圆齿轮流量计由测量主体、联轴耦合器、表头三部分组成。测量部分由壳体及两个相互啮合的椭圆截面的齿轮构成，如图 4-22 所示。在椭圆齿轮与壳体内壁、上、下盖板之间围成一个“月牙”截面柱形固定容积的空间，就是所谓的“计量室”。

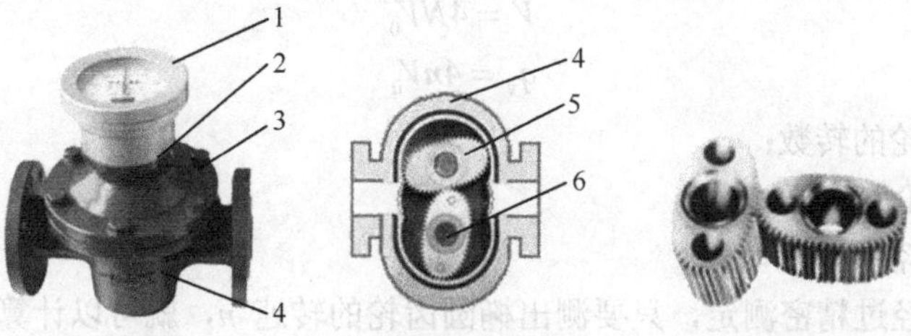

（a）外形图　（b）内部结构示意图　（c）椭圆齿轮转子

1—表头；2—联轴耦合器；3—上盖；4—测量主体；5—椭圆齿轮；6—轴

图 4-22　椭圆齿轮流量计

2. 椭圆齿轮流量计的工作原理

流量计的工作原理可以从图 4-23 中对椭圆齿轮受力情况进行分析。由于流量计进口流体压力 p_1 大于出口流体压力 p_2，压力差能够在椭圆齿轮上产生旋转力矩使之转动。

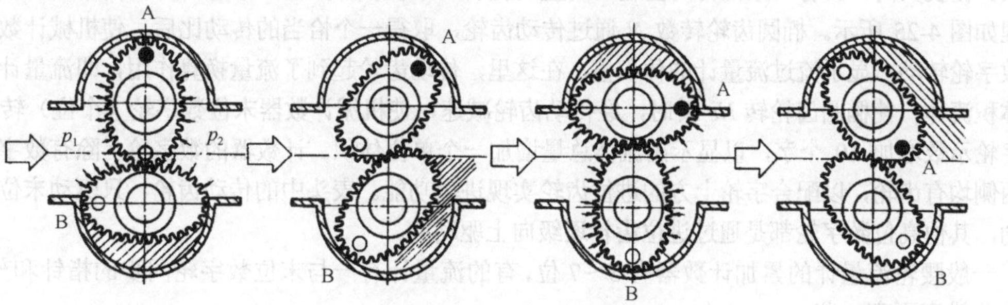

（a）　（b）　（c）　（d）

图 4-23　椭圆齿轮流量计的原理示意图

在图 4-23（a）位置时，A 齿轮左右两侧压力 p_1、p_2 对称分布，产生的力矩为零。B 齿轮下侧面不产生力距，但上侧面左半部受 p_1 作用，右半部受 p_2 作用。因为 $p_1>p_2$，B 齿轮上会产生的逆时针方向的合力矩。B 齿轮将逆时针转动，并通过齿轮啮合，驱动 A 齿轮作顺时针转动。这时 B 为主动轮，A 齿轮为从动轮。此时 B 齿轮一侧计量室开始把流体向出口排出。

转至图 4-23（b）位置时，通过对 A、B 两齿轮受压面积的分析看出，B 齿轮与 A 齿轮所受的合力矩均不为零，此时 B 齿轮与 A 齿轮均为主动轮，按照 A 顺时针、B 逆时针的方向转动，B 齿轮一侧计量室内的流体排出，A 齿轮一侧计量室开始收入流体。

当继续转至图 4-23（c）位置时，刚好与图 4-23（a）位置相反。B 齿轮上产生的力矩降为零，A 齿轮上产生的顺时针力矩达到最大。这时 A 为主动轮，带动 B 齿轮继续逆时针转动。A 齿轮一侧刚好收集好一个完整的计量室流体待排。

当转动到图 4-23（d）位置时，与图 4-23（b）相似，A、B 齿轮上分别产生顺、逆时针力矩，按照 A 顺时针、B 逆时针的方向继续转动。此时 A 齿轮一侧计量室内的流体已基本排出，B 齿轮一侧计量室开始收入流体。

继续转动时将回到图4-23（a）位置，如此往复循环。随着椭圆齿轮不断旋转，流体就一次次不断地被计量室分割，并以计量室为单位从入口排到出口。

显然，从图4-23（a）到图4-23（d）再到4-23（a），仅仅表示椭圆齿轮转动1/2周的情况，而其所排出的被测流体刚好等于2个计量室的体积。所以，椭圆齿轮每转一周将排出4个计量室体积的被测流体。通过椭圆齿轮流量计的累积流量V和瞬时流量q_v为

$$V = 4NV_0 \tag{4-28}$$

$$q_v = 4nV_0 \tag{4-29}$$

式中　N——椭圆齿轮的转数；

n——椭圆齿轮的转速；

V_0——计量室容积。

计量室容积V_0经过精密测定，只要测出椭圆齿轮的转速n，就可以计算出被测流体的体积流量；测出椭圆齿轮的转数N，就可以计算出被测流体的累积流量V。

3．椭圆齿轮流量计的流量指示

椭圆齿轮流量计的流量显示装置，有就地显示和远传显示两种。就地显示是将椭圆齿轮的转动通过磁性密封联轴器和一套传动减速机构传递给机械计数器直接指示出流经流量计的总量。远传显示是附加发信装置后，再配以电显示仪表就可实现远传指示瞬时流量或累积流量。

（1）总量积算结构。如图4-24所示，在椭圆齿轮流量计中，齿轮转数N通过磁性联轴器传递到表头。在表头内，具有一系列传动齿轮、调整齿轮和一个机械计数器。流量积算机构中的机械计数器原理如图4-25所示。椭圆齿轮转数N通过传动齿轮，取得一个恰当的传动比后，使机械计数器的末位数字轮转动，显示流过流量计的体积值。在这里，传动齿轮起到了流量换算作用，即流量计通过单位体积流体，使椭圆齿轮转Nc转时，经传动齿轮减速，使机械计数器末位数字轮（个位）转1圈，数字轮示数增加10个字，以显示出流体总量增加一个单位体积。计数器的数字轮上除有数字外，字轮两侧均有齿轮，以配合字轮上方的进位齿轮实现进位功能。表头中的传动齿轮，只驱动末位数字轮转动，其他高位数字轮都是通过进位齿轮逐级向上驱动的。

一般腰轮流量计的累加计数器有5～7位，有的流量计有一与末位数字轮同步的指针和刻度盘，读数分辨率更高一些。

（2）瞬时流量显示与信号远传。瞬时流量可以通过两种途径得到：一是从指针转一圈所代表的流量及所用时间去推算；二是用瞬时流量显示器直接指示瞬时流量值。瞬时流量显示器是在表头传动齿轮中装上一个小型测速发电机，根据腰轮转速与流量成正比的关系，将流量的大小变为电流，由电流表指示出来。

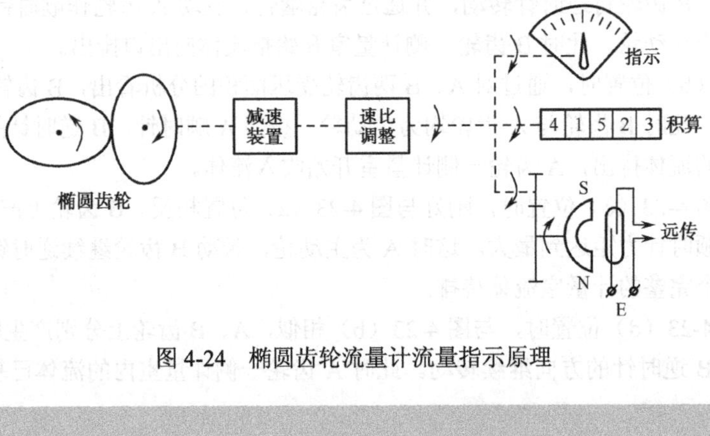

图4-24　椭圆齿轮流量计流量指示原理

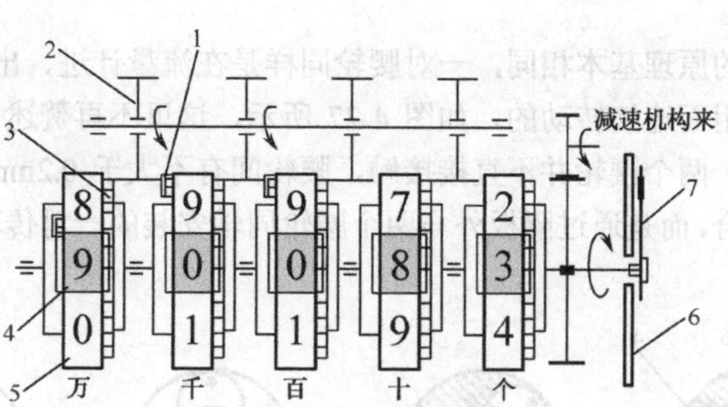

1—进位齿（2 齿）；2—进位齿轮；3—进位齿（20 齿）；4—读数窗口；5—数字轮；6—刻度盘；7—指针

图 4-25　计数器原理

为了实现流量的远距集中显示和流量计标定需要，可以在表头内设置发讯装置。将椭圆齿轮转数转换成相应的电脉冲数，远传后由显示仪表对脉冲信号进行累积、计数处理，以显示流体的流量与总量。

发讯器有电磁式、光电式两种。光电式发讯器比较简单，它利用带孔的发讯盘间隔性避开光源和光电管，从而产生电脉冲信号。发讯盘通过减速齿轮带动，有的用光栅发讯盘，输出分辨率更高。电磁式发讯器，发讯盘上有许多金属齿条，发讯器中高频振荡器的震荡线圈置于发讯盘两侧。当发讯盘齿端金属片进入震荡线圈之间时，振荡器停振。当发讯盘转动时，把振荡信号调制成幅值不同调制波，经放大器检波、放大后变成方波脉冲输出。

图 4-24 中的发信装置比较简单，椭圆齿轮的转动通过减速后的齿轮带动永久磁铁旋转，使得干簧管继电器的触点在遇到永久磁铁的磁极时闭合，离开时断开，磁铁每转一圈，发出两个电脉冲输出。

4.4.2　腰轮流量计

1. 腰轮流量计的组成与原理

腰轮流量计又称罗茨流量计，其测量部分由壳体及一对表面光滑无齿的腰轮构成，如图 4-26 所示。腰轮的形状因酷似链条的链节，有明显的缩腰而得名。在腰轮与壳体、上、下盖板内壁之间围成的具有一定容积的空间，即“计量室”。由于腰轮的缩腰形状与椭圆齿轮鼓腰形状相反，相同直径下，腰轮流量计形成的计量室比椭圆齿轮流量计的要大，其仪表体积相对较小。

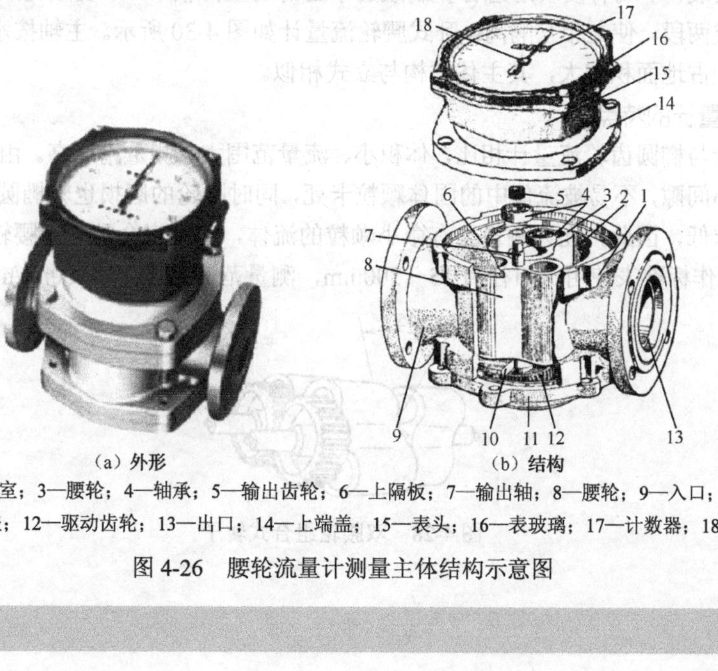

（a）外形　　（b）结构

1—壳体；2—计量室；3—腰轮；4—轴承；5—输出齿轮；6—上隔板；7—输出轴；8—腰轮；9—入口；10—下隔板；11—下端盖；12—驱动齿轮；13—出口；14—上端盖；15—表头；16—表玻璃；17—计数器；18—指针

图 4-26　腰轮流量计测量主体结构示意图

与椭圆齿轮流量计的原理基本相同，一对腰轮同样是在流量计进、出口流体的压力差作用下，交替地产生旋转力矩作用而连续转动的，如图 4-27 所示，这里不再赘述。不同之处是两个腰轮上没有齿，腰轮表面光滑，两个腰轮并不直接接触，腰轮间有不大于 0.2mm 的微小间隙，因此，它们之间没有直接相互啮合，而是通过隔板外与两个腰轮同轴安装的一对传动齿轮的相互啮合实现两个腰轮的相互驱动的。

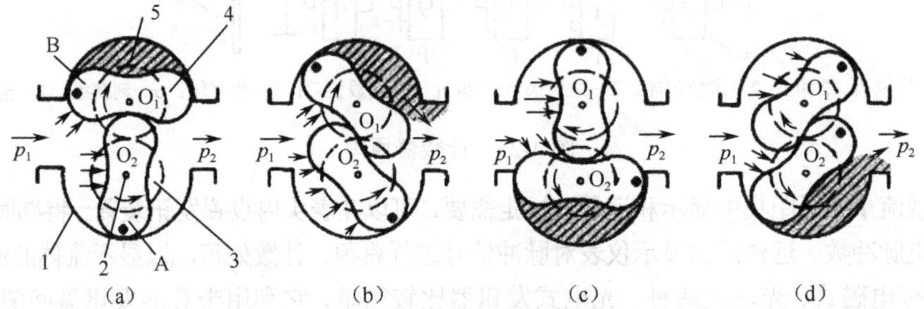

1—壳体；2—转轴；3—驱动齿轮；4—腰轮；5—计量室

图 4-27　腰轮流量计工作过程示意图

腰轮每转一周，流量计输出四倍计量室体积的流体，被测流体的流量与腰轮转数成正比，腰轮的转数通过一定传动比的变速机构传给计数器，并通过计数器的累计值显示某段时间内被测流体的累积体积流量。

2．腰轮流量计的结构类型

腰轮流量计主要由壳体、腰轮、驱动齿轮、磁性耦合联轴器、精度修正器、计数器等组成。其流量信号的显示以机械计数器就地显示累积流量为主，可另配光电式脉冲转换器转换成电脉冲信号输出。与流量数字积算仪配套使用，可进行远程测量、显示和控制。

从结构形式上来看，腰轮式流量计有立式和卧式两种。根据腰轮的数目不同，又可分为单（对）腰轮式流量计和双（对）腰轮式流量计。双腰轮组合式转子如图 4-28 所示，在运转时比较平稳，振动较小。常用于公称直径大于 50mm 的流量计中。较大口径的立式腰轮流量计如图 4-29 所示。腰轮主轴垂直安装，下端有硬质耐磨合金制成的平面滑动止推轴承，承受腰轮质量。中间隔板将腔体计量室分隔成两段，使之相互隔离。卧式腰轮流量计如图 4-30 所示。主轴按水平工作状态设计，不用止推轴承，占地面积较大，其主体结构与立式相似。

3．腰轮流量计的特点

腰轮流量计与椭圆齿轮流量计相比，体积小、流量范围大、测量精度高。由于腰轮没有齿，两个腰轮间有微小间隙，不易被流体中的固体颗粒卡死，同时腰轮的磨损也较椭圆齿轮轻一些，对介质清洁度的要求低，因此，允许测量含有微小颗粒的流体，使用寿命较长。腰轮流量计精度较高，可达 0.2 级，可作标准表使用。口径为 15～300mm，测量范围为 2.5～1000m^3/h。

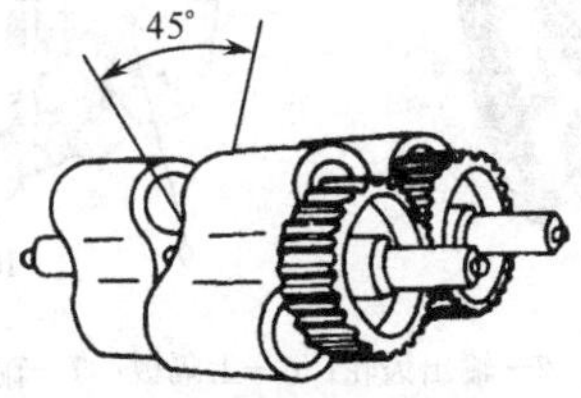

图 4-28　双腰轮组合式转子

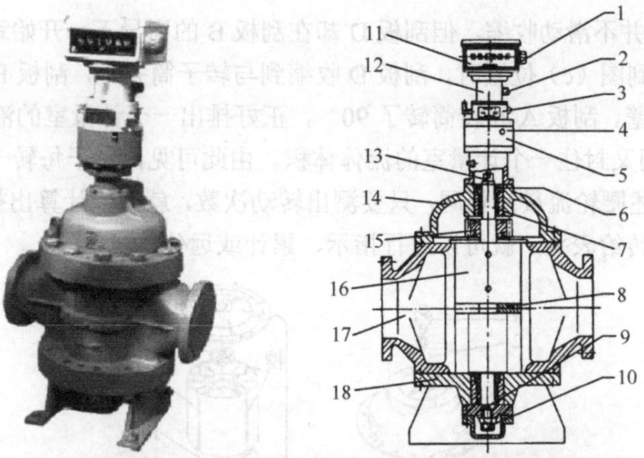

（a）外形图　　（b）内部结构示意图

1—机械计数器；2—转数输出轴；3—精度校正器；4—压注油器；5—磁性耦合联轴器；6—径向轴承；7—腰轮轴；8—中间隔板；9—止推轴承；10—轴承座；11—表头；12—传动齿轮箱；13—连轴座；14—上盖；15—驱动齿轮；16—腰轮；17—壳体；18—下盖

图 4-29　LL 型立式腰轮流量计

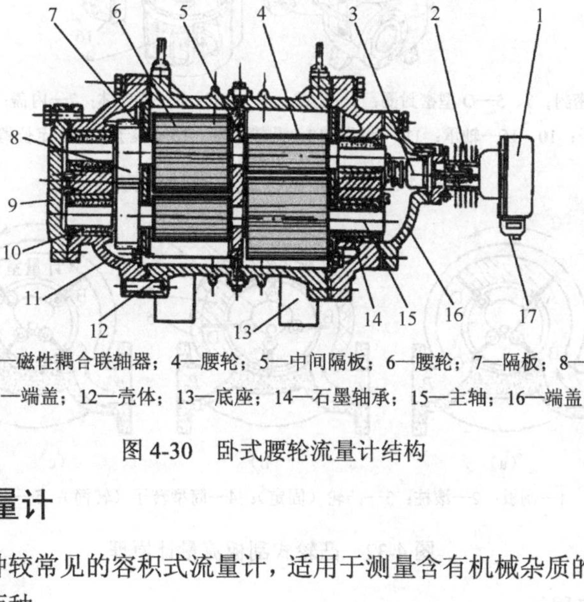

1—指示部分；2—散热片；3—磁性耦合联轴器；4—腰轮；5—中间隔板；6—腰轮；7—隔板；8—驱动齿轮；9—轴承盖；10—石墨轴承；11—端盖；12—壳体；13—底座；14—石墨轴承；15—主轴；16—端盖；17—发讯器

图 4-30　卧式腰轮流量计结构

4.4.3 刮板流量计

刮板流量计也是一种较常见的容积式流量计，适用于测量含有机械杂质的流体。从结构特点来分，有凸轮式和凹线式两种。

1. 凸轮式刮板流量计

凸轮式刮板流量计主要由转子、凸轮、刮板、滚柱及壳体组成，如图 4-31 所示。壳体的内腔为圆形，转子也是一个空心圆筒体，在筒壁上径向互为 90° 的位置开了四个槽，两对刮板及分别由两根连杆连接，相互垂直，在空间交叉，互不干扰。每块刮板的内侧各装有一个小滚柱，这四个小滚柱都紧靠在一个固定不动的凸轮上并沿凸轮边缘滚动，从而使刮板可以在槽内沿径向伸出或缩进。凸轮刮板式流量计的工作原理可用图 4-32 说明。

当流体通过时，在流量计进、出口压差的作用下，刮板被流体推动带动转子筒一起转动。在如图 4-32（a）所示的位置时，与凸轮 90° 大圆弧相对应处。刮板 A 和 D 在滚子导引下，伸出转筒，并压向壳体内壁。这样由壳体、刮板、转子筒形成一密封的空间，即为计量室。此时刮板 C 和 B 则全部收缩到与转子筒齐平。当刮板和转子筒到图（b）所示位置时，由于刮板 A 沿着凸轮的大圆弧转动，因此刮板 A 并不滑动收缩，但刮板 D 却在刮板 B 的引导下，开始逐渐缩入槽内，流体排出。当刮板和转筒转到图（c）位置时，刮板 D 收缩到与转子筒齐平，刮板 B 由凸轮控制全部伸出转子筒并压向壳体内壁。刮板 A 和转筒转了 90°，正好排出一个计量室的液体。此时在刮板 A 和后一相邻刮板 B 之间又封住一个计量室的流体体积。由此可见，转子每转一周，将排出四份计量室体积的流体。与前述腰轮流量计相同，只要测出转动次数，就可以计算出排出流体的体积。刮板流量计将转子的转动传给表头，就可以进行指示、累计或远传。

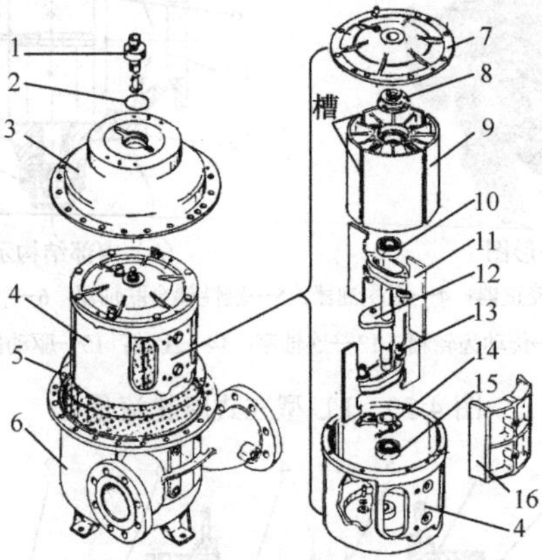

1—出轴密封；2、5—O 型密封圈；3—上盖；4—内壳；6—外壳体；7—内盖；8—轴承座；9—转子；10、15—轴承；11—刮板；12—凸轮及轴；13—滚子；14—定位臂；16—挡块

图 4-31　凸轮刮板式流量计结构图

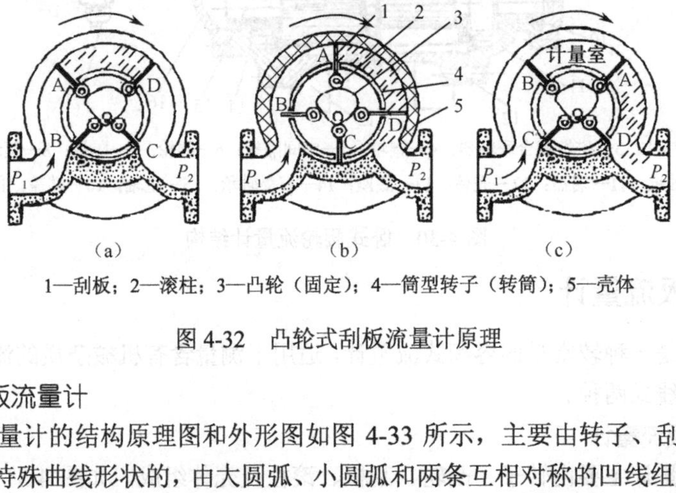

1—刮板；2—滚柱；3—凸轮（固定）；4—筒型转子（转筒）；5—壳体

图 4-32　凸轮式刮板流量计原理

2. 凹线式刮板流量计

凹线式刮板流量计的结构原理图和外形图如图 4-33 所示，主要由转子、刮板、连杆和壳体组成。其壳体内腔是特殊曲线形状的，由大圆弧、小圆弧和两条互相对称的凹线组成。转子是实心的，中间有互成 90° 的四个槽。两对刮板分别由两根连杆连接，在空间交叉。其动作原理和凸轮式刮板流量计几乎一样。区别在于凸轮式刮板的径向滑动受凸轮控制，而凹线式刮板的径向滑动完全由具有凹线的壳体决定。两对刮板在凹线的控制下，在转子的“十”字形槽内滑动。每当相邻两刮板转至大圆弧位置时，正好封住一个计量室体积的流体。对于具有四个刮板的凹线式刮板流量计，转子每转一周也是排出四个计量室体积的流体。

3. 刮板流量计的特点

① 刮板流量计结构的特点，使之不易发生转子卡住现象。能够适用于各种不同黏度和带有少量固体杂质的液体。其计量精度一般可达 0.2 级。

（a）LB系统刮板流量计的外形图

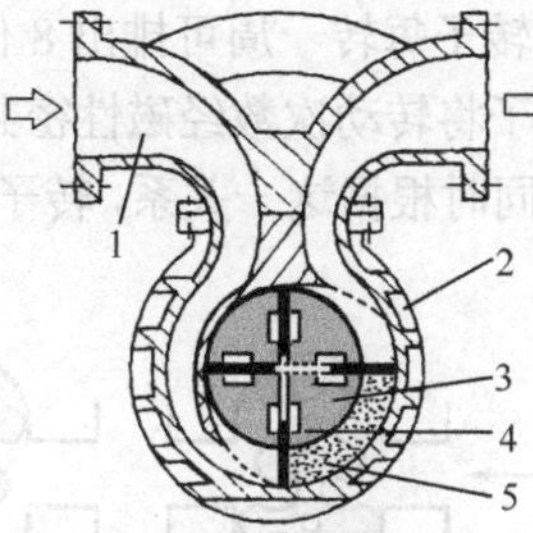

（b）结构原理图

1—进口管；2—壳体；3—转子；4—刮板；5—计量室

图 4-33　凹线式刮板流量计的原理示意图

② 由于刮板的特殊运动轨迹，使被测流体在通过流量计时不产生涡流，不改变流动状态，这有利于提高精度，减小压力损失。由于在结构设计上机械摩擦小，刮板流量计的压损较小，在测量液体最大流量时一般不超过 30kPa，均小于椭圆齿轮流量计和腰轮流量计的压力损失。

③ 设计时一般使刮板径向滑动的加速度较小，以使流量计转动平稳。总体来说，刮板流量计的振动及噪声均很小，适合于中等或大流量的流量测量。

4.4.4　双螺杆流量计

双螺杆流量计是一种精密加工装配的新型容积式流量计，又称双转子流量计。由于采用一对特殊齿型的螺旋转子直接啮合，无相对滑动，靠进、出口处较小的压差推动转子旋转。

如图 4-34 所示是双螺杆流量计的外形及螺旋转子实物图。有液体双转子流量计和气体双转子流量计两种。一对特殊螺旋转子是计量腔体内唯一的运动体，起到分割、运送和排放被测液体的作用。在螺旋转子上，同一时刻，每一个转子在同一横截面上受到流体的旋转力矩虽然不一样，但两个转子分别在所有横截面上受到旋转力矩的合力矩是相等的。因此两个转子各自作等速、等转矩旋转，排量均衡无脉动。因此双螺杆流量计具有运转平稳、无脉动、噪声低、磨损少、精度高、流量大、黏度适应性强、允许被测液体中的微细颗粒通过、不易卡表等特点，广泛应用于石油、化工、冶金、电力、船舶、交通、码头等部门的商业贸易计量。

（a）LSZ型液体双转子流量计

（b）LSZQ型气体体双转子流量计

（c）双螺杆转子

图 4-34　双螺杆流量计的外形及螺旋转子实物图

1. 工作原理

以上海一诺仪表有限公司生产的 LSZ 型液体双转子流量计为例，其工作原理示意图如图 4-35 所示，计量室由内壳体和一对转向相反的螺旋转子及上下盖板等组成，它们之间形成若干个已知体积的空腔作为流量计的计量单元。一对螺旋转子靠其进、出口处的微小压差推动旋转，并不断地将进口的液体经空腔计量后送到出口。以上面的一个顺时针旋转的转子为例，转四分之一周排出一个空腔容积，则一对螺旋转子每转一周可排出 8 倍空腔的容积，因此，转子的旋转次数与通过流量计的累积流量成正比。转子将转动次数经磁性密封联轴器及传动系统传递给计数机构，直接指示出流经流量计的液体总量。同时根据这一关系，转子的转速与流体的瞬时流量成正比，根据每秒的转数，即可测出瞬时流量。

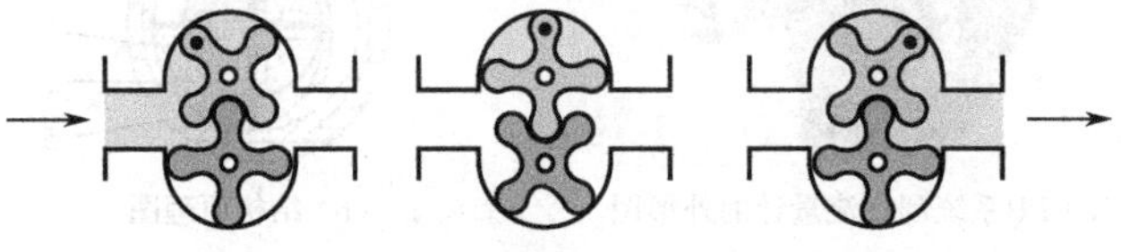

图 4-35　双螺杆流量计原理示意图

流量计可现场指示，除有直读式计数器就地指示流量外，还可配发讯器输出电脉冲（电流）信号，将正转子转数转换成脉冲信号，远传到二次仪表或计算机，使流体流量能远传集中监测控制。

2. 特点

（1）被测液体的黏度范围大。特别适用于原油、高凝油、高含水原油、石油制品和化学溶液的商贸交易计量和工程自动化计量。

（2）流量计通过的流体流量大，最大液体流量是同径普通容积式流量仪表的 2 倍左右。

（3）使用寿命长，精度高，可靠性强。

（4）压力损失极小。

（5）具有 4～20mA DC 电流输出、电脉冲信号输出和 485 串口通信输出等可选输出，可直接与计算机联网。

4.4.5　容积式流量计的安装与应用

几种容积式流量计的被测量原理相同，结构也有许多共同之处。其安装与使用方法基本相同。

1. 容积式流量计的特性

应用容积法测量流量，实质上是累加检测流体体积的办法。因此，与其他流量检测方法相比，流量大小受流体密度、流态、工作状态等条件的影响较小，因而可以得到较高的检测精度。

如图 4-36、图 4-37 所示是容积式流量计的误差和压力损失特性曲线。从图 4-36 曲线可见，流体黏度对误差的影响向负方向倾斜，并且流量越大，相对误差越小。这是因为泄漏量随流量、进出口压差的变化不大。从图 4-37 中可见，黏度变化对压力损失的影响要明显一些，当黏度增大时，压力损失也增大。

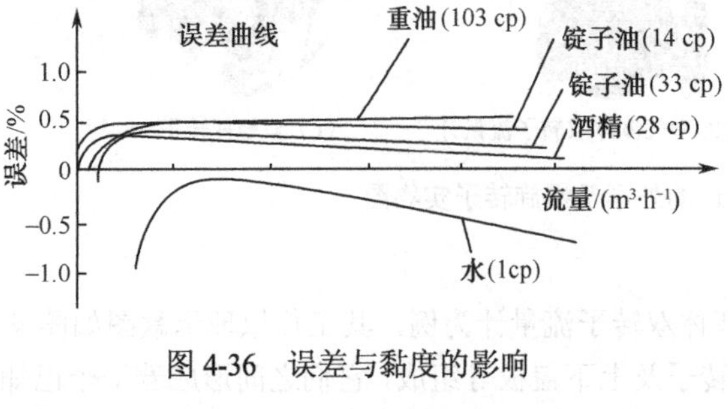

图 4-36　误差与黏度的影响

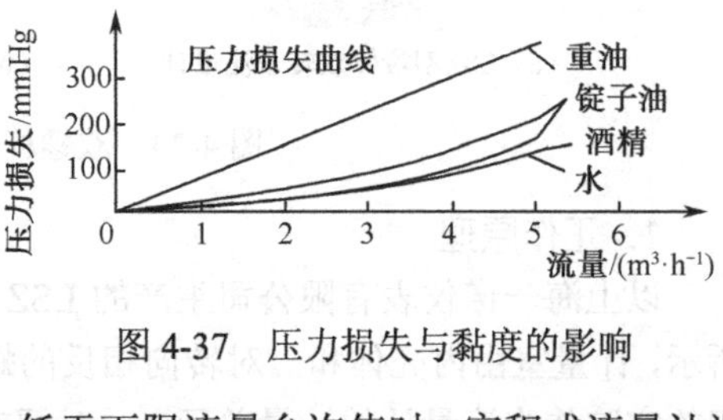

图 4-37　压力损失与黏度的影响

从曲线可以看出，如果使用时被测介质的流量过小，低于下限流量允许值时，容积式流量计泄漏误差明显，不能再保证足够的测量精度；另外黏度对检测误差起主要影响作用，这是由于仪表存在着运动部件，运动部件与器壁间的间隙产生流体的泄漏，此泄漏量随流体黏度的变化而变化。而容积式流量计生产厂家，在检定液体流量计时通常采用柴油、机油等液体，往往实际被计量的流体黏度与流量计检定时的流体黏度有较大差异造成流量计的误差曲线偏移，因此，有必要进行流量计的误差曲线修正，具体修正方法可见生产厂家的说明书。

2．容积式流量计的安装

1）对安装环境的要求

① 远离热源，避免高温环境，被测流体的温度不宜过高。一般规定环境温度为-15～40℃，被测介质最高温度一般小于 100℃，高温型不超过 150℃。当距离热源较近时，可采取隔热措施。因为被测流体温度过高，容积式流量计的零件容易发生热膨胀变形，有使转动部件发生卡死、造成断流的可能。

② 尽量避开有腐蚀性气体、多灰尘和潮湿的场所，以防积算器减速齿轮等零部件锈蚀损坏。

③ 避开有振动和冲击的场所。因为被测流体从仪表中流出是不均匀的，流量计本身就容易产生噪声及振动，管道和环境的振动和冲击很容易使转子等部件损坏。

2）对被测流体的要求

① 容积式流量计比较适合于高黏度流体（如重油、聚乙烯醇、树脂等）流量的测量。这是因为流体黏度较大时，产生的泄漏量越小，测量精度越高。当被测流体黏度太低时，泄漏量突出，会降低测量精度。

② 由于转动部件的间隙很小，椭圆齿轮流量计表面有齿啮合，流体中的颗粒杂质等会引起转动部件过早磨损，甚至会造成转子部件卡死，所以要求被测流体尽量洁净。

3）安装工艺要求

① 为了滤除流体中的杂物，表前（即流量计的上游）应安装过滤器，并定期清洗和更换过滤网。为了避免液体中的气体进入流量计引起测量误差，表前应安装消气器，以免气体进入流量计形成气泡而影响测量准确度。为了防止压力波动和过大的水击，必要时可在表前安装缓冲罐、膨胀室、安全阀或其他保护装置。

② 当对流体的流量有控制要求时，应在流量计的下游侧安装流量调节阀。

③ 为了在仪表故障及检修时不断流，应设置旁通管路，在正常使用时必须紧闭旁通阀，此时需注意在水平管道上安装时，流量计一般安装在主管道中，如图 4-38（a）所示；而在垂直管道上安装时，为防止主管道杂物沉积于流量计，应将流量计安装在旁路管道中，如图 4-38（b）所示。当然也可采用流量计并联运行方式，一台流量计出故障时另一台可替换使用。

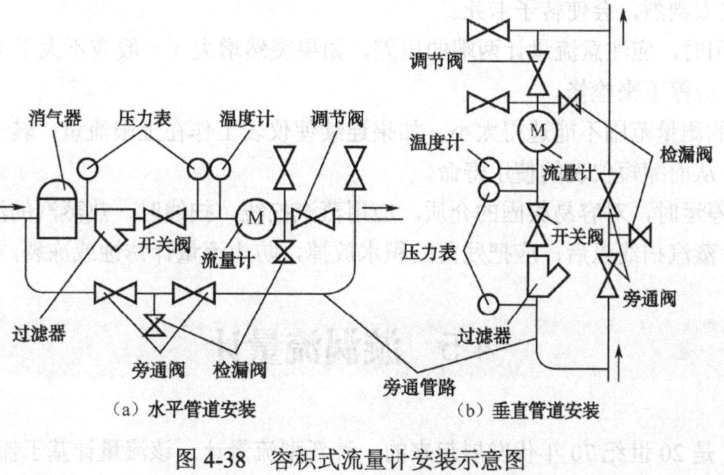

图 4-38 容积式流量计安装示意图

④ 旁通管路中的阀门应工作可靠。若旁通阀泄漏，会造成非计量误差。为此旁通管路可由两个阀串联控制，在两个阀间的管路上，设置一小阀检漏。

4）*安装配管要求*

① 安装流量计前，管道必须进行清洗和吹扫，清除焊渣、铁屑等杂物。为了避免管道中杂质进入流量计，可以先用一段管子代替流量计，对管道进行清洗，然后再换上流量计。

② 容积式流量计对前后直管段没有要求。

③ 安装流量计时，流量计本体上的箭头方向应与液体流动方向一致。

④ 容积式流量计可水平或垂直安装，具体要视流体形式（液体、干气、湿气）、安装现场、流量计类型而定。

⑤ 连接管道一般应与流量计等径、同轴安装，防止密封垫片之类的凸出物突入管道内腔。流量计应采取无应力安装，避免出现上、下游管道安装法兰不平行、不同心等现象。仪表受较大安装应力会引起变形，影响测量精度，甚至卡死活动部件。

3．容积式流量计的使用

容积式流量计是一种较为准确的流量测量仪表，其累积流量的精度用于液体介质，一般为 0.5 级，高的可以达到 0.1～0.2 级，用于气体介质的精度低些，一般为 1.0～1.5 级。流量计的量程比较宽，一般为 10∶1。但其结构复杂，对于大口径管道的流量测量，流量计的体积大而笨重，加工制造较为困难，成本较高，维护不方便。只有在正确安装、使用和及时维护的前提下，才能使流量计在规定的精度范围内正常工作。

1）*启动试运行*

① 投运前，关闭流量计前后的阀门，打开旁通阀，使流体先从旁通阀流过，冲洗管道中残留的杂物并使流量计进、出口压力平衡。

② 启动流量计时，先缓慢打开流量计前的阀门，再缓慢打开流量计后的阀门。观察流量计运转状况后，缓慢关闭旁通阀门，使流量计投入运行。

③ 观察记录各项运行参数的变化，如压力、温度等，系统应没有大的振动、噪声和泄漏情况，稳定运行一段时间后，试运行工作结束。

2）*正常运行*

① 在启动和停运流量计时，开、关阀门应缓慢，逐步增加或减小流量，以免瞬间过大的流量冲击而损坏转子。在启动高温流量计时，应逐渐增大流量。由于转子的温升快，壳体的温升慢，流量计的温度变化太剧烈，会使转子卡死。

② 正常使用时，应注意流量计两端的压差，如果突然增大（一般应不大于 120kPa），应考虑是否转子卡死，应停下来检修。

③ 流量计的测量范围不能选得太小。如果连续使仪表工作在上限流量，转子会因长期高速旋转而加速磨损，从而缩短仪表的使用寿命。

④ 流量计停运时，对容易凝固的介质，应用蒸汽扫线。扫线时，热蒸汽的温度不能超过流量计的温度范围。蒸汽扫线以后，应把残留的积水放掉，防止流量计锈蚀或冻裂。

4.5 漩涡流量计

漩涡流量计是 20 世纪 70 年代发展起来的一种新型流量计。该流量计基于流体振荡原理工作，即在一定的流动条件下，部分流体产生振动，且振动频率与流体流量成正比关系，将该振动频率信号输出，经转换就可得到被测流量。流量计无机械可动部件，安装维护方便，运行费用低，所以该测量方法越来越受到人们的重视。

旋涡流量计按工作原理可分为流体自然振荡型和流体强迫振荡型两种。前者称为涡街流量计，后者称为旋进漩涡流量计。

4.5.1 涡街流量计

1. 涡街流量计的测量原理

涡街流量计实现流量测量的理论基础是流体力学中著名的“卡门涡街”原理。在流体中垂直于流向放置一根非流线型柱状体（如圆柱、三角柱或 T 形柱等）作为漩涡发生体，当流体流速足够大时，流体会在漩涡发生体的下游两侧交替产生如图 4-39 所示的旋转方向相反的漩涡，像这样两列平行的不对称的交替漩涡列称为卡门涡街。

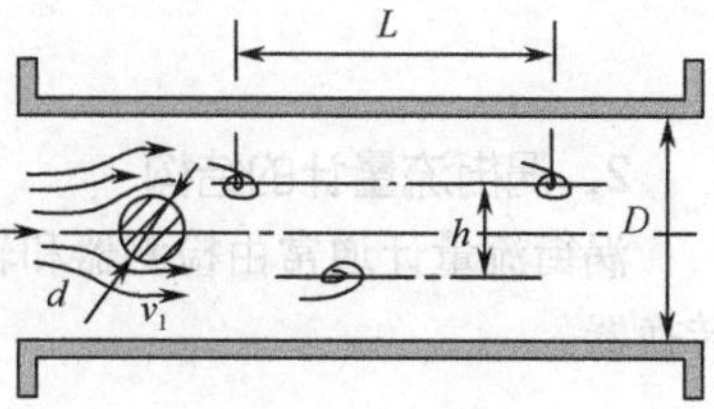

图 4-39 卡门涡街

由于漩涡之间相互影响，漩涡列一般是不稳定的。实验证明，当两列漩涡之间的距离 h 与同列的两个漩涡之间的距离 l 满足 $\frac{h}{l}=0.281$ 的关系时，卡门涡街才是稳定的。此时所产生的单列漩涡的频率 f 和漩涡发生体两侧流体的平均速度 v_1 及漩涡发生体的宽度 d 之间存在如下关系，即

$$f = S_t \frac{v_1}{d} \tag{4-30}$$

式中 v_1——漩涡发生体两侧流体的平均流速，m/s；

d——漩涡发生体迎流面最大宽度，m；

f——单列漩涡的频率，即单位时间内产生的单列漩涡的个数，Hz；

S_t——斯特罗哈尔数。

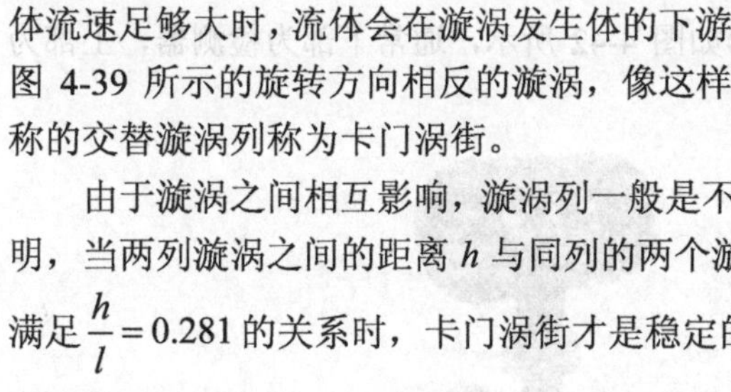

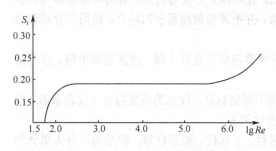

图 4-40 圆柱体的 S_t 与雷诺数的关系

斯特罗哈尔数 S_t 是一个无量纲数。当漩涡发生体几何形状确定时，随雷诺数而变，如图 4-40 所示。只要管道内流体的雷诺数 Re 保持在 2×10^4～7×10^6 范围内，S_t 便保持为一个常数，三角柱 S_t=0.16，圆柱体 S_t=0.20。

如果管道内径为 D，漩涡发生体处两侧弓形截面积为 A_1，流体在管道内的流量为

$$q_v = A_1 v_1 = A_1 \frac{fd}{S_t} = \frac{f}{K} \tag{4-31}$$

式中 K——流量系数，又称仪表系数，$K = \frac{S_t}{A_1 d}$。

表明管道尺寸和漩涡发生体尺寸一定，且流体雷诺数 Re 在一定范围内时，K 为一常数。其物理意义是流过每立方米体积流量产生的涡街脉冲数，此系数是仪表在出厂前经实验标定得出的。从图 4-41 中实测数据可以看出，该仪表系数不受流体的压力、温度、黏度、密度、成分的影响，用水标定的仪表用于空气，仪表系数仅相差 0.5%，误差不是很明显。

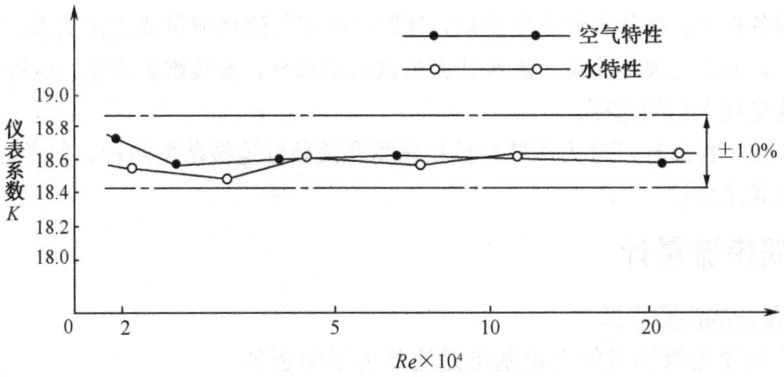

图 4-41　空气和水的实流特性

2．涡街流量计的结构

涡街流量计通常由检测器和转换器组成，其外形如图 4-42 所示，通常下部为检测器，上部为转换器。

（a）夹装外形图　　（b）法兰式外形图

图 4-42　一体式涡街流量计的外形及结构示意图

涡街流量计具有结构简单，安装容易，价格较低，使用维护方便等特点。有的将检测器与转换器分开安装。分离型流量计用于远程观察流量计读数，并不需要就地显示的场合，适用于介质温度较高和环境恶劣的场合。

检测器包括漩涡发生体、检测元件、壳体等。转换器包括前置放大器、滤波整形电路、信号处理电路等。

漩涡发生体是涡街流量计的关键部件，一般采用不锈钢材料，仪表的流量特性（仪表系数、线性度、范围度等）和阻力特性（压力损失）都与它密切相关。

漩涡发生体按柱形可分为有圆柱、三角柱、梯形柱、T 形柱、矩形柱等；按结构可分为单体和多体之分。如图 4-43 所示为常见的漩涡发生体的截面形状，流体流动方向自左向右。

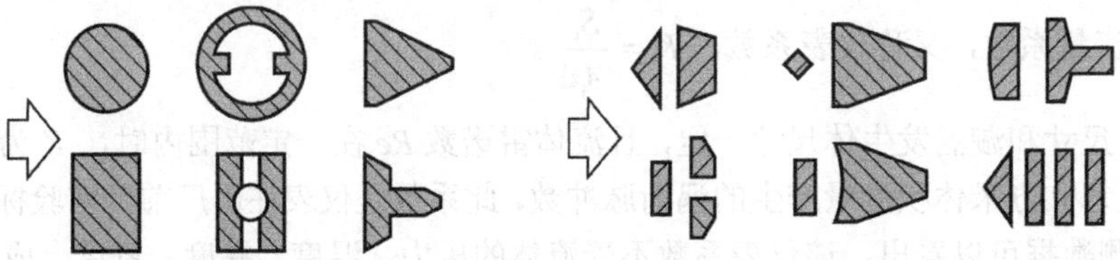

（a）单体漩涡发生体　　（b）多体漩涡发生体

图 4-43　漩涡发生体基本形状

单体三角柱形漩涡发生体是应用最广泛的一种。多体漩涡发生体由主发生体和辅助发生体组成，位于上游的发生体起分流和起漩作用，位于下游的发生体可起到提高涡街强度和稳定漩涡的作用。检测元件大都安装在下游发生体内。

3．漩涡频率的检测

漩涡频率信号 f 的检测方法有热敏式、差压式、超声波式、应变式等多种。

如图 4-44 所示，当漩涡发生体的右上方出现漩涡时，根据环量守恒原理，由于漩涡的反向回流，其他部分必然要产生与漩涡旋转方向相反的旋转运动——逆环流，如图 4-44 中虚线所示。逆环流与流体绕流流速叠加，造成产生漩涡一侧平均流速降低，静压升高，另一侧流速增高，静压降低。于是在漩涡发生体两侧产生静压差，使漩涡发生体受到与流速方向相垂直的由上向下的力；当漩涡发生体的右下方有逆时针方向漩涡出现时，则环流方向相反，结果漩涡发生体受到由下向上的力。这种由逆环流产生的作用力称为茹科夫斯基升力，其大小为 $F=1.7\rho dv^2$。

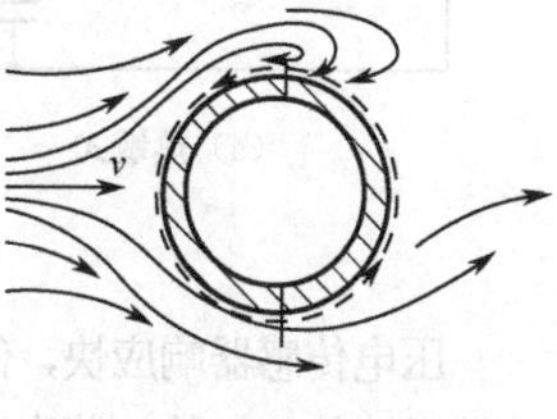

图 4-44　漩涡与逆环流

总之，伴随着漩涡发生体两侧交替产生漩涡，漩涡发生体就会周期性地受到方向相反的两个茹科夫斯基升力的交替作用，漩涡发生体周围流体还会同步发生流速及压力的变化。依据这些现象通过采用热学、力学、声学等方法，即可进行漩涡分离频率的测量。

下面简单介绍其中的几种检测方法的测量原理。

1）*热敏式漩涡检测*

如图 4-45（a）所示，把两个负温度系数的半导体热敏电阻置于漩涡发生体上，组成电桥桥路的两相邻桥臂，并以恒流源提供微弱的电流对其进行加热。未发生漩涡时，两只热敏电阻温度一致，阻值相等。当发生漩涡时，在有漩涡一侧，因流速变低，导致热敏电阻的温度升高，阻值减小；另一侧，流速增加，热敏电阻温度降低，阻值增大，则电桥失去平衡，并有电压输出。随着漩涡的交替形成，电桥将输出一个与漩涡发生频率相等的交变电压信号，经差动放大、滤波、整形后得到涡街脉冲信号输出，或用数/模转换电路转换为标准 4～20mA 电流信号输出，送至积算器和指示器进行累计和指示流量用。

此检测方法灵敏度高，下限流速较低，对管道振动不敏感，但工作温度上限不高，多用于清洁、无腐蚀介质的流量测量。

2）*超声式漩涡检测*

如图 4-45（b）所示，在漩涡发生体下游对称安装超声波发射换能器及接收换能器，发射换能器将高频等幅连续的声波发射到流体中去，声波横穿流体传播。当声波通过漩涡时，漩涡引起声束偏转，每一对旋转方向相反的漩涡对声波产生一个周期性的变化（调制作用）。受调制声波被接收探头转换成电信号，经电路放大、检波、整形后获得涡街脉冲信号输出。

此检测方式属非接触测量，检测灵敏度较高，下限流量较低。但由于温度对声波调制有影响，流场的变化和液体中所含的气泡对测量的影响也很明显，所以一般只用于温度变化较小的气体和含气量很小的液体流量的测量。

3）*应力式漩涡检测*

如图 4-45（c）所示，在漩涡发生体内埋置压电晶体，利用压电晶体对应力的敏感性，把检测元件受到的茹科夫斯基升力以交变应力的形式作用在压电晶体上，压电晶体又将其转换成交变的电荷信号，经电荷放大、滤波、整形后得到与漩涡频率相应的脉冲信号。

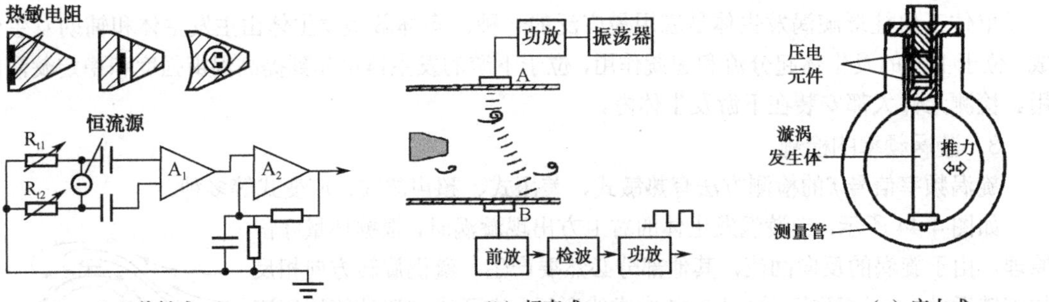

（a）热敏式　（b）超声式　（c）应力式

图 4-45　漩涡检测原理

压电传感器响应快，信号强，工艺性好，制造成本低，仪表的工作温度范围宽，可靠性较高，可广泛用于液体、气体、蒸汽流量的测量，是目前涡街流量计的主要产品类型。但是，它对管道振动敏感，抗振性较差是其主要缺点。选用时应充分注意现场振动条件，必要时采取可靠抗振措施。

4．涡街流量计的转换器

由于检测元件检测到的电信号既微弱又含有不同成分的噪声，所以必须经过转换器把该信号进行放大、滤波、整形等处理，才能输出与流量成比例的脉冲信号。对于流量显示仪，还需转换成 4～20mA 的标准电信号。

普通涡街流量计转换器的原理框图如图 4-46（a）所示。

不同检测方式其滤波、整形 D/A（F/I）转换电路基本相同，只是配备的前置放大器不同。例如热敏式需配恒流放大器，超声式需配选频放大器，应力式需配电荷放大器等。

智能漩涡流量变送器，其组成框图如图 4-46（b）所示。检测元件产生的电脉冲信号经抗干扰滤波、模/数转换后，送入数字式跟踪滤波器。它能跟踪漩涡频率（不能突变），对噪声信号进行抑制，使滤波后的数字信号正确地反映流量值。微处理器接收到跟踪滤波器的数字信号后，一方面经数/模转换输出 4～20mA，另一方面可从数字通信模块将 HART 通信数字编码脉冲信号叠加在直流信号上送往现场通信器。

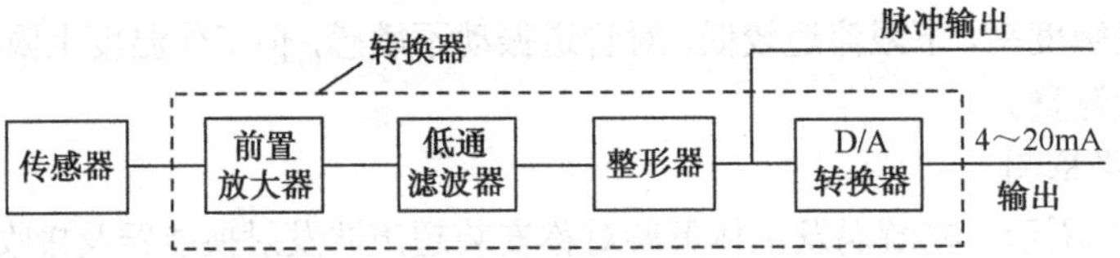

（a）普通型

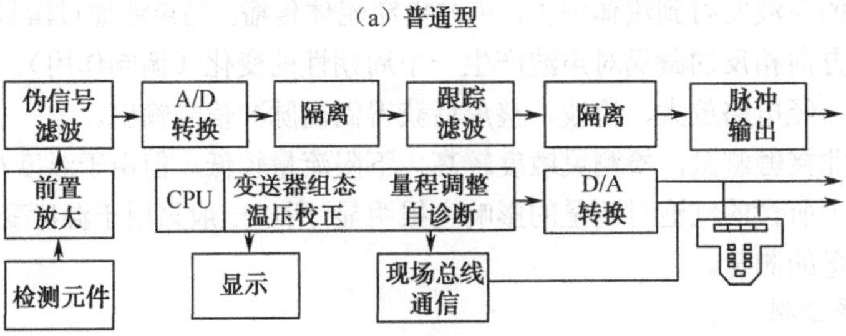

（b）智能型

图 4-46　普通涡街流量计转换器的原理框图

变送器本身所带的显示器也由微处理器提供信息，显示以工程单位表示的流量值及组态状况。

现场通信器的组态结果存入 EEPROM 中，在意外停电后仍然保持记忆，一旦恢复供电，变送器就立即按已设定的工作方式投入运行。以上措施和智能压力变送器大致相同。

4.5.2 旋进旋涡流量计

1. 旋进旋涡流量计工作原理

旋进旋涡流量计是利用流体强迫振荡原理而制成的一种旋涡进动型流量计。其结构及原理如图 4-47 所示，当流体进入流量计后，首先通过一组由固定螺旋形叶片组成的起旋器后被强迫旋转，形成一股具有旋进中心的涡流。流量计内部管腔截面类似文丘里管，在收缩段由于节流作用，涡流的前进速度和涡旋速度都逐渐加强，在此区域内的流体是一束沿着流量计轴线高速运动的旋涡流。当旋涡流体进入到扩散段时，因管内腔突然扩大，流速急剧减少，一部分流体形成回流。在回流作用下，流体的中心改为围绕着流量计的轴线做螺旋状进动，即所谓旋进。该旋进是贴近扩散段的壁面进行的，旋进频率与流速成正比，因而测得旋涡流的旋涡进动频率即可得知被测体积流量值。

（a）外形图

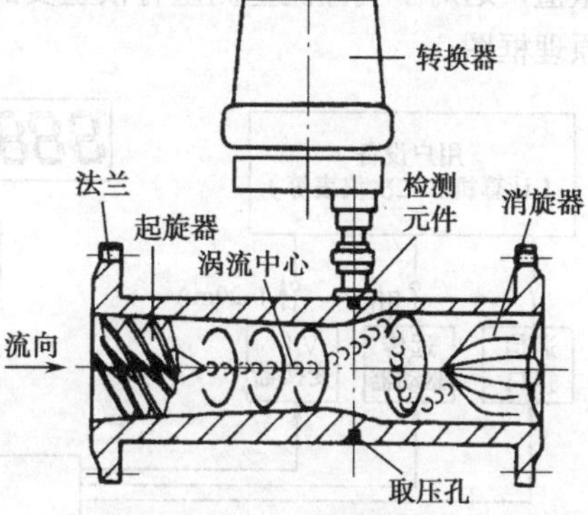

（b）原理图

图 4-47 旋进旋涡流量计的结构及原理图

实验证明，在一定的雷诺数范围内，有关系式成立，即

$$q_v = \frac{f}{K} \tag{4-32}$$

式中 q_v——流体体积流量；

f——旋涡进动频率；

K——旋进旋涡流量计的仪表系数。

在一定的雷诺数范围内，K 仅与旋涡发生体结构参数有关，与流体的物性和组分无关。

2. 旋进旋涡流量计结构组成

旋进旋涡流量计由传感器和转换器组成，如图 4-47（b）所示。传感器包括表体、起旋器、消旋器和检测元件等。

1）表体

通常由不锈钢或铸铝合金制成，由入口段、收缩段、喉部、扩张段和出口段组成。

2）起旋器

具有特定角度的螺旋叶片，固定在表体收缩段前部，用于强迫流体产生旋涡流，由不锈钢或合金钢等耐磨材料制成。

3）检测元件

由于旋进漩涡流量计所检测的是贴近表体扩张段壁面的漩涡进动频率，而不是漩涡分离频率，所以其检测元件一般采取接触式检测，贴近壁面安装在靠近扩张段的喉部。检测元件有热敏、压电、应变、电容等几种。

4）消旋器

用直叶片制成的辐射状或网络状除旋整流器，固定在表体的出口段，其作用是减弱流体的漩涡状况，使其能够比较平顺地流出去，从而避免和减少漩涡流对下游仪表性能的影响。

3. 转换器

转换器把检测元件输出信号经过电路处理转换为脉冲方波信号或4～20mA标准信号输出。

近年来国内外都已开发出了带微处理器的集高精度温度、压力、流量传感器和智能流量积算仪于一体的智能型流量计。它已从简单的漩涡频率测量发展到了智能流量测量，可同时测量流体的压力、温度和漩涡频率，计算实际流量。经过微处理器做温度、压力补偿后，转换为标准状况下的流体体积流量值，这对于气体流量测量有很重要的意义。如图4-48所示为智能型旋进漩涡流量计转换电路的原理框图。

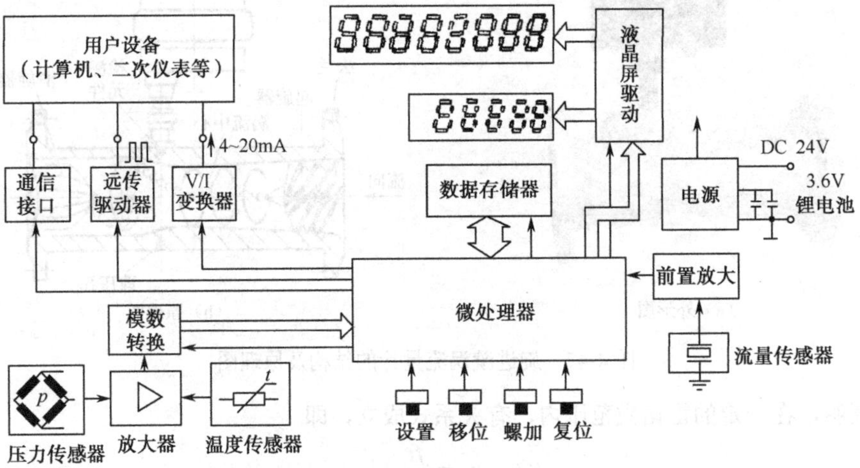

图4-48 智能型旋进漩涡流量计转换电路的原理框图

以智能型旋进漩涡流量计为例，通过压电传感器检测出漩涡流进动频率的大小。压电传感器检测的微弱电荷信号经前置放大器放大、滤波、整形等电路处理，剔除外来干扰信号，即可转换成与流体流速成正比的脉冲信号，并同固定在表体上的温度传感器、压力传感器检测到的温度、压力信号一起，送入智能流量积算仪进行运算处理，最终把测得的流体流量直接显示于LCD屏上。

4.5.3 漩涡流量计的特点及应用

1. 漩涡流量计的特点

漩涡流量计广泛应用于石油、化工、轻工、动力供热等行业。总体来说涡街流量计一般用于Φ>150mm管道中的气体或液体流量的测量，其压力损失不大。但它只能测得局部漩涡的速度，因此，测量精度相对低些，并且对仪表前后直管段的安装要求较高。

旋进漩涡流量计通过强制制造漩流，测量整个漩涡的中心速度，所以测量精度较高，并且抗干扰能力强，对仪表前后直管段的长度要求低，近几年在天然气行业中得到了广泛的应用。旋进漩涡流量计从原理上讲能用于气体和液体的测量，但因它的压力损失较大，是涡街的 3～5 倍，实际上一般仅用于Φ150mm 以下管道的气体流量测量。

漩涡流量计的主要特点如下：

① 直接输出与流量成正比的脉冲频率信号，适用于总量计量。测量精度为中等，大约在 1～2 级左右。

② 管道内没有运动部件，无机械磨损，压力损失较小（约为孔板流量计 1/4～1/2）。

③ 结构简单牢固，故障少，维护量小，安装维护方便，费用较低。

④ 适用流体种类较广，可用于测量液体、气体和蒸汽的流量，气液通用。

⑤ 流量范围度宽，可达 10∶1～20∶1 甚至更大。

⑥ 在一定雷诺数范围内，输出频率信号不受流体物性（压力、温度、密度、黏度）和成分变化的影响。仪表系数仅与漩涡发生体及管道的形状尺寸有关，只需用一种典型介质校验就能用于多种介质。

⑦ 漩涡的稳定性受流速分布畸变及旋转流的影响，上游侧必须有足够长的直管段，为保证测量精度必要时可加装整流器。

⑧ 涡街流量计不适用于低雷诺数的流量测量（通常 $Re_D \geqslant 2\times10^4$），故在高黏度、低流速、大口径情况下应用受到限制。

⑨ 仪表系数小，频率分辨率低，且口径越大频率分辨率越低，所以仪表口径一般不大（300mm 以下）。

⑩ 不适用于管内有较严重的旋转流及管道产生振动的场所。

2. 流量计的安装

① 尽量避开强振动环境。流量计对管道机械振动较敏感，特别是管道的横向振动，会对漩涡的形成产生较大影响，降低仪表测量精度。

② 流体中固体颗粒及杂质容易使漩涡发生体磨损或沉淀、结垢，改变漩涡发生体的形状和尺寸，影响到测量精度，因此需在流量计前安装过滤器以滤除杂质。

③ 流量计应设置旁通管路，以便不断流检修、清洗传感器。

④ 安装时必须根据流量计前阻流件（如阀门、弯头等）的形式确定直管段长度，以确保产生漩涡的必要流动条件。一般规定在涡街流量计前面至少要有 15D～25D 长，后面要有 5D 长的直管段长度。旋进漩涡流量计前面有 3D、后有 1D 长度的直管段即可。

⑤ 如现场不能避免有振动，则需采取减振措施，如可在上游 2D 附近加装管道支撑架，或在满足直管段要求的前提下，加挠性管过渡等。

⑥ 流量计允许安装在水平、垂直或倾斜的管道上，如图 4-49 所示，但测量液体时，必须保证管道为满管流动。在垂直管道上安装时，流体流向必须是自下而上。测量气液两相流时，最好垂直安装。

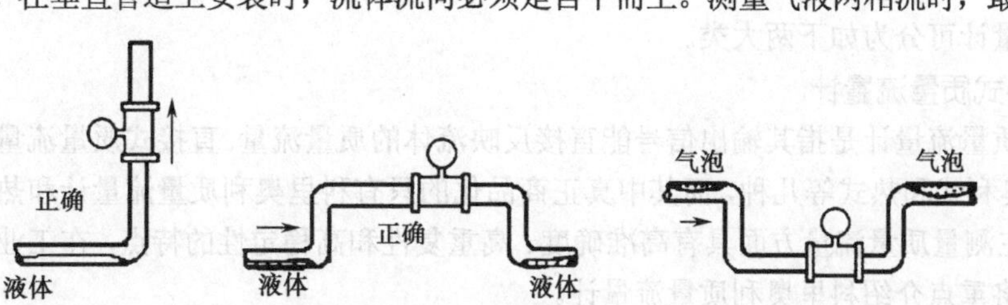

（a）垂直安装　（b）测量含液气体的正确位置　（c）测量含气液体的正确位置

图 4-49　流量计的安装位置

⑦ 流量计与管道的连接，管道内径应与流量计的内径一致或略大。管道、流量计必须安装同心，并防止密封垫片突出到管道中，否则会造成测量误差。以夹装式仪表为例，夹装式流量计安装如图 4-50 所示。

⑧ 若要在流量计附近安装温度计和压力计时，则测温点、测压点均应安装在流量计的下游 $5D$～$8D$ 处。

⑨ 流量计接线时信号电缆应尽可能远离电力电缆线，信号传输线采用三芯屏蔽线，并应尽量单独穿在金属套管内铺设，电缆屏蔽层应遵循“一点接地”原则可靠接地，接地电阻应小于 10Ω。流量计应在传感器侧接地。以一体型漩涡流量计为例，其接线示意图如图 4-51 所示。

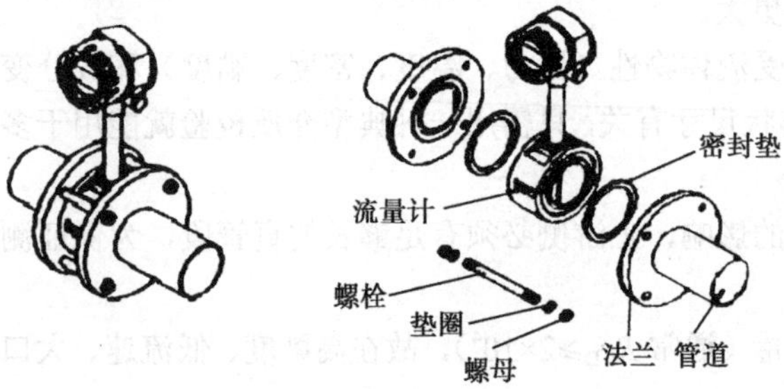

图 4-50　夹装式流量计安装

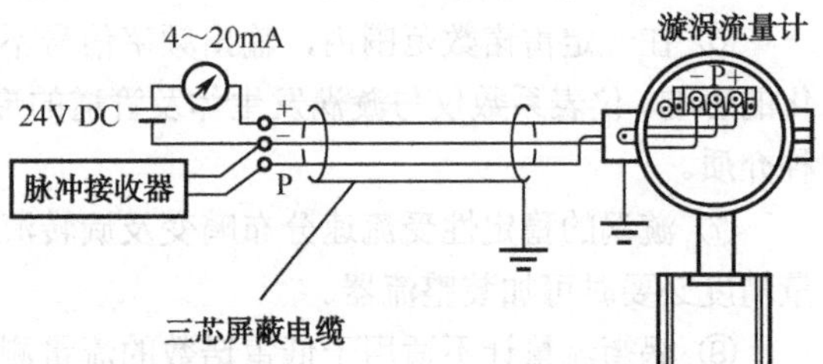

图 4-51　脉冲输出型的接线示意图

3．流量计的使用

① 被测流体的物理参数（如流速、黏度、压力等）必须符合流量计的使用范围。例如，测量气体时流速范围为 4～60m/s，测量液体时流速范围是 0.38～7m/s，测量蒸汽时流速范围不超过 70m/s。

② 敏感元件要保持清洁，经常吹洗，防止检测元件被沾污后影响到测量精度。

③ 因为旋进漩涡流量计主要用来测量气体或蒸汽的流量，所以需要温度和压力补偿。

④ 投入运行时，应缓慢开启流量计的上、下游阀门，以免瞬间气流过急而冲坏起漩器。

4.6　质量流量计

目前，在油田、化工和炼油生产过程中所用的流量仪表，所能直接测得的多是体积流量。但是，在工业生产中，在进行产量计量交接、经济核算和产品储存时希望需要直接测量介质的质量，而不是体积。因此能够用来直接测量质量流量的流量计在近些年得到了迅速发展。

4.6.1　质量流量计的类型

质量流量计可分为如下两大类。

1．直接式质量流量计

直接式质量流量计是指其输出信号能直接反映流体的质量流量。直接式质量流量计又可分为差压式、科里奥利式和热式等几种，而其中真正商品化的只有科里奥利质量流量计和热式质量流量计两种。由于在测量质量流量方面具有高准确度、高重复性和高稳定性的特点，在工业上得到了广泛应用。本书将重点介绍科里奥利质量流量计。

2．间接式质量流量计

间接式质量流量计是一种综合测量方法，由多种仪表组成质量流量测量系统。间接式质量流量计又可分为组合式和温度压力补偿式两类。

1）组合式

又称推导式质量流量计，可同时检测流体介质的体积流量值 q_v 和密度 ρ，或与密度有关的参数，然后通过运算单元计算出介质的质量流量。

2）温度压力补偿式

同时检测流体介质的体积流量和温度、压力值，再根据介质密度与温度、压力的关系，由运算单元计算得到该状态下介质的密度值，最后计算得到介质的质量流量值。

4.6.2 热式质量流量计

热式质量流量计利用流动中的流体与热源之间的热量交换关系来测量流体的质量流量，当前主要用于测量气体的质量流量。热式质量流量计具有无可动部件，压损低，精度高，可用于极低气体流量监测和控制等特点。

热式质量流量计常见的有热分布式和浸入式两种。

1. 热分布式热式质量流量计

利用流动流体传递热量，改变测量管壁的温度分布，属于非接触式流量计。如图 4-52 所示，在小口径薄壁测量管的外壁上，对称绕制两个兼作加热元件和测温元件的电阻线圈，并与另外两个电阻组成一直流电桥。由恒流源供给恒定电流，将上、下游管壁及管内的流体加热。上、下游线圈的电阻值还可以分别反映上、下游管壁处的温度 T_1、T_2。

流量为零时，测量管上的温度分布如图 4-52（b）中的虚线所示，相对于测量管中心的上、下游温度是对称的，温差 ΔT 为零，电桥处于平衡状态；当流体流动但流量还较小时，流体将上游的部分热量带给下游，导致温度分布变化如图 4-52（b）中实线所示，温差 $\Delta T=T_2-T_1$ 增大。在某一特定流量范围内，由电桥测出的两感温体的平均温差 ΔT 便能反映质量流量 q_m，即在流量计正常测量范围 OA 段，流量计出口处流体不带走热量，或说带走热量极微，被测流体质量流量 q_m 与测量管中上下游温差 ΔT 成正比。超过 A 点流量增大到有部分热量被带走而呈现非线性，流量超过 B 点则大量热量被带走，温差反而减小。因此热分布式流量计主要用于测量低流速微小流量。

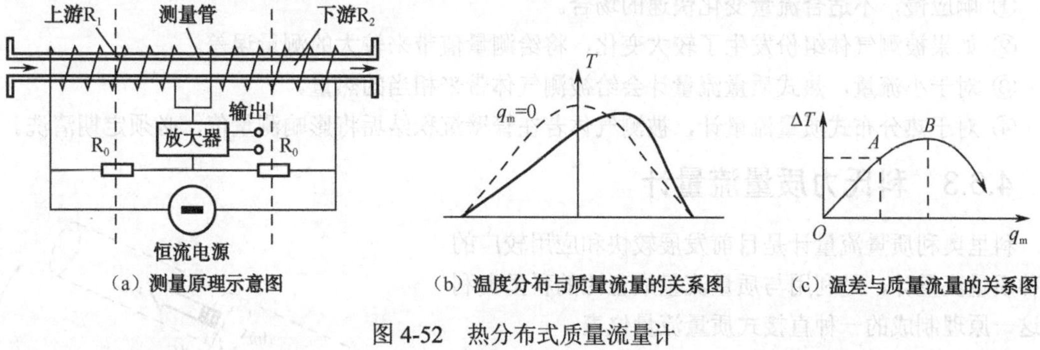

（a）测量原理示意图　（b）温度分布与质量流量的关系图　（c）温差与质量流量的关系图

图 4-52 热分布式质量流量计

2. 浸入式热式质量流量计

利用热消散效应制成的流量计，由于在结构上检测元件伸入测量管内，故称浸入式热式流量计，如图 4-53 所示。两个温度传感器（如两个热电阻）分别置于气流中两根金属细管内，虽然浸入到被测流体中，但结构上有金属套管保护，测温元件并不跟流体直接接触，一个热电阻测量管道内气流的温度 T_1，另一个热电阻由电流进行加热，其温度 T_2 高于气流温度，气流没有流动时 T_2 最高，当气体流经热电阻，就会有冷却效应，随着流量的增加，气流带走更多热量，温度 T_2 下降。

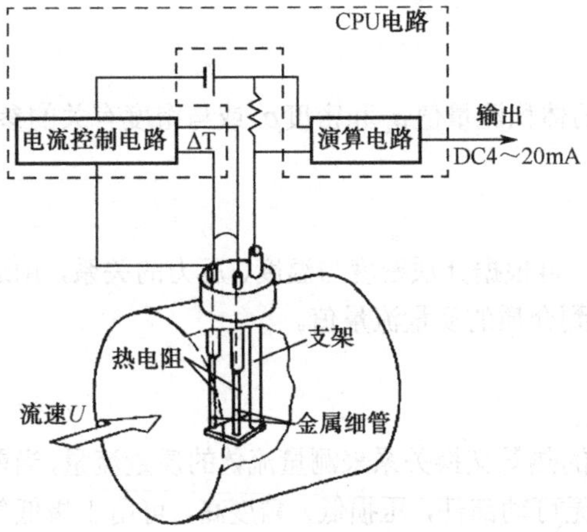

（a）原理示意图

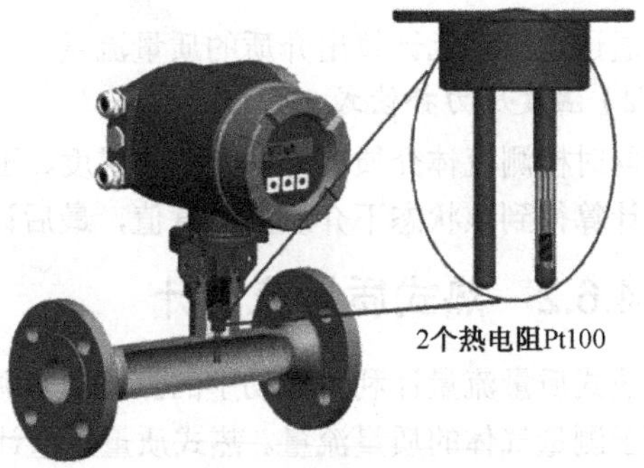

（b）测温元件

图 4-53　浸入式热式质量流量计

测量方法有两种：一是温差测量法，提供恒定功率的电加热，则没有流量时温差最大，流量增加，温差$\Delta T = T_2 - T_1$减小，质量流量与温差之间成一定的函数关系；二是功率消耗测量法，保持两个热电阻之间的温差$\Delta T = T_2 - T_1$恒定，电路为保持ΔT恒定，控制加热功率随着流量增加而增加。质量流量与加热功率之间成一定的函数关系。

3. 热式质量流量计的优缺点

1）优点

① 可测微小流量。热分布式质量流量计可测量低流速（气体 0.02～2m/s）微小流量；浸入式质量流量计可测量低、中偏高流速（气体 2～60m/s）流量。

② 无活动部件，不容易出现机械故障。

③ 压力损失小。

2）缺点

① 响应慢，不适合流量变化快速的场合。

② 如果被测气体组份发生了较大变化，将给测量值带来较大的测量误差。

③ 对于小流量，热式质量流量计会给被测气体带来相当的热量。

④ 对于热分布式质量流量计，被测气体若在管壁沉积结垢将影响测量值，必须定期清洗。

4.6.3　科氏力质量流量计

科里奥利质量流量计是目前发展较快和应用较广的一种质量流量计，是利用与质量流量成正比的科里奥利力这一原理制成的一种直接式质量流量仪表。

1. 科里奥利力

如图 4-54 所示，一根直管以角速度 ω 绕转轴匀速旋转的同时，将流体导入管内，使之沿管内以匀速 v 向前流动，则管子将强迫流体与之一起转动。对于管内流体微元 dm，为了反抗这种强迫转动，会给管道壁面施加一个与流体流向 v 垂直的切向反作用力 dF_c，我们将其称

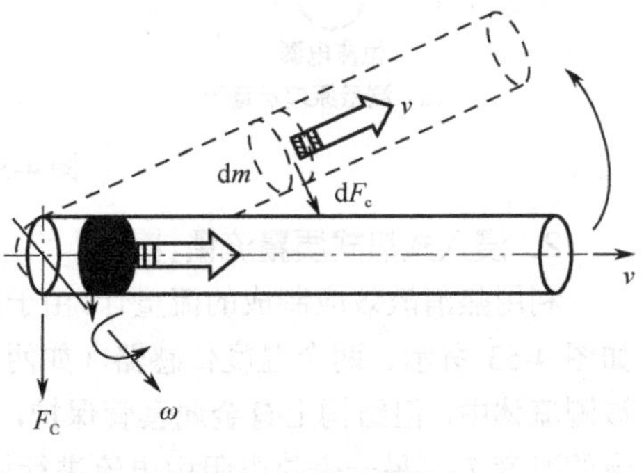

图 4-54　科里奥利力

为科里奥利力，简称科氏力。

科氏力 dF_c 的方向可由右手螺旋定则判断：大拇指与转轴同轴，四指与转动系旋转方向一致并且是由 dF_c 指向 v。若流向 v 反向，则 dF_c 方向也相反。

若在旋转管道中以匀速 v 流动的流体密度为 ρ，则管道受到流体所施加的科氏力的大小为

$$F_c = \int dF_c = \int_0^L 2\omega v \cdot dm = \int_0^L 2\omega v \cdot \rho A dL = 2\omega v \rho A L = 2\omega L \cdot q_m \tag{4-33}$$

式中　A——管道的流通截面积；

L——管道长度；

q_m——质量流量，$q_m=\rho v A$。

因此测量旋转管道中流体产生的科氏力就能测出流体的质量流量。

2．科氏力流量计的测量原理

在工业应用中，要使流体通过绕转轴不断旋转的管道来进行流量的测量显然是不切合实际的。经过反复的摸索和研究，人们终于发现，使管道绕转轴以一定频率上、下振动，即由双向振动替代单向转动，也能使管道受到科氏力的作用。而且，当充满流体的管道以等于或接近于其自振频率振动时，维持管道振动所需的驱动力很小。

目前，科氏力流量计均是使测量管道在一小段圆弧内做反复摆动，在没有流量时为平行振动，有流量时就变成反复扭动。以科里奥利力为原理而设计的质量流量计有多种形式，根据测量管的数量大体可分为单管型和多管型（一般为双管型）两类，根据测量管的形状大体可分为直管型和弯管型两类。我们以单 U 形管结构为例，如图 4-55 所示，分析它的工作原理。

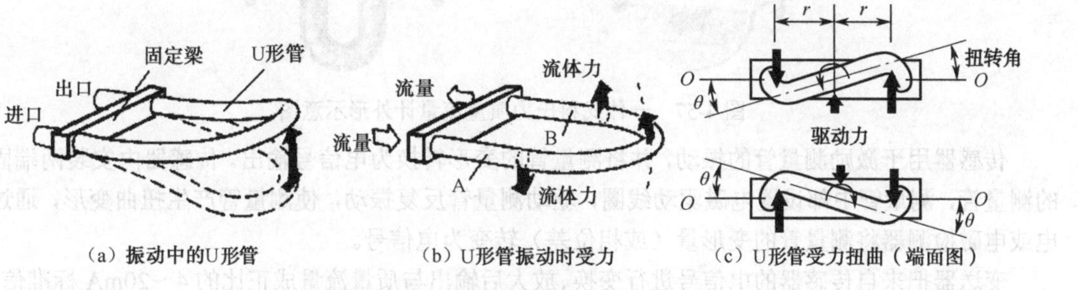

图 4-55　U 形管科里奥利力作用原理

U 形管在外力驱动下，以固有振动频率绕固定梁做上、下振动，频率约为 80Hz 左右，振幅接近 1mm。

当有流体通过 U 形管、且 U 形管绕固定梁向上振动时，由于惯性，流体将反抗 U 形测量管强加给它的垂直动量的改变：在管子向上振动期间，对 U 形管的入口段 A 管段来说，顺着流动方向流体向上的能量越来越大，流体对管子施加向下的科氏力 F_c。同理对 U 形管的出口段 B 管段来说，流体对管子施加向上的科氏力 F_c，于是 U 形测量管被扭曲变形，这就是 A、B 段上方向相反的科氏力作用的结果。

在管子向下振动的另外半个周期，U 形管向下摆动，扭曲方向则相反。如图 4-55（c）所示，随着周期性振动，U 形管受到一方向和大小都随时间变化的扭矩 M_c，使测量管绕 O-O 轴做周期性的扭曲变形。扭转角 θ 与扭矩 M_c 及刚度 k 有关，即

$$M_c = 2F_c r = 4\omega L r q_m = k\theta \tag{4-34}$$

$$q_m = \frac{k}{4\omega L r}\theta \tag{4-35}$$

式中　r——测量管道的回弯宽度的一半。

所以被测流体的质量流量 q_m 与扭转角 θ 成正比。如果 U 形管振动频率一定，则 ω 恒定不变。所以只要在振动中心位置 $O\text{-}O$ 上安装两个光电检测器，测出 U 形管在振动过程中，测量管通过两侧的光电探头的时间差（相位差），就能间接确定 θ，即质量流量 q_m。

3．科氏力质量流量计的结构类型

科氏力质量流量计由质量流量传感器和质量流量变送器两部分组成，传感器和变送器可以一体安装或分体安装，如图 4-56 和图 4-57 所示。

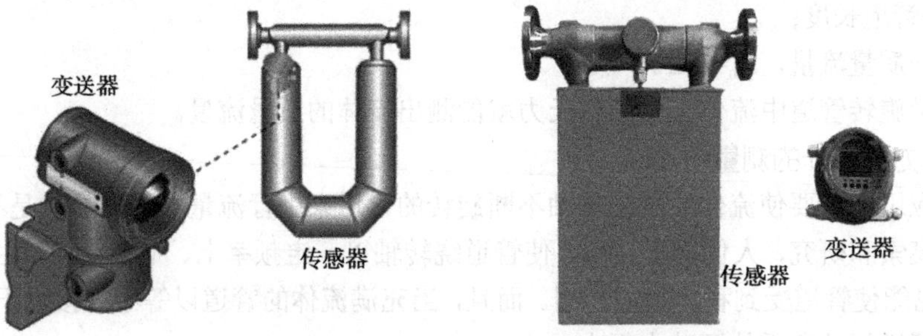

图 4-56　分体式科氏力质量流量计外形示意图

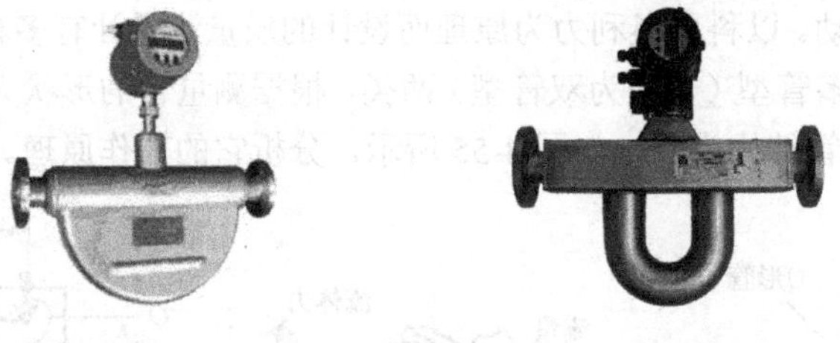

图 4-57　一体式科氏力质量流量计外形示意图

传感器用于激励测量管的振动，并将测量管的变形转换为电信号输出。传感器内安装两端固定的测量管，测量管中部设置电磁驱动线圈，驱动测量管反复振动，使测量管产生扭曲变形，通过光电或电磁检测器将测量管的变形量（或相位差）转变为电信号。

变送器把来自传感器的电信号进行变换、放大后输出与质量流量成正比的 4～20mA 标准信号、频率/脉冲信号或数字信号，以显示质量流量并便于与其他系统进行连接。

1）弯管科氏力质量流量计

以高准弯管科氏力质量流量计为例，其外形图和结构示意图如图 4-58 所示。

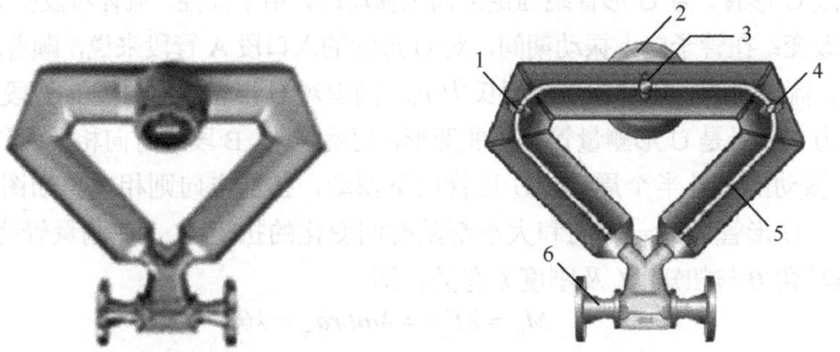

（a）外形图　　（b）结构示意图

1、4—检测线圈；2—接线盒；3—驱动线圈；5—测量管（两根重叠）；6—分流器

图 4-58　弯管质量流量计

连接法兰与测量管之间的部分称为分流器。高准（Micro Motion）流量计中有两根平行的测量管，流体流入传感器后会被分流器均匀地分配到两条测量管中。

驱动线圈安装在测量管的中间，可驱动两根测量管向相对方向振动，两根测量管得到了平衡振动，可避免外部振动对流量计的影响。

左右两个检测线圈组件安装在一根测量管的两侧，而对应的磁铁则安装在其相对的另一根测量管的两侧。因为磁铁和线圈组件安装在相对的两根测量管上，因此，线圈组件上产生的正弦波感应电势反映了两根测量管之间的相对运动。

当没有流量时，只有两根测量管彼此相对振动，没有科氏力产生，两个检测线圈将持续产生完全同相的两个正弦波电势信号。

当有流体流过传感器测量管时，两根测量管的入口和出口侧管都会产生科氏力。入口侧管壁所受科氏力抵制测量管振动，出口侧管壁所受科氏力则会加强测量管的振动。入口和出口侧管壁上的科氏力方向相反，使测量管彼此相对产生扭曲运动，入口侧管的运动滞后于出口侧管的运动，检测线圈组件上产生的两个正弦波电势出现不同步现象，如图 4-59 所示。两个正弦波间的时间延迟称为相位差。相位差总是与质量流量成正比。

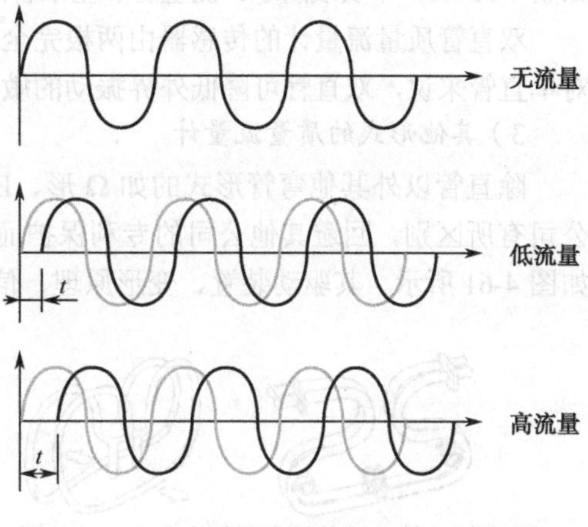

图 4-59　反映质量流量的相位差（时间差）

2）直管科氏力质量流量计

以高准（Micro Motion）单直管科氏力质量流量计为例，其外形及结构示意图如图 4-60 所示。流体流经一根测量管，测量管外面套有不经过流体的基准管。高准（Micro Motion）的这一专利设计可实现基准管在振动时的振动方向与测量管的振动方向相反。当测量管运动时，弹性设计的基准管将会调节其振动以配合测量管。由于基准管能够镜像体现测量管的运动，因此，对仪表整体来说可处在完全平衡的状态，减小仪表工作时的振动。

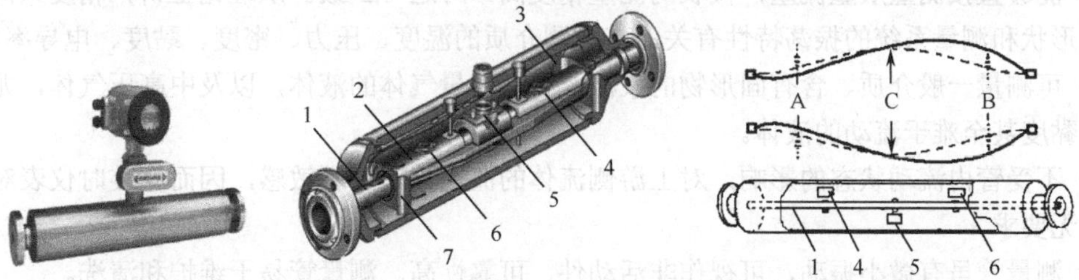

（a）外形图　（b）结构示意图　（c）原理示意图

1—测量管；2—基准管；3、7—支架；4、6—检测线圈；5—驱动线圈

图 4-60　单直管质量流量计

位于基准管中部的驱动线圈会对测量管和基准管提供振动源，使其以特定频率彼此相对振动（当测量管向上运动时，基准管则会向下运动；反之亦然）。驱动线圈由一个线圈组件和一块磁铁构成，两者分别固定在基准管和测量管上。

驱动线圈的两侧是检测线圈的磁铁和线圈组件。检测线圈组件固定在基准管上，对应的磁铁固定在测量管上。检测线圈组件会穿过邻近磁铁的匀强磁场，振动时每个线圈组件上都会产生一个正弦波感应电势，且该正弦波电势反映了各自检测位置上测量管相对于基准管的运动。

无流量时不产生科氏力，如图 4-60（c）中虚线所示，管子不会扭曲变形，在测量管和基准管上产生对称于管中点的彼此相对振动，左、右两侧的检测线圈由于相对磁铁运动所产生的正弦波电势完全同相。

有流体流经测量管时，测量管入口处管壁上所受的科氏力会约束管振动，而测量管出口处的科氏力则会加强管振动。测量管入口和出口处所受科氏力方向相反，使测量管相对基准管发生扭曲振动，如图 4-60（c）中实线所示。测量管和基准管的机械耦合运动使得测量管的扭曲运动转递到基准管上。

双直管质量流量计的传感器由两根完全对称的测量管构成，电磁驱动装置安放在两管之间。相对单直管来说，双直管可降低外界振动的敏感性，容易实现相位差的测量。

3）其他形式的质量流量计

除直管以外其他弯管形式的如 Ω 形、B 形、S 形、*J* 形、圆环形等测量管，只是为了同别的公司有所区别，回避其他公司的专利保护而设计的，不一定有什么特别的优点。常见测量管类型如图 4-61 所示。其驱动装置、变形原理、信号检测与前面所述基本相同，这里就不一一介绍了。

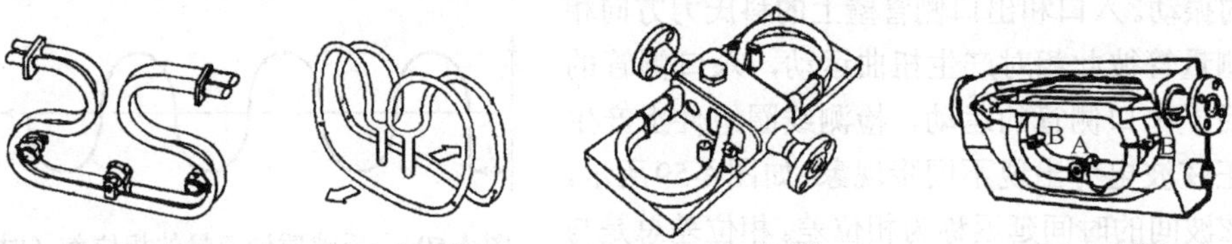

（a）双Ω形　（b）双B形　（c）双S形　（d）双环形

图 4-61　测量管类型

4．科氏力质量流量计的特点

科氏力质量流量计是一种新型的流量测量仪表，其开发始于 20 世纪 50 年代初，但直到 70 年代中期，才由美国高准（Micro Motion）公司首先推向市场。虽然开发成功的时间不长，但却获得了很大发展，这是由于测量原理的先进性决定了这种科氏力质量流量计具有很大的优越性，表现在以下几个方面。

① 能够直接测量质量流量，仪表的测量精度高，可达 0.2 级。从理论上讲，精度只同测量管的几何形状和测量系统的振荡特性有关，与被测介质的温度、压力、密度、黏度、电导率等无关。

② 可测量一般介质、含有固形物的浆液、含有微量气体的液体，以及中高压气体，尤其适合测量高黏度甚至难于流动的液体。

③ 不受管内流动状态的影响，对上游侧流体的流速分布也不敏感，因而安装时仪表对上下游直管段无要求。

④ 测量管虽有微小振动，可视作非活动件，可靠性高。测量管易于维护和清洗。

⑤ 流量范围宽，量程比可达 10∶1 到 50∶1，有的高达 100∶1。

⑥ 可做多参数测量，在测量质量流量的同时，通过测量振动频率还可获得流体的密度信号，可由质量流量和流体密度计算测量双组分溶液的浓度。

该流量计的主要不足有以下几点。

① 零点不稳定容易发生零点漂移。

② 对外界振动干扰较为敏感。

③ 不能用于测量低密度介质，如低压气体。

④ 有较大的体积和质量，压力损失也较大。

⑤ 价格昂贵，约为同口径电磁流量计的 2～5 倍或更高。

5．科氏力质量流量计的安装

① 传感器部分的安装位置应远离能引起管道振动的设备（如工艺管线上的泵等），传感器两边管道用支座固定，但传感器外壳需为悬空状态，可以有效预防外界振动影响测量。

② 传感器不能安装在工艺管线的膨胀节附近，实现无应力安装的要求。防止管道的横向应力，使传感器零点发生变化，影响测量精度。

③ 传感器的安装位置必须远离变压器、大功率电动机等磁场较强的设备。

④ 传感器的安装位置应使管道内流体始终保证充满测量管。

如图 4-62 所示，对于安装在水平方向管线上的传感器，如果流体是液体或浆液，建议测量管安装于管线下方；如果流体是气体或需要自排空时，建议测量管安装于管线上方；对于安装在竖直方向管线上的传感器，测量管可位于管线侧方安装，如果流体是液体、浆液或需要自排空时，建议流体自下而上流过传感器；如果是气体，建议流向朝下。

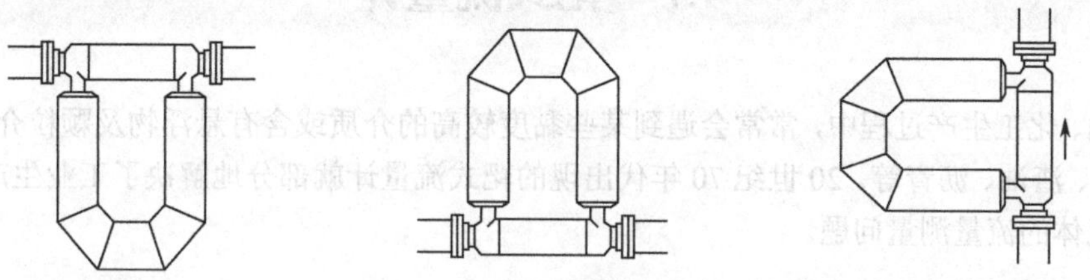

（a）测量管在主管下方　（b）测量管在主管上方　（c）测量管在主管侧方

图 4-62　传感器的安装位置

⑤ 需要时在传感器上游安装过滤器或气体分离器等装置以滤除杂质。

⑥ 流量计尽可能安装到流体静压较高的位置，以防止发生空穴和气蚀现象。

6．科氏力质量流量计的接线

一体式质量流量计的接线较简单，基本上不用单独考虑传感器与变送器之间的电缆接线，所以此处仅以上海一诺仪表生产的 LZYN 型分体式科氏力质量流量计为例，来说明科氏力质量流量计的接线。

1）传感器与变送器之间的专用 9 芯电缆的连接方法

将专用 9 芯电缆的护套剥除约 60mm，清除绝缘线周围的金属箔和导线间的填充材料，保留长度约 10mm 的金属箔，并分开导线，将屏蔽编织网合成一股在暴露的金属箔上绕两圈，将每根导线末端剥去绝缘层，根据导线的颜色和端口号将导线接入接线端子，将合成一股的屏蔽编织网连接到接线盒的接地螺钉上，如图 4-63 所示。

在专用 9 芯电缆中，棕色、红色线的端口号为 1、2 号，对应左检测线圈的“+”、“−”接线端子；橙色、黄色线的端口号为 3、4 号，对应右检测线圈的“+”、“−”接线端子；绿色、蓝色线的端口号为 5、6 号，对应驱动线圈的“+”、“−”接线端子；灰色、白色、黑色线的端口号为 7、8、9，分别对应温度检测的“+”、“−”接线端子，以及温度补偿接线端子。

2）变送器的电源线和输出接线

变送器可以使用 AC 220V 或 DC 24V 电源，具体电源种类需要参照变送器铭牌上的说明。电源线使用 0.8mm^2 以上的两芯导线。变送器为多通道输出：4～20mA 无源电流输出，可以被组态为表示质量流量或者体积流量，使用 I+、I−接线端子；有源频率输出可以被组态为表示质量流量或者体积流量，使用 F+、F−接线端子；RS485 数字通信输出遵循 MODBUS 协议，使用 A、B 接线端子。输出线应使用 0.5mm^2 以上的两芯导线。

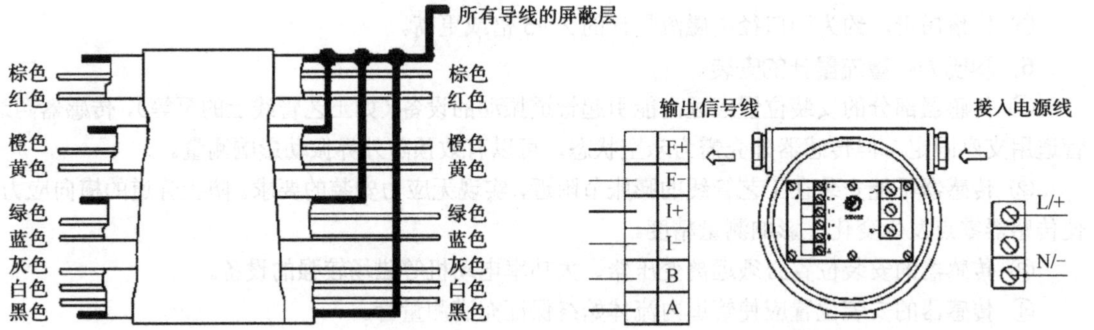

（a）传感器与变送器之间的专用电缆　　（b）变送器的电源和输出接线

图 4-63　传感器与变送器之间连接

4.7　靶式流量计

在石油、化工生产过程中，常常会遇到某些黏度较高的介质或含有悬浮物及颗粒介质的流量测量，如原油、渣油、沥青等。20 世纪 70 年代出现的靶式流量计就部分地解决了工业生产中高黏度、低雷诺数流体的流量测量问题。

4.7.1　靶式流量计的流量测量原理

1．测量原理

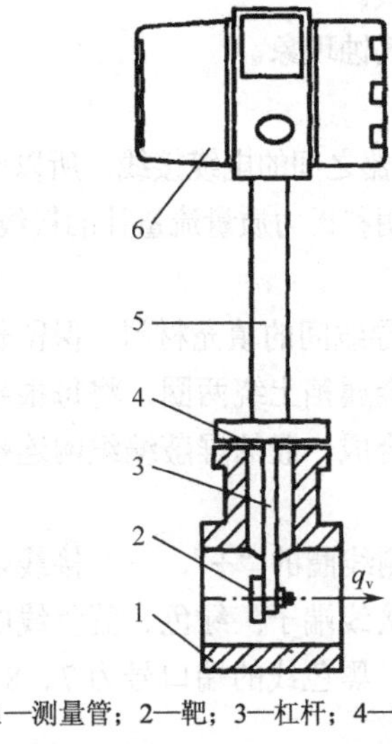

1—测量管；2—靶；3—杠杆；4—轴封膜片；
5—连接管；6—转换指示部分

图 4-64　靶式流量计的原理示意图

靶式流量计的原理示意图如图 4-64 所示，在测量管道的中心处安装一块圆形“靶”片，将其作为靶式流量计的测量元件。当流体流动时垂直冲击到靶上，使靶面受力，并产生相应的微小位移，这个力就反映了流体的流量大小。

流体对靶的作用力主要由两部分力组成：一是流体对靶的冲击力（动压力）及靶前后静压差作用力；一是流体在流经靶时对靶周边的黏滞摩擦力。一般前一项力要比后一项力大许多，在分析靶上流量关系时，只考虑前一项力。

理论分析和实验研究表明，流体对靶的作用力与圆靶的横截面积、流体密度及流体流经靶和管道间环形流通面积上的流速的平方成正比，可表示为如下形式，即

$$F = \xi \frac{1}{2} \rho v^2 A_d \tag{4-36}$$

式中　F——流体对靶面的作用力；

ξ——阻力系数；

ρ——流体密度；

v——靶与管道间环形截面处的平均流速；

A_d——靶的迎流面积，$A_d = \frac{\pi d^2}{4}$，其中 d 为靶直径。

因此，流体在环形截面处的平均流速为

$$v=\sqrt{\frac{1}{\xi}}\sqrt{\frac{2F}{A_d\rho}}=\alpha\sqrt{\frac{2F}{A_d\rho}} \tag{4-37}$$

式中 α——流量系数，$\alpha=\sqrt{\frac{1}{\xi}}$。

则流经靶式流量计的体积流量可表示为

$$q_v=\alpha A_0\sqrt{\frac{2F}{A_d\rho}}=\alpha\frac{D^2-d^2}{d}\sqrt{\frac{\pi F}{2\rho}}=\alpha D\left(\frac{1}{\beta}-\beta\right)\sqrt{\frac{\pi F}{2\rho}} \tag{4-38}$$

式中 A_0——靶与管道间的环形截面积，$A_0=\frac{\pi(D^2-d^2)}{4}$；

D——管道内径；

β——靶径比，$\beta=\frac{d}{D}$，一般为 0.35～0.8。

以上为靶式流量计的基本方程式，但在实际工程应用中，大家更习惯于采用 mm 作为 D 和 d 的单位，采用 m^3/h 作为流量的单位，换算后得到靶式流量计的实用公式为

$$q_v=4.512\alpha D\left(\frac{1}{\beta}-\beta\right)\sqrt{\frac{F}{\rho}} \tag{4-39}$$

由式（4-39）可知，当靶式流量计 D 和 β 已定后，若被测流体密度 ρ 和流量系数 α 也为常数，作用力 F 的开平方就与流量成正比例关系。测得靶所受流体作用力 F 的大小，便可知流体的流量大小。

2．流量系数

大量的实验结果表明，流量系数 α 与靶径比 β 及雷诺数 Re_D 等因素有关。由图 4-65 实验曲线可知，当管道雷诺数值大于某临界值后，流量系数将趋于不变。因此，靶式流量计在实际应用时，必须确保雷诺数大于临界雷诺数，否则将造成较大误差。对靶式流量计而言，通常临界雷诺数在 1×10^3～5×10^3 之间。

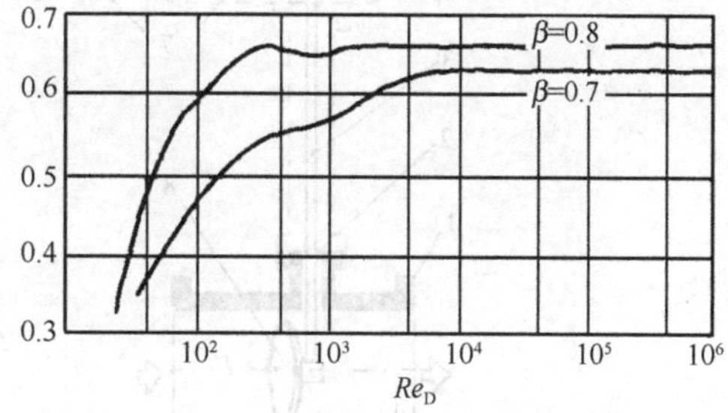

图 4-65 靶式流量计的流量系数实验曲线

靶式流量计的临界雷诺数较小，比标准节流装置的要低很多，所以靶式流量计对于高黏度、低流速流体的流量测量更具有其优越性。靶式流量计还有一点与节流装置不同，其临界雷诺数不仅与 β 值有关，而且与管道内径 D 有关。当 β 值相同时，若 D 值不同，则临界雷诺数也不同。例如，对于靶径比均为 $\beta=0.8$ 的电动靶式流量计 DBL—15 和 DBL—50 来说，临界雷诺数分别为 2000、4000。

4.7.2 靶式流量变送器的类型及结构

1．靶式流量计的结构

靶式流量计通常由检测器和转换器组成，通常下部为检测器，上部为转换器。

1）检测器

检测器包括测量管、靶板、主杠杆和轴封膜片，其作用是将流体作用在靶面上的力转换成为主杠杆上的力或位移。

靶一般由不锈钢材料制成，靶的入口侧边缘必须锐利、无钝口。主杠杆也由不锈钢制成，密封

膜片由厚度为 0.1～0.2mm 的高强度弹性合金制成。

2）转换器

转换器由力转换器、信号处理和显示仪几部分组成。

力转换器的核心任务是将检测部分的"力－位移"信号成比例地转换为电信号输出。我国最初生产的靶式流量计的力转换器采用的是力矩平衡式力传感器，直接利用差压变送器的力矩平衡杠杆机构，只是用靶板取代了膜盒。由于力矩平衡杠杆机构本身性能影响，零位易漂移、测量精确度低、可靠性差。随着检测技术和制造工艺的进步，力矩平衡式力传感器已基本淘汰，新型靶式流量计的力转换器多采用应变式力传感器或电容式力传感器，它们完全克服了力平衡机构的上述缺点，性能大大提高。

采用应变式力传感器的靶式流量计原理图如图 4-66 所示。用特殊胶合剂将电阻应变片 R_1、R_3 粘贴在悬臂块 7 的正面，R_2 和 R_4 粘贴在悬臂块 7 的背面，两对应变电阻构成了电桥的四个臂。流体流动时，靶板受到流体的作用力，以轴封膜片 2 为支点产生 2～3mm 的位移，经杠杆 3、推杆 6 使悬臂块产生微弯曲的弹性变形。R_1 和 R_3 受拉伸而电阻值增大，R_2 和 R_4 受压缩而电阻值减小，于是电桥失去平衡，输出一个电信号 $U_{ab} \propto F$，可以反映被测流体流量的大小。U_{ab} 经放大转换，转变为标准电信号输出，也可由毫安表就地显示流量。但因 $q_v \propto \sqrt{F}$，$U_{ab} \propto q_v^2$，所以信号处理电路中一般应采取开方器运算，使输出信号直接与被测流量成正比例关系。由于采用了全桥电桥，所以提高了电路灵敏度。

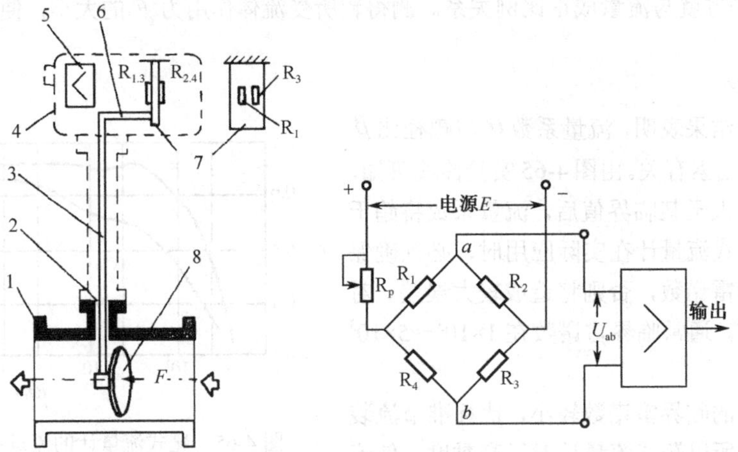

1—测量管；2—轴封膜片；3—杠杆；4—转换指示部分；5—信号处理电路；6—推杆；7—悬臂块；8—靶

图 4-66 采用应变式力传感器的靶式流量计原理图

采用电容式力传感器的靶式流量计具有更高的精度和稳定性。其原理结构示意图如图 4-67 所示。所采用的力传感器与差压变送器中的差动电用膜盒相似，只是力直接作用在中心测量膜片上。靶上的作用力，经测杆 5 传递到电容式力传感器上。相应的电容量变化ΔC经电容—电压转换、前置放大、A/D 转换及微处理器处理后，求出瞬时流量和累积总量，进行就地显示或 4～20mA 电流输出。

2. 靶式流量计的类型

靶式流量计有一体式和分体式两种类型，有法兰式连接、夹装式连接和插入式连接等几种，如图 4-68 所示。

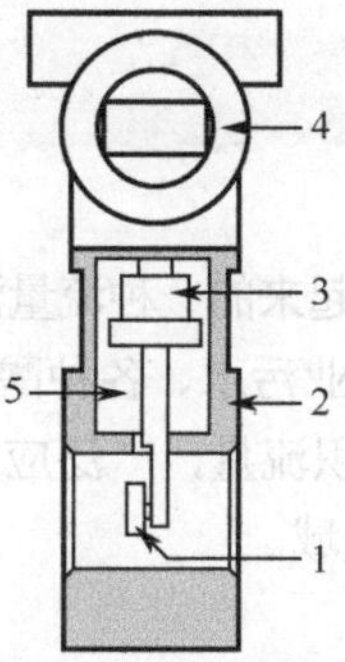

1—圆靶；2—测量管；3—电容式力传感器；

4—转换指示部分；5—测杆

图 4-67　采用电容式力传感器的靶式流量计

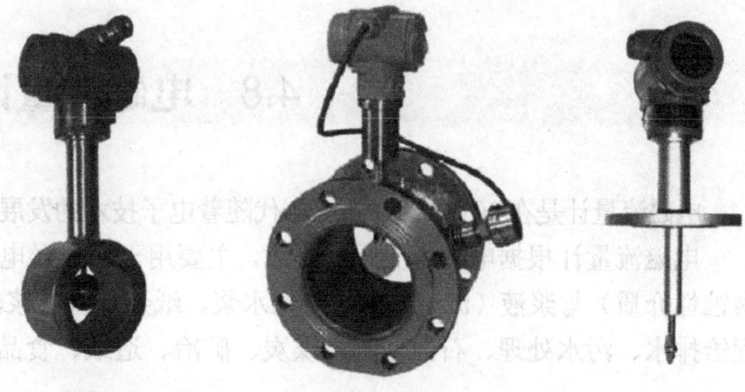

（a）夹装式　　（b）法兰式　　（c）插入式

图 4-68　靶式流量计的外形图

一体式为现场就地显示，而分体式则把显示仪表与检测器部分分离（一般不超过 100m），并通过屏蔽多芯电缆进行远距标准信号的传输。

插入式流量计不用专门安装测量管，只需在管道上开孔即可安装。使用过程中，便于随时抽出检修靶板。

4.7.3　靶式流量计的安装与应用

1. 靶式流量计的特点

① 广泛应用于各种工作状态的液体、气体和蒸汽的测量。流量测量范围广、口径覆盖面大。

② 适用于高黏度、低雷诺数流体的流量测量，以及带有悬浮颗粒杂质的流体流量测量。

③ 无可动部件，使用安全可靠，并且压力损失较小。

④ 结构简单牢固，安装方便，仪表的安装维护工作量小。

⑤ 抗振动、抗干扰能力强。

⑥ 仪表流量系数由仪表厂用水或空气标定得到，应用时必须用被测介质进行实际标定，并且要求标定时的流体温度和压力要和实际工作状况保持一致。

2. 靶式流量计的安装

① 流量计应避免安装在振动强烈的管道上，防止振动惯性造成靶上受力误差。

② 为方便仪表调零和仪表检修必须安装旁通管路，以实现不断流调零。

③ 仪表安装时必须使靶式流量计靶的中心与工艺管道轴线同心，保证靶面与管道轴线垂直。

④ 流量计可以水平或垂直安装，应保证测量介质处于满管状态。如流量计垂直安装时，流体的流动方向应自下而上。

⑤ 为确保被测流体通过靶式流量计时具有较稳定的流场，必须保证流量计前后有一定长度的直管段，一般要求为前面 15*D*、后面 5*D*。如流量计前有弯头、阀门等阻力件时前面直管段需要 20*D*～40*D*。

3. 靶式流量计的使用维护

① 仪表启动运行前后应先调整零位。

② 缓缓开启仪表前、后截止阀，关闭旁通阀，让仪表正式投入运行。

③ 因靶的输出力 F 受被测介质密度的影响，所以工作条件（温度、压力）变化时，要进行适当的修正。

4.8 电磁流量计

电磁流量计是在20世纪50～60年代随着电子技术的发展而迅速发展起来的一种流量测量仪表。

电磁流量计根据电磁感应原理制成，主要用于测量导电液体（如工业污水、各种酸、碱、盐等腐蚀性介质）与浆液（泥浆、矿浆、煤水浆、纸浆及食品浆液等）的体积流量，广泛应用于水利工程给排水、污水处理、石油化工、煤炭、矿冶、造纸、食品、印染等领域。

4.8.1 电磁流量计的流量测量原理

1. 测量原理

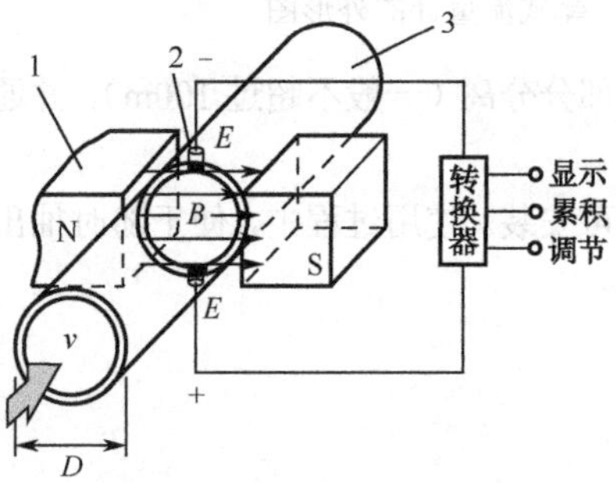

1—磁极；2—检测电极；3—测量管

图4-69 电磁流量计的原理示意图

根据电磁感应定律，当导体在磁场中做切割磁力线运动时，会在导体两端产生感生电势E，其方向由右手定则确定，其大小与磁场的磁感应强度B、导体切割磁力线的有效长度L及导体垂直于磁场的运动速度v成正比。如果B、L、v三者互相垂直，则$E=BLv$。

如果在磁感应强度为B的均匀磁场中，垂直于磁场方向放一个内径为D的不导磁管道，当导电液体在管道中以平均流速v流动时，导电流体就切割磁力线。如果在管道截面上且垂直于磁场的位置安装一对电极（如图4-69所示），B、D、v三者互相垂直，可以证明，只要管道内流速为轴对称分布，则在两电极之间产生的感应电动势为

$$E = BDv \tag{4-40}$$

式中 E——两电极间的感应电动势，V；

B——磁感应强度，T；

D——测量管内直径，m；

v——导电液体的平均流速，m/s。

由此可知导电液体的瞬时体积流量（m^3/s）为

$$q_v = \frac{\pi D}{4B}E \tag{4-41}$$

由式（4-41）可知，当测量管结构一定、稳恒磁场条件下，体积流量q_v与感应电势e成正比，而与流体的物性参数和工作状态无关。因而电磁流量计具有均匀的指示刻度。

2. 电磁流量计的励磁方式

电磁流量计的磁场由励磁系统提供。磁场强度不但要强，而且还要均匀、恒定。电磁流量计的励磁，原则上采用交流励磁和直流励磁都可以。直流励磁方式用直流电或永久磁铁产生一个恒定的均匀磁场，直流励磁不会产生干扰，仪表工作稳定，但直流磁场在电极上产生直流电势，可能引起被测液体电解，在电极上产生极化现象，从而引起测量误差。采用工频（50Hz）电源的交流励磁方式虽然产生的是交变磁场，避免了直流励磁电极表面的极化干扰。但交流励磁时，由于测量管内充满导电液体，交变磁通穿过电极引线、导电液体和转换器的输入阻抗而构成闭合回路，并在回路内产生正交干扰电势，严重时正交干扰电势甚至大于测量电势信号，也影响测量的准确性。低频矩

形波励磁方式有二值（正－负）和三值（正－零－负－零）两种，其频率通常为工频的 1/2～1/32。低频方波励磁能避免交流磁场的正交电磁干扰，抑制交流磁场在管壁和流体内部引起的电涡流，避免直流励磁的极化现象。电磁流量计外形图如图 4-70 所示。

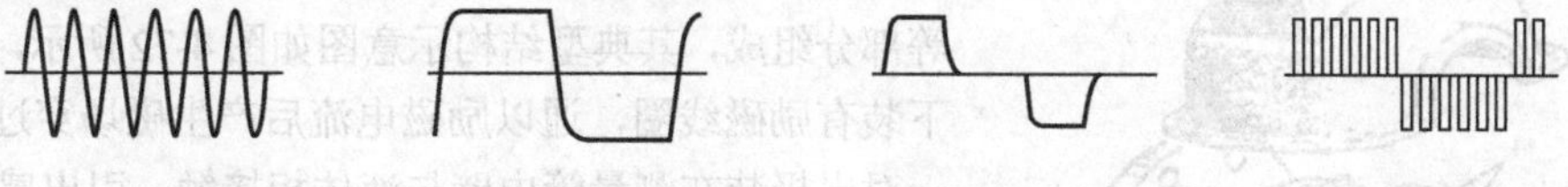
（a）交流励磁　（b）矩形波（二值）励磁　（c）矩形波（三值）励磁　（d）双频矩形波励磁

图 4-70　电磁流量计外形图

3. 流量电势信号的处理

电磁流量转换器用于将传感器输出的毫伏级电势信号进行处理与放大，并转换成与被测流体体积流量成正比的标准模拟电流信号（直流 4～20mA）或频率信号输出，以便与其他仪表或调节器相配合，完成流量的显示、累积、记录和控制。电磁流量转换器电路比较复杂，形式多样，这里就不具体介绍了。一般要求电磁流量转换器应具有以下几个方面的性能。

① 线性放大能力。能把毫伏级的流量信号放大到足够高的电平，并线性地转换成标准电信号输出。

② 能够抑制各种干扰信号。转换器中的抑制方法一般是将经过主放大器放大后的正交干扰信号通过相敏检波的方式鉴别分离出来，然后反馈到主放大器的输入端，以抵消输入端进来的正交干扰信号。对于方波励磁，则进行延时同步取样，避开上升沿和下降沿处的干扰。

③ 有足够高的输入阻抗。由于一部分流量电势会消耗在传感器内阻上，为保证测量精度，转换器的输入阻抗应远大于传感器内阻。目前国内一些较好的转换器，输入阻抗已可达 10 000MΩ以上。

4.8.2　电磁流量计的结构类型与特点

1. 电磁流量计的类型

电磁流量计按结构形式可分为一体式和分体式两种，均由电磁流量传感器和转换器两大部分组成。传感器安装在工艺管道上感受流量信号。转换器一方面向传感器励磁线圈提供稳定的励磁电流，建立起励磁磁场，同时把传感器送来的感应电势信号转换成标准电信号，输出给显示记录仪表，如图 4-71 所示。

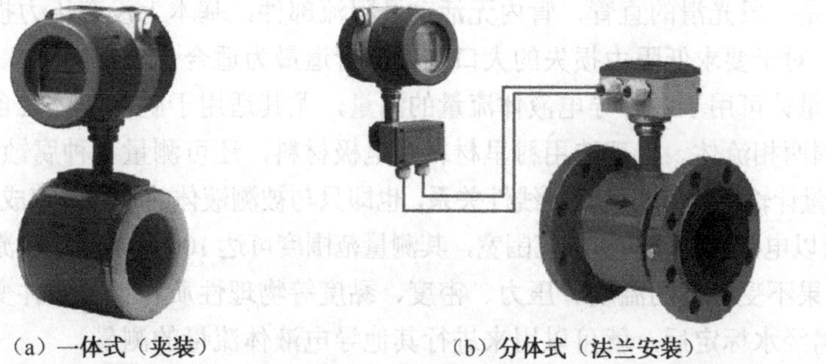
（a）一体式（夹装）　（b）分体式（法兰安装）

图 4-71　电磁流量计外形图

分体式电磁流量计的传感器和转换器分开安装，转换器可远离恶劣的现场环境（如环境温度过高、管道振动较大、湿度大、有腐蚀性气体等），并且仪表调试和参数设置都比较方便。分体式还需要专用屏蔽电缆连接转换器和传感器。一体式电磁流量计，可就地显示，信号远传。无励磁电缆和信号电缆布线，接线更简单，仪表价格便宜。现场环境条件较好时，一般都选用一体式电磁流量计。

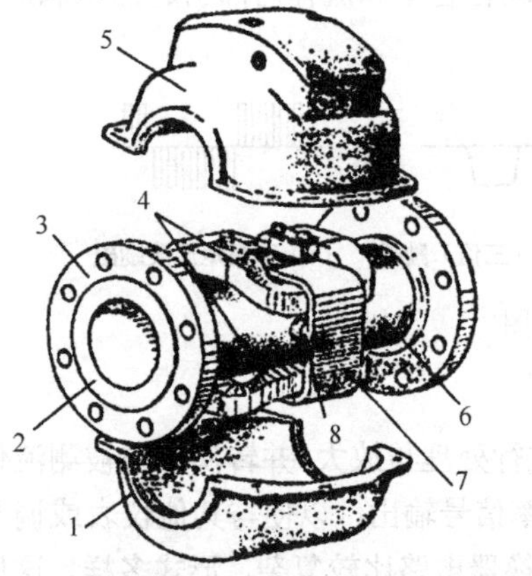

1—下盖；2—内衬管；3—连接法兰；4—励磁线圈；

5—上盖；6—测量管；7—磁轭；8—电极

图4-72　电磁流量传感器的结构示意图

2．电磁流量传感器的结构

电磁流量传感器主要由测量管组件、磁路系统、电极等部分组成，其典型结构示意图如图4-72所示，测量管上下装有励磁线圈，通以励磁电流后产生磁场穿过测量管。一对电极装在测量管内壁与液体相接触，引出感应电势。

1）测量管组件

测量管两端带有连接法兰或其他形式的联结装置以便与工艺管道连接。为了让磁力线穿过测量管进入被测流体，避免磁场被测量管屏蔽，测量管必须是非导磁材料，如不锈钢、铝合金和工程塑料等。为了减少测量管在交流磁场中的涡流损耗，应选用高阻抗材料。

为了防止电极上的电势信号被金属管壁所短路，防止流体对测量管的腐蚀，在金属测量管内壁装有绝缘衬里，保证电极与测量管间绝缘。衬里直接与介质接触，必须选择与介质相适应的衬里材料。衬里材料一般有聚四氟乙烯（抗腐蚀、抗磨损性差，小于250℃）、氯丁橡胶（耐酸碱，小于65℃）、聚氨酯橡胶（耐磨性强，不耐腐蚀，小于70℃）、陶瓷（耐磨、耐腐蚀性强，易碎，小于180℃）。

2）磁路系统

主要由励磁绕组和铁芯组成，其中励磁电流由转换器提供。

3）电极

电极安装在与磁场垂直的测量管两侧管壁上，其作用是从被测液体中把电势信号引出。由于电极需要直接与被测液体接触，要求耐磨、耐腐蚀、导电性好且其耐腐蚀性应与介质相匹配。电极材料有不锈钢、哈氏合金、钛、钽等。电极有普通电极、可清除电极表面污垢的刮刀电极和可在线拆下清洗污垢的可更换电极等多种型式，以适应不同的应用场合。

3．电磁流量计的特点

（1）电磁流量计的主要优点如下：

① 测量管是一段光滑的直管，管内无活动及阻流部件，基本上没有压力损失。运行能耗低，节能效果显著，对于要求低阻力损失的大口径供水管道最为适合。

② 电磁流量计可用于各种导电液体流量的测量，尤其适用于脏污流体及含有纤维、固体颗粒和悬浮物的液固两相流体。合理选用衬里材料及电极材料，还可测量各种腐蚀性流体流量。

③ 电磁流量计输出信号与流量成线性关系，也即只与被测液体的平均流速成正比，而与流体的流动状态无关，所以电磁流量计的量程范围宽，其测量范围度可达100:1，满量程流速范围0.3～12m/s。

④ 测量结果不受流体的温度、压力、密度、黏度等物理性质和工况条件变化的影响，因此，电磁流量计只需经水标定后，就可以用来进行其他导电液体流量的测量。

⑤ 电磁流量计没有机械惯性，所以反应灵敏，可测量正、反两个方向的流量，也可测量瞬时脉动流量。

⑥ 电磁流量计的口径范围极宽，测量管径从6mm一直到2.2m。

（2）电磁流量计的主要缺点如下：

① 电磁流量计只能用来测量导电液体的流量，不能用来测量气体、蒸汽，以及含有铁磁性物

质或较多较大气泡的液体的流量；也不能用来测量电导率很低的液体的流量，如石油制品和有机溶剂等介质。

② 普通工业用电磁流量计由于受内衬材料和电气绝缘材料的限制，不能用于测量高温液体，一般不超过 120℃；如未经特殊处理，也不能用于低温（如低于-40℃）介质的测量，以防测量管外结露（结霜）破坏绝缘。

③ 通用型电磁流量计不经特殊处理，也不能用于低温介质、负压力的测量。

④ 电磁流量计容易受外界电磁干扰的影响。

4.8.3　电磁流量计的安装与应用

1．传感器的安装环境

① 传感器的安装地点应远离大功率电机、大变压器、电焊机、变频器等强磁场设备，以免外部磁场影响干扰传感器的工作磁场。

② 尽量远离强振动环境和有氨气、酸雾强腐蚀性气体的场所，以免造成电极与管道间绝缘的损坏。

③ 应避开阳光直射或周围温度过高的地方，防止励磁线圈因环境温度过高，出现不允许的温升导致绝缘性能破坏。

2．电磁流量计的安装条件

① 流体流动方向应与流量计标志的箭头方向一致。

② 禁止用管棒或绳索穿过测量管进行搬运、吊装流量计，以免损坏衬里，也禁止用手直接抓住表头搬运，应将吊索套在传感器两端的吊环上。

③ 流量计可以水平、垂直或倾斜安装，但测量管两电极的中心连线必须处于水平状态，否则下方电极易被沉积物覆盖、上方电极被气泡绝缘。

④ 必须保证测量管内始终充满流体，为满管测量状态，必要时可采取抬高流量计后端管路或传感器标高略低于管路标高（水平安装时）的方法使其满管，如图 4-73（a）所示。对于液固两相流体，最好采用垂直安装，且流向应自下而上，如图 4-73（b）所示。严禁在管道的最高点和出液口安装流量计，以防积聚气体和不满管，电磁流量计传感器安装图例如图 4-73（d）和（e）所示。

⑤ 电磁流量传感器上游也要有一定长度的直管段，但其长度与大部分其他流量仪表相比要求较低，前后直管段的长度通常为前 5*D*、后 3*D*，从传感器电极中心线开始向两端测量。如果上游有弯头、三通、阀门等阻力件时，则应有 5*D*～10*D* 的直管段长度。

⑥ 尽量避免让电磁流量计在负压下使用，因为测量管真空负压状态时衬里材料容易剥落，故此传感器不应装在泵的吸入端，闸阀应装在传感器的下游侧。

⑦ 对工艺上不允许流量中断的管道，在安装流量计时应加设截止阀和旁通管路以便仪表维护和对仪表调零。在测量含有沉淀物流体时，为方便今后传感器的清洗可加设清洗管路。

3．传感器的接地

传感器的测量管、外壳、引线的屏蔽线，以及传感器两端的管道都必须可靠接地，使液体、传感器和转换器具有相同的零电位，决不能与其他电器设备的接地线共用，这是电磁流量计的特殊安装要求。

对于一般金属管道，若管道本身接地良好时，接地线可以省略。若为非接地管道，则可用粗铜线进行连接，以保证法兰至法兰和法兰至传感器是连通的，如图 4-74（a）所示。

对于非导电的绝缘管道，需要将液体通过接地环接地，如图 4-74（b）所示。

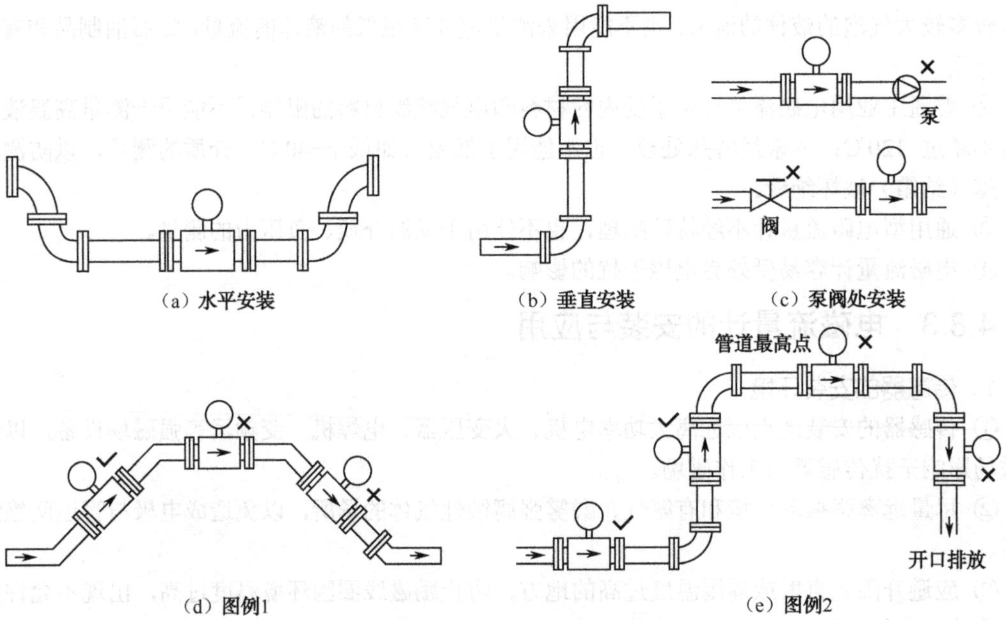

图 4-73　电磁流量计传感器安装图例

对于安装在带有阴极防腐保护管道上的传感器，除了传感器和接地环一起接地外，管道的两法兰之间需用粗铜线绕过传感器相连，即必须与接地线绝缘，使阴极保护电流与传感器之间隔离开来，如图 4-74（c）所示。

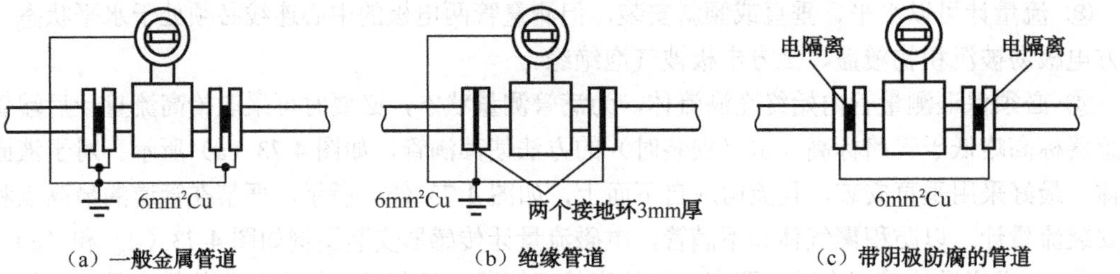

图 4-74　电磁流量计的接地

4. 电磁流量计的接线

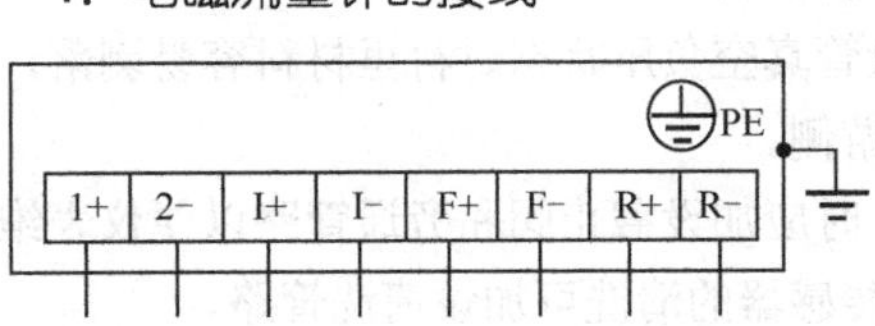

图 4-75　DM43/DM47 一体型电磁流量计接线图

以菲时博特公司生产的 DM 系列电磁流量计为例，来具体说明流量计的接线。

如图 4-75 所示为 DM43/DM47 一体型电磁流量计接线图。

① 1+、2−为供电电源端子，通常为 220V AC 或 24V DC，具体供电电压值见仪表铭牌要求。

② I+/I−为电流输出端子，通常为 4～20mA。

③ F+/F−为脉冲输出端子，脉冲系数可选，脉冲宽度可设定为 0.1～2000ms，频率最高 5kHz。

④ R+/R−为串口通信 485 接口端子。

分体型传感器与转换器之间的接线端子如下：

① M1、M2 为励磁信号端子。

② 2、1 为流量信号线接线端子，其中 2S、1S 分别为信号线 2、1 的屏蔽线接线端子。屏蔽铜线 3 用于接地。

分体式电磁流量计传感器与转换器之间接线，必须用规定的屏蔽电缆，不得使用其他电缆代替，而且信号电缆必须单独穿在接地保护钢管内，与励磁电缆和其他电源严格分开，防止干扰。另外，信号电缆和励磁电缆尽可能短，不能将多余的电缆卷在一起，应将多余电缆剪掉，并重新焊好接头。

5. 电磁流量计的使用

电磁流量计投入运行时，必须在流体静止状态下做零点调整。正常运行后也要根据被测流体及使用条件定期停流检查零点，定期清除测量管内壁的结垢层。

4.9　叶轮流量计

在管道中，安装一个可以自由转动的有叶片的叶轮，在流体冲击下转动。流体的流速越高，叶轮转速也就越高，测出叶轮的转速，就可确定流过管道的流体流量。日常生活中使用的某些自来水表、油量计等，都是利用这种原理制成的，这种仪表称为叶轮式流量计。

涡轮流量计是叶轮式流量计的常见种类，我国从 20 世纪 60 年代中期开始生产，目前已形成比较成熟的系列化仪表。涡轮流量计可适用于成品油、石化产品等液体及气体等低黏度流体，通常用于流体总量的流量测量。涡轮流量计由于测量精度很高，有时也作为标定其他流量计的标准仪表使用。

4.9.1　涡轮流量计

涡轮流量计由涡轮流量传感器和显示仪表两部分组成，其外形如图 4-76 所示。

（a）涡轮流量传感器　　（b）涡轮流量变送器　　（c）一体式涡轮流量计

图 4-76　涡轮流量计的外形图

对于涡轮流量传感器/变送器，该类涡轮流量产品本身不具备现场显示功能，仅将流量信号远传输出。流量信号可分为脉冲信号或电流信号（4～20mA）；仪表价格低廉，集成度高，体积小巧，特别适用于与二次显示仪、PLC、DCS 等计算机控制系统配合使用。一体式涡轮流量计则是将涡轮流量传感器/变送器与显示积算仪实现了一体化。

1. 涡轮流量变送器的结构

涡轮流量变送器的结构如图 4-77 所示，主要由壳体、导流器、涡轮、轴承、磁电转换器、放大转换电路等组成。

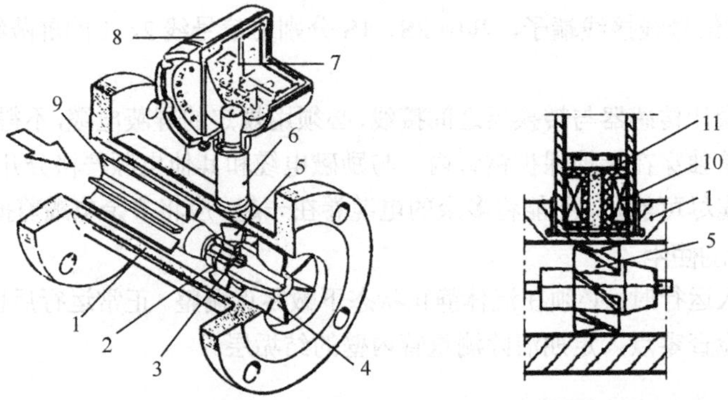

（a）结构　　（b）磁电转换器

1—测量管；2—轴承；3—涡轮轴；4—后导流器；5—涡轮叶片；6—磁电转换器；
7—放大转换电路；8—表头；9—前导流器；10—感应线圈；11—永久磁钢

图 4-77　涡轮流量变送器的结构示意图

1）测量管

由不导磁的不锈钢或硬质合金材料制成，两端与被测流体管道相连接。测量管内装有导流器、涡轮和轴承，测量管外安装有磁电转换器。测量管主要起承受被测流体的压力、固定安装检测部件和连接管道的作用，有法兰式、夹装式、螺纹式连接三种形式。

2）导流器

一般导流器也由不导磁的不锈钢或硬铝材料制成。前导流器 9 使流体到达涡轮前先导直流向，避免流体因自旋而改变对涡轮叶片的作用角度，影响测量精确度。后导流器 4 除起到支承叶轮作用外，也可起到稳定流体流向减少对下游仪表影响的作用。

3）叶轮

涡轮流量计的叶轮称为涡轮，一般由高导磁不锈钢材料制成，由前后导流器上的轴承 2 支撑。涡轮芯上装有叶片 5，叶片有螺旋形、斜板形和丁字形等几种，叶片数量根据直径不同有 2～24 片不等。为了使涡轮对流速有很好的响应，要求涡轮质量尽可能小。

轴与轴承通常采用滑动石墨轴承或硬质合金轴承，应有足够的硬度、强度和耐磨性。为了比较彻底地解决轴承磨损问题，目前已有生产无轴承的涡轮流量变送器。

4）磁电转换器

磁电转换器由永久磁钢和感应线圈等组成，可用来产生一个频率与涡轮转速成正比的电信号，如图 4-77（b）所示。因为永久磁钢对高导磁的涡轮叶片有吸引力会产生磁阻力矩，所以对于小口径传感器在通过小流量时，磁阻力矩成为主要阻力矩。

2．涡轮流量计的工作原理

当被测流体通过涡轮流量传感器时，流体通过前导流器沿轴线方向冲击涡轮叶片。由于涡轮的叶片与流体流向之间有一个倾角 θ，流体冲击力的切向分力对涡轮产生转动力矩，使涡轮克服机械摩擦阻力矩和流动阻力矩而转动。实践表明，在一定的流量范围内及一定黏度、密度的流体条件下，涡轮的转速与经过涡轮的流量成正比。所以，可以通过测量涡轮的转速来测量流量。

涡轮的转速一般都是通过安装在传感器壳体外面的磁电转换器 6 利用磁电感应原理进行测量的。当涡轮转动时，高导磁的涡轮叶片依次扫过磁钢 11 的磁场，从而周期性地改变磁回路的磁阻和感应线圈的磁通量。叶片在永久磁钢正下方时磁阻最小。线圈 10 中的磁通量周期性变化，使线圈中产生同频率的感应电势，送入放大转换电路 7，经放大整形处理后，变成电脉冲信号。

此电脉冲信号的频率与涡轮的转速成正比。该电脉冲信号可以直接输出给显示仪表，也可以经过频率—电流转换电路转换为4～20mA的标准信号输出。一体化涡轮流量计将传感、变送、显示仪表组合在一起，可就地指示。

在允许流量范围内，涡轮流量计输出的电脉冲信号频率f与通过涡轮流量计的体积流量q_v成正比，即

$$f=\xi q_v \tag{4-42}$$

式中 ξ为仪表系数，其含义：单位体积流量的流体通过涡轮流量传感器时，传感器输出的电脉冲数，单位为脉冲数/m^3。ξ与仪表的结构、被测介质的流动状态、黏度等因素有关，一定条件下ξ为常数，其数值由实流校验标定得到。仪表出厂时，所给仪表系数ξ是在标准状态下用水、空气标定时的平均值。若实测流体的密度和黏度差别较大，则需重新标定或采取补偿措施。

若已测得传感器输出的电脉冲频率f或某一时间内的电脉冲总数量N，就可以按下式计算瞬时体积流量和体积总量，即

$$q_v=\frac{f}{\xi} \tag{4-43}$$

$$V=\frac{N}{\xi} \tag{4-44}$$

式中 N——一段时间内传感器输出的脉冲总数；

V——被测流体的体积总量，m^3。

3．涡轮流量计的流量特性

根据涡轮流量计的流量方程，只有涡轮流量计的仪表系数ξ值为常数时，流量计才可以正常测量。涡轮流量计的特性曲线如图4-78所示。

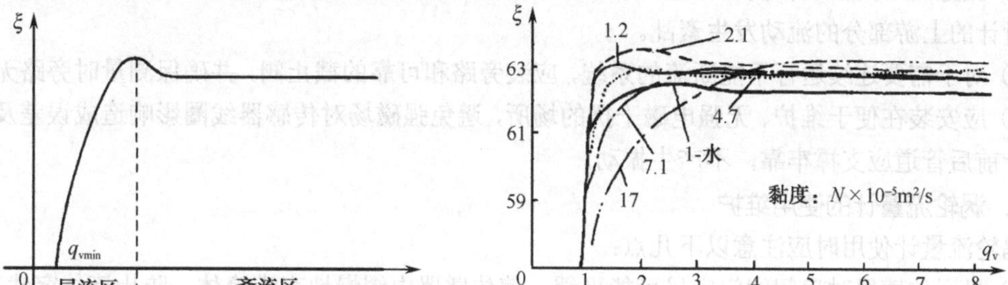

图4-78 涡轮流量计的特性曲线

涡轮要转动首先必须要克服轴承的静摩擦阻力矩，所谓始动流量q_{vmin}即涡轮克服静摩擦阻力矩所需的最小流量值。当实际流量小于始动流量值时，涡轮不动，无信号输出。机械摩擦阻转矩越小，流体介质密度ρ越大，始动流量值越小。测量气体时，始动流量值相对较大。

当流量较小时，仪表系数ξ随流量的增加而迅速增加，流量增加达到紊流状态后仪表系数ξ就基本保持不变，当涡轮流量计用于测量较高黏度的低速流体时，必须用实际使用的流体对仪表进行重新标定。

4．涡轮流量计的特点及安装注意事项

① 精度高、量程比宽、反应速度快、灵敏性好。由于基于电磁感应转换原理，涡轮惯性小，反应速度快，测量精度可达0.2级，可作为标准计量仪表。量程比一般为10∶1～40∶1，适用于流

量大幅度变化的场合。

② 输出脉冲信号与流量成正比，仪表刻度线性。脉冲信号传输抗干扰，容易进行累积测量，便于远传和计算机数据处理。

③ 耐高压、压力损失小、结构紧凑、安装维修方便。最大流量下其压力损失为 10～100kPa。

④ 轴承易磨损、对流体清洁度要求较高，只能用于成品油、洁净水、液化气、天然气等洁净介质。流量计前一般均应安装过滤器，以便滤除固体颗粒和机械杂质，延长流量计使用寿命。若被测液体含有气体，则还应在传感器上游侧装消气器。涡轮流量计典型管路配置示意图如图 4-79 所示。具体配置视被测对象情况而进行选择。

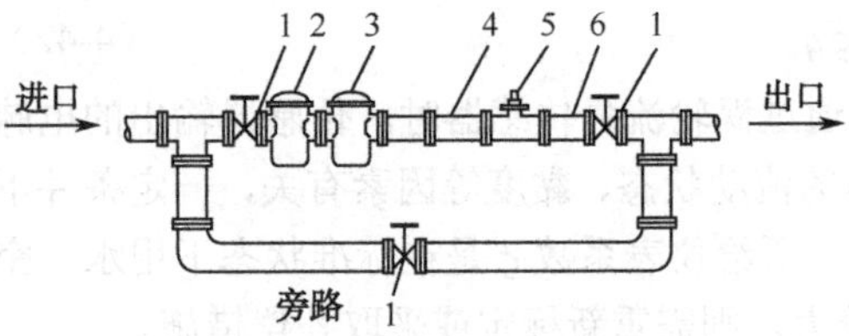

1—阀门；2—过滤器；3—消气器；
4—上游直管段；5—流量计；6—下游直管段

图 4-79 涡轮流量计典型管路配置示意图

⑤ 涡轮流量计对管道内流速分布畸变及旋转流较敏感，因此，对直管段要求较高，通常上、下游直管段分别应保证在 20*D*、5*D* 以上。表 4-1 为某厂家给出的液体涡轮流量计上游侧阻流件类型与对应配备的直管段长度。若安装空间不能满足上述要求，可在上游侧阻流件与流量计之间配备流动调整器。

表 4-1 上游侧阻流件类型与对应配备的直管段长度

上游侧阻流件类型	1 个 90° 弯头	同一平面上 2 个 90° 弯头	不同平面上 2 个 90° 弯头	同心渐缩管	全开阀门	半开阀门
上游直管段长度	20*DN*	25*DN*	40*DN*	15*DN*	20*DN*	50*DN*
下游直管段长度	5*DN*					

⑥ 流量调节阀应装在涡轮流量计的下游，而在上游装截止阀时必须全开。总之注意不要使涡轮流量计的上游部分的流动发生紊乱。

⑦ 对于需要连续运行不能断流的系统，应装旁路和可靠的截止阀，并确保测量时旁路无泄漏。

⑧ 应安装在便于维护、无强电磁干扰的场所，避免强磁场对传感器线圈影响造成误差及故障。流量计前后管道应支撑牢靠，不产生振动。

5. 涡轮流量计的使用维护

涡轮流量计使用时应注意以下几点：

① 投运传感器时启闭阀门应尽可能平缓，使传感器内缓慢地充满流体，防止流体突然冲击叶轮造成叶轮的损坏。缓慢开启防止流体冲击是投运流量计时必须遵守的原则。

② 对新铺设的管道进行清扫时，可在装传感器的位置处先接入一段短管代替传感器，待扫线完毕确认管道内清扫干净后，再正式接入传感器。

③ 传感器的维护周期一般为半年。应检查清洗涡轮并及时清洗过滤器，保持过滤器畅通，过滤器可从出入口压力计的压差来判断是否堵塞。若配有消气器则要定期排放消气器中从液体逸出的气体。流量计长期使用后轴承磨损，仪表系数会发生变化，应定期对仪表进行校验标定。

④ 气体涡轮流量计易受温度和压力的影响，液体涡轮流量计则对黏度变化敏感。介质密度、黏度的变化需要对仪表重新标定或采取补偿措施。

6. 涡轮流量计的接线方式

以 LWGY 系列涡轮流量计为例进行说明。LWGY 系列涡轮流量计按仪表本身是否具备现场显示功能分为两大类：涡轮流量变送器和智能一体式涡轮流量计。

涡轮流量传感器不具备现场显示功能，仅将流量信号远传输出，仪表价格低廉，特别适用于与二次显示仪、PLC、DCS 等计算机控制系统配合使用。流量信号可分为脉冲信号或电流信号（4～20mA）。

典型涡轮流量传感器接线示意图如图 4-80 所示。

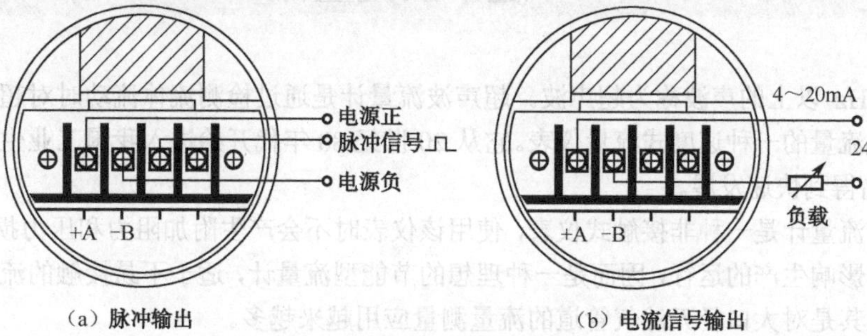

图 4-80 涡轮流量传感器接线示意图

4.9.2 叶轮流量计的分类与特点

若按叶轮轴与管道轴二者之间的角度来分，叶轮流量计可分为以下两类。

1．轴向型叶轮式流量计

叶轮轴中心与管道轴心重合，叶轮叶片为螺旋形，为涡轮流量计，是叶轮流量计的主导产品。

2．切向型叶轮式流量计

叶轮轴与管道轴心垂直，如图 4-81 所示，流体从叶轮的切向流过，冲击叶片旋转。

为解决微流量时流体对叶轮的冲击力过小的问题，一般入口处装有喷嘴，并且喷嘴孔径可以更换以调节流量范围。叶轮的转速可采用光电法检测，一般不采用可产生磁阻力矩的磁阻法检测，也有做成插入式的切向叶轮流量传感器，适合大口径流量测量。

家用水表（见图 4-82）也是一种切向式叶轮流量计，但叶轮四周有多个切向进水孔，灵敏度高，始动流量更小。叶轮的转动是通过齿轮直接传动给指示机构的。内部零件全部由工程塑料制造，长期浸在水中，也有采用磁性耦合传动的。指示机构指示累积流量，采用机械计数器或多位指针式机构，上、下位之间用 10∶1 齿轮传动。

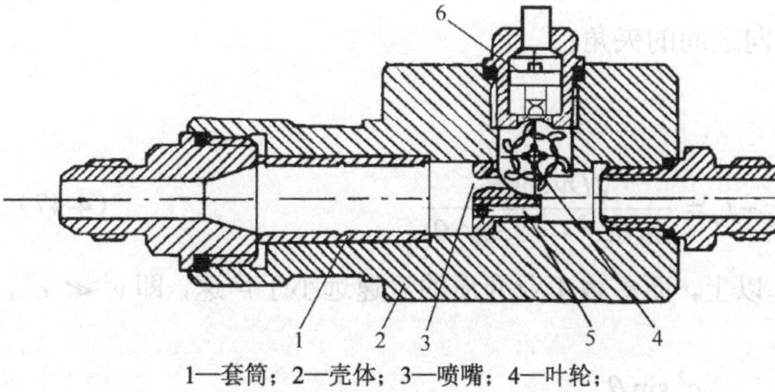

1—套筒；2—壳体；3—喷嘴；4—叶轮；
5—调整刻度用槽道；6—光电检测器

图 4-81 切向式叶轮流量传感器结构示意图

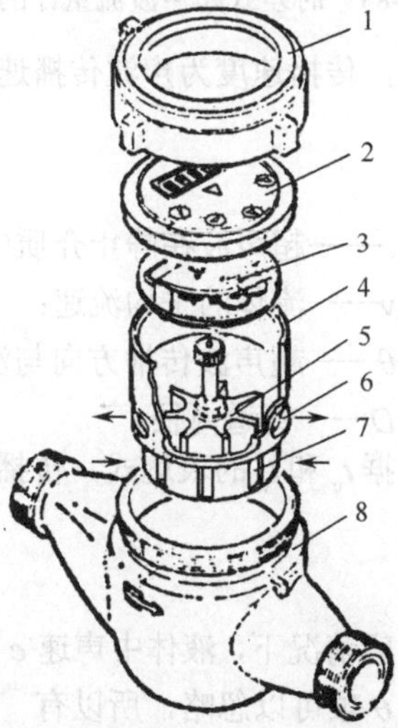

1—表盖；2—示数面板；3—齿轮传动机构；
4—叶轮盒；5—叶轮；6—出水孔；7—切向进水孔；8—表壳

图 4-82 叶轮水表结构示意图

4.10 超声波流量计

频率在 16kHz 以上的声波称为超声波。超声波流量计是通过检测流体流动时对超声波的作用来测量流体体积流量的一种速度式流量仪表。它从 20 世纪 80 年代开始进入我国工业生产和计量领域，90 年代开始得到快速发展。

由于超声波流量计是一种非接触式仪表，使用该仪表时不会产生附加阻力和压力损失，仪表的安装及检修均不影响生产的运行，因而是一种理想的节能型流量计，适于不易接触的流体及大管径的流量测量，尤其是对大口径天然气管道的流量测量应用越来越多。

4.10.1 超声波流量计的测量原理

超声波流量计测量流量的方法有多种，现在用得最多的是时差式和多普勒式。

1. 时差式超声波流量计

声波在流体中传播，顺流方向声波的传播速度会增大，逆流方向声波的传播速度则会减小，相同的传播距离在顺流和逆流时会有不同的传播时间。时差式超声波流量计正是利用超声波在流体中顺流传播和逆流传播的时间差与流体流速成正比这一原理来测量流体流量的。其工作原理如图 4-83 所示。

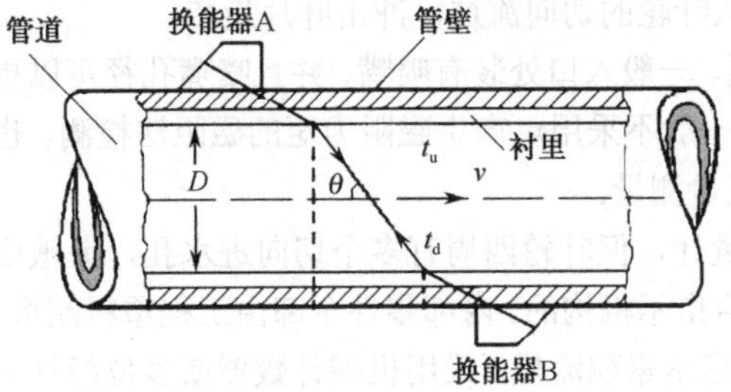

图 4-83 时差式超声波流量计的原理示意图

在管道中斜装一对超声波换能器，超声波的传播声程为 A、B 换能器之间的距离 $\frac{D}{\sin\theta}$。换能器 A 向换能器 B 顺流方向发射超声波信号，传播速度为声波传播速度与流体流速水平分量之和，即 $c+v\cos\theta$，则传播时间为

$$t_u = \frac{D}{\sin\theta(c+v\cos\theta)} \tag{4-45}$$

反之，换能器 B 向换能器 A 逆流方向发射超声波信号，传播速度为声波传播速度与流体流速水平分量之差，即 $c-v\cos\theta$，则传播时间为

$$t_d = \frac{D}{\sin\theta(c-v\cos\theta)} \tag{4-46}$$

式中 c——超声波在静止介质中的传播速度，其值随介质不同而不同；

v——流体的平均流速；

θ——超声波传播方向与流体流动方向之间的夹角；

D——管道内径。

根据 t_u 和 t_d 的表达式，传播时间差为

$$\Delta t = t_d - t_u = \frac{2Dv\cos\theta}{\sin\theta(c^2 - v^2\cos^2\theta)} \tag{4-47}$$

一般情况下，液体中声速 c 在 1000m/s 以上，而多数工业介质的流速远小于声速，即 $v^2 \ll c^2$，$v^2\cos^2\theta$ 项可以忽略，所以有

$$v \approx \frac{c^2\sin\theta}{2D\cos\theta}\Delta t \tag{4-48}$$

测得时间差Δt即可求出流体流速v，进而求得流体流量。但由于声速c随介质温度的变化而变化，介质温度的波动会对流量的测量造成误差，因此最好在式中去掉声速c，以提高精度。

由式（4-45）、式（4-46）得声速，即

$$c=\frac{D}{t_u \sin\theta}-v\cos\theta \tag{4-49}$$

$$c=\frac{D}{t_d \sin\theta}+v\cos\theta \tag{4-50}$$

整理可得流体的平均流速为

$$v=\frac{D}{\sin 2\theta}\frac{t_d-t_u}{t_d t_u} \tag{4-51}$$

因而时差式超声波流量计的流量计算公式可表示为

$$q_v=\frac{\pi D^2}{4k}\frac{D}{\sin 2\theta}\frac{t_d-t_u}{t_d \cdot t_u} \tag{4-52}$$

式中 k——流速分布修正系数，$k=\frac{v}{u}$。

由于v是声道上的流体线平均流速，不是体积流量计算公式需要的整个流通截面上的面平均流速u，二者的差值取决于流速分布状况，所以需要对线平均流速进行修正，才能求得相对准确的流体流量。k值与流体雷诺数有关。

可见，测得流体的顺流和逆流的传播时间，就能得到被测流体流量大小。

2．多普勒式超声波流量计

当声源和观察者之间有相对运动时，观察者所感受到的声频率将不同于声源所发出的频率。这个因相对运动而产生的频率变化（频移）与两物体的相对速度成正比，这就是声学上的多普勒效应。

假若把发射的超声波入射到流动的流体中，随流体一起运动的颗粒或气泡将其反射到接收器，接收到的反射声波与发射声波之间存在频率差，该频率差正比于流体流速，因此，测量频率差即可求得流速，也就求得体积流量，这就是多普勒超声波流量计测量流量的工作原理。

因此，多普勒超声波流量计测量流量的一个必要条件：被测流体必须是含有一定数量能够反射声波的固体颗粒或气泡等的两相介质，以便获得足够强度的信号使仪表正常工作。这个条件实际上也是它的一大优点，即这种流量测量方法适合于对两相流的测量，这正是其他流量计难以做到的。

多普勒式超声波流量计的测量原理如图 4-84（a）所示，发射换能器向流体发出频率为f_o的连续超声波，受到悬浮在流体中随流体移动的固体颗粒或气泡的散射，使超声波频率发生偏移，以f_r的频率反射到接收换能器，这就是多谱勒频移，f_r与f_o之差即为多谱勒频差$f_d=f_r-f_o$，其值为

$$f_d=f_o\frac{c+v\cos\theta}{c-v\cos\theta}-f_o=f_o\frac{2v\cos\theta}{c-v\cos\theta}\approx f_o\frac{2v\cos\theta}{c} \tag{4-53}$$

式中 θ——发射（或接收）声波与流体流动方向的夹角；

v——散射体（也可看做流体）的速度；

c——超声波在静止介质中的传播速度，即声速。

故流体的流速为

$$v=\frac{c}{2\cos\theta f_o}f_d \tag{4-54}$$

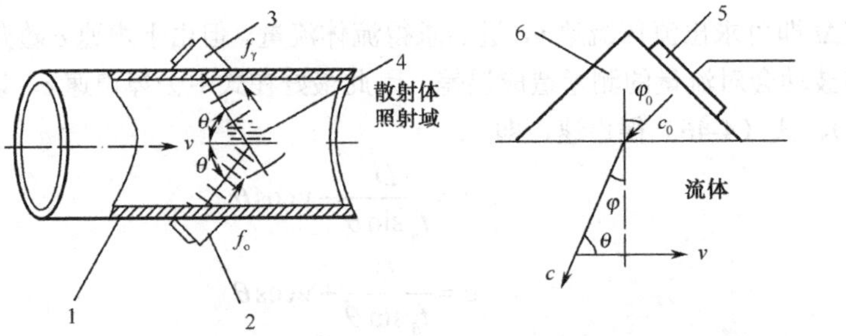

（a）测量原理　　（b）超声经声楔传播

1—测量管；2—发射器；3—接收器；4—反射气泡或固体颗粒；5—换能元件；6—声楔

图 4-84　多普勒式流量计的测量原理图

由于声速 c 会随流体介质温度的变化而变化，很难保持为一常数，为避免流体温度变化带来的测量误差，多普勒式超声波流量计一般采用管外声楔结构，使超声波束先通过声楔及管壁后再进入流体，如图 4-84（b）所示。

设声楔材料中的声速为 c_0，流体中的声速为 c，声波由声楔进入流体的入射角为 φ_0，流体中的折射角为 φ，声波束与流体流速夹角为 θ。根据折射定理，即

$$\frac{c}{\cos\theta}=\frac{c}{\sin\varphi}=\frac{c_0}{\sin\varphi_0} \tag{4-55}$$

采用声楔结构以后，可用声楔中的声速 c_0 取代流体中的声速 c，由于固体中声速 c_0 随温度的变化量要比流体中声速 c 随温度的变化量小一个数量级，所以在温度变化不大的情况下 c_0 可视为常数，有利于减小流体温度对流量测量的影响，大幅提高测量精度。

这样多普勒式超声波流量计的实际流量公式可表示为

$$q_v=\frac{Ac_0}{2\sin\varphi_0 f_o k}f_d \tag{4-56}$$

式中　A——管道内横截面积；

k——流速分布修正系数。

由于所测得的多普勒照射域内散射体的流速与管道内流通截面上流体的平均流速在数值上是有差别的，并且也未能反映出管道雷诺数变化对流速分布的影响，所以需在流量方程中引入流速分布修正系数 k。

当管道条件、换能器安装位置、发射频率、声速都确定以后，流体的流速与多普勒频移成正比，通过测量频移就可得到流体的流速，进而求得流体的体积流量。

4.10.2　超声波流量计的结构类型、特点及应用

1. 超声波流量计的结构类型

超声波流量计主要由安装在测量管道上的传感器和转换器组成。传感器上将声能和电信号相互转换的元件称为换能器。发射换能器将电能转换为超声波能量，并将其以某一角度射入被测流体中，接收换能器接收超声波信号将其转换为电信号，供转换器检测、转换、显示，实现流量的测量和显示。超声波流量计换能器一般由做成圆形薄片的压电元件制成。为固定压电元件，使超声波以合适的角度射入流体中，把压电元件放入声楔中构成换能器整体。要求超声波经声楔后能量损失小即透射系数接近 1。有机玻璃常用做声楔材料，因为它透明，可以观察到声楔中压电元件的组装情况。

超声波流量计按照传感器和转换器是否结合成一体分为分体式和一体式两种。分体式超声波流

量计的传感器与转换器之间应使用专用电缆进行连接，专用电缆损耗小，抗干扰性好，能保证仪表长期可靠工作。超声波流量计的类型如图 4-85 所示。

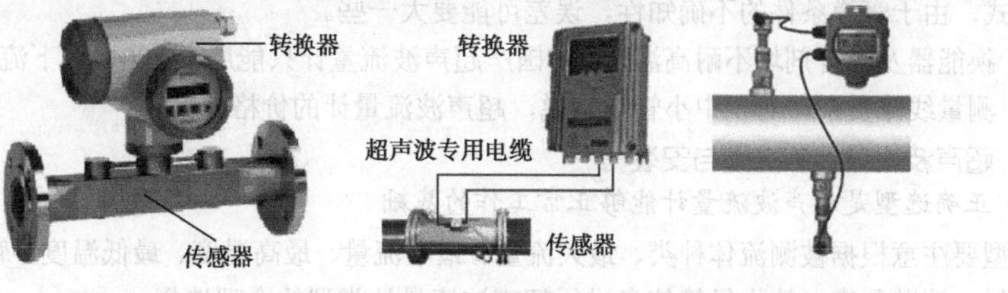

（a）一体式　（b）分体式　（c）插入式

（d）外夹式　（e）管段式

图 4-85 超声波流量计的类型

超声波流量计按照换能器安装方式的不同还分为插入式、管段式、外夹式三种。

外夹式超声波流量计指将换能器贴在管道的外侧，安装换能器无须管道断流，即夹即用，是三种换能器安装方式中安装和维护最为方便的一种。但是换能器发射和接收信号通道最复杂，必须通过管道和衬里，测量精度相对较低。当遇到管道因材质疏松而导声不良，或锈蚀严重使衬里和管道内空间有间隙时，超声波信号衰减严重，用外夹式超声波流量计就无法正常测量。流量计长期使用耦合剂干燥、管壁结垢或腐蚀等使信号减弱也不能正常测量。

管段式超声波流量计把换能器和测量管组成一体，解决了外夹式流量计在测量中的这一难题，而且测量精度也比其他超声波流量计要高。随着管径的增大，成本也会明显增加。

插入式超声波流量计，利用专门工具在管道上打孔，把换能器插入管道内至内壁边缘完成安装，但安装相对麻烦。由于换能器在管道内，其信号的发射和接收只经过被测介质，而不经过管壁和衬里，故测量不受管质和内衬材料的限制，通常来说，中小口径选用管段式超声波传感器，大口径选用插入式超声波传感器较为经济实用。

2. 超声波流量计的特点

① 无阻挡、无可动易损部件，无额外压力损失，用于大口径流量测量时可降低能耗。

② 外夹式传感器在测量管道外部安装，非接触测量，可用于其他类型仪表所难以测量的强腐蚀性、放射性、高压、高黏性、易燃易爆介质的流量测量问题。仪表造价与管道尺寸无关，理论上管径可不受限制，特别适用于大管径大流量测量，但不能用于管径小于 *DN*25mm 的管道。

③ 检测件的维修更换方便，安装和维修时不影响生产。

④ 应用范围广。时差式超声波流量计应用于清洁、单相液体和气体，在天然气工业贸易输送、调配等领域已广泛使用。多普勒式超声波流量计适用于异相含量不太高的双相流体，如未处理污水、工厂排放液、脏流程液等含有一定数量的固体颗粒或气泡的流体，通常不适用于非常清洁的液体，

但脏污太重，也不可测量。

⑤ 测量精度中等，一般为 1.0～1.5 级左右。若为接触式安装，精度可提高为 0.5 级，非接触安装方式，由于管道条件的不确知性，误差可能要大一些。

⑥ 换能器及耦合剂均不耐高温，目前国产超声波流量计只能用于 200℃以下流体的流量测量。

⑦ 测量线路复杂，对于中小管道来说，超声波流量计的价格偏高。

3. 超声波流量计的选型与安装

1）正确选型是超声波流量计能够正常工作的基础

选型要注意根据被测流体种类、最大流量、最小流量、最高温度、最低温度、管道材料、管道内衬材料、管壁厚度、管内径等信息进行超声波流量计类型的合理选择。

2）测量点的选择

传感器的安装点应选择流场分布均匀且能工作于满管状态的直管段部分，以保证测量精度和稳定性。具体的选择原则如下：

① 要选择充满流体的管段，如管路的垂直部分或充满流体的水平管段。

② 为使流体状态最佳，测量点上、下游安装一定长度的直管段，要求上游直管段为 10*D*，下游直管段为 5*D*（推荐上游直管段为 20*D*，下游直管段为 5*D*）。双向流动时，上、下游直管段均应至少 10 倍管道公称直径。尽可能远离泵、阀门等设备，避免紊流带来的测量误差。

③ 测量点选择尽可能远离大功率变频器、电机等强磁场干扰源。

④ 要保证测量点处的温度在可工作范围以内。

⑤ 充分考虑管内壁结垢状况，尽量选择无结垢的管段进行测量。

图 4-86 给出了符合要求的几个测量点位置。

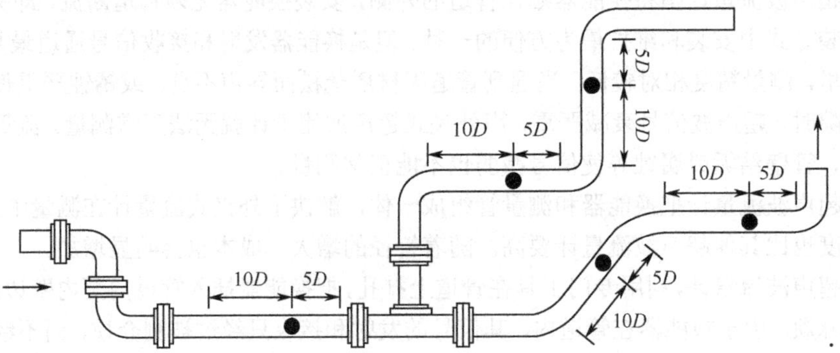

图 4-86 传感器的推荐安装位置示意图

3）换能器的安装

① 对于外夹式流量计，应选择管材致密部分进行安装，安装前先把管外欲安装换能器的部位清理干净，除去铁锈、油漆，可用角磨机打光，使管壁光滑平整，露出金属的原有光泽并保持原有弧度；用干净抹布蘸丙酮或酒精擦净后在欲安装换能器的中心周围管壁涂上足够的耦合剂，然后把换能器紧贴管壁捆绑固定，以防在换能器和管壁之间进入空气泡和砂砾等，影响超声波信号的传输。捆绑换能器时夹具应固定在换能器的中心部分，使之受力均匀不易滑动。换能器信号电缆的屏蔽线可以悬空不接，但不能与正、负端短路。

② 插入式流量计和管段式流量计的换能器安装，此处略。

4. 超声波流量计的应用

超声波流量计在应用中应注意以下几个问题。

(1) 及时核校。对于现场安装固定式超声波流量计数量大、范围广的用户，可以配备一台同类型的便携式超声波流量计，用于核校现场仪表的情况。一是坚持一装一校，确保选位好、安装好、测量准；二是在线运行的超声波流量计发生流量突变时，利用便携式超声波流量计及时核校，查明是仪表故障还是流量确实发生了变化。

(2) 定期维护。超声波流量计由于没有机械可动部件所以相对来说维护量是比较小的。对外夹式超声波流量计，定期检查换能器是否松动、耦合剂是否良好；对插入式超声波流量计，要定期检查清理换能器上沉积的杂质，还应考虑现场温度和湿度对电子部件的影响，定期检查信号处理单元、声道有无故障、零点测量是否准确等。定期维护确保流量计长期稳定运行。

4.11 流量计的校验

4.11.1 流量计的校验方法

为了正确使用流量计，必须充分了解流量计的构造和特性，采用与其相适应的方法进行测量。同时也要注意使用中的维护管理，每隔一定时间校验一次。有些流量计，在流体的性质和状态发生变化时，如果不能用计算的方法求出修正值，也需要在工作状态下进行实流校验。

校验流量计时，一般采用直接校验法（实流校验法）让试验流体流过被校流量计，同时用标准表（或流量标准装置）测出标准流量，然后比较示值，得到测量误差。

目前，用来校验液体流量计的方法一般有静态、动态标准容积（质量）法、标准仪表校验法、标准体积管校验法等。用来检定气体流量计的方法有标准容积校准法、标准仪表校验法、置换法、声速喷嘴校验法等。

实流校验非常麻烦，特别是校验大型流量计。因此，一般是委托有条件的研究机构或流量计制造厂。

4.11.2 液体流量计的校验

1. 静态容积（质量）法

(1) 静态容积法。静态容积法是通过计量在一段时间内流入标准计量容器的流体体积以求得流量的方法。流动启停静态容积质量法液体流量标准装置典型系统如图 4-87 所示，一般用水做循环流体。

校验前首先用水泵 3 将水池 1 中的水打入高位水塔 5，在整个校验过程中使水塔处于溢流状态，以维持系统的压力稳定不变。为了降低流量标准装置的建造费用，也可用稳压容器代替高位水塔。

打开截止阀 6，水通过上游侧直管段 7、被校流量计 8、流量调节阀 9 等流出试验管路。在试验管路的出口装有换向器 12。换向器用来改变液体的流向，使水流可以流入标准量器 13 或 14 中。换向器启动时能触发计时器，以保证水量和时间的同步计量。

校验流量计时，若选用标准量器 13 作为工作量器，则关闭其放水底阀 15，打开量器 14 的放水底阀 16。首先调换向器使水流切向量器 14 的位置，用调节阀 9 将水流调到所需流量，待流量稳定后，迅速启动换向器，将水流由量器 14 切换到工作量器 13，在换向器动作的同时启动计时器计时、被校流量计的脉冲计数器计数。当达到预定的水量时，操作换向器，使水流切换到量器 14 上。

记录工作量器 13 所收集的水量 V_t、计时器显示的测量时间 T 和脉冲计数器显示的脉冲数（或被校流量计的流量指示值），计算校验标准流量为

$$q_{v0}=\frac{V_t}{t} \tag{4-57}$$

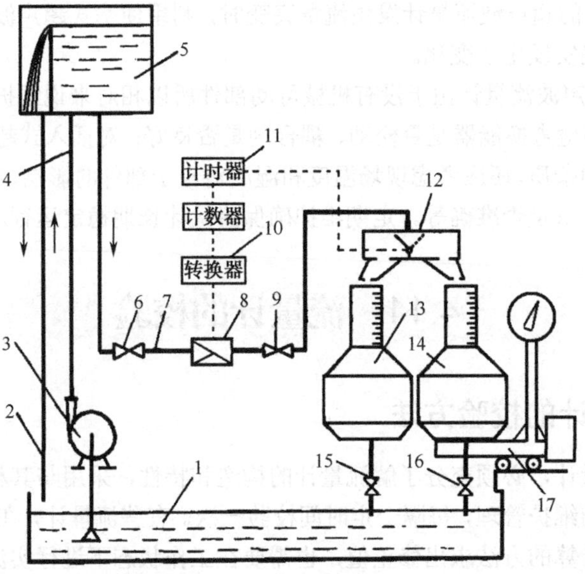

1—水池；2—溢流管；3—水泵；4—进水管；5—高位水塔；6—截止阀；7—直管段；8—被校流量计；9—调节阀；10—脉冲转换器；11—电子计时器；12—换向器；13、14—标准量器；15、16—放水底阀；17—标准称

图 4-87　流动启停静态容积/质量法流量标准装置

将求得的标准流量 q_{v0} 与被校表流量示值 q_v 比较以求得被校表的误差。本类装置适用于校验（瞬时）流量仪表，也可校验带电脉冲输出的总量仪表。系统精确度在（0.1～0.5）%之间。

（2）静态质量法。流动启停静态质量法流量标准装置和静态容积法流量标准装置相似，只是以标准秤 17 代替标准计量容器，如图 4-87 所示。

开始校验时，换向器 12 到使水流入量器 13 并立即排走，这时确定称量容器的初始质量 M_0。用调节阀 9 调节流量稳定后，启动换向器，将液流迅速切换到称量容器 14。在换向器动作的同时，启动计时器计时和被校流量计 8 的脉冲计数器计数。当达到预定的水量时，将换向器换回到 13。根据所称总质量 M、计时器时间 t 计算校验标准流量，即

$$q_{v0}=\frac{M-M_0}{\rho_w t}(1+\varepsilon) \tag{4-58}$$

式中　ε ——空气浮力修正系数；

ρ_w——水的密度。

静态质量法流量标准装置是精确度最高的流量标准装置。装置的精确度一般可达（0.05～0.1）%，最高可达 0.02%。

2．动态容积（质量）法

动态法流量校验不用换向器切换流动方向。动态容积法流量标准装置如图 4-88 所示。

在计量容器 3 的上下两端缩径处设置液位开关 2 和 4，同步控制计时器和被校流量计流量积算器（计数器）的启停。稳压容器 10 也可以用高位水塔代替。如果采用总量比较，则液流可直接由

泵 9 打入管系。中小型计量容器的精确度可做到±0.03%左右。

校验时首先进入缓冲容器 5，通过调节阀控制校验流量。流量稳定后，液流从下到上进入计量容器 3，当液位到达下液位开关 4 时，发出启动信号，开始计时、计数。直到液位到达上液位开关 2 时，发出停止信号，停止计时、计数。由计量容器 3 的标准体积 V_0 和计时器显示的测量时间 t 即可确定标准流量的大小。

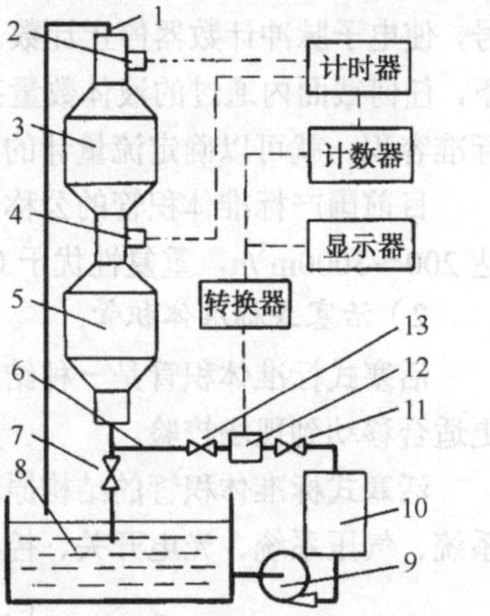

1—溢流管；2—上液位开关；3—计量容器；4—下液位开关；5—缓冲容器；6—连接管；7—截止阀；8—水池；9—水泵；10—稳压容器；11—截止阀；12—被校表；13—调节阀

图 4-88 动态容积法流量标准装置

3. 标准体积管

标准体积管是校验流量计的一种标定装置，实际上是动态容积法流量标准装置的一种，广泛应用石油工业。在进行原油贸易或交接时，计量精度要求很高，所以，各油田、大型油港、油库，都配备了在线或移动实流校验用的标准体积管装置，成立了专门进行实流校验流量计的检定部门。

标准体积管按安装方式可分为固定式和活动式（车载）两种；按隔离件的结构分为球型、活塞型；按隔离件的运动方式分为单向、双向两种。几种不同的标准体积管，结构上都有基准管、收发机构、标定球（活塞）、检测开关等部件，各体积管还有自己的特殊结构。

1）球型标准体积管

单向无阀式标准体积管如图 4-89 所示。基准管是两个检测开关之间的管段。基准管的容积就是标准体积管的标准容积。基准管经过精密加工，保证一定的圆度和内壁光洁度，并进行防腐处理，以使内壁光滑、防腐、防垢。

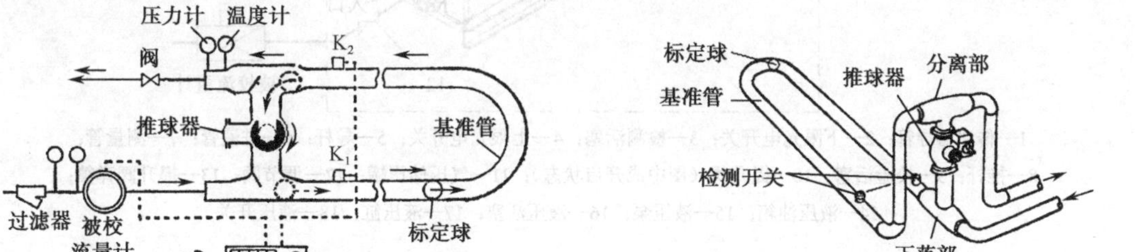

（a）内部原理图　　（b）外观图

图 4-89 单向无阀标准体积管

标定球是用耐油橡胶或软塑料做成的实心球或空心球。标定球在工作过程中起隔离、密封、发信和清管作用。标定球要有一定的弹性、圆度、耐磨性和适量的过盈量。保证标定球前后液体不漏。

对于不同的标准体积管收发球机构，有不同的结构形式，一般有快速盲板、推球器、收发球三通或四通组成。其作用是在检定流量计时，将标定球发送出去和接收回来，使标定球按照规定的程序工作。

检测开关是标准体积管的发信机构。安装在基准管的进、出口端。标定球通过检测开关时，触发微动开关，发出控制信号，控制电子脉冲计数器的启停。

检定流量计时，流量计与标准体积管串联，让经过流量计的液体同时通过标准体积管，推动标定球在标准体积管内向前运动。到达第一个检测开关时，检测开关 K_1 发出信号，启动电子脉冲计数器，开始记录流量计发出的脉冲信号。当标定球到达第二个检测开关时，检测开关 K_2 又发出信号，使电子脉冲计数器停止计数。由于流量计与标准体积管系统内都充满着液体，在稳定流动状态下，任何截面内通过的液体数量都是相等的。所以，比较流量计发出的脉冲数所代表的液体体积与标准容积，就可以确定流量计的测量误差，完成对流量计的检定。

目前国产标准体积管的公称直径为 100～600mm，计量容积达 1～15m^3，其瞬时流量的上限值达 200～3000m^3/h，重复性优于 0.02%。

2）活塞式标准体积管

活塞式标准体积管是一种结构紧凑的小型流量标准装置。尺寸仅为传统标准体积管的 1/3 左右，更适合移动到现场校验。

活塞式标准体积管的结构原理图如图 4-90 所示，主要由一标准测量管、活塞—提升阀、液压系统、气压系统、光电开关、控制系统等组成。

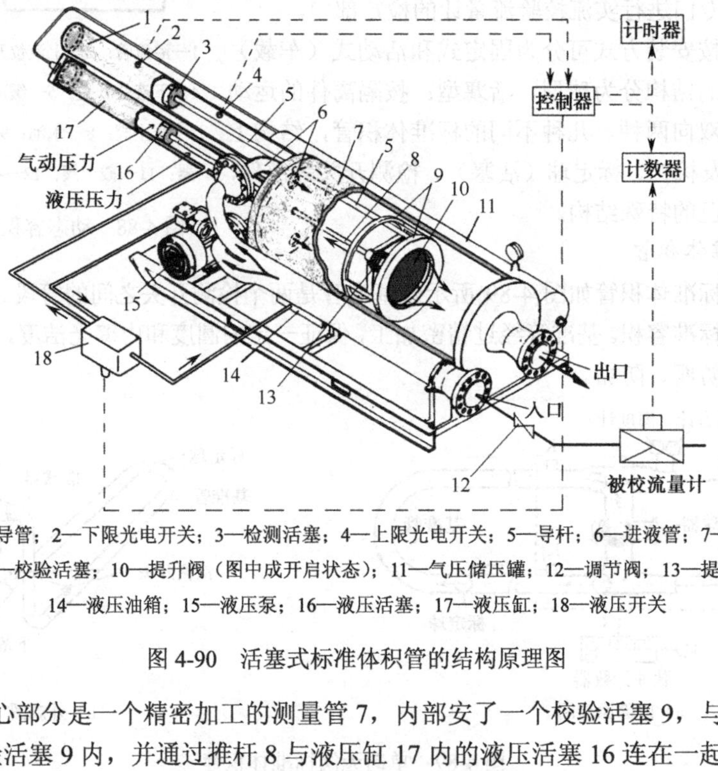

1—传感器导管；2—下限光电开关；3—检测活塞；4—上限光电开关；5—导杆；6—进液管；7—测量管；8—推杆；9—校验活塞；10—提升阀（图中成开启状态）；11—气压储压罐；12—调节阀；13—提升阀弹簧；14—液压油箱；15—液压泵；16—液压活塞；17—液压缸；18—液压开关

图 4-90　活塞式标准体积管的结构原理图

该装置的核心部分是一个精密加工的测量管 7，内部安了一个校验活塞 9，与活塞同轴上的提升阀 10 装在校验活塞 9 内，并通过推杆 8 与液压缸 17 内的液压活塞 16 连在一起。液压活塞左侧承受气压系统的压力（比被测介质压力稍大），右侧承受液压压力。

当打开液压开关 18，给液压活塞 16 右侧加压时活塞左移，推杆 8 首先将提升阀 10 从校验活塞 9 上拉开，然后继续把校验活塞推向左侧（返程），并使提升阀一直保持开启，检定介质通过校验活塞与提升阀之间的环隙流出。在此过程中，液压活塞压缩左侧气压至储压罐 11。

当校验活塞到左死点时，与校验活塞 9 同步的导杆 5 端部的检测活塞 3 使下限光电开关 2 导通，“控制器”控制计时、计数器开始计时、计数，并使液压开关泻压。此时气压系统迅速使液压活塞 16 右移，将提升阀关闭。在检定介质的压力下，推动活塞 9 从左到右移动（进程）。气动系统储存的压力会始终使提升阀关闭，直到右死点时，上限光电开关 4 导通，使控制器停止计时、计数，完成一个往复循环。

本装置具有精确度高、重复性好（达 0.02%～0.05%），测量范围度大（可达 1000∶1），体积小，质量轻，价格便宜等特点。

4．标准流量计法

标准流量计法是用精确度高一等级的标准流量计与被校验流量仪表串联，让流体同时通过标准表和被校表，比较两者的示值以达到校验或标定的目的。常用的标准流量计有涡轮流量计、容积式流量计、科里奥利质量流量计等。由于标准表特性随时间而变化，因此要定期校验复核标准表精确度和稳定性。

为保证所使用的标准流量计的可靠性，可用两台标准流量计串联。如果两台标准流量计给出相同的结果，可认为标准流量计状态正常，因为两台标准流量计同时出现故障又给出相同结果的概率是极小的。

也可以通过并联若干台标准流量计作为标准表，可扩大流量范围。经分析表明并联标准流量计系统的对误差不大于该系统中最不准确的那个标准流量计的相对误差。

4.11.3 气体流量计的校验

1．钟罩法

钟罩式气体流量标准装置是检定气体流量仪表的主要设备之一。这种装置的工作压力一般小于 10kPa，最大流量由钟罩的体积决定。常用钟罩容积有 50～10 000L 多种，最大测量流量可达 4500m^3/h，装置精确度一般优于 0.5%，最高可达 0.2%。

钟罩式气体流量标准装置系统图如图 4-91 所示，主要由钟罩、液槽、平衡锤和补偿机构组成。

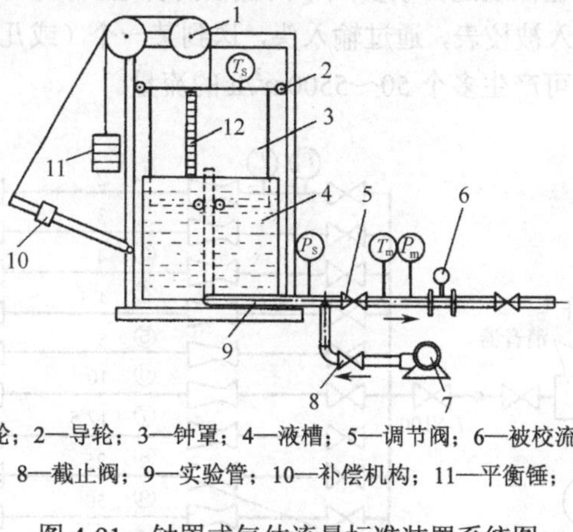

1—滑轮；2—导轮；3—钟罩；4—液槽；5—调节阀；6—被校流量计；
7—风机；8—截止阀；9—实验管；10—补偿机构；11—平衡锤；12—标尺

图 4-91 钟罩式气体流量标准装置系统图

钟罩式气体流量标准装置是以经过标定的钟罩有效容积为标准容积的计量仪器。当钟罩下降时，钟罩内的气体经试验管道排往被校表，以钟罩排出的气体标准体积来校验流量仪表。

为了保证在一次校验中，气体以恒定的流量排出钟罩，钟罩内的压力恒定。钟罩式气体流量标准装置利用钟罩的重力与平衡锤重力之差产生，并利用补偿机构使得压力不随钟罩浸入液槽中的深度而改变。当需要不同的工作压力时，可增减平衡锤砝码来实现，平衡锤砝码加得越多，钟罩内的工作压力就越低。

在测量时间 t 内钟罩排出的气体体积为 V_s，则经过被校流量计的标准体积流量为

$$q_{vm}=\frac{V_s P_s T_m Z_m}{t P_m T_s Z_s} \tag{4-59}$$

式中　P_s、T_s、Z_s——钟罩处的绝对压力、绝对温度及压缩系数；

P_m、T_m、Z_m——流量计前的绝对压力、绝对温度及压缩系数。

将 q_{vm} 与被校流量计的显示值 q_v 比较，可计算出被校流量计示值相对误差为

$$E_v = \frac{q_v - q_{vm}}{q_v} \times 100\% \tag{4-60}$$

2．标准流量计法

标准流量计法是利用精度较高的流量计的示值作为标准流量，校验被校流量计的。可以用做标准表的流量装置有音速喷嘴，涡轮流量计、容积式流量计等。其中音速喷嘴精度高，复现性好，近年来得到了广泛应用。

音速喷嘴是一种工作在临界状态的节流喷嘴。通过音速喷嘴的质量流量为

$$q_m = AC\Phi \frac{P_0}{\sqrt{RT_0}} \tag{4-61}$$

式中　A——音速喷嘴喉部截面积；

Φ——理想条件下的临界流函数；

C——流出系数；

R——气体常数；

P_0、T_0——喷嘴前的绝对压力和绝对温度。

临界流函数与绝热指数有关，流出系数 C 经高精度标准装置标定得到。

音速喷嘴流量校验装置往往通过并联多只不同直径的音速喷嘴以扩大校验范围，如图 4-92 所示。来自室内的常压空气进入被校表，通过输入头，送到某一个（或几个并联）音速文丘里喷嘴管路中，经输出头收集吸出，可产生多个 50～5500m³/h 的流量。

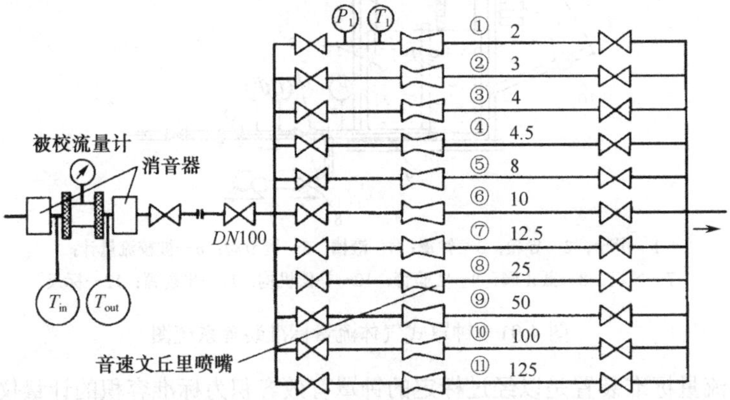

图 4-92　音速文丘里喷嘴流量校验装置

每一仪表管路的上、下游由伺服操纵蝶阀关断。自动泄漏试验系统保证所关闭的仪表管路严密。测量系统要测量每一条管路的温度和压力，以便进行温度、压力补偿。

练　习　题

1．瞬时流量和累计流量是如何定义的？常用流量单位有哪些？

2．流量测量仪表分类有哪些？

3．差压式流量计测量流量的原理是什么？影响流量测量的因素有哪些？

4．什么是标准节流装置？有几种形式？它们分别采用哪几种取压方式？

5．常用非标准节流装置有哪些？一般用于什么特殊场合？

6．原来测量水的差压流量计，现在用来测量密度不同的油的流量，读数是否正确？为什么？

7. 用一台 DDZ－Ⅲ型差压变送器与节流装置配用测量流量，差压变送器的测量范围为 0～25kPa，对应流量为 0～600m^3/h，求输出为 12mA 时，差压是多少？流量是多少？

8．差压式流量计的安装、使用应注意哪些问题？

9．差压式流量计三阀组的作用是什么？投用时如何启动差压计？

10．简述玻璃转子流量计的测量原理，流量方程中各参数的意义。

11．金属转子流量计是如何实现转子位置显示的？

12．转子流量计的特点有哪些？

13．当被测介质的密度、压力或温度变化时，应如何修正转子流量计的指示值？

14．使用某空气采样仪，运行时采样仪上的转子流量计读数为 500mL/min，流量计前压力为 -100mmH$_2$O（因使用抽气泵，所以是负压），现场温度为 30℃，问此时空气的真实流量值应是多少？

15．有一台液体转子流量计用来测量密度为 791kg/m^3 甲醇的流量，流量计的转子材料采用不锈钢（密度为 7900kg/m^3），当流量计示值为 500L/h 时，被测甲醇的实际流量为多少？

16．有一台气体转子流量计用来测量天然气的流量，工作压力为 0.6MPa（表压），工作温度为 55℃。当流量计的读数为 100m^3/h 时，天然气的实际流量和换算后的标准流量分别是多少？（不考虑压缩系数的影响。此天然气在标准状态下的密度为 0.755kg/m^3）

17．容积式流量计由哪几部分组成？它们各起什么作用？

18．试简述椭圆齿轮流量计结构特征及工作原理？

19．容积式流量计的基本结构有何相似之处？

20．椭圆齿轮流量计和腰轮流量计有什么不同？

21．刮板流量计是怎样工作的？凸轮式、凹线式各有什么特点？

22．容积式流量计的泄漏量与哪此因素有关？安装时有哪些要求？

23．涡街流量计是根据什么原理测量流量的？检测旋涡频率的基本依据是什么？

24．涡街流量计三角柱形旋涡发生体的宽度 d=0.28D，工艺管道的直径 D=51.1mm，当旋涡发生体处流体平均流速为 6.8m/s 时，产生的旋涡频率为多少？

25．旋进旋涡流量计和涡街流量计相比，有什么不同？

26．用涡街流量计测量流量时，对被测流体的要求是什么？

27．质量流量测量方法有哪些？

28．热式质量流量计的基本测量原理是什么？热分布式、浸入型热式质量流量计有什么异同点？

29．科氏力质量流量计通过什么方法测量质量流量？一般有哪些部分组成？

30．科氏力流量计中测量管产生扭曲的两个条件是什么？

31．弯管型质量流量计检测线圈是怎样工作的？它有什么特点？

32．靶式流量计有何特点？安装时应注意哪些问题？

33．用一台电动Ⅲ型靶式流量计测量加热炉燃料油流量，已知流量计的测量范围为 0～40m^3/h，产生的最大作用力为 $F_{max}=22N$，问当变送器输出为 8mA 时，靶的受力为多少？此时的流量应为多少？

34．电磁流量计的工作原理是什么？它对被测介质有什么要求？

35．电磁流量计的磁场励磁方法有哪几种？各有什么优缺点？

36．电磁流量计在工作时，发现信号越来越小或突然下降，原因可能有哪些？怎样处理？

37．涡轮流量计是如何工作的？涡轮流量计适用于什么介质的流量测量？

38．一台口径为 50 的涡轮流量变送器，其出厂校验单上的仪表常数为 151.13 脉冲数/L，如果把它安装在现场，用频率计测得它的脉冲频率为 400Hz，则流过该变送器的瞬时流量为多少？若显示仪表在 10min 内积算得到的脉冲数 N=6000 次，求流体的瞬时流量和 10min 内的累积流量。

39．一台通径为 Φ25 的涡轮流量计的校验数据如表 4-2 所示，试计算该流量计的仪表系数 ξ 为多少？

表 4-2　涡轮流量计的校验数据

序号	1	2	3	4	5
频率/Hz	430	322	215	130	68
流量/（L/s）	2.8	2.0	1.4	0.85	0.45

40．时差式、多普勒式超声波流量计测量原理有何异同？适宜测量的介质相同吗？

41．超声波流量计有何特点？用于何种状况下的测量比较合适？

42．流量计的校验方法有哪些？为什么流量校验要比其他参数校验要困难一些？

43．静态、动态校验有什么不同？各有什么特点？

44．容积法、质量法校验有什么不同？各有什么特点？

45．标准体积管校验属于动态还是静态？是容积法还是质量法？有什么特点？

实训课题一　流量计的结构认识

1．课题名称

流量计的结构认识。

2．训练目的

（1）认识各种流量计。

（2）通过实训加深对各种流量计结构、原理和特点的理解。

（3）学习流量计的安装和使用方法。

3．实验设备

孔板、喷嘴、文丘里管标准节流装置，玻璃转子流量计、金属转子流量计、靶式流量计、电磁流量计、涡轮流量计、涡街流量计、旋进漩涡流量计、椭圆齿轮流量计、腰轮流量计、刮板流量计、超声波流量计等。可根据实际情况，选择实验用流量计，可将流量计串、并联到实验流程上，能够完成实际流量测量。

4．实验步骤

（1）分组参观实验仪表，动手操作、拆装，熟悉已学流量仪表的结构，理解流量计原理。

（2）记录实验用流量计铭牌上的名称、型号、规格、性能，观察各种流量计的基本组成、结构特点。通过对仪表结构的认识，理解工作原理。

(3) 对于已经在实验流程上安装好的流量计，启动实验设备，改变流量，观察流量计传动机构、指示流量及输出信号的变化情况。

(4) 根据所学流量计知识，总结写出实验报告。

实训课题二　差压流量计的流量系数测定

1．课题名称

差压流量计的流量系数测定。

2．训练目的

(1) 通过实验加深理解差压式流量计的原理和特点。

(2) 学习流量计校验方法。

(3) 掌握非标准节流装置流量系数的测量及标定方法。

3．实验原理

根据节流原理，液体通过节流装置时产生的压力差与流量对应，流量方程为

$$q_v = K\alpha\varepsilon d^2\sqrt{\frac{\Delta p}{\rho}}$$

流量系数 $\alpha = C/\sqrt{1-\beta^4}$ 取决于流出系数 C 的取值。而 C 与节流元件的直径比 $\beta = d/D$、节流装置结构、取压方式、雷诺数 R_e、管壁粗糙度等因素有关。对于确定的节流装置，C 只随雷诺数 R_e 变化。只有当 R_e 大于临界雷诺数的条件下，C 维持不变，α 可视为常数。

对于非标准节流装置，一般采用实流校验法标定。本实验采用流动启停静态容积校验法标定。通过计量在一段时间内流入计量槽的流体体积以求得流量。同时测量节流装置前后的压差，利用上式计算流量系数。

4．实验设备

流量计标定流程图如图 4-93 所示，离心泵将水从低位水箱打入孔板流量计，经过流量调节阀控制一定流量，经活接流入计量槽，流量校验结束后，放回水箱。压差利用 U 形管压差计读出。

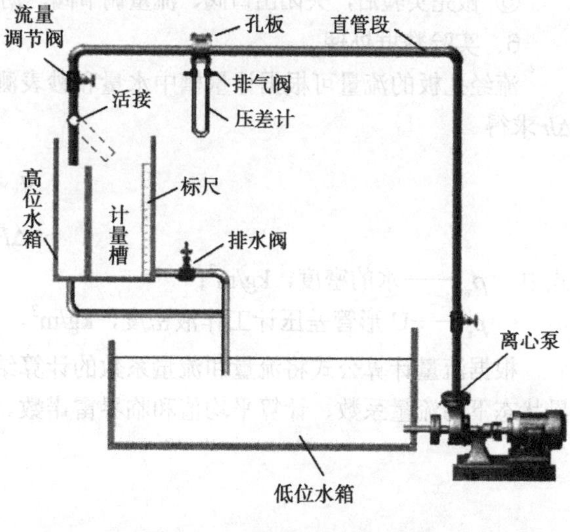

图 4-93　流量计标定流程图

5．实验步骤

① 准备：检查实验装置各阀门状态，将泵出口阀关闭、流量调节阀打开。活接转至左侧溢流槽，计量槽下排水阀关闭。

② 启泵：离心泵启动，逐渐打开出口阀，慢慢打开差压计上的排气阀，以便排出管路中积存的空气，直至测压 U 形管内无气泡为止。

③ 测量：缓慢将流量调节阀关小，待系统内流体稳定，迅速扳动活接把水流引向计量槽，同

时启动秒表开始计时。当计量槽液面上升到标尺设定高度（根据流量大小预先确定）时，扳动活接头把水流引向左侧溢流槽，同时秒表停止计时，记录下此时液面的高度和秒表读数，以及压差计读数，填入表 4-3 中。之后打开排水阀，将计量槽内排空，准备下一次计量。

表 4-3　原始数据表

序号	标尺前读数 h_1/mm	标尺后读数 h_2/mm	秒表读数 Δt/s	压差计读数 Δh/mm	压力差 Δh/Pa	流量 q_v/m³/s	流量系数 α
1							
2							
3							
4							
5							
6							
7							
8							
9							
10							

④ 调流量：缓慢将流量调节阀开口继续调小，由大流量到小流量重复上述步骤并记录不同流量下的 8～10 组数据。

⑤ 做完实验后，关闭出口阀、流量调节阀，切断水泵电源，打开排水阀排净设备及管路中积水。

6．实验数据处理

流经孔板的流量可根据计量槽中水量和秒表测得的时间确定，压差由 U 形管差压计液面高差 Δh 求得

$$q_v = \frac{\Delta V}{\Delta t} = \frac{h_2 - h_1}{\Delta t} A \tag{4-62}$$

$$\Delta P = g(\rho_r - \rho_w)\Delta h \tag{4-63}$$

式中　ρ_w——水的密度，kg/m³；

ρ_r——U 形管差压计工作液密度，kg/m³。

根据流量计算公式将流量和流量系数的计算结果填入表 4-3 中，分析流量系数的变化，找出临界状态下的流量系数、计算平均值和临界雷诺数。

第 5 章　温度检测仪表

【学习目标】 本章主要介绍了温度的概念和温标，常用膨胀式、热电偶式、热电阻式，以及辐射式温度检测仪表的结构原理、特点及应用、安装与维护知识。

知识目标

① 掌握温度测量的一般概念、温度测量方法及温度测量仪表的分类。

② 掌握膨胀式、热电阻、热电偶、辐射式温度计结构原理。

③ 理解全辐射温度计、比色温度计、红外温度计测量方法。

技能目标

① 学会根据工艺要求和温度计特点，选择温度计类型、量程及型号。

② 掌握热电偶温度计冷端温度补偿方法。

③ 根据温度计说明书会正常安装、使用温度计。

④ 懂得各温度计结构，学会常见故障的判断及一般处理。

5.1　温度检测仪表概述

温度是国际单位制（SI）7 个基本物理量之一，也是工业生产和科学实验中最普遍、最重要的工艺参数。许多生产过程都是在一定温度下进行的。例如，精馏塔利用混合物中各组分沸点不同实现组分分离；塔釜、塔顶等温度都必须按工艺要求分别控制在一定数值上，否则将无法生产出质量合格的产品。在氨合成工艺中，温度也是关键的控制指标之一，温度的检测和控制非常普遍。下面就有关温度、温标、测温方法等一些基本知识做一简要介绍。

5.1.1　温度的概念

1．温度

温度是表征物体冷热的程度的物理量。从微观上讲，温度表示物质内部分子热运动平均动能的大小。温度越高，表示物体内部分子热运动越剧烈。

2．温度测量基础

温度概念的建立及温度的测量都是以热平衡为基础的。如果两个相接触的物体的温度不相同，它们之间就会产生热交换，热量将从温度高的物体向温度低的物体传递，直到两个物体达到相同的温度为止。因此温度测量时，一般需要通过热交换使温度计敏感元件的温度与被测温度相同。

温度定义本身并没有提供衡量温度高低的数值标准，因此不能直接加以测量。但自然界有许多现象都与温度有关（称为热效应），所以温度的测量一般是根据物质的某些特性与温度之间的函数关系，通过对这些特性参数的测量间接地获得。当用于测温的敏感元件与被测物体温度达到相等时，通过测量敏感元件的温敏物理量，便可以定量得出被测物体的温度数值。也可以利用热辐射原理或光学原理等进行非接触测量。

因此热平衡和热效应是温度测量的重要基础。

5.1.2 温标

温度的数值表示方法称为温标。它是温度定量测量的基准，规定了温度的读数的起点（即零点）和测量温度的基本单位。人们一般是借助于随温度变化而变化的物理量和某些温度固定的点来定义温度数值，建立温标和制造温度检测仪表。下面简要介绍几种常用温标。

1．经验温标

经验温标是最先被制定出来的。通过借助热胀冷缩原理制造的玻璃水银温度计，用实验的方法，根据温度计实际指示的温度所确定的一种温度表示方法。常用的有摄氏温标和华氏温标。

1）摄氏温标（℃）

摄氏温标的创制者是瑞典天文学家安德斯・摄耳修斯，经法国人克里斯廷修订。规定在一个大气压下，冰水混合物的温度为 0℃，水的沸点为 100℃，两者之间分为 100 个等份，每一等份为摄氏一度，用符号℃表示。

2）华氏温标（℉）

华氏温标由德国物理学家华伦海特提出的。规定在标准大气压下的纯水的冰点温度为 32℉，水的沸点温度为 212℉，中间划分 180 等份，每一等份为一华氏度，由符号℉表示。西方国家在日常生活中普遍使用华氏温标。

可见，用不同的温标所确定的同一温度的数值大小是不同的。利用上述两种温标测得的温度数值，与所采用的温度计材料的物理性质（如水银的纯度、玻璃管材料）等因素有关，因此不能严格保证世界各国所采用的基本测温单位完全一致。

2．热力学温标

1848 年威廉・汤姆首先提出以热力学第二定律为基础，建立了温度仅与热量有关而与物质无关的热力学温标。热力学温标与物体的物理性质无关，国际权度大会采纳为国际统一的基本温标。

热力学温标有一个绝对零度，它规定分子运动停止时的温度为绝对零度，因此又称为绝对温标。由于建立热力学温标的基础——能够实现卡诺循环的可逆热机是没有的，所以说，热力学温标是一种理想温标，是不可能实现的温标。

3．国际实用温标

国际实用温标是用来复现热力学温标的。自 1927 年建立国际实用温标以来，随着社会生产及科学技术的进步，温标的复现也在不断发展。根据第 18 届国际计量大会(CGPM)的决议，自 1990 年 1 月 1 日起在全世界范围内实行“1990 年国际温标(ITS—90)”，以此代替多年使用的“1968 年国际实用温标(IPTS—68)”和“1976 年 0.5～30K 暂行温标(EPT—76)”。我国于 1994 年 1 月 1 日起全面实施 1990 年国际温标。

1）温度单位

ITS—90 规定热力学温度是基本物理量，其单位为开尔文（K），温标单位大小定义为水三相点的热力学温度的 1/273.16。

ITS—90 同时定义了国际热力学温度 T_{90} 和国际摄氏温度 t_{90}。虽然水三相点的热力学温度为 273.16K，T_{90} 和 t_{90} 之间关系保留以前温标定义中的计算关系，摄氏温度的分度值与热力学温度分度值相同，温度间隔 1K 等于 1℃，即

$$t_{90} = T_{90} - 273.15 \tag{5-1}$$

式中，T_{90}、t_{90} 的单位分别是 K 和℃。我们目前实际使用的温标是上述 ITS—90 定义的国际热力学温度和国际摄氏温度。但为了描述方便，一般不注脚标，写为 T 和 t。

2）ITS—90 定义

ITS—90 通过划分温区和分温区来定义。0.65K 到 5.0K 之间，由 ^3He 和 ^4He 蒸汽压与温度的关系式来定义。

由 3.0K 到氖三相点（24.5561K）之间，是用氦气体温度计来定义的。它使用三个定义固定点为 Ne 三相点（24.5561K）、H_2 三相点（13.8033K）以及 3.0K 到 5.0K 之间的一个温度点。

平衡氢三相点（13.8033K）到银凝固点（1234.93K）之间，是用铂电阻温度计来定义的，它使用一组规定的定义固定点及利用所规定的内插方法来分度。所采用的定义固定点一般是一些纯物质的三相点，或是溶点、凝固点，如 O_2、Ar、Hg、H_2O 的三相点，In、Sn、Al、Ag、Au、Cu 的凝固点等。

银凝固点以上，T_{90} 借助于一个定义固定点和普朗克辐射定律来定义，可使用单色辐射温度计或光学高温计来复现。所采用的定义固定点为 Ag、Au、Cu 的凝固点。

5.1.3　测温仪表的分类

温度测量仪表的分类方法有很多，按测温方式可分为接触式和非接触式两大类；按用途可分为基准温度计和工业温度计；按工作原理可分为膨胀式、电阻式、热电式、辐射式等；按输出方式可分为自发电型、非电测型等。

接触式测温仪表比较简单、可靠、测量精度较高。但因测温元件与被测介质需要进行充分的热交换，需要一定的时间才能达到热平衡，所以存在测温的延迟现象，同时受耐高温材料的限制，不能应用于很高的温度测量。

非接触式仪表测温是通过热辐射原理来测量温度的，测温元件不需与被测介质接触，测温范围广，不受测温上限的限制，也不会破坏被测物体的温度场，反应速度一般也比较快。但受到物体的发射率、测量距离、烟尘和水气等外界因素的影响，其测量误差较大。

常用的工业用测温方法有以下几种。

① 应用热膨胀原理测温。利用液体或固体受热时产生热膨胀的原理，可以制成膨胀式温度计，如玻璃液体温度计、双金属温度计等。

② 应用压力随温度变化的原理测温。利用封闭在固定体积中的气体、液体或某种液体的饱和蒸汽受热时，其压力会随着温度而变化的性质，制成压力式温度计。

③ 应用热阻效应测温。利用导体或半导体的电阻随温度变化的性质，可制成热电阻式温度计，如铂热电阻、铜热电阻和半导体热敏电阻温度计等。

④ 应用热电效应测温。两种不同的导体形成的热电偶，其回路输出电势与两接点处温度有关。利用热电效应制成的热电偶温度计在工业生产中使用广泛。

⑤ 应用热辐射原理测温。利用物体辐射能随温度变化的性质可以制成辐射温度计。由于测温元件不与被测介质相接触，故属于非接触式温度计。

我们可以根据成本、精度、测温范围及被测对象的不同，选择不同的温度测量仪表。如表 5-1 所示为常用测温仪表的方法、测温范围和特点。

表 5-1　常用测温方法、测温范围和特点

测温方式	温度计或传感器类型		测温范围/℃	精度/%	特　点
接触式	热膨胀式	玻璃水银	−50～650	0.1～1	简单方便，易损坏（水银污染）
		双金属	0～300	1～2.5	结构紧凑、牢固可靠

续表

测温方式	温度计或传感器类型			测温范围/℃	精度/%	特　点
接触式	热膨胀式	压力	液体	−30～600	1～2.5	耐振、坚固、价格低廉
			气体	−20～350		
	热电偶	铂铑—铂		0～1600	0.2～0.5	种类多，适应性强，结构简单，经济方便，应用广泛。需注意寄生热电动势及动圈式仪表电阻对测量结果的影响
		其他		−20～1100	0.4～1.0	
	热电阻	铂		−260～600	0.1～0.3	精度及灵敏度均较好，需注意环境温度的影响
		镍		−500～300	0.2～0.5	
		铜		0～180	0.1～0.3	
		热敏电阻		−50～350	0.3～0.5	体积小，响应快，灵敏度高，线性差，需注意环境温度影响
非接触式	辐射式温度计			800～3500	1	非接触测温，不干扰被测温度场，辐射率影响小，应用简便
	光学高温计			700～3000	1	
	热探测器			200～2000	1	非接触测温，不干扰被测温度场，响应快，测温范围大，适于测温度分布，易受外界干扰，标定困难
	热敏电阻探测器			−50～3200	1	
	光子探测器			0～3500	1	
其他	示温涂料	碘化银、二碘化汞、氯化铁、液晶等		−35～2000	<1	测温范围大，经济方便，特别适于大面积连续运转零件上的测温，精度低，人为误差大

5.2　热膨胀式温度计

热膨胀式温度计是利用液体、气体或固体热胀冷缩的性质，即利用测温敏感元件在受热后尺寸或体积发生变化，并根据尺寸或体积的变化值得到温度的变化值。热膨胀式温度计分为液体膨胀式温度计和固体膨胀式温度计两大类。

5.2.1　膨胀式温度计

1．玻璃管液体温度计

玻璃管液体温度计是利用液体受热后体积随温度膨胀的原理工作的，是应用最广泛的一种温度计，其结构简单、使用方便、准确度高、价格低廉。

如图 5-1 所示，玻璃管液体温度计主要由玻璃温包、毛细管、工作液体和刻度标尺等组成。玻璃温包和毛细管连通，内充工作液体。当玻璃温包插入被测介质中，由于被测介质温度的变化，使温包中的液体膨胀或收缩，因而沿毛细管上升或下降，由刻度标尺显示出温度的数值。液体受热后体积膨胀与温度之间的关系可用下式表示为

$$V_t = V_{t0}[1+(\alpha-\alpha')(t-t_0)] \tag{5-2}$$

式中　V_t——工作液在温度为 t 时的体积；

V_{t0}——工作液在温度为 t_0 时的体积；

α——工作液体积膨胀系数；

α'——玻璃材料体积膨胀系数。

可以看出，工作液的体膨胀系数α越大，温度计的灵敏度越高。玻璃管液体温度计一般采用水银和酒精作为工作液，其中水银与其他液体相比有许多优点，如不黏附玻璃、不易氧化、测量温度高、容易提纯、线性较好、准确度高。

玻璃管温度计按用途分类，可分为工业用玻璃管液体温度计、标准玻璃管液体温度计两类。标准玻璃管液体温度计，可作为检定其他温度计用，准确度高，测量绝对误差可达 0.05～0.1℃。工业用玻璃管液体温度计为了避免使用时被碰碎，在玻璃管外通常罩有金属保护套管，仅露出标尺部分，供操作人员读数，如图 5-2 所示。另外，保护管上还有安装到设备上的固定连接装置（一般采用螺纹连接）。

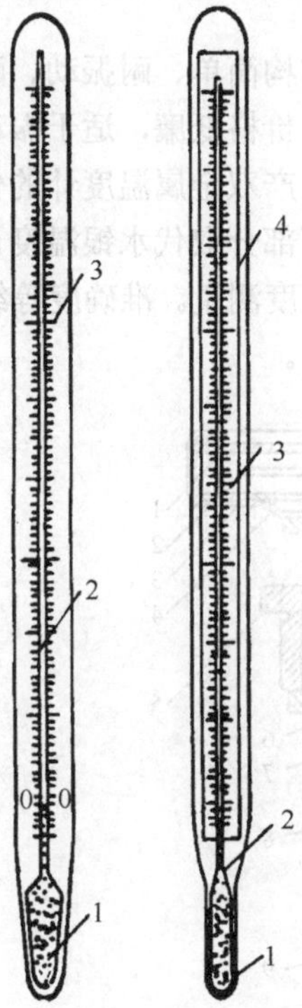

1—玻璃温包；2—毛细管；3—刻度标尺

图 5-1 玻璃管液体温度计

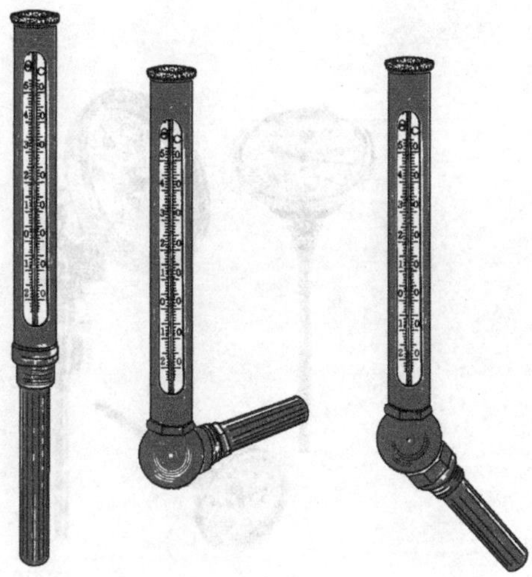

图 5-2 工业用玻璃管液体温度计

2. 双金属温度计

双金属温度计是利用两种膨胀系数不同的金属元件的膨胀差异来测量温度的。双金属片是由两种膨胀系数不同的金属薄片叠焊在一起制成的测温元件，如图 5-3（a）所示，其中双金属片的一端为固定端，另一端为自由端。当 $t=t_0$ 时，两金属片都处于水平位置；当 $t>t_0$ 时，双金属片受热后由于两种金属片的膨胀系数不同而使自由端产生弯曲变形，弯曲的程度与温度的高低成正比，即

$$x = G\frac{l^2}{d}(t-t_0) \tag{5-3}$$

式中 x——双金属片自由端的位移；

l——双金属片的长度；

d——双金属片的厚度；

G——弯曲率，取决于双金属片的材料。

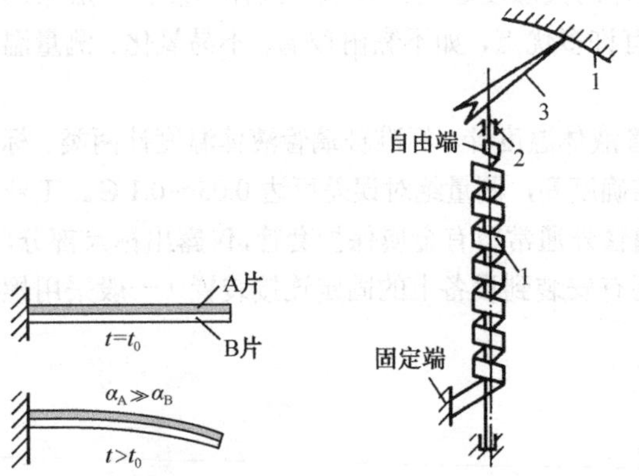

（a）双金属片　　（b）测温原理

1—双金属片；2—指针轴；3—指针；4—刻度盘

图 5-3　双金属温度计测温原理

双金属片常被用做温度继电控制器、温度开关或仪表的温度补偿器。

工业上应用的双金属温度计为了提高仪表的灵敏度，将双金属片制成螺旋形，如图 5-3（b）所示。双金属温度计的结构如图 5-4 所示，螺旋形双金属片的一端固定在测量管的下部，另一端为自由端，与指针轴焊接在一起。当被测温度发生变化时，双金属片自由端发生位移，使指针轴转动，由指针指示出被测温度值。

双金属温度计结构简单、耐振动、耐冲击、使用方便、维护容易、价格低廉，适于振动较大场合的温度测量。目前国产双金属温度计的使用温度范围为-80～600℃，可部分取代水银温度计，用于气体、液体及蒸气的温度测量。准确度等级为 1～2.5 级，但测量滞后较大。

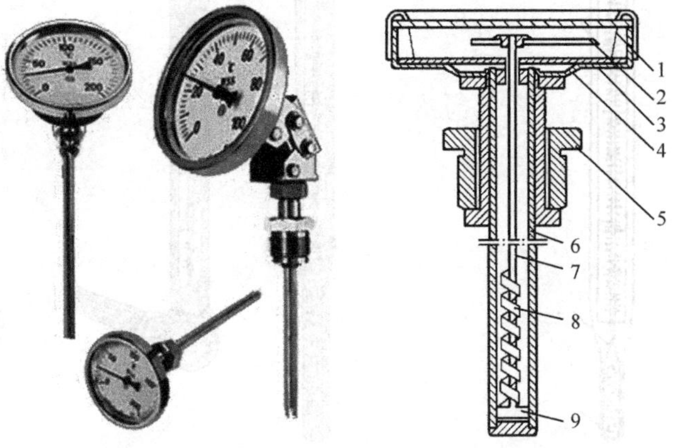

（a）外形图　　（b）结构示意图

1—表玻璃；2—指针；3—刻度盘；4—表壳；5—安装压帽；6—金属保护管；7—指针轴；8—双金属螺旋；9—固定端

图 5-4　双金属温度计的结构

5.2.2　压力式温度计

1．压力式温度计的结构及原理

压力式温度计虽然属于膨胀式温度计，但它不是靠感温元件本身受热膨胀后的体积或尺寸变化反映温度，而是靠在密闭容器中液体或气体受热后压力的升高反映被测温度。因此这种温度计的指示仪表实际上就是普通的压力表。压力温度计的主要特点是结构简单，强度较高，抗振性较好。压力温度计的典型结构示意图如图 5-5 所示。

压力式温度计由充有感温介质的感温包、传递压力的毛细管及压力表组成。测温时将温包置入被测介质中，温包内的感温介质若随被测温度升高时，其体积膨胀，但由于温包、毛细管和弹簧管组成的封闭系统容积基本不变，介质体积膨胀受限，造成系统压力升高；被测温度降低时，压力减小。压力的变化经毛细管传给弹簧管使其产生变形，进而通过传动机构带动指针偏转，指示出相应的温度。

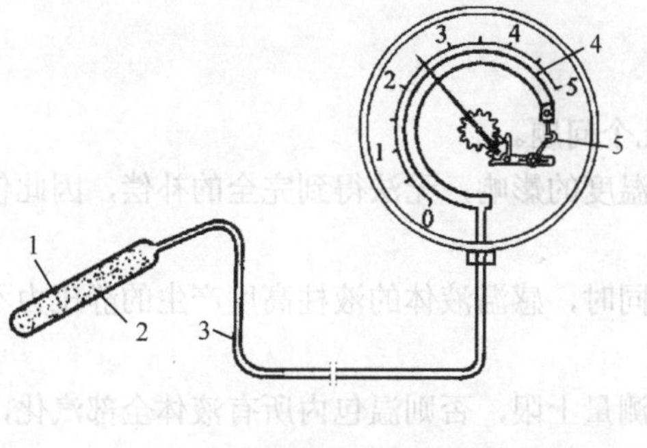

（a）结构示意图

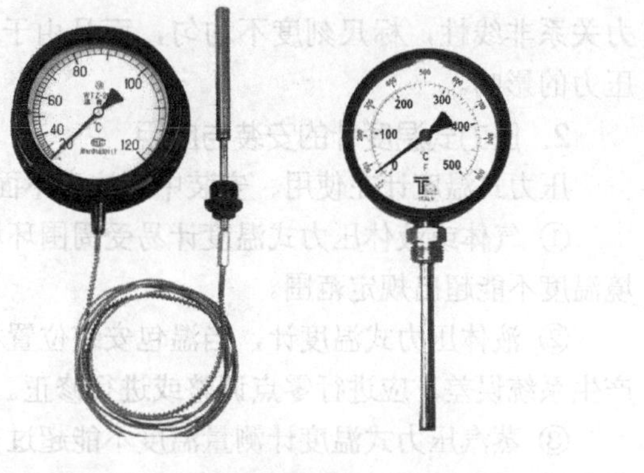

（b）外形图

1—温包；2—感温介质；3—毛细管；4—弹簧管；5—双金属元件

图 5-5 压力温度计的典型结构示意图

温包直接与被测介质接触，其材料应该具有良好的导热率和防腐能力。为了提高灵敏度，温包本身的体膨胀系数要小，还应有足够的机械强度。通常温包用不锈钢或铜材制造。毛细管用来传递压力，直径一般为 2.5mm，长度根据需要定制。

压力式温度计和玻璃温度计相比，具有强度大、不易破损、读数方便，但准确度较低、体积较大等特点。压力式温度计测温范围下限能达-100℃以下，上限最高可达 600℃，常用于空压机、内燃机、汽轮机等设备的油、水系统的温度测量。如图 5-5（b）所示为典型的压力温度计外形图。

压力式温度计根据充入密闭系统内感温介质的不同可分为液体压力式温度计、气体压力式温度计和蒸汽压力式温度计。

1）液体压力式温度计

感温液体常用水银，测温范围-30～500℃，上限可达 650℃。当用于测量 150℃或 400℃以下的温度时，可分别用甲醇和二甲苯作感温液体。这种温度计的测量下限不能低于感温液体的凝固点，但上限却可以高于常压下的沸点。这是由感温液体压力较高时，其沸点升高的缘故。

液体压力式温度计使用时应将温包全部浸入被测介质之中，否则会引起较大测量误差。环境温度变化过大，也会对示值产生影响。为此，在弹簧管的自由端与传动机构之间插入一条双金属片（见图 5-5（a）），环境温度变化时，双金属片产生相应的形变，以补偿因环境温度变化而出现的附加误差。

2）气体压力式温度计

气体状态方程式 $pV=mRT$ 表明，对一定质量 m 的气体，如果它的体积 V 一定，则它的温度 T 与压力 p 成正比。因此，在密封容器内充以气体，就构成充气体的压力温度计。工业用气体压力式温度计通常充氮气，测温上限可达 500～550℃；在低温下则充氢气，它的测温下限可达-120℃。在过高的温度下，温包中充填的气体会较多地透过金属壁而扩散，这样会使仪表读数偏低。

3）蒸汽压力式温度计

根据低沸点液体的饱和蒸汽压只和气液分界面的温度有关，其温包中充入约占 2/3 容积的低沸点液体，其余容积则充满液体的饱和蒸汽。当温包温度变化时，蒸汽的饱和蒸汽压发生相应变化，这一压力变化通过毛细管传递弹簧管中，以指示被测温度。感温包中充入的低沸点液体常用的有氯甲烷、氯乙烷和丙酮等。

蒸汽压力式温度计的优点是温包的尺寸比较小，灵敏度高；缺点是测量范围小，温度—压力关系非线性，标尺刻度不均匀，而且由于充入蒸气的原始压力较小，故其测量精度易受大气压力的影响。

2. 压力式温度计的安装与应用

压力式温度计在使用、安装中要注意下面几个问题。

① 气体或液体压力式温度计易受周围环境温度的影响，无法得到完全的补偿，因此使用时环境温度不能超出规定范围。

② 液体压力式温度计，当温包安装位置不同时，感温液体的液柱高度产生的静压力不同，会产生系统误差，应进行零点调整或进行修正。

③ 蒸汽压力式温度计测量温度不能超过其测量上限，否则温包内所有液体全部汽化，这时的蒸汽压力已不是饱和蒸汽压了，甚至还会由于蒸汽的剧烈膨胀而损坏仪表。

④ 压力式温度计的毛细管容易断裂和渗漏，安装时要注意保护。转弯处毛细管不可拉成直角，不应与蒸汽管等高温热源靠近。

5.3 热电偶温度计

热电偶温度计是利用热电偶传感器的热电效应实现温度测量仪表。热电偶能将温度转换成毫伏级热电势信号输出。通过导线连接显示仪表和记录仪表，进行温度指示、报警及温度控制等，如图 5-6 所示。

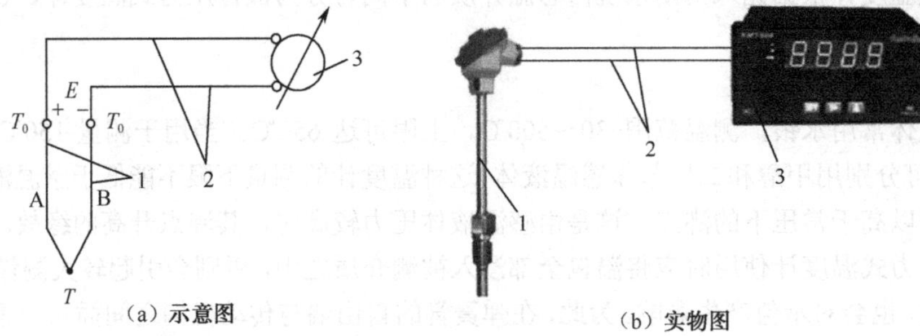

（a）示意图

（b）实物图

1—热电偶；2—连接导线；3—显示仪表

图 5-6 热电偶温度计组成示意图

热电偶温度计具有测温范围广、性能稳定、结构简单、动态响应好、测量精度高等特点。能够满足大部分工业过程温度测量的需要。热电偶输出为电信号，可以远传，便于集中检测和自动控制，因而在工业生产和科研领域应用极为广泛。

热电偶温度传感器的敏感元件是热电偶。热电偶由两根不同的导体材料将一端焊接或绞接而成，如图 5-6 中 A、B 所示。组成热电偶的两根导体称为热电极；焊接的一端称为热电偶的热端，又称测量端；与导线连接的一端称为热电偶的冷端，又称参考端。

热电偶的热端一般要插入需要测温的生产设备中，冷端置于生产设备外，如果两端所处温度不同，则测温回路中会产生热电势 E。在冷端温度 T_0 保持不变的情况下，用显示仪表测得 E 的数值后，便可知道被测温度的大小。

5.3.1 热电偶测温原理

1. 热电效应

1）热电效应

热电偶的测温原理是基于塞贝克（Seebeck）效应（热电效应），即两种不同成分的均质导体 A 和 B 组成闭合回路，如图 5-7 所示，当两接点处存在温度梯度（$T \neq T_0$）时，回路中就会有电流流过，此时两接点间就存在电动势，即热电势。

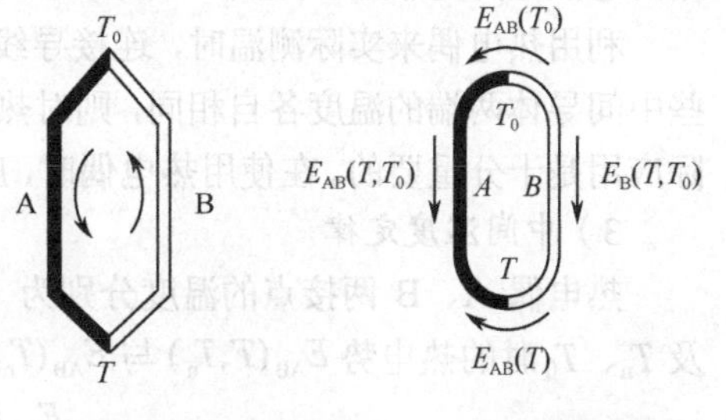

图 5-7 塞贝克（Seebeck）效应原理图

塞贝克效应是由帕尔帖（Peltier）效应和汤姆逊（Thomson）效应共同引起的。帕尔帖效应是指当两种不同的金属连接在一起时，由于电子密度梯度的存在而发生电子扩散现象，这种扩散一直到接触面之间形成动态平衡为止，此时，建立起稳定的接触电势；汤姆逊效应是指单一均质导体，若其两端存在温度梯度，则自由电子就因具有不同的动能而发生热扩散现象，直到形成动态平衡为止，此时，建立起稳定的温差电势。对于二均质导体，热电势的大小只与热电极材料和冷热端温差有关，而与热电偶两电极的几何尺寸（长度、直径）及沿电极长度方向的温度分布无关。

热电偶可看做是一种换能器，它将热能转化为电能。测温时，利用热电势与冷热端温差之间的函数关系，通过测量回路中产生的热电势大小，即可得知相对于冷端温度的热端温度。

2）热电偶回路总电势

对于导体 A 和 B 组成的热电偶回路，如图 5-7 所示，当接点温度 $T>T_0$，$N_A>N_B$ 时，回路中总热电势为

$$E_{AB}(T,T_0)=E_{AB}(T)-E_{AB}(T_0)+E_A(T,T_0)-E_B(T,T_0) \tag{5-4}$$

经化简得

$$E_{AB}(T,T_0)=\frac{K}{e}\int_{T_0}^{T}\ln\frac{N_{At}}{N_{Bt}}dt \tag{5-5}$$

在总电动势中，由于温差电动势比接触电动势小很多，可忽略不计。又由于 $T>T_0$，$N_A>N_B$。因此，回路总电势 $E_{AB}(T,T_0)$ 中，热端处接触电势 $E_{AB}(T)$ 占主导地位，且 A 为正极，B 为负极。

对于已选定的热电偶，材料 A、B 的电子密度为已知函数，由式（5-5）可得

$$E_{AB}(T,T_0)=f(T)-f(T_0) \tag{5-6}$$

当参考端的温度 T_0 恒定时，$f(T_0)=C$ 为常数，则

$$E_{AB}(T,T_0)=f(T)-C=\phi(T) \tag{5-7}$$

由此可知，当热电偶回路的冷端保持温度不变，则热电偶回路总电势只随热端的温度变化而变化。两端的温差越大，回路总电势也越大。回路的总电势为 T 的函数，这就是热电偶测温的基本原理。

在实际应用中，热电势与温度之间的关系是通过热电偶分度表来确定的。分度表是在参考端温度为 0℃时，通过实验建立的热电势与工作端温度之间的数值对应关系。

2. 热电偶的基本特性

1）均质导体定律

两种均质金属组成的热电偶，其电势大小与热电极直径、长度及沿热电极长度上的温度分布无关，只与热电极材料和两端温度有关。

如果材质不均匀，则当热电极上各处温度不同时，将产生附加电动势，造成无法估计的测量误差，因此，热电极材料的均匀性是衡量热电偶质量的重要指标之一。

2）中间导体定律

若在热电偶回路中插入中间导体（第三种导体），只要中间导体两端温度相同，则对热电偶回路的总热电势无影响，如图 5-8 所示。

利用热电偶来实际测温时，连接导线、显示仪表和接插件等均可看成是中间导体，只要保证这些中间导体两端的温度各自相同，则对热电偶的热电势没有影响。因此中间导体定律对热电偶的实际应用是十分重要的。在使用热电偶时，应尽量使上述元器件两端的温度相同，才能减少测量误差。

3）中间温度定律

热电偶 A、B 两接点的温度分别为 T、T_0 时所产生的热电势 $E_{AB}(T,T_0)$ 等于该热电偶在 T、T_n 及 T_n、T_0 时的热电势 $E_{AB}(T,T_n)$ 与 $E_{AB}(T_n,T_0)$ 的代数和，如图 5-9 所示。可用下式表示为

$$E_{AB}(T,T_0)=E_{AB}(T,T_n)+E_{AB}(T_n,T_0) \quad (5\text{-}8)$$

根据这一定律，只要给出自由端为 0℃时的“热电势—温度”关系，就可以求出冷端为任意温度 T_0 的热电偶的热电势。

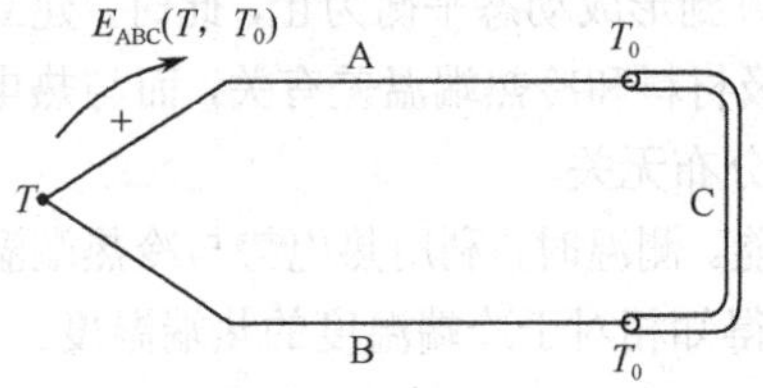

图 5-8　具有中间导体的热电偶回路

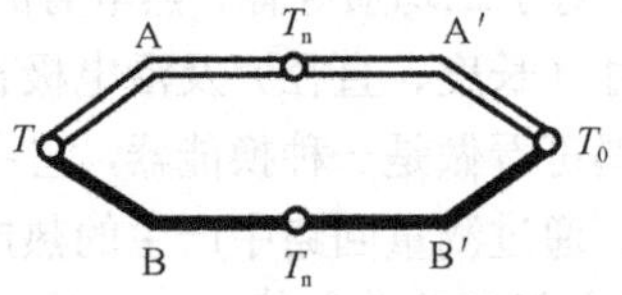

图 5-9　热电偶中间温度分布影响

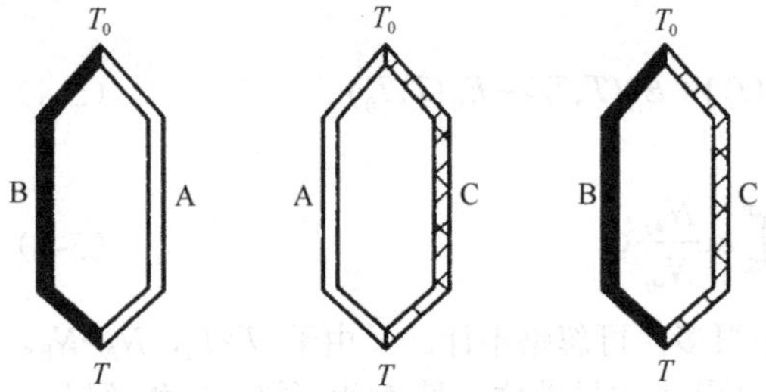

图 5-10　标准电极

4）标准电极定律

由三种材料成分不同的热电极 A、B、C 分别组成三对热电偶如图 5-10 所示。在相同结点温度（T, T_0）下，如果热电极 A 和 B 分别与热电极 C（称为标准电极）组成的热电偶所产生的热电势已知，则由热电极 A 和 B 组成的热电偶的热电势可按下式求出，即

$$E_{AB}(T,T_0)=E_{AC}(T,T_0)-E_{BC}(T,T_0) \quad (5\text{-}9)$$

标准电极 C 通常用纯度很高、物理化学性能非常稳定的铂制成，称为标准铂热电极。利用标准电极定律可大大简化热电偶的选配工作，只要已知任意两种电极分别与标准电极配对的热电势，即可求出这两种热电极配对的热电偶的热电势而不需要测定。

5.3.2　常用热电偶的类型及结构

1．热电偶的类型及特点

任何不同的导体或半导体构成的回路均可以产生热电效应，但并非所有导体或半导体均可作为热电极来组成热电偶，必须对它们进行严格选择。作为热电极的材料应满足如下基本要求。

① 材料的热电性能不随时间而变化，即热电特性稳定。

② 电极材料有足够的物理、化学稳定性，不易被氧化和腐蚀。

③ 产生的热电势要足够大，热电灵敏度高。

④ 热电势与温度关系要具有单调性，最好呈线性或近似线性关系，便于仪表均匀刻度。

⑤ 材料复现性好，便于大批生产和互换。

⑥ 材料组织均匀，机械性能好，易加工成丝。

⑦ 材料的电阻温度系数小，电阻率要低。

能够完全满足上述要求的材料是很难找到的，因此在应用中根据具体应用情况选用不同的热电极材料。国际电工委员会（IEC）对其中公认的性能较好的热电极材料制定了统一标准。我国大部分热电偶按 IEC 标准进行生产。

1）标准热电偶

目前，国际上有 8 种标准化热电偶，其名称用专用字母表示，这个字母是热电偶型号标志，称为分度号。热电偶名称由热电极材料命名，正极写在前面，负极写在后面。各种热电偶分度表详见附录。下面简要介绍各种标准热电偶的性能和特点。

① 铂铑$_{10}$—铂热电偶，分度号 S。

此种热电偶由直径很细（ϕ0.5mm 左右）纯铂丝和铂铑合金丝制成。热电偶中，铂铑（铂 90%，铑 10%）丝为正极，纯铂丝为负极。在 1300℃以下的范围可长时间使用，在良好的使用环境下可短期测量 1600℃高温。

特点：热电特性稳定，测温准确度高，铂材料容易提纯，铂和铂铑合金熔点高，便于复制，可作为基准热电偶。缺点是热电势较低，价格昂贵，不能用于金属蒸汽和还原性气体中。

② 铂铑$_{30}$—铂铑$_{6}$ 热电偶，分度号 B。

此种热电偶以铂铑$_{30}$ 丝（铂 70%，铑 30%）为正极，铂铑$_{6}$ 丝（铂 94%，铑 6%）为负极。可长期测量 1600℃的高温，短期可测量 1800℃。

特点：比铂铑$_{10}$—铂热电偶具有更高的测量上限，更好的稳定性和更高的机械强度，室温下热电势比较小，因此在 0～50℃下不需要参考端补偿和修正，可作为标准热电偶。缺点是热电势小，不能用于 0℃以下温度测量。

③ 镍铬—镍硅热电偶，分度号 K。

镍铬为正极，镍硅为负极。热偶丝直径一般为ϕ1.2～2.5mm，测量范围为-270～+1300℃，可在氧化性或中性介质中长时间地测量 900℃以下的温度。如果用于还原性介质中，则会很快地受到腐蚀，此情况下只能用于测量 500℃以下的温度。

特点：热电势较大，热电势与温度的关系很接近线性关系，有较强的抗氧化性和抗腐蚀性，化学稳定性好，复制性好，价格便宜。缺点是测量精度比 S 型热电偶低，热电势稳定性也较差。尽管如此，镍铬—镍硅热电偶完全能够满足绝大多数工业条件下的测温要求，是工业生产中最常用的一种热电偶。

④ 镍铬—铜镍热电偶，分度号 E。

镍铬为正极，铜镍为负极。热偶丝直径一般为ϕ1.2～2mm，测量范围为-200～+800℃，适用于还原性或中性介质，长期使用温度不可超过 600℃，短期测温可达 800℃。

特点：热电势较大，热电灵敏度高，电阻率小，适用于还原性和中性气体下测温，价格便宜。缺点是测量范围低且窄，铜镍合金易受氧化而变质。

⑤ 铜—铜镍热电偶，分度号 T。

纯铜为正极，铜镍为负极。热偶丝直径一般为ϕ1.2～2mm，适用于还原性或中性介质，广泛应用于-248℃～+370℃。

特点：热电势大，热电特性好，价格低廉。-200～0℃下使用，性能十分稳定。缺点是在高温下铜极易氧化，故不宜在氧化性气氛中工作，较适用于低温和超低温测量。

2）非标准热电偶

非标准化热电偶在生产工艺上还不够成熟，在应用范围和数量上均不如标准化热电偶。它没有统一的分度表，也没有与其配套的显示仪表。但这些热电偶具有某些特殊性能，能满足一些特殊条件下测温的需要，如超高温、极低温、高真空或核辐射环境，因此在应用方面仍有重要意义。非标准化热电偶有铂铑系、铱铑系、钨铼系及金铁热电偶、双铂钼等热电偶。

2. 普通热电偶的结构

1）普通型热电偶的组成

普通型热电偶主要用于测量气体、蒸汽、液体等介质的温度。由于使用的条件基本相似，所以这类热电偶结构已有通用标准，其基本组成基本相同。其结构主要包括热电极、保护套管、绝缘子、接线盒和安装固定件等，如图 5-11 所示。

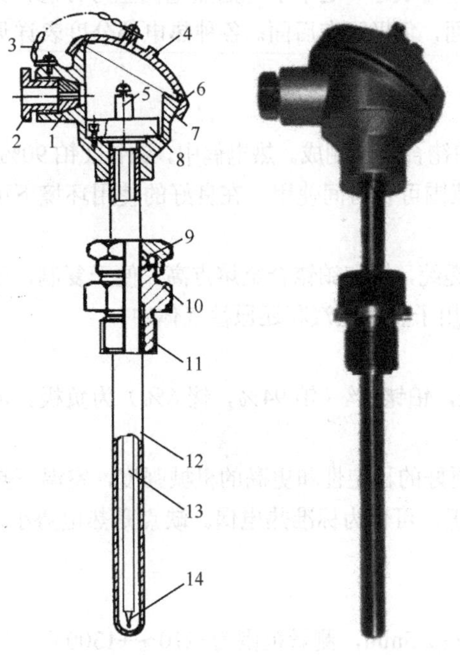

（a）结构 （b）外形

1—出线孔密封圈；2—出线孔压紧螺母；3—防掉链；4—接线盒盖；5—接线柱；6—密封圈；7—接线盒座；8—接线绝缘座；9—保护套管；10—绝缘管；11—热电极

图 5-11 普通热电偶结构

① 热电极。热电极为感温元件，其中一端焊接在一起，用于感受被测的温度，另一端接在接线盒内接线柱上，与外部接线连接，输出感温元件产生的热电势。贵金属热电极的直径为 0.015～0.5mm，普通金属热电极的直径为 0.2～3.2mm。热电极的长度根据测温的要求，一般为 0.35～2m 左右。

② 绝缘管。绝缘管套在热电极上，用于防止热电极短路。绝缘管的材料一般用耐火陶瓷（用于 1200℃以下）、氧化铝 Al_2O_3（用于 1600℃以下）和氧化镁 MgO（用于 2000℃以下）。绝缘管的形式有单孔、双孔和多孔几种。

③ 保护管。热电极套上绝缘管后装入保护管内。保护管的作用是使热电极与被测介质隔离，免受化学侵蚀和机械损伤。保护管应具有耐高温、耐温度急变、耐腐蚀、气密性、导热性和机械强度好的特点。用做保护管的材料有金属和非金属两类，如不锈钢 1Cr18Ni9Ti（用于 900℃以下）、高温钢 Cr25Ti（用于 1000℃）、高温不锈钢 CH_{40}（用于 1200℃）、氧化铝 Al_2O_3（用于 1600℃以下）、氧化镁 MgO（用于 2000℃以下）和氧化锆 ZrO_2（用于 2400℃以下）。

④ 接线盒。热电偶的接线盒用来固定接线座和连接外接导线，起着保护热电极和连接外接导线的作用。接线盒一般由铝合金制成，根据被测介质温度对象和现场环境条件要求，设计成普通防溅型、防水型、防爆型等接线盒。

2）普通热电偶的结构类型

普通型热电偶的结构形式根据保护管形状、固定装置形式和接线盒类型进行分类，下面介绍几种常见结构形式，如图 5-12 所示。

直形无固定装置热电偶，如图 5-12（a）所示，用于无压力、无须固定的测温场合，如加热炉、水池等场合。

螺纹连接固定热电偶，如图 5-12（b）、图 5-12（c）所示。一般适用于无腐蚀介质的管道安装，具有体积小、安装紧凑的优点，可耐一定压力（0～6.3MPa）。锥形螺纹连接头固定热电偶适用于高压、高流速冲击场合，承受液体、气体或蒸气流速达 80m/s。

法兰固定热电偶，如图 5-12（d）所示。适用于在设备上以及高温、腐蚀性介质的中、低压管道上安装，具有适用性广、利于防腐蚀、方便维护等特点。

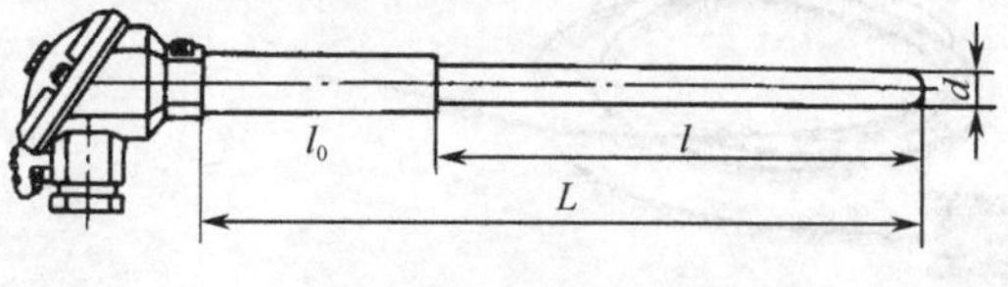

（a）直形无固定装置热电偶

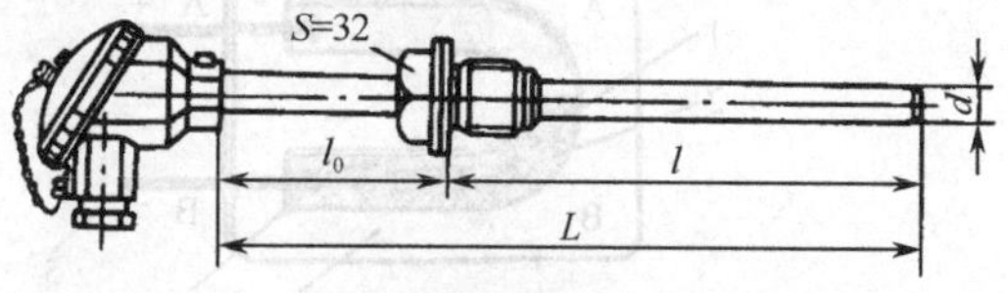

（b）直形螺纹连接头固定热电偶

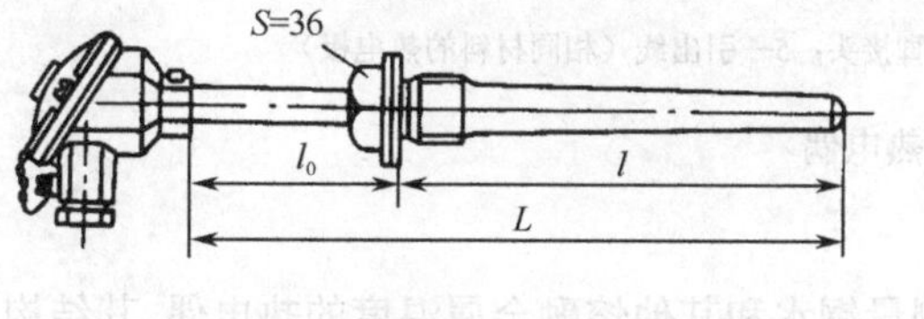

（c）锥形螺纹连接头固定热电偶

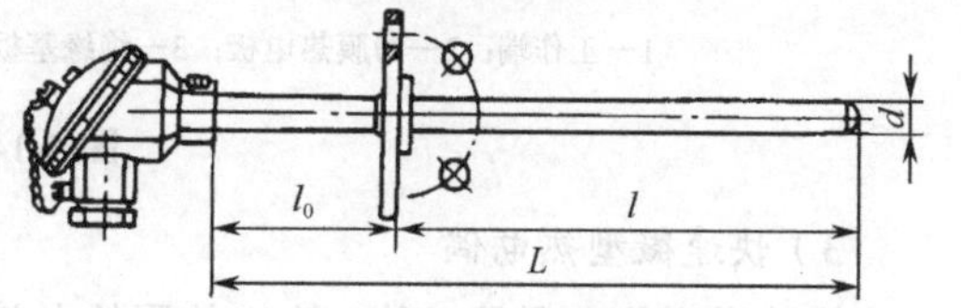

（d）直形法兰固定热电偶

图 5-12　普通热电偶结构形式

3．特殊热电偶

1）铠装热电偶

铠装热电偶是将保护套管、绝缘材料粉末与热电极三者组合成一体，经多次拉伸制成的细长形似铁丝样的热电偶，又称套管热电偶或缆式热电偶。

金属套管材料用铜、不锈钢（1Cr18Ni9Ti）和镍基高温合金（GH30）等，绝缘材料常使用电熔氧化镁、氧化铝粉末，热电极无特殊要求。套管中热电极有单支（双芯）、双支（四芯），彼此间互不接触。我国已生产出 S 型、R 型、B 型、K 型、E 型、J 型铠装热电偶。铠装热电偶已达到标准化、系列化。铠装热电偶体积小，热容量小，动态响应快，可挠性好，具有良好柔软性，强度高，耐压、耐震、耐冲击。因此被广泛应用于工业生产过程。

如图 5-13 所示为铠装热电偶结构型式，热电偶的结构特点是热电偶可做得很细很长，并且可弯曲。热电偶的套管外径最细能达 0.25mm，长度可达 100m 以上，便于在复杂场合安装，特别适用于结构复杂（如狭小弯曲管道内）的温度测量。

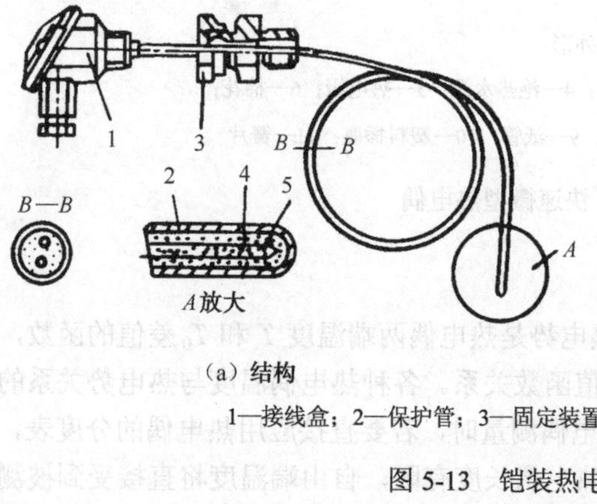

（a）结构

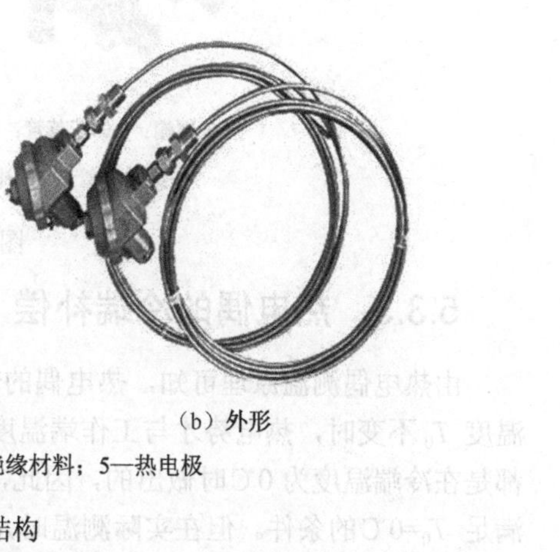
（b）外形

1—接线盒；2—保护管；3—固定装置；4—绝缘材料；5—热电极

图 5-13　铠装热电偶的结构

2）薄膜型热电偶

薄膜热电偶如图 5-14 所示。它是用真空蒸镀的方法，把热电极材料蒸镀在绝缘基板上而制成。测量端既小又薄，厚度约为几个微米左右，热容量小，响应速度快，便于敷贴，适用于测量微小面积上的瞬变温度。

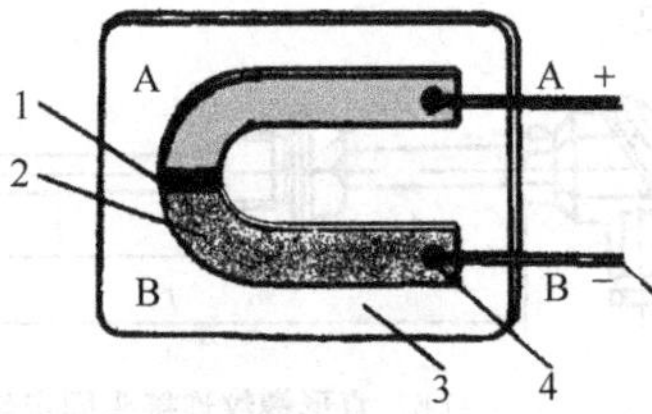

（a）结构

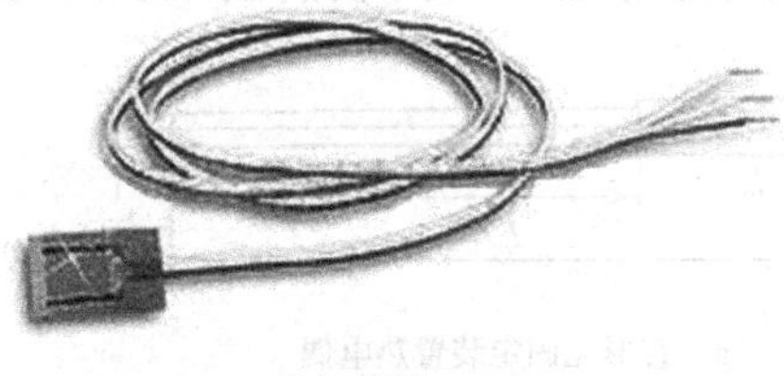

（b）外形

1—工作端；2—薄膜热电极；3—绝缘基板；4—引脚接头；5—引出线（相同材料的热电极）

图 5-14 薄膜热电偶

3）快速微型热电偶

快速微型热电偶是一种一次性使用的专门用来测量钢水和其他熔融金属温度的热电偶，其结构如图 5-15 所示。当热电偶插入钢液后，保护钢帽迅速熔化，此时 U 形石英管和被保护的热电偶工作端暴露于钢液中，在 4～6s 就可测出温度。在测出温度后，热电偶和石英保护管及其他部件都被烧坏，因此又称消耗式热电偶。

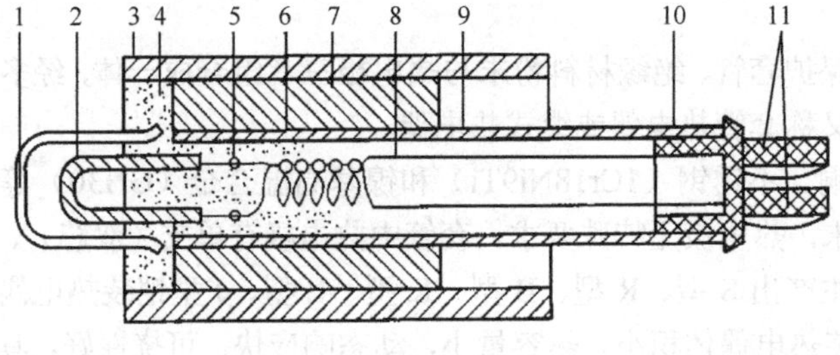

（a）结构

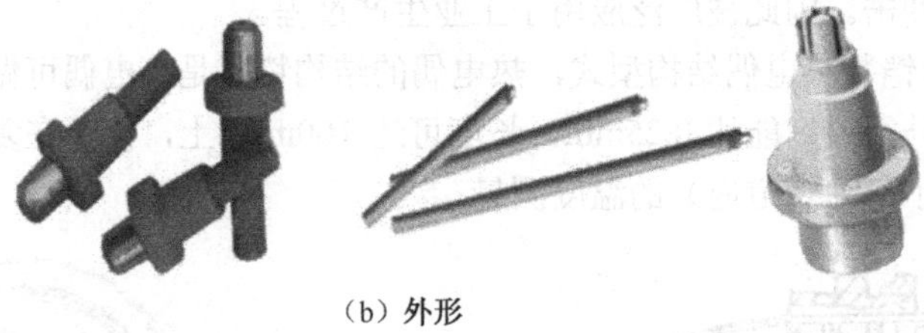

（b）外形

1—钢帽；2—石英管；3—纸环；4—绝热水泥；5—热电极；6—棉花；

7—绝热纸管；8—补偿导线；9—纸管；10—塑料插座；11—簧片

图 5-15 快速微型热电偶

5.3.3 热电偶的冷端补偿

由热电偶测温原理可知，热电偶的输出热电势是热电偶两端温度 T 和 T_0 差值的函数，当冷端温度 T_0 不变时，热电势才与工作端温度成单值函数关系。各种热电偶温度与热电势关系的分度表都是在冷端温度为 0℃时做出的，因此，用热电偶测量时，若要直接应用热电偶的分度表，就必须满足 T_0=0℃的条件。但在实际测温时，由于热电偶长度有限，自由端温度将直接受到被测物温度和周围环境温度的影响。例如，热电偶安装在电炉壁上，而自由端放在接线盒内，电炉壁周围温度不稳定，波及接线盒内的自由端，造成测量误差。这样 T_0 不但不是 0℃，而且也不恒定，因此将产生误差，一般情况下，冷端温度均高于 0℃，热电势总是偏小。常用的消除或补偿这个损失的方法有以下几种。

1. 补偿导线

虽然可以将热电偶做得很长，但对于贵金属热电极当做导线来使用是不经济的，这将提高测量系统的成本。工业中一般选择价格低廉的金属丝作为补偿导线来延长热电偶的冷端，使之远离高温区。只要在常用冷端温度范围内，两种廉价金属相配后产生的热电势与主热电偶的热电势相同即可。

补偿导线测温电路如图 5-16 所示。补偿导线（A′、B′）是两种不同材料的、相对比较便宜的金属（多为铜与铜的合金）导线。它们的自由电子密度比和所配接型号的热电偶的自由电子密度比相等，所以补偿导线在一定的环境温度范围内，如 0～100℃，与所配接的热电偶的灵敏度相同，即具有相同的温度—热电势关系，即

$$E_{AB}(T,T_0)=E_{A'B'}(T,T_0) \tag{5-10}$$

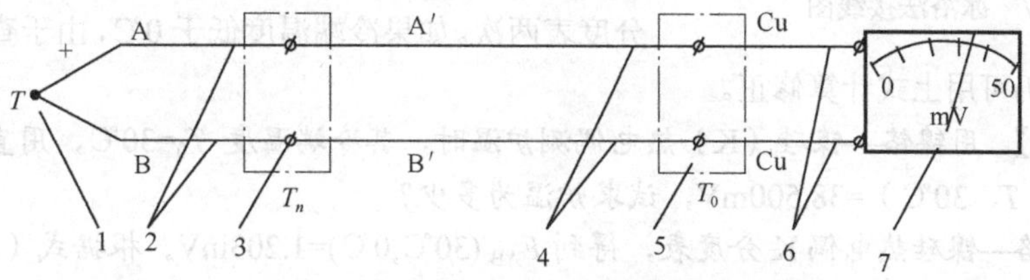

1—测量端；2—热电极；3 一接线盒 1（中间温度）；4—补偿导线；5—接线盒 2（新的冷端）；6—铜引线（中间导体）；7—毫伏表

图 5-16 利用补偿导线延长热电偶的冷端

必须指出的是，使用补偿导线仅能延长热电偶的冷端，使热电偶的冷端移动到控制室的仪表端子上。虽然总的热电势在多数情况下会比不用补偿导线时有所提高，但从本质上看，这并不是因为温度补偿引起的，而是因为使冷端远离高温区、两端温差变大的缘故，故将其称“补偿导线”只是一种习惯用语。因此，还需采用其他修正方法来补偿冷端温度 T_0≠0℃时对测温的影响。

使用补偿导线必须注意四个问题：一是两根补偿导线与热电偶两个热电极的接点必须具有相同的温度；二是各种补偿导线只能与相应型号的热电偶配用；三是必须在规定的温度范围内使用；四是极性切勿接反。常用热电偶补偿导线的特性如表 5-2 所示。

表 5-2 常用热电偶补偿导线的特性

型号	配用热电偶 正—负	补偿导线 正—负	导线外皮颜色		100℃热电势/mV	20℃时的电阻率/ （Ω·m）
			正	负		
SC	铂铑 $_{10}$—铂	铜—铜镍①	红	绿	0.646±0.023	0.05×10^{-6}
KC	镍铬—镍硅	铜—康铜	红	蓝	4.096±0.063	0.52×10^{-6}
$WC_{5/26}$	钨铼 $_5$—钨铼 $_{26}$	铜—铜镍②	红	橙	1.451±0.051	0.10×10^{-6}

注：①99.4%Cu，0.6%Ni。

②98.2%～98.3%Cu，1.7%～1.8%Ni。

2. 冷端恒温法

将热电偶的冷端置于装有冰水混合物的恒温容器中，使冷端的温度保持在 0℃不变。此法又称冰浴法，它消除了 T_0 不等于 0℃而引入的误差。由于冰融化较快，所以一般只适用于实验室中。

如图 5-17 所示是冷端置于冰瓶中的接线布置图。

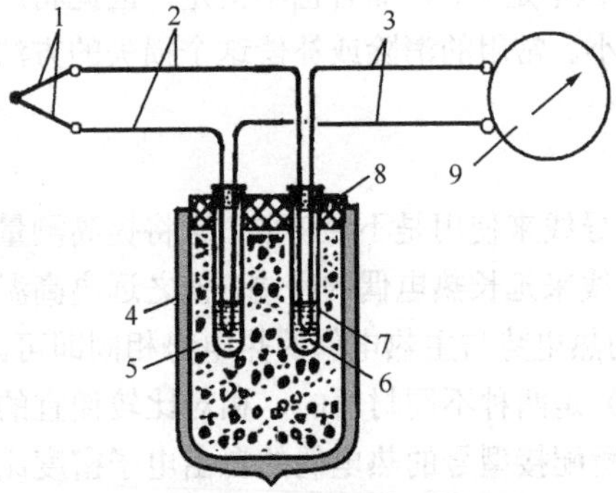

1—热电偶；2—补偿导线；3—铜质导线；4—保温瓶；5—冰水混合物；6—导热油；7—试管；8—盖；9—显示仪表

图 5-17　冰浴法接线图

3．计算修正法

当热电偶的冷端温度 $T_0 \neq 0$℃时，由于热端与冷端的温差随冷端的变化而变化，所以测得的热电势 $E_{AB}(T,T_0)$与冷端为 0℃时所测得的热电势 $E_{AB}(T,0)$不等。若冷端温度高于 0℃，则 $E_{AB}(T,T_0)<E_{AB}(T,0℃)$。可以利用下式计算并修正测量误差，即

$$E_{AB}(T,0)=E_{AB}(T,T_0)+E_{AB}(T_0,0) \qquad (5\text{-}11)$$

式中　$E_{AB}(T,T_0)$——用毫伏表直接测得的热电势毫伏数。

修正时，先测出冷端温度 T_0，然后从该热电偶分度表中查出 $E_{AB}(T,0)$（此值相当于损失掉的热电势），并把它加到所测得的 $E_{AB}(T,T_0)$上。根据上式求出 $E_{AB}(T,0)$，根据此值再反查分度表，查出相应的温度值。计算修正法需要查分度表两次。如果冷端温度低于 0℃，由于查出的 $E_{AB}(T,T_0)$是负值，所以仍可用上式计算修正。

【例题 5-1】 用镍铬—镍硅（K）热电偶测炉温时，其冷端温度 T_0=30℃，用直流毫伏表测得的热电势 E_{AB}（T，30℃）=38.500mV，试求炉温为多少？

解： 查镍铬—镍硅热电偶 K 分度表，得到 E_{AB}(30℃,0℃)=1.203mV。根据式（5-11）得

$$E_{AB}(T,0)=E_{AB}(T,30)+E_{AB}(30,0)$$
$$=38.500+1.203=39.703\text{mV}$$

反查 K 分度表，求得 T=960℃。

该方法适用于热电偶冷端温度较恒定的情况。在智能化仪表中，查表及运算过程均可由计算机完成。

4．补偿电桥法

补偿电桥法利用不平衡电桥产生相应的电势，以补偿热电偶由于冷端温度变化而引起的热电势变化。如图 5-18 所示，补偿电桥串接在热电偶回路中，与热电偶的冷端同处于温度 T_0 下。电桥的三个桥臂电阻 R_1、R_2、R_3 为锰铜电阻，其电阻值不随温度而变化，另一个桥臂电阻由铜丝绕制。如果，补偿电桥是按 T_0=0℃时电桥平衡而设计的，在 T_0=0℃下，使 $R_1=R_2=R_3=R_{Cu}=1\Omega$，电桥平衡，无信号输出。当 T_0 变化时，R_{Cu} 的阻值改变，电桥将输出不平衡电压 U_{ab}，与热电势 $E(T,T_0)$叠加输出。选择适当的串联电阻，就可使电桥的输出电压 U_{ab}=$E(T_0,0)$，补偿因 T_0 变化而引起的热电势的波动。

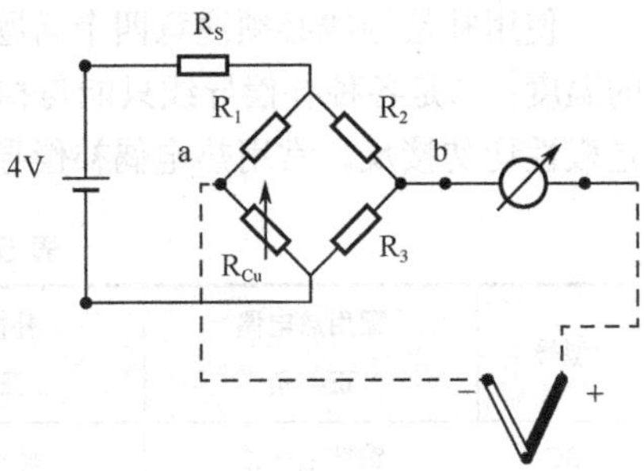

图 5-18　补偿电桥

5.3.4　热电偶常用测温电路

1．测量某点温度的基本电路

如图 5-19 所示是测量某点温度的基本电路，图 5-19 中 A、B 为热电偶，C、D 为补偿导线，T_0 为使用补偿导线后热电偶的冷端温度，E 为铜导线，在实际使用时就把补偿导线一直延伸到配用仪表的接线端子。这时冷端温度即为仪表接线端子所处的环境温度。

2．测量两点温度差的测温电路

如图 5-20 所示是测量两点之间温度差的测温电路，用两个相同型号热电偶，配以相同的补偿导线 C、D。这种连接方法应使各自产生的热电动势互相抵消，仪表可测出 T_1 和 T_2 之间的温度差。

3．测量多点温度的测温电路

多个被测温度用多个热电偶分别测量，但多个热电偶共用一台显示仪表，它们是通过专用的切换开关来进行多点测量的，多点测温电路如图 5-21 所示。各个热电偶的型号要相同，测温范围不要超过显示仪表的量程。多点测温电路多用于自动巡回检测中，此时温度巡回检测点可多达几十个，可以轮流显示或按要求显示某点的温度，而显示仪表和补偿热电偶只用一个就够了，这样就可以大大地节省显示仪表和补偿导线。

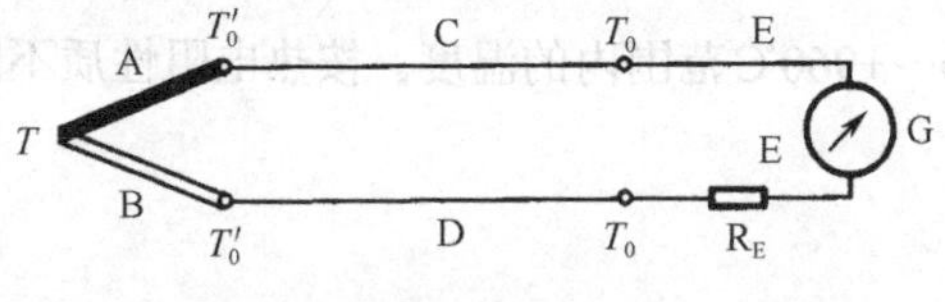

图 5-19 测量某点温度的基本电路

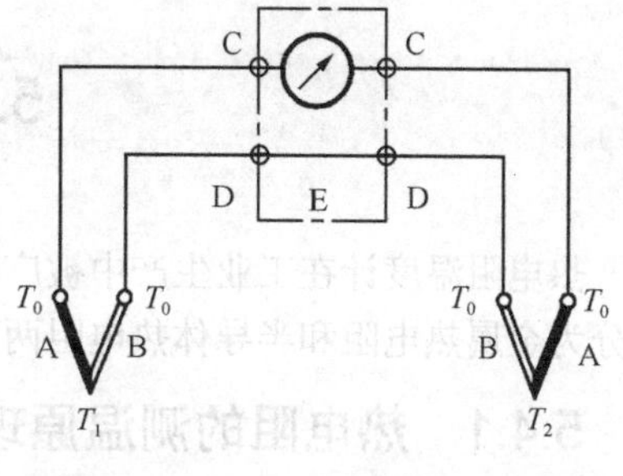

图 5-20 测量两点之间温度差的测温电路

4．测量平均温度的测温电路

用热电偶测量平均温度一般采用热电偶并联的方法，如图 5-22 所示。仪表输入端的毫伏值为三个热电偶输出热电势的平均值，即 $E=(E_1+E_2+E_3)/3$。如三个热电偶均工作在特性曲线的线性部分时，则 E 代表了各点温度的算术平均值。为此，每个热电偶需串联较大电阻，此种电路的特点是，仪表的分度仍旧和单独配用一个热电偶时一样。其缺点是，当某一热电偶烧断时，不能很快地觉察出来。

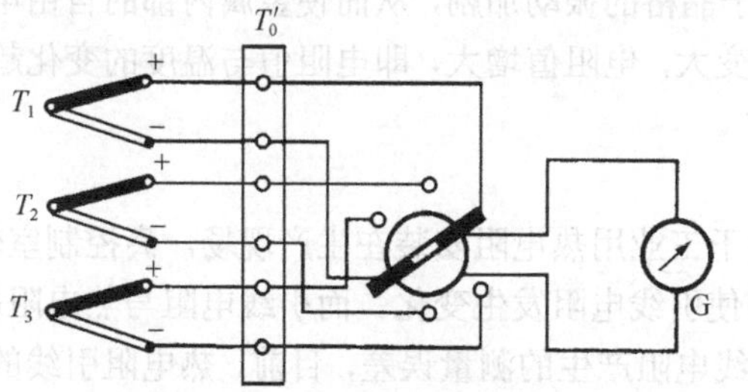

图 5-21 多点测温电路

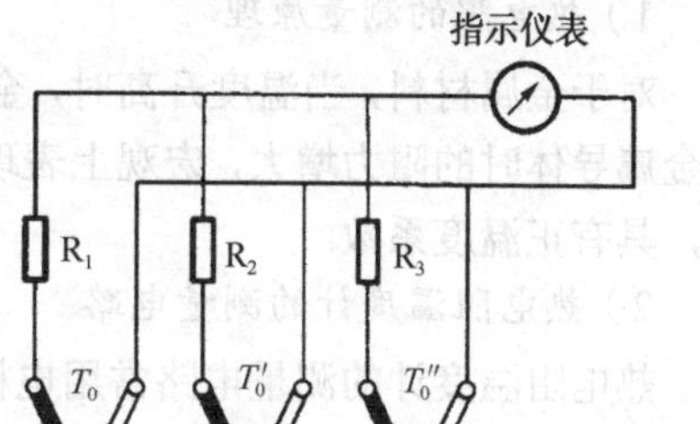

图 5-22 热电偶测量平均温度的并联电路

5．测量几点温度之和的测温电路

用热电偶测量几点温度之和的测温电路的方法一般采用热电偶的串联，如图 5-23 所示，输入到仪表两端的热电动势之总和，即 $E=E_1+E_2+E_3$，可直接从仪表读出三个温度之和。此种电路的优点是，热电偶烧坏时可立即知道，还可获得较大的热电动势。应用此种电路时，每一热电偶引出的补偿导线还必须回接到仪表中的冷端处。

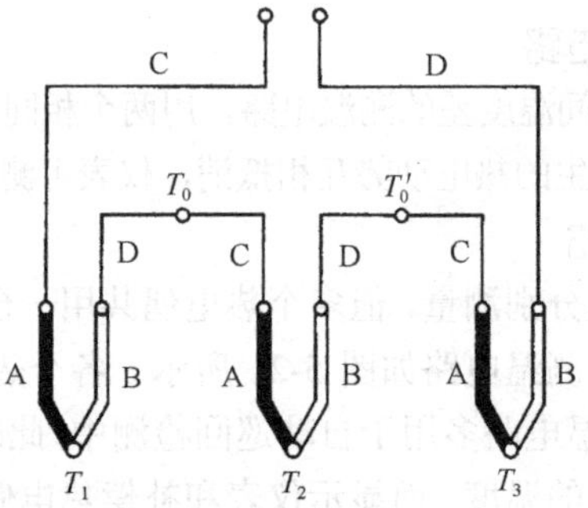

图 5-23　热电偶测量几点温度之和的串联电路

5.4　热电阻温度计

热电阻温度计在工业生产中被广泛用来测量-200～+960℃范围内的温度。按热电阻性质不同，可分为金属热电阻和半导体热电阻两大类。

5.4.1　热电阻的测温原理

热电阻温度计是利用导体或半导体的电阻值随温度变化的性质来测量温度的，由热电阻（感温元件）、连接导线和显示仪表构成。

热电阻主要是利用物质的电阻值随温度变化这一特性来测量温度的。作为测温用的热电阻材料，希望其具有电阻温度系数大、线性好、性能稳定、使用温度范围宽、加工容易等特点。在所能利用的材料中，铂和铜的性能较好，被用来制作热电阻。工业用铂电阻，它的适用温度范围为-200～+850℃；铜电阻价格低廉并且线性好，但温度过高易氧化，故只适用于-50～+150℃的较低温度环境中，目前已逐渐被铂热电阻所取代。

1）热电阻的测量原理

对于金属材料，当温度升高时，金属内部原子晶格的振动加剧，从而使金属内部的自由电子通过金属导体时的阻力增大，宏观上表现出电阻率变大，电阻值增大，即电阻值与温度的变化趋势相同，具有正温度系数。

2）热电阻温度计的测量电路

热电阻温度计的测量电路常用电桥电路。由于工业用热电阻安装在生产现场，离控制室较远，热电阻的引线暴露在室外，环境温度的变化能够使引线电阻发生变化。而引线电阻与热电阻串联，因此对测量结果有较大影响。为了减小或消除引线电阻产生的测量误差，目前，热电阻引线的连接方式经常采用三线制。

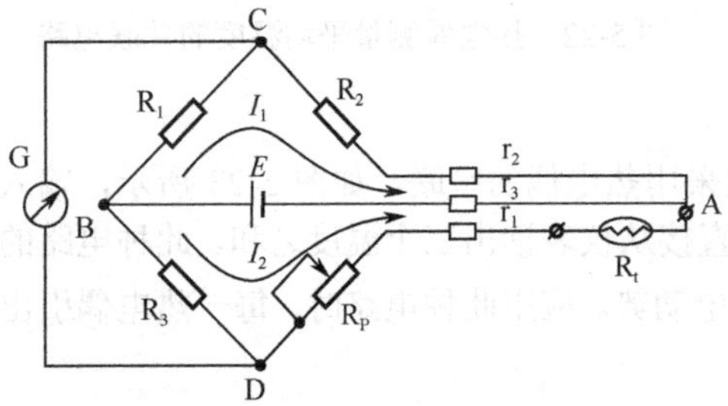

图 5-24　热电阻测温电桥的三线连接法

在电阻体的一端连接两根引线，另一端连接一根引线，此种引线形式称为三线制。当热电阻和电桥配合使用时，这种引线方式可以较好地消除引线电阻的影响，提高测量精度，所以工业热电阻多半采用这种方式。

图 5-24 中，R_1、R_2、R_3 为桥路固定电阻，R_P 为零位调节电阻，热电阻通过三根导线和电桥连接。引线电阻分别为 r_1、r_2 和 r_3，一般引线相同，则 $r_1=r_2=r_3=r$。

其中 r_1、r_3 分别接在相邻的两臂内，r_2 与电源相接。桥路输出电压 $V_{CD}=V_{CA}-V_{DA}$。当环境温度变化时，引线电阻 r_1、r_3 的变化产生的桥路电压$\Delta V_{CA}=\Delta V_{DA}$，相互抵消，对桥路输出没有影响，不会产生温度误差。而 r_2 接在电源的回路中，其电阻变化也不会影响电桥的平衡状态。三线连接法的缺点是可调电阻 R_P 的触点接触电阻和电桥臂的电阻相连，可能导致电桥的零点不稳。

热电阻式温度计和其他类型测温变换器相比有许多优点，它的性能最稳定，测量范围很大，精度也高，特别是在低温测量中得到广泛的应用，其缺点是需要辅助电源，热电阻的热容量较大，即热惯性大，限制了它在动态测量中的应用。

在设计电桥时，为了避免热电阻中流过电流的加热效应，要保证流过热电阻的电流尽量小，一般希望小于 10mA。尤其当测量环境中有不稳定气流时，工作电流的热效应有可能产生很大的误差。

5.4.2 常用热电阻的种类及结构

1．常用热电阻

1）铂热电阻

铂的物理、化学性能非常稳定，铂金属易于提纯，是目前制造热电阻的最好材料。ITS—90 中规定 13.8K～1234.93K 之间，铂电阻作为标准电阻温度计来复现温标，广泛应用于温度基准、标准的传递，其长时间稳定的复现性可达 10^{-4}K。

工业用铂电阻工作范围为-200～850℃。铂电阻与温度之间的关系，即特性方程如下。

在-200～0℃温度范围内

$$R_t = R_0[1+At+Bt^2+C(t-100)t^3] \tag{5-12}$$

在 0～850℃温度范围内

$$R_t = R_0[1+At+Bt^2] \tag{5-13}$$

式中 R_t——为 t℃时的铂电阻值；

R_0——为 0℃时的铂电阻值；

A、B、C——系数，$A=3.90803\times10^{-3}$,℃$^{-1}$；$B=-5.775\times10^{-7}$,℃$^{-2}$；$C=-4.183\times10^{-12}$,℃$^{-4}$。

目前，我国工业用铂热电阻常用的有两种，其 R_0 分别为 10Ω和 100Ω，分度号分别为 Pt10、Pt100。

2）铜热电阻

由于铂是贵重金属，因此，在一些测量精度要求不高，且温度较低的场合，普遍采用铜电阻进行温度测量。铜电阻测量范围一般为-50～150℃。在此温度范围内线性好，灵敏度比铂电阻高，容易提纯、加工，价格便宜，复现性能好。但是铜易于氧化，一般只用于 150℃以下的低温测量。与铂相比，铜的电阻率低，所以铜电阻的体积较大。

铜电阻的阻值与温度之间的关系为

$$R_t = R_0(1+\alpha_0 t) \tag{5-14}$$

式中 R_t——为 t℃时的铜电阻值；

R_0——为 0℃时的铜电阻值。

α_0——系数，$\alpha_0=4.28\times10^{-3}$,℃$^{-1}$。

目前，我国工业上用的铜电阻有两种。分度号分别为 Cu50 和 Cul00，R_0 分别为 50Ω和 100Ω。

2. 热电阻的结构

1）普通热电阻

工业用普通热电阻的结构形式如图 5-25 所示，它主要由电阻体、绝缘管、保护管和接线盒等部分组成。绝缘管、保护管、接线盒的作用和材料及结构与热电偶的类似。

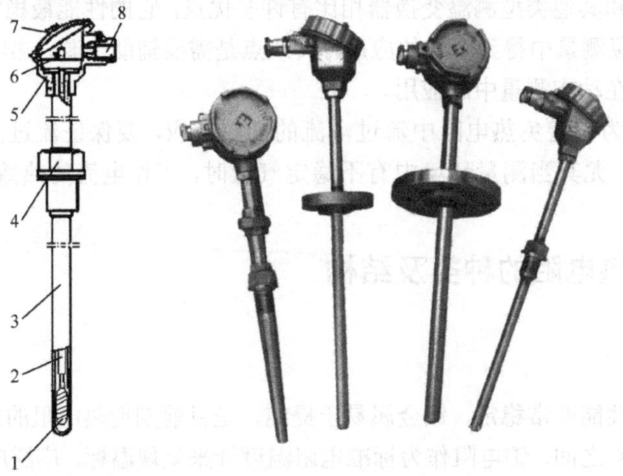

（a）结构　　（b）外形

1—电阻体；2—绝缘管；3—保护套管；4—安装固定件；5—接线盒；6—接线端子；7—盖；8—出线口

图 5-25　热电阻结构形式

电阻体是由细铂丝或铜丝绕在支架上构成。由于铂的电阻率较大，而且相对机械强度较大，通常铂丝的直径在 0.05mm 以下，且电阻丝不是太长，因此往往只绕一层，而且是裸丝，每匝间留有空隙以防短路。铜的机械强度较低，电阻丝的直径需较大，一般为 0.1mm，由于铜电阻的电阻率很小，要保证 R_0 需要很长的铜丝，因此，需将铜丝绕成多层，这就必须用漆包铜丝或丝包铜线。为了使电阻感温体没有电感，无论哪种热电阻都必须采用无感绕法，即先将电阻丝对折起来双绕，使两个端头都处于支架的同一端。

连接电阻体引出端和接线盒之间的线称为内引线，它位于绝缘管内，铜电阻内引线材料也是铜，铂电阻的内引线为镍丝或银丝，其接触电势较小，以免产生附加电势。同时内引线的线径应比电阻丝大很多，一般在 1mm 左右，以减少引线电阻的影响。

热电阻体的结构，随用途的不同，也有很多种结构，如图 5-26 所示为常见的电阻体结构型式。如图 5-26（a）所示为玻璃管架铂丝电阻体，它是把ϕ0.03～0.04mm 的细铂丝双绕在ϕ4～5mm 的玻璃棒上，在最外层再套以薄玻璃管，烧结在一起，以便起保护作用。引线也烧结在玻璃棒上，根据不同需要可有 2～4 根引出线。

如图 5-26（b）所示是陶瓷管架的电阻体，工艺特点与玻璃管架相似，只是在这里为了减小惯性采用陶瓷管，而外护层采用涂釉烧结而成。上述两种结构的共同特点是体积小、惯性小、电阻丝密封良好。但缺点是电阻丝热应力较大，对稳定性、复现性影响大，易碎，尤其是引线易断，要特别注意。

另外一种常见的结构就是图 5-26（c）所示的云母管架热电阻。铂丝绕在双面带有锯齿形的云母片上，这样可以避免细的铂丝滑动短路。在绕有铂丝的云母片两面再盖以一层绝缘保护云母片。为了改善传热条件，增加强度，一般在云母片两边再压上具有弹性的金属夹片（见图 5-26（c）中之断面图）。这样一方面起到固定作用，另一方面也改善了动态特性。

如图 5-26（d）所示是铜热电阻电阻体的结构，采用漆包铜线ϕ0.07～0.1mm，双绕在圆柱形塑料管架上。由于铜的电阻率较小，所以需要多层绕制，因此它的热惯性要比前边几种大很多。但它的价格便宜，结构简单，在较低的温度下可以可靠的工作。

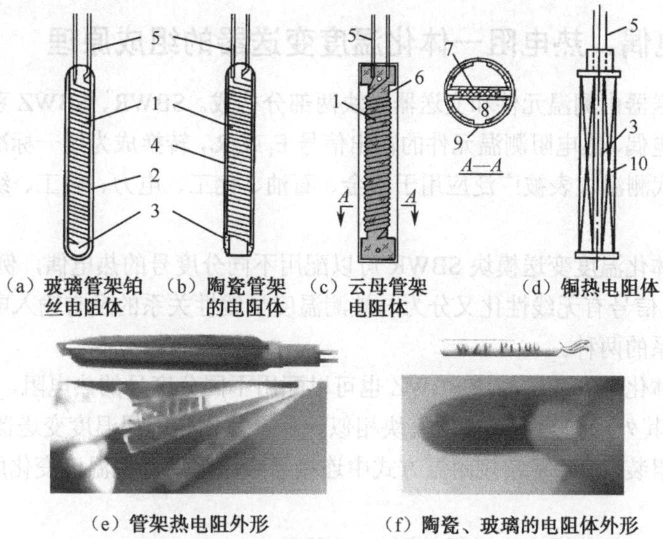

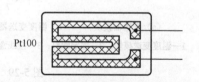

1—铂丝；2—薄玻璃层；3—基体；4—釉层；5—引出线；6—云母基体；7—绕好的云母片；8—金属夹片；9—外保护管；10—铜电阻

图 5-26　电阻体结构

2）铠装热电阻

铠装热电阻是在铠装热电偶基础上发展起来的热电阻新品种，它的特点与铠装热电偶相近，外径尺寸可以做的很小（最小直径可达 1.0mm），因此反应速度快。有良好的机械性能、耐振性和冲击性。引线和保护管做成一体，具有较好的挠性，便于使用安装。电阻体封装在金属管内，不易受有害介质的侵蚀。

如图 5-27 所示为铠装热电阻的结构示意图。一般首先把电阻体焊封在保护管内，电阻体与外套很好绝缘。目前国产定型的铠装热电阻外径 3～8mm，其基本特性与相应的电阻温度计相同。

3）薄膜热电阻

目前研制生产的薄膜型铂热电阻，如图 5-28 所示。它是利用真空镀膜法或用糊浆印刷烧结法使铂金属薄膜附着在耐高温基底上。其尺寸可以小到几平方毫米，可将其粘贴在被测高温物体上，测量局部温度，具有热容量小、反应快的特点。薄膜型铂热电阻有 R_0 为 100Ω、1000 Ω等多种。

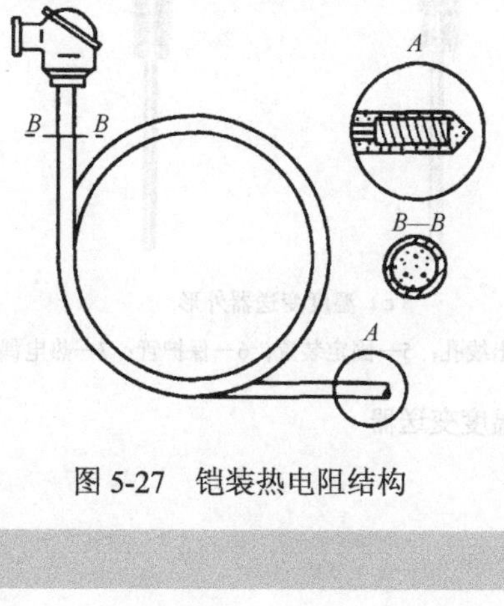

图 5-27　铠装热电阻结构

图 5-28　薄膜型铂热电阻

5.5　热电偶、热电阻一体化温度变送器

5.5.1　热电偶、热电阻一体化温度变送器的组成原理

一体化温度变送器由测温元件和变送器模块两部分构成。SBWR、SBWZ 系列热电偶、热电阻温度变送模块把热电偶、热电阻测温元件的输出信号 E_t 或 R_t，转换成为统一标准信号 4～20mA DC 输出。它作为新一代测温仪表被广泛应用于冶金、石油、化工、电力、轻工、纺织、食品、国防及科研等工业部门。

配热电偶的一体化温度变送模块 SBWR 可以配用不同分度号的热电偶，例如，有 E、K、S、B、J、T 等。按输出信号有无线性化又分为与被测温度呈线性关系的及与输入电信号（热电动势或电阻值）呈线性关系的两种。

配热电阻的一体化温度变送模块 SBWZ 也可以配用不同分度号的热电阻，例如，Pt100、Pt10、Cu100、Cu50 等，其外形与热电偶变送模块相似。与一体化热电偶温度变送器一样，将热电阻与变送模块融为一体组装，消除了常规耐温方式中连接导线电阻随环境温度变化所产生的误差，提高了抗干扰能力。

温度变送模块与一体化温度变送器如图 5-29 所示。

变送器模块外形如图 5-29（a）所示。温度变送模块上，“E+”、“E−”分别代表热电偶正负极连接端子；配热电阻时用三线制连接，标有“1”、“2”、“3”。“24V+”、“24V−”为电源和信号线的正、负极接线端子；电位器“L”为零点调节；“S”为量程调节。

一体化温度变送器的变送单元（模块）置于接线盒里，取代接线座。安装后的一体化热电偶温度变送器外观结构如图 5-29（b）所示，与普通热电偶、热电阻传感器外形没有什么区别。有的一体化温度变送器，本身具有液晶数字显示表头，可就地显示温度，外形结构差别较大，各不相同。

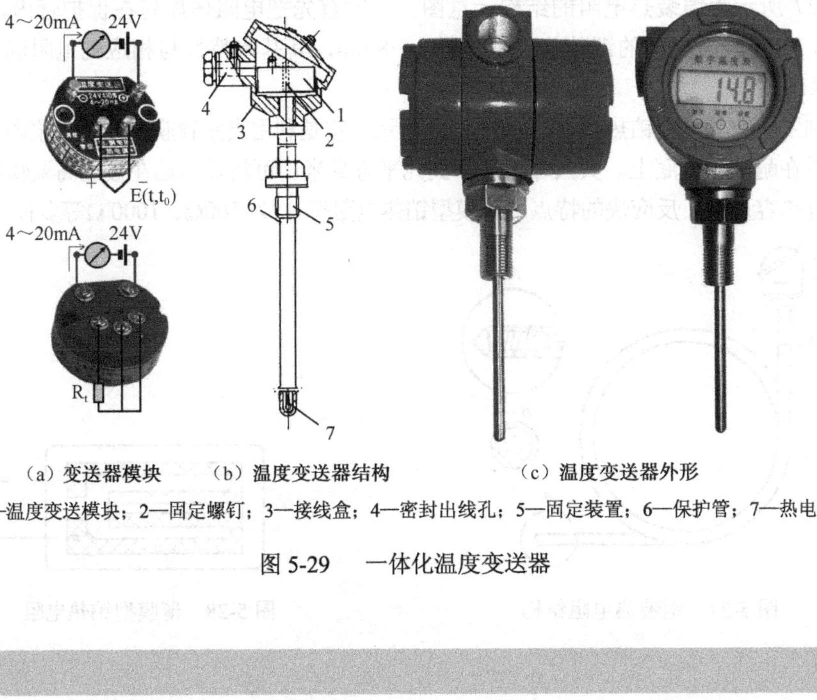

（a）变送器模块　（b）温度变送器结构　（c）温度变送器外形

1—温度变送模块；2—固定螺钉；3—接线盒；4—密封出线孔；5—固定装置；6—保护管；7—热电偶

图 5-29　一体化温度变送器

变送器模块采用全密封结构，用环氧树脂浇注，具有抗振动、防腐蚀、防潮湿、耐温性能好的特点，可用于恶劣的环境。

智能一体化温度变送器采用二线制电路技术，输出隔离带 hart 通信产品，产品精度高、稳定性好、带背光液晶显示屏、方便现场观察、测量端采用不锈钢外壳，头部为铝质防水接线盒，产品广泛应用于热能工程、电力、食品、制药、压力容器、石油化工等流程工业的温度测量。

在仪器仪表里如需输入温度信号时，也可将一体化温度变送模块作为输入接口部件使用。但因为所适配的热电偶或热电阻规格固定，测量范围不可调整，所以其通用性较差。

一体化热电偶温度变送器的原理框图如图 5-30 所示。热电偶将被测温度转换成电信号，该信号送入一体化热电偶温度变送器的输入网络。经调零后的信号输入到滤波放大器进行信号的滤波、放大、非线性校正、V/I 转换等电路处理后，变成与温度成线性关系的 4～20mA 标准电流信号输出。

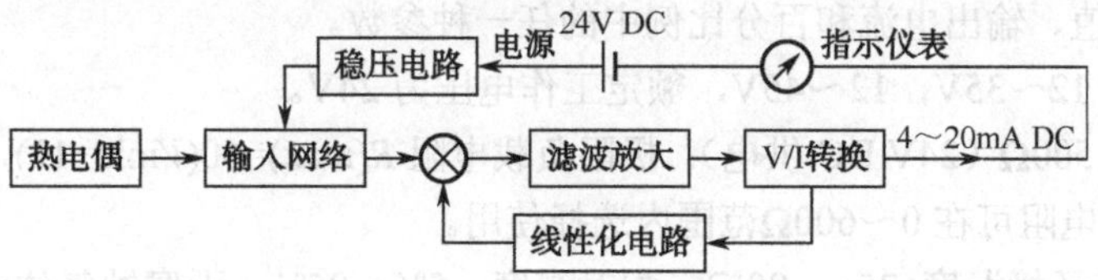

图 5-30 一体化热电偶温度变送器工作原理图

热电偶或热电阻传感器将被测温度转换成电势 E_t、电阻 R_t，再将该信号送入变送器的输入网络（电桥），该网络包含调零和热电偶补偿等相关电路。经调零后的信号输入到运算放大器进行信号放大，放大的信号一路经 V/I 转换器计算处理后以 4～20mA 直流电流输出；另一路经 A/D 转换器处理后到表头显示。变送器的线性化电路有两种，均采用反馈方式。对热电阻传感器，用正反馈方式校正，对热电偶传感器，用多段折线逼近法进行校正。

变送器在出厂前已经调校好，使用时一般不必再做调整。当使用中产生了误差时，可以用零点、量程两个电位器进行微调。若单独调校变送器时，必须用精密信号电源提供 24V DC 信号，多次重复调整零点和量程即可达到要求。

5.5.2 热电偶、热电阻一体化温度变送器的性能特点

一体化温度变送器的主要特点如下：

① 直接输出 4～20mA、0～10mA 的输出信号，只需两根普通导线连接，节省了热电偶补偿导线的投资。

② 由于其连接导线中为较强的信号 4～20mA，比传递微弱的热电动势具有明显的抗干扰能力。

③ 不需调整维护，因为全部采用硅橡胶或树脂密封结构，适应生产现场环境，耐环境性较好。

④ 热电偶变送器具有冷端温度自动补偿功能。

⑤ 精度高、功耗低，使用环境温度范围宽，工作稳定可靠。

一体化数显温度变送器是在一体化温度变送器的基础上增加了 LED 或 LCD 显示单元，这样温度变送器不仅可以输出变送 4～20mA 信号，还可将温度测量值就地显示，节省了空间同时方便了安装，所以一体化数显温度变送器在很多行业和领域得到了广泛的应用与推广。

智能型温度变送器可通过 HART 调制解调器与上位机通信或与手持器和 PC 对变送器的型号、分度号、量程进行远程信息管理、组态、变量监测、校准和维护功能。

智能型温度变送器可按用户实际需要调整变送器的显示方向，并显示变送器所测的介质温度、传感器值的变化、输出电流和百分比例。

一体化热电偶温度变送器的安装与其他热电偶安装要求基本相同，但特别要注意感温元件与大地间应保持良好的绝缘，否则将直接影响检测结果的准确性，严重时甚至会影响仪表的正常运行。

温度变送器的技术参数如下。

① 输入信号：热电偶：K、E、J、B、S、T、N。热电阻：Pt100、Cu50、Cu100（三线制、四线制）。智能型温度变送器的输入信号可通过手持器和 PC 任意设置。

② 输出信号：在量程范围内输出 4～20mA 直流信号，与热电偶或热电阻的输入信号成线性或与温度成线性。智能型温度变送器输出 4～20mA 直流信号同时叠加符合 HART 标准协议通信。

③ 基本误差：0.5%F · S、0.2%F · S、智能型 0.2%F · S。

④ 接线方式：二线制、三线制、四线制。

⑤ 显示方式：四位 LCD 显示现场温度，智能型四位 LCD 可通过 PC 或手持器设定使之显示现场温度、传感器值、输出电流和百分比例中的任一种参数。

⑥ 工作电压：12～35V，12～45V，额定工作电压为 24V。

⑦ 负载电阻：500Ω（24V DC 供电）；极限负载电阻 $R(\max)=50(V\min-12)$，例如，在额定工作电压 24V 时，负载电阻可在 0～600Ω范围内选择使用。

⑧ 工作环境：环境温度-25～+80℃、相对湿度：5%～95%、无腐蚀气体或类似的环境。

⑨ 环境影响系数：$\delta \leqslant 0.05\%/℃$。

5.6　温度测量元件的安装

温度的测量在工业中较为普遍，测温仪表的种类也很多。在使用膨胀式温度计、压力表式温度计、热电偶及热电阻等接触式温度计时，都会遇到仪表的安装问题。在仪表的安装中，如不符合要求，往往使测量不准，甚至影响生产。接触式温度计在管道设备上的安装图例可参阅有关仪表的安装手册。例如，热电偶，热电阻在管道设备上的安装图如图 5-31 所示。感温元件在管道或设备上安装时应注意以下问题。

1. 能正确反映被测温度

为确保测量的准确性，感温元件的安装基本上应按下列要求进行。

① 感温元件与被测介质能进行充分的热交换。由于接触式温度计的感温元件是与被测介质进行热交换而测温的，因此，必须使感温元件与被测介质能进行充分的热交换。不应把感温元件插至被测介质的死角区域。

在管道中，感温元件的工作端应处于管道流速最大处。例如，膨胀式温度计应使测温点（如水银球）的中心置于管道中心线上；热电偶保护管的末端应越过流束中心线为 5～10mm；热电阻保护管的末端应越过流束中心线，铂电阻为 50～70mm，铜电阻为 25～30mm；压力表式温度计的温包中心应与管道中心线重合，如图 5-31（a）所示。

② 感温元件应与被测介质形成逆流。安装时，感温元件应迎着介质流向插入，至少与被测介质流向成 90° 角，非不得已时，切勿与被测介质形成顺流，否则容易产生测温误差，如图 5-31（b）、图 5-31（c）所示。

③ 避免热辐射所产生的测温误差。在温度较高的场合，应尽量减小被测介质与设备表面间的温度差。在安装感温元件的地方，如果器壁暴露于空气中，应在其表面包一层绝热层，以减少热量损失。必要时，可在感温元件与器壁之间加装防辐射罩，以消除感温元件与器壁间的直接辐射作用。

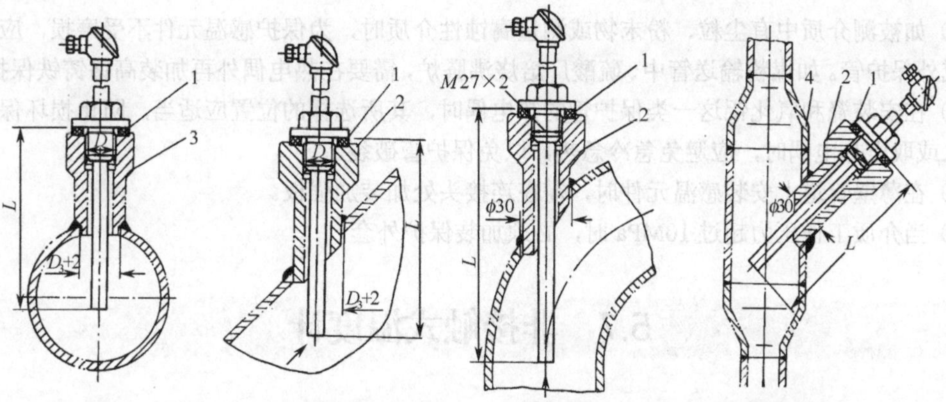

（a）直插　（b）斜插　（c）肘管安装　（d）膨胀管安装

1—垫片；2—45° 连接头；3—直连接头；4—膨胀管

图 5-31 安装示例

④ 避免感温元件外露部分的热损失所产生的测温误差。例如，用热电偶测量 500℃左右的介质温度时，当热电偶的插入深度不足，且其外露部分置于空气流通之处，由于热量的散失，所测出的温度值往往会比实际值偏低 3～4℃。

对于工艺管道，为增大插入深度，可将感温元件斜插安装，若能在管路轴线方向安装（即在弯管处安装），则可保证最大的插入深度。若安装感温元件的工艺管径过小时，应接装扩大管，如图 5-31（d）所示。

⑤ 避免热电偶与火焰直接接触，否则必然会使测量值偏高。同时，应避免把热电偶装置在炉门旁或与加热物体距离过近之处，其接线盒不应碰到被测介质的器壁，以免热电偶冷端温度过高。

⑥ 感温元件安装于负压管道、设备中（如烟道）时，必须保证其密封性，以免外界冷空气袭入，降低测量指示值，也可用绝热物质（如耐火泥或石棉绳）堵塞空隙。

⑦ 安装压力表式温度计的温包时，除要求其中心与管道中心线重合外，尚应将温包自上而下垂直安装，同时毛细管不应受拉力，不应有机械损伤。

⑧ 热电偶、热电阻的接线盒出线孔应向下，以防因密封不良而使水汽、灰尘与脏物等落入接线盒中影响测量。

⑨ 水银温度计只能垂直或倾斜安装，同时需观察方便，不得水平安装（直角形水银温度计除外），更不得倒装（包括倾斜安装）。

2．应确保安全、可靠

为避免感温元件的损坏，应保证其具有足够的机械强度。可根据被测介质的工作压力、温度及特性，合理地选择感温元件保护套管的壁厚与材质。通常把被测介质的工作压力分为低压（$P_g \leqslant 1.6$MPa）、中压（1.6MPa$<P_g<$6.4MPa）与高压（$P_g \geqslant 6.4$MPa）。感温元件在不同的压力范围工作，有不同的安装要求。此外，感温元件的机械强度还与其结构形式、安装方法、插入深度，以及被测介质的流速等诸因素有关，必须予以考虑。

① 凡安装承受压力的感温元件，都必须保证其密封性。

② 高温下工作的热电偶，其安装位置应尽可能保持垂直，防止保护管在高温下产生变形。若必须水平安装时，则不宜过长，且应装有用耐火黏土或耐热合金制成的支架。

③ 在介质具有较大流速的管道中，安装感温元件时必须倾斜安装。为了避免感温元件受到过大的冲蚀，最好能把感温元件安装于管道的弯曲处。

④ 如被测介质中有尘粒、粉末物或测量腐蚀性介质时，为保护感温元件不受磨损，应加装保护屏或外保护管。如煤粉输送管中、硫酸厂焙烧沸腾炉，需要在热电偶外再加装高铬铸铁保护外套。

⑤ 在安装瓷和氧化铝这一类保护管的热电偶时，其所选择的位置应适当，防止损坏保护管。在插入或取出热电偶时，应避免急冷急热，以免保护管破裂。

⑥ 在薄壁管道上安装感温元件时，需在连接头处加装加强板。

⑦ 当介质工作压力超过 10MPa 时，必须加装保护外套。

5.7 非接触式温度计

非接触式温度计主要是利用物体的辐射能随温度变化的原理制成的。这样的温度检测仪表又称辐射式温度计。辐射式温度计在应用时，只需把温度计对准被测物体，而不必与被测物体直接接触，它可以用于运动物体及高温物体表面的温度检测，与接触式测温法相比，非接触式温度计具有以下特点：

① 温度计和被测对象不接触，不会破坏被测对象的温度场，故可测量运动物体的温度并可进行遥测。

② 由于温度计不必达到与被测对象同样的温度，故仪表的测温上限不受温度计材料熔点的限制。

③ 在检测过程中温度计不必和被测对象达到热平衡，故检测速度快，响应时间短，适于快速测温。

5.7.1 非接触式温度计的测温原理

自然界中任何物体只要其温度在绝对零度以上，就会不断地向周围空间辐射能量。温度越高，辐射能量就越多。同时，所有物体又能吸收辐射、透射或反射辐射能量。绝对温度为 T 的物体对外辐射的能量 E 可用普朗克定律描述，即

$$E(\lambda,T)=\varepsilon_T C_1\lambda^{-5}(e^{\frac{C_2}{\lambda T}}-1)^{-1} \tag{5-15}$$

式中 ε_T——物体在温度 T 下的辐射率（又称“黑度系数”）；

λ——辐射波长；

C_1——第一辐射常数，$C_1=3.74132\times10^{-16}\text{W}\cdot\text{m}^2$；

C_2——第二辐射常数，$C_2=1.438786\times10^{-2}\text{m}\cdot\text{k}$。

设 $\varepsilon_T=1$，将式（5-15）在波长自零到无穷大进行积分，可得在整个波长范围内全部辐射能量的总和 E，即

$$E=\int_0^\infty E(\lambda,T)\text{d}\lambda=\sigma T^4=F(T) \tag{5-16}$$

式中 系数 $\delta=5.67032\times10^{-8}\text{W}/(\text{m}^2\cdot\text{K}^4)$——黑体的斯蒂芬—玻尔兹曼常数。

式（5-16）表明黑体（$\varepsilon_T=1$）在整个波长范围内的辐射能量与温度的四次方成正比。但是一般物体都不是“黑体”（即 $\varepsilon_T<1$），而且 ε_T 不仅与温度有关，与波长也有关。

令普朗克公式（5-15）中的波长为常数 λ_c，则

$$E(\lambda_c,T)=\varepsilon_T C_1\lambda_c^{-5}(e^{\frac{C_2}{T\lambda_c}}-1)^{-1}=f(T) \tag{5-17}$$

它表明物体在特定波长上的辐射能是温度 T 的单一函数。

取两个不同的特定波长λ_1和λ_2，满足 $C_2/T\lambda_c \gg 1$ 时，则在这两个特定波长上的辐射能之比为

$$\frac{E(\lambda_1,T)}{E(\lambda_2,T)}=\left(\frac{\lambda_1}{\lambda_2}\right)^{-5}\mathrm{e}^{\frac{c_2}{T}\left(\frac{1}{\lambda_2}-\frac{1}{\lambda_1}\right)}=\Phi(T) \tag{5-18}$$

式（5-18）称为维恩公式，它表明两个特定波长上的辐射能之比$\Phi(T)$也是温度的单值函数。

由式（5-16）～式（5-18）可知，只要设法获得 $F(T)$、$f(T)$和$\Phi(T)$，就可求得对应的温度。因此，辐射测温主要有如下三种基本方法。

（1）全辐射法。全辐射法测出物体在整个波长范围内的辐射能量 $F(T)$，并以其辐射率ε_T校正后确定被测物体的温度。

(2)亮度法。亮度法测出物体在某一波长（实际上是一个波长段$\lambda\sim\lambda+\Delta\lambda$）上的辐射能量$f(T)$，经辐射率$\varepsilon_T$，修正后确定被测物体的温度。

（3）比色法。比色法测出物体在两个特定波长段上的辐射能比值$\Phi(T)$，确定被测物体的温度。

无论采用何种辐射测温法，辐射温度计一般都是由光学系统、检测元件、转换电路和信号处理等部分组成，如图 5-32 所示。

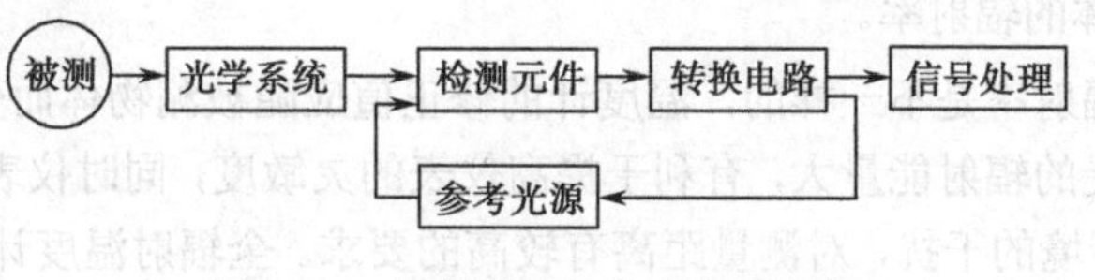

图 5-32 辐射温度计主要组成框图

光学系统是通过光学透镜、反射镜，以及其他光学元件获得物体辐射能中的特性光谱，并聚焦到检测元件上。检测元件将辐射能转换成电信号，经信号放大、辐射率的修正和标度变换后输出与被测温度相对应的信号。部分辐射温度计需要参考光源。

5.7.2 辐射温度计的类型

根据辐射测温法的原理不同，辐射温度计主要有全辐射高温计、光电温度计和比色温度计等。

1. 全辐射高温计

全辐射高温计是接受被测物体全部辐射能量来测定温度的。这种高温计的光学系统有透镜式和反射镜式两种结构。透镜式系统将物体的全辐射能透过透镜及光阑、滤光片等聚焦于检测元件，如图 5-33（a）所示；反射镜式系统则将全辐射能利用反射聚光镜反射后聚焦在检测元件上，如图 5-33（b）所示。前者主要用来测量高温，后者用于测量中温。

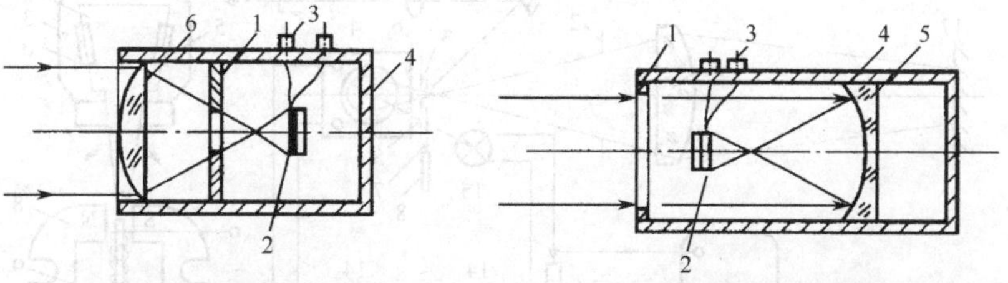

（a）透镜系统的辐射温度计　（b）反射镜系统的辐射温度计

1—光阑；2—检测元件；3—输出端子；4—外壳；5—反射聚光镜；6—透镜

图 5-33 透镜式和反射镜系统的示意

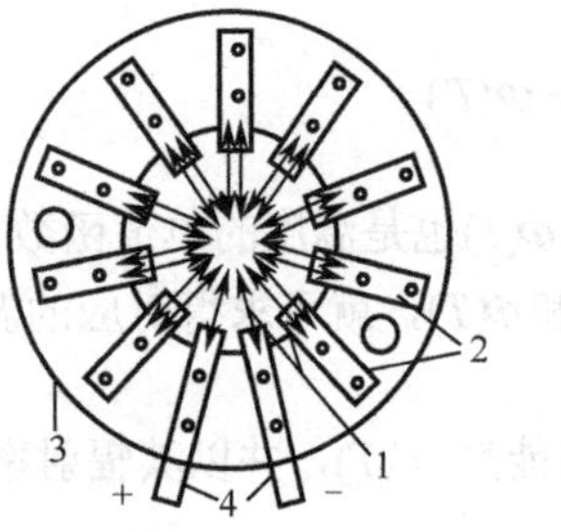

1—热电极；2—金属箔；3—云母环；4—引出线

图 5-34　热电偶堆结构

常用的检测元件有热电偶堆、热释电元件、硅光电池和热敏电阻等，其中热电偶堆最为常见，如图 5-34 所示。热电偶堆是由多个热电偶串联组成，作为感温元件，以提高输出电势。

全辐射高温计在使用时必须注意两个问题。

① 温度计是非接触式的，但它与被测物体间的距离必须按测量距离与被测物体直径的关系曲线确定，同时还必须使被测物体的影像光全充满瞄准视物，以确保检测元件充分接收辐射能量。测量距离一般为 1000～2000mm（对于透镜式）和 500～1500mm（对于反射镜式）。

② 温度计显示的温度为全辐射温度 T_p，被测物体的实际测量温度 T 应由下面的修正式得到

$$T = T_{\mathrm{P}}\sqrt[4]{\frac{1}{\varepsilon_{\mathrm{T}}}} \tag{5-19}$$

式中　ε_{T}——被测物体的辐射率。

由于不同物体的辐射率是不一样的，温度计的修正值应随被测物体而变。

全辐射高温计接受的辐射能量大，有利于提高仪表的灵敏度，同时仪表的结构比较简单，使用方便。缺点是容易受环境的干扰，对测量距离有较高的要求。全辐射温度计的温度测量范围一般在 400～2000℃（根据不同的结构形式），测量误差在 1.5%～2.0%左右。

2．光电式温度计

光电温度计采用光电元件作为敏感元件，感受辐射源的亮度变化，并根据被测物体亮度与温度的关系确定温度的高低。图 5-35（a）给出了光电温度计的组成与原理。

被测物体的辐射能量通过物镜 1、孔径 2、孔 3、遮光板 6、滤光片投射到光电器件 4 上。反馈灯 15 的辐射能量通过遮光板上的另一个孔 5 和同一滤光片，也投射到同一光电元件 4 上。在遮光板前面装有调制片，调制片在电磁场作用下作机械振动，交替打开和遮住孔 3 和孔 5，使上述两束辐射能交替投射到光电元件上。当这两束辐射能量（即亮度）不同时，光电元件输出对应于两辐射能量差的交变电信号。经放大电路放大后用来改变反馈灯的电流，从而改变反馈灯的亮度，直到差值信号为零，这时反馈灯的亮度与被测物体的亮度相同。因此，通过反馈灯电流的大小就可以确定被测物体的温度。

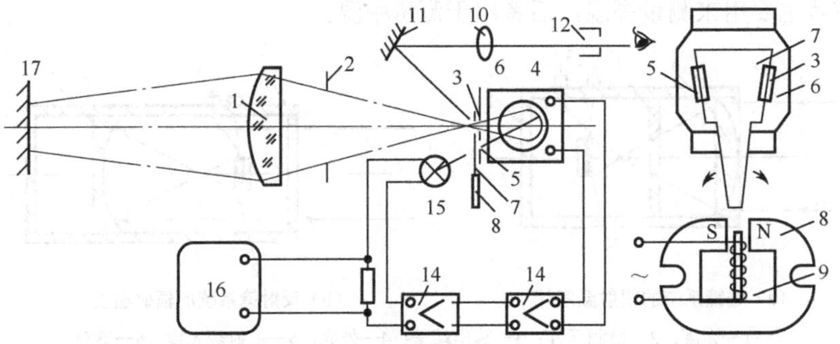

1—物镜；2—孔径；3、5—孔；4—光电器件；6—遮光板；7—调制片；8—永久磁铁；9—激磁绕组；10—透镜；11—反射镜；12—观察孔；13—前置放大器；14—主放大器；15—反馈灯；16—电位差计；17—被测物体

图 5-35　光电温度计的工作原理

为保证物像能清晰地聚焦到光电元件的受光面上，光电温度计一般设有人工瞄准系统，它由图 5-35（a）中的反射镜 11、透镜 10 和观察孔 12 组成。

光电温度计也有测量距离的要求，一般用距离系数（测量距离与被测目标直径之比）表示。根据型号的不同，距离系数一般为 30～90，由此可利用已知的测量距离得到被测目标的可测直径，反之亦然。测量距离一般为 0.5～3m。

光电温度计也要根据被测物体的辐射率修正其测量值，设温度计显示值为 T_L，光学系统所用滤光片的波长为 λ，则实际被测物体的温度 T 可由下式确定，即

$$\frac{1}{T}=\frac{1}{T_L}+\frac{\lambda}{C_2}\ln\varepsilon_T \tag{5-20}$$

式中 C_2——第二辐射常数。

光电温度计虽然和全辐射高温计相比结构复杂，接收的能量较小，但抗环境干扰的能力强，有利于提高测量的稳定性。光电温度计的温度测量范围一般为 200～1500℃（通过分挡实现），测量误差在 1.0%～1.5%左右，响应时间在 1.5～5s 之间。

3. 比色温度计

比色温度计是基于维恩位移定律工作的。根据维恩位移定律，物体温度变化时，辐射强度最大值所对应的波长要发生移动，从而使特定波长 λ_1 和 λ_2 下的亮度发生变化，其比值由式（5-18）给出。测出这两个波长对应的亮度比 $\Phi(T)$，就可以求出被测物体温度，由式（5-18）可得

$$T_R=\frac{C_2\left(\frac{1}{\lambda_2}-\frac{1}{\lambda_1}\right)}{\ln\Phi(T)-5\ln\frac{\lambda_2}{\lambda_1}} \tag{5-21}$$

比色温度计分为单通道型、双通道型和色敏型。如图 5-36 所示为单通道型比色温度计工作原理，同步电动机带动调制盘旋转，盘上嵌着两种波长的滤光片，使被测物体的辐射能中波长为 λ_1 和 λ_2 的辐射可交替地投射到同一光电元件上，并转换为电信号，通过信号放大和比值运算后显示比色温度。图中分划镜、反射镜和目镜组成了温度计的瞄准系统。

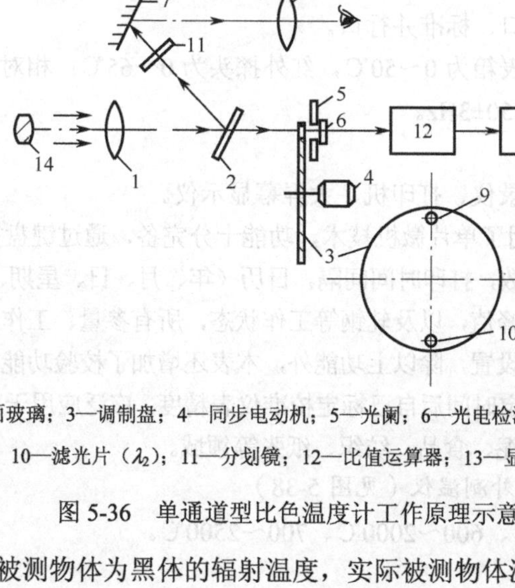

1—物镜；2—平行平面玻璃；3—调制盘；4—同步电动机；5—光阑；6—光电检测器；7—反射镜；8—目镜；9—滤光片（λ_1）；10—滤光片（λ_2）；11—分划镜；12—比值运算器；13—显示装置；14—被测对象

图 5-36 单通道型比色温度计工作原理示意

比色温度 T_R 是假设被测物体为黑体的辐射温度，实际被测物体温度 T 与比色温度有如下关系

$$\frac{1}{T}=\frac{1}{T_R}+\frac{\ln\frac{\varepsilon_T(\lambda_1)}{\varepsilon_T(\lambda_2)}}{C_2\left(\frac{1}{\lambda_1}-\frac{1}{\lambda_2}\right)} \tag{5-22}$$

式中　$\varepsilon_T(\lambda_1)$ 和 $\varepsilon_T(\lambda_2)$——分别为被测物体在温度为 T 时对应波长 λ_1 和 λ_2 的辐射率。

如果 λ_1 和 λ_2 相差不大，则可认为 $\varepsilon_T(\lambda_1)\approx\varepsilon_T(\lambda_2)$，或它们间的比值近似为一个常数，由式（5-22）可得，被测实际温度 T 与比色温度 T_R 之间也仅差一个固定的常数，也就是说测量结果基本不受物体辐射率的影响。但是比色温度计结构比较复杂，仪表设计和制造要求较高。这种温度计的测量范围一般为 400～2000℃，基本测量误差为±1%。

4．红外温度计

红外温度计也是一种辐射温度计。其结构与其他辐射温度计相似，区别是光学系统和光电检测元件接收的是被测物体产生的红外波长段的辐射能。由于光电温度计受物体辐射率的影响比较小，故红外温度计一般也较多采用类似光电温度计的结构。

红外温度计的光电检测元件需用红外检测器。根据温度计中使用的透射和反射镜材料的不同，可透过或反射的红外波长也不同，从而测温范围也不一样，详见表 5-3 中的有关数据。

表 5-3　红外温度计常用光学元件材料及特性

光学元件材料	适用波长/μm	测温范围/℃
光学玻璃、石英	0.76～3.0	≥700
氟化镁、氧化镁	3.0～5.0	100～700
硅、锗	5.0～14.0	≤100

1）HDIR—2A 型红外测温仪（见图 5-37）

① 测温范围：0～1000℃、700～1600℃、900～2000℃。

② 测量精度：±0.5%F · S。

③ 测量功能：瞬时值、平均值、峰值、轧钢。

④ 输出信号：4～20mA 或 0～10mA。

⑤ 数字接口：RS232 串口、标准并行口。

⑥ 使用环境：环温：仪表箱为 0～50℃，红外探头为 0～65℃；相对湿度：≤85%。

⑦ 电源：AC220±15%、50±3Hz。

⑧ 仪器功耗：约 20W。

⑨ 配套设备：可配接记录仪、打印机、大屏幕显示仪。

⑩ 主要特点：该仪表应用了单片微机技术，功能十分完备，通过键盘操作，可方便地设置辐射系数，上、下报警限，时间常数，打印时间间隔，日历（年、月、日、星期、小时、分、秒）等参量，也可方便地选择即时、平均、峰值，以及轧钢等工作状态，所有参量、工作状态停电或关机后，都能记忆，来电或开机后不必重新设置，除以上功能外，本表还增加了校验功能，此功能主要为了方便有红外标定设备的用户，用了一定时间后自己标定校准仪表精度。广泛应用于冶金、机械、陶瓷、玻璃、窑炉、化工、硅酸盐制品、水泥、食品、纺织、纸张等领域。

2）HDIR—3 型便携式红外测温仪（见图 5-38）

① 测温范围：0～1200℃、600～2000℃、700～2500℃。

② 工作温度：0～50℃。

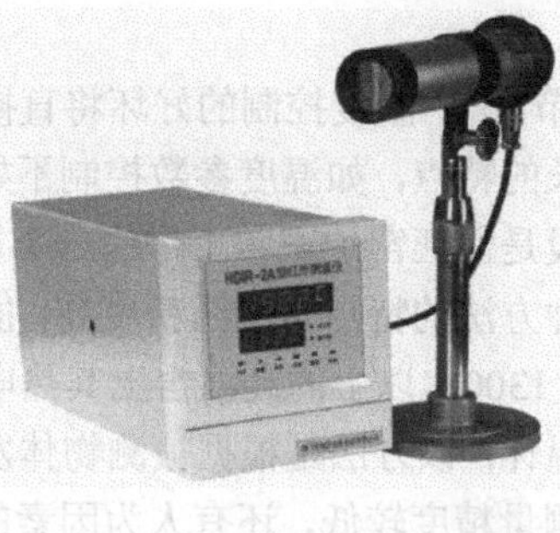

图 5-37　HDIR—2A 型红外测温仪

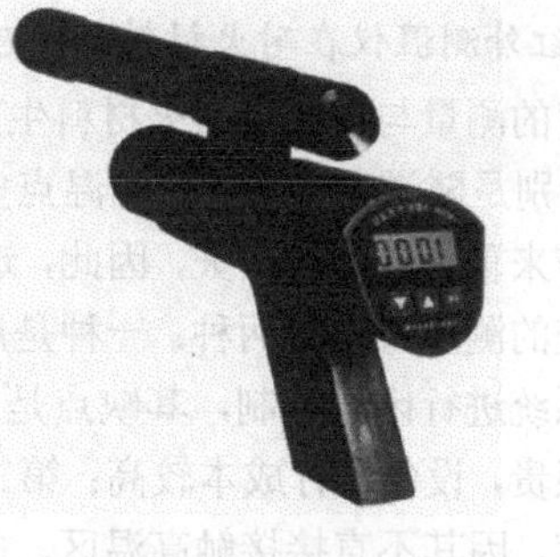

图 5-38　HDIR—3 型红外测温仪

③ 工作波段：0～1200℃为 8～14μm；600～2000℃为 0.4～1.1μm。

④ 测量精度：≤±1.0%F · S。

⑤ 距离系数：0～1200℃为 30 : 1；600～2000℃为 70 : 1。

⑥ 最小目标：ϕ10mm。

⑦ 辐射系数：0.001～1.000。

⑧ 显示方式：4 位液晶显示。

⑨ 测量功能：瞬时值、平均值、峰值、并具有读数保持功能。

⑩ 电源：2#电池 1 节。

⑪ 质量：0.75kg。

⑫ 主要特点：HDIR－3 型红外测温仪是一种便携式非接触温度测量仪表。该仪表具有结构小巧，使用方便的特点，它选用性能稳定可靠的红外探测器件及具有自动环温补偿功能的精密测量放大电路，通过光学系统接收被测目标的红外辐射能量并将之转变成电信号，再经过微处理器处理，由液晶显示器直接将被测目标的温度值显示出来。可广泛应用于金属冶炼、热处理、陶瓷及耐火材料、窑炉等一切需要测温的场合。

5．辐射温度计的应用

1）红外测温仪在轧钢厂的应用

在轧钢过程中，钢坯的轧制温度是关键的工艺参数，钢坯温度控制的好坏，将直接影响产品的质量。在轧钢工艺中，钢坯温度传统的控制方法是用热电偶测量加热炉内温度的办法间接控制。由于热电偶测得的是炉内腔体的温度，而不是钢坯的真实温度，加上炉内状况的变化，其内部的温度分布也存在着一定的离散性，故热电偶测得的温度并不能代表每一根钢坯的实际温度，而钢坯一出炉，温度就通常用肉眼根据其发红的颜色来估计，无法定量地检测出每根钢坯的实际温度。我们根据轧钢的工艺特点，在 HDIR 系列红外测温仪上，专门增设了轧钢测量功能，不但能较正确地测量出每根钢坯的实际温度，还可以对钢坯的根数进行计数。其使用方法如下：

将红外测温探头固定安装在轧机的入口或出口附近，并通过瞄准器对准钢坯的运动轨迹，使其能扫瞄每一根钢坯。当每根钢坯经过红外探头时，仪表将自动对钢坯的表面温度进行快速测量（每 10 毫秒采集一个数据），再经信号处理系统进行处理，整理出最高温度数据作为该根钢坯的实际温度，从而有效地减小钢坯表面氧化皮的影响。在每根钢坯离开时，上排显示窗显示并保持温度值，在下根钢坯到来时清零。下排显示窗显示计数根数（计数范围 0~9999 根）。该仪表连接打印机，即可打印出每根钢坯的温度值、根数序号和时间。该仪表还带有上、下限温度报警信号输出和数字通信接口，可以连接计算机或大屏幕显示仪。使用红外测温仪可以为工艺管理提供有效的依据，为提高产品质量创造条件。

2）红外测温仪在耐火材料厂的应用

温度的测量与控制是耐火材料生产中一个重要的环节，窑炉温度控制的好坏将直接影响产品的质量。特别是隧道窑，它具有测温点多，连续工作时间长的特点，如温度参数控制不好，将会给生产企业带来重大的经济损失，因此，选择合适的测温手段是保证窑炉正常工作的一个重要环节。隧道窑传统的测温方法有两种：一种是用热电偶测温，这种方法的特点是测温精度高，能连接记录仪或控制系统进行闭环控制，其缺点是寿命短，特别是在 1300℃以上的高温窑上其热电偶消耗大，价格也很贵，设备运行成本较高；第二种方法是光学高温计，该方法是根据被测物体发光的颜色来测量温度，因其不直接接触高温区，故使用寿命长，但测量精度较低，还有人为因素的影响，真实性差。应用 HD 系列红外测温仪可以有效地克服以上缺点。该仪表具有较高的测量精度（可达±0.5%），而且既能像热电偶一样输出电信号，进行自动记录和控制，又具有使用寿命长（五年以上）、操作简单、人为误差小等优点。因此，HD 系列红外测温仪是高温隧道窑理想的测温仪表。HD 系列红外测温仪在隧道窑应用中，根据用户使用要求的不同，常用的有单点测温和多点切换测温两种方案。

单点测温系统由于每个测温点都有独立的测温和信号处理系统，其输出的模似和数字信号均为实时的连续信号，响应速度快，能作为控制执行机构的实时控制信号，以实现闭环控制。而多点切换测温系统，其输出的模似信号尽管也是连续的，但与实时温度值存在一定的滞后，故只能用做数据采集记录,而不宜作为控制信号，其优点是性价比较好，在使用要求不太高的场合可以降低设备成本。在其他耐火窑，如倒焰窑和梭式窑等场合的使用中由于测温点较少，故采用单点测温方案的较多。

3）红外测温仪在焦化厂的应用

HDTJ—2A 型红外测温仪，可同时连接三个测温探头，探头分别固定安装在拦焦车上、中、下三个位置，并瞄准接焦槽上的三孔（注：三孔位置在三探头轴线上）。焦饼经过接焦槽时，三个探头分别快速采集焦饼上、中、下三个位置的各点温度数据并存入 IC 卡（每张 IC 卡可存储 5 万多个有效数据），通过 IC 卡将每天测得的温度数据送到计算机，再由数据处理软件处理分析，确定焦饼温度分布情况，同时也可间接了解炉墙的温度分布情况，从而了解焦炉各立火道的燃烧状况和焦炉的工作情况，为工艺管理提供有效数据。

HDIR—3C 型便携式红外测温仪是专为焦炉直行温度测量而设计的专用仪表，除有测量精度高，响应速度快等特点，还增加了数据存储功能（可存储 2000 个温度数据）连接计算机通信接口和数据处理平台，就可对所得数据进行处理，自动统计，计算出机侧和焦侧的各项工艺参数，并根据要求自动生成打印出记录报表。

该仪表采用了双排 12 位液晶显示器，可以同屏显示测温状态，数据序号和温度值，并能手动查询或删除所存数据，操作方便。

练 习 题

1．温标的三要素是什么？目前常用的温标有哪几种？它们之间有什么关系？

2．测温仪表有哪些分类方式？

3．膨胀式测温仪表基本测量原理是什么？主要有哪几种形式？

4．玻璃管液体温度计有什么特点？工业用玻璃液体温度计采用金属护套时，如何提高传热速度，降低传温滞后？

5．双金属片测温原理是什么？写出一般工业用双金属温度计的性能。

6．简述压力式温度计的结构原理，三种类型的压力式温度计各有什么优缺点。

7．热电偶测温原理是什么？热电偶回路产生热电势的必要条件是什么？

8．热电偶的基本特性有哪些？工业上常用的测温热电偶有哪几种？

9．热电偶测温时为什么要进行冷端温度补偿？其冷端温度补偿方法常采用哪几种？

10．用分度号为 K 的镍铬—镍硅热电偶测量温度，在无冷端温度补偿的情况下，显示仪表指示值为 500℃，此时冷端温度为 60℃。试问：实际温度是多少？如果热端温度不变，设法使冷端温度保持在 20℃，此时显示仪表指示值应为多少？

11．已知分度号为 S 的热电偶，冷端温度为 20℃，现测得热电势为 10.754mV，试求热端温度为多少度？

12．已知分度号为 K 的热电偶，热端温度为 800℃，冷端温度为 25℃，试求回路产生的总热电势为多少毫伏？

13．试述热电阻测温原理？常用热电阻有哪几种？它们的分度号和 R_0 各为多少？

14．绘图说明热电阻测温电桥电路三线制接法如何减小环境温度变化对测温的影响？

15．一支分度号为 Cu100 的热电阻，在 130℃时它的电阻 R_t 是多少？

16．在用热电偶和热电阻测量温度时，若出现如下几种情况，仪表的指示如何变化？

① 当热电偶短路、断路或极性接反时，与之配套的仪表指针各指向哪里？

② 当热电阻短路或断路时，与之配套的动圈仪表指针各指向哪里？

③ 若热电偶热端为 500℃，冷端为 25℃，仪表机械零点为 0℃，无冷端温度补偿。该仪表的指示将高于还是低于 500℃？

④ 用热电阻测温时，若不采用三线制接法，而连接热电阻的导线因环境温度升高而电阻增加时，其指示值偏高还是偏低？

17．用手动电位差计测得某热电偶的热电势为 E，从相应毫伏—温度对照表中查出其所对应的温度为 110℃（当冷端为 0℃时），此时热电偶冷端所处的温度为−5℃，试问：若该热电偶毫伏—温度关系是线性的，被测实际温度是多少度？为什么？

18．辐射测温方法的特点是什么？目前常采用的辐射式测温仪有哪几种？

实训课题一 热电偶、热电阻的认识、选型和安装

1．课题名称

热电偶和热电阻的认识、选型和安装。

2．训练目的

（1）认识常用热电偶和热电阻的外形和结构。

（2）了解热电偶和热电阻的选型方法。

（3）掌握热电偶和热电阻的安装和使用方法。

3．实验设备

（1）常用热电偶。

（2）常用热电阻。

（3）安装工具。

（4）直流电位差计。

4．实训内容

（1）热电偶和热电阻外形识别。

将实训室中的热电偶和热电阻让学生识别。

（2）热电偶和热电阻的选型。

让学生按照选型方法，根据教师提出的控制要求，选择合适的热电阻和热电偶。

被测量对象的温度范围在200℃以上的选用热电偶；在200℃以下的选用热电阻。

热电阻的可选型号主要有有 Pt100 型、Pt1000 型、Cu50 型，装配式热电阻温度传感器与显示仪表配套，测量-200～600℃范围内的液体、气体介质及固体表面等的温度，广泛用于石油、化工、机械、冶金、电力、轻纺、食品、原子能、宇航等工业部门和科技领域。

（3）热电偶与热电阻的安装。

① 首先应测量好热电偶和热电阻螺牙的尺寸，车好螺牙座。

② 要根据螺牙座的直径，在需要测量的管道上开孔。

③ 把螺牙座插入已开好孔内，把螺牙座与被测量的管道焊接好。

④ 把热电偶或热电阻旋进已焊接好的螺牙座。

⑤ 按照接线图将热电偶或热电阻的接线盒接好线，并与表盘上相对应的显示仪表连接。注意接线盒不可与被测介质管道的管壁相接触，保证接线盒内的温度不超过 0～100℃范围接线盒的出线孔应朝下安装，以防因密封不良，水汽灰尘等沉积造成接线端子短路。

⑥ 热电偶或热电阻安装的位置，应考虑检修和维护方便。

实训课题二　热电偶、热电阻一体化温度变送器的校验

1．课题名称

一体化热电偶/热电阻温度变送器校验。

2．训练目的

为使温度测量满足一定的精确度，仪表使用前应对仪表的基本性能进行定期校验，以确定其误差和性能。

3．实验设备

（1）电阻箱、直流电位差计。

（2）五位数字电压表。

（3）0～30V 直流可变电源。

（4）0.1 级电流表。

（5）250Ω±0.01%精密线绕电阻。

4．实验原理

用标准电阻箱代替不同温度下的热电阻值、用手动电位差计输出标准电势代替热电势，作为变送器输入，以检查变送器输出。通过调节零点电位器、量程电位器使变送器的输出满足要求，再按温度变送器流量程的 0%、25%、50%、75%、100%五处检验点校验，以便确定其性能。

5. 训练步骤

1）校验接线

按校验接线图接好线，检查正确后通电预热 10min 后，就可进行校验。数字电压表和标准电流表选用其中之一。

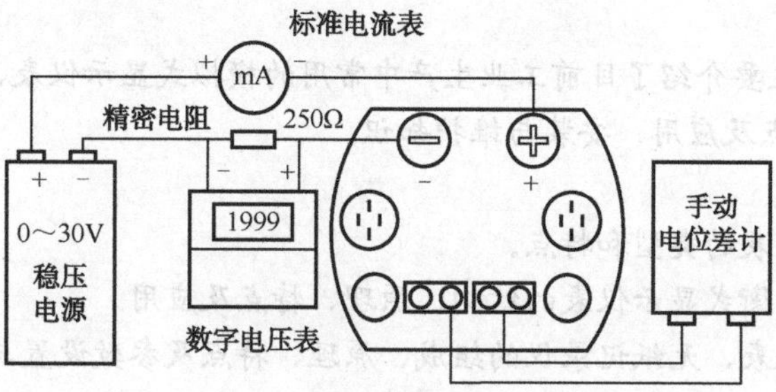

图 5-39 热电偶温度变送器校验接线图

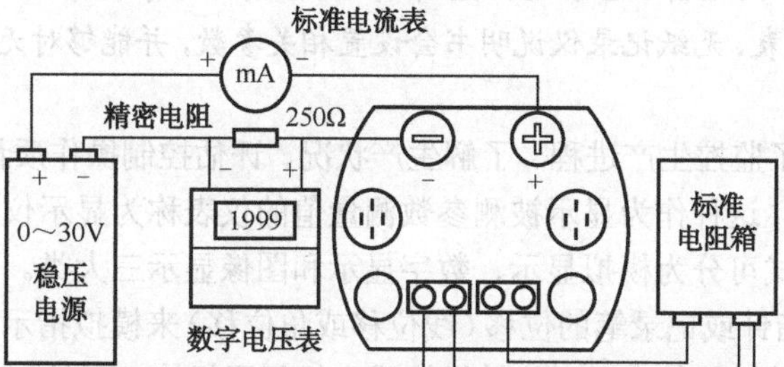

图 5-40 热电阻温度变送器校验接线图

2）热电偶变送器校验

① 查热电偶所对应分度的分度表，列出温度—毫伏对照表，用精密玻璃温度计测量环境温度，并查出对应毫伏值 $E_{AB}(T_0,0)$。将变送器量程上限温度按 0%、25%、50%、75%、100%分为五挡。查热电势分度表，减去环境温度对应毫伏值，得到各校验温度下的输入毫伏值 $E_{AB}(T_n,T_0)$。

② 输入零点信号（0mV），调节零点电位器使输出为 1.000±0.020V。输入满度信号，调节量程电位器使输出为 5.000±0.020V。反复调节零点、量程电位器使输出均满足要求。

③ 分别输入 0%、25%、50%、75%、100%，测量输出电压应分别为 1.000、2.000、3.000、4.000、5.000±0.020V。

3）热电阻变送器校验

① 查热电阻的分度表，将变送器量程上限温度按 0%、25%、50%、75%、100%分为五挡，查出各校验点温度下的输入电阻值 R_{tn}。

② 输入零点电阻 R_{t0}，调节零点电位器使输出为 1.000±0.004V。输入满度信号，调节量程电位器使输出为 5.000±0.004V。反复调节零点、量程电位器使输出均满足要求。

③ 分别输入 0%、25%、50%、75%、100%；测量输出电压应分别为 1.000、2.000、3.000、4.000、5.000±0.004V。

第6章 显示仪表

【学习目标】本章主要介绍了目前工业生产中常用的模拟式显示仪表、数字式显示仪表和无纸记录仪的结构原理、特点及应用、安装与维护知识。

知识目标

① 了解常用显示仪表的类型和特点。

② 掌握电子自动平衡式显示仪表的结构、原理、特点及应用。

③ 掌握数字显示仪表、无纸记录仪的组成、原理、特点及参数设置与组态。

技能目标

① 学会电子自动平衡电桥、电子电位差计的结构、原理，学会常见故障的判断及一般处理。

② 根据数字显示仪表、无纸记录仪说明书会设置相关参数，并能够对无纸记录仪进行组态设置。

在工业生产中，为了监控生产进程、了解生产状况、评估控制操作质量，常常需要指示、记录生产过程中的被测参数。这种作为显示被测参数测量值的仪表称为显示仪表。

显示仪表按显示方式可分为模拟显示、数字显示和图像显示三大类。

模拟显示仪表，以指针或记录笔的位移（线位移或角位移）来模拟指示被测参数的大小及变化。这类仪表一般使用机械传动机构、磁电偏转机构或电机伺服机构，因此，反应速度较慢，来回变差难以避免，读数容易造成多值性。但模拟显示仪表工作可靠，又能反映出被测参数的变化趋势，因此，目前工业生产中仍有大量的应用。由于磁电式模拟显示仪表，如动圈显示仪表目前逐渐被淘汰，因此本章不再介绍，只介绍自动平衡式显示仪表。

数字显示仪表，是直接以数字形式显示被测参数值的仪表，具有反应速度快、精度高、读数直观、便于进行打印记录，方便和计算机通信等特点。因此这类仪表得到了迅速的发展，在工业生产中被广泛应用。

无纸记录仪等图像显示仪表，直接把工艺参数的变化量，以文字、数字、符号和图像的形式在屏幕上进行显示。图像显示仪表是随着电子计算机的推广应用而迅速发展起来的一种新型显示设备。图像显示实质上是属于数字式显示方式，但可以模拟指针、记录笔显示，具有模拟式与数字式显示仪表两种功能，并具有存储、记忆能力，是现代自动测控系统不可缺少的终端设备。

6.1 自动平衡式显示仪表

自动平衡式显示仪表是一种精度和灵敏度都较高的模拟式显示仪表。常用的自动平衡式显示仪表有电子电位差计和电子自动平衡电桥两大类，主要用于电势和电阻信号的测量，与其他各种传感器或变送器配套，可用于显示、记录各种参数。如与电量变送器配套后，可测量电压、电流、功率、频率等，与热电偶、热电阻或其他温度、压力、流量、物位、分析仪表配合，能显示、记录相应的参数。有的还附加一些积算、报警、程序控制和调节功能，已形成完整的系列，可广泛应用于冶金、石油、化工等工业生产和科研领域。

6.1.1　电子电位差计原理

采用电压表、动圈仪表等磁电式仪表测量热电势等弱电势信号时，测量回路需形成相应的电流。受热电偶内阻和回路导线电阻的影响，其测量结果精度不高。电子自动电位差计是根据电压平衡的原理进行工作的，测量时用已知电势与热电势平衡，测量回路电流为零，可有效克服回路电阻压降带来的误差，测量精度大大提高。

1．电位差计原理

最简单的电位差计原理图如图 6-1 所示。图 6-1 中，R_p 为锰铜线绕制的线性度很高的滑线电阻，由电源 E 供电，流过它的电流 I 可通过调节电位器 R_J 调整在规定值上。所以滑线电阻 R_p 上的电压与滑点位置一一对应，被当做已知标准电压。当需测量未知电势 E_X 时，将 E_X 接入滑线电阻 R_p 滑动触点两端，测量回路中串接一个灵敏度非常高的检流计 G，以检验回路电流。移动滑点 B，当检流计 G 指零时，E_x 与滑线电阻 R_p 上 A、B 间的已知电压 IR_{BA} 相平衡。此时，$E_x=IR_{BA}$，E_x 的大小可直接由滑点位置 B 指示出来。

当电位差计上电势完全达到平衡时，在检流计 G 中无电流流过。配合热电偶测温时，连接导线和热电偶自身的电阻变化对测量结果的影响就不存在了。故电位差计测量的精度较高，因为它仅取决于测量电路中 R_p 和 I 的精度。

为了确保工作电流 I 的恒定，手动电位差计使用标准电池来校准，如图 6-2 所示。将图 6-2 中开关拨到“1”位置时，调节电阻 R_J，使流过检流计的电流 $Ig=0$。使电流 I 在 R_G 上的压降 IR_G 与标准电池的电动势 E_S 相平衡，即 $IR_G=E_S$。由于标准电池的电动势恒定，因此 $I = E_S / R_G$ 为一常数。工作电流校验完毕，即可将开关拨向“2”位置，进行热电势的测量。

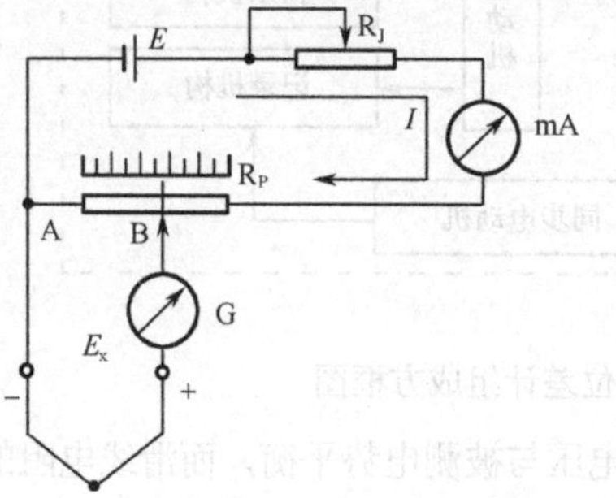

图 6-1　最简单的电位差计原理图

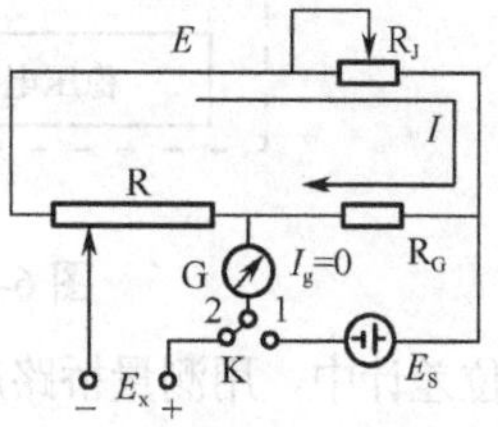

图 6-2　手动电位差计原理线路图

UJ36 型便携式直流电位差计就是用标准电池标定工作电流的，其面板布置如图 6-3 所示。这种电位差计适用于直接测量热电偶电势，或用来校验动圈表，也可用做标准毫伏发生器对电子电位差计进行刻度校验或分度，精度为 0.1 级。

测量线路中的第一测量盘是滑盘，由 3.5Ω 滑线电阻组成，可产生 14mV 电压，其最小分辨力为 50μV；第二测量盘是步进盘，由八只 2Ω 电阻及一只 10Ω 电阻组合而成，可产生 90mV 电压，分九挡，每挡 10mV。

仪器使用时，将开关 S 指向“测量”，将电键 K 扳向“标准”，首先校准工作电流，调整 R_c 使检流计指零，表示工作电流已校准好。然后接入未知电势到“+”、“−”端子，把电键 K 扳向“未知”，转动第一、二测量盘，使检流计指零，从测量盘上的示数可读出未知电势的大小。

当仪器用做标准毫伏发生器时，开关 S 指向“输出”，再把电键 K 扳向“标准”，同样先校准工作电流，再将电键扳向“未知”，改变测量盘的数值，就可由“未知”端子输出所需的电压数值。

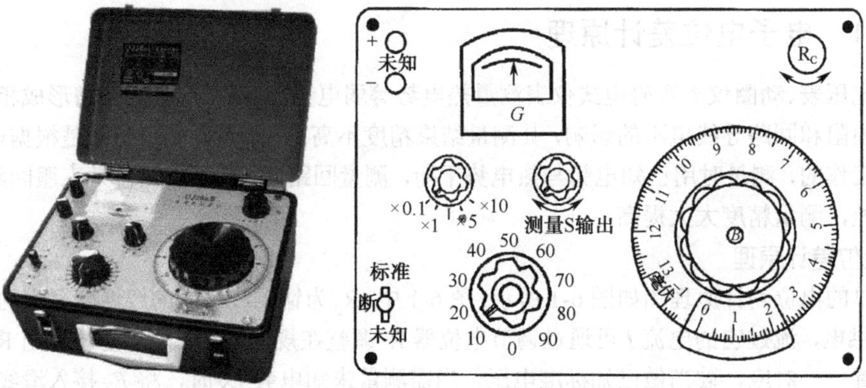

图 6-3　UJ36 型电位差计及面板

2. 电子电位差计原理

手动电位差计仅用于实验室或现场校验，但它不能进行连续测量和自动记录。电子电位差计是利用测量电桥、电子放大器和电动机构自动平衡待测的电势，属于自动电位差计。

电子电位差计主要由测量桥路、放大器、可逆电机、指示记录机构，以及滤波单元、稳压电源、调节机构等组成，其原理方框图如图 6-4 所示。

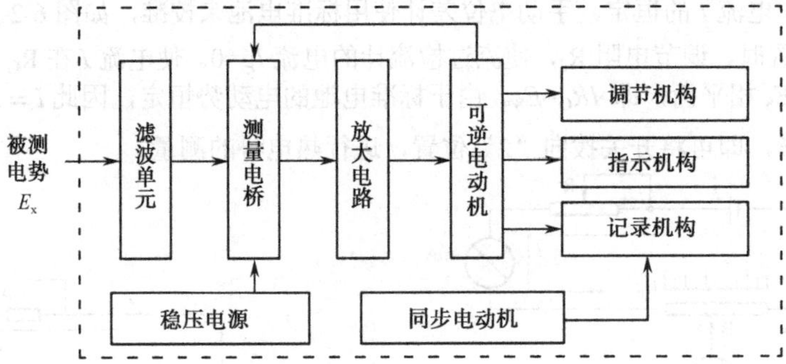

图 6-4　电子自动电位差计组成方框图

在电子电位差计中，用测量桥路产生的不平衡电压与被测电势平衡，而滑线电阻的滑动触点由可逆电动机通过一套传动机构来带动，用高灵敏度的放大器代替检流计。其测量原理图如图 6-5 所示。

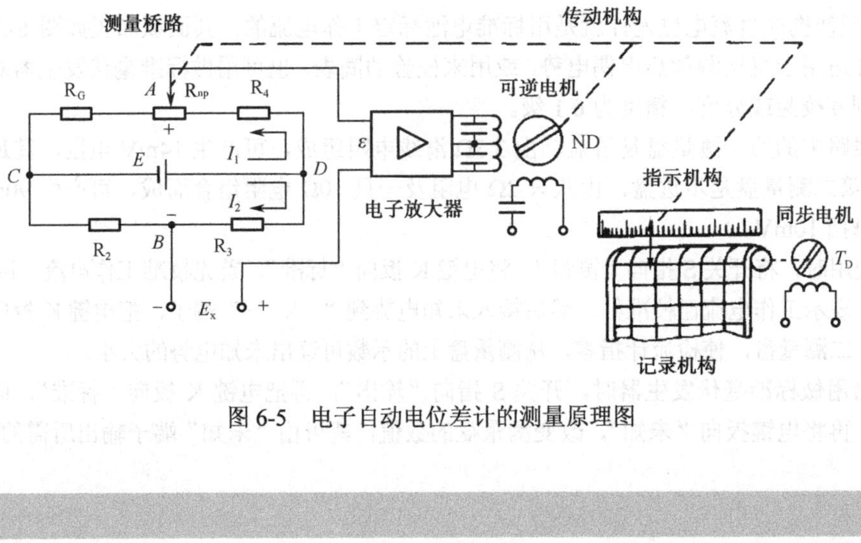

图 6-5　电子自动电位差计的测量原理图

被测电势 E_t 与测量桥路产生的不平衡电压 U_{AB} 相比较，其电压差值 $\varepsilon = U_{AB} - E_t$ 送到电子放大器放大，驱动可逆电动机正转或反转。可逆电动机通过传动机构带动滑线电阻 R_{np} 上的滑动触点，改变滑动触点的位置，直至测量桥路产生的电压 U_{AB} 与被测电势 E_t 平衡为止。而与滑动触点相连接的指示、记录机构也沿着标尺移动，指出相应的电势数值。

可逆电机的正转或反转，决定于电压差值 ε 的相位。当 $\varepsilon = U_{AB} - E_t > 0$（指示值大于实际值）时，可逆电机的正转，通过传动机构带动滑动触点 A 左移，桥路输出电压 U_{AB} 减小，$\varepsilon = U_{AB} - E_t$ 减小，直至 $\varepsilon = U_{AB} - E_t = 0$，测量桥路产生的电压 U_{AB} 与被测电势 E_t 平衡为止。反之，当 $\varepsilon = U_{AB} - E_t < 0$（指示值小于实际值）时，可逆电机的反转，使滑点 A 右移，指示数值增加，实现了自动平衡、自动指示的目的。这就是电子自动电位差计的基本工作原理。

3. 电子电位差计的测量桥路

测量电路的设计考虑了测量信号的范围和信号多样性（如毫伏信号、毫安信号、热电势信号等），测量电路采用桥路结构，由上、下两个支路组成，如图 6-5 所示。

我们把电阻 R_2 和 R_3 所组成的回路称为下支路，R_G、R_{np}、R_4 所构成的回路称为上支路。一般流过上支路的工作电流 I_1 规定为 4mA。流过下支路的电流 I_2 规定为 2mA。整个桥路的工作电流为 6mA。测量桥路由稳压整流电源供给 1V 的工作电压。

桥路内部电压为

$U_{AB} = U_{AC} - U_{BC}$，当 $U_{AB} = E_X$ 时，仪表达到平衡，仪表测量下限为

$$E_{x\min} = U_{AB\min} = I_1 R_G - I_2 R_2 \tag{6-1}$$

仪表测量上限为

$$E_{x\max} = U_{AB\max} = I_1 (R_G + R_{np}) - I_2 R_2 \tag{6-2}$$

则仪表电量程为

$$\Delta E_N = E_{x\max} - E_{x\min} = I_1 R_{np} \tag{6-3}$$

$R_{np} = R_p // R_B // R_M$ 是 R_p、R_B、R_M 三个并联电阻的等效电阻。

可见，只要改变测量桥路有关电阻值，就能得到各种不同的测量范围。合理选择 R_G 和 R_2 可实现始点为零或为正、为负的某一值；改变电阻 R_{np} 的值，可以改变仪表的量程。

1）配毫伏、毫安输入的电子电位差计测量桥路

如图 6-6 所示，其中虚线表示用来测量毫安信号时，要用并联电阻 R_1 将被测电流 I 转化为毫伏电压输入，而直接测量毫伏信号时，不用接电阻 R_1。在配接电动Ⅲ仪表时，通过 1Ω或 5Ω的 R_1 将 4～20mA 电流转换为 4～20mV 或 20～100mV 的毫伏输入。以下分别说明桥路中各电阻的作用及取值。

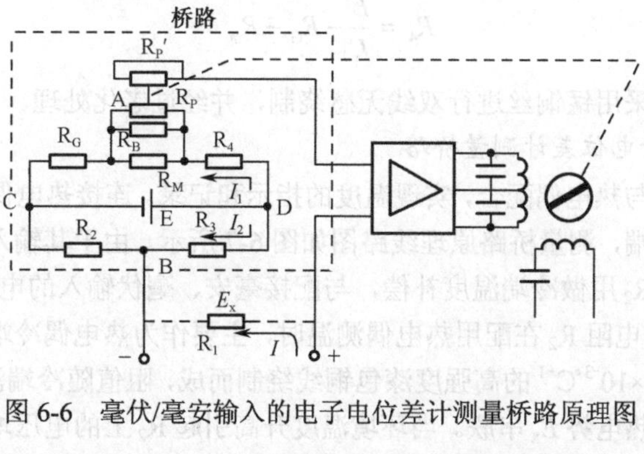

图 6-6　毫伏/毫安输入的电子电位差计测量桥路原理图

① 下支路电阻 R_2 和 R_3。构成下支路，保证下支路电流为 2mA。R_2 影响内部电压的大小。一旦 R_2 确定后由下式可以方便地求取出 R_3 的值。

$$R_2 + R_3 = E/I_2 \tag{6-4}$$

② 滑线电阻 R_P 及 R'_P。R_P 是测量桥路中一个很重要的元件，它对仪表的精度、灵敏度、线性度和运行的平滑性等方面都有很高的要求，尤其是滑线电阻的线性度，在 0.5 级的仪表中，非线性误差需控制在 0.2%以内。

R'_P 为附加滑线电阻，它与滑线电阻 R_P 平行布置。由图 6-6 可知，此电阻实际上是短接的，它只是起着引出导线的作用。当用滚子做滑触点时，R'_P 与 R_P 并排布置，形成导轨便于滑点滚动。此外，R'_P 和 R_P 完全相同，有利于抵消与滑点的接触电势。

由于工艺上的原因，R_P 很难绕得十分精确，其数值也不便增减。为此，并联一个称为工艺电阻的 R_B，使并联后的总阻值为 90Ω。R_P 不准时通过修改 R_B 调整，便于统一规格和成批生产。

③ 量程电阻 R_M。R_M 是决定仪表电量程大小的电阻，其大小由仪表测量范围决定。电阻 R_M 与滑线电阻并联，R_M 越大，从上支路回路工作电流 I_1 中所分流出的电流越小，仪表的量程就越大。这样，就可以非常方便地制作不同量程的仪表。为了便于仪表量程的微调，R_M 是由 R'_M 与 r_M 串联而成的，只要调整 r_M 的阻值，即可方便地微调仪表量程。

根据输入测量信号的量程范围可以计算量程电阻 R_M。在实际仪表中，为防止滑动触点在始端和终端时滑到滑线电阻的外面，两端总留有一段剩余电阻，用 λR_P 表示，一般 λ=0.05。

比较图 6-5、图 6-6 可知：$R_{np} = R_p // R_B // R_M$，实际电量程 $\Delta E_n = I_1(1-2\lambda)R_{np}$，所以

$$R_{np} = \frac{\Delta E_n}{(1-2\lambda)I_1} \tag{6-5}$$

$$R_M = \frac{90R_{np}}{90 - R_{np}} \tag{6-6}$$

④ 起始电阻 R_G。R_G 是决定仪表起始刻度值（量程下限）的电阻。前已分析，R_G 越大，仪表的起始值也越大。一般在桥路中，起始值电阻 R_G 是由 R'_G 和 r_G 两部分串联而成的。r_G 可做微调，这样既便于调整，又能降低对电阻 R'_G 的精度要求。

根据电压平衡关系，考虑剩余电阻的影响，得

$$R_G = \frac{E_{xmin} + I_2R_2}{I_1} \lambda R_{np} \tag{6-7}$$

⑤上支路限流电阻 R_4。R_4 与 R_{np}、R_G 串联，使上支路回路的电流为 4mA。所以，当 R_{np} 和 R_G 的数值确定之后，R_4 的数值就被确定了。

$$R_4 = \frac{E}{I_1} - R_G - R_{np} \tag{6-8}$$

上述各桥路电阻均采用锰铜丝进行双线无感绕制，并经过老化处理。

2）配热电偶的电子电位差计测量桥路

电子电位差计可以与热电偶配合，实现温度的指示和记录。连接热电偶的补偿导线可以直接连接到电子电位差计输入端，测量桥路原理线路图如图 6-7 所示。由于其输入是热电偶的热电势，存在冷端温度补偿问题，R_2 用做冷端温度补偿，与配接毫安、毫伏输入的电子电位差计不同。

① R_2 的确定。桥臂电阻 R_2 在配用热电偶测温时，主要作为热电偶冷端温度补偿电阻使用。R_2 用电阻温度系数 α=4.25×10^{-3}℃$^{-1}$ 的高强度漆包铜线绕制而成，阻值随冷端温度（即 R_2 处环境温度）变化。其上电压 I_2R_2 与热电势 E_x 串联。当环境温度升高引起 R_2 上的电压增加量，正好等于冷端温

度变化造成的热电势减小量时，就可达到冷端温度自动补偿的目的。

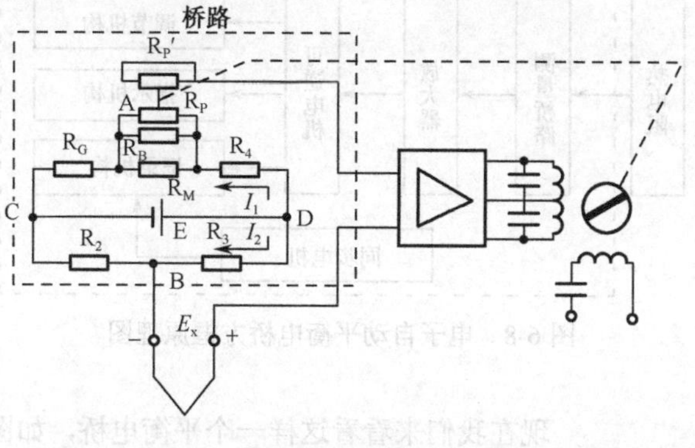

图 6-7 配热电偶的电子电位差计测量桥路原理

例如，电位差计配用镍铬—镍硅热电偶。若被测温度不变，而冷端温度从 0℃升高到 25℃时，热电势将降低 1mV。由于铜电阻 R_2 和热电偶冷端处于相同温度，R_2 的电阻值将增大$\Delta R_2=0.5\Omega$。所以 R_2 上的电压会增加$\Delta U_{BC}=\Delta R_2 I_2=0.5\times2=1mV$，正好与热电偶的热电势相补偿。这样，就起到了热电偶冷端温度自动补偿的作用。

仪表设计时，选定仪表标准工作环境温度为 t_0=25℃。如果考虑环境温度在 5～55℃范围内变化，能够完全补偿时，t_0=25℃下 R_2 的值可由下式求出，即

$$R_2^{t_0}=\frac{\eta E}{(1+\eta)I_2} \tag{6-9}$$

$$\eta=\frac{E_x(55,5)}{212.5-2.0425E_x(55,5)} \tag{6-10}$$

式中 $E_x(55,5)$——为所配热电偶的热电势。

电阻 R_3 是一个线绕固定电阻，它与 R_2 配合起限流作用。但是由于铜电阻 R_2 的阻值随温度而变化，所以，下支路回路的工作电流实际上并不恒为 2mA，只是 $R_2 \ll R_3$，由 R_2 所引起的下支路电流变化甚微，可以忽略不计。

② R_G 的确定。R_G 应保证在标准工作环境温度 t_0 下，测量桥路提供的不平衡电压 U_{AB} 与热电偶热电势下限值相等，即

$$R_G=\frac{E_x(t_{1\min},t_0)+I_2R_2^{t_0}}{I_1}-\lambda R_{np} \tag{6-11}$$

其他电阻的设计与毫伏、毫安输入型电子电位差计相同，此处不再重复介绍。

6.1.2 电子自动平衡电桥原理

电子自动平衡电桥可与热电阻配套来测量温度。若与其他变送器相配，也可用来测量和记录其他参数。电子自动平衡电桥由测量桥路、放大器、可逆电机、指示记录机构等主要部分组成，其方框原理如图 6-8 所示。

电子自动平衡电桥与电子电位差计相比，除测量桥路外，其他组成部分几乎完全相同，甚至整个仪表外壳、内部结构，以及大部分零部件都是通用的。因此在工业上通常把电子电位差计和电子平衡电桥统称为自动平衡显示仪表。下面仅就测量桥路的工做原理做一简单的介绍。

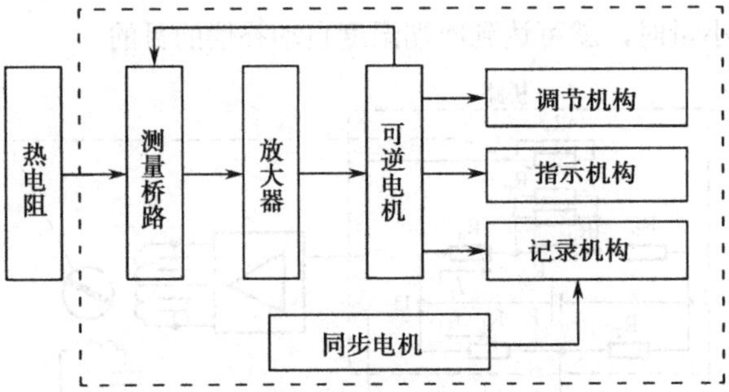

图 6-8　电子自动平衡电桥方框原理图

1. 平衡电桥原理

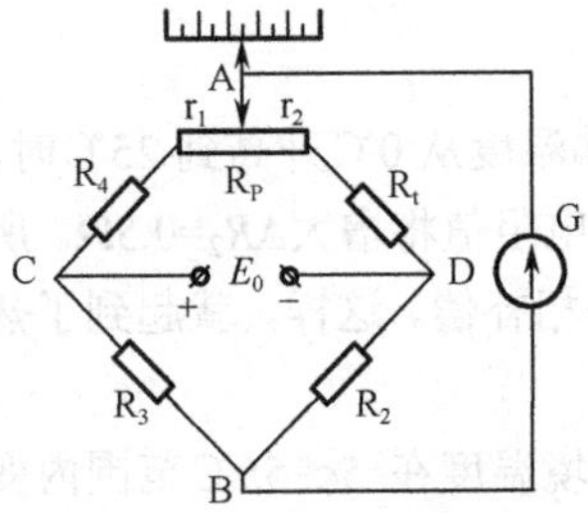

图 6-9　平衡电桥测温原理

现在我们来看看这样一个平衡电桥，如图 6-9 所示。图 6-9 中 R_t 为热电阻，它与 R_2、R_3、R_4、R_p 组成一个电桥，电源电压为 E_0。G 为检测电桥平衡的检流计。R_p 是滑线电阻，滑点 A 将 R_p 分成 r_1、r_2 两部分，分别置于电桥 AC、AD 两个桥臂。在被测温度发生变化、热电阻变化时，通过改变滑线电阻 R_p 滑点的位置，维持电桥平衡。滑点的位置反映热电阻 R_t，即被测温度的大小。

当被测温度在量程下限时，R_t 有最小值 R_{t0}，滑动触点应在 R_p 的左端使电桥平衡，满足

$$R_3(R_{t_0}+R_P)=R_2R_4 \tag{6-12}$$

当温度升高后，维持电桥平衡的条件为

$$R_3(R_{t_0}+\Delta R_t+R_P-r_1)=R_2(R_4+r_1) \tag{6-13}$$

式中　ΔR_t——与温度升高相对应的电阻变化量。

将式（6-13）减去式（6-12）得

$$\Delta R_t R_3-r_1R_3=R_2r_1 \tag{6-14}$$

所以

$$r_1=\frac{R_3}{R_2+R_3}\Delta R_t \tag{6-15}$$

由式（6-15）可知，滑动触点 A 的位移量与热电阻的变化量成线性关系。这样，在测温范围内，当电桥达到平衡时，对任意一个热电阻 R_t 值，就有相应的滑点位置相对应。若在各滑点的相应位置上标以温度，就可指示出对应的被测温度。

如果将图 6-9 中检流计换成电子放大器，将电桥输出的不平衡电压放大，控制可逆电机正反转动，经机械传动机构去带动滑动触点 A 移动，实现电桥的自动平衡，这样就构成了自动平衡电桥，如图 6-10 所示。

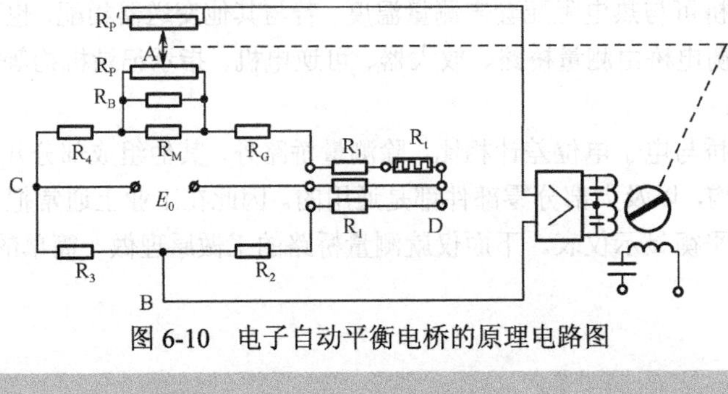

图 6-10　电子自动平衡电桥的原理电路图

2. 电子自动平衡电桥原理

电子自动平衡电桥和电子电位差计相似。桥路由滑线电阻 R_p、R_p'、工艺电阻 R_B、量程电阻 R_M、起始电阻 R_G 及下支路电阻 R_2、R_3 组成。$R_p//R_B=90\Omega$。桥路中 R_1 为连接热电阻的引线电阻。为保证电桥平衡条件，规定每根引线的电阻为 2.5Ω，若引线电阻不足 2.5Ω，应串联锰铜丝电阻补足。为减小环境温度造成的测量误差，热电阻采用了三线制。

由图 6-10 可知，当被测度升高时，R_t 阻值增大，桥路失去平衡，其不平衡电压 U_{AB} 引入电子放大器进行放大，推动可逆电机转动，带着滑线电阻上的滑动触点移动，以改变上支路两个桥臂电阻的阻值，最后使电桥达到新的平衡状态。与此同时，固定在滑动触点 A 上的指针、记录笔同步移动，指示、记录出相应的温度值。

桥路上、下支路的电流都是 3mA，桥路总工作电流为 6mA。桥路电源为 1V 直流电压（XQ 系列仪表）或 6.3V 交流电压（XD 系列仪表）。当用交流电做桥路电源时，在电源回路中需串入电阻用于限流，以保证流过热电阻的电流不超过允许值。

6.1.3　电子放大器

在自动平衡式显示仪表中，电子放大器起到了检测平衡状态的作用。当被测信号（热电势、热电阻）发生变化时，仪表系统失去平衡，测量电路输出一个微弱的偏差信号（通常为数十微伏）给放大器。经放大器放大至足够的功率，从而驱动可逆电动机正转或反转，改变滑线电阻，使测量系统达到新的平衡。所以放大器与整个仪表的性能有着密切的关系。

目前，全国统一设计的自动平衡式显示仪表中普遍应用 JF—12 型晶体管放大器。

1. JF—12 型放大器的组成

JF—12 型晶体管放大器组成方框图如图 6-11 所示，由变流器、输入变压器、电压放大级、功率放大级，以及电源变压器等部分组成。

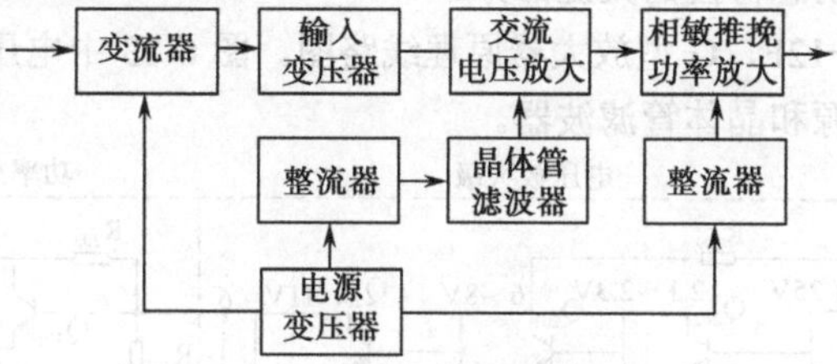

图 6-11　放大器组成方框图

从测量桥路来的不平衡电压是非常微弱的直流电压，如采用直接偶合直流放大器放大，受环境温度及零点漂移的影响很大，并且难于补偿。而采用交流放大器可以通过电容耦合隔直，可以较简单地获得很高的增益和稳定的性能。JF—12 型晶体管放大器采用调制放大的方法，通过变流器将微弱直流信号变换成交流信号，再经过交流电压放大与功率放大，得到足够的功率去驱动可逆电机正反转动。下面简要介绍各部分的作用及原理。

2. 变流器与输入调制

变流器又称调制器、斩波器。在自动平衡式显示仪表中普遍采用振动变流器和场效应管变流器。振动变流器无温度漂移、稳定性高、噪声低，但寿命较短，应用仍较普遍。

振动变流器的工作原理如图 6-12 所示。主要由永久磁铁 1、激磁线圈 2、簧片 3、动触点 4、静触点 5 组成。当激磁线圈通以 50Hz 的交流电后，簧片 3 端部的衔铁被磁化，和永久磁铁相互作用而使得簧片以 50Hz 的频率上下振动。于是簧片上的动触点 4 便轮流地与上、下静触点 5 接通或断开，使直流输入信号交替地从上而下或从下而上地通过输入变压器的初级线圈，从而在输入变压器的次级线圈上得到一交变的方波输出。

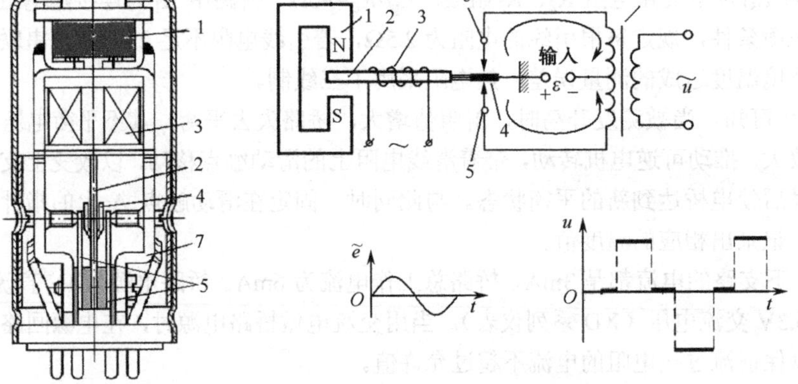

（a）结构　　　　（b）原理

1—永久磁铁；2—激磁线圈；3—簧片；4—动触点；5—静触点；6—输入变压器；7—支架

图 6-12　振动变流器的工作原理图

输入变压器的作用，一是与变流器配合，把输入直流信号变成交流信号；二是使放大器与测量桥路隔离，防止干扰。

由于输入变压器的初级电流很小，为了得到较高的电感量，铁芯材料采用导磁率很高的坡莫合金。铁芯采用“口”形结构，以及双层坡莫合金屏蔽罩，以抵消外界杂散磁场干扰影响。

3．电压放大级

电压放大级的主要作用是将微弱的交流信号放大，使其足以推动功率放大级。电压放大级是决定放大器增益、稳定性及动态特性的关键部分。

如图 6-13 所示为 JF—12F、G 型放大器原理线路图。图 6-13 中电压放大级，除包括四级电压放大级外，还包括整流电源和晶体管滤波器。

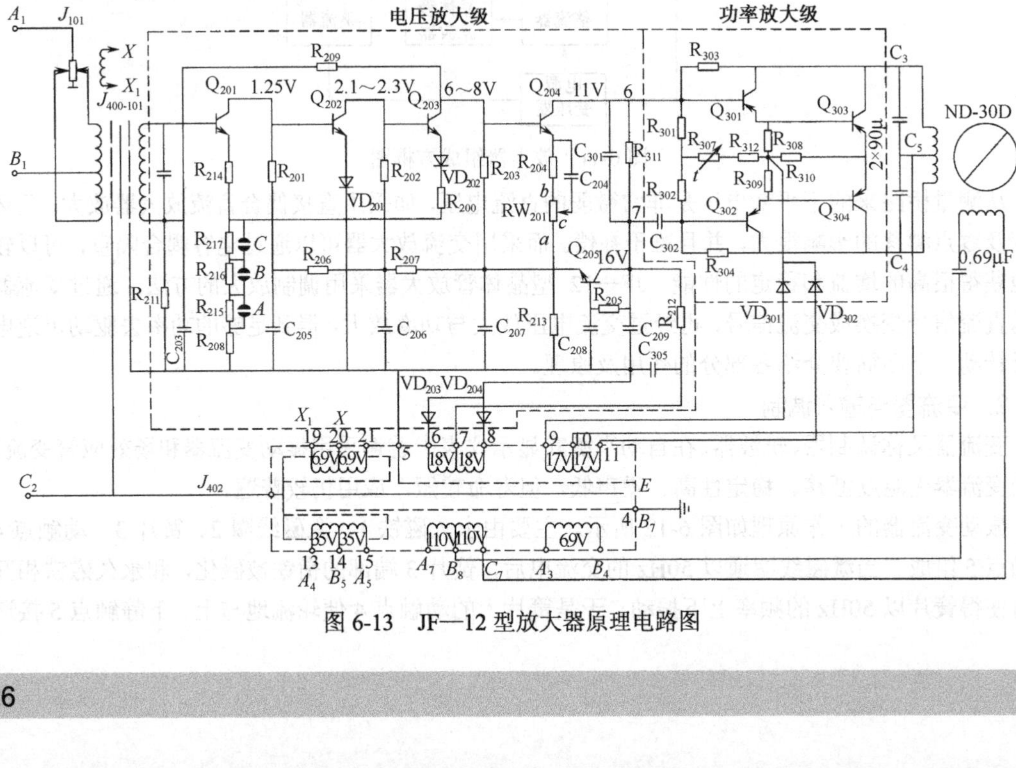

图 6-13　JF—12 型放大器原理电路图

电压放大级是由三极管 $Q_{201\sim204}$ 组成的四级直接耦合放大器组成。它的工作电压由 Q_{205} 和 RC 组成的晶体管滤波电路供给。

在晶体管 Q_{202}、Q_{203} 的射极上串联二极管 VD_{201}、VD_{202} 有利于工作点的稳定。由 Q_{203} 集电极通过电阻 R_{209} 引出大环直流深度负反馈，保证了电压放大级有足够稳定的工作点。

电压放大级采用直接耦合放大电路，是因为相移小，有条件采用深度负反馈。放大器工作频率（50Hz）低，直接耦合效率高。

电压放大级的电压增益，在前三级由于引入了交流负反馈，晶体管 β 值对电压增益影响较小，而近似与电流负反馈电阻 $R_{215\sim218}$ 的值成反比例关系。

电压增益的调节是通过电位器 RW_{201} 改变交流反馈量达到 8～12 倍的变化。这一调节量是不能满足各种不同量程仪表的需要的。当调节 RW_{201} 后，放大器增益仍不合适，则可改变 R_{216}、R_{217}、R_{218} 的阻值。这些电阻，可通过焊锡把线路板中 *A*、*B*、*C* 处的焊点焊住或断开来改变。

JF—12 型放大器用晶体三极管滤波器，由两部分组成，即由 C_{305}、R_{212}、C_{209} 组成的“π”形滤波器和由 Q_{205}、R_{205}、C_{208} 组成的晶体管滤波器。

4. 功率放大级

功率放大级采用推挽式相敏放大线路，三极管 Q_{301}、Q_{303} 和 Q_{302}、Q_{304} 构成复合管推挽放大器，如图 6-14 所示，其输入为电压放大级输出交流电压，功放输出负载就是可逆电机的定子控制绕阻，而电源是由 VD_{301}、VD_{302} 提供的单向脉动电流。功放级的工作过程可概述如下：

当无输入信号时，复合三极管均不导通，上回路集电极漏电流 i_c 自 A→$Q_{301+303}$→T_D→B；下回路漏电流 i_c' 自 A→$Q_{302+304}$→T_D'→B。这两个小电流在控制绕组上产生的脉动电压，大小相等、方向相反，互相抵消。所以此时可逆电机不转动。

当有正相输入信号时，信号正半周 R_{311} 上电压极性上正下负，上复合三极管截止、下复合三极管导通。下回路电流 i_c' 在控制绕组 T_D' 上产生的正脉动电压。信号负半周 R_{311} 上电压极性上负下正，下复合三极管截止、上复合三极管导通。上回路电流 i_c 在控制绕组 T_D 上产生的反向脉动电压。电流波形如图 6-15（b）所示，控制绕阻中合成电流为正相位，可逆电机定子产生顺时针旋转磁场，可逆电机正转。

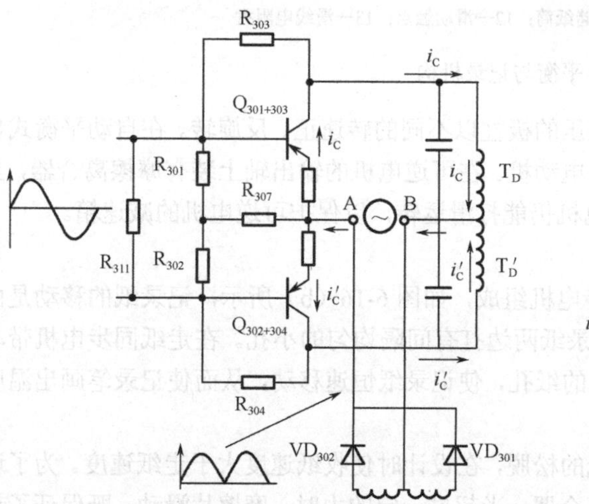

图 6-14 相敏推挽功率放大器原理

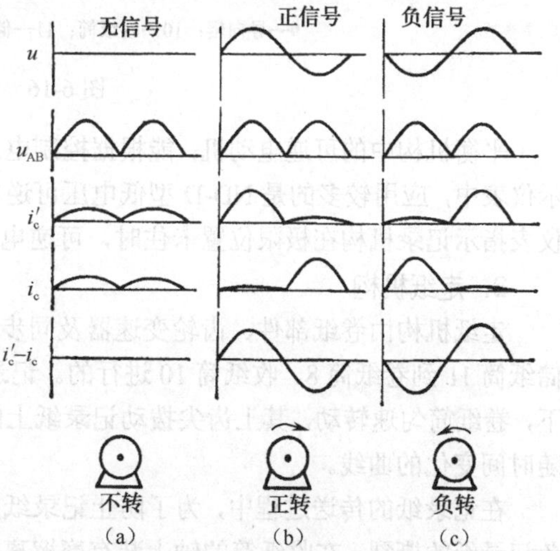

图 6-15 相敏推挽放大波形

当有反相输入信号时，与上述情形相反，电压、电流波形如图 6-15（c）所示，输出电流在控制绕阻中合成电流为负相位，可逆电机定子产生逆时针旋转磁场，此时可逆电机反转。

可见，三极管 $Q_{301+303}$、$Q_{302+304}$ 是交替工作的，因此这种线路被称为推挽功率放大器。又因其对输入信号的相位有鉴别作用，所以又称相敏推挽功率放大器。可逆电机激磁绕组有移相电容 0.69μF，以使电机激磁绕组所产生的磁通与控制绕组的产生的磁通相差近于 90° 的相位角，才能形成旋转磁场。

6.1.4 机械传动机构

自动平衡式显示仪表是一种机电式仪表，被测信号是通过滑线电阻上滑点的平衡位置来显示记录的。因此，除了测量电路、放大器等电气组件外，机械传动机构也是仪表的重要组成部分。自动平衡式显示仪表的机械传动机构主要包括平衡机构、走纸机构和间歇打印机构等部分。

1．平衡机构

平衡机构如图 6-16 所示。由可逆电机 1、传动齿轮 2、拉线轮 3、指示记录机构和滑线电阻盘 13 组成。测量电路输出的不平衡电压经放大器放大后驱动可逆电动机 1 转动，通过传动齿轮 2 及拉线轮 3，带动记录笔与指针 6 移动，从而指示出被测温度值，记录笔在记录纸 7 上画出温度变化曲线。拉线轮转动的同时，也带动滑线电阻盘 13 上的滑动触点 12 移动，使整个系统趋于新的平衡位置。

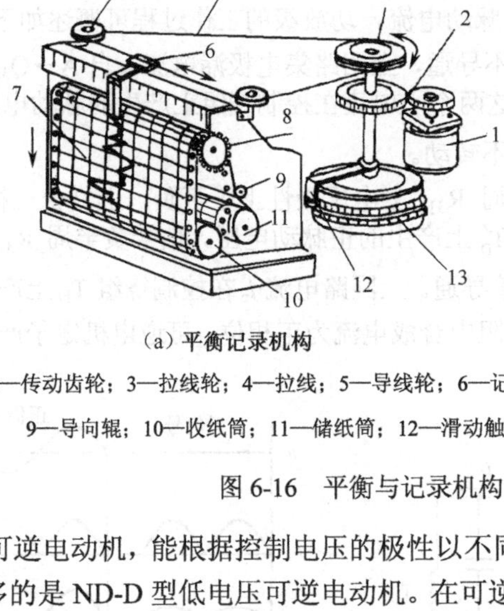

（a）平衡记录机构

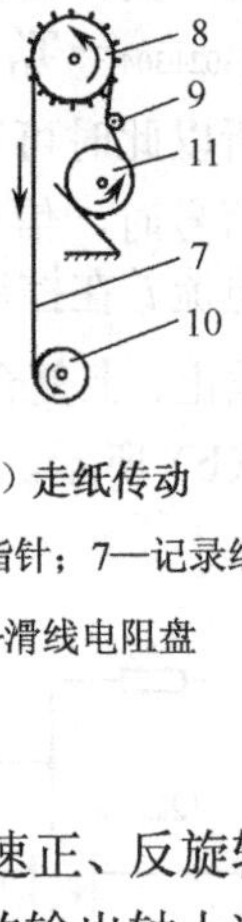

（b）走纸传动

1—可逆电机；2—传动齿轮；3—拉线轮；4—拉线；5—导线轮；6—记录笔与指针；7—记录纸；8—卷纸筒；9—导向辊；10—收纸筒；11—储纸筒；12—滑动触点；13—滑线电阻盘

图 6-16 平衡与记录机构

平衡机构中的可逆电动机，能根据控制电压的极性以不同的转速正、反旋转。在自动平衡式显示仪表中，应用较多的是 ND-D 型低电压可逆电动机。在可逆电机的输出轴上装有摩擦离合器，当仪表指示记录机构在极限位置卡住时，可逆电机仍能打滑运转，以保护可逆电机的减速箱。

2．走纸机构

走纸机构由卷纸部件、齿轮变速器及同步电机组成，如图 6-16（b）所示，记录纸的移动是由储纸筒 11 到卷纸筒 8、收纸筒 10 进行的。记录纸两边打有间隔均匀的小孔。在走纸同步电机带动下，卷纸筒匀速转动，其上齿尖拨动记录纸上的纸孔，使记录纸恒速移动，从而使记录笔画出温度随时间变化的曲线。

在记录纸的传送过程中，为了防止记录纸的松脱，在设计时使收纸速度大于走纸速度。为了避免记录纸的撕裂，在收纸筒的轴上装有摩擦离合器，当超过一定的力时，摩擦片滑动，既保证了记录纸不会松脱，又不会把记录纸撕裂。

走纸速度的调节是通过齿轮变速器来实现的。通常只要经过适当的齿轮排列变换，就能较方便地得到两种以上的走纸速度，以满足不同的要求。

常用自动平衡显示记录仪有很多种类型，如图 6-17 所示。其中，图 6-17（a）所示为折叠纸长图显示记录仪，图 6-17（b）所示为卷纸长图显示记录仪，图 6-17（c）所示为小型条形显示记录仪，图 6-17（d）所示为圆图显示记录仪。

（a）折叠纸长图显示记录仪　（b）卷纸长图显示记录仪　（c）小型条形显示记录仪　（d）圆图显示记录仪

图 6-17　自动平衡显示记录仪类型

6.2　数字式显示仪表

模拟式显示仪表中的信号都是随时间连续变化的模拟量，用电流、电压、电阻等信号的大小表示被测参数的高低，与其相应的显示方式是指针或记录笔的位移、记录曲线等。如用热电偶测温度，热电势是随着时间连续变化的，自动平衡显示记录仪中的测量电桥、放大器等也都是模拟电路。数字式显示仪表采用数字电路，所处理的数字信号只有“0”、“1”两种状态。通过数字信号的编码、频率等表示参数值，不以信号的幅值高低表示参数的大小。数字仪表也需要用传感器或变送器将被测参数如压力、物位、流量、温度等转换成模拟电信号，再经模/数（A/D）转换器转换成数字信号，由数字电路处理后直接以数字形式显示被测结果。

6.2.1　数字式显示仪表的主要技术指标

1）显示位数

数字仪表以十进制显示的位数称为显示位数。一般常用三位、四位，有的可达 $5\frac{1}{2}$ 位。所谓 $5\frac{1}{2}$ 位指最高位只显示 0 或 1，其余 5 位可显示 0～9 十个数字。

2）精确度

数字显示仪表的精度表示法有以下三种：

① 满度的 $\pm a\%\pm n$ 字。

② 读数的 $\pm a\%\pm n$ 字。

③ 读数的 $\pm a\%\pm$ 满度的 $b\%$。

系数 a 是由仪表中的基准电压源和测量线路的传递系数不稳定所决定的，系数 b 是由放大器的零点漂移、量化误差等引起的；系数 n 是显示读数最末一位数字变化，一般 $n=1$。这是由于把模拟量转换成数字量的过程中，至少要产生±1 个量化单位的误差。它和被测量的大小无关。显然，数字表的位数越多，这种量化所造成的相对误差就越小。

3）分辨力和分辨率

分辨力是指数字仪表在最低量程上最末位数字改变一个字时所对应的物理量数值，它表示了仪表能够检测到的被测量中最小变化的能力。数字仪表能稳定显示的位数越多，则分辨力越高。但是，数字显示仪表的分辨力高低应与其精度相适应。

分辨率是指数字仪表显示的最小数和最大数的比值。例如，一台四位数字仪表，其最小显示是0001，最大显示是9999，它的分辨率就是9999分之1，即约0.01%。显然把分辨率与最低量程相乘即可得分辨力。例如，一台 0～999.9℃的数字温度仪表，分辨率约为 0.01%，则分辨力约为0.01×999.9%≈0.1℃。

4）干扰抑制比

干扰抑制比是表示数字仪表的抗干扰能力。干扰分为串模干扰和共模干扰，对串模干扰的抑制能力用串模抑制比表示，即

$$\mathrm{SMR}=\frac{20\lg e_{\mathrm{n}}}{e_{\mathrm{n}}'} \tag{6-16}$$

式中 e_{n}——串模干扰电压；

e_{n}'——e_{n}所造成的最大显示绝对误差。

对共模干扰的抑制能力用共模抑制比表示，即

$$\mathrm{CMR}=\frac{20\lg e_{\mathrm{c}}}{e_{\mathrm{c}}'} \tag{6-17}$$

式中 e_{c}——共模干扰电压；

e_{c}'——e_{c}引起的串模干扰电压。

*SMR*和*CMR*以分贝为单位，数值越大，表明数字仪表的抗干扰能力越强，一般直流电压型数字仪表的串模干扰抑制比为20～60dB；共模抑制比为120～160dB。

5）采样周期

由于数字仪表对信号的处理是不连续的，我们把仪表将所有信号采集一遍所需要的时间称为采样周期。从测量失真度考虑，采样周期越短越好，但是采样周期受到抗干扰性、模/数转换器速度和器件成本的限制。由于一般工业参数的变化通常不是太快，所以几百毫秒的采样周期就能满足绝大多数工业场合的需要。

6.2.2 数字式显示仪表的组成

1．数字显示仪表的分类

数字式显示仪表的分类方法较多，按输入信号的形式来分，有电压型和频率型两类：电压型数字仪表输入信号是电压或电流，频率型输入信号是频率、脉冲及开关信号。按测量信号的点数来分，分为单点和多点两种。根据仪表所具有的功能，又分为数字显示仪、数字显示报警仪、数字显示记录仪，以及具有复合功能的数字仪表。

2．数字显示仪表的组成

数字式显示仪表直接用数字量显示被测量值。所以首先要把连续变化的模拟量变换成数字量，完成这一功能的器件称为模/数转换器，用A/D表示。如果输入信号是数字量，则直接进行计数显示。

数字显示仪表的A/D转换，一般都以电压信号为输入量，数字式显示仪表实际上是以数字式电压表为主体组成的仪表，下面以此类型仪表加以介绍。

在实际测量中，有的被测参数与显示值之间呈非线性关系。这种非线性关系，对于模拟式仪表，可以将标尺刻度按非线性划分，放大电路可以是线性的。但是，在数字式显示仪表中，由于经模/数转换后直接显示被测变量的数值，为了消除非线性误差，必须在仪表中加入线性化器进行非线性补偿。

数字式显示仪表还必须设置一个标度变换环节，才能将数字式显示仪表的显示值和被测变量统一起来。

综上所述，数字式显示仪表一般由 A/D 转换、非线性补偿、标度变换及数字显示部分组成。数字式显示仪表的一般构成如图 6-18 所示。

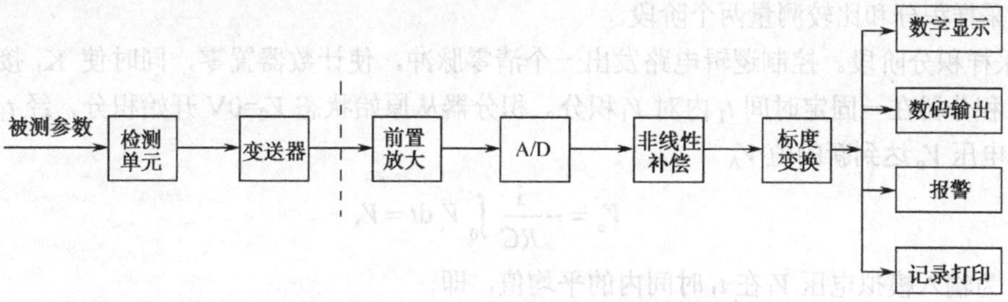

图 6-18　数字式显示仪表的组成框图

6.2.3　数字式显示仪表各部分的工作原理

1. A/D 转换器

A/D 转换器是数字显示仪表的重要组成部分，任务是使连续变化的模拟量转换成离散变化的数字量，便于进行数字显示。要完成这一任务必须用一定的计量单位使连续量整量化，才能得到近似的数字量。量化单位越小，整量化的误差也就越小。A/D 转换的过程可用图 6-19 来说明。如图 6-19（a）所示是模拟式仪表的指针读数与输入电压的关系；如图 6-19（b）表示将这种关系进行了整量化，即用折线代替了直线。显然，分割的阶梯（即一个量化单位）越小，转换精度就越高。

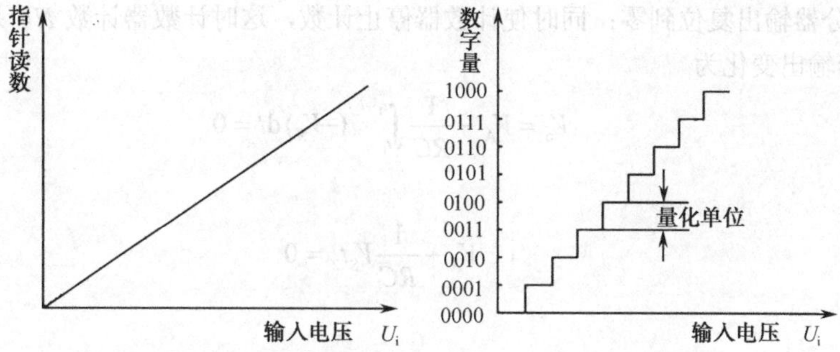

（a）模拟仪表的指数与输入电压的关系　　（b）整量化原理

图 6-19　模拟量—数字量的整量化示意图

将电压转换为数字信号的 A/D 转换的方法有双积分型、逐位逼近型及电压—频率型等。

1）双积分型 A/D 转换器

双积分型 A/D 转换器实质上是先将输入电压转换为时间 t，再利用固定频率为 f 的脉冲在时间 t 内计数，脉冲计数器上得到的脉冲数 N，即为量化结果的数字量。双积分型 A/D 转换器原理图如图 6-20 所示。

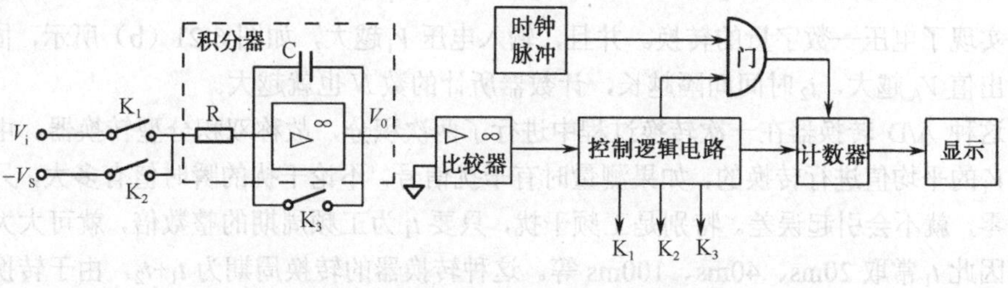

图 6-20　双积分型 A/D 转换器原理框图

双积分型 A/D 转换器由基准电压 V_s、模拟开关 K_1、K_2、K_3、积分器、检零比较器、控制逻辑电路、时钟发生器、计数器和显示器等组成。A/D 转换器是在控制逻辑电路协调之下工作的，整个过程分为采样积分和比较测量两个阶段。

① 采样积分阶段。控制逻辑电路发出一个清零脉冲，使计数器置零，同时使 K_1 接通，K_2、K_3 断开，积分器在一固定时间 t_1 内对 V_i 积分。积分器从原始状态 V_0=0V 开始积分，经 t_1 时间积分后其输出电压 V_o 达到新的值 V_A

$$V_o = -\frac{1}{RC}\int_0^{t_1} V_i \, dt = V_A \tag{6-18}$$

令 $\overline{V_i}$ 为输入模拟电压 V_i 在 t_1 时间内的平均值，即

$$\overline{V_i} = \frac{1}{t_1}\int_0^{t_1} V_i \, dt \tag{6-19}$$

所以

$$V_A = -\frac{1}{RC}\overline{V_i}\, t_1 \tag{6-20}$$

积分器输出电压 V_o 波形图如图 6-21（a）所示。

② 比较测量阶段。在 t_1 结束时控制逻辑电路使 K_2 接通，K_1、K_3 断开，将与输入电压极性相反的基准电压 V_S 接入积分器，并使计数器开始计数。积分器进行反向积分，输出电压 V_o 下降。当积分器输出下降至零电平时，比较器输出一个信号使控制逻辑电路发出复位信号，使 K_3 接通，K_1 和 K_2 断开，积分器输出复位到零；同时使计数器停止计数，这时计数器计数 N。这一阶段经历的时间为 t_2 积分器输出变化为

$$V_o = V_A - \frac{1}{RC}\int_{t_1}^{t_1+t_2} (-V_S)\, dt = 0 \tag{6-21}$$

因此

$$V_A + \frac{1}{RC}V_S t_2 = 0 \tag{6-22}$$

解出

$$t_2 = \frac{V_A}{-V_S}RC \tag{6-23}$$

把式（6-20）中 V_A 值代入得

$$\overline{V_i} = \frac{t_2}{t_1}V_S \tag{6-24}$$

如果时钟脉冲的固定频率为 f，则 t_2 时间内计数器的计数为

$$N = ft_2 \tag{6-25}$$

可见，比较测量时间间隔 t_2 与输入电压 V_i 的平均值 $\overline{V_i}$ 成正比，即与计数器显示数字量 N 成正比，从而实现了电压—数字量的转换。并且，输入电压 V_i 越大，如图 6-21（b）所示，固定时间 t_1 内积分输出值 V_A 越大，t_2 时间间隔越长，计数器所计的数 N 也就越大。

由于这种 A/D 转换器在一次转换过程中进行了两次积分，故称双积分型转换器。由于是根据 t_1 时间内 V_i 的平均值进行转换的，如果测量时有干扰信号，不论干扰的瞬时值有多大，只要干扰的平均值为零，就不会引起误差。特别是工频干扰，只要 t_1 为工频周期的整数倍，就可大大提高抗干扰能力，因此 t_1 常取 20ms、40ms、100ms 等。这种转换器的转换周期为 t_1+t_2，由于转换速度慢，

不使用于快速测量场合。

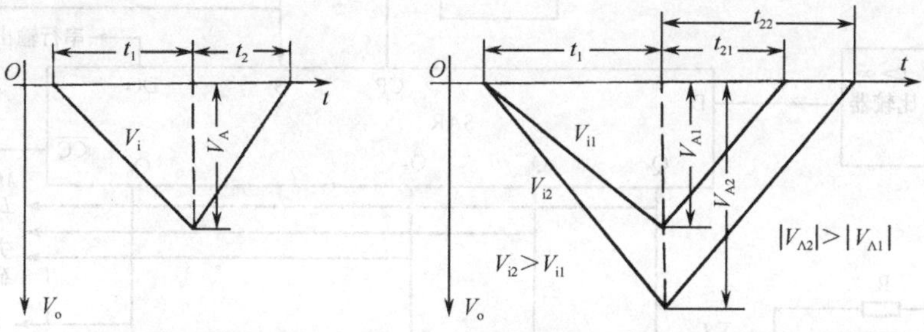

（a）输出电压波形图　（b）输入电压不同时的输出电压波形图

图 6-21　积分器输出电压 V_o 波形图

2）逐位逼近型 A/D 转换器

逐位逼近型 A/D 转换器的基本原理在于“比较”，用一套标准电压与被测电压进行逐次比较，不断逼近，最后达到一致。标准电压的大小，就表示了 A/D 转换过程。

如图 6-22 所示为逐位逼近型 A/D 转换器的简化框图。它由寄存器 SAR、比较器，基准电源 E_R 和时钟发生器等组成。SAR 是一个特殊设计的移位寄存器，在时钟作用下，从最高位 Q_7 开始输出第一个移位脉冲。此脉冲激励电流开关 S_7 接通，使 $I/2$ 电流流入运算放大器 A_1，在其输出端产生 $\frac{I}{2}R_f$ 的电压 V_{S_7}，它与被测电压 V_i 比较。若 $V_{S_7}<V_i$，则 S_7 保持接通状态，该位 Q_7 置“1”。然后在时钟脉冲作用下，从 Q_6 输出第二个移位脉冲，激励电流开关 S_6 接通，使放大器输出端电压增加 $V_{S_6}=\frac{I}{4}R_f$，连同最高位电压一起与 V_i 比较。若（$V_{S_7}+V_{S_6}$）$>V_i$，则 Q_6 置“0”。然后 SAR 的 Q_5 端输出第三个移位脉冲激励 S_5 接通，在放大器输出端又产生 $\frac{I}{8}R_f$ 的电压 V_{S_5}，则 $V_{S_7}+V_{S_6}+V_{S_5}$ 与 V_i 相比较，由比较器判别两者大小，决定 Q_5 置“1”还是置“0”，其他依次类推，直至最末位 Q_0。当所有位都参与了比较，产生各位相应的“0”、“1”状态，则转换结束。

在图 6-22（a）中，取 $R=R_f=10k\Omega$，则

$$V_i=\left(\frac{I}{2}Q_7+\frac{I}{4}Q_6+\frac{I}{8}Q_5+\cdots+\frac{I}{2^8}Q_0\right)R_f$$

$$=\frac{E_R}{R}\left(\frac{1}{2}Q_7+\frac{1}{2^2}Q_6+\frac{1}{2^3}Q_5+\cdots+\frac{1}{2^8}Q_0\right)R_f$$

即

$$V_i=E_R\sum_{i=1}^{8}\frac{Q_{8-i}}{2^i} \tag{6-26}$$

如上所述 8 位逐位比较型 A/D 转换器，设 E_R=10V，输出数字量为 10110001，对应输入电压 $V_i=E_R\left(\frac{1}{2}+\frac{1}{2^3}+\frac{1}{2^4}+\frac{1}{2^8}\right)=6.914V$，如图 6-22（b）所示。

逐位逼近型 A/D 转换器的转换过程是逻辑电路的判断过程，它完成一次转换需要（n+1）个时钟脉冲（n 为转换器的位数），因而具有高速转换的性能，转换精度高。它的电路复杂，抗干扰能力差，要求精密元件多，尽管如此，目前仍广泛用于高速多点检测和计算机测量系统。

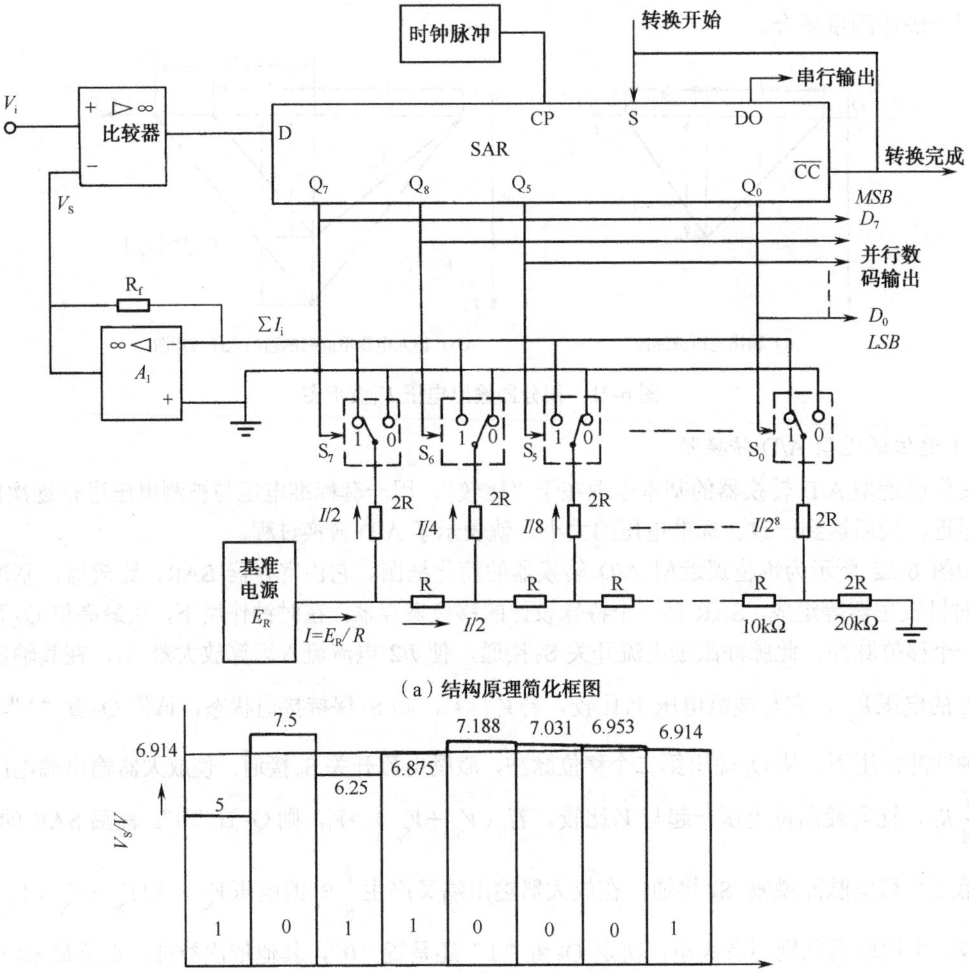

（a）结构原理简化框图

（b）转换原理示意图

图 6-22　逐位逼近型 A/D 转换器的简化框图

3）电压—频率型 A/D 转换器

电压—频率型 A/D 转换器先将直流电压转换成与其成正比的频率，然后再在选定的时间间隔内对该频率进行计数，可将电压转换成数字量。

如图 6-23 所示为电压—频率型 A/D 转换器的原理图。转换器由积分器、电平检出器、间歇振荡器和标准脉冲发生器等组成。整个转换电路分上、下两个通道，接成闭环形式。

当输入电压 V_i 为正时，下通道工作。若输入正电压加在积分器上，由于积分器反向端输入，产生反向积分，积分器输出电压 V_o 线性下降。当输出电压下降到负电平检出器的检出电压值 V_P 时，负电平检出器发出一跳变信号触发间歇振荡器，使之发出一个振荡脉冲。该脉冲一方面经变压器耦合输出到计数器去计数；另一方面又触发标准脉冲发生器，使之产生幅值远大于 V_i，且极性相反、宽度为 t_1 的标准脉冲电压 V_S。该电压经 R_2 引入积分器，在 V_S 固定周期 t_1 时间内，积分器同时对 V_i 和 $-V_S$ 积分，从而使积分器输出电压回升，直至标准脉冲结束、V_S 电压消失。然后积分器又开始仅对 V_i 积分，积分器输出电压 V_o 又开始负向斜变，直到降至检出电平值，又重复前一过程。输入电压 V_i、积分器输出 V_o 和下标准脉冲发生器电压 V_S 波形如图 6-24 所示。被测电压 V_i 大时 V_o 斜率大，产生标准脉冲的时间 t_2 间隔小，即标准脉冲的频率高。由此可见，由这种转换器所构成的闭环系统完成了电压/频率的转换。

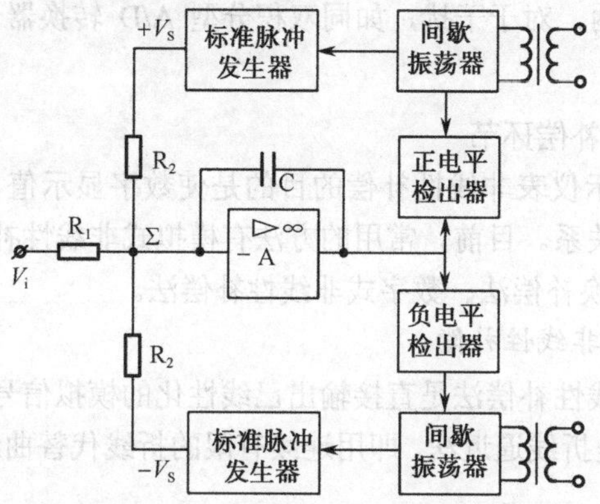

图 6-23 电压—频率型 A/D 转换器原理图

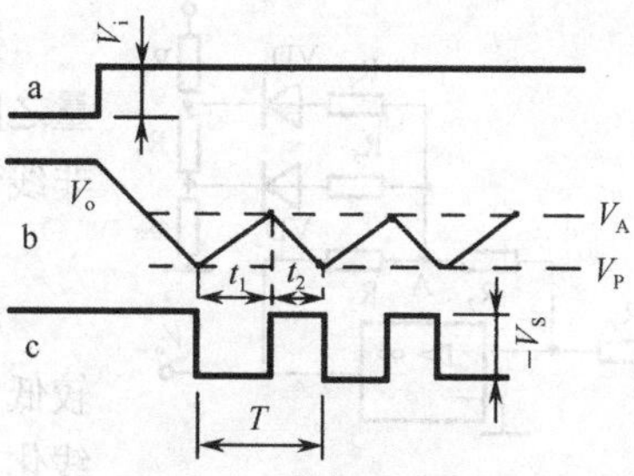

图 6-24 电压波形图

当输入电压 V_i 为负时，上通道工作。工作过程与上述过程相似，只是上标准脉冲发生器产生正电压脉冲。

下面分析间歇振荡器输出的脉冲频率。当积分器从零开始对输入电压积分时，它的输出电压 V_o 逐渐下降，即

$$V_o = -\frac{1}{R_1C}\int_0^t V_i \,dt \tag{6-27}$$

当 V_o 随时间线性下降至电平检出器的检出电平 V_P 时，间歇振荡器起振，有标准脉冲加到积分器上，积分器对输入电压 V_i 及标准脉冲电压 V_S 之和进行积分，从 V_P 开始线性上升，经过周期 t_1 上升到 V_A，可写成为

$$V_A = V_P - \frac{1}{R_1C}\int_0^{t_1} V_i \,dt - \frac{1}{R_2C}\int_0^{t_1}(-V_S)\,dt \tag{6-28}$$

式中 V_S——标准脉冲的电压幅度；

t_1——标准脉冲电压的宽度；

V_A——终止时积分器的输出电压。

当 t_1 结束后，没有了标准脉冲，积分器对输入电压单独积分，经过时间 t_2 之后，积分器的输出再次达到检出电平 V_P。由于这时是从 V_A 开始积分的，可以写成为

$$V_P = V_A - \frac{1}{R_1C}\int_0^{t_2} V_i \,dt \tag{6-29}$$

间歇振荡器的脉冲周期为 $T=t_1+t_2$，由式（6-28）、式（6-29）整理得

$$\frac{1}{R_1C}\int_0^{t_1+t_2} V_i \,dt = \frac{1}{R_2C}\int_0^{t_1} V_S \,dt \tag{6-30}$$

t_1 时间内，V_A 平均值为 $\overline{V_i}$，$\overline{V_i}$、V_s 为常数，则式（6-30）积分为

$$\frac{\overline{V_i}}{R_1C}(t_1+t_2) = \frac{V_S}{R_2C}t_1 \tag{6-31}$$

标准脉冲发生器的周期 $(t_1+t_2)=1/f$，所以间歇式振荡器输出的脉冲频率为

$$f = \frac{R_2}{R_1V_St_1}\overline{V_i} \tag{6-32}$$

由此说明间歇振荡器的频率与输入电压成正比。这种转换器也是积分型转换器，在采样时间内，计数器累计脉冲数作为数字量输出。在这段时间内，对于干扰，如同双积分型 A/D 转换器一样，具有较强的克服能力。

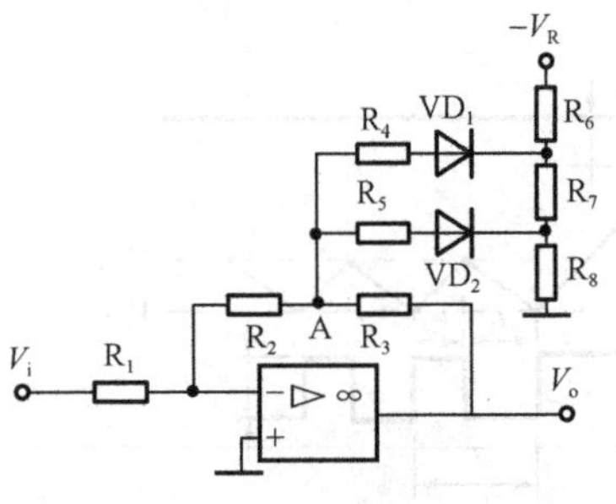

图 6-25　折线线性化电路

2．非线性补偿环节

数字式显示仪表非线性补偿的目的是使数字显示值与被测量之间呈线性关系。目前，常用的方法有模拟式非线性补偿法、非线性 A/D 转换补偿法、数字式非线性补偿法。

1）模拟式非线性补偿

模拟式非线性补偿法是直接输出已线性化的模拟信号，精度较低。常用的是折线逼近法，即用连续有限的折线代替曲线的直线化方式。

如图 6-25 所示，$-V_R$ 经 R_6、R_7、R_8 接地，在 A 点形成折点电压 V_{A1}、V_{A2} 分别由 VD_1、VD_2 的通断形成。

$$V_{A1}=0.7-\frac{R_8}{R_6+R_7+R_8}V_R \tag{6-33}$$

$$V_{A2}=0.7-\frac{R_7+R_8}{R_6+R_7+R_8}V_R \tag{6-34}$$

当 $V_A>V_{A1}$ 时，VD_1、VD_2 皆导通，满足

$$V_o=-\frac{R_2//R_4//R_5+R_3}{R_1}V_i \tag{6-35}$$

当 $V_{A2}\leqslant V_A\leqslant V_{A1}$ 时，VD_2 截止，VD_1 导通，满足

$$V_o=-\frac{R_2//R_4+R_3}{R_1}V_i \tag{6-36}$$

当 $V_A\leqslant V_{A2}$ 时，VD_1、VD_2 皆截止，满足

$$V_o=-\frac{R_2+R_3}{R_1}V_i \tag{6-37}$$

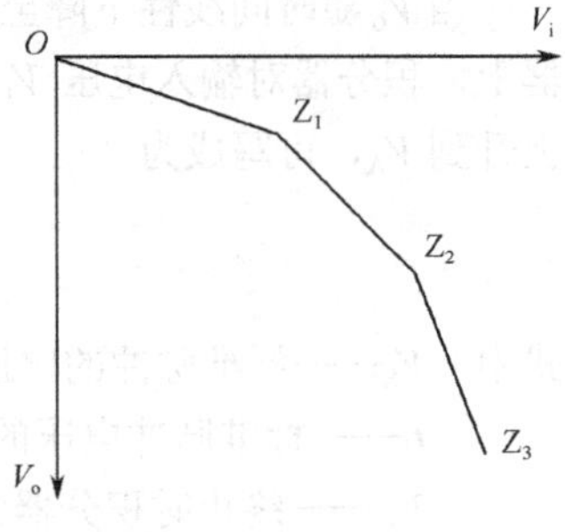

图 6-26　折线输入/输出特性

形成图 6-26 所示的折线输出，对非线性输入特性曲线进行校正，校正关系示意图如图 6-27 所示。

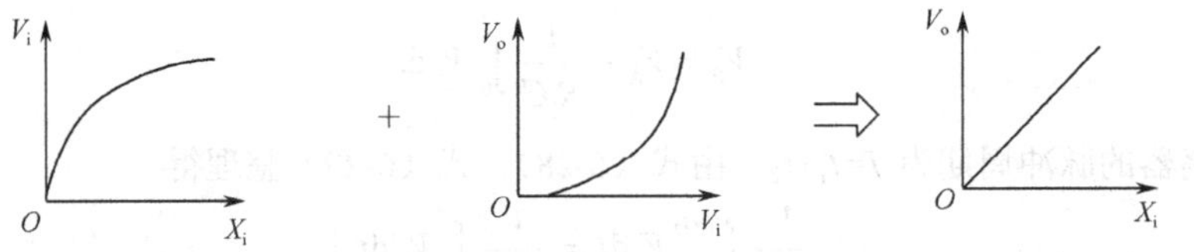

（a）非线性输入/输出特性曲线　（b）非线性校正特性曲线　（c）校正后的特性曲线

图 6-27　曲线校正关系

2）非线性 A/D 转换补偿法

非线性 A/D 转换补偿法是在将模拟量转换成数字量的过程中完成非线性补偿的。该方法结构简单，精度高。

双积分型非线性 A/D 转换器，利用反向积分期间改变 R，实现积分速率改变，形成 n

段折线模拟非线性的函数关系，实现非线性补偿，如图6-28所示。

如图6-29所示是分挡改变积分电阻的A/D转换器电路方框图。图6-29中K_1～K_n为场效应管开关，由逻辑开关门控制。R_1～R_n是阻值不同的积分电阻，阻值由E～t非线性特性来确定。

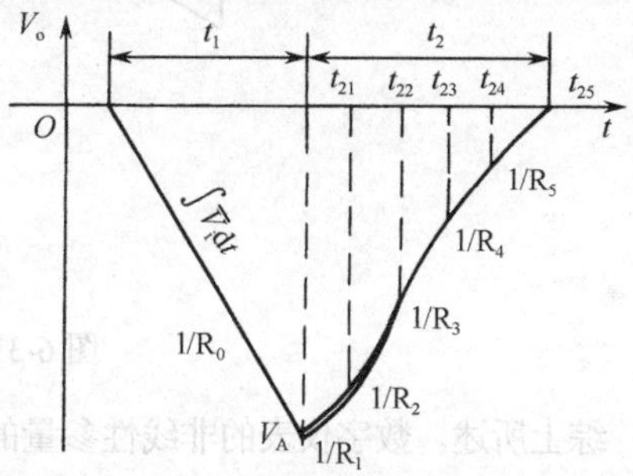

图6-28 非线性A/D积分器输出波形图

当有一个输入电压V_i时，在t_1时间内对V_i积分。待t_1结束，采样阶段完成，进入比较阶段，开关K断开，K_1接通，经R_1对V_S反向积分，同时计数器开始计数。当计数时间达到t_{21}时，逻辑开关门使K_1断开，K_2接通，经R_2对V_S继续反向积分，计数器继续计数一段时间t_{22}，以此类推。由于R_1～R_n阻值不同，积分斜率不同。反向积分直至使V_o回零为止，计数停止。在积分过程中开关K_1～K_n是否全部动作一次，由输入信号大小决定。

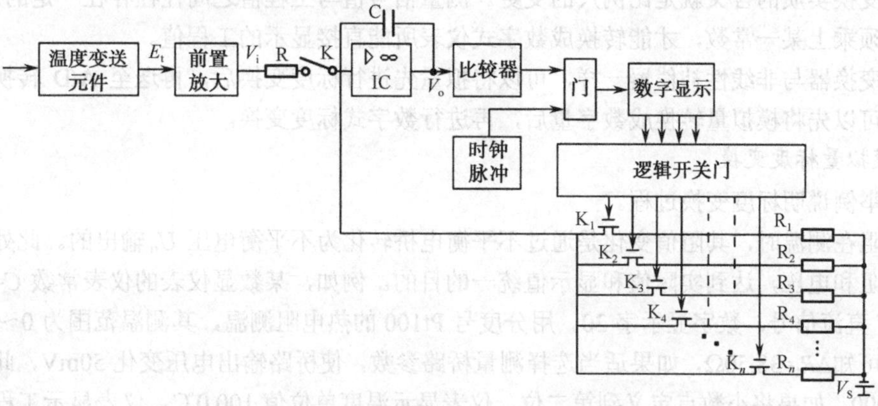

图6-29 分挡改变积分电阻的A/D转换器电路方框图

3）数字式非线性补偿法

数字式非线性补偿是先把被测参数的模拟量经A/D转换成数字量后再进入非线性补偿环节。实现非线性补偿的依据，仍是采用以折线代替曲线的方法，将不同斜率的折线段乘上不同的系数变为同一斜率的线段而取得补偿。

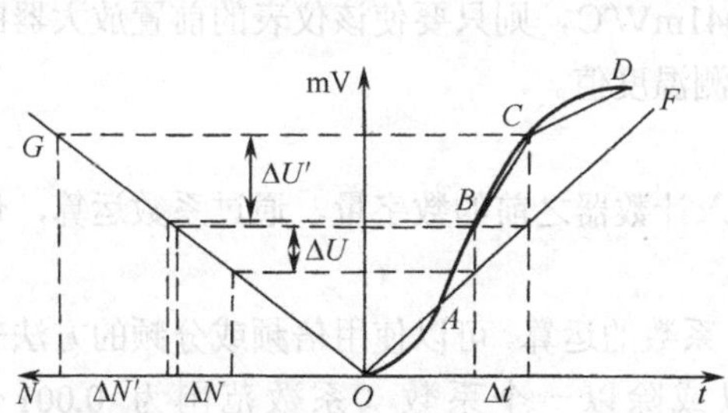

图6-30 折线法数字线性化原理示意图

例如，用热电偶测温，如果前置放大部分的放大倍数固定，则A/D转换后获得的数字量N与mV输入之间呈线性关系，而与温度t呈非线性，如图6-30所示。可将t与mV之间关系曲线OD用折线逼近，如图6-30所示划分OA、AB、BC、CD四段，每一段斜率不同。以OA斜率为基础，延伸出OF，其他各段斜率乘以不同的系数K_i获得修正。例如，温度变化Δt，实际热电势mV变化$\Delta U'$，A/D转换后得到的数字量为$\Delta N'$。$\Delta N'=K\Delta U'$，其中K为电压/数字转换系数。$\Delta U'$变化对应OF射线电势变化ΔU，$\Delta U=K_i\Delta U'$。按ΔU得到的折算数字量ΔN，显然

$$\Delta N = K_i \Delta N' \tag{6-38}$$

根据各折线段的变换系数K_i值，应用图6-31所示逻辑原理实现系数值的自动变换。

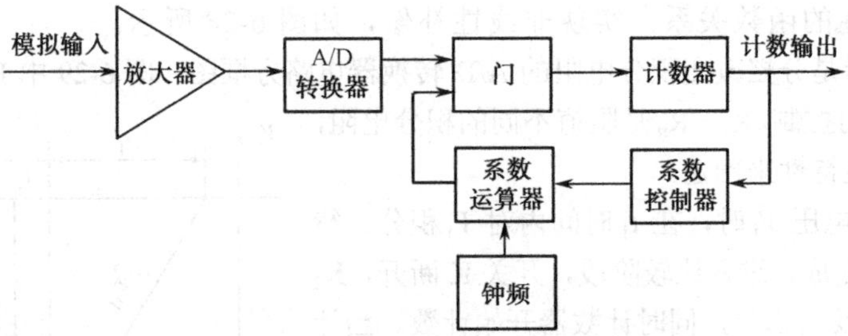

图 6-31　数字式线性化器的方框图

综上所述，数字仪表的非线性参量的线性化问题，其基本方法是首先用直线代替曲线，把非线性特性曲线用线性的折线来分段逼近，然后使各段折线的斜率变换成同一斜率，得到近似的线性补偿。

3．标度变换

标度变换实质的含义就是比例尺的变更。测量信号值与工程值之间往往存在一定的比例关系，测量值必须乘上某一常数，才能转换成数字式仪表所能直接显示的工程值。

标度变换器与非线性补偿器一样，可以将拟量先进行标度变换后，再送至 A/D 转换器变成数字量，也可以先将模拟量转换成数字量后，再进行数字式标度变换。

1）*模拟量标度变换*

以下举例说明标度变换过程。

热电阻在测温时，其阻值变化是通过不平衡电桥转化为不平衡电压 U_o输出的。此处可通过选择桥路电阻和电压，达到实际值和显示值统一的目的。例如，某数显仪表的仪表常数 C=20，表示输入 1mV 直流信号，数字显示字 20。用分度号 Pt100 的热电阻测温，其测温范围为 0～100℃时，由分度表可知ΔR_t=38.50Ω，如果适当选择测量桥路参数，使桥路输出电压变化 50mV，此数显仪表显示字 1000，如果将小数点定义到第二位，仪表显示温度单位值 100.0℃，仪表显示工程单位值和被测温度一致，达到标度变换的目的。

当用热电偶测温时，热电势可将信号直接送入仪表，通过适当选取前置放大器的放大倍数实现标度变换。

例如，K 分度热电偶测温数字仪表，当前置放大器输出 5V 时，经 A/D 转换后仪式表显示 999.9℃，即 5mV/℃。其 K 型热电偶的热电率约为 0.041mV/℃，则只要使该仪表的前置放大器的放大倍数为 5/0.041=122 倍时，就可使仪表直接显示被测温度值。

2）*数字量标度变换*

数字量标度变换是模拟量经过 A/D 转换之后，进入计数器之前的数字量，通过系数运算，使被测物理量和显示数字的单位得到统一。

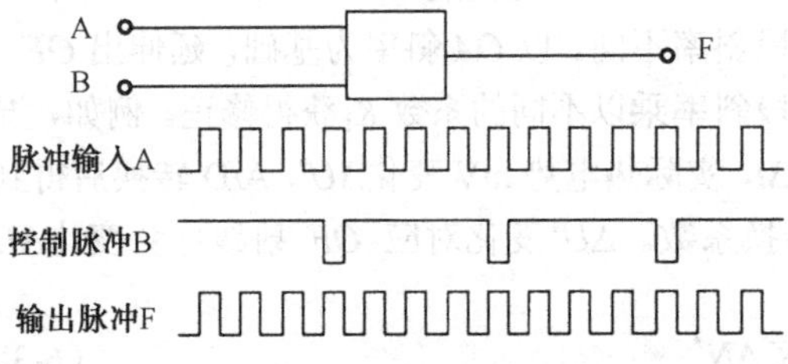

图 6-32　扣除脉冲法系数运算原理示意图

系数的运算，可以使用倍频或分频的方法来乘以或除以一个系数（系数范围为 0.001～0.999），也可以采用如图 6-32 所示的扣除脉冲的方法来实现。由图 6-32 可知，只有当与门的 A、B 输入端均为高电平时，F 输出端才为高电平；A、B 端中如有一端为低电平，则 F 端为低电平。因此，只要控制 B 端的电位，就可实现扣除脉冲的运算。图 6-32 中每 4 个计数脉冲就扣除了一个脉冲，其效果相当于乘了 0.75 的系数。例如，被测温度为 750℃，经模/数转换后送出 1000 个计数脉冲，送入此运算器后，输出 750 个计数脉冲，再送至计数、显示电路，显示值 750 和被测的实际值取得了一致。

6.2.4　XMZ 型数字温度显示仪表介绍

以上简略地介绍了数字显式仪表的一些组成单元，现在以 XMZ 型数字温度显示仪表为例使读者建立整体的概念。XMZ 型数字温度显示仪表外形图如图 6-33 所示。

图 6-33　XMZ 型数字温度显示仪表外形图

1. 主要技术指标

（1）测量范围：-200～1999℃。

（2）热电偶分度号：各种分度号热电偶。

（3）精确度：满度±0.5%±1 个字。

（4）分辨力：1℃。

（5）采样速率：3 次/秒。

（6）显示方式：$3\frac{1}{2}$ 位 LED 数码管显示。

2. 基本工作原理

XMZ 型仪表是一种单点、小型盘装仪表。配热电偶的 XMZ 型数字显示仪表原理方框图如图 6-34 所示。被测温度经热电偶转换成热电势，又经测量电路进行冷端补偿后送到前置放大电路。考虑到热电偶的非线性，放大后的信号送入线性化电路进行线性化处理。处理后的电压与被测温度基本上成线性变化，一般是 1℃对应 1mV 的关系，这是通过调整前置放大器的直流放大倍数达到的（标度变换）。经放大并线性化处理的信号经过大规模集成电路 CC7107 进行 A/D 转换和计数译码后，直接驱动发光数码管 LED，实现了温度的数字显示。

图 6-34　XMZ 型仪表原理方框图

3. 测量电路与前置放大电路

1）热电偶冷端补偿

XMZ 型仪表的热电偶冷端补偿是利用二极管 PN 结的结压降 U_{PN} 与温度的关系来实现的，如图 6-35 所示。图 6-35 中直线的斜率是 2.2mV/℃，即温度每升高 1℃，其结压下降 2.2mV。

XMZ 型仪表冷端补偿原理电路如图 6-36 所示。当二极管 D_9 所处的环境温度 t_0（即热电偶冷端）升高时，结电压 U_{PN} 下降，流过二极管 D_9 的电流 I 增加，从而在电阻 R 上的压降也随之增加。

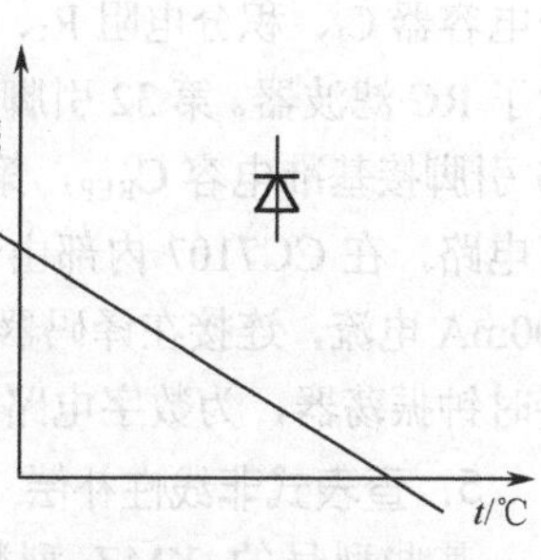

图 6-35　U_{PN}-t 关系曲线

恰当地选择 R 的数值，使桥路的输出 U_{ab} 的增加量等于 $E(t_0,0)$，正好能够补偿冷端温度的变化。前置放大器 IC_1 的输入电压是热电偶热电势 $E(t,t_0)$与补偿电压 U_{ab} 之和，在环境温度变化时能够自动完成冷端温度补偿。

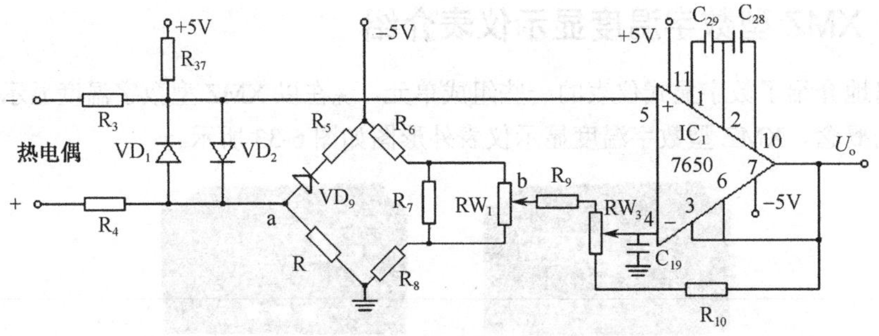

图 6-36　XMZ 型仪表冷端补偿原理电路

2）测量放大电路

热电偶的热电势经冷端温度补偿后其信号为毫伏级，要经前置放大后，才能达到 1mV/1℃的要求。IC_1 为 7650 运算放大器，改变反馈电阻 R_{10} 的阻值，即可改变放大器的放大倍数，RW_3 做放大倍数的微调。RW_1 是零点调整电位器。C_{29}、C_{28} 为运算放大器内部主放大器及调零放大器的补偿电容，C_{19} 为滤波电容，VD_1、VD_2 起输入保护限幅作用。R_{37} 是断偶保护电阻，在热电偶未断时，由于 R_{37} 电阻值很大（2MΩ），$R_{37} \gg R_3+R_4$，5V 电源通过 R_{37} 加到输入端的电压甚微。当热电偶断路时，5V 电源通过 R_{37} 在 VD_1 或 VD_2 上形成约 0.7V 的压降，这个电压降比比正常的热电偶信号大几十倍，使仪表显示极限值 1999℃，借以显示断偶状态。

4．A/D 转换器 CC7107

被测温度经热电偶转换成热电势，又经测量电路冷端补偿、前置放大电路放大、线性化电路非线性补偿后，其输出信号与温度呈 1mV/℃的线性正比关系。之后用 CC7107 构成的数字电压测量电路以显示温度值。

CC7107 是大规模 CMOS 集成电路，是 $3\frac{1}{2}$ 位单片型 A/D 转换器。它将双积分型 A/D 转换的模拟电路部分如缓冲器、积分器、电压比较器、正负电压参考源和模拟开关，以及数字电路部分如振荡器、计数器、锁存器、译码器、驱动器和控制逻辑电路全部集成在一块芯片上。使用时，只需外接少量的阻容元件和 LED 数码管就可构成数字电压测量电路，其外部引线如图 6-37 所示。

图 6-37 中，A1～G1、A2～G2、A3～G3 分别为直接驱动个位、十位、百位 7 段 LED 数码管的引线，驱动千位数码管 BC4 段由第 19 引脚引出。第 21 引脚接地，第 27、28、29 引脚分别接积分电容器 C_I、积分电阻 R_I、自动稳零电容器 C_{AZ}。第 30、31 引脚接模拟输入信号，在输入电路设置了 RC 滤波器。第 32 引脚为模拟部分的公共地 COM，数字部分的公共地在 CC7107 内部。第 34、35 引脚接基准电容 C_{REF}，第 35、36 引脚接确定数字电压表基本量程的基准电压。第 37 引脚接试灯电路，在 CC7107 内部由一个等效为 500Ω的电阻与数字电路连接，当它外接+5V 电源时，吸收 100mA 电流，连接在译码器上的全部数码头管笔段发光，读出 1888，即试灯。第 38、39、40 引脚接时钟振荡器，为数字电路提供一个固定频率的脉冲源。

5．查表式非线性补偿

某些型号的 XMZ 型数字温度显示仪利用存储芯片 EPROM 存储非线性补偿关系。根据 CC7107 进行 A/D 转换后的地址编码，到 EPROM 非线性补偿表中查出实际对应的温度值，输出各显示位的 BCD 码。经 BCD 译码器译码，供 LED 显示。其原理方框图如图 6-38 所示。

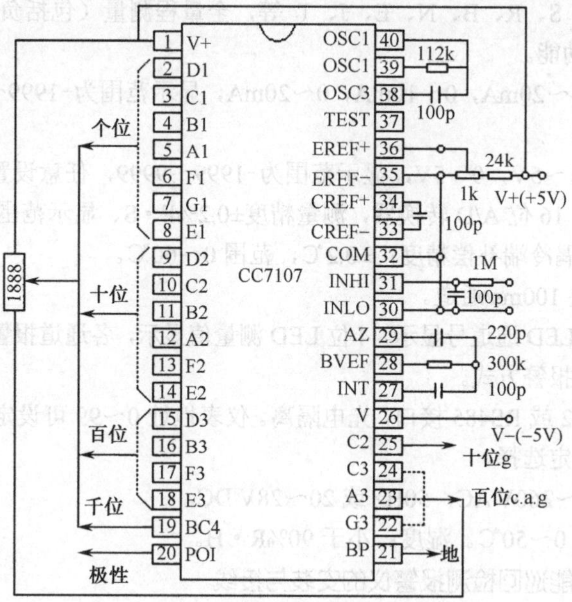

图 6-37　用 CC7107 构成的数字电压表外部引线

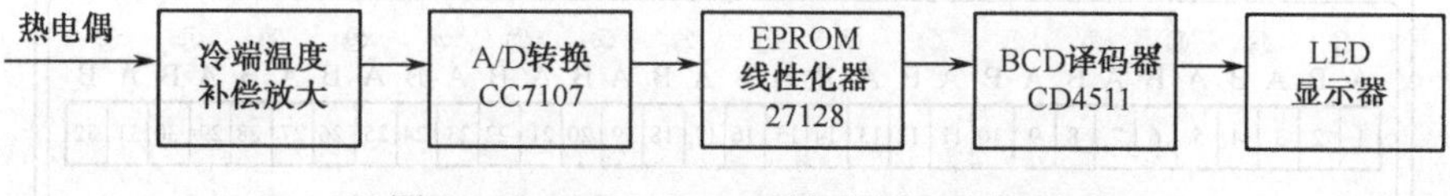

图 6-38　XMZ—101H 型仪表原理方框图

XMZ—101H 型仪表使用 16KB 的 EPROM 27128，有 14 根地址线输入。由地址线输入的地址，经 X、Y 译码后选中内部存储矩阵中的一个单元，经读/写控制电路实现对该单元读出。由于 7017A/D 转换器有 23 根线（含符号位，端子 20）输出作为地址线，与 27128 不匹配，因此采用符合电路处理，将 23 根地址线变为 14 根，实现地址的访问。

EPROM 输出的送至 CD4511（BCD 锁存/7 段译码/驱动器），CD4511 中 4 路输入，产生驱动数码管显示的 7 段信号电平输出，使数码管显示出相应数值，实现数字显示。

6.2.5 XSL 系列智能巡回检测报警仪介绍

XSL 系列智能巡回检测报警仪（外形见图 6-40）适用于 5～80 点过程量的检测和报警。可输入热电阻、热电偶、直流电流、直流电压等传感器、变送器信号。国内有多家自动化仪表公司生产，其性能和操作基本相同。

该巡检仪各通道独立设定输入信号类型、量程、报警值；各通道独立设定数字滤波时间常数，有效提高抗干扰能力；各通道独立设定零点和满度修正，有效减小传感器误差，提高系统测量精度；可任意关闭不使用的通道。第 2 级参数受密码控制，防止误操作。手动、定时、报警启动打印；快速、高效的通信接口，大大缩短通信时间。

1. XSL 系列智能巡回检测报警仪的技术规格

（1）输入通道数：5～80 通道，输入参数类型可选择，组态时指定。

① 热电阻：Pt100、Cu100、Cu50、BA1、BA2、G53，全量程测量，显示分辨力为 0.1℃，有

断线识别功能。

② 热电偶：K、S、R、B、N、E、J、T 等，全量程测量（包括负温），显示分辨率为 1℃或 0.1℃，有断线识别功能。

③ 直流电流：4～20mA，0～10mA，0～20mA，显示范围为-1999～9999，任意设置量程和小数点位置。

④ 直流电压：1～5V，0～5V，显示范围为-1999～9999，任意设置量程和小数点位置。

（2）精度：采用 16 位 A/D 转换器，测量精度±0.2%F·S、显示范围为-1999～9999、显示分辨力为 1/10000、热电偶冷端补偿精度：±0.2℃，范围 0～60℃。

（3）速度：最快 100ms/通道。

（4）显示：2 位 LED 通道号显示，4 位 LED 测量值显示，各通道报警状态指示灯、通信指示灯。

（5）报警：3 种报警方式。

（6）通信：RS232 或 RS485 接口，光电隔离。仪表地址 0～99 可设定。通信速率为 2400、4800、9600、19200 通过设定选择。

（7）电源：160～260V AC，50Hz 或 20～28V DC。

（8）环境温度：0～50℃。湿度：小于 90%R·H。

2．XSL 系列智能巡回检测报警仪的安装与接线

XSL 系列智能巡回检测报警仪的接线端子图如图 6-39 所示。

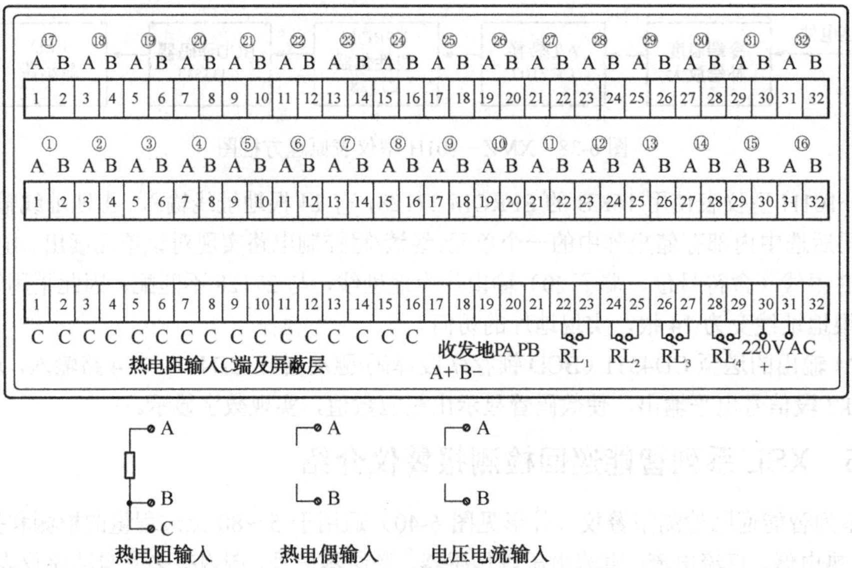

图 6-39 XSL 系列智能巡回检测报警仪的接线端子图

接线说明如下所述。

（1）热电阻输入：热电阻输入时，各热电阻的 A 端（单线端），接到端子上相应通道的 A 端，B 端接到端子上相应通道的 B 端。仪表第 3 排端子的 1～16 为公共端，内部全部接通，热电阻的 C 端接到公共端。 当输入的热电阻多于 16 点时，应在配线架上将热电阻的 C 端汇总后再接到仪表公共端。如果输入为 2 线制，应将 B 与 C 短接。输入信号的屏蔽层可接到公共端。

（2）热电偶/直流电流/直流电压输入：正极接相应通道的 A 端，负极接相应通道的 B 端，输入信号的屏蔽层可接到公共端 C。

（3）通信：RS232 接口，第 3 排端子的 17、18、19 分别为接收端、发送端和地。

（4）报警：RL_1～RL_4 分别为 4 点公用报警输出，常开触点。

（5）电源：交流供电的仪表第 3 排端子的 30 和 31 接 220V AC。直流供电的仪表，电源接第 3 排端子的 30 和 31，30 为正，31 为负。

3．XSL 系列智能巡回检测报警仪的前面板及功能操作

1）前面板（见图 6-40）

① 通道号码显示。

② 测量值显示。

③ 通信指示灯，通信或打印时亮。

④ 报警指示灯，表示当前显示通道第 1、第 2 报警状态。

⑤ 各通道的报警状态指示灯。有 3 种状态：不亮表示相应通道正常状态；常亮表示相应通道处于报警状态（已被确认）；闪烁表示相应通道进入报警状态。

⑥ 设置键。

⑦ 打印键/翻页键。

⑧ 功能键/巡回—定点方式切换键。

⑨ 增加键。

⑩ 减小键/消音功能键。

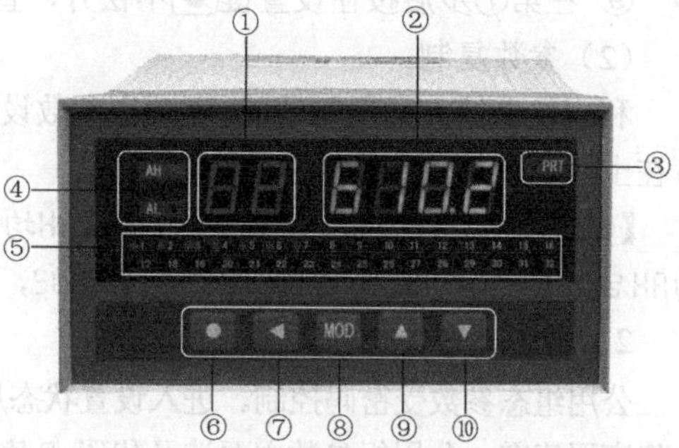

图 6-40 XSL 系列智能巡回检测报警仪的外形及前面板

2）功能操作

① 定点/巡回显示切换：仪表通电时处于巡回显示方式，每隔一定时间间隔，显示下一通道号码及测量值。按[MOD]键进入定点显示，通道显示器的被选中的通道号个位闪烁。在定点显示方式下，由[▲]和[▼]键可改变显示通道。再按[MOD]键则返回到巡回显示方式。仪表采用巡回—定点指示方式，兼顾定点通道的快速测量及其他通道的正常监测，不会出现非定点通道失控的情况。

② 报警消音：当消音延时 At 参数被设置为 1～51 时，报警输出继电器按方式 1 和方式 2 动作，这两种方式的特点是当有通道从非报警状态进入报警状态时报警继电器 RL_1 吸合，控制蜂鸣器、报警铃等发声元件，及时提示有通道进入报警状态。按[▼]键能使 RL_1 继电器恢复，称为消音，表示操作员已确认报警状态。当 At 被设置为 1～50 时，自动及手动按[▼]键均可消音。当At被设置为 51 时，只能由手动按[▼]键消音。

4．公用参数设置

1）设置报警值

2 点报警的仪表，第 1、第 2 报警设定值参数符号分别为 AH、AL。

4 点报警的仪表，第 3、第 4 报警设定值参数符号分别为 bH、bL。

报警设定值参数不受密码控制。

进入设置状态后，若 30s 以上没有按键操作，将自动退出设置状态。

（1）设置步骤：

① 按[MOD]键使仪表处于定点工作方式，通道号显示个位闪烁。

② 按[▲]和[▼]键选择要设置的通道。

③ 按住设置键[●]2s 以上不松开，直到进入设置状态，通道显示器将显示 AH，测量值显示器显示通道号。

④ 按[MOD]键选择该通道的 AH 或 AL 参数。

⑤ 按[◀]键调出该参数的原设定值，此时通道显示器显示参数符号。测量值显示器显示参数值，闪烁位为修改位。

⑥ 通过[◀]键移动修改位，[▲]键增值，[▼]键减值。将参数修改为需要的值（[▲]键增值有进位功能，[▼]键减值有借位功能）。

⑦ 按[MOD]键存入修改好的参数。重复④～⑦步骤即可设置选定通道的 2 个报警设定值。

⑧ 在第⑦步后按[▼]键换到下一通道，此时可重复④～⑦步骤对该通道的参数进行设定。

⑨ 在第⑦步后按住设置键[●]不松开，直到退出设置状态，回到测量状态。

（2）参数复制：

利用仪表的参数复制功能，可减小参数设置的工作量。若下一通道的同一参数与当前通道相同，可在上述步骤第④步骤时按[▲]键复制。

【例 6-1】 第 1 通道到第 16 通道的AH均需要设置为 80.0，则首先按上述步骤设置好第 1 通道的AH后，在显示AH01时按[▲]键将显示AH02，再按[▲]键将显示AH03……，直到显示AH16。

2）设置公用组态参数

公用组态参数受密码控制。进入设置状态后，若 30s 以上没有按键操作，将自动退出设置状态，并将密码清零。公用组参数主要涉及代码oA 密码、ct 显示切换时间、cH通道数、Ld 冷端补偿方式设置、LC 冷端补偿系数、F1、F2 第 1、2 报警点报警方式、H1、H2 报警点灵敏度、At 消音延时、Ad、bd 通信地址、速率，打印参数Po、PH、PF、PA，时钟设置参数（年月日时分）tY 、tm 、td 、tH 、tF 等。

① oA 密码输入：例如，密码为 1111，则按[MOD]键使仪表处于定点方式，通道号显示个位闪烁。按住设置键[●]2s 以上不松开，直到通道号显示变为AH，即进入设置状态。再按住设置键[●]2s 以上不松开，直到显示 oA ，进入密码参数设置。按[◀]键进入修改状态，末位闪烁，通过[▲]、[▼]、[◀]键的配合修改为 1111。按[MOD]键确认，此时密码核对完成，可对公用组态参数进行设置。

② ct切换时间设置：按[MOD]键显示ct 显示切换时间。该时间为巡回显示时每个通道显示停留的时间，设置范围 0.5～10.0s，默认 5s。若不修改该参数，按[MOD]键跳到下一参数，否则按通过按[◀]键移动闪烁位，按[▲]键增加，[▼]键减小修改闪烁位，修改完成后按[MOD]键存入，并跳到下一参数。

③ cH 通道数设置：cH参数设置实际应用的通道数，设置范围从 1 到最大通道数。

④ Ld、LC 冷端补偿设置：热电偶产生的 mV 值反映了工作端与参考端（冷端）的温度差，需要进行冷端补偿后才能得到工作端的实际温度。根据实际接线情况，有两种补偿方式。

方式 1：热电偶的补偿导线直接连到仪表端子。冷端温度即为端子处的温度。仪表通过端子处的测温元件测出温度，并自动进行补偿。如果将信号输入短路。仪表显示的值应为端子处的实际温度。仪表出厂时已按该方式设置，并经过检验。

Ld 参数必须设置为 0061。

LC 参数为冷端修正系数。如果认为冷端补偿有误差，可通过该参数进行修正。该参数的值增大时，补偿的温度增加，该参数的值减小时，补偿的温度减小。

方式 2：热电偶的补偿导线接到恒温装置，冷端温度为恒温装置的实际温度。

Ld 参数应设置为恒温装置的实际温度。

C 参数必须设置为 1.000。

⑤ F1～F2 通道报警：---H表示上限报警方式，-- ：表示下限报警方式。H1、H2是报警点灵敏度，一般无须设置。

⑥ tY、tm、td、tH、tF时钟参数：分别为年、月、日、时、分。

5．输入信号组态

仪表的输入信号分为热电阻或热电偶、直流电流、直流电压三类。在订货时已规定各通道的输入类型，不能更换，虽然通过 Ct 参数设置输入信号时能调出全部的信号种类，但只有与实际订货相符的才有效。

参数各通道独立，需逐个通道进行设置。如果订货时关于输入信号的信息完整，则仪表在出厂时已按订货信息进行了设置。

① Ct 输入信号选择参数：选择应与仪表型号及实际输入一致。该参数的值以符号形式表示，表 6-1 列出了对应关系。

表 6-1　输入信号类型选择表

显示符号	输入信号	显示符号	输入信号
_oFF	该通道不使用	___b	热电偶 B 分度，全量程
P100	热电阻 Pt100，全量程	___n	热电偶 N 分度，全量程（含负温）
c100	热电阻 Cu100，全量程	___E	热电偶 E 分度，全量程（含负温）
cu50	热电阻 Cu50，全量程	___J	热电偶 J 分度，全量程（含负温）
_bA1	热电阻 BA1，全量程	___t	热电偶 T 分度，全量程（含负温）
_bA2	热电阻 BA2，全量程	4-20	直流电流 4～20mA
_G53	热电阻 G53，全量程	0-10	直流电流 0～10mA
___K	热电偶 K 分度，全量程（含负温）	0-20	直流电流 0～20mA
___S	热电偶 S 分度，全量程（含负温）	1-5u	直流电压 1～5V
___r	热电偶 R 分度，全量程（含负温）	0-5u	直流电压 0～5V 或 0～10V

② Cd 测量值显示小数点位置选择：热电阻输入的通道：只能选择为 000.0，显示分辨力为 0.1℃；热电偶输入的通道：选择为 0000.时，显示分辨力为 1℃；选择为 000.0 时，显示分辨力为 0.1℃，但最高只能显示到 999.9℃，对 B、S、T、R，由于输入信号小，显示有明显波动，不推荐使用 0.1℃方式；电流、电压输入的通道：根据需要选择 0.000，00.00，000.0 或 0000. 共 4 个位置。

③ ur、Fr 量程下限、上限：该参数用于设置电流、电压输入通道的量程下限与上限，热电阻、热电偶输入的通道该参数不用设置。

④ dY 工程量单位选择：仅带打印功能的仪表有该参数。通过该参数选择打印时的工程量单位。

⑤ Lb 数字滤波时间常数：数字滤波可减小输入量的波动或干扰造成的显示波动，设定的数值越大，滤波作用越强，但会使检测的速度降低。

其他参数设置详见说明书。

6．零点和满度修正

说明：通过测量过程得到的工程量，可能会由于传感器、变送器或仪表的各种原因而存在误差，通过仪表提供的修正功能，可以有效地减小误差，提高系统的测量、控制精度。

修正公式：修正后的测量值=FC×（修正前的测量值+CA）。

参数：FC 为满度修正系数，CA为零点修正值。默认状态各通道的 CA 设置为 0000，FC 为 1.000，通道处于未修正状态。

设置步骤：

【例 6-2】 Pt100 输入，测量范围为 0～200.0℃。

由于传感器的误差，第1通道实际温度为0.0℃时，仪表显示值为0.8℃。则将第1通道的 iA 设置为-0.8，仪表的显示值被修正到0.0℃。

【例6-3】 4～20mA输入，对应工程量量程为0～1.000MPa。由于传感器、变送器等方面的原因，实际压力为0时，仪表显示值为-0.030MPa。实际压力为0.8MPa时，显示值为0.805MPa。应将该通道的 iA 设置为+0.030，修正后实际压力为0时，仪表的显示值将为0.0。由于零点提高了0.030，实际压力为0.8MPa时，显示值将变为0.835MPa，因而 Fi 应设置为0.800÷（0.805+0.030）=0.958。修正后仪表的显示值将与实际压力值相符。

XSL系列智能巡回检测报警仪设置参数表如表6-2所示。

表6-2 XSL系列智能巡回检测报警仪设置参数表

序号	符号	名 称	内 容	序号	符号	名 称	内 容
1	AH	AH	第1报警点设定	18	F1	F1	第1报警点报警方式
2	AL	AL	第2报警点设定	19	F2	F2	第2报警点报警方式
3	bH	bH	第3报警点设定	20	H1	H1	第1报警点灵敏度
4	bL	bL	第4报警点设定	21	H2	H2	第2报警点灵敏度
5	iA	iA	零点修正参数	22	At	At	消音延时
6	Fi	Fi	满度修正参数	23	Ad	Ad	通信地址
7	it	it	输入信号选择	24	bd	bd	通信速率
8	id	id	显示值小数点位置	25	Po	Po	打印方式
9	ur	ur	量程下限	26	PH	PH	打印间隔，小时
10	Fr	Fr	量程上限	27	PF	PF	打印间隔，分
11	dY	dY	工程量单位选择	28	PA	PA	打印间隔，秒
12	Lb	Lb	数字滤波时间常数	29	tY	tY	时钟设置，年
13	oA	oA	密码	30	tm	tm	时钟设置，月
14	ct	ct	显示切换时间	31	td	td	时钟设置，日
15	cH	cH	通道数	32	tH	tH	时钟设置，时
16	Ld	Ld	冷端补偿方式设置	33	tF	tF	时钟设置，分
17	Li	Li	冷端补偿系数	34			

6.3 无纸记录仪

记录仪作为一种重要的数据记录仪表，一直被广泛地应用于各种工业现场。但自动平衡式记录仪等机械式记录仪结构复杂，可靠性差，易出现机械故障，在使用过程中，需要定时更换记录纸和记录笔，比较麻烦，长期运行费用较高。进入20世纪90年代，市场上出现了一种新型记录仪表——无纸记录仪。由于使用了微处理器、大容量存储介质和液晶显示屏等先进技术，彻底地解决了机械式记录仪存在的诸多问题，具有可靠性高、长期运行费用低、可对记录数据进行分析处理等优点，因而迅速被广大用户所接受。

无纸记录仪是简易的图像显示仪表，属于智能仪表范畴。图像显示是随着超大规模集成电路技术、计算机技术、通信技术和图像显示技术的发展而迅速发展起来的一种显示方式。它将过程变量信息按数值、曲线、图形和符号等方式显示出来。如图 6-41 所示为某系列无纸记录仪的外形图。

图 6-41　无纸记录仪的外形图

无纸记录仪以微处理器为核心，内有大容量存储器，可以存储多个过程变量的大量历史数据。它能够用液晶屏幕显示数字、曲线、图形代替传统记录仪的指针显示，直接在屏幕上显示出过程变量的百分值、工程单位当前值、变量历史变化趋势曲线、过程变量报警状态、流量累积值等，提供多个变量值显示的同时，还能够进行不同变量在同一时间段内变化趋势的比较，便于进行生产过程运行状况的观察和故障原因分析。

无纸记录仪用大规模存储器件代替传统的记录纸进行数据的记录与保存，避免了纸和笔的消耗与维护。无纸记录仪无任何机械传动部件，仪表性能和可靠性大大提高，功能更加丰富。可以与计算机连接，将数据存入计算机，进行显示、记录和处理。

6.3.1　无纸记录仪的基本组成

无纸记录仪的结构原理图如图 6-42 所示。它由主机板、LCD 图形显示屏、键盘、供电单元、输入处理单元等部分组成。

1．主机板

主机板是无纸记录仪的核心部件，它包括中央处理器 CPU、只读存储器 ROM 和读写存储器 EPROM 等。

1）CUP

CUP 包括运算器和控制器，实现对输入变量的运算处理，并负责指挥协调无纸记录仪的各种工作，是记录仪的指挥中心。

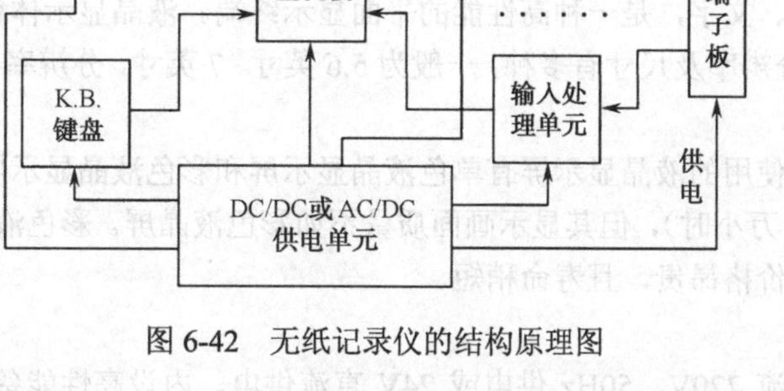

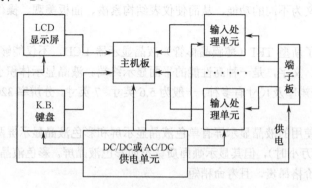

图 6-42　无纸记录仪的结构原理图

2）ROM、RAM和EPROM

这些是无纸记录仪的数据信息存储器件。

只读存储器ROM中存放支持仪表工作的系统程序和基本运算处理程序，如滤波处理程序、开方运算、线性化程序、标度变换程序等，在仪表出厂前由生产厂家将程序固化在存储器内，用户不能更改其内容。

随机存储器RAM中存放过程变量的数值，包括输入处理单元送来的原始数据、CPU中间运算值。

可擦写存储器EPROM主要用来存储各个过程变量的组态数据，如记录间隔、输入信号类型、量程范围、报警限等，允许用户根据需要随时进行修改。

各个通道的历史数据存放在大容量存储介质上。存储介质是无纸记录仪的重要部件之一，用于存储记录数据，相当于机械式记录仪中的记录纸。无纸记录仪的存储介质可分为内部存储器（固定式存储器）和外部存储器（移动式存储器）。

内部存储器主要有SRAM存储器和Flash存储器两种。SRAM是一种大容量静态存储芯片，使用时必须提供掉电保护，否则停电时记录数据会丢失。Flash存储器（又称闪速存储器）是一种新型半导体存储器，它可在长期停电的情况下保存记录数据，具有存储速度快、易于擦除和重写、功耗小等优点，应用很广。

早期的无纸记录仪受内部存储器价格的限制，存储容量较小，记录数据的保存时间受到限制。为满足某些部门（如电力部门）需要长期保存记录数据的要求，大部分无纸记录仪使用了外部存储器。外部存储器有3.5英寸（1.44MB）软盘和电子卡盘两种。3.5英寸软盘价格低、体积小，只需在普通计算机上安装相应的软件，便能通过计算机对记录数据分析处理。而电子卡盘除需要相应的软件外，还需购买专门的读卡器。

由于Flash具有其他存储器件没有的突出优点，其价格已经很低，所以现在生产的无纸记录仪，即使配用外部存储器，也是采用Flash存储盘（U盘或SD卡）。

目前，无纸记录仪的数据存储空间有的已高达8GB以上，常设2～32个变量通道。各个通道的数据是该变量在不同时期变量值的历史记录，随时间推移自动刷新，能支持仪表随时进行变量趋势显示和数据分析。所存储数据的时间长短与该通道所设置的记录间隔有关，记录间隔可根据该变量的重要程度组态时间选定，通常可选记录间隔为0.1s、0.5s、1s、2s、4s、8s、20s、40s和1min、2min、4min。

2．键盘

无纸记录仪在仪表面板上设置了简易键盘。例如，JL系列无纸记录仪只设置5个基本按键，在不同画面显示时定义为不同的功能，从而使仪表结构紧凑、面板美观、操作简便。

3．LCD显示

无纸记录仪采用了新型TFT（薄膜晶体管）液晶显示器LCD，不仅能够方便的显示字符、数字，还可以显示图形、文字，是一种高性能的平面显示终端。液晶显示体积小、质量轻、耗电少、可靠性高、寿命长、分辨率及尺寸有多种，一般为5.6英寸、7英寸，分辨率320×240像素、640×380像素、800×480像素。

当前无纸记录仪使用的液晶显示屏有单色液晶显示屏和彩色液晶显示屏两种。单色液晶屏价格低、寿命长（可达10万小时），但其显示画面质量不如彩色液晶屏。彩色液晶屏的显示画面色彩丰富、清晰醒目，但其价格昂贵，且寿命稍短。

4．供电单元

供电单元采用交流220V、50Hz供电或24V直流供电。内设高性能备用电池，在记录仪掉电时，保证所有记录仪数据及组态信息不会丢失。

5. 通信接口

无纸记录仪通常设有通信接口。通过通信网络与上位计算机通信，将记录数据传给计算机，利用打印机打印出需要的报表和信息，或进行数据的综合处理。

目前，无纸记录仪一般具有 RS232C 和 RS485 两种串行通信接口。RS232C 串行通信方式支持点对点通信，传输速率为 19.2Kb/s；RS485 标准通信方式支持多点通信，允许一台计算机同时挂接多台记录仪。通信波特率为 1200b/s、2400b/s、4800b/s、9600b/s、19200b/s、57600b/s 可选。

6.3.2　无纸记录仪的特点

无纸记录仪具有如下特点：

① 使用方便、可靠性好、运行费用低、操作简单方便、性能价格比高。

② 输入信号类型多样、通用性好。

③ 固态存储器存储，数据安全可靠，屏幕检索，查阅方便。

④ 大屏幕液晶显示，信息量大、可视性强。

⑤ 多通道测量，多种报警输出。

⑥ 有运算功能、累计值显示、PID 调节功能。

⑦ 可配接微型打印机打印。

⑧ 具有 RS485 通信功能。

⑨ 指示、记录精度高。

无纸记录仪的操作画面可以充分发挥其图像显示的优势，实现多种信息的综合显示。无纸记录仪的显示方式有多种，如工程单位或满量程百分数数值显示、实时曲线图显示、棒图形式显示、多参数比较同步显示、历史记录曲线显示等。

6.3.3　输入处理单元

无纸记录仪可以接受多种类型的信号输入，如 0～10mA、4～20mA 标准电流信号，0～5V、1～5V 等大信号电压输入，各种热电偶（S、B、E、J、T、K）和热电组（Pt100、Cu50）输入及脉冲信号输入等，有的记录仪还接受开关量信号。各种输入信号，经过相应的输入处理单元，转换成为 CPU 可接受的数字信号。所有处理单元全部采用隔离输入，提高了仪表的抗干扰能力。

1. 模拟量输入处理单元

SUPCONJL 系列无纸记录仪的模拟量输入处理单元，采用了电压—频率转化型 A/D 转换器，将测量信号转换为脉冲信号，统一经计数处理为数字量。

1）热电阻输入处理单元

热电阻输入处理单元电路原理图如图 6-43 所示，包括电阻/电压（R/V）转换、毫伏放大器、电压/频率（V/F）转换器等部分。

① 电阻/电压转换：使用不平衡电桥将热电组变化转换成 mV 级不平衡电压，作为差分放大器的输入。不平衡电桥使用稳压源供电，经稳压源和恒流措施，使流过电桥的电流恒定（0.5mA）。在测量下限时通过合理选择电阻 R_0 和 R_Z，使 $R_{tmin}=R_0+R_Z$，则不平衡电桥输出电压 $\Delta U=0.5(R_t-R_0-R_Z)$。差分放大器采用失调电压小的通用集成运算放大器 IC_1 和差动输出方式，可有效地抑制共模干扰。放大器 IC_1 的 1、8 端子接调零电位器 RW_1，调整 RW_1 可以微调零点±2mV 左右。

② 毫伏放大器：毫伏放大器实现比例放大，满足后续模数转换器电压输入范围的要求。其放

大倍数为$\beta=1+R_{P1}/R_{P2}$。

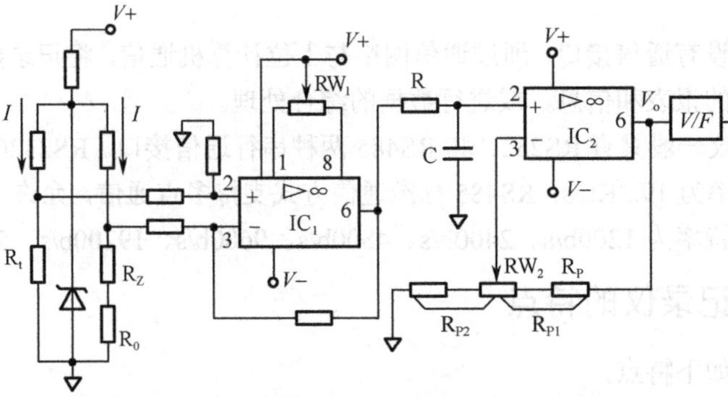

图 6-43　热电阻输入处理单元电路原理图

③ 电压/频率型（V/F）模数转换器：将输入电压转换为频率信号输出，$f=KV$，然后经过定时计数器，将频率信号转换为数字量输出。

在此电路中，更换 R_Z 可以实现零点迁移，因此，称 R_Z 为零点迁移电阻。更换 R_P 可以实现量范围调整；调节 RW_2 可以实现量程微调。从电路原理可以看出，调节量程不会影响零点。因此，在仪表调校时先调零位，再调量程。

2）热电偶输入处理单元

热电偶输入处理单元电路原理图如图 6-44 所示。它采用与热电阻输入处理相似的输入电路，R_0 换为具有冷端温度补偿作用的铜电阻 R_{Cu}，热电偶经补偿导线连接后，插入一个冷端温度补偿电桥，原理与热电偶冷端温度补偿器类同。显然，它的不平衡电压即为冷端温度补偿电压，合理设计桥路参数，使补偿电压基本等于 $E(t_0,0)$，实现了冷端温度自动补偿。

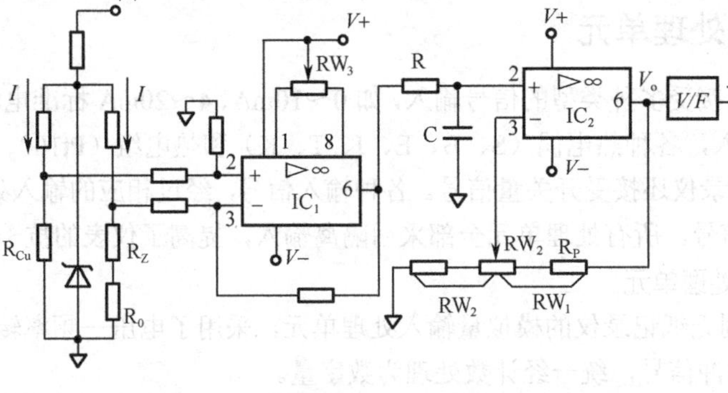

图 6-44　热电偶输入处理单元电路原理图

R_Z 同样可以实现零点迁移，RW_1 是调零电位器。对于热电偶测温的非线性，本仪表通过软件线性化的方法处理，此输入电路为线性放大电路。

2．脉冲量输入处理单元

脉冲量输入处理单元的作用是将现场仪表的频率输出信号，在一定时间内进行计数，产生 CPU 能够接受的数字量。脉冲量输入处理单元的结构框图如图 6-45 所示。

CPU 发出的输入控制命令启动计数器，脉冲序列在输入光电隔离电路中经光电隔离、整形后送入计数器计数，实现脉冲序列的数字量转换。计数器为 16 位二进制计数器，停止计数后读出计数值。

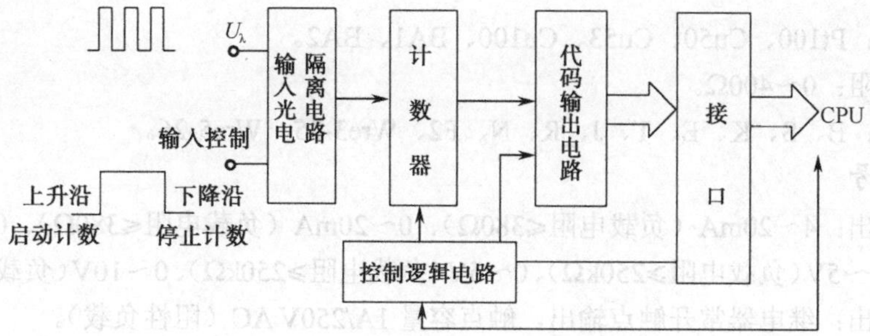

图 6-45　脉冲输入处理单元的结构框图

在计数过程中计数器出现溢出时，计数器请求中断，控制逻辑电路使代码输出电路程序加 1，计数器清零，继续计算。

根据记录仪不同的软件程序，可利用计数值求取过程变量的瞬时值、脉冲频率和累积值，满足现实内容的需要。

6.3.4　无纸记录仪的操作使用

下面我们以 RX6000C 彩色无纸记录仪为例介绍无纸记录仪的一般操作与应用，不同的无纸记录仪的参数设置、组态操作不尽相同，具体要根据所用仪表的说明书进行。RX6000C 彩色无纸记录仪外形图如图 6-46 所示。

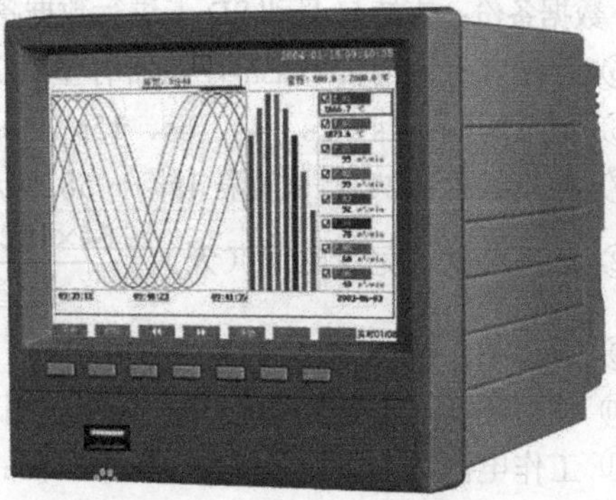

图 6-46　RX6000C 彩色无纸记录仪外形图

RX6000C 彩色无纸记录仪是应用先进的显示技术、微电子技术、数据存储和通信技术于一体的数据记录仪表，是目前国内无纸记录仪产品中功能较为齐全、操作方便、可靠好、性价比较高的产品。以其丰富的显示画面、灵活的操作方式，以及强大的记录、运算、控制和管理功能，在各行各业中获得了极其广泛的应用。

RX6000C 彩色无纸记录仪主要由触控液晶屏、按键、ARM 微处理器为核心的主板、主电源、外供变送器电源、智能通道板、大容量 Flash 等构成。

RX6000C 系列彩色无纸记录仪具有最大 64 路万能输入（可组态选择输入：标准电压、标准电流、热电偶、热电阻、频率、毫伏等），最多可带 18 路报警输出、12 个变送输出，可提供变送器 24V DC 配电。与上位机通信可采用 RS232/485 通信接口和以太网接口，配备微型打印机接口和 USB 接口，SD 卡插座，用于在线打印和转储记录数据。RX6000C 具有实时曲线显示、历史曲线追忆、棒图显示、报警列表显示等，通过面板按键可完成画面翻页，历史数据前后搜索，曲线时标变更等丰富的显示功能。

1．主要技术参数

1）输入测量信号

① 电流：0～20mA、0～10mA、4～20mA、0～10mA 开方、4～20mA 开方。

② 电压：0～5V、1～5V、0～10V、±5V、0～5V 开方、1～5V 开方、0～20mV、0～100mV、±20mV、±100mV。

③ 热电阻：Pt100、Cu50、Cu53、Cu100、BA1、BA2。

④ 线性电阻：0～400Ω。

⑤ 热电偶：B、S、K、E、T、J、R、N、F2、Wre3-25、Wre5-26。

2）输出信号

① 模拟输出：4～20mA（负载电阻≤380Ω）、0～20mA（负载电阻≤380Ω）、0～10mA（负载电阻≤760Ω）、1～5V（负载电阻≥250kΩ）、0～5V（负载电阻≥250kΩ）、0～10V（负载电阻≥500kΩ）。

② 报警输出：继电器常开触点输出，触点容量 1A/250V AC（阻性负载）。

③ 馈电输出：DC 24V±1，负载电流≤250mA。

④ 通信输出：RS485/RS232/EtherNet 通信接口。采用 RS485/RS232 通信，波特率 1200～57600b/s 可设置，采用标准 MODBUS RTU 通信协议。EtherNet 通信接口，通信速率为 10M，只适用于局域网。

3）主要性能

① 测量精度：0.2%F·S±1d。

② 采样周期：1s。

③ 设定方式：面板轻触式按键设定；参数设定值密码锁定；设定值断电永久保存。

④ 显示方式：7 英寸 800×480 点阵宽屏 TFT 高亮度彩色图形液晶显示，LED 背光、画面清晰、宽视角。数据备份：支持 U 盘和 SD 卡进行数据备份与转存，最大容量为 8GB，支持 FAT、FAT32 格式。

⑤ 存储容量：内部 Flash 存储器容量 64MB。

⑥ 记录间隔：1s、2s、4s、6s、15s、30s、60s、120s、240s 九挡可供选择。

⑦ 存储长度：24 天（间隔 1s）～5825 天（间隔 240s）。

⑧ 计算公式：$记录时间（天）=\dfrac{64\times1024\times1024\times◆◆◆隔(s)}{通道◆\times2\times24\times3600}$。

⑨ 通道数：4、8、16、32、64 可选。

⑩ 使用环境：环境温度：-10～50℃；相对湿度：10～90%RH（无结露）； 避免强腐蚀气体。

⑪ 工作电源：AC85～264V，频率范围：50～60Hz，最大功耗：20VA。

2．安装

1）安装场所

① 仪表为盘装式，水平安装。用于安装在室内通风良好、机械振动较小的地方，避开雨淋和太阳直射。

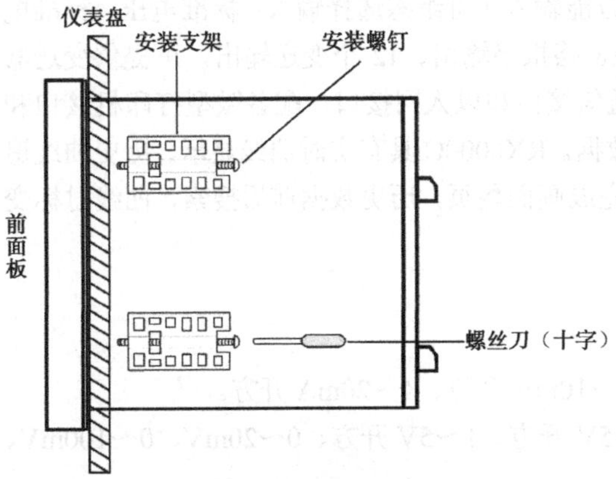

图 6-47 仪表安装

② 仪表从温度、湿度低的地方移至温度、湿度高的地方，可能会结露，热电偶输入时会产生测量误差。这时，需先适应周围环境 1h 以上再使用。尽量不要在高温（>40℃以上）条件下使用，否则会使画面质量降低，缩短 LCD 的寿命。

③ 仪表显示屏采用 TFT 真彩 LCD，如果从很偏的角度看上去就会难以看清显示，所以请尽量安装在观察者能正面观看的地方。

2）安装方法

① 根据说明书在控制盘上开孔，从仪表盘前面放入仪表。

② 把仪表附带的安装支架如图 6-47 所示卡

到两侧方孔中。

③ 上紧四个安装支架的安装螺钉。

3. 仪表接线

仪表背部接线端子分布如图 6-48 所示。其上按区布置了电源、R485/R232 通信、24V DC 馈电输出接线端子和打印机、以太网接口。而输入/输出信号接线端子按组（如第一组 1A、1B、1C）排列了 6 个槽位。每组均可任意连接电压、电流、热电偶、热电阻、线性电阻等。输入/输出信号接线图如图 6-49 所示。

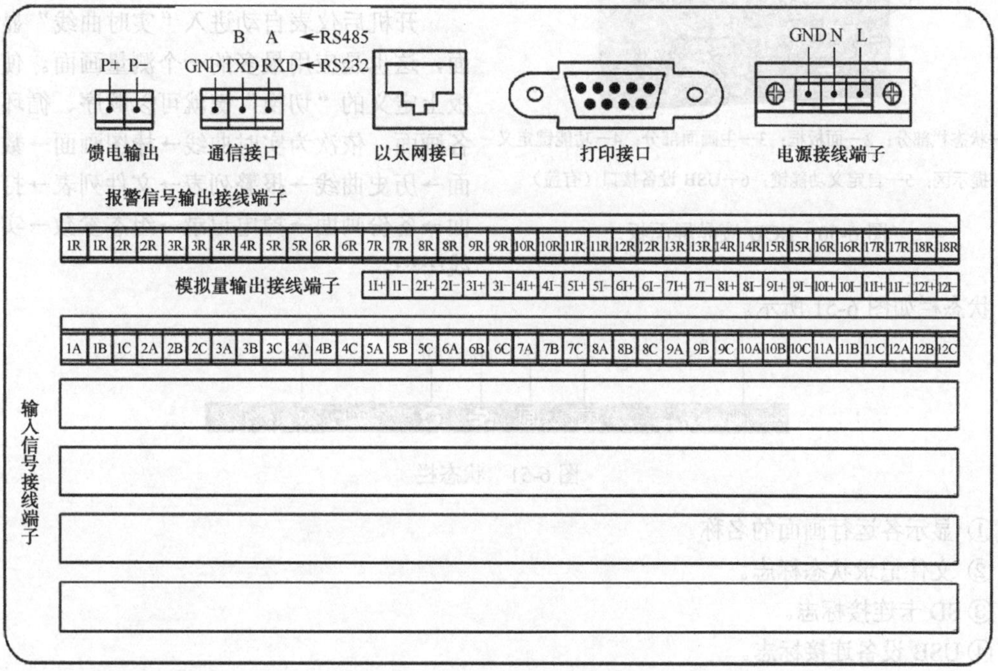

图 6-48 仪表背部接线端子分布

4. 仪表功能和操作

RX6000C 系列彩色无纸记录仪具有“实时曲线画面、棒图画面、数显画面、历史曲线画面、报警列表、文件列表、打印画面、备份画面、掉电记录画面、组态参数画面”多个操作显示画面和组态画面，显示清晰、信息量大、组态方便。用户无须专业培训就可以方便地操作使用仪表。仪表接上电源后显示系统初始画面，初始化系统完毕，进入实时曲线画面，下面分别对各操作显示画面、各组态画面进行介绍。

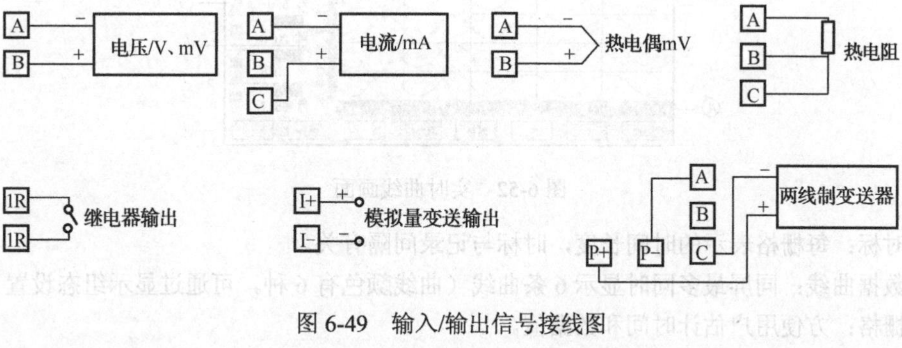

图 6-49 输入/输出信号接线图

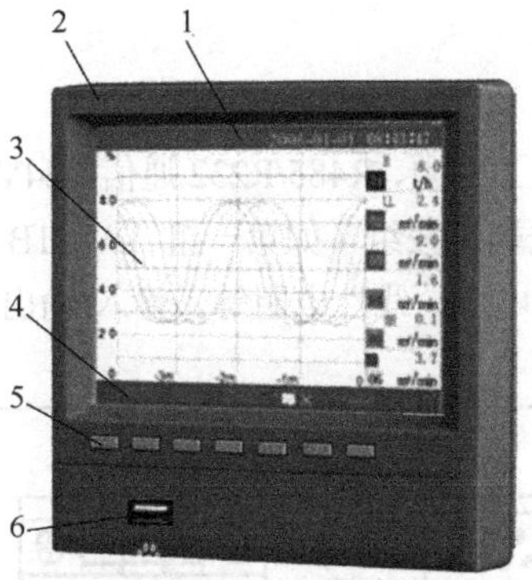

1—状态栏部分；2—面板框；3—主画面部分；4—功能键定义提示区；5—自定义功能键；6—USB 设备接口（有盖）

图 6-50 LCD 液晶屏面板

LCD 液晶屏面板如图 6-50 所示，上部为状态区，显示曲线名称、时间等功能符号，中间为主曲线区，下面为功能键定义提示区。面板上有 7 个功能键，但键的功能不是固定的，也不一定全能用到，要靠屏下方的功能键定义区来提示，提示区的功能键定义与面板上的实物键一一对应。

开机后仪表自动进入“实时曲线”显示画面，这也是应用最多的一个测量画面。使用面板上定义的“切换”键就可以顺序、循环切换各画面，依次为实时曲线→棒图画面→数显画面→历史曲线→报警列表→文件列表→打印画面→备份画面→掉电记录→组态参数→实时曲线……。

状态栏如图 6-51 所示。

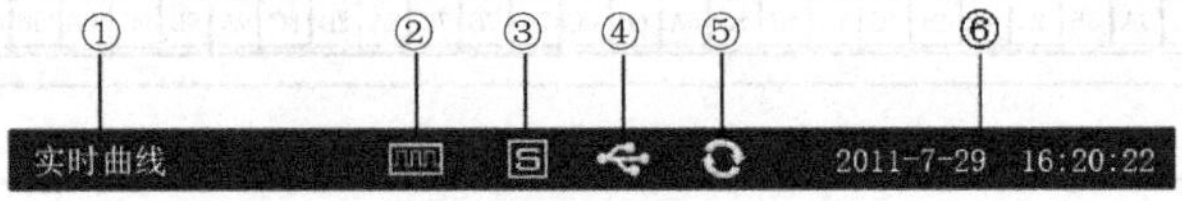

图 6-51 状态栏

① 显示各运行画面的名称。

② 文件记录状态标志。

③ SD 卡连接标志。

④ USB 设备连接标志。

⑤ 循环显示标志。

⑥ 显示仪表运行的日期和时间。

1）实时曲线画面

根据曲线组合设置，同时显示 6 个通道的实时曲线和数据，如图 6-52 所示。

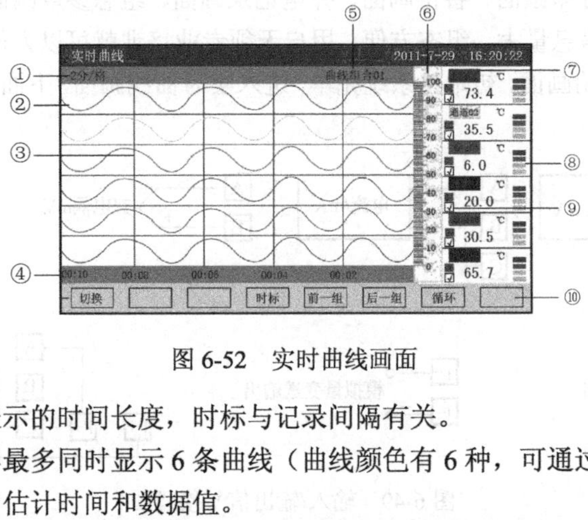

图 6-52 实时曲线画面

① 时标：每栅格表示的时间长度，时标与记录间隔有关。

② 数据曲线：同屏最多同时显示 6 条曲线（曲线颜色有 6 种，可通过显示组态设置）。

③ 栅格：方便用户估计时间和数据值。

④ 当前栅格所代表的时间。

⑤ 曲线组合：显示当前曲线组合名称（每个曲线组合可以包括 6 条曲线，用户可以根据自己的需要将有关联的通道放在一个曲线组合，便于通道组之间数据的比较）。

⑥ 标尺：显示曲线的百分量标尺。

⑦ 通道名称、单位：可设置，背景颜色与此对应的曲线颜色相同。

⑧ 超限报警指示：从上至下每个方块依次为上上限、上限、下限、下下限的超限报警标志，灰色表示无报警功能，绿色表示不报警，红色/粉色表示报警。

⑨ 曲线显示/隐藏标志："√" 为显示曲线，否则隐藏曲线。

⑩ 操作按键：

按"切换"键可切换到其他显示画面。

按"时标"键可切换时标。

按"前一组"键可查看前一组的曲线组合。

按"后一组"键可查看后一组的曲线组合。

按"循环"键在画面上会显示循环图标，按显示组态中设置的循环间隔时间自动切换到下一组曲线组合。

2）棒图画面

同时显示八通道数据和百分比棒图，如图 6-53 所示。

① 通道名称：表示显示通道对应的工程位号，可设置。

② 棒图：棒图标尺的长度为 10 格，色块的填充长度表示测量值在量程中的百分量。蓝色表示测量值不处于报警状态，红色表示测量值处于报警状态。

③ 报警标志：依次为上上限、上限、下限、下下限报警标志，变红色表示超限报警。

④ 单位：显示该通道数据单位，可设置。

⑤ 工程量数据：为该通道的当前工程量数据。.

⑥ 操作按键：同实时曲线。

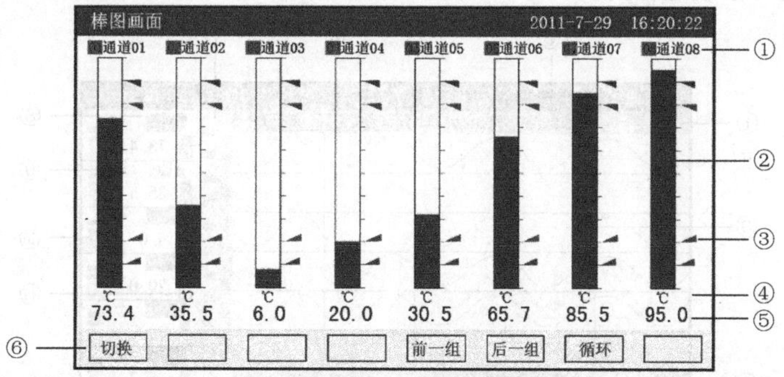

图 6-53　棒图画面

3）数显画面

同时显示多个通道实时数据和报警状态，数显画面如图 6-54 所示。

① 通道名称：表示显示通道对应的工程位号，可设置。

② 工程量数据：为该通道的当前工程量数据。

③ 超限报警指示：从上至下每个方块依次为上上限、上限、下限、下下限的超限报警标志，灰色表示无报警功能，绿色表示不报警，红色/粉色表示报警。

④ 单位：显示该通道数据单位，可设置。

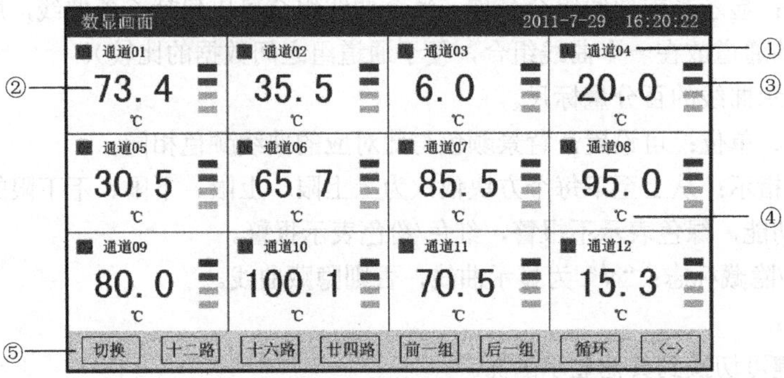

图 6-54 数显画面

⑤ 操作按键：

按“〈-〉”键可切换显示画面的路数，有“二路、四路、六路、十二路、十六路、廿四路”显示，如按“十二路”键可同时显示十二路的通道位号、工程量数据、报警状态及工程单位，以此类推。

其他按键功能同前。

4）历史曲线画面

根据曲线组合设置，同时显示六个通道的历史数据的曲线，如图 6-55 所示。

与实时曲线画面非常相似，各区功能也相同。

⑥ 追忆时间：表示“年-月-日 时-分-秒”。

操作按键：

按“《向前”键以当前追忆时间为标准向前追忆数据。

按“向后》”键以当前追忆时间为标准向后追忆数据。

按“时标”键可切换时标。

按“时间”键可修改追忆时间。

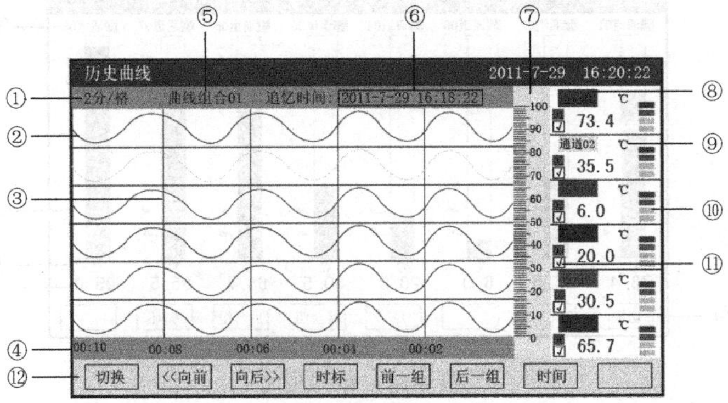

图 6-55 历史曲线画面

5）报警列表画面

显示通道报警信息，继电器输出状态，最多保存 100 条报警信息，保存条数满后，新的报警记录将把最早的报警记录覆盖。报警列表画面如图 6-56 所示。

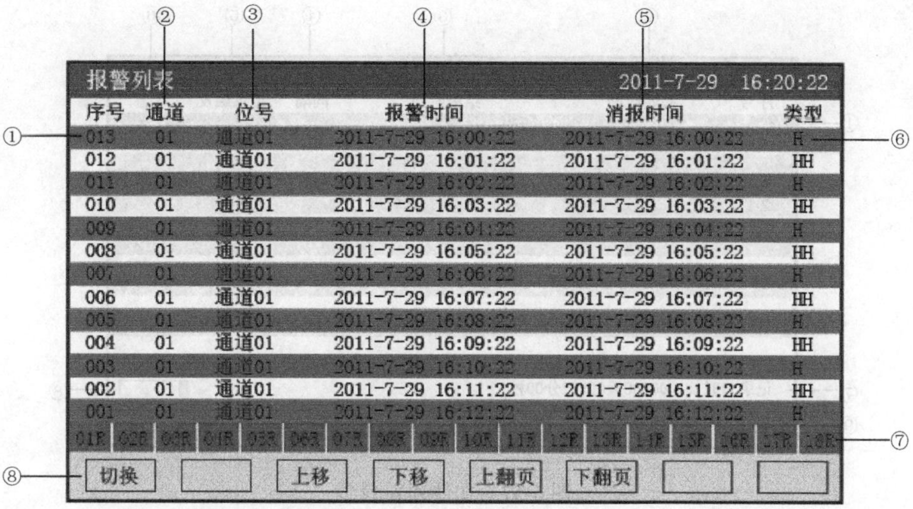

图 6-56 报警列表画面

① 序号：产生报警的序列号，按时间方式排列，发生时间越近，排列序号越大。

② 通道：产生报警的输入通道号。

③ 位号：产生报警的输入通道对应的位号。

④ 报警时间：报警开始时间。

⑤ 消报时间：报警终止时间。

⑥ 报警类型：上上限报警符号“HH”，上限报警符号“H”，下限报警符号“L”，下下限报警符号“LL”。

⑦ 当前继电器状态，从左到右依次表示 1～18 限继电器的当前状态，绿色表示继电器触点断开，红色表示继电器触点闭合。

⑧ 操作按键：

按“切换”键可切换到其他显示画面。

按“上移”键可向上移动查看报警列表。

按“下移”键可向下移动查看报警列表。

按“上翻页”键可向上翻页查看报警列表。

按“下翻页”键可向下翻页查看报警列表。

注意：此列表一屏显示 13 条报警记录。

6）文件列表画面

显示文件存储信息和文件存储状态，最多保存 100 条文件列表信息，保存条数满后，新的记录文件将把最早的记录文件覆盖。文件列表画面如图 6-57 所示。

① 序号：文件产生的序列号，按时间方式排列，发生时间越近，排列序号越大。

② 起始时间：文件中数据记录的起始时间。

③ 结束时间：文件中数据记录的结束时间。

④ 间隔：文件记录的时间间隔，显示记录组态中设置的记录间隔。

⑤ 记录触发：文件记录触发的条件，显示记录组态中设置的触发条件。

⑥ 状态：显示当前文件记录状态，文件状态为正在记录、手动停止、掉电停止、报警停止、定时停止。

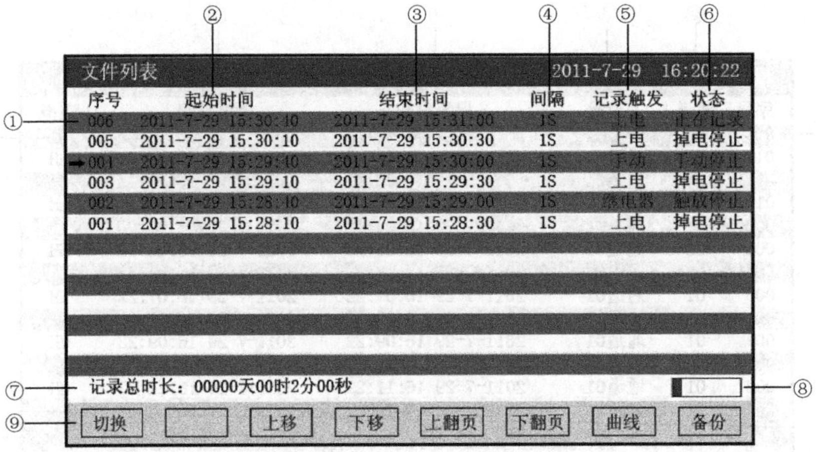

图 6-57　文件列表画面

⑦ 记录总时长：计算文件记录的总时长。

⑧ 文件存储容量进度条（注意：记录组态中的记录模式为不循环时出现）。

⑨。操作按键：

按“曲线”键跳到箭头所指的那段历史曲线画面，查看历史曲线数据，在历史曲线画面中按“返回”键回到文件列表画面。

按“备份”键跳到备份画面，可以备份单个历史文件或所有历史文件，按“返回”键回到文件列表画面。

7）打印画面

无纸记录仪通过 RS232 打印接口串行微型打印机，打印历史数据和曲线。打印画面如图 6-58 所示。

① 文件序号：记录文件的序号。

② 起始时间：打印数据段的开始时间。

③ 结束时间：打印数据段的结束时间。

④ 打印通道：选择要打印的通道。

⑤ 打印间隔：选择数据打印之间的时间间隔，单位为设置的打印间隔×记录间隔（只对数据打印有效）。

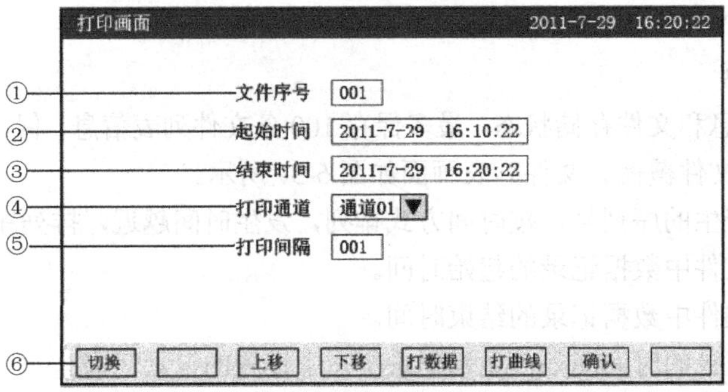

图 6-58　打印画面

⑥ 操作按键：

按“上移”键可向上移动光标，再按“确认”键对光标处进行修改，修改完毕按“确认”键确认退出。

按“下移”键可向下移动光标，再按“确认”键对光标处进行修改，修改完毕按“确认”键确认退出。

按“打数据”键可打印时间范围内的数据。

按“打曲线”键可打印时间范围内的曲线。

8）备份画面

无纸记录仪使用 U 盘或 SD 卡对仪表内的记录数据进行备份和转存。USB 接口在仪表的前面板上，SD 卡接口在仪表的左侧上，只要打开操作盖即可插入 U 盘或 SD 卡进行备份数据操作。

备份画面如图 6-59 所示。

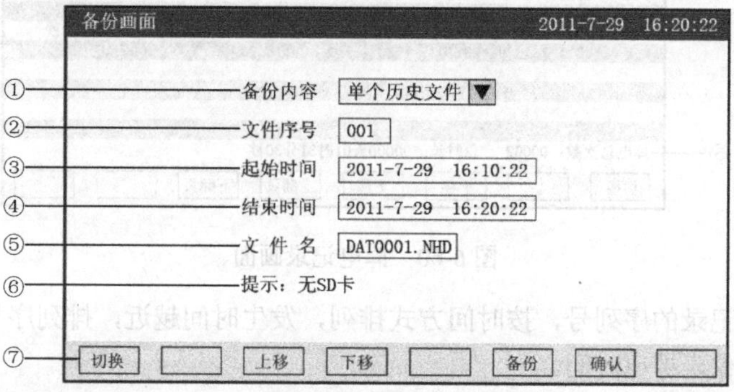

图 6-59　备份画面

SD 卡有自动备份功能：将 SD 卡插入到驱动器后，仪表会在每天 0 点定时自动备份正在记录的历史数据至 SD 卡；当停止记录或达到用户设定的触发条件时，仪表也会自动备份历史数据至 SD 卡。

自动备份文件存储目录如下：

（1）每天 0 点备份的文件存储目录：TIMEAUTO（文件夹名）/仪表日期（年/月/日）/仪表时间（时/分）。

（2）记录停止备份的文件存储目录：RECAUTO（文件夹名）/仪表日期（年/月/日）/仪表时间（时/分）。

在这个操作画面里，用户可将仪表中记录的所有通道的历史数据备份到 U 盘或 SD 卡上，将备份数据输入计算机就可以在计算机上通过上位机软件 DTM 对数据进行再现、分析与打印。

① 备份内容：备份单个历史数据或所有历史数据，可选择。

② 文件序号：记录文件的序号。

③ 起始时间：备份数据段的开始时间（系统自动生成）。

④ 结束时间：备份数据段的结束时间（系统自动生成）。

⑤ 文件名/文件夹名：选择备份数据在 U 盘中的文件名。备份内容选择单个历史文件时，文件名的后辍是.NHD；备份内容选择所有历史文件时，文件夹名的前辍是 F111110。

⑥ 无 SD 卡连接时，会提示无 SD 卡；有 SD 卡连接时，在显示状态栏有相应图标显示。无 U 盘连接时按“备份”键会提示无 U 盘；有 U 盘连接时，在显示状态栏有相应图标显示。

按“备份”键仪表会出现提示“备份中”，当 USB 进度条走完，仪表会提示“备份完成”，如果进度条还没走完，按“取消”键仪表会提示“被取消”备份数据被终止。

9）掉电记录画面

显示仪表掉电、上电时间的相关记录，包括掉电上电时间，掉电总次数与掉电总时长，最多保存 100 条报警信息，保存条数满后，新的掉电记录文件将把最早的记录文件覆盖。掉电记录画面如图 6-60 所示。

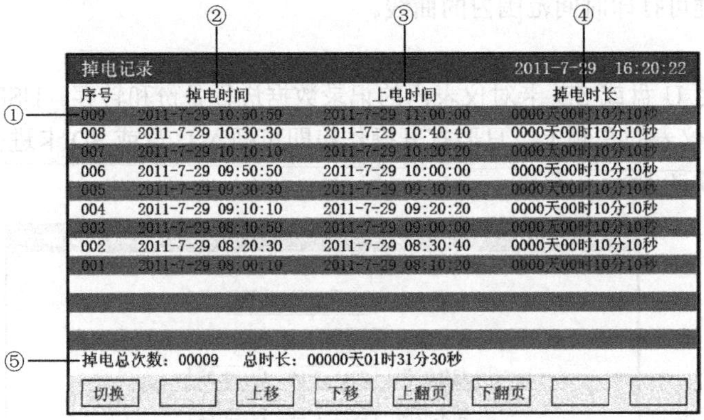

图 6-60 掉电记录画面

① 序号：掉电记录的序列号，按时间方式排列，发生时间越近，排列序号越大。

② 掉电时间：仪表掉电时间。

③ 上电时间：仪表上电后到达测量画面的时间。

④ 掉电时长：每次掉电的时间长度。

⑤ 掉电总次数：总共发生的掉电次数。

总时长：累加每次掉电时间的长度。

10）组态画面

进入组态画面必须要先验证密码，如图 6-61 所示。

密码由 6 位数据，出厂默认密码为 000000。注意：若密码设置错误，用户将不能进入各组态画面。

下面对各组态画面进行介绍。

（1）系统组态。

系统组态画面如图 6-62 所示。

① 语言选择：简体中文和 English 可选。

② 用户密码：用户可根据自己的需求设置密码。

③ 日期：显示“年-月-日 时-分-秒”，可以修改调整时间。

④ 冷端调整：调整并显示冷端温度。

⑤ 断线处理：量程下限、量程上限、保持前值可选。

⑥ 通信地址：地址范围为 1～255。

⑦ 波特率：1200b/s、2400b/s、4800b/s、9600b/s、19200b/s、38400b/s、57600b/s 可选。

⑧ IP 地址：以太网通信的 IP 地址。

⑨ 端口：以太网通信的端口号。

⑩ 定时打印：设置定时打印时间。

⑪ 起始时间：设置定时打印的起始时间。

⑫ 报警打印：关闭、启用可选。

⑬ 清除数据：清除仪表内存中的所有存储数据，包括历史数据、报警列表、文件列表、掉电记录。

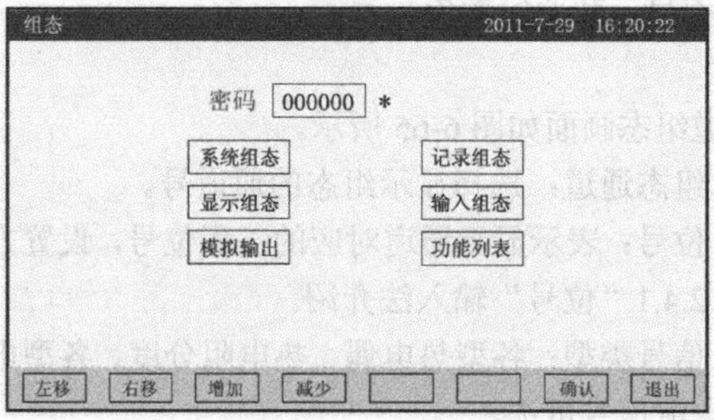

图 6-61 组态主界面

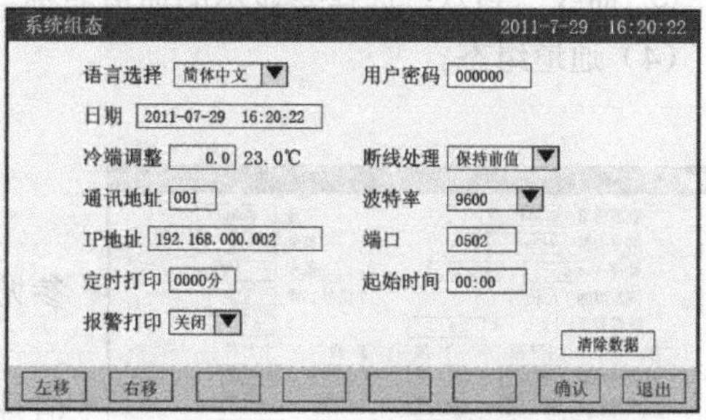

图 6-62 系统组态画面

（2）记录组态。

记录组态画面如图 6-63 所示。

① 记录模式：不循环和循环可选。

② 不循环：当仪表记录空间已满或记录文件达到 100 个时，自动停止记录。

③ 循环：当记录空间已满，将会从第一个文件继续记录，按照新文件替换老文件的方式循环记录历史数据；当记录文件数达到 100 个，第一个文件将被删除，其他文件序号依次前移，然后建立新文件继续记录。

④ 记录间隔：1s、2s、4s、6s、15s、30s、1min、2min、4min 可选。

⑤ 记录类型：实时值和取前后记录点之间平均值、最大值和最小值可选。

⑥ 触发条件：手动、上电、报警、继电器、定时可选。手动触发是手动停止或手动启动数据存储记录；上电触发是仪表每次上电启动后，自动建立新文件并开始记录数据；报警触发是设定只在某一通道对应的某种报警时，启动数据存储记录，报警结束，则停止记录；继电器触发是设定某限继电器发生报警时，启动数据存储记录，继电器报警结束，则停止记录；定时触发是定时循环周期固定为 24 时，设定起始时间和结束时间，让仪表每天只在设定的时间段进行数据存储记录。

（3）显示组态。

显示组态画面如图 6-64 所示。

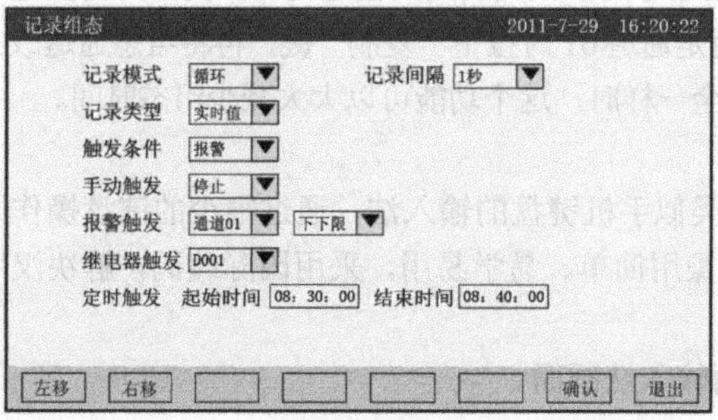

图 6-63 记录组态画面

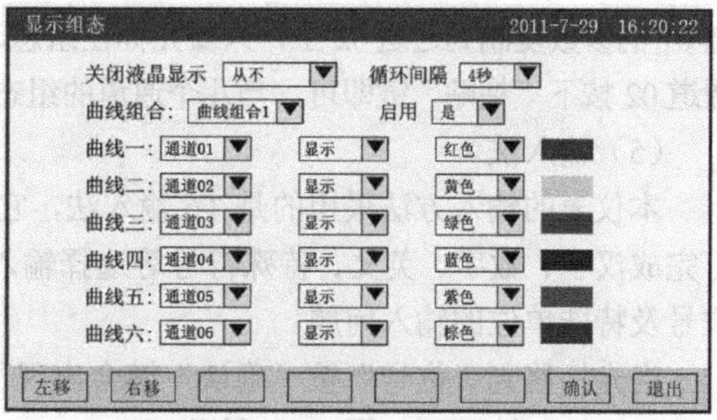

图 6-64 显示组态画面

① 关闭液晶显示：可选择 5min 后、10min 后、30min 后、1h 后、从不关闭。

② 循环间隔：循环显示下一组合的间隔时间，4s、8s、15s、30s 可选。

③ 曲线组合：每个曲线组合可以包括 6 条曲线，共有 10 种曲线组合可选，可以根据实际的需求选择，并在实时曲线画面显示。

④ 启用：选“是”则对应的曲线组合在实时曲线画面可以显示，选“否”则不显示。

⑤ 曲线一到六：选择要显示的通道名称，是否显示和曲线颜色。

（4）通道组态。

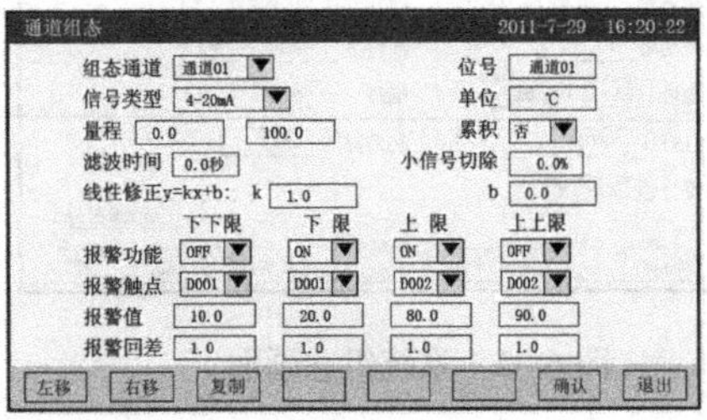

图 6-65　通道组态画面

通道组态画面如图 6-65 所示。

① 组态通道：选择显示组态的通道号。

② 位号：表示显示通道对应的工程位号，设置方法参见 5.12.4.1“位号”输入法介绍。

③ 信号类型：各型热电偶、热电阻分度、各型电压信号、电流信号可选。

④ 单位：表示显示通道对应的工程单位。

⑤ 量程：记录数据的上限和下限量程，设置范围是-9999～19999，通过修改量程上限的小数点位置来确定通道所带小数点的位数。

⑥ 累积：“是”、“否”选择，只用在流量累积运算中。

⑦ 滤波时间：修改仪表采样的次数，用于防止测量显示值跳动。例如，当模拟量输入时，设定滤波时间为 3.0s，则仪表自动将 3s 内的采样值（采样周期 1s，即 3s 采样值）即将进行平均，更新显示值。设定范围 0～9.9s。

⑧ 小信号切除：当测量值小于（量程上限值-量程下限值）×小信号切除百分比+量程下限值，此时仪表显示为量程下限值，设置为 0 关闭小信号切除功能。范围：0～ 99.9%。

⑨ 线性修正：工程量根据公式 $y = Kx + b$ 进行线性修正。

⑩ 报警下下限、下限、上限、上上限，回差数值：本通道报警数值设置范围是-9999～19999，输入方式同量程输入方式。

⑪ 报警功能：OFF：报警功能关闭，ON：报警功能打开。

⑫ 报警触点：选择继电器触点序号，D001～D018 对应 1～18 号继电器触点输出，“无”表示不输出。

⑬ 操作：在该画面中。

按“复制”、“粘贴”键可以将需要复制的组态通道号的参数复制到其他通道上，例如，需要把通道 01 的参数复制到通道 02 上，只要光标在组态通道是通道 01 时按下“复制”键，再将组态通道改为通道 02 按下“粘贴”键即可。当几个通道的组态完全一样时，这个功能可以大大减少组态时间。

（5）输入法。

本仪表的输入方法采用的是 T6 输入法，它是类似手机键盘的输入法，通过很少的键盘操作即可完成汉字、数字、英文、特殊符号等选择输入，操用简单、易学易用，采用国际编码，解决汉字位号及特殊单位的输入问题。

当光标移到“位号”按“确认”键会出现下面输入法画面。

组态输入法画面如图 6-66 所示。

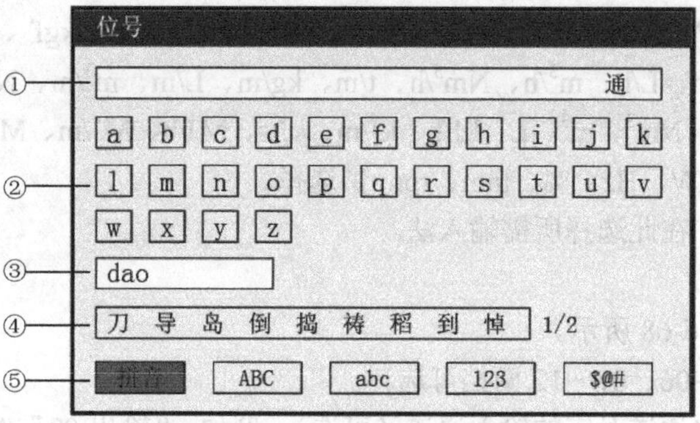

图 6-66　组态输入法画面一

① 输入显示栏：显示输入字符。

② 软键盘：拼音输入时显示 26 个拼音字母、大写字母输入时显示 26 个大写字母、小写字母输入时显示 26 个小写字母、数字输入时显示（0～9）及短横线、小数点、特殊符号输入时显示 30 个特殊符号。

③ 拼音组合显示栏（仅使用拼音输入时出现）。

④ 文字备选栏（仅使用拼音输入时出现）。

⑤ 输入法选择栏，在此选择所需输入法。

⑥ 操作按键：

按“左移”、“右移”、“上移”键移动光标选择所需字符。

按“光标”键：将光标移到输入法选择栏进行输入法的切换；在有文字备选栏时按“光标”键会出现▲，再按“左移”、“右移”键选择所需字符。

当光标移到“单位”按“确认”键会出现以下输入法画面，如图 6-67 所示。

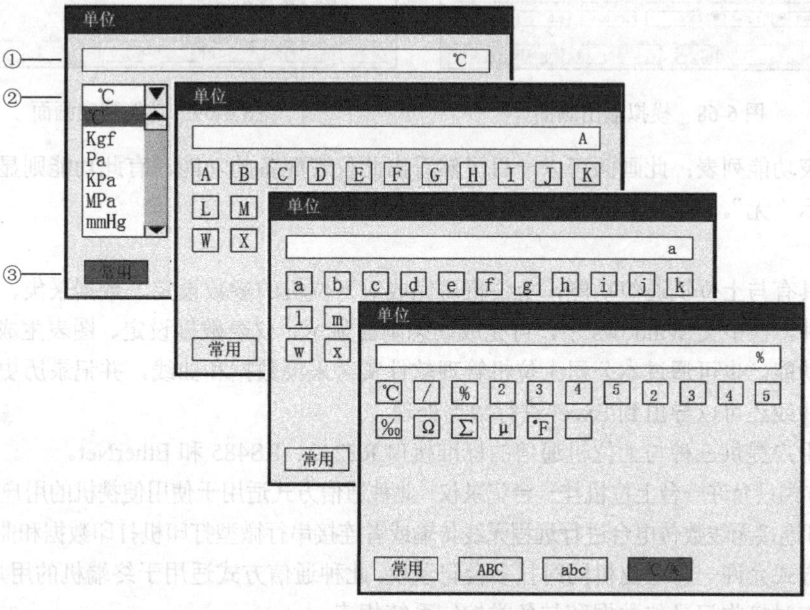

图 6-67　组态输入法画面二

① 输入显示栏：显示输入单位符号。

② 软键盘：常用单位输入、大写字母输入时显示 26 个大写字母、小写字母输入时显示 26 个

小写字母、特殊符号输入时显示 16 个特殊符号。其中常用单位有℃、kgf 、Pa、kPa、MPa、mmHg、mmH_2O、bar、t/h、kg/h、L/h、m^3/h、Nm^3/h、t/m、kg/m、L/m、m^3/m、Nm^3/m、t/s、kg/s、L/s、m^3/s、Nm^3/s、t、kg、g、Nm^3、m^3、L、kJ/h、kJ/m、kJ/s、MJ/h、MJ/m、MJ/s、GJ/h、GJ/m、GJ/s、kJ、MJ、GJ、V、A、kW、Hz、%、mm、rpm 供选择。

③ 输入法选择栏，在此选择所需输入法。

11）模拟输出

模拟输出画面如图 6-68 所示。

① 输出通道：01～06、07～12 两挡可选。

② 输入通道：输出通道对应的输入通道（可选）。例如，“输出 02”对应的是“通道 05”，则第 2 路的模拟量输出跟随输入通道 5 的测量值变送输出。

③ 输出类型：可选择 0～10mA、0～20mA、4～20mA、0～5V、1～5V、0～10V、无。

④ 输出下限、输出上限：调整变送输出的上、下限量程，设置范围是-9999～19999，通过修改量程上限的小数点位置来确定通道所带小数点的位数。

⑤ $kx+b$：模拟输出线性修正公式，b：输出零点迁移量，k：输出放大比例。

12）功能列表

功能列表画面如图 6-69 所示。

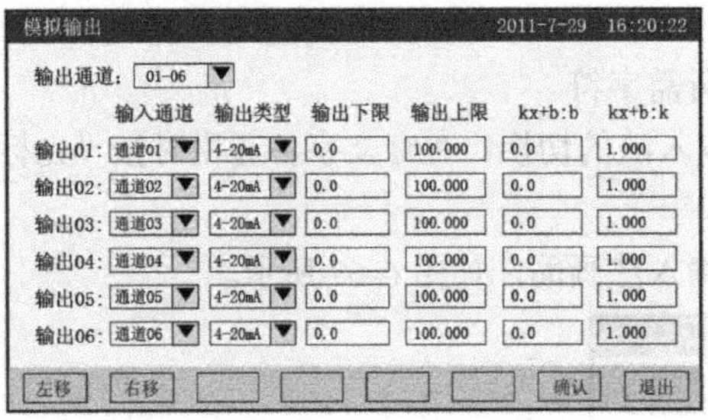

图 6-68 模拟输出画面

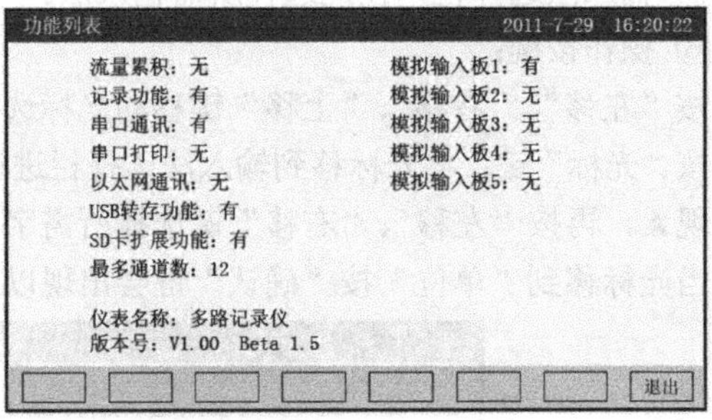

图 6-69 功能列表画面

查看仪表功能列表：此画面可以一目了然看出此仪表配备的功能，有此功能则显示“有”，无此功能则显示“无”。

5．通信

本仪表具有与上位机通信功能，上位机可完成对下位机的参数设定、数据采集、监视等功能。配合工控软件，在中文 Windows 下，可完成动态画面显示、仪表数据设定、图表生成、存盘记录、报表打印等功能。也可通过本公司上位机管理软件实时采集数据和曲线，并记录历史数据和曲线，历史数据和曲线还可以导出到 Excel 进行数据处理。

仪表为用户提供三种与上位机通信的标准接口 RS232、RS485 和 EtherNet。

RS232 方式只允许一台上位机挂一台记录仪，此种通信方式适用于使用便携机的用户随机读取记录仪数据，也可连接无线数传电台进行远程无线传输或者连接串行微型打印机打印数据和曲线。

RS485 方式允许一台上位机同时挂多台记录仪，此种通信方式适用于终端机的用户与本记录仪构成网络，实时接收记录仪数据和与各类控制系统相连。

EtherNet 通信允许多台仪表与上位机联网，以 10M 的通信速率进行数据交换，适用于终端机与仪表的大量数据通信。通信距离超过 300m 时，可以采用光纤网络实现。只要在记录仪系统组态中，选择好 IP 地址，并在计算机管理软件中进行相应的设置，就可以进行以太网通信。

6．故障分析与排除

数据记录仪采用了先进的生产工艺和测试手段，每一台在出厂前都进行了严格的测试，具有良好的可靠性。在使用过程中，常见的故障一般是操作或参数设置不当引起的。如表 6-3 所示是数据记录仪在应用中的常见故障。

表 6-3 故障原因分析处理表

故障现象	原因分析	处理措施
仪器通电不工作无显示	电源线接触不良	检查电源接头及开关
液晶屏亮但无显示	（1）显示屏的连接线松脱； （2）显示驱动故障	检查内部线缆
信号显示与实际不符	（1）参数设置中信号设定有误； （2）信号接线错误； （3）量程设置不对等	（1）检查参数设置； （2）检查信号线； （3）重新上电，若现象仍存在请联系厂家
报警输出不正常	（1）报警极限设置错误； （2）报警点被其他通道共享	（1）重新设定极限值； （2）取消其他报警点
流量累积不正确	累积参数设置不正确	重新设置参数
通道测量值显示 Err	测量模组故障	与厂商联系
仪表上电自检失败	仪表内部故障	与厂商联系

练 习 题

1．显示仪表按显示方式可分为哪几类？各有什么特点？

2．电子电位差计中外线路电阻的大小，对电子电位差计的测量有无影响？为什么？

3．为什么电子电位差计的测量线路要采用桥路的形式？

4．电子电位差计滑线电阻 R_P 上产生的电势约为多少？如何克服滑动触点与 R_P 之间产生的接触电势？

5．电子电位差计中 R_2 上产生的电势是否就是温度补偿电势？

6．已知配用分度号为 E 的热电偶进行测温的电子电位差计，测温范围为 200～1100℃，仪表工作环境温度 0～50℃，试计算测量桥路各电阻阻值。

7．对于始点为 0℃的电子电位差计，当输入端短路后，仪表指针应指示何处？为什么？若要使仪表指针指示 0℃，应加多大的信号？

8．校验电子电位差计时先校零点后校满度，而校验自动平衡电桥却必须先校满度后校零点，根据测量原理分析其原因？

9．参考电子电位差计工作原理图，说明以下问题。

（1）R_G 或 R_4 断线时，仪表将出现什么现象？

（2）R_3、R_2 或 RM 断线时，仪表将出现什么现象？

（3）R_P 左侧或右侧断线，仪表将出现什么现象？

10．当电子电位差计的桥路发生故障时，有哪些原因的影响会出现下列故障现象。

（1）指针有往终端走的趋势；

（2）指针指向终端；
（3）指针有往始端走的趋势；
（4）指针指向始端；
（5）指针在某位置摆动。
11．电子平衡电桥测量桥路中：
（1）温度升高，触点向何方向移动？
（2）当仪表断电时，指针应指示何处？
（3）连接热电阻的引线分别断路时，指针分别指到什么位置？
12．电子电位差计和电子平衡电桥的主要区别表现在哪些方面？
13．画图简述 JF—12 型放大器的基本组成几个部分的作用原理。
14．在 JF—12 型放大器中，变流器的作用是什么，电压放大级采用直接耦合有什么好处？
15．JF—12 型放大器为什么要采用相敏推挽功率放大器？
16．自动平衡式显示仪表滑线电阻工作段磨损后，对示值有何影响？
17．电子平衡电桥的桥路发生故障时，出现下列故障现象的可能原因是什么？
（1）指针指向终端；
（2）指针指向始端；
（3）指针动作缓慢。
18．数字式显示仪表主要由哪几部分组成？各部分有何作用？
19．在数字仪表显示中，$3\frac{1}{2}$位显示的意义是什么？可显示示值范围为多少？
20．试分析逐位比较型、双积分型和电压—频率型三种 A/D 转换器的优点和缺点。
21．画出双积分型 A/D 转换器的原理框图，并说明它是如何工作的？
22．叙述电压—频率型 A/D 转换器的工作原理。
23．非线性补偿的基本出发点是什么？标度变换的实质是什么？
24．简述 XMZ 型数字温度显示仪表的基本工作原理。
25．XMZ—101H 如何利用二极管 PN 结电压变化实现热电偶冷端温度补偿？
26．什么是无纸记录仪？它有什么特点？
27．无纸记录仪与自动平衡式记录仪相比具有什么优越性？
28．无纸记录仪中的记录时间间隔和时间标尺是不是同一个概念？
29．RX6000C 系列无纸记录仪由哪些部分组成？各部分有什么作用？
30．RX6000C 系列无纸记录仪提供哪些显示画面？各有何特点？
31．什么是组态？无纸记录仪组态的作用是什么？

实训课题一　数字显示仪表示值校验

1．课题名称

数字显示仪表示值校验。

2．训练目的

（1）了解数字显示仪表相关性能指标的含义及其测试办法。

（2）掌握数字显示仪表的调整及校验方法。

3．实验设备

（1）配热电偶或热电阻的数字显示仪表一台，型号 XMZ—101、XMZ—102。

（2）精密直流手动电位差计一台，推荐型号 UJ—33a。

（3）精密电阻箱一只，推荐型号 ZX—38/A。

（4）标准数字电压表一只。

实验装置连接图如图 6-70 和图 6-71 所示。

4．实验原理

1）配用热电偶的 XMZ—101 仪表的校验原理

本实验以直流手动电位差计替代热电偶，给被校仪表输入毫伏信号进行示值校验。

配用热电偶的 XMZ 系列仪表内部具有温度补偿桥路，桥路中的铜电阻安装在仪表的接线端子排上，在校验过程中要测量环境温度，加信号及数据处理时也必须考虑该温度。当然，对于这一类高输入阻抗的仪表而言，在接线过程中不必考虑外线路电阻。

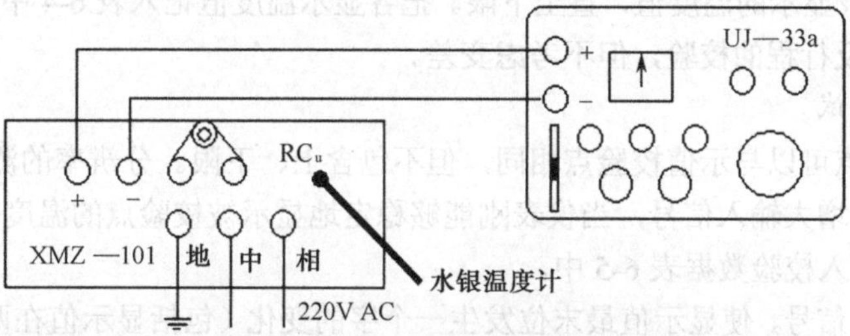

图 6-70　XMZ—101 数字显示仪表校验线路连接图

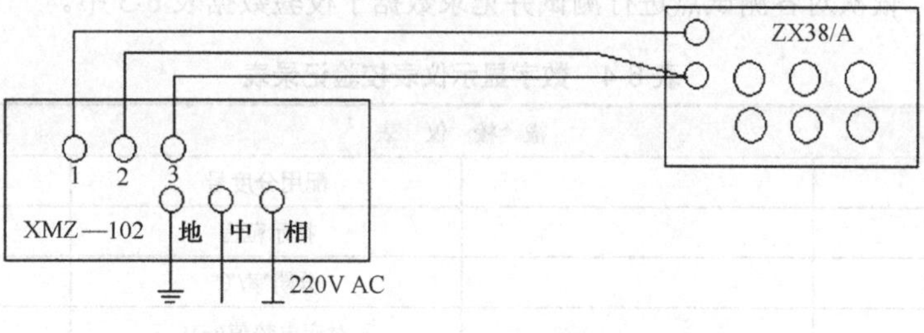

图 6-71　XMZ—102 数字显示仪表校验线路连接图

2）配用热电阻的 XMZ—102 系列仪表校验原理

本实验是以电阻箱替代热电阻进行仪表的调整和示值校验。仪表的接线仍采用三线制，外线路电阻值无具体要求，但它们的大小应相等。

5．训练步骤

1）外观检查

观察仪表外观，整机应清洁、无锈蚀，各接线端子标号齐全，可调器件能正常工作，通电后显示部分应完整、清晰。

2）零位与满度的调整

① 分别按图 6-70 及图 6-71 进行实验装置连接，接线经检查无误后通电预热 10min。

② 将标准仪器（手动电位差计或标准电阻箱）的信号调至被校仪表的下限输出，调整零位电位器使数显仪表显示“000.0”。

③ 将标准仪器（手动电位差计或电阻箱）的信号调至被校仪表的上限输出（上限值见铭牌标注，信号值查分度表），调整量程电位器使仪表显示上限温度值（以上两项对 XMZ—101 而言均需考虑环境温度）。

在数显仪表的正面面板左下方有一锁紧螺钉“OPEN”，按标注方向旋动它可抽出表芯。表芯内的印制线路板上装有零点及量程调整电位器，可分别调整仪表的零位和量程。

④ 复查零位和量程，调整合格后装上表芯。

3）示值校验

校验方法如下。

① 先选好校验点，校验点不应少于 5 点，一般应选择包括上、下限在内的整十或整百摄氏度点。把选好的校验点及对应的标准信号值填入校验数据表 6-4 中。

② 从下限开始增大输入信号（正行程时），分别给仪表输入各校验点温度所对应的标准信号值，读取被校仪表指示的温度值，直至上限。把在各校验点读取的温度值记入校验数据表 6-4 中。

③ 减小输入信号（反行程校验），从上限开始，分别给仪表输入各校验点温度所对应的标准信号值，读取被校仪表显示的温度值，直至下限。把各显示温度值记入表 6-4 中。对数字显示仪表而言虽然进行了正、反行程的校验，但不考虑变差。

4）分辨率的测试

分辨率的测试点可以与示值校验点相同，但不包含上、下限。分辨率的测试方法如下：

① 从下限开始增大输入信号，当仪表刚能够稳定地显示被校验点的温度值时，把此时的输入信号称为 A1，并记入校验数据表 6-5 中。

② 再增大输入信号，使显示值最末位发生一个字的变化（包括显示值在两值之间波动），这时的输入信号值称为 A2，并把 A2 记入校验数据表中。

按上述方法，依次对各测试点进行测试并记录数据于校验数据表 6-5 中。

表 6-4　数字显示仪表校验记录表

<table>
<tr><th colspan="5">被 校 仪 表</th></tr>
<tr><td>型号</td><td></td><td colspan="2">配用分度号</td><td></td></tr>
<tr><td>显示位数</td><td></td><td colspan="2">指示范围</td><td></td></tr>
<tr><td>允许误差/℃</td><td></td><td colspan="2">分辨率/℃</td><td></td></tr>
<tr><td>室温/℃</td><td></td><td colspan="2">对应电势值/mV</td><td></td></tr>
<tr><th colspan="5">标 准 仪 器</th></tr>
<tr><td>名称</td><td></td><td colspan="2" rowspan="2">型号</td><td rowspan="2"></td></tr>
<tr><td>精度级别</td><td></td></tr>
<tr><th colspan="5">示 值 校 验</th></tr>
<tr><td>被校点温度/℃</td><td>标准信号值/MV，Ω</td><td>行程</td><td>被校表显示值/℃</td><td>绝对误差/℃</td></tr>
<tr><td rowspan="2"></td><td rowspan="2"></td><td>正</td><td></td><td rowspan="2"></td></tr>
<tr><td>反</td><td></td></tr>
<tr><td rowspan="2"></td><td rowspan="2"></td><td>正</td><td></td><td rowspan="2"></td></tr>
<tr><td>反</td><td></td></tr>
<tr><td rowspan="2"></td><td rowspan="2"></td><td>正</td><td></td><td rowspan="2"></td></tr>
<tr><td>反</td><td></td></tr>
</table>

续表

示 值 校 验				
		正		
		反		
		正		
		反		
		正		
		反		
经过数据处理后的实际最大误差/℃				
校验结论及分析：				

表 6-5　分辨率测试表

分 辨 率 测 试			
测试点温度/℃	实际输入电量值 A_1/mV，	示值变化后输入电量值 A_2/mV，	实际分辨率℃

校验人：

年　月　日

指导教师：

年　月　日

实训课题二　无纸记录仪的认识、组态和操作

1．课题名称

无纸记录仪的认识、组态和操作。

2．训练目的

（1）选择不同的输入方式，通过对无纸记录仪的各通道进行组态，熟练掌握其组态方法。

（2）通过对记录仪的操作，熟悉该类仪表的特性和操作方法。

（3）通过各通道记录特性的实际操作和观察，学会该类仪表的检定方法。

3．实验装置

主要实验仪器及装置如下：

（1）无纸记录仪一台，型号 RX6000C。

（2）标准电阻箱一只，推荐型号 ZX/38A。

（3）精密直流手动电位差计一台，推荐型号 UJ—33a 或 UJ—36 型。

（4）可调直流电流源一台，精密电流指示仪表一块。

（5）可调直流电压源一台，精密电压指示仪表一块。

可调直流电压源、可调直流电流源可用多功能信号校验仪代替。

选择第一通道为热电阻输入通道，配用热电阻的分度号为 Pt100，测量范围为 0～300℃。

选择第二通道为热电偶输入通道，配用热电偶的分度为 K，测量范围为 0～600℃。

选择第三通道为 DDZ—Ⅲ型仪表的电流输入通道，输入范围为 4～20mA DC，且假设它为某压力变量变送器的线性输出，所测量的介质压力变化范围为 0～8MPa。

选择第四通道为 DDZ—Ⅲ型仪表的电压输入通道，输入范围为 1～5V DC，且假设它为某流量变送器的线性输出，所测量的流量范围为 0～50kg/h。

本实验中的各项步骤均围绕上述选择和规定进行组态和校验，其余几个通道根据具体情况自定。

校验装置按 RX6000C 接线规则与其他校验设备连接图如图 6-72 所示。

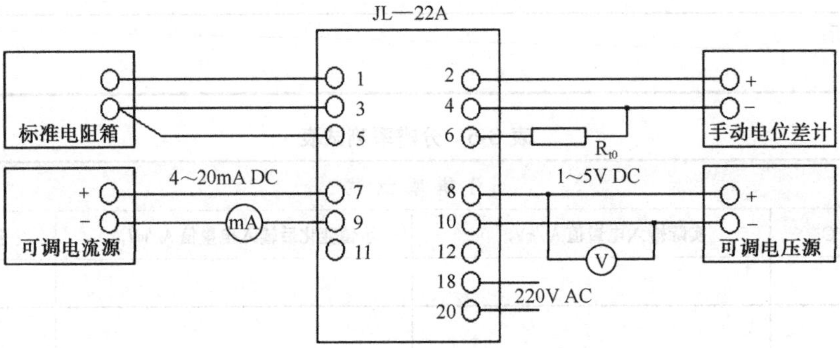

图 6-72　RX6000C 型无纸记录仪校验连接图

4．实验原理

本实验以直流手动电位差计代替热电偶，给被校仪表输入标准毫伏信号；以精密电阻箱代替热电阻；用精密可调电流源产生标准 4～20mA 信号；用精密可调电压源产生标准 1～5V 信号，对无纸记录仪进行不同输入下的组态，完成示值校验。

5．训练步骤

1）无纸记录仪的组态

（1）进入组态界面。

仪表通电预热 5min 后进行组态操作。按“6.3.4 无纸记录仪的操作使用”一节所介绍的步骤操作。连续按“切换”键直到“组态画面”出现，即进入了组态界面主菜单（见图 6-61），输入正确密码“000000”，在实验操作时可直接按“确认”键即可。

（2）系统组态。

在组态主菜单中将光标移至“系统组态”，按“确认”键即可进入系统组态画面（见图 6-62）。

① 语言选择：选择简体中文。

② 日期：修改输入当前时间。

③ 冷端调整：调整并显示冷端温度（实验时室温）。

④ 断线处理：取量程上限（实际工作中不会达到上限，以判断断线）。

⑤ 通信地址：实验不通信，不设；波特率：任意；IP 地址：空；端口：空。

⑥ 定时打印：设置定时打印时间 24h。

⑦ 起始时间：0 点 0 分。

⑧ 报警打印：选择关闭。

按“确认”键保存组态数据。

（3）记录组态。

本实验无须设置，取默认值。

（4）显示组态。

在组态主菜单中将光标移至“显示组态”，按“确认”键即可进入系统组态画面（见图 6-64）。

根据实验硬件连接，按以下约定分别设置：

曲线一为通道 01，热电阻输入、显示、红色。

曲线二为通道 02，热电阻输入、显示、黄色。

曲线三为通道 03，热电阻输入、显示、绿色。

曲线四为通道 04，热电阻输入、显示、蓝色。

（5）通道组态。

在组态主菜单中将光标移至“通道组态”，按“确认”键即可进入通道组态画面（见图 6-65）。

01 通道为热电阻输入通道。位号：TI101；信号类型：Pt100；单位：℃；量程 0～300℃；累积：否；滤波时间：3s；小信号切除：1.0%；线性修正：k=0，b=0；报警功能：全为 OFF，报警触点：无；报警值：无；报警回差：无。

02 通道为热电偶输入通道。位号：TI102；信号类型：K；单位：℃；量程 0～600℃；累积：否。其他与通道 01 相同。

03 通道为电流输入通道。位号：PI101；信号类型：4～20mA；单位：MPa；量程 0～8MPa；累积：否。其他与通道 01 相同。

04 通道为电压输入通道，位号：FI101；信号类型：1～5V；单位：m^3/h；量程 0～50m^3/h；累积：是。其他与通道 01 相同。

输入范围 DC，且假设它为某流量变送器的线性输出，所测量的流量范围为 0～50。

（6）模拟输出组态。

本实验无输出，不用设置。

（7）组态 6（报警信息组态）。

本实验无须设置。

组态完毕，仪表即进入所设定的第一个显示画面。

2）各通道指示及记录准确性的校验

按图 6-72 进行仪表的校验线路连接，并经指导老师检查确认后接通仪表电源。

（1）第一通道校验。

仪表通电后便自动进入实时曲线示界面，进入该画面后按下述步骤进行实验。

① 用“切换”键翻页，观察各测量画面，最后定格在“数显画面”。

② 从 100Ω的下限值开始，顺序增大接入第一通道的电阻箱阻值，使记录仪显示界面上的工程量实时数据分别为各校验分度点（不得少于 5 个）。读取各校验点所对应的电阻箱阻值、实时棒图显示值，在校验数据表 6-6 中的相应栏目内进行记录，并观察实进趋势曲线的变化情况。

（2）第二通道校验。

步骤同上。从 0mV 开始，顺序增大接入第二通道的电位差计输出值，使记录仪显示界面上的工程量实时数据分别为各校验分度点（不得少于 5 个），读取各校验点所对应的毫伏电势值、实时测量显示值，在校验数据表 6-6 中的相应栏目内进行记录，并观察实时趋势曲线的变化情况。

（3）第三通道校验。

步骤同上。仪表进入第三通道后，从 4mA 的电流值开始，顺序增大接入电流值，使记录仪显示界面上的工程量实时数据分别为各校验点压力。读取各校验点所对应的实时压力数据值，在校验数据表的相应栏目内进行记录，并观察实时趋势曲线的变化情况。

（4）第四通道校验。

步骤同上。进入第四通道后，从 1V DC 的电压值开始，顺序增大接入第四通道可调电压源的输出电压值，使记录仪显示界面上的工程量实时数据分别为各校验点流量，读取各校验点所对应的实时流量数据，在校验数据表的相应栏目内进行记录，并观察实时趋势曲线的变化情况。

表 6-6　无纸记录仪校验记录表

被校仪表型号		工程量显示精度		曲线显示精度	
实时棒状图精度		标准电阻箱型号		电位差计型号	
电流源型号		电流表指示精度		电压源型号	
电压表指示精度		八通道棒图显示精度			
通道	校验点参数 ℃/MPa/kg/h	标准信号值 mV/Ω/mA/V	被校表显示 ℃/MPa/kg/h		误差 ℃/MPa/kg/h
第1通道	0℃	100Ω			
	75	128.98			
	150	157.31			
	225	184.99			
	300	212.02			
第2通道	0℃	0mV			
	150	6.138			
	300	12.209			
	450	18.516			
	600	24.905			
第3通道	0MPa	4mA			
	2	8			
	4	12			
	6	16			
	8	20			
第4通道	0kg/h	1V			
	1.25	2			
	2.5	3			
	3.75	4			
	5	5			

校验结论：

校验人：

第 7 章　分析仪表

【学习目标】本章所介绍的分析仪表包含两大类：一是成分分析仪表，用于测量混合物质的组成及含量，包括热导式气体分析仪、氧化锆氧分析仪、红外线气体分析仪、色谱分析仪、可燃气体报警仪、含水分析仪等；二是物性分析仪表，用于测量物质属性。本章仅介绍振动式密度计。

知识目标

① 掌握分析仪表的一般概念、成分测量方法及成分测量仪表的分类。

② 掌握热导式气体分析仪、氧化锆氧分析仪、红外线气体分析仪、气相色谱分析仪、振动式密度计、含水分析仪、可燃气体报警仪结构原理。

③ 学会成分分析仪表的应用。

技能目标

① 学会根据工艺要求选择分析仪表类型、量程及型号。

② 掌握热导式气体分析仪检定与投运。

③ 掌握可燃气体报警器的调校。

④ 根据成分分析仪表说明书会正常安装、启停分析仪表。

⑤ 懂得各分析仪表结构，学会常见故障的判断及一般处理。

7.1　分析仪表概述

在石油、化工、制药、冶金等生产过程中，除了利用温度、压力、流量等参数控制生产过程，保证产品的质量和产量外，还需要随时了解生产过程中产品的纯度、组份含量、产品性质等参数。例如，在石油生产、加工过程中，经常需要对原油、成品油、天然气、伴生污水的成分及特性进行分析，在油气集输、炼油生产过程中，原油含水率、密度、污水含油量、易燃易爆及有毒气体的测量报警等都是必不可少的。在冶金工业中，在物料烧结、制酸、密闭鼓风炉熔炼、煤气生产、余热发电等工艺流程中也需要很多分析仪表，如 CO、CO_2、SO_2 气体分析，H_2SO_4 浓度和 pH 测量，炉气成分分析、水分测量、热值分析等。烟气含氧分析对于锅炉、加热炉维持最佳燃烧状况，减少废气排放和环境污染具有很大的意义。

以下就分析仪表的组成、分类、特点及作用做一简要介绍。

7.1.1　分析仪表的分类与作用

1．分析仪表的分类

分析仪表包括成分分析仪表和物性分析仪表两大类。

成分分析是指在由多种物质构成的混合物中，测量某一种物质所占比率的过程。物性分析是指测量某种物质的物质特性（密度、黏度、酸度、电导率等）。分析仪表按其使用场合和特点可分为实验室分析仪表和工业过程分析仪表。前者用于实验室，其分析结果比较准确，分析过程一般先通过人工取样，然后进行试样处理和分析。后者用于连续生产过程中，通过自动周期性采样，试样自动检测，并指示、记录、打印分析结果，所以工业过程分析仪表又称在线分析仪表。

分析仪表分类方法很多，依据其工作原理分类有以下几种。

（1）热学式分析仪表，如热导式、热化学式分析仪等。

（2）磁学式分析仪表，如热磁式、磁力机械式分析仪等。

（3）光学式分析仪表，如红外线分析仪、光电比色式分析仪等。

（4）电化学式分析仪表，如氧化锆式、电导式分析仪等。

（5）色谱式分析仪表，如气相、液相色谱仪等。

2. 分析仪表的作用

分析仪表主要用于以下几个方面。

1）产品质量监督

例如，油田原油生产，对外输原油含水量有一定要求，通过测试原油含水量，判断外输原油是否合格。再如炼油厂生产航空煤油的密度不能低于 750kg/m^3，通过测量密度可实现监督产品质量的目的。

2）工艺监督

在生产过程中，合理选用自动分析仪表能迅速、准确地分析参与生产过程的有关物质的成分及含量，指导操作人员及时地控制和调节，实现稳定生产并达到提高产品质量和产量的目的。例如，分析进合成塔气体的组成，根据分析结果可及时调节气体中氢和氮的含量，使两者之间保持最佳的比例，获得最佳的氨合成率，使产氨量增加。

3）安全生产

在生产过程中，及时分析有害气体含量能保证安全生产，防止发生事故。例如，合成氨原料气体中氧含量超过一定限度，会导致爆炸事故。因此，及时准确地分析合成氨原料气中氧含量有着极其重要的意义。分析环境中如煤矿瓦斯、炼厂甲烷、硫化氢等易燃、易爆及有毒气体的含量，对于保护人身安全、防止爆炸事故，减小大气污染都是十分必要的。

4）节约能源

在生产过程中，及时分析过程参数对节能降耗起着一定作用。例如，适时分析锅炉燃烧过程中烟道气中的氧的含量，调节空气量，可保证充分燃烧，提高热效率。

7.1.2 分析仪表的性能及特点

1. 分析仪表的特点

（1）自动分析仪表的分析方法的研究比较困难，仪表结构复杂。

（2）仪表元件机械加工要求高，电子线路复杂。

（3）仪表专用性强、品种多、价格高。

（4）使用条件苛刻。

2. 分析仪表的性能

分析仪表由于其自身特点，仪表性能具有一定的特殊性。

（1）精度。精度指仪表分析结果和人工化验分析结果之间的偏差。目前自动分析仪表的精度等级不是太高，一般为 1.0、1.5、2.0、2.5、4.0、5.0 级。

（2）再现性。再现性指同类产品仪表，分析相同样品，仪表输出信号的误差。

（3）灵敏度。灵敏度指仪表识别样品最小变化量的能力。

（4）稳定性。稳定性指在规定的时间内，连续分析同一样品，仪表输出信号的误差。

7.1.3　分析仪表的一般组成

分析仪表一般有对工艺介质的自动取样装置、试样预处理系统、自动分析系统、信号处理系统、显示记录部分、电源及控制系统等组成，如图 7-1 所示。有的仪表可能只需要其中的一个或几个部分。

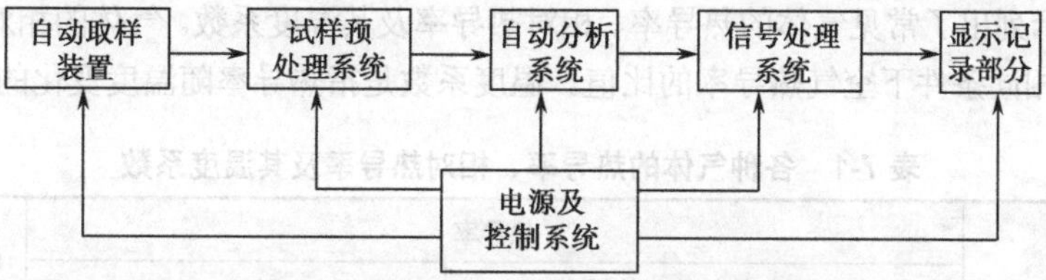

图 7-1　自动成分分析仪表的基本组成

（1）自动取样装置。任务是将生产过程中待分析样品引入仪表。对取样装置的要求是定时、定量地从被测对象中取出有代表性的待分析样品，送到预处理系统。

（2）试样预处理系统。 任务是将取出的待分析样品加以处理，以满足传感器对待分析样品的要求，包括稳压、稳流、恒温、除尘、除水、清除干扰组分和对仪表有害的物质等。预处理系统包含各种化学或物理的处理设备。

由于对试样预处理的好坏，对仪表的分析准确性影响很大，因此，要依据工艺流程、试样性质、分析仪表的具体要求，合理地设置预处理系统，以保证输送给传感器的样品符合技术要求。

（3）自动分析系统。任务是将被分析物质的成分或物质性质转换成电信号。其检测传感器是分析仪表的核心部分。一台分析仪表的技术性能，在很大程度上取决于传感器。

（4）信号处理系统。任务是对传感器输出的微弱电信号进行放大、转换、数学运算、线性补偿等信息处理工作，给出便于显示仪表显示的电信号。

（5）显示仪表。任务是接收来自信号处理系统的电信号，以指针、记录笔位移、数字量或屏幕图文显示方式显示出被测成分量。

（6）整机电源及控制系统。任务是提供仪表正常工作所需电源，控制各个部分自动而协调地工作。如取样、流路切换、调零、校准、稳压、恒温等。

有些分析仪表并不一定都包括以上六个部分。如有的分析仪表传感器直接放在试样中，就不需要取样和预处理系统。

7.2　热导式气体分析仪

热导式气体分析仪是最早应用于气体成分分析的一种物理型分析仪表。可分析气体混和物中某个组分的百分含量，如混合气体中的 H_2、CO_2、SO_2、Ar、NH_3 等气体的含量。热导式气体分析仪结构简单、性能稳定、使用维护方便、价格便宜，并能在比较恶劣的环境下工作。

7.2.1　热导气体分析原理

1. 气体的热导率

根据热力学理论，同一物体各部分之间，或互相接触的两物体之间，如果存在温度差，热量将从高温部分（物体）传递给低温部分（物体），这种热量传递的方式称为热传导。固体、液体、气体都有热传导能力，但导热能力不同。一般说来，固体导热能力强于液体和气体，气体导热能力最弱。物体的导热能力反映了其热传导速率的大小，通常用热导率λ表示。热导率定义为单位截面、长度的材料在单位温差下和单位时间内直接传导的热量。λ数值与物质的组成、结构、密度、温度、以及压力等因素有关。

如表 7-1 所示列出了常见气体的热导率、相对热导率及其温度系数。气体的相对热导率是指各种气体的热导率与相同条件下空气热导率的比值。温度系数是指热导率随温度变化的速度。

表 7-1　各种气体的热导率、相对热导率及其温度系数

气体名称	热导率		0～100℃，热导率的温度系数/（1/K^{-1}）
	0℃时气体的绝对热导率 $\lambda_0\times10^{-5}$/（W·m^{-1}·K^{-1}）	0℃时气体的相对热导率	
空气	2.43	1.00	0.0028
氢 H_2	17.33	7.15	0.0027
氮 N_2	2.42	0.996	0.0028
氧 O_2	2.45	1.013	0.0028
氩 Ar	1.63	0.696	0.0030
氨 NH_3	2.17	0.89	0.0048
一氧化碳 CO	2.35	0.96	0.0028
二氧化碳 CO_2	1.46	0.605	0.0048
二氧化硫 SO_2	1.00	0.35	—
氯 Cl_2	0.78	0.328	—
硫化氢 H_2S	1.307	0.538	—
甲烷 CH_4	3.00	1.25	0.0048
乙烷 C_2H_6	1.823	0.75	0.0065
丙烷 C_3H_8	1.494	0.615	0.0073
丁烷 C_4H_{10}	1.341	0.552	0.0072
戊烷 C_5H_{12}	1.3	0.535	—
己烷 C_6H_{14}	1.234	0.508	—
乙烯 C_2H_4	1.75	0.72	0.0074
乙炔 C_2H_2	1.888	0.777	0.0048
苯 C_6H_6	0.899	0.37	—
水蒸气		0.775	—

对于彼此之间无化学反应作用的多组分的混合气体，它的热导率近似地认为是各组分热导率的算术平均值，即

$$\lambda=\lambda_1C_1+\lambda_2C_2+\cdots+\lambda_nC_n=\sum_{i=1}^{n}\lambda_iC_i \tag{7-1}$$

式中　λ——混合气体的热导率；

λ_i——混合气体中第 i 组分的热导率；

C_i——混合气体中第 i 组分的体积百分含量。

从式（7-1）看出，混合气体的热导率与各组分的体积百分含量及热导率有关，某一组分含量变化，必然会引起混合气体热导率的变化。热导式气体分析仪就是基于这种物理特性工作的，它可以检测混合气体中某一种组分的含量，这个组分称为待测组分。

2．热导分析法的使用条件

对于多组分的混合气体，设待测组分为 C_1，其余组分的含量为 C_2、C_3，…，C_n，这些气体含量都是未知量，不加条件地使用式（7-1）确定待测组分的含量 C_1 是不可能的。所以必须使混合气体的热导率仅随待测组分的含量成单值函数关系，这就必须满足下列条件。

（1）混合气体中除待测组分 C_1 外，其余各组分的热导率必须近似相等。应满足

$$\lambda_2 \approx \lambda_3 \approx \cdots \approx \lambda_n \tag{7-2}$$

因为 $C_1 + C_2 + \cdots + C_n = 1$，则式（7-1）可写为

$$\lambda = \lambda_1 C_1 + \lambda_n (C_2 + \cdots + C_n) = \lambda_1 C_1 + \lambda_n (1 - C_1) = \lambda_n + (\lambda_1 - \lambda_n) C_1 \tag{7-3}$$

即

$$C_1 = \frac{\lambda - \lambda_n}{\lambda_1 - \lambda_n}$$

由于 λ_1 和 λ_n 在温度变化不大的情况下为常数，当 C_1 改变时，λ 随之改变。在测出混合气体热导率之后，即可求得待测组分的含量。

（2）待测组分的热导率与其余组分的热导率要有明显差别，即 $\lambda_1 \gg \lambda_n$。差别越大测量越灵敏。

从表 7-1 可见，H_2 的热导率最大，传热能力最强，而 Cl_2、SO_2、C_6H_6 等气体的热导率比一般气体要小，其余气体的相对热导率分别接近于 1 和 0.6 左右。所以，热导分析仪主要用于分析混合气体中 H_2 的含量，也可以用于检测分析 Cl_2、SO_2、C_6H_6 等气体的含量。

若上述两条件不能满足，应采取相应措施对工业混合气体进行净化预处理，使其符合测量条件。例如，燃烧后的烟道气，其中有 CO_2、N_2、CO、SO_2、O_2、H_2 及水蒸气等。如要测量 CO_2 含量，就必须除去含量均较低的、且热导率相差较大的水蒸气、SO_2 和 H_2，剩下的 N_2、O_2 及 CO 热导率相近、和 CO_2 热导率差别较大，这样 CO_2 作为待测组分就能符合条件，保证测量结果准确性。

在测量 H_2、Cl_2、SO_2、C_6H_6 以外的其他气体时，则需要将热导率接近的气体滤除掉。

此外，测量条件也是一个不容忽视的问题。例如，分析空气中 CO_2 的含量，在 0℃时 CO_2 的相对热导率为 0.605，100℃时为 0.7，到 325℃时为 1，此时 CO_2 和 N_2、O_2 的热导率已趋于相等，无法测出空气中 CO_2 的含量。可见，当检测元件的温度太高时，它的分析灵敏度将明显降低。为了使混合气体的热导率与待测组分的浓度保证有确定的关系，就必须保证分析仪有一个适宜的工作温度。

7.2.2　检测器

1．检测器的工作原理

由于气体的热导率很小，直接测量比较困难，所以热导式分析仪大多是把气体热导率的变化转换成热敏电阻值的变化。这一转换部件称为热导检测器，又称热导池。

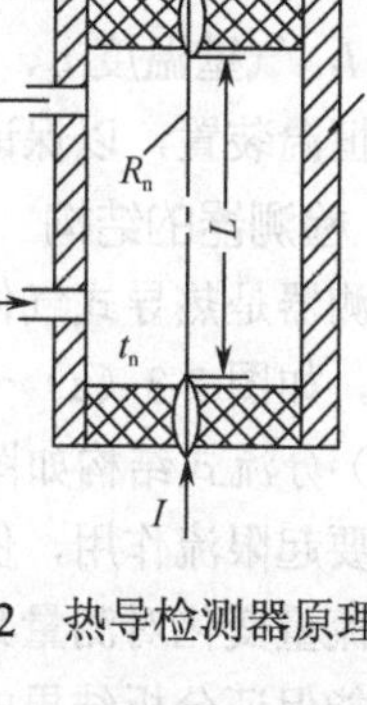

图 7-2　热导检测器原理图

如图 7-2 所示为热导检测器原理图。在由金属制成的圆筒形气室内垂直悬挂一根热敏电阻元件，一般为铂丝。其长度为 L，当通以一定强度的电流 I 时将产生热量并向四周散热。被测气体从气室的下口流入，从上口流出，气体的流量很小，并且控制其恒定，气体带走的热量可忽略不计。热量主要通过气体传向检测器气壁，气壁温度 t_c 恒定。达到热平衡温度 t_n 时，电阻丝的电阻值为 R_n。如果混合气体的热导率λ越大，其散热条件越好，电阻丝的平衡温度 t_n 越低，其电阻值 R_n 越小。反之，混合气体的热导率越小，其电阻值 R_n 越大，实现了将热导率λ的变化转换为电阻值 R 的变化。

检测器内电阻丝的散热量为

$$Q_1 = \frac{\lambda 2\pi L(t_n - t_c)}{\ln \frac{r_c}{t_n}} \tag{7-4}$$

电阻丝所产生的热量为

$$Q_2 = 0.24 I^2 R_n \tag{7-5}$$

$$R_n = R_0(1+\alpha t_n) \tag{7-6}$$

式中 λ——混合气体在平均温度$\left[\approx \frac{1}{2}(t_c + t_n)\right]$下的热导率；

t_n——热平衡时电阻丝的温度；

t_c——气室内壁温度；

r_c——电阻丝半径；

L——电阻丝长度；

I——流过电阻丝的电流；

R_n——温度 t_n 时电阻丝的阻；

R_0——0℃时电阻丝的电阻；

α——电阻丝材料的电阻温度系数。

当电阻丝所产生的热量 Q_2 与通过气体热传导所散失的热量 Q_1 相等时，达到热量平衡状态。根据热平衡时上述关系，推导得到电阻丝的电阻值和气体热导率之间的关系近似为

$$R_n = R_0(1+\alpha t_c) + \frac{K}{\lambda} R_0^2 \alpha I^2 \tag{7-7}$$

式中，K 为常系数。从式（7-1）可看出，当系数 K、气壁温度 t_c、电流 I 恒定时，电阻丝的阻值与热导率之间为单值函数关系。

电阻丝向四周散发的热量，除了有气体的热传导外，还有热对流、电阻丝的辐射散热、流动气体带走的热量、电阻丝的轴向热传导等。在这些散热方式中，只有试样气体热传导能够反映其热导率，其余方式散发的热量均为干扰。为减少干扰，可采取加大电阻丝长度与直径比，对被测气体增加恒流、限流装置，检测器设置温度控制装置，保证 t_n、t_c 温差不大，使辐射散热减少。另外，因为电流 I，气壁温度 t_c、气体流量对电阻值都有一定的影响，所以热导式气体分析仪都设有稳压、稳流、恒温装置，以保证流过电阻丝的电流、壁温、气体流量稳定。

2．检测器的结构

检测器是热导式气体分析仪的核心部件，检测器的结构有分流式、对流式、扩散式、对流扩散式四种，如图 7-3（a）～图 7-3（d）所示。

（1）分流式结构如图 7-3（a）所示，中间是主管道，上、下各通过节流孔与测量气室相通。节流孔主要起限流作用，保证流过测量气室的流量很小，这种结构具有反应速度快、滞后小的优点。但气体流量变化对测量具有一定影响，因此，采用分流式检测器的仪表必须有严格的稳压、稳流措施，才能保证分析结果的可靠性。

（2）对流式结构如图 7-3（b）所示，待测气体由主管道流入，其中大部分由管道排出，一小部分进入对流测量气室。气样在气室中，被电阻丝加热后，形成热对流，气样沿箭头方向流动，经循环管回到主管道，由主管道排出。这种检测器特点是待测气体流量变化对测量影响不大。缺点是反应速度慢，滞后大，动态性能差。

（3）扩散式结构如图 7-3（c）所示，主管道旁边连接扩散管（测量气室），待测气体完全靠扩

散作用进入测量气室，并与电阻丝进行热交换，再由主管道排出。由于完全靠扩散取样，其反应缓慢，滞后较大，但气体的流量波动不影响分析结果。因此检测器适用于分析质量小而扩散系数大的气体，如 H_2。

（4）对流扩散式结构如图 7-3（d）所示，综合了对流式和扩散式检测器的优点。当待测气体从主气路中流过时，一部分气体以扩散方式进入测量气室中，被电阻丝加热，形成上升的气流。经节流孔进入支管中，被冷却后向下方移动，最后排入主气路中。气体流过测量气室的动力即有对流作用，也有扩散作用，故称为对流扩散式。这种检测器反应速度快，滞后小，气体流量的波动影响小。目前生产的热导式气体分析仪大都采用这种形式的检测器。

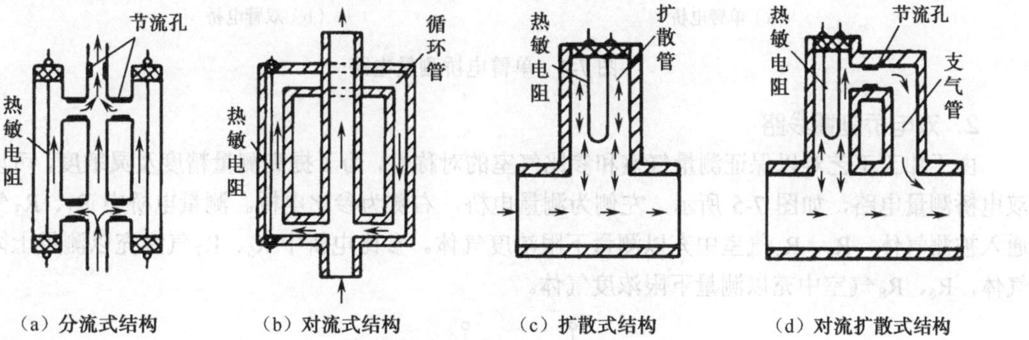

图 7-3　检测器结构类型

7.2.3　热导式气体分析仪的测量电路

热导式检测器的电阻测量普遍采用电桥法。电桥法测量电路，具有线路简单、灵敏度和精度高、调整零点和改变量程方便等优点。

1．单电桥测量电路

如图 7-4（a）所示为单臂电桥测量电路，电桥的四个臂分别由两个检测器电阻 R_n、R_s 和两个固定电阻 R_1、R_2 组成。检测器 R_n 的气室通入被测气体，称为测量气室。与其相邻的检测器 R_s 的气室内封有测量下限浓度的标准气体，称为参比气室，检测器电阻 $R_s = R_1 = R_2 = R_{n0}$。R_{n0} 为测量下限浓度时的检测器电阻。

当测量气室内气体为测量下限浓度时，与参比气室内密封气体组成含量相同，$R_{n0} \cdot R_2 = R_s \cdot R_1$ 桥路处于平衡状态，U_{dc}=0，无输出电压。显示仪表指示值为下限浓度。若测量气室内被测气体组成含量增加时，则 R_n 变化，于是就有不平衡电压 U_{dc} 输出。其改变量为

$$\Delta U_{dc} = \frac{E}{4R_{n0}}\Delta R_n \tag{7-8}$$

电桥输出 U_{dc} 随被测组份浓度变化，这样显示仪表就直接指示出被测组分含量大小。

参比气室的结构和尺寸与测量气室完全相同，其作用是克服桥路电源电压波动及外界温度变化对测量的影响。

为了提高电桥输出灵敏度，可把图 7-4（a）中固定电阻 R_1、R_2 也改换为参比气室和测量气室，如图 7-4（b）所示。测量臂为 R_{n1}、R_{n2}，参比臂为 R_{s1}、R_{s2}，这种电桥称为双臂电桥，它的灵敏度为图 7-3（a）单臂电桥的两倍，即

$$\Delta U_{dc} = \frac{E}{2R_{n0}}\Delta R_n \tag{7-9}$$

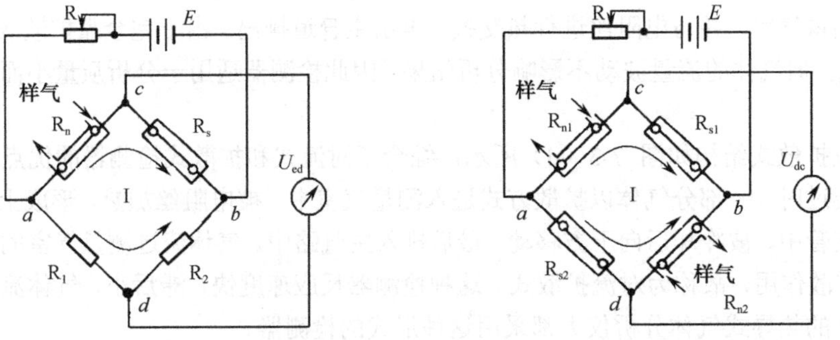

（a）单臂电桥　　（b）双臂电桥

图 7-4　单臂电桥测量电路

2．双电桥测量线路

由于加工工艺难以保证测量气室和参比气室的对称性，为了提高测量精度及灵敏度，可以采用双电桥测量电路，如图 7-5 所示。左侧为测量电桥，右侧为参比电桥。测量电桥中 R_1、R_3 气室中通入被测气体，R_2、R_4 气室中充以测量下限浓度气体。参比电桥中 R_5、R_7 气室充以测量上限浓度气体，R_6、R_8 气室中充以测量下限浓度气体。

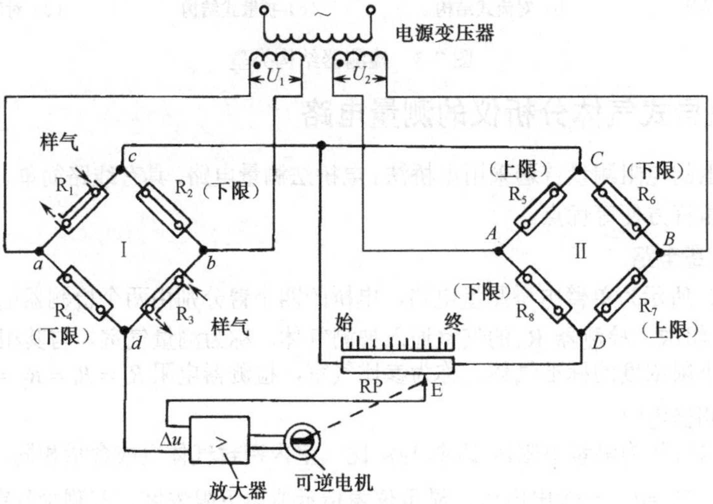

图 7-5　双电桥测量电路

参比电桥输出一固定的不平衡电压 U_{CD}（满量程电压）加在滑线电阻 RP 的两端。测量电桥输出电压 U_{cd} 随着被测组分含量的变化而变化。若 d、E 两点之间有电位差 $\Delta u=U_{dE}$，经放大器放大后，推动可逆电机 ND 转动，并带动滑线电阻 RP 的滑点 E 移动，直到 $\Delta u=0$ 为止。此时 $U_{cE}=U_{cd}$。所以滑动触点 E 的位置 x 对应于测量电桥的输出电压 U_{cd}，对应于一定的气体含量。

当被测组分含量为其测量上限时，$R_1=R_3=R_5=R_7$，$U_{cd}=U_{CD}$，滑点 E 移动到最右端，指示上限含量。当被测组分含量为其测量下限时，$R_1=R_3=R_2=R_4$，$U_{cd}=0$，滑点 E 移动到最左端，指示下限含量。

双电桥测量电路中，当供电电源波动或环境温度发生变化时，这些干扰将同步作用于测量电桥和参比电桥上。由于两电桥采用差动连接，干扰产生的不平衡电压相互抵消，从而有效提高了测量精度，克服电源电压波动及温度变化对输出的影响。

7.2.4　热导式气体分析仪的应用及使用条件

1．应用

热导式气体分析器的应用范围很广，如 H_2、Cl_2、NH_3、CO_2、Ar、He、SO_2 及 H_2 中的 O_2、O_2 中的 H_2 和 N_2 中的 H_2 等；它的测量范围也很宽，在 0～100%范围内均可测量。热导式分析仪在工业上具体应用于下列几方面：

① 锅炉燃烧过程中，分析烟道气中 CO_2 的含量；

② 测定合成氨厂循环气中的 H_2 的含量；

③ 分析硫酸及磷肥生产流程气体中 SO_2 的含量；

④ 测定空气中 H_2 和 CO_2 的含量及特殊气体中 H_2 的含量；

⑤ 测量 Cl_2 生产流程中 Cl_2 中的含氢量，确保安全生产；

⑥ 测定制氢、制氢过程的纯氢中的氧及纯氧中的含氢量；

⑦ 用来测定有机工业生产中，碳氢化合物中 H_2 的含量等。因为从表 7-1 中可看出 H_2 与碳氢化合物的导热率相差很大，而且大多数碳氢化合物的导热率相对于导热率可以看做近似相等，这样可认为碳氢化合物与 H_2 为二元混合物。

2．使用条件

从理论上讲，热导式分析仪只能正确测定二元混合气体的组分含量，在分析三元或三元以上的混合气体时，必须满足以下条件：

① 三元混合气体中某一种组分含量基本保持恒定，或变动很小；

② 被测组分的导热率与其他各组分导热率相差较大，而且其余组分的导热率基本相同或很接近；

③ 当背景气体的平均导热率保持恒定时，才能正确测量等。

7.2.5　RD 型热导式气体分析仪

RD 型热导气体分析仪主要应用于分析混合气体中的 H_2、Ar、SO_2、NH_3 等气体的含量，实现对生产过程的监测和控制。下面以测量 H_2 含量的 RD—004 型热导氢分析仪为例进行介绍。

1．RD 型氢分析仪组成

RD 型热导氢分析仪由预处理装置、热导检测器、显示仪表及电源、控制器等单元组成，如图 7-6 所示。

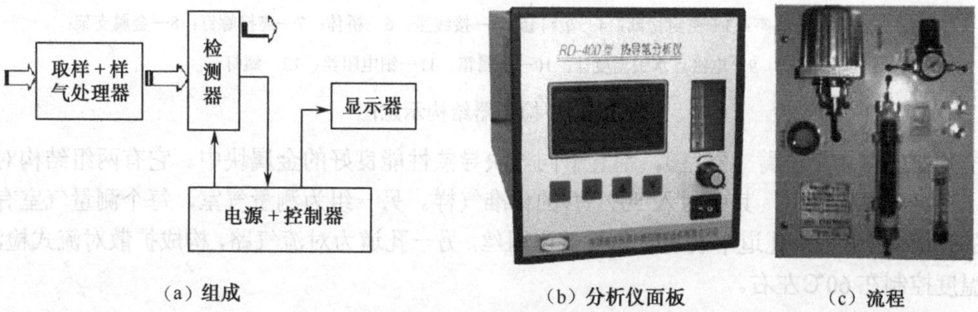

（a）组成　　（b）分析仪面板　　（c）流程

图 7-6　RD 型热导式氢分析仪组成

1）取样预处理装置

要保证仪器的正常运行，必须对待测气体进行必要的预处理。预处理装置包括起限流和减压作用的调节阀 1、稳定气样流量的调节阀 2 及过滤净化过滤器 1、2、干燥器等。RD 型分析仪预处理流程如图 7-7 所示。

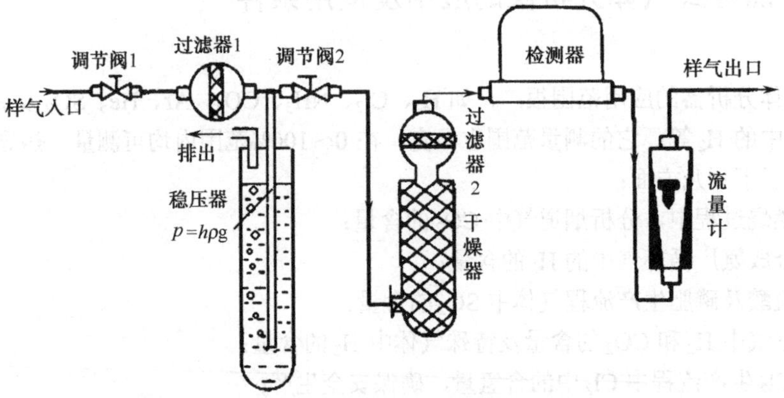

图 7-7　RD 型分析仪预处理流程

2）检测器

检测器包括测量桥体、温度控制器等，所有部件均罩在圆形铝制外壳体内，并安装在塑料制成的底座上。通过底座上的塑料接头与取样管连通，由接线端子与外电路连接。检测器结构示意图如图 7-8 所示。

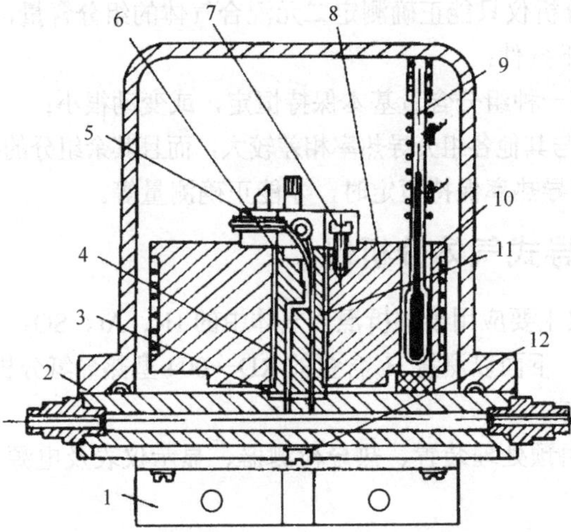

1——支架；2—底座；3—密封垫圈；4—塑料套；5—接线座；6—桥体；7—连接螺钉；8—金属支架；9—电接点水银温度计；10—金属箱；11—铂电阻丝；12—螺钉

图 7-8　检测器结构示意图

检测器内有 4 个桥臂（气室），都置于同一块导热性能良好的金属块中。它有两组结构对称的气室，一组为参比气室，其中封入 50% H_2 的标准气样。另一组为测量气室，每个测量气室有两个相同的孔道，其中一个孔道中装有工作桥臂电阻丝，另一孔道为对流气路，构成扩散对流式检测器。桥体温度控制在 60℃左右。

2．RD 型氢分析仪的调校

为了保证仪表工作精度，需要对仪表进行定期调校，采用已知 H_2 含量的标准气样来校对仪表指示。

仪器通电预热 20min，稳定运行后即可进行调校。RD — 004 型氢分析仪规定桥路电流为 200mA，应先调整桥路电流，方法是切换开关拨向“校对”位置，调节电位计，使显示仪表指针停在标有红线刻度位置上，说明此时电桥电流为规定的数值。之后将切换开关拨向“工作”位置，进行零点和量程调节。给分析仪器分别通入标准的下限浓度气样和上限浓度气样，显示仪表应指示在相应位置，否则，可分别调节调零电位器和量程电位器。由于零点、量程互有影响，须反复校对零点和量程 2～3 次，直到指示值在允许的误差范围内。

7.2.6　几种国外热导式分析器简介

1．施鲁姆伯格 HCD3 型分析器

施鲁姆伯格 HCD3 型分析器如图 7-9 所示。它具有平衡性能好，内有水饱和器，保证样品盒参比气体的水分含量是一恒定最大值。

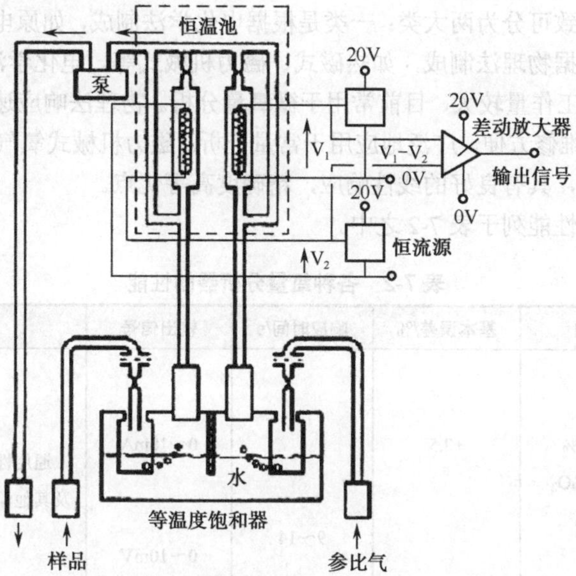

图 7-9　施鲁姆伯格 HCD3 型分析器

施鲁姆伯格二氧化碳分析器一般备有 3 个量程范围：0～10%，0～16%和 0～20%，它还可用来检测氢气，测量范围为 0～1%和 0～100%。

2．MSA 的 Thermatron 热导分析器

如图 7-10 所示为 MSA 的 M 型热导池，它有两个气室；一个长而窄，热损失主要靠热传导；一个短而宽，热损失主要靠对流，这种结构改善了对某些气体的选择性。

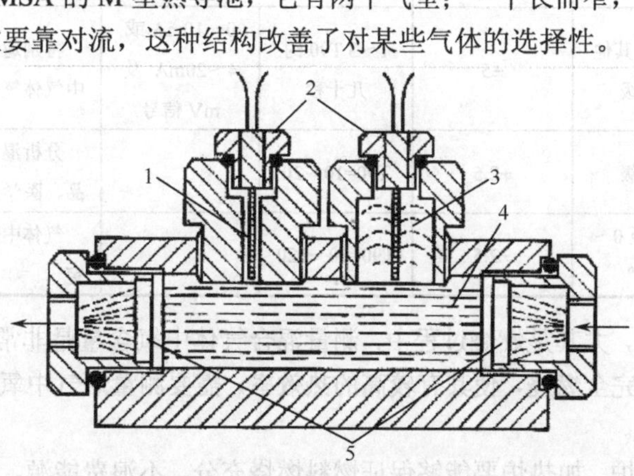

1—传导室；2—热丝元件；3—对流室；4—取样室；5—多孔金属圆盘

图 7-10　MSA 的 M 型热导池

在 MSA 的 M 型热导池中，多孔金属圆盘用做格栅，使样品流为层流，减少湍流，同时作为换热过滤和阻火器。

7.3 氧量分析仪

氧含量分析器是目前工业生产自动控制中在线分析仪表中应用最多的，主要用来分析混合气体（多为窑炉废气）和钢水中的含氧量等。

过程氧量分析器大致可分为两大类：一类是根据电化学法制成，如原电池法、固体电介质法和极谱法等；另一类是根据物理法制成，如热磁式、磁力机械式等。电化学法灵敏度高，选择性好，但响应速度较慢，维护工作量较大，目前常用于微氧量分析。物理法响应速度快，不消耗被分析气体。稳定性较好，使用维修方便，广泛地应用于常量分析。磁力机械式氧气分析器更有不受背景气体导热率、热熔的干扰，具有良好的线性响应，精确度高等优点。

各种氧量分析器的性能列于表 7-2 之中。

表 7-2　各种氧量分析器的性能

分析器原理	测量范围	基本误差/%	响应时间/s	输出信号	应　用
热磁式	0～5% 0～10% 90%～100% 95%～100%O_2 0～100% 0～2.5% 98%～100%O_2	±2.5 ±5	9～14	0～10mA 0～10mV	通用性氧量分析仪，可用于燃烧系统及其他流程的气体分析
磁力机械式	0～2.5% 0～5% 0～25% 0～100% 0～1.0%O_2	±0.125%O_2 ±2 <±10	T90≤7	0～10mV	通用型氧量分析仪，可用于分析混合气样或分析复杂的流程
固体电介质（氧化锆）	0～10%O_2 及其他量程 10^{-6} 级	±5	1～3 T90 约几十秒	0～10mA 或 4～20mA 及 mV 信号	特别适用锅炉烟道气分析和高温炉中气体氧分析，也可用于其他方面
极谱式	常量 10^{-6} 级	±2.5	T90=10～20		分析混合气体、液体中氧，适用于食品、医学，也可用于废气中氧测定
原电池式	0～10×10^{-6} 至 0～1000×10^{-6}	±2.5	T90=30～120		气体中微量氧测定及水中溶解氧测定

在一些生产过程中，尤其是燃烧过程中，测量混合气体中氧含量是非常重要的。例如，在锅炉燃烧系统中，为了达到完全燃烧，使其有较高的热效率，需要测量烟气中氧含量来调节进风量，以保证最佳的空气燃料比。

实践经验证明，锅炉、加热炉要能够保证燃料燃烧充分、不浪费能源，其重要参数就是要维持燃料与空气的最佳混合比。这一比例，由过剩空气系数体现。过剩空气系数是供给燃料燃烧的实际空气量与燃料完全燃烧所必需的理论空气量之比，对于不同的燃料有所不同（燃煤锅炉为 1.2～1.3；燃油锅炉为 1.1～1.2；燃气锅炉为 1.05～1.1）。过剩空气系数与烟气中的含氧量有一定的函数关系。通过连续测量烟气中的含氧量，就可以了解炉膛中的燃烧质量，从而控制进风量，保持最佳燃烧状态，达到降低燃料消耗、减少环境污染的目的。

目前，用于烟气含氧量在线测量的分析仪表，有热磁式、磁力机械式、氧化锆式三种。由于热磁式、磁力机械式工作温度低、结构复杂、不耐烟尘、反应时间长，分析烟气时需要有抽气、净化、降温装置，目前已被氧化锆含氧量分析仪取代。

氧化锆氧分析仪属于电化学分析方法，这种分析仪的优点是灵敏度高、稳定性好、响应快、测量范围宽（10^{-6}～10^{-2}），而且不需要复杂的采样和预处理系统，它的探头工作温度高（800℃），适合烟气温度环境，可以直接插入烟道中连续地分析烟气中的氧含量。

7.3.1　氧化锆固体电介质导电原理

氧化锆分析仪的基本工作原理基于氧浓差电池原理。氧化锆（ZrO_2）是一种陶瓷固体电解质，纯氧化锆基本不导电。在纯氧化锆中掺入一定量的氧化钙（CaO）或氧化钇（Y_2O_3）等低价稀土氧化物，在高温焙烧后形成稳定的晶体结构如图 7-11 所示，当温度高于 600℃后，如有外加电场，就形成氧离子占据空穴的定向运动而导电。空穴型氧化锆就变成了良好的氧离子导体。

由于钙、钇的化合价与锆不同，二价的钙离子 Ca^{2+}或三价的钇离子 Y^{3+}置换了四价的锆 Zr^{4+}离子的位置，就会形成氧离子空穴。例如，一个氧化钙取代一个氧化锆分子，由于一个钙离子只能与一个氧离子结合，晶体中就会留下一个氧离子空穴。这种氧离子空穴型氧化锆材料在 600～800℃高温时，对氧离子有良好的传导作用。

利用氧化锆材料的上述特性，在氧化锆陶瓷体的两侧用烧结法制成一层几十到几百微米厚的多孔铂电极，并焊上铂丝作为引线，就构成了氧浓差电池。当两侧气体的含氧量不同时，在两电极间将产生电势，此电势与两侧气体中的氧浓度有关，称为浓差电势。

如图 7-11 所示，氧浓差电池的左侧为参比气体（空气，含氧量 20.8%），右侧为被测气体（烟气，含氧量 3～6%）。600～800℃的高温下，在氧浓度高的左侧，渗入到铂电极中的氧分子在铂材料催化作用下，1 个氧分子在铂电极上夺取 4 个电子，而分离成 2 个氧离子 O^{2-}，进入固体氧化锆电解质中。

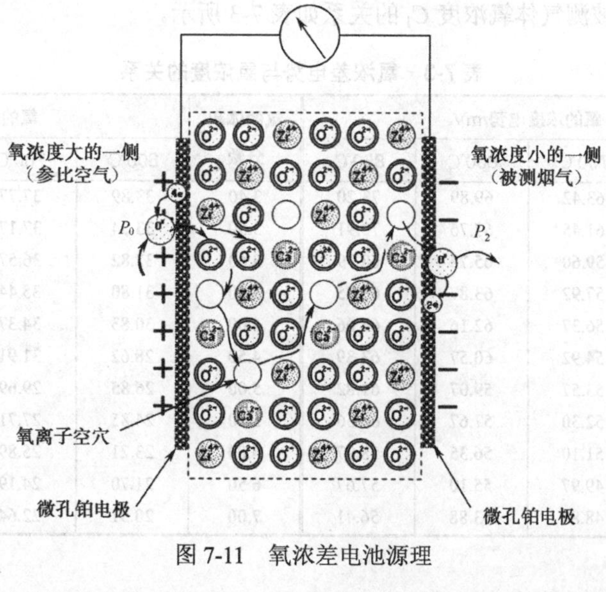

图 7-11　氧浓差电池源理

由于左、右两侧氧离子浓度不同，氧化锆电解质中，氧离子依靠空穴向低浓度的右侧扩散。当到达低浓度的右侧时，1个氧离子在微孔铂电极上释放出2个电子形成氧分子放出。

所以，在氧浓度高的左侧铂电极上失去电子带正电，成为氧浓差电池的正极。在氧浓度低的右侧铂电极上得到电子带负电，成为氧浓差电池的负极。正负极间电荷的积累形成内部静电场，阻碍氧离子的这种扩散运动。当扩散作用与电场作用达到平衡时，氧化锆电解质两侧的铂电极上形成稳定的浓差电势。

忽略高温下氧化锆的自由电子导电，氧浓差电势的大小可用涅恩斯特（Nernst）公式表示，即

$$E=\frac{RT}{4nF}\ln p_0/p_1 \tag{7-10}$$

式中 E——浓差电池电动势，V；

R—— 理想气体常数，8.3143J/（mol·K）；

n——参加反应的电子数（氧 n=4）；

T—气体绝对温度，K；

F—法拉第常数，F=9.6487×10^{4}C/mol；

p_0—空气中氧分压；

p_1——待测气体中氧分压。

如待测烟气的总压力与参比气体（空气）总压力相同，则式（7-10）可改写成为

$$E=\frac{RT}{4nF}\ln\frac{C_0}{C_1} \tag{7-11}$$

式中 C_0——参比气体中氧的浓度（体积含量）；

C_1——被测气体中氧的浓度（体积含量）。

参比空气中的氧浓度 C_0 在标准大气压下为20.8%。

由式（7-11）可知，当参比气体中氧的浓度 C_0 与被测气体的温度 T 一定时，浓差电势 E 仅是被测气体氧浓度 C_1 的函数。把式（7-11）的自然对数换为常用对数，并将 R、F 值带入得

$$E=0.4961\times10^{-4}T\lg\frac{C_0}{C_1} \tag{7-12}$$

氧浓差电势 E 与被测气体氧浓度 C_1 的关系如表7-3所示。

表7-3 氧浓差电势与氧浓度的关系

氧的体积分数	氧的浓度电势/mV				氧的体积分数	氧的浓度电势/mV			
	600℃	700℃	800℃	850℃		600℃	700℃	800℃	850℃
1.00	56.89	63.42	69.89	73.20	3.40	33.89	37.77	41.65	43.59
1.10	55.13	61.45	67.76	70.91	3.50	33.34	37.17	40.96	42.87
1.20	53.47	59.60	65.72	68.79	3.60	32.82	36.57	40.33	42.21
1.30	51.97	57.92	63.87	66.85	3.80	31.80	35.44	39.08	40.90
1.40	50.58	56.37	62.16	65.06	4.00	30.83	34.37	37.88	39.66
1.50	49.28	54.92	60.57	63.39	4.50	28.62	31.91	35.11	36.81
1.60	48.06	53.57	59.07	61.82	5.00	26.85	29.69	32.73	34.26
1.70	46.92	52.30	57.67	60.36	5.50	24.85	27.71	30.54	31.96
1.80	45.85	51.10	56.35	58.97	6.00	23.21	25.89	28.52	29.85
1.90	44.83	49.97	55.10	57.67	6.50	21.70	24.19	26.67	27.91
2.00	43.83	48.89	53.88	56.41	7.00	20.31	22.64	24.95	26.11

续表

氧的体积分数	氧的浓度电势/mV				氧的体积分数	氧的浓度电势/mV			
	600℃	700℃	800℃	850℃		600℃	700℃	800℃	850℃
2.20	42.07	46.89	51.71	54.12	7.50	19.01	21.19	23.36	24.45
2.40	40.44	45.07	49.70	52.01	8.00	17.79	19.84	21.87	22.88
2.60	38.39	43.39	47.85	50.08	8.50	16.65	18.56	20.47	21.42
2.80	37.54	41.84	46.14	48.29	9.00	15.57	17.36	19.13	20.04
3.00	36.23	40.39	44.51	46.62	9.50	14.56	16.23	17.89	17.73
3.20	35.03	39.04	43.05	45.06	10.00	13.55	15.11	16.65	17.45

用氧化锆浓差电池测量氧含量应满足以下条件。

（1）为了保证测量准确性，减少温度 T 的变化对氧浓差电势的影响，在恒温的基础上，仪表应加温度补偿环节。

（2）保证参比气体和被测气体压力相同，以保证两种气体的氧分压之比能代表氧含量比。

（3）氧化锆两侧气体（特别是空气）要不断流动更新，以保证有较高的灵敏度。

7.3.2 氧化锆氧分析仪的构成及原理

氧化锆氧分析仪由氧化锆检测器（探头）、显示控制仪两部分组成如图 7-12 所示。探头的作用是将氧浓度转化为电势信号，而显示控制仪的作用是恒定探头中氧浓差电池温度并将电势信号转换为氧浓度显示。

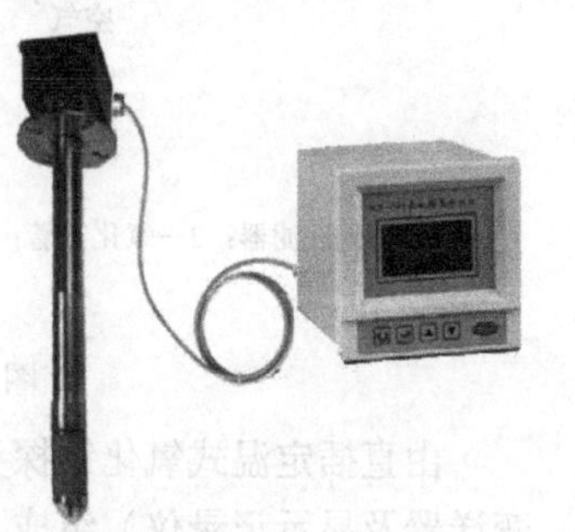

图 7-12 氧化锆氧分析仪组成

氧化锆管是氧化锆探头的核心，如图 7-13 所示。它由氧化锆固体电解质管、铂电极和引线构成。管外径为 10mm，壁厚为 1mm，管长为 70～160mm，在管内、外壁上烧结一层长 20～30mm 的多孔铂电级，通过铂丝引线引出。管子内部通入参比气体，管子外部通入被测烟气。

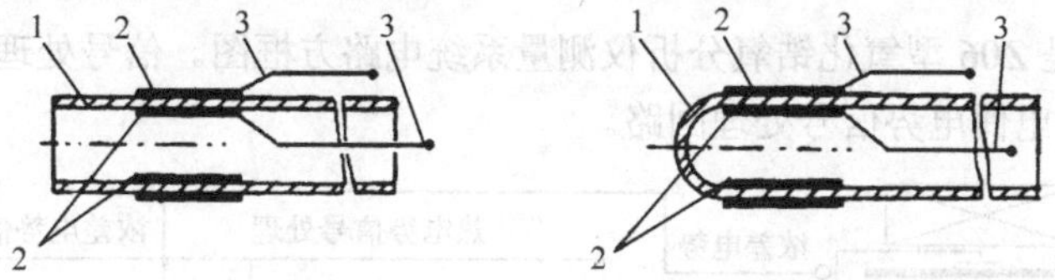

（a）流通管 （b）封闭管

1—氧化锆管；2—内、外电极；3—电极引线

图 7-13 氧化锆管的结构

1. 直插定温式测量系统

1）直插定温式氧化锆检测器

直插定温式氧化锆分析仪组成原理示意图如图 7-14 所示。检测器（探头）主要由碳化硅陶瓷过滤器 1、氧化锆管 2、热电偶 7、恒温加热器 4、氧化铝陶瓷气体导管和接线盒等组成。氧化锆探头长度为 600～1500mm，直径为 60～100mm。

过滤器处于恒温室前端，氧化锆管置于恒温室内部，热电偶用于测量恒温室内的温度。恒温加热器上装一组均匀排列的加热电阻丝，外边是一个用绝缘材料制成的保温套。加热丝、热电偶、氧浓差电极的引线及参比空气导管都引到外部接线盒内。

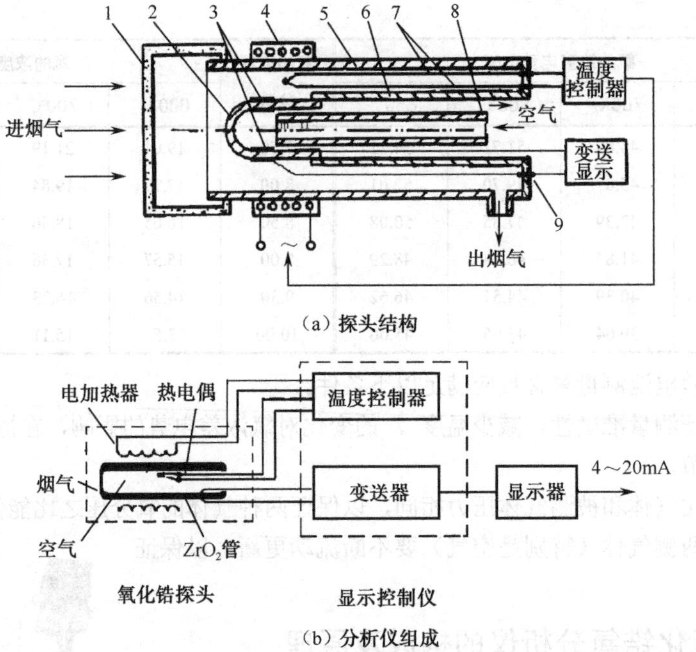

（a）探头结构

（b）分析仪组成

1—碳化硅过滤器；2—氧化锆管；3—内外铂电极；4—恒温加热器； 5、6、8—氧化铝陶瓷管（保护管、套管、导气管）；7—热电偶；9—内、外电极引线

图 7-14　直插定温式氧化锆分析仪组成原理示意图

由直插定温式氧化锆探头组成的烟气含氧量分析仪，由氧化锆探头、显示控制仪（温度控制器、变送器及显示记录仪）组成。

温度控制器连接热电偶和加热器。采用控温电加热方式使氧化锆管维持正常工作所需的恒定温度，使之恒定在某一设定温度上。

变送器接收探头输出的氧浓差电势信号，并转换成标准电流信号，送给显示仪表进行显示。

2）变送器

如图 7-15 所示是 Z06 型氧化锆氧分析仪测量系统电路方框图。信号处理部分包括氧浓差电动势信号处理回路和热电偶电势信号处理回路。

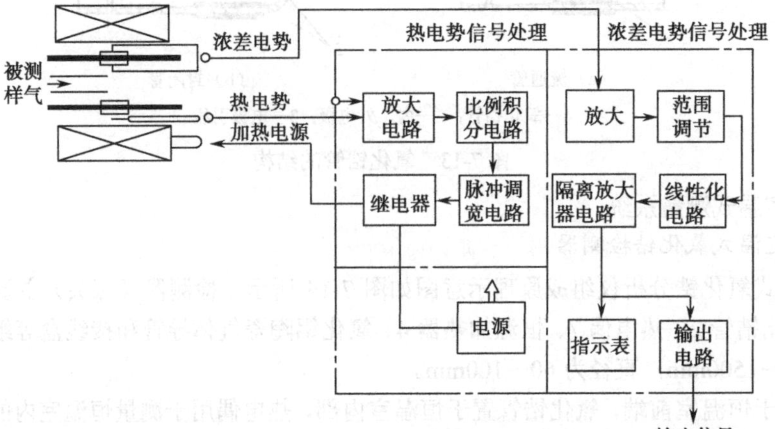

图 7-15　Z06 型氧化锆氧分析仪的测量系统电路方框图

氧浓差电势信号处理回路将来自检测器的氧浓差电势信号，经放大电路的高输入阻抗直流放大器放大后，变为低输出阻抗电压信号送给范围调节电路。范围调节电路通过改变放大倍数，设置 0～1%、0～5%、0～10%、0～25%四挡测量范围。线性化电路实际上是一个反对数放大器，信号经此放大器运算处理后，输出电压与被测样气中氧含量便呈线性关系。从线性化电路输出的信号送往隔离放大器电路，其作用是对信号放大电路与显示部分实现信号的电隔离，以满足防爆要求。最后，信号在输出电路中转换为 4～20mA DC 标准电流信号，送给显示仪表进行显示和记录。

热电偶电势信号处理回路，将代表探头温度的热电势信号经过放大处理后，控制加热器起停，使工作温度维持在设定温度（850℃）上，以消除由温度波动带来的测量误差。

电路中，热电势信号与代表设定温度的电压信号相比较，作为差模信号加在直流放大器的输入端，经放大后送给比例积分电路、脉冲调宽电路。脉冲调宽电路是一个无稳态多谐振荡器，输出为一系列脉冲，其脉冲宽度正比于设定温度与被控对象温度的差值，输出脉冲通过常闭继电器控制加热器的电流，最终实现对氧浓差电池的恒温控制。

如图 7-16 所示是 DH—6 型氧化锆氧分析仪的测量系统方框图，这也是一种恒温式测量系统。

从图 7-16 可以看出，DH—6 型测量系统在系统的组成和结构上，与前面介绍的 Z06 型基本相同。区别在于 DH—6 型测量系统在信号线性化环节上采用的是分段（五段）折线趋近方式。相比之下，这种线性处理方式要显得粗糙一些。另外，恒温控制回路，DH—6 采取的是无触点可控硅温控线路，这一点与 Z06 型有所不同。

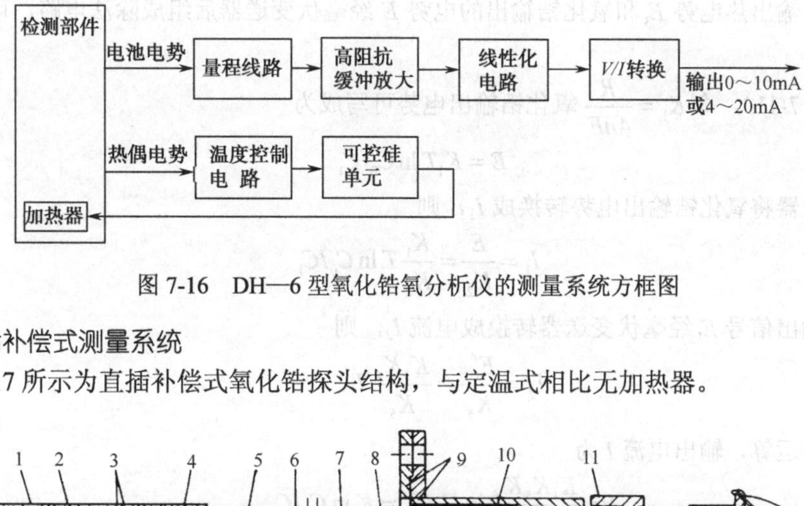

图 7-16　DH—6 型氧化锆氧分析仪的测量系统方框图

2. 直插补偿式测量系统

如图 7-17 所示为直插补偿式氧化锆探头结构，与定温式相比无加热器。

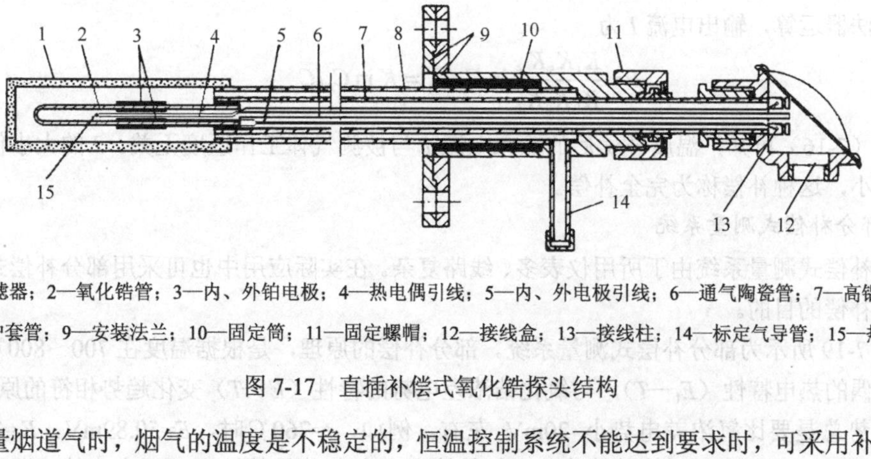

1—陶瓷过滤器；2—氧化锆管；3—内、外铂电极；4—热电偶引线；5—内、外电极引线；6—通气陶瓷管；7—高铝支撑管；8—保护套管；9—安装法兰；10—固定筒；11—固定螺帽；12—接线盒；13—接线柱；14—标定气导管；15—热电偶

图 7-17　直插补偿式氧化锆探头结构

在测量烟道气时，烟气的温度是不稳定的，恒温控制系统不能达到要求时，可采用补偿式测量系统。

1）完全补偿式测量系统

由式（7-11）可知，氧浓差电势 E 与绝对温度 T 成正比，将氧化锆输出的氧浓差电势 E 和热电偶的输出的热电势 E_T 分别通过毫伏变送器转换成与绝对温度、氧含量成正比电流信号 I_1、I_2，将电流 I_1、I_2 进行除法运算，其结果可以完全消除温度的影响。

如图 7-18 所示是温度完全补偿测量系统，从探头取出两个信号：一是氧化锆产生的浓差电势 E；二是由热电偶的输出热电势 E_t。

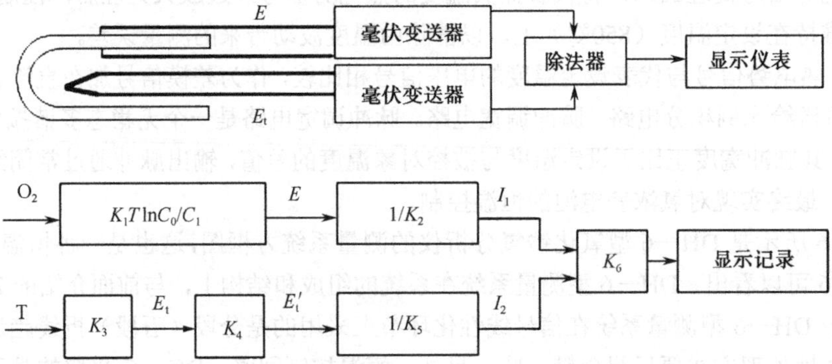

图 7-18 温度完全补偿测量系统

热电偶的输出热电势 E_t 和氧化锆输出的电势 E 经毫伏变送器后组成除法电路，可对温度变化进行补偿。

根据式（7-11），令 $K_1=\dfrac{R}{4nF}$ 氧化锆输出电势可写成为

$$E = K_1 T \ln C_0/C_1 \tag{7-13}$$

毫伏变送器将氧化锆输出电势转换成 I_1，则

$$I_1 = \frac{E}{K_2} = \frac{K_1}{K_2} T \ln C_0/C_1 \tag{7-14}$$

热电偶输出信号 E_t 经毫伏变送器转换成电流 I_2，则

$$I_2 = \frac{E'_t}{K_5} = \frac{K_3 K_4}{K_5} T \tag{7-15}$$

经除法器运算，输出电流 I 为

$$I = \frac{K_1 K_5 K_6}{K_2 K_3 K_4} \ln C_0/C_1 = K \ln C_0/C_1 \tag{7-16}$$

由式（7-16）可知，温度补偿后的输入电流 I 与被测气体工作温度无关。I 的大小仅取决于氧含量的大小，这种补偿称为完全补偿。

2）部分补偿式测量系统

完全补偿式测量系统由于所用仪表多、线路复杂。在实际应用中也可采用部分补偿式的方法来达到温度补偿的目的。

如图 7-19 所示为部分补偿式测量系统。部分补偿的原理，是根据温度在 700～800℃范围内，K 型热电偶的热电特性（E_t—T），与氧化锆浓差电势的特性（E—T）变化趋势相符的原理实现的，只是热电势总是要比氧浓差电势小 20mV 左右。例如，t=760℃时，E=50.89mV，E_t=30.80mV，E-E_t=20.09mV。因此，只需简单地将热电偶的输出 E_t 与氧化锆的输出 E 反向串接，温度变化引起

的电势变化可互相抵消，即可起到部分的补偿作用。由于两者增量不相同，不能完全抵消，所以只能部分补偿。

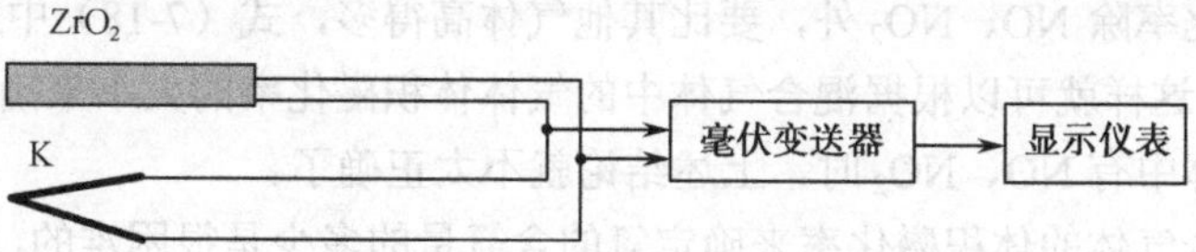

图 7-19　部分补偿测量系统

氧化锆元件的内阻很大，而且其信号与温度有关，为保证测量精度，现在的仪表中多有微处理器来完成温度补偿和非线性变换等运算，在测量精度、可靠性和功能上都有很大提高。

7.3.3　磁式氧分析器

1. 气体的磁性

任何物质在外磁场的作用下都能被感应磁化。由于物质的结构组成不同，各种物质的磁化率（k）也不同。根据磁化率大小，物质可分为顺磁性的（$k>0$）和反磁性的（$k<0$）。顺磁性气体的体积磁化率可用下式表示，即

$$k=\frac{CM}{R}\times\frac{p}{T^2} \tag{7-17}$$

式中 C——居里常数；

R——气体常数；

M——气体分子量；

p——压力；

T——绝对温度。

从式（7-17）可见，顺磁性气体的体积磁化率与压力成正比，而与绝对温度的平方成反比，即在气体的温度升高时，它的体积磁化率急剧下降。热磁式氧分析器就是基于氧气的体积磁化率大，以及它的磁化率随温度升高而急剧降低的特性而制成的。常见气体的磁化率如表 7-4 所示。

表 7-4　常见气体的磁化率（20℃）

气体	分子式	k×10⁻⁶C·G·S	气体	分子式	k×10⁻⁶C·G·S	气体	分子式	k×10⁻⁶C·G·S
空气		+22.9	二氧化碳	CO_2	−0.42	氯气	Cl_2	−0.59
氧气	O_2	+106.2	水蒸气	H_2O↑	−0.43	氦气	He	−0.47
一氧化氮	NO	+48.06	氢气	H_2	−1.97	乙炔	C_2H_2	−0.48
二氧化氮	NO_2	+6.71	氮气	N_2	−0.34	甲烷	CH_4	−2.50

由表 7-4 可知，只有 O_2、NO、NO_2 和空气为顺磁性气体，而 O_2 的磁化率最大，因此可利用这一特性对混合气体中的含氧量进行分析。

实验证明，彼此不进行化学反应的混合气体的磁化率由下式求得，即

$$k=k_1C_1+\sum_{i=1}^{n}k_iC_i \tag{7-18}$$

式中 k_1——氧气的磁化率；

C_1——氧气组分的百分含量；

C_i——第 i 组分的百分含量；

k_i——第 i 组分的磁化率。

由于氧气的磁化率除 NO、NO_2 外，要比其他气体高得多，式（7-18）中末项的值是微不足道的，可以忽略不计，这样就可以根据混合气体中的气体体积磁化率的大小来确定氧气的含量。但必须指出，当混合气体中有 NO、NO_2 时，上述结论就不太正确了。

要直接测量混合气体的体积磁化率来确定氧的含氧量的多少是很困难的，因为氧气与其他气体相比，虽然氧的磁化率最大，而其值却很小。为此，工业上也同其他分析器一样，利用有关规律进行间接测量。例如，在不均匀磁场中，顺磁性气体被发热元件加热后，磁化率会显著降低而形成热磁对流效应；又如，在不均匀磁场中，被顺磁性气体包围的物体所受的吸引力，随该气体磁化率的变化而变化等。根据上述两种方法，可分别制成热磁式和磁力机械式氧量分析器。

2. 热磁式氧分析仪

热磁式氧分析器的工作原理如图 7-20 所示。传感器本身是一个中间有通道的环形气室，待测气体进入环形气室后，沿两侧往上走，最后从出口排出。当无外磁场存在时，中间通道两侧的气流是对称的，所以中间通道无气体流动。在中间通道的外面均匀地绕以铂电阻丝，铂丝通电后既起到加热的作用，又起到测量温度变化的感温元件的作用。铂电阻分 r_1、r_2 两部分，r_1、r_2 分别作为测量电桥的两个桥臂，与固定电阻 R_1、R_2 组成测量电桥。

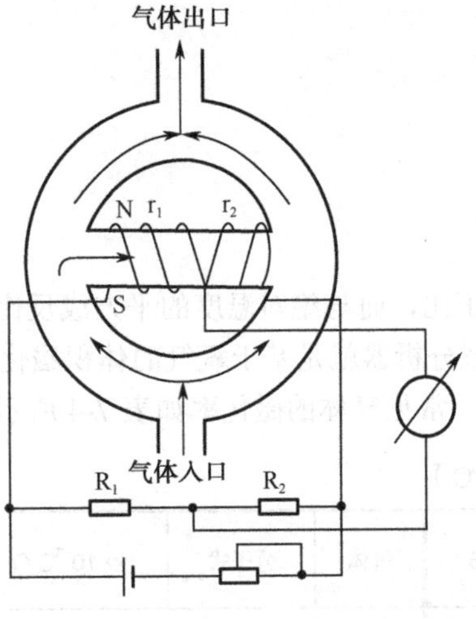

图 7-20　热磁式氧分析器的工作原理

通电加热到 200～400℃，当气样进入环形后，顺磁性氧气被左侧强磁场吸入水平管道内，被热丝 r_1 加热，氧的磁化率因温度升高而迅速降低。未被加热的氧气磁化率高，受磁场吸力较大，被吸入水平管道内置换已被加热的氧气。这一过程不断进行，就形成了热磁对流，或称磁风。在磁风的作用下，左侧热丝 r_1 被气流冷却，阻值降低；气流流经右侧热丝 r_2 时，因气流的温度已经升高了，冷却作用不大，r_2 的变化远小于 r_1 的变化，电桥失去平衡。输出不平衡电压的大小就表示了被分析气体中含氧量的多少。

热磁式氧分析器的特点：结构简单，便于制造与调整；但是当环境温度升高时，分析器的指示值下降；大气压变化使气体压力相应改变，因此指示改变；当被测气体流量变化时也要引起测量误差等。因此，在实际使用中，常采用恒温措施、双桥测量电路，对被测气样进行稳压、稳流等措施，以减小测量误差。

磁力机械式氧分析器可以连续分析气样中的氧含量，并具有不受背景气体的导热率、热容等因素的干扰，精度高（<±2%），测量范围广，从微量（10^{-6} 级）直到 0～100%O_2，响应快，输出线性等优点，因而在生产和科研部门得到了广泛的应用。

7.4　红外线气体分析仪

红外线气体分析仪是应用气体对红外线光吸收原理制成的一种仪表，它具有灵敏度高、反应速度快、分析范围宽、选择性好、抗干扰能力强等特点，是分析仪表中应用比较多的一种光学式分析仪表，被广泛地应用于石油、化工、冶金等工业生产中。

7.4.1　红外线气体分析仪的基本原理

1．红外线的特征

顾名思义，红外线是指在可见光中红光波长以外的部分波长的光线。具体来说，红外线是波长在 0.76～1000μm 之间的电磁波如图 7-21 所示。工程上又把红外线所占据的波段分为四部分，即近红外、中红外、远红外和极远红外。红外线除具有与可见光相同的反射、折射、直线传播特征外，还具有以下特点。

（1）受热物体是红外线的良好发射源，即红外线辐射容易产生。

（2）红外辐射的物理本质是热辐射。物体的温度越高，辐射出来的红外线越多，红外辐射的能量就越强。在整个电磁波谱中，“红外线波段”的热功率最大。

（3）红外线辐射容易被物体吸收并转换为热能。红外线气体分析仪中主要是利用 1～25μm 之间一段光谱。

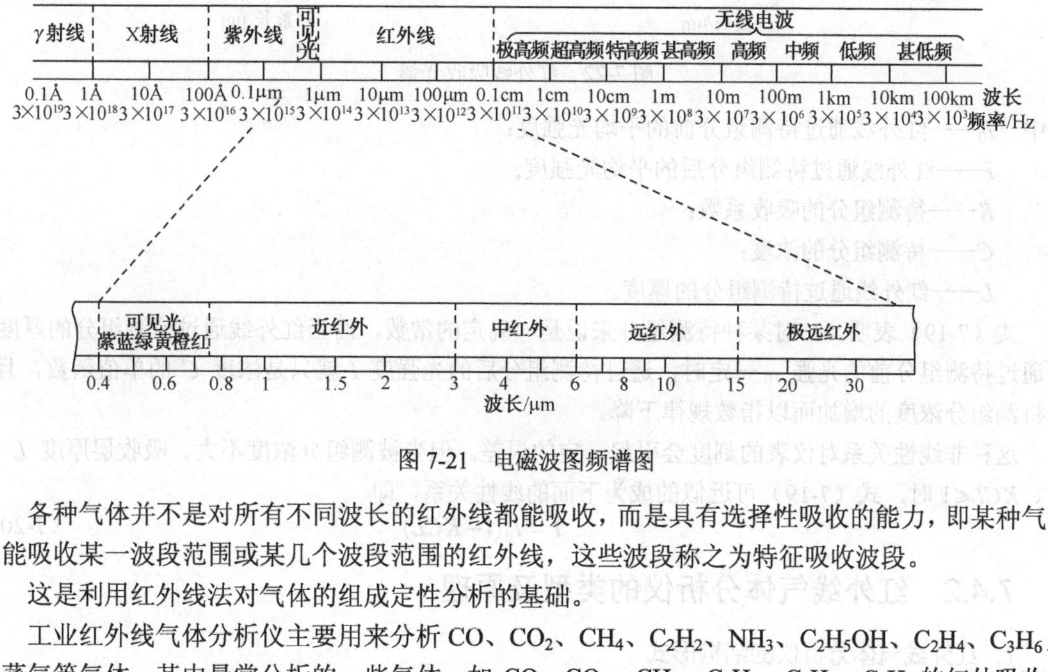

图 7-21　电磁波图频谱图

各种气体并不是对所有不同波长的红外线都能吸收，而是具有选择性吸收的能力，即某种气体只能吸收某一波段范围或某几个波段范围的红外线，这些波段称之为特征吸收波段。

这是利用红外线法对气体的组成定性分析的基础。

工业红外线气体分析仪主要用来分析 CO、CO_2、CH_4、C_2H_2、NH_3、C_2H_5OH、C_2H_4、C_3H_6 及水蒸气等气体。其中最常分析的一些气体，如 CO、CO_2、CH_4、C_2H_2、C_2H_6、C_2H_4 的红外吸收光谱如图 7-22 所示。

图 7-22 中横坐标为红外线波长，纵坐标为气体的透射率。从图 7-22 中可看出，CO 气体的特征吸收波长为 4.65μm，即 CO 气体对 4.65μm 的红外线具有最大的吸收能力，而其他波长的红外线绝大部分被透射。CO_2 的特征吸收波长为 2.78μm 和 4.26μm。

另外，由于无极性同核双原子气体（N_2、O_2、Cl_2、H_2）及各种惰性气体（He、Ar、Ne）等不吸收 1～25μm 波长范围内的红外线，所以红外线气体分析仪不能分析这类气体。

2．朗伯—贝尔定律

气体对红外线的吸收服从于朗伯—贝尔定律，其公式为

$$I = I_0 e^{-KCL} \tag{7-19}$$

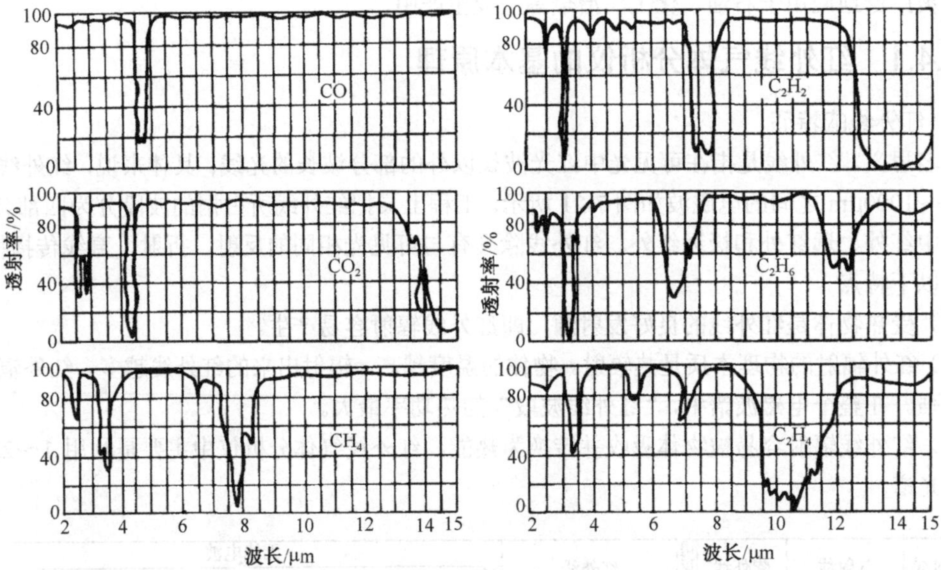

图 7-22　红外线吸收光谱

式中　I_0——红外线通过待测组分前的平均光强度；

I——红外线通过待测组分后的平均光强度；

K——待测组分的吸收系数；

C——待测组分的浓度；

L——红外线通过待测组分的厚度。

式（7-19）表明，K 对某种待测组分来说是一确定的常数，而当红外线通过待测组分的厚度 L 及通过待测组分前的光强 I_0 一定时，透过待测组分后的光强度 I 就只是浓度 C 的单值函数，且 I 随待测组分浓度的增加而以指数规律下降。

这种非线性关系对仪表的刻度会引起一定的误差。但当被测组分浓度不大、吸收层厚度 L 很小、$KCL \leqslant 1$ 时，式（7-19）可近似的成为下面的线性关系，即

$$I = I_0(1 - KCL) \tag{7-20}$$

7.4.2　红外线气体分析仪的类型及原理

1. 红外线气体分析仪的结构形式

从红外线分析仪的用途和要求出发，可以分为工业型和实验室型；从物理特性出发，又可分为色散型（分光式）和非色散型（非分光式）两种形式。

分光式是根据待测组分的特征吸收波长，采用光学分光系统，使通过被测介质层的红外线波长与待测组分特征吸收波长相吻合，进而测定待测组分的浓度。分光式红外线分析仪主要用在实验室。

非分光式是光源的连续光谱全部投射到待测样品上，而待测组分对红外线有选择性吸收，即待测组分仅吸收其特征波长的红外线。

2. 直读式红外线气体分析仪

直读式红外线气体分析仪的基本原理是，一束红外光通过气室后，由于其特征波长被气室中的气体吸收而光强减弱。对气室内的气体来说，由于吸收了红外线而温度升高。测出温度的变化，便可知道被测气体的浓度。直读式红外线气体分析仪的结构原理图如图 7-23 所示。

1）结构原理

分析仪的红外线光源有两个完全相同的镍铬合金丝辐射器构成。由恒流电源供给恒定的电流，将其加热至一定温度（700～900℃），辐射器就能辐射出两束具有相同波长范围和相同能量的红外线。一个同步电机带动有缺口的切光片 2 转动，使两束平行的红外光被调制成了断续的红外光。其一束通过参比气室 3 到达检测室 5 的左边。参比气室中封入的是不吸收红外线的气体（N_2），它的作用是保证两束红外线的几何长度和通过窗口数要相等，因此通过参比气室到达检测器的红外线光强和波长范围基本不变。另一束通过工作气室 4 后进入检测室 5 的右边，因工作气室 4 连续通过被测气体，根据朗伯-贝尔定律，被测气体吸收了一部分红外线辐射能，使透出工作气室的平均光强减弱。因此到达检测室左、右两边的两束红外线辐射强度产生了差异。

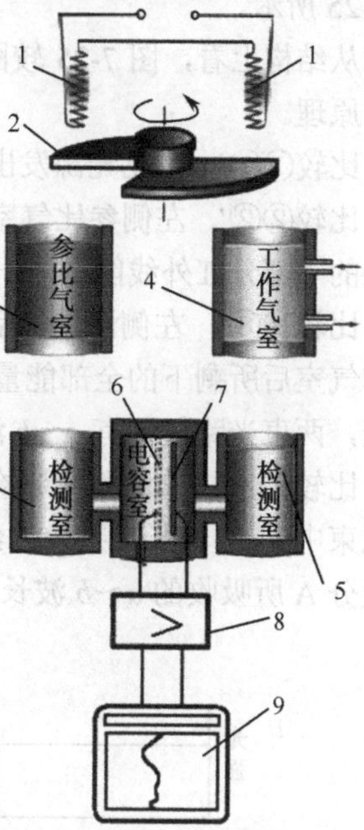

1—红外光源；2—切光片；3—参比气室；4—工作气室；5—检测室；6—铝膜；7—铝板；8—放大器；9—记录仪

图 7-23　直读式红外线气体分析仪的结构原理图

检测室内充待测气体。检测器是一个由铝膜 6（动极板）和铝板 7（定极板）为两极的电容器。当检测室接收到红外光后，内充的待测气体要进一步吸收其特征波长的能量，使检测室内气体温度升高。到达检测室左、右两边的两束红外线强度不同，温升也不同。因为右侧一束红外光在工作气室中已被待测气体吸收过一次而光强较弱，则检测气室内右侧气体温度较低，压力较小。而检测气室左侧那束红外光强度大、气体温度较高，所具有的压力较大。所以电容器动膜片自然朝右侧一边凸起，引起电容量的变化，由于切光片的运动，使电容器薄膜周期振动，从而引起电容器电容量发生周期变化。薄膜振动幅度和检测器电容量决定于待测物体的浓度。

由电容器电容量的周期变化而产生的电流信号经放大器 8 放大，并由记录仪 9 进行指示和记录。

显然待测组分浓度越大，进入检测室的两束红外线能量差值也越大，薄膜电容器的电容量变化也就越大，输出信号就越大。这是红外线气体分析仪的基本原理。

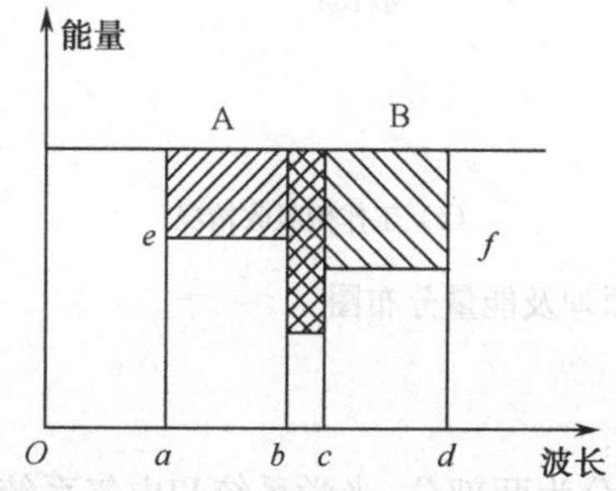

图 7-24　干扰组分与待测组分吸收波长的重叠

2）干扰组分滤除

在待分析的混合气体中，除了待测组分之外，其余气体称为背景气体。如果背景气体中某一或某几个组分的特征吸收波长范围与待测组分的特征吸收波长范围相互重叠，就称为干扰组分。干扰组分的存在，对测量准确度影响很大。

设待测组分为 A，其吸收红外线波长为 a～c 之间；干扰组分为 B，其吸收红外线波长为 b～d 之间，如图 7-24 所示。

波长为 b～c 之间红外线被待测组分 A 和干扰组分 B 同时吸收。这样一方面造成作用于检测室的红外线能量比不含干扰组分 B 时要小，更重要的是干扰组分 B 的含量也不恒定，给测量造成误差。

为避免干扰组分的存在给测量带来误差，当待分析气体中有干扰组分时，就要设置滤波气室。滤波气室内充以一定浓度的干扰气体。设有滤波气室的直读式外线分析仪工作原理及能量分布图如图7-25所示。

从结构上看，图7-25较图7-24多了两个滤波气室。结合图7-25（a）、图7-25（c）来分析其工作原理。

比较①①′，可见光源发出的两束红外线光，波长范围相同。

比较②②′，左侧参比气室不吸收红外线，光强不变，右侧工作气室内被测组分A吸收了*a*～*c*波长的一部分红外线能量，干扰组分B吸收了*b*～*d*波长的一部分红外线能量。

比较③③′，左侧滤波气室吸收了*b*～*d*波长的全部能量，右侧滤波气室吸收了*b*～*d*波长经过工作气室后所剩下的全部能量。因此，两边*b*～*d*波长的能量被滤掉，不会有*b*～*d*波长的光进入检测室，两束光路仅仅有*a*～*b*波长的红外线能量。

比较④④′，检测器左边检测室吸收了左边光束中*a*～*b*波长的全部能量，右边检测室吸收了右边光束中*a*～*b*波长所剩余的红外线能量。可见，两检测室所吸收的能量之差仍等于工作气室内被测组分A所吸收的*a*～*b*波长的能量，从而消除了干扰组分B对测量的影响。

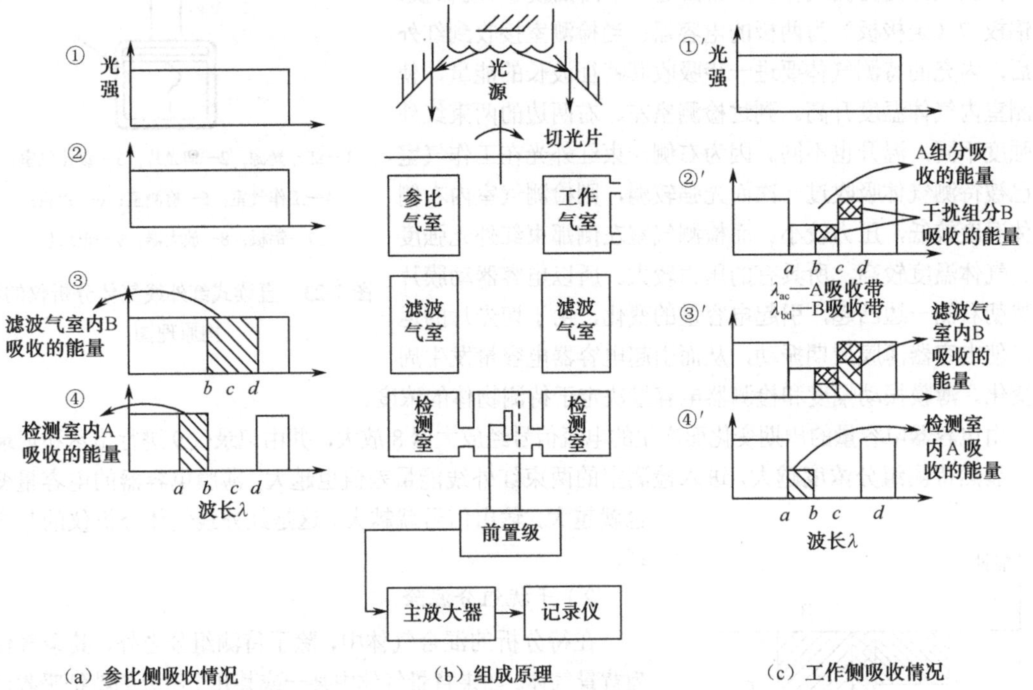

图7-25 设有滤波气室的直读式外线分析仪工作原理及能量分布图

7.4.3 红外线气体分析仪的主要部件

红外线气体分析仪是一种较为复杂的仪表。从总的结构讲可分为两部分，光学系统和电气系统。下面对光学系统的结构元件做一些介绍。

1．红外线辐射光源

光源包括辐射源、反射镜及切光片三部分。为了使光源所辐射的红外线强度恒定，保证仪表的测量精度，对光源的要求：辐射的光波波长要稳定，辐射能量应大部分集中在待测组分特征吸收波长范围内，通过各气室的红外线要求严格地平行于气室的中心轴。

（1）辐射源。辐射源一般是通过通电加热镍铬丝而得，工作温度为 700～900℃，发出的红外线辐射波长为 3～10μm。从仪表光路结构看，有单光源和双光源之分。单光源是用一个光源通过两个反射镜得到两束红外辐射线，保证了两个光源变化一致，但安装调整比较困难。双光源是用两个光源、两个反射镜得到两束红外辐射线，特点是安装调整比较容易，通过对光路平衡的调整，可以大大减少两束光不一致造成的误差。

（2）反射镜。对反射镜要求是光洁度高、表面不易氧化、反射效率高。一般用铜镀铬、黄铜镀金、铝合金抛光等办法制成。单光源使用平面反射镜；双光源使用抛物面反射镜，反射面做成球形或圆锥形。

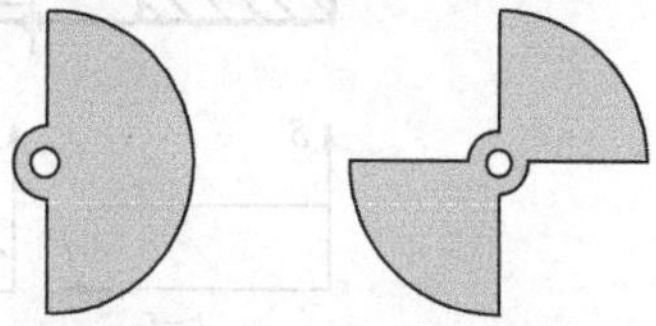
（a）圆形切光片　（b）十字形切光片

图 7-26　切光片

（3）切光片。切光片如图 7-26 所示。因为红外线是不随时间而变化的恒定光束，会使检测器的薄膜总是处于静态受力，向一个方向固定变形。这样既影响薄膜寿命，又使待测组分有微小变化时，薄膜相对位移量小，电气测量也比较困难。因此，在红外线分析仪中采用切光片把红外线光束调制成时通、时断地射向气室和检测器的脉冲光束，从而把电容检测器的直流输出信号变为交流信号，提高了灵敏度和抗干扰能力，也便于信号放大。

2．气室及滤波元件

仪表所用气室包括工作气室、参比气室和滤波气室。气室为圆筒形，均为内壁抛光的黄铜、玻璃或铝合金镀金管，两端用光学晶片（或称窗口）密封。除了测量气室带有气体进出口外，其他气室都是密闭的。

（1）测量气室的长度。应保证线性刻度及仪表灵敏度。

（2）晶片。气室、检测器用的晶片，既要保证其密封性能，又要有良好的透射性。吸收、反射和散射损失应当很低，要有一定的机械强度、不易破裂、不怕潮湿、表面光洁度能长期保持。常用的晶片材料有氟化钙、氟化锂、石英、蓝宝石等。

（3）滤波元件。滤波元件包括滤波气室和滤光片。滤光片是在晶片表面上喷涂若干涂层，使它只能让待测组分所对应的特征吸收波长的红外线透过，而不让其他波长的红外线透过或使其大大衰减，从而保证各种干扰组分对测量无影响。滤光片滤波效果好、工作可靠、结构简单，但制造工艺复杂，在只有一、二种干扰组分时，滤光片不如滤波气室过滤彻底。

3．检测器

检测器测量被测组分吸收红外线后所引起的能量的微弱变化，并将此变化量转化为电信号，它是红外线分析仪的关键部件。目前应用较多的是薄膜电容式检测器。

薄膜电容检测器又称薄膜微音器或电容微音器。由于这种检测器内充以待测组分，只吸收待测组分特征吸收波长的红外线，所以具有选择性好、灵敏度高、制造工艺简单等优点，在工业红外线气体分析仪中被广泛应用。薄膜电容检测器有单通式和双通式两种。

单通式采用半圆形切光片。它使红外线光束轮流进入检测室，薄膜电容检测器工作原理如图 7-27（a）所示。单通式检测器稳定性较高。

双通式检测器采用十字形切光片。它使两路光同时进入检测气室，薄膜电容检测器工作原理如图 7-27（b）所示。双通式检测器灵敏度较高。

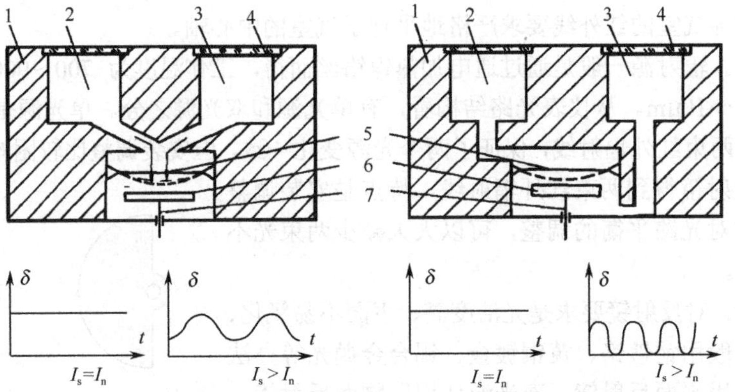

（a）单通式　　（b）双通式

1—检测器壳体；2—参比边检测器；3—工作边检测器；4—窗口镜片；5—薄膜；6—固定极板；7—电极引线

图 7-27　薄膜电容检测器工作原理

7.4.4　QGS—08 型红外线分析仪

QGS—08 型红外线分析仪是北京分析仪器厂从德国麦哈克（Maihak）公司引进的，具有国际先进水平，连续测定气体和蒸汽的相对浓度，适用于大气监测、废气控制、化工、石油工业等流程分析控制，也可用于实验室分析。

由于分析仪设计成卧式结构，可以容纳较长气室，因而可做气体浓度的微量分析（如 CO：0～30μL/L；CO_2：0～20μL/L)。它具有整体防震结构，改变量程或测量组分，只要更换气室或检测器即可。电气线路采用插件板形式，因此有良好的稳定性和可选择性，并且维护量较小。

1．测量原理

QGS—08 型红外线分析仪属于非分光型红外线分析仪，其结构原理示意图如图 7-28 所示。检测器由前、后两个吸收室 7、10 组成，它们相互隔离，光路串联。前吸收室由于较薄，主要吸收特征频率带中心的能量，而后吸收室则吸收余下的两侧能量。检测器的容积设计使两部分吸收能量相等，从而使两室内气体受热产生相同振幅的压力脉冲。当被分析气体进入工作气室时，谱带中心的红外辐射在工作气室 5 中首先被吸收掉，导致前吸收室的压力减弱，压力平衡被破坏，前后吸收室所产生的压力脉冲通过毛细管加在差动式薄膜微音器 8 上，被转换为电容的变化。通过放大器把电容变化变成与浓度成比例的直流电压，从而测得被测组分的浓度。

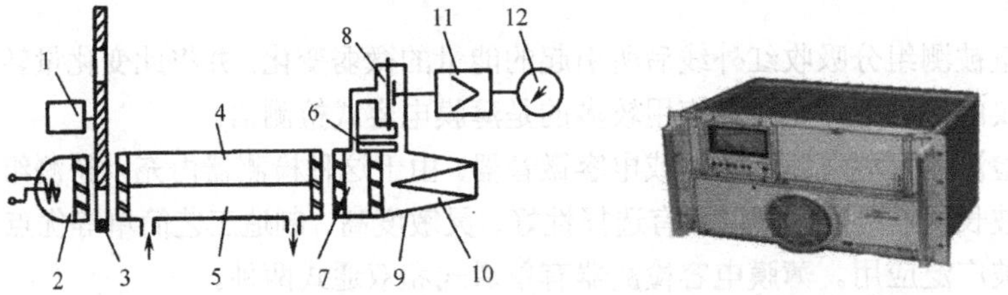

1—同步电机；2—红外辐射源；3—切光片；4—参比气室；5—工作气室；6—压力补偿毛细管；7—前吸收室；8—薄膜电容器；9—检测器；10—后吸收室；11—放大器；12—指示记录仪

图 7-28　QGS—08 型红外线分析仪原理示意图

为了保证进入分析仪表的气体干燥、清洁、无腐蚀性，设置的预处理装置系统图如图 7-29 所示。气体温度超出 100℃时应加装水冷却器 1；预过滤器 2 内装棉花，用于过滤气样中的灰尘、机械杂质及焦油；化学过滤器 3 用于滤掉 SO_2、H_2S 和 NH_3 等腐蚀性气体；化学过滤器内装无水硫酸铜滤料，当试剂失效后，便由原来的蓝色变成黑褐色，干燥过滤器 4 内装氯化钙或硅胶干燥剂用来干燥气体。

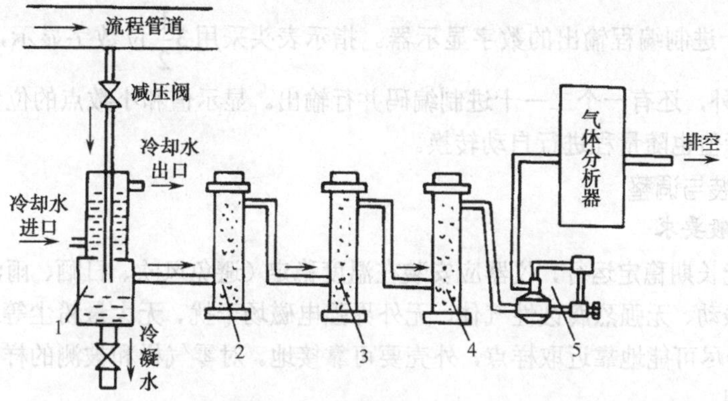

1—水冷却器；2—预过滤器；3—化学过滤器；4—干燥过滤器；5—流量控制器

图 7-29　预处理装置系统图

2．分析仪结构

在 QGS—08 分析仪的上面板上，指示仪表下面装有电源开关、样气泵开关，以及故障报警、控温、电源和泵用的发光二极管。多量程时还有量程转换开关和表示量程的发光二极管。在下面板上装有检查过滤器。

下部面板可以抽出，分析仪的检测器通过防震元件装在可抽出的恒温底座上，上面还装有样气泵和电磁阀。前置放大级电路安装在检测器上，更换检测器时不会影响电气温度补偿的作用。

各种电源和信号插头、样气出入口接头安装在仪器的背面。

下面板可以抽出，便于直接接触分析器。分析器通过防震元件装在可抽出的恒温箱底座上。高频部件直接装在检测器上，这样更换检测器时不会影响电气温度补偿的作用。在可抽出的支座内还装有这样气泵和电磁阀。

在仪器壳体上部装有电源部件、放大器和其他附加的印刷板。打开上部右方面板，即可方便地接触到印刷板。仪器备有的附加装置有以下几个部分。

（1）故障报警器。该装置监视电源电压和样气流量，并能发出泵工作中断或样气管道堵塞的信号。流量可调在 10L/h，需要时也可在 5～100L/h。

（2）量程转换器。只有一个气室时，量程和转换的总比例为 1∶10。在上述比例范围内最多可有 4 个量程挡。

因 QGS—08 型分析器采用了双层气室，在两量程之间可取得很大的转换比（1∶10000），例如，0～100×10^{-6} 和 0～10%（体积）。

在操作面板上，每个量程各有一个零点和一个灵敏度调节电位器，这样便可单独调校每个量程。零点和灵敏度的调节相互不影响。

当指示值超过或低于所调定的检测上限值时，仪表能自动地转换成较高或较低的量程。自动转换的量程最多有 3 个。

利用对数校正曲线，指示仪表能覆盖较大浓度的量程，同时在低浓度范围有较高的分辨率。所有量程的校正曲线均可用电气方法线性化。

量程范围最大可达满量程的 70%、结合量程转换可得下列各量程：0～100×10^{-6}；（20～40）×10^{-6}；（40～80）×10^{-6}；或 0～50%；50%～100%（体积）。

本仪表有 3 个极限值接点。这些接点可在所有量程内调节极限值。转换接点也可从外部接入、把参比气通过气室参比边，把零点调节到刻度中点，分析器便可进行差动检测。例如，$(-20\sim20)\times10^{-6}CO_2$，以空气（约 $300\times10^{-6}CO_2$）作为参比气体。

（3）带二—十进制编程输出的数字显示器。指示表头采用 $3\frac{1}{2}$ 位数字显示，该部件除有一个 20mA DC 的输出外，还有一个二—十进制编码并行输出。显示值和小数点的位置与量程相一致。在转量程时，显示值也随量程进行自动转换。

3．仪表的安装与调整

1）安装的一般要求

要使本仪器能长期稳定运行，仪器应安装在温度稳定（避免风吹、日晒、雨淋和强热辐射等），无明显的冲击和振动、无强烈腐蚀性气体、无外界强电磁场干扰、无大量粉尘等地方。同时为了减少检测滞后，仪器尽可能地靠近取样点，外壳要可靠接地。对零气样和被测的样气，均需按仪器的要求进行严格处理。

2）仪器的光路平衡调整

两束红外线能量相等的标志是仪表指示值最小，如图 7-30 曲线 A 点所示。为了检查光路平衡是否调整好，可通过“状态检查”按钮进行。当按下“状态按钮”时，工作边光源电流将被分流一部分，使工作边光能量减小，这相当于给了一个固定信号，仪表指示应由小到大，单方向偏转，说明“光路平衡”已调好，若出现指针向减小方向偏转或先向减小方向偏转，而后又向增大方向偏转，即出现了“回程”现象，说明“光路平衡”没有调好，应重新调整，直到不出现“回程”现象为止。

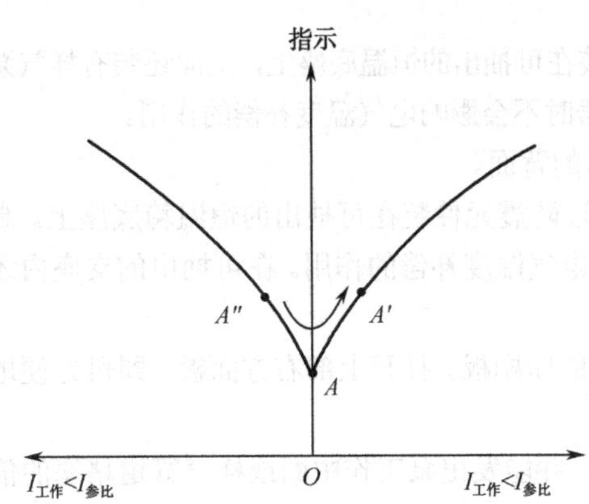

图 7-30 “回程”现象示意图

从图 7-30 可以看出，检测器的仪表输出电压 $U=f(\Delta C)$，只要 $I_{工作}\neq I_{参比}$，不论哪一个大，仪表都会有一个指示值。设仪表通零样气时，$I_{工作}>I_{参比}$，如图 7-30 中曲线 A''位置，仪表有一个指示值；而当仪表改通被测组分浓度大于零的样气，$I_{工作}$逐渐减小，指示值沿着曲线经过 $I_{工作}=I_{参比}$这一平衡点（即 A 点）后，再向 $I_{工作}<I_{参比}$方向变化，表针的移动过程如图 7-30 中箭头所示。先是减小，然后增大，此即“回程”现象。为了消除“回程”现象，一般在调整时使 $I_{参比}$稍大于 $I_{工作}$，当仪表通入零样气时，仪表指示在 A'处。这样就不会再出现“回程”现象。

7.5 气相色谱分析仪

气相色谱分析仪是一种多组分分析仪器。它能利用色谱分离技术对混合物中的多种组分同时进行测定，具有选择性强、灵敏度高、分析速度快、应用范围广等特点。气相色谱分析是重要的现代分析手段之一，是工业生产、科学研究的重要分析仪器，应用非常广泛。

色谱分析仪包括分离和分析两个技术环节。在测试时，使被分析的试样通过“色谱柱”，由色谱柱将混合试样中的各个组分分离，再由检测器对分离后的各组分进行检测，以确定各组分的成分和含量。这种仪表可以一次完成对混合试样中几十种组分的定量分析。

色谱仪是俄国植物学家茨维特（Tsweet）于 1906 年首先提出来。他在研究植物叶色素成分时，将植物叶子的萃取物倒入一根装有碳酸钙吸附剂的直立玻璃管内如图 7-31 所示，然后加入石油醚使其自由流下，结果在管内形成不同颜色的谱带，即色素中不同的色素成分得到分离。这种方法因此得名为色谱法。

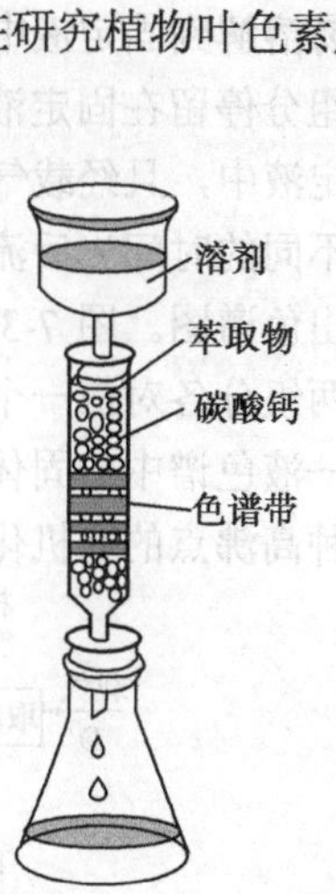

图 7-31　色谱原型装置

色谱法是一种物理分离技术，它可以定性、定量地一次性分析多种物质的成分及含量。被分离的混合物组分分布在两个互不相溶的介质中，其中一相是固定不动的，称为固定相，另一相是与固定相做相对运动的流动相。流动相在携带混合物组分流动过程中，利用混合物各组分在两相中分配系数或溶解度的不同进行多次反复分配，从而使混合组分得到分离。

在色谱法中，固定相有液体和固体两种；流动相也有液体和气体两种。装有固定相的管子称为色谱柱。因此色谱仪有气—固色谱、气—液色谱、液—固色谱、液—液色谱。本节仅讨论目前被广泛应用在工业过程分析中，以气体为流动相，以液体为固定相的工业气相色谱仪。

7.5.1　气相色谱分析原理

1. 气相色谱的分离原理

色谱分离的基本原理是根据不同物质在色谱柱中，具有不同的分配系数而进行分离的。色谱柱有两大类：一类是填充色谱柱，是将固体颗粒吸附剂或黏附有固定液的固体颗粒，填充在较粗的玻璃管或金属管内构成；另一类是空心色谱柱或空心毛细管色谱柱，是将固定液附着在细长管内壁上构成。填充柱的内径约为 4～6mm。毛细管色谱柱的内径只有 0.1～0.5mm，柱长根据分离要求而定，一般为 0.5～15m。

被分析的试样是由某种惰性气体带入色谱柱的，携带试样的气体称为“载气”。色谱柱中的吸附颗粒或固定液为“固定相”。被分析的试样和携带试样的流体为“流动相”。工业气相色谱仪，流动相是气体，固定相是液体。下面介绍气相色谱仪分离原理。

载气在固定液上的吸附或溶解能力要比样品组分弱得多，可以忽略不计，而试样中各组分在固定液上的溶解能力各不相同。试样在通过色谱柱时，会不断被固定液溶解、挥发，再溶解、再挥发……由于溶解度大的组分难挥发，向前移动的速度慢，停留在柱中的时间就长些；而溶解度小的组分易挥发，向前移动的速度快，停留在柱中的时间就短些。不溶解的组分随载气首先流出色谱柱。由于各组分流出色谱柱的先后次序不同，从而实现了各组分的分离。

设某组分在气相中浓度为 C_G，在液相中的浓度为 C_L，则它的分配系数 K 为

$$K = C_L / C_G \tag{7-21}$$

各个气体组分的 K 值是不一样的，是某种气体区别于其他气体的特有的物理性质。显然分配系数越大的组分溶解于液体的性能越强，因此在色谱柱中流动的速度就越小，越晚流出色谱柱。反之，分配系数越小的组分，在色谱柱中流动的速度越大，越早流出色谱柱。这样，只要样品中各组分的分配系数不同，通过色谱柱就可以被分离。

如图 7-32 所示的是 A、B 两组分混合物在色谱柱中的分离过程。设 B 组分的溶解度大于 A 组分的溶解度。两个组分 A 和 B 的混合物在载气带动下，经过一定长度的色谱柱时，溶解度大的 B

组分容易溶解到固定液中，在载气推动剩余组分向前移动的过程中，经载气稀释，B 组分也较难挥发。B 组分停留在固定液中时间较长，其蒸汽段会逐渐落在后面。而溶解度小的 A 组分不容易溶解到固定液中，且经载气稀释浓度降低后，A 组分液又容易挥发，较早随载气流动到前面。A、B 组分在不同的时间先后流出色谱柱，将逐渐分离，并先后进入检测器。检测器输出测量结果，由记录仪绘出色谱图。图 7-32 中随时间变化的曲线表示各个组分及其浓度，称为色谱流出曲线。在色谱图中两组分各对应一个表示组分浓度的峰状曲线。

气—液色谱中的固体相是涂在惰性固体颗粒（称为担体）表面的一层高沸点的有机化合物的液膜，这种高沸点的有机化合物称为“固体液”。担体仅起支撑固体液的作用，对分离不起作用。

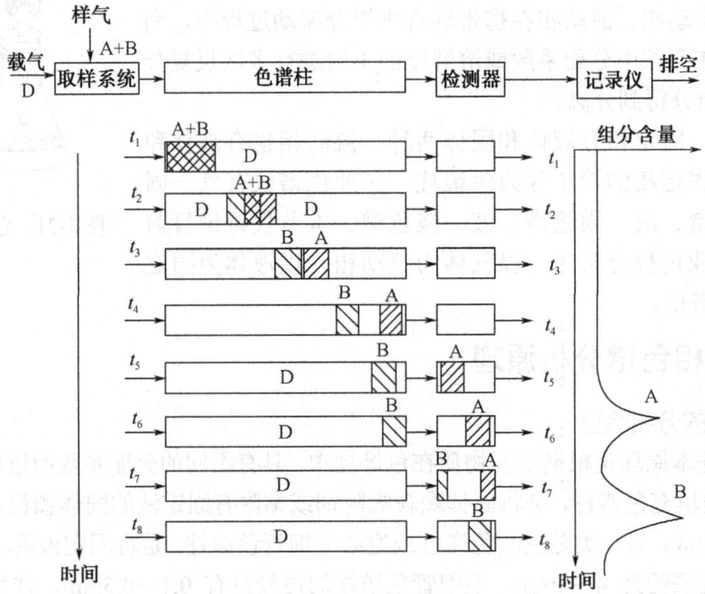

图 7-32　A、B 混合物在色谱柱中的分离过程

2．色谱分析原理

各组分从色谱柱流出的顺序与色谱柱固定相成分有关。从进样到某组分流出的时间与色谱柱长度、温度、载气流速等有关。在保持相同条件的情况下，对各组分流出时间标定以后，可以根据色谱峰出现的时间进行定性分析。色谱峰的高度或面积可以代表相应组分在样品中的含量，用已知浓度试样进行标定后，可以做定量分析。

色谱仪的基本流程如图 7-33 所示，样气和载气分别经过预处理系统进入取样装置，再流入色谱柱，分离后的组分经检测器检测，相关信号经处理后输出。

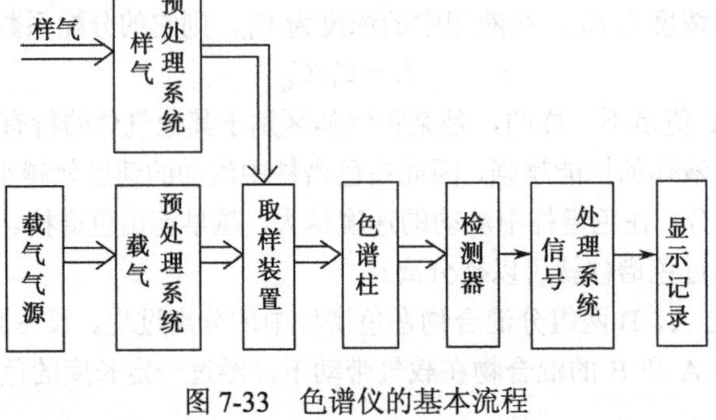

图 7-33　色谱仪的基本流程

3. 色谱图及常用术语

色谱图是样气在检测器上产生的信号大小随时间变化的曲线图形，是定性和定量分析的依据。如图 7-34 所示为典型的色谱图。

色谱分析的常用术语如下：

（1）基线。无样品进入检测器时，记录仪所划出的一条水平线，称为基线，如图 7-34 所示中 $O—T$ 线。

（2）死时间 t_a。不被固定相吸附或溶解的载气（如氮气），从进入色谱柱开始到出现浓度最大值所经历的时间称为死时间。

（3）保留时间 t_r。保留时间为色谱法的定性分析的基础，指从样品进入色谱柱到某组分流出色谱柱达到最大值的时间。保留时间 t_r 扣除死时间 t_a，称为校正保留时间 t_c。

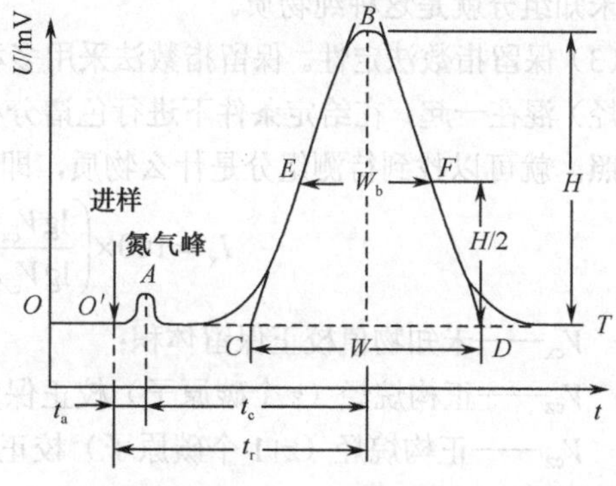

图 7-34　色谱图

（4）峰宽 W。它是指某组分的色谱峰在其转折点所做切线在基线上的截距。在峰高一半的地方测得的峰宽称为半峰宽 W_b。峰宽和半峰宽是色谱图重要的参数，它反应分离条件的好坏。一般要求谱峰高而狭窄。

（5）保留体积 V_r。保留时间 t_r 内所流过的载气体积，等于保留时间与载气流量的乘积。

（6）校正保留体积 V_c。校正保留时间 t_c 内所流过的载气体积，等于校正保留时间与载气流量的乘积。

（7）峰面积 A。色谱曲线所包围的面积。

7.5.2　色谱定性和定量分析

1. 定性分析

气相色谱的定性分析，就是确定每个色谱峰代表何种组分。分析方法很多，这里仅简单介绍常用的方法。

（1）利用保留值（t_c、V_c）定性。这是最简便、最常用的色谱定性分析方法。严格控制色谱操作条件是这种方法是否可靠的关键。利用保留值定性，可分为绝对保留值法和相对保留值法。

对于组成大致清楚且又有相应的标准物质的样品，可以采用绝对保留值法。在相同色谱条件下测定标准物质的保留值和未知样品中各色谱峰的保留值，如果未知样品中出现了与某种标准物质的保留值相同的色谱峰，则可认为未知样品中含有这种物质。

由于保留值易受柱温、流速、固定相等多种条件的影响，所以可用相对保留值法。这种方法是选择一个已知的标准物质，根据下式计算相对保留值 a，即

$$a_{xs} = \frac{t_{cx}}{t_{cs}} \tag{7-22}$$

式中　t_{cx}——未知物质的校正保留时间；

t_{cs}——标准物质的校正保留时间。

相对保留值 a_{xs} 只与柱温、固定相性质有关，与其他操作条件无关。标准物质必须容易得到纯品，而且它的保留值在各待测组分的保留值之间。采用此法时，将给定的标准物质加入被测样品中，以求出各组分的 a_{xs} 值。常用的标准物质是苯、正丁烷、对二甲苯和环乙烷等。

（2）用加入已知物质增加峰高的办法来定性。如果未知样品中组分较多，相邻谱峰的距离太近，无法准确测定各色谱峰的保留值时，则可先做出未知样品的色谱图，对其中无法确认的谱峰可以用纯物质进行核对，即在未知样品中加入某种已知物质，如果加入的物质能增加某一组分的峰高，则表示未知组分就是这种纯物质。

（3）保留指数法定性。保留指数法采用多种标准物质，将待测组分与两个标准物质（一般是正构烷烃）混在一起，在给定条件下进行色谱分析，然后根据保留值计算保留指数 I_x，与文献数据进行对照，就可以找到待测组分是什么物质，即

$$I_x = 100\times\left(\frac{\lg V_{cx} - \lg V_{cz}}{\lg V_{cz'} - \lg V_{cz}} + z\right) \tag{7-23}$$

式中 V_{cx}——未知物值校正保留体积；

V_{cz}——正构烷烃（z 个碳原子）校正保留体积；

$V_{cz'}$——正构烷烃（z+1 个碳原子）校正保留体积。

2．定量分析

色谱定量分析的任务是确定样品中各个组分的含量。分析的理论依据是在柱负荷允许的范围内，待测组分的质量 m_x 与检测器上产生的响应信号（峰面积 A_x）成正比，即

$$m_x = f_s \cdot f_x'(A_x) \tag{7-24}$$

式中 f_s——标准物质的绝对校正因子；

f_x'——组分 x 的相对校正因子。

因此准确测定峰面积 A_x，根据已知校正因子，即可计算出组分在样品中的含量。

峰面积可以根据峰高和半峰宽计算，还可用自动积分仪求得，它能自动测出某一曲线所围的面积，有机械积分、电子模拟积分和数字积分等类型。现代的色谱仪器用微处理机对数据进行快速处理，可以直接打印出每个色谱峰的保留时间、峰面积及各峰面积的总和，自动化程度很高，可大大节省人力。

色谱的定量分析是基于被测物质的量与其峰面积的正比关系。定量校正因子的求取至关重要。各种物质的校正因子一般都可以从相关手册中查到。如果文献中无法查到，则要自己测定。

测定时，要准确称量标准物质和被测物质，然后将它们混合均匀进样，按式（7-24）计算出它们的峰面积。

7.5.3 色谱柱

色谱柱是色谱分析仪表的核心部件，它起着把混合气体分离成各个单一组分气体的作用。其质量的好坏，对整个仪表的性能具有重要的作用。不同的分析对象对色谱柱的形式、填充材料，以及柱子尺寸要求是不同的。

1．对色谱柱的要求

（1）样品中的所有要分离的组分在每一个分析周期内通过色谱柱后都能被分离，并且各组分都能从柱中流出。因为任何留在柱中的组分，积累起来都会改变柱子的性能或在下一个周期中流出而影响测定。

（2）色谱柱的分离作用既要适用于正常的工作状态，也应适用于非正常条件，即在生产不正常的条件下，也能够提供可靠的生产数据。

（3）色谱柱必须防止不可分离或具有过强吸附能力的组分进入。

（4）色谱柱的稳定性要好，寿命要长。对于连续工作的工业色谱仪这一点很重要。

（5）柱系统要尽量简单，以方便维护。

（6）为了便于柱温控制，色谱柱的额定工作温度要大于 20℃。

常用色谱柱的柱管采用对所要分离的样品不具有活性和吸附性的材料制造。一般用不锈钢和铜做柱管，柱管内径为 4～6mm。柱长主要由分配系数决定，分配系数越接近的物质所需的柱越长，长度为 0.5～15m。为了便于柱温控制和节省空间，色谱柱做成螺旋状，螺旋状柱管的曲率半径为 0.2～0.25m。

2．担体

担体是用来支撑固定液的多孔固体颗粒。对担体的要求如下：

（1）有比较大的化学惰性表面，孔径要均匀。

（2）表面吸附性能很弱。

（3）有一定的机械强度和均匀粒度。

依据上述要求，常用的担体有硅藻土型和非硅藻土型担体两类。硅藻土型担体是用天然的硅藻土锻烧制成。工业气相色谱柱中所用的担体主要是硅藻土型担体，如红色担体 6102、201，白色担体 101 等。担体的选用要依据被分析的物质，如红色担体适用于分析无极性或弱极性的物质；白色担体适用于分析极性物质。

3．固定液

在气液柱中，其固定相是涂在担体表面的一层很薄的高沸点有机化合物薄膜，这种有机化合物薄膜就称为固定液。对固定液的要求如下：

（1）在操作条件下，有很高的化学稳定性和热稳定性。

（2）对被分离的物质，应具有较高的选择性。

（3）蒸汽压要低，一般要求小于 1.3Pa。若蒸汽压高，会造成固定液流失严重，影响柱的寿命。

7.5.4　检测器

检测器的作用是检测从色谱柱中随载气流出来的各组分的含量，并把它们转换成相应的电信号，以便测量和记录。根据检测原理的不同，检测器可分为浓度型检测器和质量型检测器两种。浓度型检测器测量的是载气中某组分浓度瞬间的变化，如热导检测器和电子捕获检测器等；质量型检测器测量的是载气中某组分进入检测器的速度变化，如氢火焰离子化检测器和火焰光度检测器。在工业气相色谱仪中主要用热导式检测器和氢火焰离子化检测器。

1．热导式检测器

热导式检测器是在气相色谱中使用最早、应用最广泛的一种通用性检测器。特点是结构简单、稳定性好、线性范围宽、灵敏度较高。

热导式检测器是通过测量混合气体的热导率确定气体组分含量的。如果某一组分的含量发生变化，会引起混合气体热导率改变，由此可以检测某组分含量的大小。由于气相色谱仪中，色谱柱流出的气体是某个单组分与载气的混合气，载气的浓度及热导率一定，故可以较好地完成含量检测。热导式检测器的结构原理详见第 7 章 7.2 节中的介绍。

2．氢焰离子检测器

氢火焰离子化检测器简称氢焰离子检测器。它对大多数有机化合物具有很高的灵敏度，比热导式检测器的灵敏度高 3～4 倍，是色谱仪的一种常备检测器，其主要特点是结构简单、灵敏度高、线性范围宽、响应速度快、恒温要求不高等。但对无机物或在火焰中不电离，以及电离很少的组分不能检测。

（1）氢焰离子检测器工作原理。氢气在空气中燃烧会产生少量的带电粒子，将其置于较高电压的两个极板之间时，能产生微弱的电流，一般在 10^{-12}A 左右。如果在火焰中引入含碳的有机物，产生的电流会急剧增加，且与火焰中有机物含量成正比。

氢焰离子检测器如图 7-35（a）所示。主体为离子室，室内有一个喷嘴。载气、样气和氢气由此喷出燃烧，并产生电离，两电极间加一直流电压形成收集离子的静电场。与样气组分含量有关的正、负离子，在电场作用下定向运动形成微弱的离子流，经微电流放大器放大后，送入记录仪记录。

当载气中没有样气时，由于色谱柱内固定液挥发、气体中微量杂质、气路系统的沾污等因素的影响，在检测器上仍会有一个微弱的电子流，称为基流，它会影响信号电流的测量。因此，在回路中引入了基流补偿装置，以产生一个反向电流抵消基流的影响。

（2）基本结构。氢火焰离子化检测器的基本结构如图 7-35（b）所示。金属外壳 1 和喷嘴 4 固定在底座 6 上，喷嘴与色谱柱流出的气体和氢气引入管直接相连。在底座上还有空气供给管，提供助燃气。在喷嘴上方依次装有极化极 3（阳极）及收集极 2（阴极），阳极与阴极分别与极化电源的正、负极相连接。电离产生的正、负离子分别奔向阳极和阴极而形成电子流。

检测器的电场建立在阴、阳两个电极之间，极化电压一般在 100～300V 之间。电极常用铂、镍或不锈钢制成。极化极（阳极）呈圆环状，收集极（阴极）的形状一般是圆筒形、平板形或盘丝形。

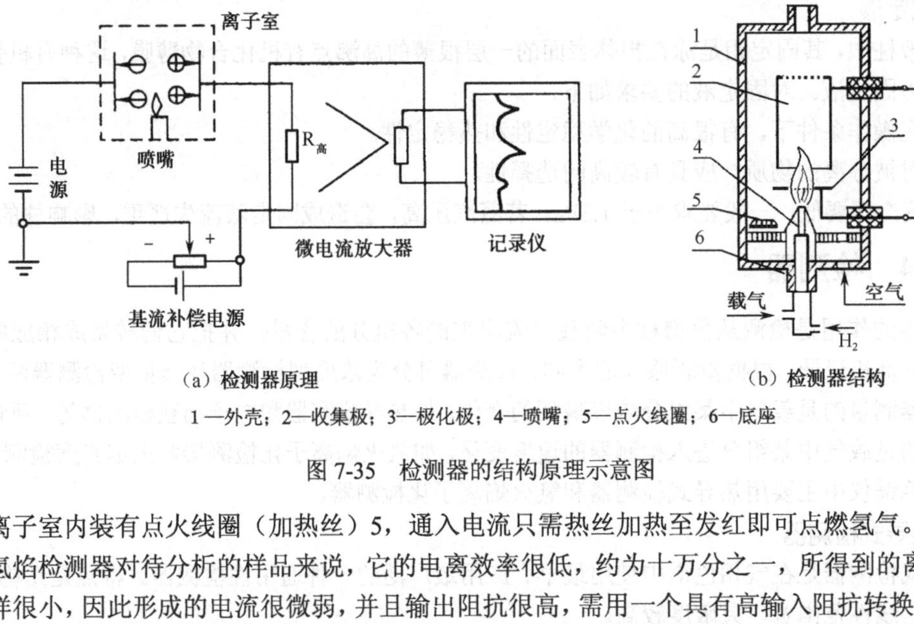

（a）检测器原理　　　（b）检测器结构

1—外壳；2—收集极；3—极化极；4—喷嘴；5—点火线圈；6—底座

图 7-35　检测器的结构原理示意图

离子室内装有点火线圈（加热丝）5，通入电流只需热丝加热至发红即可点燃氢气。

氢焰检测器对待分析的样品来说，它的电离效率很低，约为十万分之一，所得到的离子流的强度同样很小，因此形成的电流很微弱，并且输出阻抗很高，需用一个具有高输入阻抗转换器放大后，才能在记录仪上得到色谱峰。由于电离产生的离子数目与单位时间内进入火焰的碳原子总质量有关，所以称为质量型检测器。

7.5.5 工业气相色谱仪介绍

气相色谱仪按使用场合可以分为实验室用气相色谱仪和工业气相色谱仪两种。实验室气相色谱仪主要用于实验室进行离线分析，注样需人工操作。工业气相色谱仪是一种直接装在生产线上的在线成分分析仪表，能连续、自动地分析流程中气体各组分的含量，监控生产过程。工业气相色谱仪对分析的精度要求不高，但对其稳定性和可靠性却有很高的要求。工业气相色谱仪的分析对象是已知的，气路流程和分离条件是固定的。分析仪本身装有多点自动切换装置，可以很方便地实现顺吹测量、反吹清洗切换。

1. 基本组成

如图 7-36 所示为某工业气相色谱仪外形及内部结构图，如图 7-37 所示为典型工业气相色谱仪系统框图，包括样气预处理器、载气预处理器、分析器、电源控制器及显示记录仪表几部分。

分析器部分由取样切换阀、色谱柱、检测器、加热器和温度加热器等组成，均装在隔爆、通风充气型的箱体中。电源控制器部分的作用是控制分析仪自动进样、流路切换、组分识别等时序动作，由稳压电源、程序控制器、温度控制器等组成。显示记录仪表接收从分析器来的信号，通过记录仪或打印机给出色谱图及有关数据。

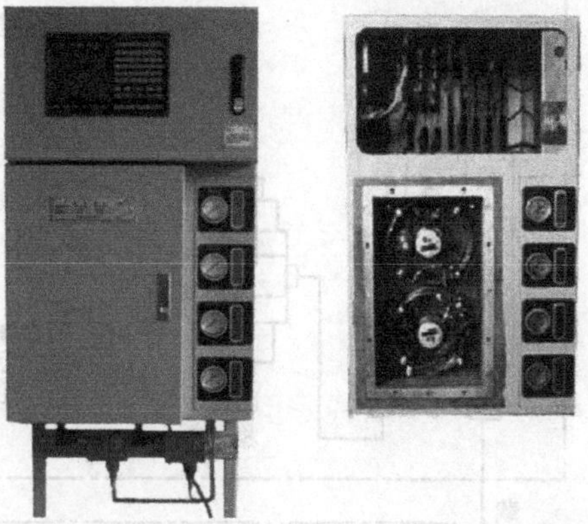

（a）外形　（b）内部结构图

图 7-36　工业气相色谱仪外形及内部结构图

通过取样装置得到的工艺试样经预处理系统除尘、净化、干燥、稳压和恒流处理，进入取样切换阀。而载气经减压、净化、恒流处理，以稳定的压力、恒定的流速，通过切换阀携带样气进入色谱柱。在程序控制器的控制下，气样随载气在色谱柱中分离，分离后的组分随载气依次进入检测器。检测器将各组分的浓度变化转化为电信号，经放大后，由记录仪记录下来，获得色谱图。

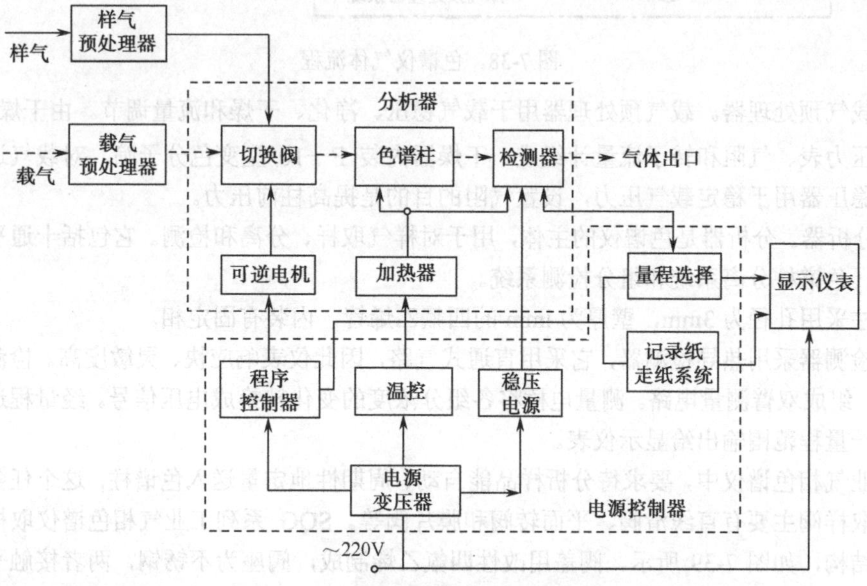

图 7-37　工业气相色谱仪系统框图

2. 各部分的作用

色谱仪气体流程如图 7-38 所示。

（1）样气预处理器。样气预处理器用于样气除尘、净化、干燥、稳定样气压力和调节样气的流量，由针形调节阀 1、2，稳压器，干燥器Ⅰ、Ⅱ和转子流量计等组成。

调节阀 1 用于调节稳压器的气体泄放量；调节阀 2 用于调节样气的流量，使样气流量计指示在规定的刻度线上。稳压器内盛机油或甘油，用于稳定样气的压力。干燥器Ⅰ内装有无水氯化钙对样气进行脱水处理，干燥器Ⅱ内装颗粒为10～20目的电石，进一步对样气进行干燥处理。干燥器的两端均填有脱脂棉（或玻璃棉）和过滤片，用于除去尘埃，防止细微固体颗粒带到气路中。

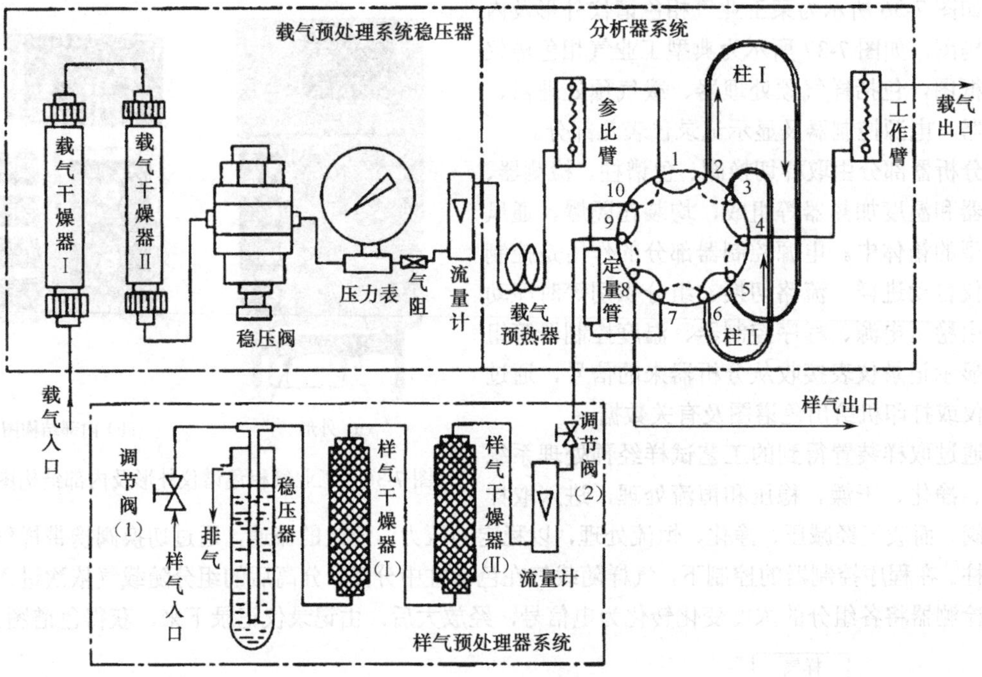

图7-38 色谱仪气体流程

（2）载气预处理器。载气预处理器用于载气稳压、净化、干燥和流量调节。由干燥器Ⅰ、Ⅱ、稳压阀、压力表、气阻和转子流量计组成。干燥器内装F—10型变色分子筛，对载气进行脱水干燥处理。稳压器用于稳定载气压力，设置气阻的目的是提高柱前压力。

（3）分析器。分析器是色谱仪的主体，用于对样气取样、分离和检测。它包括十通平面切换阀取样系统、色谱柱分离系统和组分检测系统。

色谱柱采用孔径为3mm，壁厚为lmm的四氟乙烯管，内装有固定相。

组分检测器采用热导检测器，它采用直通式气路，因此仪表响应快、灵敏度高。检测元件有四个检测器，组成双臂测量电路。测量电桥将各组分浓度的变化转换成电压信号。经量程选择电路分压获得同一量程范围输出给显示仪表。

在工业气相色谱仪中，要求待分析样品能自动、周期性地定量送入色谱柱，这个任务由取样阀来完成。取样阀主要有直线滑阀、平面转阀和膜片阀等。SQG系列工业气相色谱仪取样阀为十通平面转阀结构，如图7-39所示。阀盖用改性四氟乙烯制成，阀座为不锈钢，两者接触平面是经过精密研磨而成的。

平面转阀有四通式、六通式、八通式、十二通式、十六通式等多种。驱动方式有电机拖动和气压驱动两种。如图7-39（b）所示为十通平面转阀的示意图。在阀体上有十个小孔与外气路相通，阀盖上有五个圆弧形槽与阀体上的十个小孔对应。

进样时，走图7-39中实线所示的流程，1-2、3-4、5-6、7-8、9-10分别接通。分析时，走图7-39中虚线所示的流程，2-3、4-5、6-7、8-9、10-1分别接通。

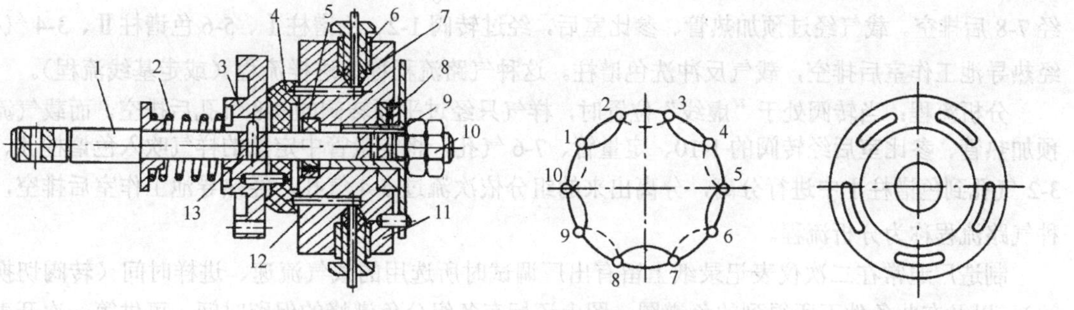

（a）结构图　　（b）转阀气路连通示意图　　（c）阀盖气槽

1—阀杆；2—弹簧；3—压圈；4—阀盖；5—轴承；6—螺纹套；7—紫铜密封垫圈；8—轴承；9—定位套；10—螺母；11—阀体；12—销；13—圆柱销

图 7-39　十通平面转阀结构

（4）控制器。控制器包括测量电桥及量程选择电路、程序控制电路、平面转阀的驱动电路、分析箱恒温控制电路、稳压电路和显示仪表记录纸走纸电路。程序控制器控制色谱仪的全部动作过程，按预定程序发出取样、进样、记录纸推进信号，以协调各部分的工作。

温度控制器对色谱仪、检测器分别进行加热并控制其温度。由于色谱柱、检测器（尤其热导池）在分离过程中都要求进行严格的温度控制，所以合理选择温度操作条件，对色谱柱的分离效果，对检测器的灵敏度和选择性均有很大影响。

稳压电源向程序控制器和温度控制器提供±15V 电压；向测量桥路提供 18V 电源。稳压电源均为串联调整式稳压线路，最大输出电流均为 300mA。

程序控制系统是工业气相色谱仪的指挥中心。它在仪表全自动运行过程中，按时间程序向各系统发出一系列动作指令信号。程序控制电路整个系统由 10 块 JEC—2 多功能集成电路触发器组成的 10 个延时控制单元，每一单元负责一个时间程序段。

程序控制器第 1 级延时时间是仪表的进样时间，它是按第一个峰所测得的实际流出时间（或再加 3～5s）设定的。程序控制器其余各级延时时间则按各色谱峰所测得的保留时间予以设定。

各级延时时间可先按照上述理论时间进行初步设定，然后看仪表处于全自动状态下的实际运行情况，再对各级延时时间稍加修正，使得各组分出峰时指示灯燃亮，过 1～2s 后仪表记录到相应的色谱峰图，而当指示灯熄灭时，仪表指示到零的位置。

（5）显示记录仪表。显示记录仪表采用测量范围为 0～5mV 的电子电位差计，标尺按 100%刻度，走纸机构电气系统已经过改装。记录纸推进系统是由程序控制器发出的指令控制走纸电机，只在出样阶段走纸。

SQG—101 色谱仪是按峰高定量的，为此仪表在“全自动”运行时，是记录带谱图形（棒形谱峰）。这就要求走纸电机在仪表出峰时，停止转动，以便记下直线条带谱图形。当一个组分出完峰后，记录纸能很快移动一段距离，在样气中被测各组分全部出完峰后，记录仪能移动两倍距离，表示仪表第二次进样分析开始。

3．SQG 色谱仪的气体流程

SQG 色谱仪的气体流程如图 7-38 所示，样气经过样气预处理系统送往分析器系统，载气经过预处理系统后，为了减小环境温度对仪表的影响，在通往分析器前还要经过载气预热管再送入分析系统。

分析器的气体流程，根据平面转阀“实线”和“虚线”两个位置有两种气体流程。

进样流程：当转阀处于“实线”位置时，样气经过转阀的 9-10 气孔冲洗定量管（定量取样），经 7-8 后排空。载气经过预加热管、参比室后，经过转阀 1-2、色谱柱Ⅰ、5-6 色谱柱Ⅱ、3-4 气孔，经热导池工作室后排空，载气反冲洗色谱柱。这种气路流程称为进样流程（或走基线流程）。

分析流程：当转阀处于“虚线”位置时，样气只经过平面转阀的 9-8 气孔后排空。而载气流过预加热管、参比室后经转阀的 1-10、定量管、7-6 气孔，将定量管中定量的样气吹入色谱柱Ⅱ、经 3-2 气孔到色谱柱Ⅰ中进行分离，分离出来的组分依次流过 5-4 气孔，经热导池工作室后排空，这种气路流程称为分析流程。

制造厂通常在二次仪表记录纸上留有出厂调试时所选用的载气流速、进样时间（转阀切换时间），以及在此条件下所得到的色谱图，图上还标有各组分色谱峰的保留时间，可供第一次开表使用时参考。

4．SQG 色谱仪的安装与接线

① 分析器的预处理系统和检测器一般安装在取样点附近，记录仪和电源控制器安装在控制室的仪表盘上。检测器安装在无强烈振动、无强磁场、无爆炸性气体、无大于或等于 3m/s 气流直吹、无太阳直晒的地方。

② 用$\phi3\times0.5$ 聚乙烯管连接载气系统（也可用不锈钢管）；按气体流程连接样气系统。全部气路系统连接完成后，必须进行密封性试验。

③ 按图 7-40 进行电气接线。其中检测器至电源控制器的红、白、黄、蓝 4 根线和电源控制器至记录仪的两根紫、橙线，都必须采用屏蔽线，并用穿线管保护。不允许将信号线和电源线穿在同一根管内或同用一根电缆。分析器需单独敷地线，它的各部分接地点全部连接在一起，然后统一接地。

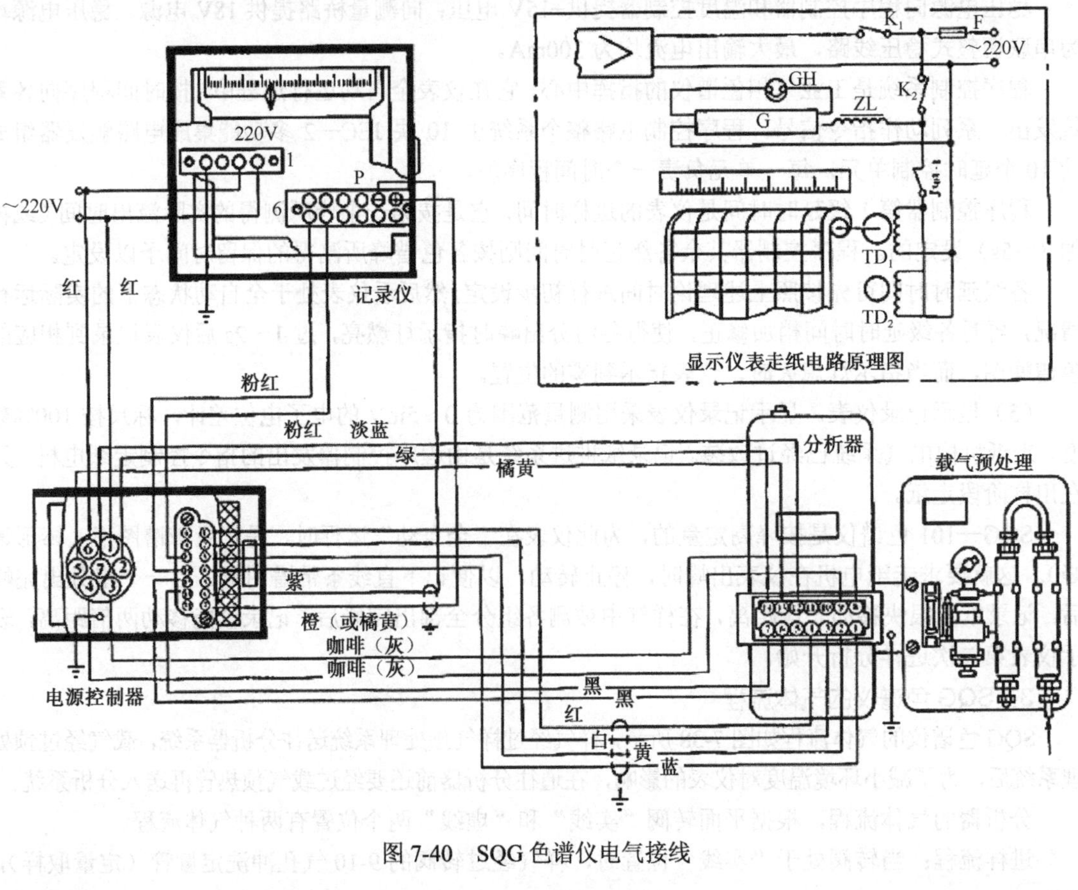

图 7-40　SQG 色谱仪电气接线

④ 分析器需稳定的220V AC供电。

5．SQG色谱仪的维护

色谱仪工作的好坏与日常维护有密切的关系，因此，必须对下列各项进行逐项检查，并认真做好日常维护工作。

① 检查处理器中，干燥器内的干燥剂是否失效，定期更换干燥剂和过滤片。

② 检查载气系统的压力、流量是否变化，定期用流量计核对。

③ 检查各气路是否有泄漏现象，保持密封性好。

④ 仔细观察加热指示灯的灯灭周期（约3min），监视温控电路工作情况。

⑤ 根据程序指示灯的明灭情况，监视程序控制器的工作情况。

⑥ 定期对分析器的零点、工作电流进行核对，记录仪表的滑线电阻、滑动触点要经常清洗，以保证接触良好。

⑦ 定期对分析器用已知浓度的样气进行刻度校准。

⑧ 定期作色谱图，根据各组分分离情况，检查色谱柱的分离效能，当流出时间有较大变化时，应适当调整分析器的进样和程序控制器各级延时时间。当发现色谱柱失效时，应及时更换色谱柱。

⑨ 定期向转阀可逆电机减速箱中各齿轮加耐高温轴承油脂，保证有良好润滑。

7.6 振动式密度计

在工业生产过程中，常通过密度来测量和控制溶液的成分、浓度、含量及质量流量。油田原油生产和外输交接贸易过程中，密度更是净油量结算的重要依据。密度测量的方法很多，如浮力筒式、静压式、重力式等多种。这里仅介绍自动化程度较高的振动式密度计。

振动式密度计，是利用振动系统的固有振动频率与其内流动的被测介质的密度关系进行密度测量的。具有结构简单、精度较高、可在线连续测量、数字信号输出等特点，用于原油及成品油的密度测量非常合适。

7.6.1 振动管密度测量原理

两端固定的棒状弹性物体的横向自由振动频率与其质量有关，而充满流体的振动着的管子，其横向自由振动频率会随着液体的密度变化而变化。因此，测定振动管的频率，就可以测定被测液体的密度。充满流动着流体的管子如图7-41所示。

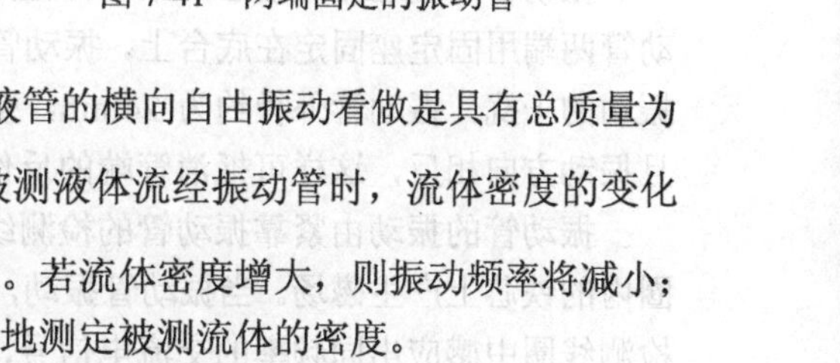

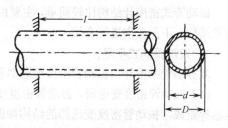

图7-41 两端固定的振动管

假如振动管材料的密度为 ρ，被测液体的密度为 ρ_x，当管子振动时，管内的液体一起振动，因而可以把充液管的横向自由振动看做是具有总质量为 $m=\frac{\pi}{4}[(D^2-d^2)\rho+d^2\rho_x]$ 的棒状弹性体的自由振动。当被测液体流经振动管时，流体密度的变化将改变振动管的总体质量，使振动管的固有振动频率改变。若流体密度增大，则振动频率将减小；反之亦然。因此，测定振动管振动频率的变化，可以间接地测定被测流体的密度。

当振动管两端固定时，由弹性力学理论可以得到其横向自由振动频率为

$$f_x = \frac{K}{4L^2}\sqrt{E \cdot \frac{(D^4 - d^4)}{(D^2 - d^2)\rho + d^2 \rho_x}} \tag{7-25}$$

式中 f_x——振动管的固有振动频率；

K——振动方式决定的常数；

E——振动管的弹性模量；

L——振动管振动部分长度；

D——振动管外径；

d——振动管内径；

ρ——管材密度；

ρ_x——被测液体密度。

根据式（7-25），可得到振动管内真空状态下 $\rho_x = 0$ 时的振动频率为

$$f_0 = \frac{K}{4L^2}\sqrt{E \cdot \frac{(D^4 - d^4)}{(D^2 - d^2)\rho}} \tag{7-26}$$

考虑到 D、d、ρ 和 f_0 对几何形状及材质一定的振动管均为常数，整理可得

$$\rho_x = \rho \cdot \left(\frac{f_0^2}{f_x^{\ 2}} - 1\right) \cdot \left(\frac{D^2}{d^2} - 1\right) = \rho_0 \cdot \left(\frac{f_0^{\ 2}}{f_x^{\ 2}} - 1\right) \tag{7-27}$$

式中，$\rho_0 = \left(\frac{D^2}{d^2} - 1\right)\rho$。

由式（7-27）可见，被测流体密度 ρ_x 与振动频率 f_x 之间具有单值函数关系。可用振动周期表示为

$$\rho_x = \rho_0 \cdot \left(\frac{T_x^{\ 2}}{T_0^{\ 2}} - 1\right) \tag{7-28}$$

7.6.2 振动式密度计的类型与结构

振动管式密度计结构比较简单，主要由振动管和电子放大器组成，有单管振动式和双管振动式两种结构，下面分别进行介绍。

1．双管振动式密度计

双振动管密度计由振动管密度变送器和数字密度显示仪组成。

（1）振动管密度变送器。振动管密度变送器由振动管、检测线圈、激振线圈、维持放大器、减振器等组成，振动管密度变送器的结构如图 7-42 所示。

振动管是变送器的核心，采用弹性好、导磁率高、温度系数小的恒弹性合金钢 3J48 制成。振动管两端用固定座固定在底台上，振动管两边分别与不锈钢波纹软管（减振器）连接，以减小外界振动的干扰。振动管外径约为 24mm，壁厚为 lmm，长约 510mm，两管自然谐振频率完全相同而且振动方向相反，这样可抵消管端的反作用力。

振动管的振动由紧靠振动管的检测线圈感应出来。检测线圈中通有一恒定直流电流，电流在线圈内的铁芯上产生磁场。当振动管振动，改变了两管与铁芯间的间隙时，引起铁芯中磁通变化，在检测线圈中感应出同频率的交流电信号，送给维持放大器，如图 7-43 所示。

维持放大器是一个高稳定性、高放大倍数的晶体管放大器。当振动管有一微小振动，经检测线圈转换成同频率的交流电信号送到放大器后，经过放大器移相放大，信号电流又送入激振线圈。使

激振线圈的铁芯合拍地吸动振动管、补充振动的能量损耗。两个振动管受到磁力作用，就像音叉一样，按其自然频率产生机械振动。

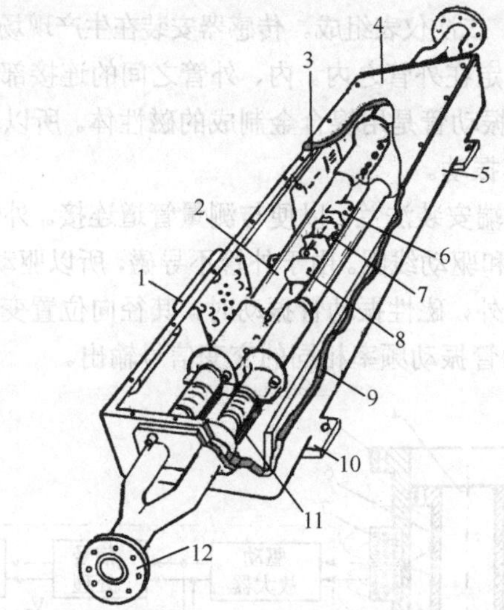

1—接线盒；2—振动管；3—放大器；4—盖板；5—外壳；6、8—检测线圈；7—激振线圈；9—吸声板；10—固定支架；11—不锈钢软管（包覆橡胶套）；12—连接法兰

图 7-42　双管振动式液体密度计结构示意图

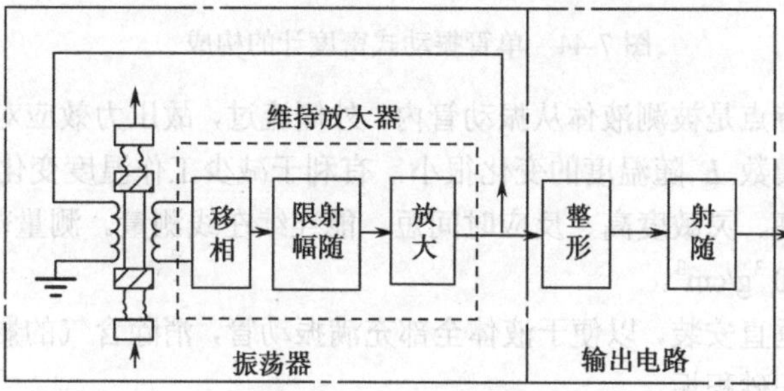

图 7-43　振动管密度变送器组成原理图

外界的扰动使振动管起初以其自由振动频率产生微小的振动。通过电磁感应，检测线圈将振动管的振动变为电信号输送给维持放大器放大，正反馈到驱动线圈，产生断续的磁场吸引振动管，使振动管继续维持自由振动。当被测液体密度变化时，充满液体的振动管的振动频率会随之变化，经放大器传送到输出电路进行频率信号处理，直接以数字显示液体密度值，或转换成 4～20mA 标准信号输出。

（2）数字密度显示仪。振动管密度变送器输出的脉冲信号反映了液体密度和振动周期的关系。ρ_x 与 T_x 呈二次曲线函数。实际应用时，都是在较小的密度范围内，将二次曲线进行拟合处理，用以下方程代替式（7-28），即

$$\rho_x = K_0 + K_1 T_x + K_2 T_x^2 \tag{7-29}$$

式中，K_0、K_1、K_2 均为常数。

大多数情况下，被测液体的密度变化范围不大，用这种拟合化处理所导致的误差是非常微小的。

实际应用中，如果用两种已知密度的标准液体分别送入变送器，然后精确测出相应的周期，代入式（7-29），即可解出 K_1、K_2。

2．单管振动式密度计

单管振动式密度计又称振筒式密度计，如图 7-44 所示，一般用于液体密度测量。

单管振动式密度计由传感器、二次仪表组成。传感器安装在生产现场，由内、外两层短管组成。

内管就是振动管，其两端固定在外管之内。内、外管之间的连接部分上开有通孔，被测流体由振动管的内、外侧流过振动管。振动管是用镍合金制成的磁性体。所以驱动线圈的断续的磁场对振动管产生的磁吸力，可以驱动其振动。

外管就是传感器的外壳，两端安装法兰，以便与测量管道连接。外管由不导磁的不锈钢材料制成，外管两侧分别安装检测线圈和驱动线圈。由于外管不导磁，所以驱动线圈的磁场可以透过外管，对磁性的振动管产生作用力。另外，磁性振动管振动时，其径向位置变化，改变了检测线圈上的磁通量大小，检测线圈即有与振动管振动频率相同的交变信号输出。

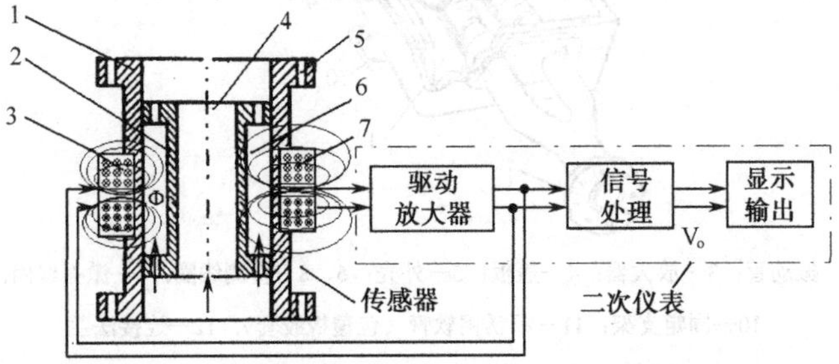

1—外管；2—振动管；3—驱动线圈；4—内通道；5—安装法兰；6—外通道；7—检测线圈

图 7-44　单管振动式密度计的构成

这种密度计的最大特点是被测液体从振动管内、外侧流过，故压力效应对它几乎没有影响。振动管镍合金材料的弹性模数 E 随温度的变化很小，有利于减少工作温度变化带来的测量误差。单振动管密度计测量精度高、灵敏度高、反应时间短、能连续在线测量。测量范围为 0～3g/cm^3，测量精度可达 2×10^{-4}～1×10^{-3}g/cm^3。

单管式密度计必须垂直安装，以便于液体全部充满振动管，消除含气的影响。垂直安装有助于振动管的自清洗，防止积砂积垢。

7.7　含水分析仪

不管是油田，还是炼厂，原油的含水率都是原油质量监测的主要指标，也是作为油田、管道公司、炼油厂之间进行油品贸易、外输过程中净油量结算的重要依据。

用于原油含水自动测量的仪表，根据其取样方式，有连续在线测量型和断续取样分析型两类；根据其测量原理可分为电导式、电容式、超声波式、核辐射式、微波（或射频）式等。

7.7.1　电容式含水分析仪

1．基本测量原理

电容式含水分析仪是根据原油和水的介电常数差异较大的性质，测量原油中微量水的含量。一般水的介电常数为 81，而无水原油的介电常数约为 1.8～2.3。由于介电常数的不同，会使不同含水量原油的等效介电常数发生很大变化，从而引起电极尺寸和形状一定的电容器的电容量发生变化，这就是用电容法测量原油含水率的基本原理。

含水分析仪所使用的同轴圆柱形电容器如图 7-45 所示，当内外电极间的环形空间内充满介电常数为 ε 的不导电液体介质时，电容器的电容量为

$$C=\frac{2\pi\varepsilon H}{\ln\frac{R}{r}} \tag{7-30}$$

式中　C——电容器的电容量；

H ——同轴电容器的高；

R ——同轴电容器的外电极内半径；

r ——同轴电容器的内电极外半径；

ε——介质的介电常数。

当原油含水量增加时，等效介电常数 ε 增加，电容 C 增大。所以只要测出 C，就可得到原油的含水率。

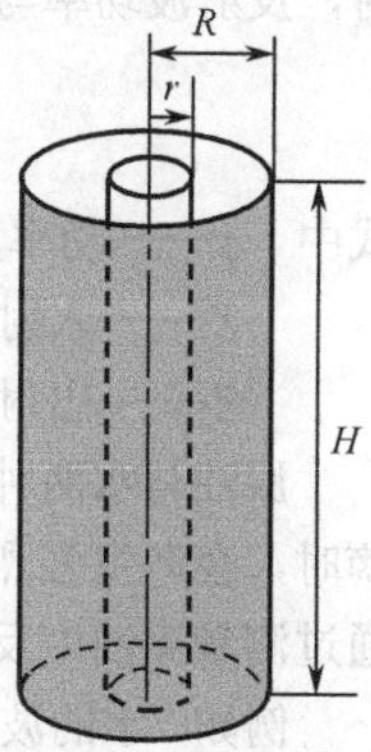

图 7-45　同轴电容器原油含水率测量

2. 电容式含水分析仪的类型与结构

目前，电容式原油含水分析仪有插入式和流通式两种形式，其结构外形如图 7-46 所示。该仪表直接将含水原油引入测量电容的内、外筒电极之间，实现了在线连续监测。为了保证测量精度，在仪表中引入了微处理器，将影响测量精度的温度、油品性质等参数置入微处理器中处理，与多种校正曲线比较后进行补偿，从而保证了仪表的稳定性和测量精度。为了适应不同场合的测量需求，含水分析仪一般有低量程（0～20%）、高量程（80～100%）、全量程（0～100%）等不同规格，在较小的量程范围内，可以比较容易地实现补偿，达到较高的测量精度。

这种仪表采用了大规模集成电路，其结构简单、可动元件少、维护方便、在线连续测量、精度较高。缺点是需对不同油品进行个别标定。在油品组分、密度等参数发生变化时，需重新设置校正参数。

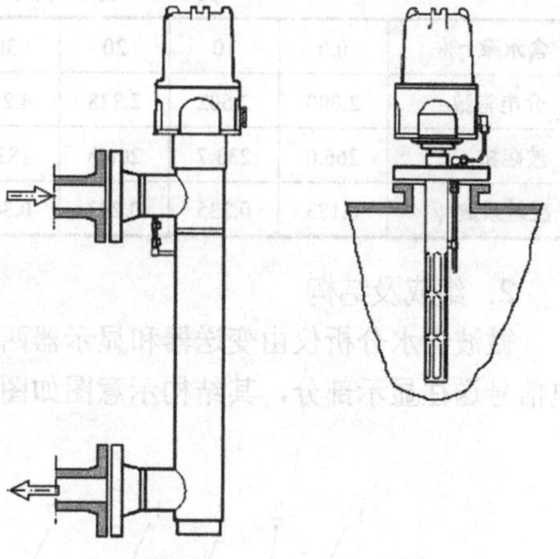

（a）流通式　　（b）插入式

图 7-46　电容式原油含水分析仪

7.7.2　微波式含水分析仪

微波式含水分析仪是利用微波通过油样时，会引起微波的强度衰减、相位变化，或发生频率变化这三种特征而工作的。目前使用比较多的是衰减法和移相法。下面简要介绍衰减法微波原油含水分析仪。

1. 基本测量原理

微波是一种高频电磁波，频率范围约为 1～1000MHz。微波含水分析仪一般使用频率为 10MHz、波长约为 3cm 的微波。微波传递方向性较好，能量集中。微波也像其他电磁波一样，在通过一些介质时，会使介质的分子极化、振动与摩擦，吸收掉一部分能量。而当微波从一种介质射入另一种介质时，将在两种介质的分界面上产生折射与反射。不同的介质，对微波的吸收不同，对微波的反射也不同。

反射微波的强弱与介质的"波阻抗 Z"有关。波阻抗是表征电磁波在介质中传播时，其电场、磁场强度比值大小的参数。在自由空间中，横电磁波的波阻抗等于这种介质的磁导率 μ 与介电常数

ε 比的平方根，即 $Z=\sqrt{\mu/\varepsilon}$ 。不同的介质，其波阻抗不同。当微波垂直于两种介质的分界面传播时，反射波功率与入射波功率之比——功率反射系数与两种介质的波阻抗有关，可以表示为

$$|\gamma|=\frac{Z_1-Z_2}{Z_1+Z_2} \tag{7-31}$$

式中 γ——功率反射系数；

Z_1——入射介质的波阻抗；

Z_2——出射介质的波阻抗。

原油与水两种介质的波阻抗明显不同，原油比水的波阻抗大得多。在原油中传播的微波遇到水滴时，会产生强烈的反射。原油中含水量越高，对微波的反射越强。在入射波强度不变的条件下，通过测量原油中反射微波的强弱，便可测定原油中的含水量。

例如，水的波阻抗约为47，某原油的波阻抗为266，空气的波阻抗约为377。当微波从空气中的天线探头射入纯原油中时，功率反射系数为 0.1726；而当微波从空气射入纯水中时，功率反射系数为0.7783。可见微波反射能量相差很大。当微波射入含水量不同的原油时，其功率反射系数如表7-5所示。功率反射系数随含水量增加而增加。

表7-5 原油含水率、波阻抗、功率反射系数的关系

含水率 η%	0.0	10	20	30	40	50	60	70	80	90	100
介电常数 ε	2.000	2.602	2.338	4.259	5.444	7.027	9.247	12.585	18.174	29.443	64.000
波阻抗 Z	266.0	233.7	206.3	182.7	161.6	142.2	124.0	106.3	88.43	69.48	47.13
反射系数 γ	0.173	0.235	0.293	0.347	0.400	0.452	0.505	0.560	0.620	0.689	0.778

2. 组成及结构

微波含水分析仪由变送器和显示器两部分组成。变送器装在输油管道上，用于将含水率转换为电信号送往显示部分，其结构示意图如图7-47所示。

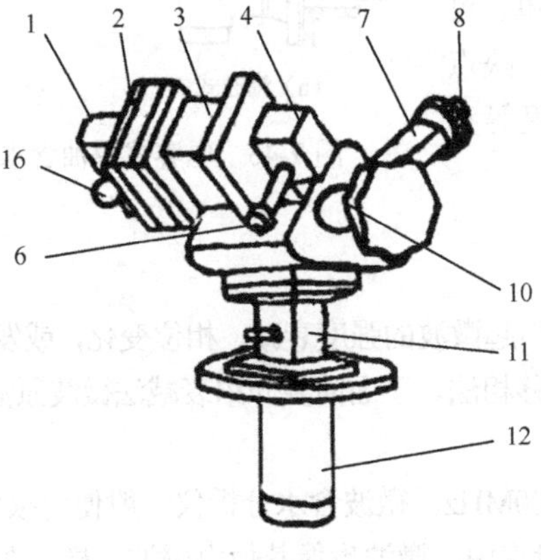

(a) 变送器芯

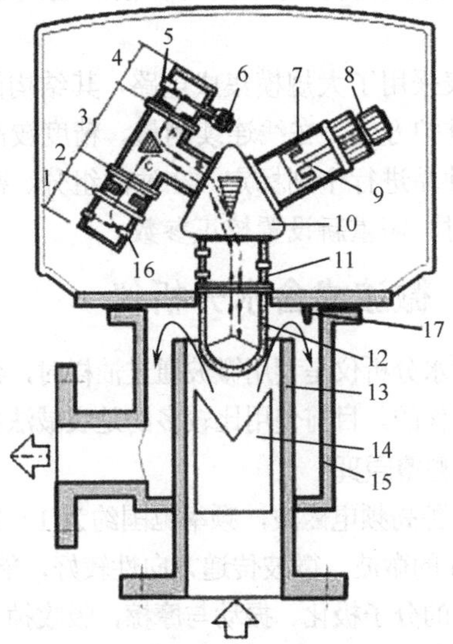

(b) 变送器整体结构（带盖）

1—检波器；2—隔离器；3—环形器；4—固态微波源；5—体效应管；6—调谐棒；7—监视臂；8—旋钮；9—活塞；10—换向开关；11—调配器；12—天线探头；13—吸收筒；14—吸收片；15—量油筒；16—检波管；17—补偿电极

图7-47 变送器结构示意图

测量时，微波源产生一定强度的微波，由环形器、换向开关进入调配器，达到阻抗匹配，再由天线探头射入量油筒内的吸收筒中。在吸收筒内，微波产生一定的反射。反射微波沿相反的路径经天线探头、调配器、换向开关后进入环形器，经环形器导向进入隔离器，最后进入检波器，由检波二极管将反射波的强弱变成相应的电压信号输出。天线探头发射至原油中的微波只是部分被反射，未被反射的透射波则进入微波吸收器被完全吸收。

各部分的作用如下所述。

（1）微波源。微波源是产生微波的器件，是由体效应二极管作为振荡源组成的微波波导腔振荡器。当体效应管外加 11V 直流偏置电压时，其内产生浪涌电流振荡，在波导腔中形成微波电磁场，由耦合窗口发射到环形器上去。

（2）环形器。环形器是一种对微波有引导作用的器件。从某种意义上说是一种换向器、隔离器。从微波源进入 A 口的入射信号，可以从 B 口发射到换向器进入量油筒，其间能量损失很小。但入射波却不能从 A 口直接射到 C 口进入检波器，此方向隔离很好。另一方面，从量油筒来的反射波，可以无损耗地从 B 口进入 C 口射向检波器检波，但不能反向进入 A 口到微波源。这样，入射微波与反射微波各行其道，互不影响。

（3）调配器。调配器是一个阻抗变换元件，使天线探头的特性阻抗与传输微波的波导管的阻抗相匹配。调配器上的螺钉可以产生与无线探头相反的额外反射波，此反射波可以与探头本身的辐射波相抵消，以达到阻抗匹配的目的，但不会阻碍入射波和油品反射波的通过。

（4）检波器。检波器用来检测原油对微波的反射波的强弱，并由检波二极管变换为直流电压信号。

（5）隔离器。隔离器是一种微波铁氧体元件，其作用是利用波导管中的铁氧体元件将从检波器泄漏出来的辐射微波全部吸收掉，以防止反射波窜入微波源，影响正常测量。但由于铁氧体元件的特殊形状和位置，对从天线来的油品反射波无阻碍作用，使之顺利进入检波器检波。

（6）换向开关和监视臂。监视臂是一个阻抗可调节的微波元件，是在波导管中安装的一个位置可调的活塞，可以吸收部分微波辐射。利用它可以产生与已知含水量的标准油样相同的反射波，等效于已知含水量的油样，以校正仪表的显示。利用微波换向开关可迅速将监视臂接入测量系统中，以便观测仪表的显示值是否等于已知的标准值，因而起到对仪表的自校作用。

（7）补偿电极。补偿电极用来检测原油的电阻率，以利用水在原油中的分布状态（油包水、水包油）对电阻率的影响，在电路中实现分布状态的自动补偿。

油水的混合状态有两种，即油包水型和水包油型。理论和实践都证明，在含水量相同的条件下，水包油型对微波的反射要比油包水型强些，电导率也要高些。仪表利用电导率的变化来自动补偿因反射波变化而引起的含水指示值的变化，从而消除了由于油水相变所造成的误差。

3. 安装与应用

微波式原油高含水分析仪主要由变送器和显示器两部分组成。显示器的作用有三个：一是向变送器提供 11V 电源供微波源使用；二是将检波管输出的电压信号加以放大，并转换成含水值指示出来；三是将含水率转换成标准信号输出，以供二次仪表显示或控制之用。

变送器与量油筒被安装输油管道上。被测原油从量油筒底端进入，先流过混合器，使原油与水混合均匀，再流过微波吸收筒到达天线探头附近，而后流过补偿电极，并从微波吸收筒顶端向四周溢出，最后经量油筒侧面的出口流出。

对油井单井计量或集输站集中计量，微波含水分析仪一般安装在两相计量分离器之后出口管线的旁通管路上，如图 7-48 所示。这样可以避免由于被测原油含有大量气体而引起的读数波动。变送器出口端安装取样阀，便于取样化验与仪表对比测量结果。为了保证取样的真实性，取样阀应尽量靠近变送器出口端。

微波含水分析仪具有较好的适应性，其测量精度不受油品性质、水的矿化度和机械杂质含量等因素的影响。微波式原油含水分析仪只有一个天线探头与原油接触，无任何可动元件，结构简单，可连续测量，使用安全可靠，维护工作量小，可测量高、低含水率，应用范围较广。

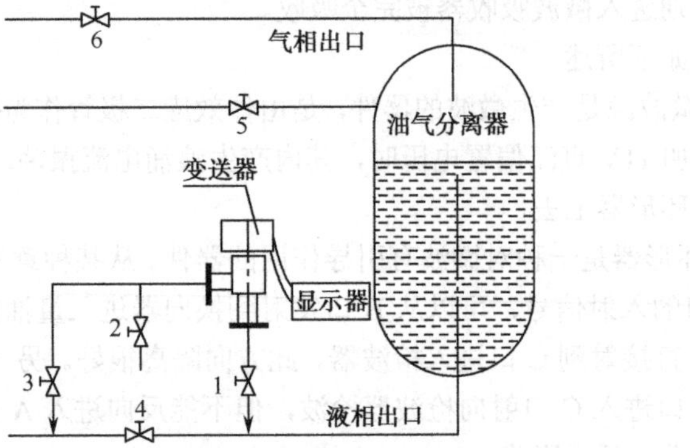

1—进口阀；2—取样阀；3—出口阀；4—液相出口阀；5—气液相进口阀；6—排气阀

图 7-48　原油含水测定仪安装图

仪表具有零点及满刻度调整电路，当探头置于纯油中时，调整零点使含水指示为零。当探头置于净水中时，调满度使含水指示为 100%，则仪表含水指示值直接显示被测原油含水率。

7.7.3　辐射式原油含水分析仪

辐射型原油含水分析仪是基于油、水介质对γ射线的吸收不同，通过检测γ射线穿过油、水混合物后的透射强度，实现对原油含水率在线测量的目的。

1．工作原理

当一定能量的γ射线穿过一定厚度的某一介质时，如图 7-49 所示，其透射后的强度符合指数衰减规律，即

$$I_x = I_0 e^{-\mu x} \tag{7-32}$$

式中　I_0——γ辐射源强度；

I_x——透射后的强度；

x——射线穿过介质的厚度；

μ——介质对γ射线的吸收系数，与介质的密度有关。

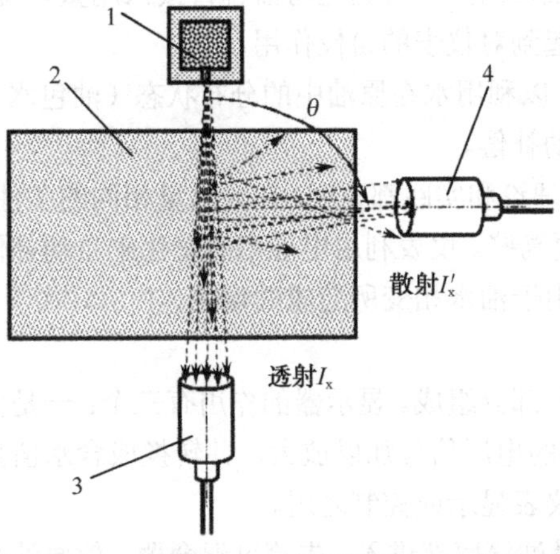

1—辐射源；2—被测介质；3—透射探测器；4—散射探测器

图 7-49　辐射测量原理图

当射线穿过油、水混合介质时，则上式可表示为

$$I_x = I_0 e^{-[\mu_1\eta + \mu_2(1-\eta)]x} \tag{7-33}$$

式中　μ_1——原油对γ射线的吸收系数；

μ_2——水对γ射线的吸收系数；

η——原油含水率（体积比）。

式（7-33）经整理可得

$$\eta = a\ln I_x + b \tag{7-34}$$

式中的 a、b 是常数。当我们测得透射强度 I_x 时，根据式（7-34）就很容易得到油、水的体积比 η。然而，在油田实际生产中，油井到集输站之间一般是油、气、水三相混合输送的。因此，当射线穿过油、气、水混合物时，由于伴生天然气与水有不同的吸收系数，而油、气、水三种物质的密度有明显的差别，因此式（7-34）不能用于含气场合。在这种情况下，我们要得到油、水体积比 η（含水率）和气、液体积比 λ（气液比）两个未知数，仅靠一个探测器得到透射强度、通过解上述方程是得不到的。必须再有另一个相关方程，通过解方程组才能同时得到含水率和油气比，其解决途径是通过引入散射方法得到的。

具有一定初始强度的 γ 射线穿过油、气、水混合介质时，另设一个探测器在 θ 方向测出其散射强度。根据 γ 射线的散射原理，γ 射线与物质作用后在一定角度的散射强度 I' 与物质的密度有关，且可以表示为

$$I'_x = I_0 k e^{-f(\theta)\rho x} \tag{7-35}$$

式中　ρ——被测物质的密度；

x——介质的厚度；

k——与 γ 源初始能量有关的一个常数；

$f(\theta)$——夹角修正值；

θ——探测器和源的夹角。

混合液的密度和油、气、水三种介质的比例有关，即

$$\rho = \left[\rho_1\eta + \rho_2(1-\eta)\right](1-\lambda) + \rho_3\lambda \tag{7-36}$$

式中 ρ_1、ρ_2、ρ_3——分别为油、水、气的密度。

解上述方程组即可由透射强度 I_x 和散射强度 I'_x 求出含气率 λ 和含水率 η，而方程中的有关常数，对确定的油品而言，只需标定（人工化验）一次即可得到。

2. 结构组成

辐射型原油含气、含水率自动监测仪由测量管道、传感器（一次仪表）和微机数据处理系统（二次仪表）构成，如图 7-50 所示。

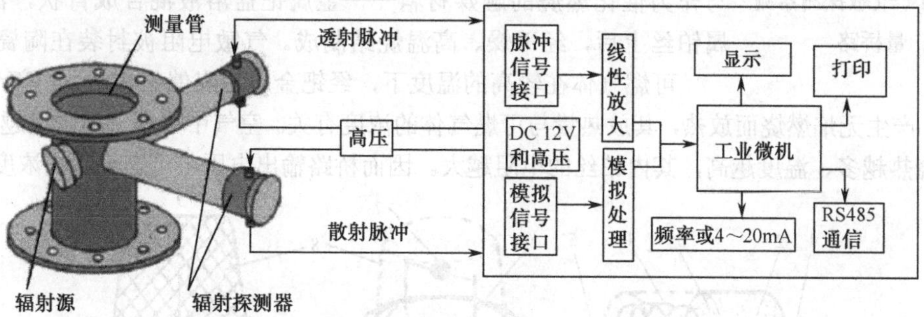

图 7-50　辐射型原油含气、含水率自动监测仪组成图

辐射型原油含气、含水率自动监测仪通过测量射线穿过被测介质后的透射和散射强度实现了原油含水率、含气率在线连续测量，消除了由于含气对含水测量带来的误差。由于射线是与介质的原子发生作用，因而测量精度不受原油流态的影响。辐射测量属于非接触式测量，避免了原油结垢、结蜡对测量造成的影响。

仪表对辐射射线采用了严密的辐射屏蔽，消除泄漏，仪表周围射线剂量低于国家安全剂量标准。但是辐射源在使用过程中必须严格保护，防止拆卸和丢失。

7.8 可燃气体报警仪

石油化工生产过程中，所处理的油气介质都是易燃、易爆介质。生产工艺设备的密封失效或事故，会造成可燃气体泄漏。为了避免爆炸、火灾事故的发生，需要用可燃气体报警仪对危险区域的环境进行检测报警，并带动连锁装置自动开启风机，排除险情。

可燃气体报警仪，目前常用催化燃烧式和半导体气敏式两种，一般由探测器和报警控制器组成。探测器的作用是把可燃气体的浓度转换成电信号。控制器有供电电源、信号处理和控制电路，一方面对传感器提供电源；另一方面把传感器送来的信号放大、处理、显示或报警，驱动继电器动作。控制器上可以显示实时气体浓度、指示正常、故障或报警状态，也可以对探测器进行零点校准、灵敏度校准、高/低限报警值的设定。

7.8.1 可燃气体报警仪的检测原理

催化燃烧式和半导体气敏式可燃气体报警仪，都是用气敏电阻作为测量元件，将其连接在如图7-51 所示的平衡电桥中。当空气中有可燃气体时，气敏元件电阻变化，造成电桥失去平衡，电桥 A、B 间输出一个电信号，测量电信号的大小就可测知可燃气体的浓度。当检测到燃气浓度大于可燃气体的爆炸下限浓度时，驱动控制电路进行声光报警。

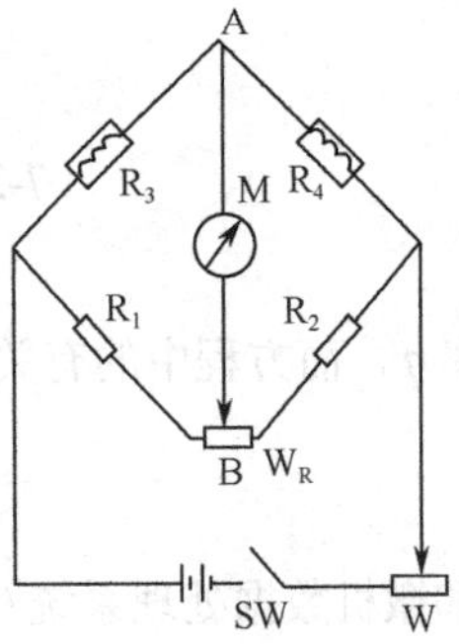

图 7-51　气敏探测器测量桥路

桥路中，电阻 R_3 为检测用气敏电阻；R_4 为补偿元件，用于补偿环境温度、电源电压变化等因素的影响。补偿元件上没有催化剂，不与可燃气体起作用。有的气敏元件将检测、补偿元件封装在一起。

1. 催化燃烧式气敏元件

催化燃烧式气敏元件，如图 7-52 所示，是用氧化铝、氧化硅粉末与作为催化燃烧的触媒材料——金属钯盐溶液混合成膏状，涂覆在金属铂丝上后，经干燥、高温烧结制成。气敏电阻被封装在陶瓷基座上。

可燃气体在较高的温度下，经钯金属触媒催化作用，与氧气发生氧化反应，产生无焰燃烧而放热，其放热量与可燃气体的浓度有关。空气中可燃气体浓度越大，所产生的燃烧热越多、温度越高，其内铂丝的电阻越大。因而桥路输出电压与可燃气体的浓度成正比。

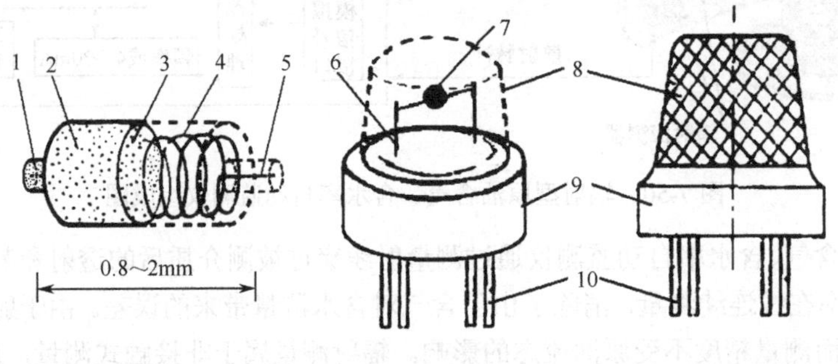

（a）气敏电阻　（b）气敏元件结构　（c）气敏元件外形

1、5—引出电极；2—催化触媒层；3—氧化铝—氧化硅烧结体；4—铂丝；6—支撑电极；
7—气敏元件；8—不锈钢护网；9—陶瓷基座；10—引脚

图 7-52　催化燃烧式气敏元件

实际工作中，气敏元件的铂丝上，保持 100～200mA 的加热电流，以保持催化燃烧所需的较高温度。

2．半导体气敏元件

半导体气敏元件有电阻型和非电阻型两类。这种气敏元件制造成本低，工作稳定性好，检测灵敏度也较高。

电阻型半导体气敏传感器，利用气体在半导体表面的氧化或还原反应，引起半导体载流子数量的增加或减少，从而使敏感元件电阻值变化。

电阻型半导体气敏元件一般由半导体、加热器和封装体等部分组成。加热器的作用是将附着在敏感元件表面上的尘埃、油雾烧掉，加速气体的吸附，提高其灵敏度和响应速度。加热器温度一般控制在 200～400℃左右。

气敏元件从结构型式来分有烧结型、薄膜型和厚膜型三类。如图 7-53 所示为几种半导体气敏元件的典型结构。其中如图 7-53（a）所示为烧结型气敏元件，是以 SnO_2 半导体材料为基体，将铂电极和加热丝埋入 SnO_2 材料中，加压、加温烧结成形。如图 7-53（b）所示为薄膜型器件，采用蒸发或溅射工艺，在石英基片上形成氧化物半导体薄膜，其厚度在 1μm 以下。薄膜型器件制作方法简单，气敏特性好。如图 7-53（c）所示为厚膜器件，是将 SnO_2 或 ZnO 等材料与 3%～5%的硅凝胶混合制成厚膜胶，将其与装有铂电极的氧化物基片组合烧结制成。这种器件离散性小，机械强度高，适合大批量生产，是一种有前途的器件。

非电阻型半导体气敏元件，是将 MOS 场效应管的栅极材料改用对特定气体有很强吸附性的材料，使器件对某些气体敏感。这一类器件的特性尚不够稳定，目前只能用做气体泄漏的检测。

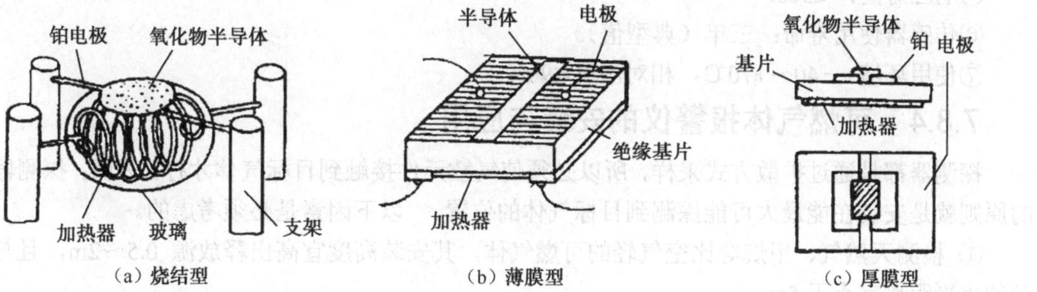

图 7-53　几种半导体气敏元件的典型结构

7.8.2　可燃气体报警仪的结构类型

可燃气体报警仪有手持式、固定式两类。手持式由电池供电，便于携带，一般用于移动检查、检验；固定式报警仪有一个探测器配一个控制器的点式，也有一个控制器配多个探测器的多通道式。固定式可燃气体报警仪探测器、控制器的结构如图 7-54 所示。

多通道可燃气体报警仪，多个探测器共用一个控制器，进行巡回检测、显示报警，如图 7-54（c）所示。有的采用现场总线方式，每一探测器都有内置唯一的电子编号。控制器与探测器间采用总线方式连接，多个探测器共用两条信号线和两条电源线，方便安装，自动化程度高，功能多，精度高。

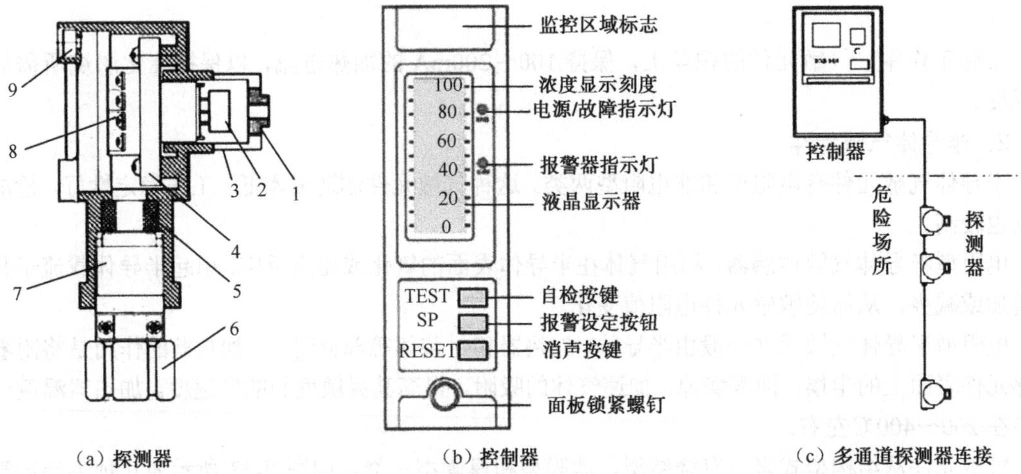

1—传感器保护罩；2—气敏元件；3—通气格栅；4—传感器支架；5—出线密封圈；6—电缆进线口；
7—防爆接头；8—接线端子；9—固定螺孔

图 7-54　可燃气体报警仪组成及结构图

7.8.3　可燃气体报警仪的主要技术指标

①检测气体：液化石油气、油制气、天然气、酒精、甲烷等可燃气体。

②测量范围：0～100%LEL。

③分辨率：1%LEL。

④精度：≤±5%LEL。

⑤响应时间：≤30s。

⑥传感器使用寿命：三年（典型值）。

⑦使用环境：-40～+70℃，相对湿度≤90%。

7.8.4　可燃气体报警仪的安装与应用

探测器都是通过扩散方式采样，所以必须使气敏元件接触到目标气体才行。因而，探测器安装的原则就是安装在能最大可能探测到目标气体的位置。 以下因素是必须考虑的。

① 检测天然气、甲烷等比空气轻的可燃气体，其安装高度宜高出释放源 0.5～2m，且与释放源的水平距离宜小于 5m。

② 检测液化石油气、油制气、酒精等比空气重的可燃气体，其安装高度应距地面 0.3～0.6m，且与释放源的水平距离 5m 之内。

③ 空气的流动会导致目标气体散失，探测器应安装在目标气体易于积聚的地方。

因此，探测器选点应选择阀门、管道接口、出气口等易泄漏处附近方圆 1m 的范围内，尽可能靠近。同时尽量避免高温、高湿环境，要避开外部影响，如溅水、油及其他造成机械损坏的可能性。同时应考虑便于维护、标定。

传感器灵敏度会受到使用时间的影响，定期对探测器进行校准是十分必要的。校准必须由专业人员在有标准气体的条件下按以下步骤进行。

① 开启控制器电源，预热 10min，待探测器进入稳定工作状态时，在洁净空气中标定零点，调至指示 0%。

② 将标准气（一般用 50%LEL 甲烷气体或其他标准气体）瓶、流量计及校验罩用气管连接好

后，打开气瓶开关，调节流量计调节钮，使气体流速为 0.2～0.3L/min，约 2min 后，把校验罩罩在探测器传感器上，如图 7-55 所示，这时可燃性气体扩散进入传感器，约 1min 后调整控制器使之指示 50%LEL。

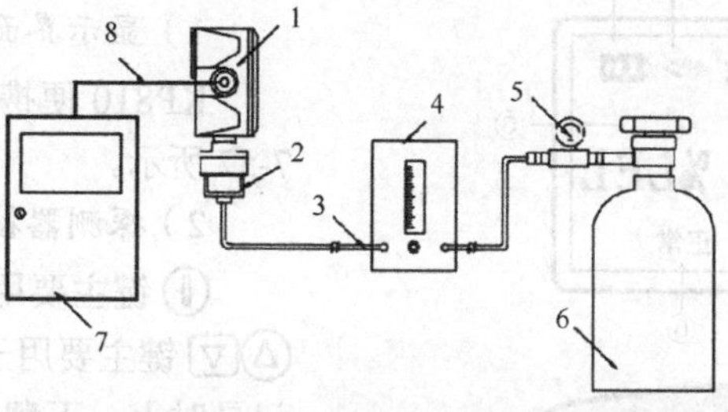

1—探测器；2—校验罩；3—导管；4—气体流量计；5—减压阀；6—标准气体钢瓶；7—显示报警器；8—连接电缆

图 7-55　校验探测器连接图

③ 为了保证探测器的准确性，建议每半年进行灵敏度校准。

7.8.5　KP810 便携式气体探测器

KP810 便携式气体探测器，是一种可连续检测泄漏气体浓度的本质安全型设备，如图 7-56 所示。它适用于防爆场所气体泄漏抢险，地下管道或矿井等场所移动巡测。便携式气体探测器采用自然扩散方式检测气体，敏感元件采用优质气体传感器，具有较好的灵敏度和重复性；探测器外壳采用高强度工程塑料、复合防滑橡胶制成，强度高、手感好、防水、防爆。

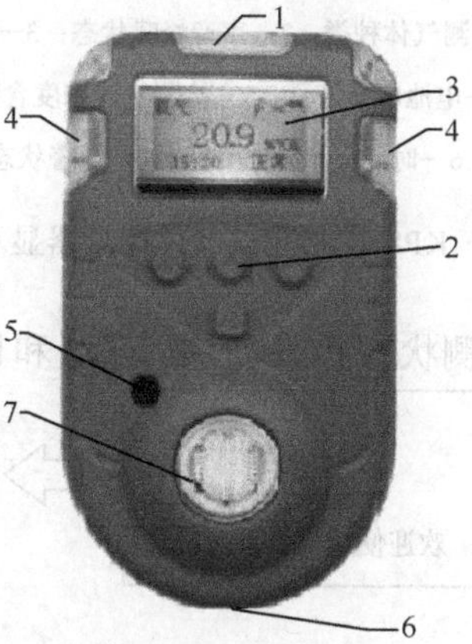

1—报警指示灯透明发光窗口；2—按键；3—液晶显示器；
4—挂扣（仪器背部）；5—蜂鸣器发音孔；
6—USB 充电座；7—气体感应孔

图 7-56　KP810 便携式气体探测器

1. 结构特征及工作原理

KP810 便携式气体探测器主要由壳体、线路板、电池、挂扣、显示屏、传感器、充电器等部件组成。气体传感器采用催化燃烧元件，通过用纯净空气和标准浓度气体标定。

探测器主要是通过气体传感器元件采集到泄露气体的浓度以电信号的方式传送到控制电路，经放大运算后以数字方式显示。

2. 技术特性

① 适用气体：可燃气体。

② 分辨率：1%LEL、1ppm、0.1ppm/vol%。

③ 显示误差：≤±5% F·S。

④ 响应时间：T<30s。

⑤ 指示方式：LCD 显示实时数据及系统状态，声光、振动指示报警。根据气体类型报警点可设（如可燃气体 20%LEL～50%LEL）。

⑥ 工作环境：温度-20℃～50℃；湿度<95%RH，无结露。

⑦ 工作电压：DC3.7V（锂电池容量 1700mA·h）。

⑧ 工作时间：连续 8h 左右。

⑨ 传感器寿命：2 年。

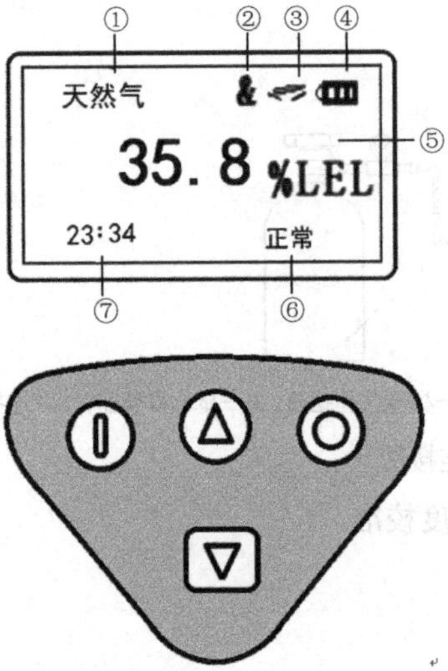

1—检测气体种类；2—声音蜂鸣状态；3—振动状态；
4—电池电量指示；5—检测气体浓度含量指示；
6—时间显示；7—探测气体报警状态指示

图 7-57　KP810 便携式气体探测器显示界面及按键

3．功能与操作

1）显示界面

KP810 便携式气体探测器显示界面如图 7-57 所示。

2）探测器按键功能说明

Ⓘ键主要用于开/关机和设置参数确认。△▽键主要用于增加/减少设置的数值，查看记录时上、下翻屏。◎键主要用于取消设置参数。

3）探测器开机说明

在关机状态下，按Ⓘ键 5s 以上，便携式可燃气体探测器开机，然后系统自动执行以下自检程序如图 7-58 所示。

开启背光灯，发出开机音，开启振动和报警指示，以检测这些功能是否正常；检测范围高、低报显示。自检结束后，直接进入检测状态。关机时同样长按此键 5s 以上。

4）用户菜单及设置

在检测状态下，同时按下△和▽键，屏幕显示用户菜单，如图 7-59 所示。

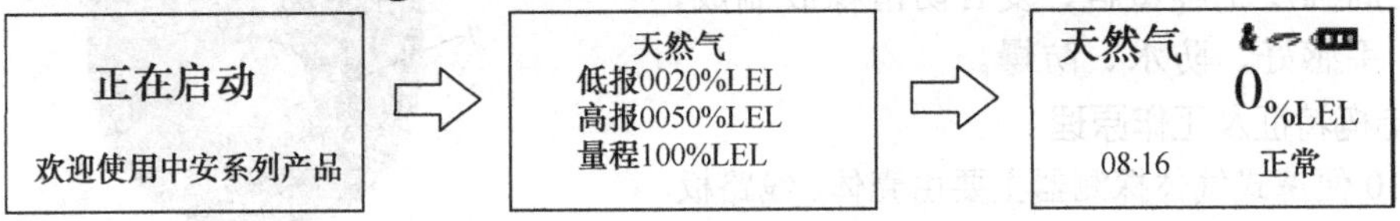

图 7-58　开机界面

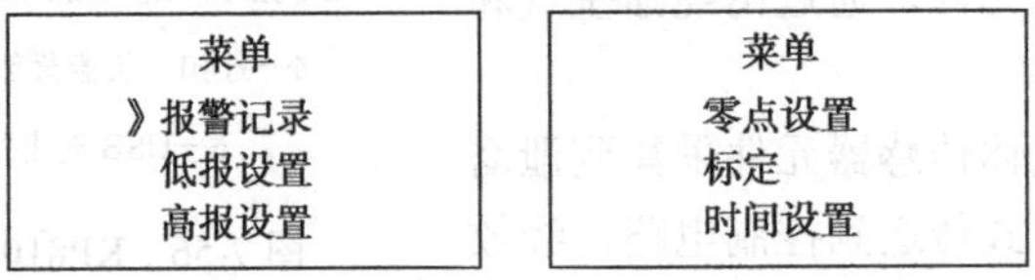

图 7-59　用户菜单界面

按△或▽键选择选项，移动箭头到某一项前时，按◎键确认即可进入相应的子菜单。按Ⓘ键退出子菜单。

① 报警记录：查看过去的所有超限报警记录，如图 7-60 所示。此菜单项中也可以按◎键删除该记录，按Ⓘ键确认。

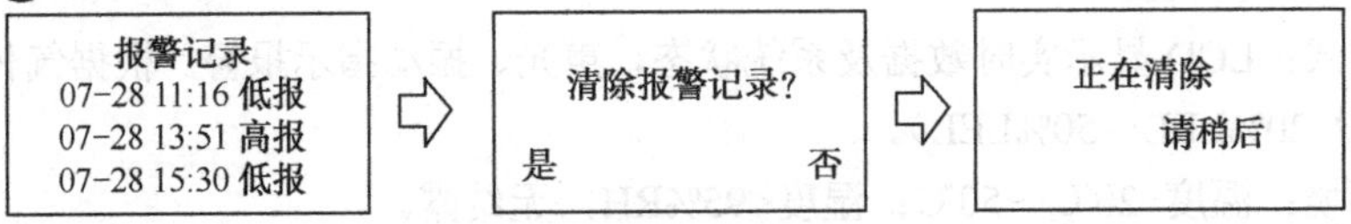

图 7-60　报警记录查看界面

② 低报设置：报警下限设置。在用户菜单界面下，选“低报设置”，按◎键进入低报设置页面，如图 7-61 所示。在此设置界面下按△或▽增减下限报警值。按◎键保存记忆。

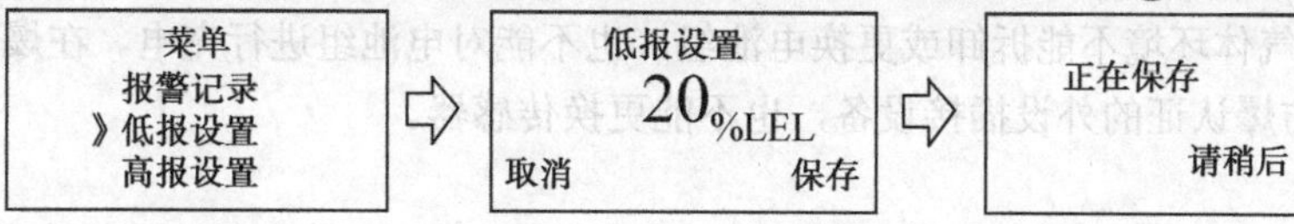

图 7-61　报警设置界面

③ 高报设置：方法同上。

④ 零点设置：零点修正。在用户菜单界面下，选“零点设置”，按◎键进入零点设置页面，如图 7-62 所示。在此设置界面下按△或▽增减零点修正值。按◎键保存记忆。按⓪键取消修改。

警告：此项操作请确保是在洁净的空气中进行操作，否则影响便携式可燃气体探测器的精度。

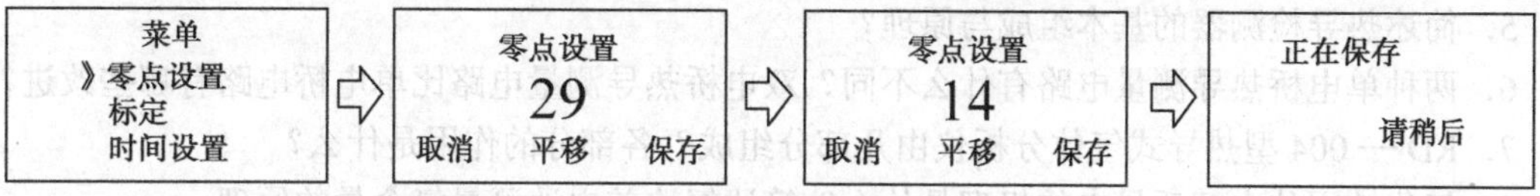

图 7-62　零点设置界面

⑤ 标定：同时按下⓪△键 5s 以上，听到滴滴蜂鸣声后松开，即可进入标定菜单功能界面如图 7-63（a）所示。此时按◎键进入可燃气通道设置，如图 7-63（b）所示。如果按下⓪键取消数据不保存，探测器将直接关机，而按◎键将保存，稍后显示界面，如图 7-63（c）所示。按△或▽键增、减用于标定的标准气浓度值，按下◎键确认，然后进入通气界面，如图（d）所示。此时将预备好的标准气体打开阀门，流量调到每分钟 500mL，对准便携式气体探测器检测孔通气 3min 左右，直到指示气体浓度值稳定，如图 7-63（e）所示，此时按下◎键保存。便携式气体探测器保存数据后自动关机，标定结束。

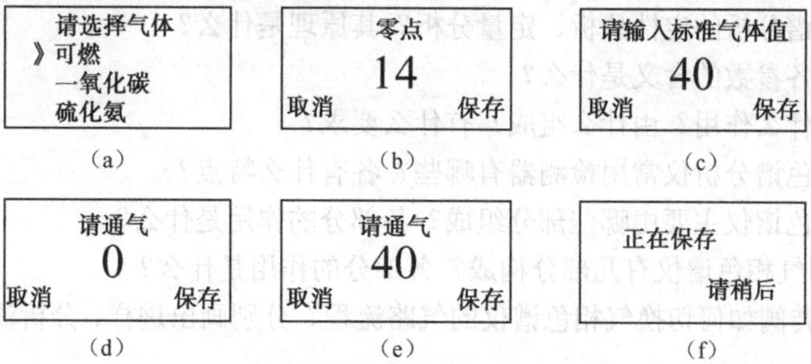

图 7-63　标定界面

⑥ 时间设置：方法较简单，这里不再重复。

5）使用注意事项

① 防止探测器从高处跌落或受剧烈振动。

② 在高浓度气体存在时，或许无法正常使用。

③ 请严格按照说明书操作和使用，否则可能导致检测结果不准或者损坏。

④ 不得在含有腐蚀性气体（如较高浓度的氯气等）的环境中存放或使用，也不要在其他苛刻环境中存放或使用。

⑤ 不要使用带腐蚀性的溶剂和硬物擦拭表面，否则可能导致表面划伤或损坏。

⑥ 为保证检测精度，应定期进行标定，检定周期不得超过一年。

⑦ 在爆炸性气体环境不能拆卸或更换电池组，也不能对电池组进行充电。在爆炸性气体环境中不能使用未经防爆认证的外设插接设备，也不能更换传感器。

练 习 题

1. 什么是分析仪表？分析仪表包含哪些类型，一般用来测量什么参数？

2. 分析仪表一般由哪些部分组成？各部分的作用是什么？

3. 什么是热导率？热导式气体分析仪的基本测量原理是什么？

4. 热导式气体分析仪的两个基本测量条件是什么？如果实测气样不满足测量条件时如何处理？

5. 简述热导检测器的基本组成与原理？

6. 两种单电桥热导测量电路有什么不同？双电桥热导测量电路比单电桥电路有哪些改进？

7. RD — 004 型热导式气体分析仪由几部分组成？各部分的作用是什么？

8. 氧化锆固体电解质导电的机理是什么？简述氧浓差电池测量氧含量的原理。

9. 直插定温式、直插补偿式氧化锆氧分析仪的区别在哪里？结构上两种探头有何异同？

10. 两种补偿式氧化锆氧分析仪的补偿原理有什么不同？各有什么特点？

11. 红外线气体分析仪对气体进行定性分析和定量分析的依据是什么？

12. 简述直读式红外线气体分析仪的结构组成及原理？

13. 什么是干扰组分？如何克服其对测量的影响？

14. 红外线气体分析仪的主要部件有哪些？

15. QGS—08 型红外线气体分析仪由几部分构成？各部分的作用是什么？

16. 在色谱分析法中，色谱分离的实质是什么？固定液起什么作用？载气起什么作用？

17. 什么是色谱分析的定性分析、定量分析？其原理是什么？

18. 色谱图上各参数的含义是什么？

19. 色谱柱有什么作用？由什么组成？有什么要求？

20. 工业气相色谱分析仪常用检测器有哪些？各有什么特点？

21. 工业气相色谱仪主要由哪些部分组成？各部分的作用是什么？

22. SQG 系列气相色谱仪有几部分构成？各部分的作用是什么？

23. 十通平面转阀如何切换气相色谱仪的气路流程？分别画出进样、分析流程中载气、样气的流动路径。

24. 振动管式密度计是根据什么原理测量密度的？双振动管式与单振动管式有何不同？

25. 双振动管式密度变送器由哪些部分组成？说明振动管起振、维持震荡的过程。

26. 电容式原油含水分析仪的基本测量原理是什么？

27. 微波式原油含水分析仪的基本测量原理是什么？各部分的作用是什么？

28. 辐射式原油含水分析仪的基本测量原理是什么？基本组成有哪些？

29. 简述催化燃烧气敏元件的测量原理，可燃气体报警仪的组成是什么？为什么要定期校验？

实训课题一　热导式气体分析仪的校验与投运

1．课题名称

热导式气体分析仪校验与投运。

2．训练目的

（1）了解热导式气体分析仪的校验、标定方法。

（2）掌握热导式气体分析仪的使用和调整步骤。

3．实验设备

（1）RD—004 型热导式氢分析仪一台。输入 50%～80%H_2，输出 0～10mV。

（2）数字万用表一台。

（3）UJ—36a 电子电位差计一台，精度优于 0.1 级。

（4）皂膜流量计。

（5）标准气。

零气：根据 RD—004 的测量范围（50%～80%H_2）配制零气。组分浓度等于量程下限（50%H_2）。实际工艺测量时，零气背景组分应与工艺样气中的背景组分性质相同或相近，本实验项目中背景气用空气。

量程气：量程气浓度等于量程上限，本实验项目中取量程气浓度为 80%H_2，背景气用空气。

实验装置连接图如图 7-64 所示。

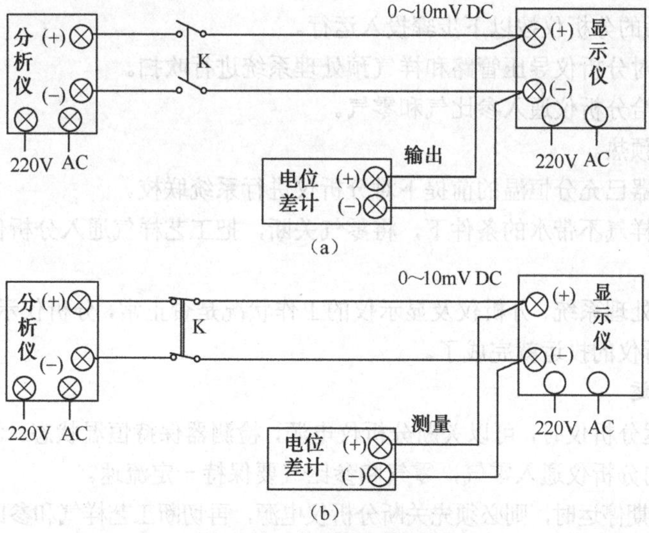

图 7-64　实验装置连接图

4．实验原理

本实验以直流手动电位差计作为标准毫伏计和毫伏信号发生器使用。校验显示仪表时，用手动电位差计的标准信号发生功能，给被校仪表输入 0～10mV 毫伏信号，对显示记录仪进行示值校验。校验分析仪时，手动电位差计就作为精密毫伏计使用，测量分析仪输出。

5．训练步骤

1）校验前的准备

① 在分析仪表校验之前，按照常规仪表的调校方法，先校验显示仪表（电子电位差计）。

② 确认分析仪表校验接线正确无误，标准仪器量程挡位选择正确。

③ 确认检测器处于充分恒温状态。

④ 确认分析电桥的工作电流为规定值。

⑤ 确认参比气的流量为规定值（针对采用流动参比气的分析仪）。

2）校验步骤

① 零点校验：按规定流量给分析仪通入零气，待示值稳定后，调节分析仪零位调节电位器，使分析仪输出值与零气浓度相符。

② 量程校验：关断零气，按规定流量给分析仪通入量程气，待示值稳定后，调节分析仪量程调节电位器，使分析仪输出值与量程气浓度相符。

③ 重复校验：交替通入零气和量程气，重复调校分析仪的零点和量程，直至符合分析仪的校验质量标准。

3）校验后的处理

① 分析仪校验后，要锁紧各可调部件，不得随意更改已经校正的电位器和运行参数。

② 恢复分析仪原接线。

③ 关断标准气，通入工艺样气，调整好样气流量，分析仪恢复正常运行状态。

④ 关断标准气钢瓶角阀，记录剩余压力。

⑤ 做好校验记录。

⑥ 仔细观察分析仪运行状况是否正常，分析仪示值是否与工况相符。

4）分析仪的投运

对检修、校验后的分析仪按以下步骤投入运行。

① 用工艺样气对分析仪导压管路和样气预处理系统进行吹扫。

② 按规定流量给分析仪通入参比气和零气。

③ 检测器升温预热。

④ 在确认检测器已充分恒温的前提下对分析仪进行系统联校。

⑤ 在确认工艺样气不带水的条件下，将零气关断，把工艺样气通入分析仪，调整样气流量为规定值。

⑥ 观察样气预处理系统、分析仪及显示仪的工作状况是否正常，分析仪示值是否与工况相符，如果一切正常，分析仪的投运就完成了。

5）分析仪的停运

在需要短期停运分析仪时，可以关断分析仪电源，检测器保持恒温状态。但在切断工艺样气的同时，必须迅速地向分析仪通入零气，零气和参比气要保持一定流速。

当分析仪需要长期停运时，则必须先关断分析仪电源，再切断工艺样气和参比气，以防烧断热丝。

实训课题二　可燃气体报警器的调校

1．课题名称

可燃气体报警器调校。

2．训练目的

（1）了解可燃气体报警器的校验、标定方法。

（2）掌握可燃气体报警器的安装、使用和日常维护方法。

3．实验设备

（1）JKB—C—OC2 可燃气体报警器一台。

（2）JKB—O2Bd 可燃气体探测器一台。

（3）标准电流表一台，精度优于 0.1 级。

（4）万用表一台。

（5）标准气：甲烷。

可燃气体报警器面板及背面接线如图 7-65 所示。实验装置连接图如图 7-66 所示。

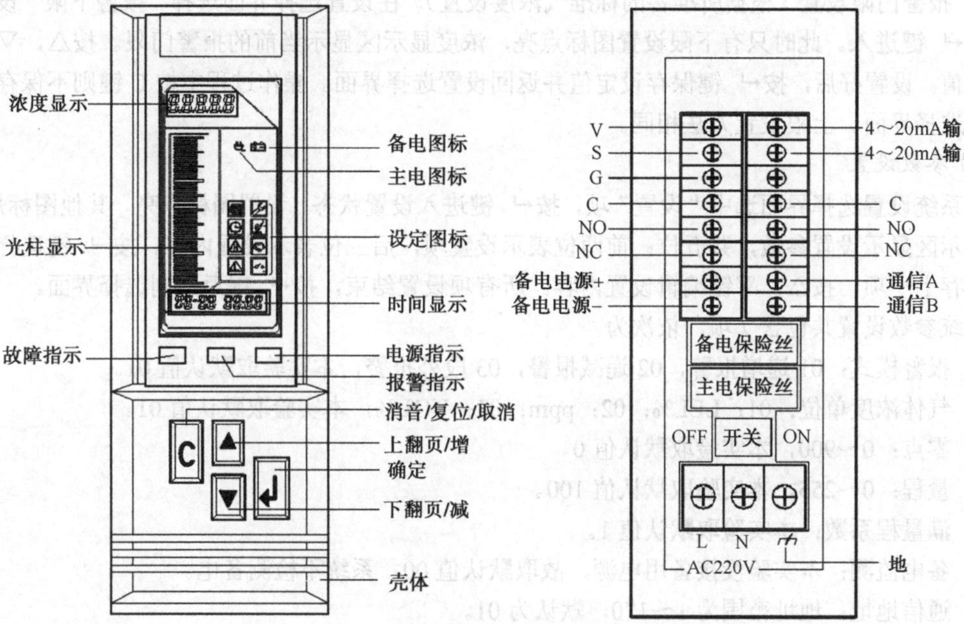

图 7-65　可燃气体报警器面板及背面接线

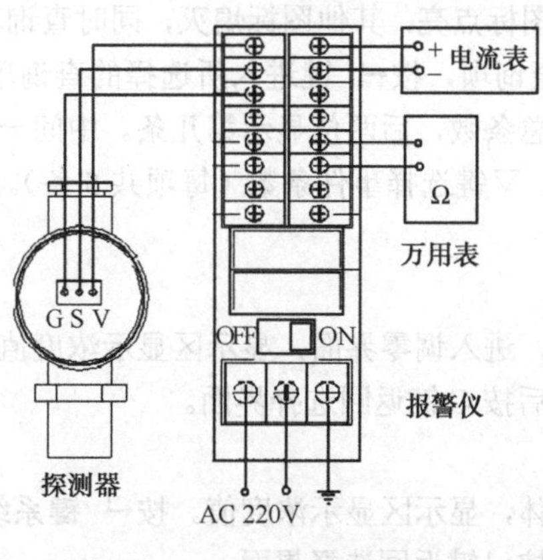

图 7-66　实验装置连接图

JKB—C—OC2 型单路可燃气体报警器采用分线制连接，在接线端子上一组接头（V，S，G），用于连接探测器。引脚 V 为+24V DC 供电；S 为探测器的信号输入；G 为地。

4．训练步骤

1）开机延时

为保证系统正常工作，每次开机，系统都首先进入 60s 延时程序。打开电源，指示灯和液晶显示全部点亮。保持 2s 后，浓度显示区显示 60s 倒计时。

2）系统的设置

① 进入设置选择界面。在监测状态下，5s 内依次按△，▽，↵键，可进入设置选择界面。液晶屏右侧 8 个图标点亮，此时按△，▽ 键选择设置项（被选中项闪烁），按↵ 键即进入该项的设置。在设置过程中，如连续 60s 无按键操作，系统自动返回监测界面。

② 报警门限设置（根据所准备的标准气浓度设置）。在设置选择界面选择“报警下限”设置图标，按↵ 键进入。此时只有下限设置图标点亮，浓度显示区显示当前的报警门限。按△，▽键改变门限值。设置好后，按↵ 键保存设定值并返回设置选择界面。操作过程中按 C 键则不保存设定值返回选择界面。上限设置方法相同。

3）参数设置

在系统设置选择界面选中“设置”项，按↵ 键进入设置状态。设置图标点亮，其他图标熄灭。浓度显示区显示设置参数，共五位：前两位表示设置项，后三位表示设置内容。按↵ 键选择设置项并保存上一项，按△，▽键编辑设置内容。所有项设置结束，按↵ 键返回到选择界面。

系统参数设置共包含 7 项，依次为

① 报警模式：01 递增报警，02 递减报警，03 段外报警，本实验取默认值 01。

② 气体浓度单位：01：LEL%；02：ppm；03：VOL%，本实验取默认值 01。

③ 零点：0～900，本实验取默认值 0。

④ 量程：0～255，本实验取默认值 100。

⑤ 满量程系数：本实验取默认值 1。

⑥ 备电监测：本实验没接备用电源，故取默认值 00，系统不检测备电。

⑦ 通信地址：地址范围为 1～170，默认为 01。

4）查询

可查询上电时间、掉电时间、上限报警、下限报警、故障报警五项信息。

进入查询选择界面，查询图标点亮，其他图标熄灭，同时查询项“上电时间”字段闪烁，其余字段常亮。按△，▽ 键选择查询项，按↵ 键进入所选择的查询项，其余字段熄灭。浓度显示区显示查询项条数：前两位显示总条数，后两位显示第几条。中间一位为“—”。时间显示区显示选择项的事件的发生时间。按△，▽键选择事件条数（每项共 5 条）。按↵键返回选择查询项，按 C 键返回设置选择界面。

5）调零

使探测器处于正常环境下，进入调零界面，显示区显示浓度值。按↵ 键系统调零，显示区显示“0”，显示前闪三下。调零后按 C 键返回选择界面。

6）标定

向探测器通满量程标定气体，显示区显示浓度值。按↵ 键系统标定，显示区显示标定气体浓度值，显示前闪三下。标定后按↵键返回选择界面。

参考文献

[1] 王永红．过程检测仪表．北京：化学工业出版社，1999.9.
[2] 王克华，张继峰．石油仪表及自动化．北京：石油工业出版社，2006.8.
[3] 吴九辅．现代工程检测及仪表．北京：石油工业出版社，2004.8.
[4] 林宗虎．工程测量技术手册．北京：化学工业出版社，1997.2.
[5] 王克华．油气集输仪表自动化．北京：石油工业出版社，2004.8.
[6] 杜友水．压力测量技术及仪表．北京：机械工业出版社，2005.6.
[7] 陈晓竹，陈宏．物性分析技术及仪表．北京：机械工业出版社，2002.5.
[8] 赵玉珠．测量仪表与自动化．山东：石油大学出版社，1997.2.
[9] 厉玉鸣．化工仪表及自动化．北京：化学工业出版社，2005.5.
[10] 王俊杰．检测技术与仪表．武汉：武汉理工大学出版社，2002.
[11] 刘元扬．自动检测和过程控制．北京：冶金工业出版社，2005.8.
[12] 王家桢，王俊杰．传感器与变送器．北京：清华大学出版社，1996.4.
[13] 刘光荣．自动化仪表．北京：石油工业出版社，1997.8.
[14] 杜维，张宏建，乐嘉华．过程检测技术及仪表．北京：化学工业出版社，1999.1.
[15] 柳桂国．检测技术及应用．北京：电子工业出版社，2003.8.
[16] 梁国伟，蔡武昌．流量测量技术及仪表．北京：机械工业出版社，2005.
[17] 张宏建，蒙建波．自动检测技术与装置．北京：化学工业出版社，2004.7.
[18] 王玲生．热工检测仪表．北京：冶金工业出版社，2005.2.
[19] 乐嘉谦．仪表工手册．北京：化学工业出版社，2002.4.
[20] 谢小球．石油化工测量及仪表．北京：中国石化出版社，1995.
[21] 王绍纯．自动检测技术．北京：冶金工业出版社，2002.
[22] 徐科军．传感器与检测技术．北京：电子工业出版社，2004.
[23] 王丹均，王耿成．新编职业技能鉴定培训读本（技师）仪表维修工．北京：化学工业出版社，2004.
[24] 刘常满．热工检测技术．北京：中国计量出版社，2005.
[25] 庄绍君．仪表维修工．北京：化学工业出版社，2006.
[26] 齐志才，刘红丽．自动化仪表．北京：中国林业出版社，北京大学出版社，2006.
[27] 周永茜．仪表维修工操作实训．北京：化学工业出版社，2006.
[28] 潘永湘．过程控制与自动化仪表．北京：机械工业出版社，2007.
[29] 柳金海．热工仪表与热力工程偏携手册．北京：机械工业出版社，2007.
[30] 陈杰，黄鸿．传感器器与检测技术．北京：高等教育出版社，2002.
[31] 《工业自动化仪表手册》编委会．工业自动化仪表手册．北京：机械工业出版社，1986.12.